KB043095

초국적 이주와 환대의 지리학

초국적 이주와 환대의 지리학

초판 1쇄 발행 2018년 2월 1일

지은이 최병두

펴낸이 김선기
펴낸곳 (주)푸른길
출판등록 1996년 4월 12일 제16-1292호
주소 (08377) 서울특별시 구로구 디지털로 33길 48 대륭포스트타워 7차 1008호
전화 02-523-2907, 6942-9570-2
팩스 02-523-2951
이메일 purungilbook@naver.com
홈페이지 www.purungil.co.kr

ISBN 978-89-6291-439-9 93980

* 이 도서의 국립중앙도서관 출판예정도서목록(CIP)은 서지정보유통지원시스템 홈페이지(http://seoji.nl.go.kr)와 국가자료공동목록시스템(http://www.nl.go.kr/kolisnet)에서 이용하실 수 있습니다. (CIP제어번호: CIP2018003026)

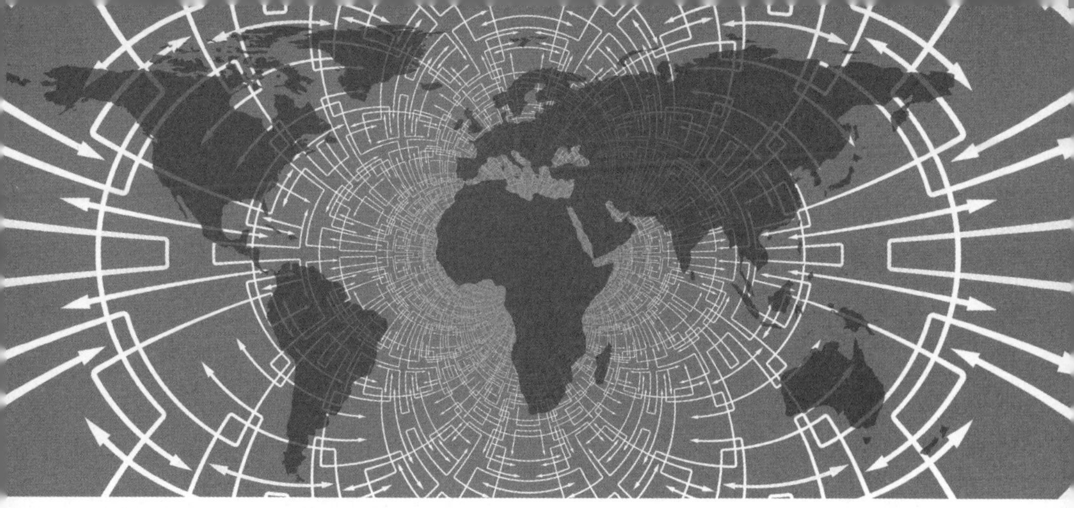

대구대학교 다문화사회정책연구소 총서 02

초국적 이주와
환대의 지리학

최병두 지음

이방인의 환대와 정착을 위한 공간의 변증법적 전환

푸른길

지리학은 '여기는 어딘가?'라는 물음에서 출발한다. 이 물음은 인간이 지구상에 등장하여 수렵과 채취를 위해 떠돌이 생활을 하면서, 낯선 주변을 둘러보며 끊임없이 자신에게 물었던 물음일 것이다. 인간의 원초적 삶은 이러한 지리학적 '물음의 탄생'과 함께 시작되었다. 그러나 인간은 정착생활을 하면서 '여기'에 대한 의문을 점차 가지지 않게 되었다. '여기'에서 오래 살아온 사람들은 더 이상 '여기'가 어딘지를 묻지 않는다. 사람들은 '여기'에서 살아온 삶의 체험을 통해 '여기가 어딘지'를 알고 있다고 생각한다. 대신 사람들은 자신이 가보지 않았던 곳, '저기'에 대해 관심을 가지게 되었다. 자신이 살아보지 않은 '저기'는 새로운 지리학적 물음에 답하기 위한 대상, 즉 물음의 주체와는 분리된 '객관적' 지식의 대상이 되었다.

그리스-로마시대 이후의 지리학, 특히 근대 지리학은 '여기'가 아니라 '저기'의 지리학으로 발달해 왔고, 실증주의적 지리학은 이러한 발달의 정점인 것처럼 보인다. 그러나 인간주의 지리학은 그동안 지리학적 물음에서 인간(주체)이 빠져 있었음을 깨닫고, '여기'의 지리학, 즉 당연히 주어진 생활세계의 지리학으로 회귀하게 되었다. 일상생활의 장소와 장소감에 관한 관심은 바로 이러한 '여기'에 대한 의문에 답하기 위한 것이다. 그리고 현대인들에게 엄습하는 무장소감은 텅 빈 장소에서 느끼는 감정, 장소 없음의 느낌, 즉 주체(정체성)가 빠져 있는 '여기'를 의미한다. 그러나 새로운 '여기'의 지리학은 '저기'와의 관계성을 인식하지 못함으로 인해 더 이상 나아가질 못했다. '여기'란 그 자체로서 존재하는 것이 아니라 '저기'와의 관계 속에서 실체성을 가진다는 사실을 간과하고 있었다.

최근 지리학에서 '관계적 전환'이 강조되고 있다. 기존의 사회이론이나 철학에서 오랜 논쟁점이었던 주체와 객체, 행위와 구조, 정신과 물질 간 이원론처럼, 여기와 저기, 내부와 외부, 지방적인 것과 지구적인 것 간의 이원론 극복은 최근 지리학의 주요 과제가 되고 있다. 지리학에서 관계적 전환을 강조했던 도린 매시(D. Massey)는 『공간을 위하여(*For Space*)』(2005)에서 "공간은 공존의 영역으로, 궤적의 다중성을 포괄하며, 이전에는 관련되지 않았던 주체와 객체, 사람과 사물들을 포함하며, 이들이 서로 접촉하도록 한다"고 서술했다. 공간은 분명, 주체와 객체, 사람과 사물이 함께 공존하는 영역이다. 그러나 이러한 주장만으로 공존의 공간이 생산(실현)되지 않을 뿐만 아니라 그렇게 인식되기조차 어렵다. 여기와 저기, 내부와 외부 간에 명시적으로 또는 암묵적으로 그어진 경계를 뛰어넘고 이들을 (변증법적으로) 관련지을 수 있는 지리학적 사유양식은 아직 정립되지 않았다.

우리는 이러한 관계적 사유와 실천양식에 근거한 지리학의 정립을 위한 단초를 어디에서 찾아볼 수 있을까? 이에 답하기 위해, 우리는 현대 사회에서도 자신의 삶 속에서 '여기가 어딘가?'라는 의문을 제기하면서 저기와 관계를 지으려는 사람들이 누구인가를 찾아볼 필요가 있다. 초국적 이주자들이 바로 이들이다. 이들은 자신이 그동안 살아왔던 삶의 터전에서 벗어나 새로운 장소로 이주·정착하게 된 이방인이다. 초국적 이주자들에게 '여기'와 '저기'는 어떤 관계(절대적 공간을 초월한 사회공간적 관계)를 통해 통합된다. 원주민에게 초국적 이주자들은 낯선 이방인이지만, 초국적 이주자들에게 원주민은 처음 보는 이방인이다. 이방인은 '여기가 어딘가?'라는 의문을 가지는 사람이며, 원주민은 '당신은 어디서 왔는가? 그곳은 어떠한가?'라는 질문을 던지는 사람이다.

이러한 점에서 데리다는 그의 에세이 편집서 『환대에 관하여(*Of Hospitality*)』(2000)에서 다음과 같이 말한다. "마치 이방인이란 우선 제일 먼저 질문을 하는 사람, 또는 사람들로부터 첫 질문을 받는 대상"인 것처럼, 즉 "마치 이방인이란 물음으로-된-존재"인 것처럼 인식된다. 이처럼 이방인은 물음의 주체이자 대상일 뿐만 아니라 여기와 저기를 이어주는 매개자이다. 이러한 이방인을 어떻게 환대할 것인가의 문제는 본연적으로 공간적 실천을 내재한다. 이방인과 이들의 환대는 논리적으로 여기와 저기의 구분, 또는 내부와 외부 간 경계를 전제하지만, 또한 동시에 이러한 구분을 해체하기 또는 경계(문지방) 가로지르기의 실천을 요청한다. 나아가 이방인의 환대는 기존의 내부 또는 외부의 공간에서 이루어지는 것이 아니라, 외부의 이방인을 받아들여 내부에 정착하도록 함으로써 내부를 외부화하고, 나아가 이들의 정착을 통해 외부화된 공간을 다시 내부화하는 과정의 연속으로 이어지는 역동적 환대 공간의 쉼 없는 생산/해체과정을 전제로 한다.

초국적 이주와 정착과정 또는 다문화사회로의 전환과정은 이러한 역동적 환대 공간의 생산과 재생산과정을 의미한다. 환대의 공간에서 이방인과 원주민(주체와 객체) 간의 관계는 그 자체로서 상호치환 관계에 있을 뿐만 아니라 외부와 내부 공간의 변증법적 전환과정을 함의한다. 최근 초국적 이주가 급속히 증가하면서 한국 사회도 다문화사회로 전환하는 상황에서, 이러한 환대의 공간에 관한 지리학과 이를 생산하기 위한 실천이 절실히 요구된다고 하겠다. 사실 현대 사회에서 초국적 이주자만이 이방인은 아닐 것이다. 오늘날 초공간적 이동성을 가지게 된 현대인은 모두 이러한 이방인이지 않겠는가? 따라서 현대인에게 필요한 지식은 바로 이러한 환대의 지리학이어야 하지 않겠는가?

* * *

이 책은 지난 몇 해 동안 초국적 이주와 다문화사회로의 전환에 관해 연구·발표한 논문들을 수정·편집한 것이다. 한국에서 외국인 이주자와 다문화사회를 연구하는 대부분의 연구자들이 이에 관심을 가지게 된 것은 그렇게 오래되지 않았으며, 특히 이를 연구하기 위한 방법론이나 철학적 기반에 관한 깊이 있는 논의는 거의 이루어지지 않았다. 필자 역시 2000년대 중반부터 이 주제에 관심을 가지고 지리학적으로 연구를 하면서 '다문화공간'의 중요성을 강조해 왔지만, 이에 관한 체계적 개념화나 또는 이론적 토대를 아직 갖추지 못했다. 이로 인해 이 책에 게재된 논문들은 전체적으로 연구를 위한 탄탄한 바탕을 갖추지는 못했다고 할 수 있다. 이 책은 초국적 이주·정착과 다문화사회로의 전환과 관련된 통계적·경험적 분석들과 방법론적·이론적 연구들을 포함하지만, 이를 위한 계량적 분석과 개념적 논의 간에 어떤 명시적 관계를 찾아보기 어렵다는 점에서 한계를 가진다.

이 책은 초국적 이주와 정착과정 및 다문화사회로의 전환에 관한 연구방법론(제1부)에서 시작하여 아시아 및 한국에서 전개되는 초국적 이주와 정착의 공간적 특성에 관한 통계자료 분석(제2부) 및 한국에 이주정착하게 된 이주자들의 공간적 활동과 사회적 관계의 특성에 관한 설문조사 분석(제3부)을 거쳐 좀 더 개념적이고 철학적인 기반에서 서술된 상호문화주의 정책과 다문화사회의 윤리, 특히 환대에 관한 이론적 성찰(제4부)을 다루고 있다. 이 책이 가지는 한계에도 불구하고, 개념적, 이론적 측면에서 분명하게 주장하고자 하는 점은 이 주제에 관한 연구가 개별 학문 분야별로 분할되어 전개될 것이 아니라 기본적으로 학제적, 통합적 방식으로 접근되어야 하며, 또한 상호문화주의에 근거한 정책, 나아가 환대의 윤리(공간)를 지향하는 이론을 추구해야 한다는 점이다. 요컨대 이 책은 초국적 이주와 정착에 관한 객관적 지리학에서 초국적 이주자에 대한 '환대'의 (변증법적) 지리학으로의 전환을 지향한다는 점에서 의의를 가진다.

좀 더 자세히 서술하면, 이 책의 제1부는 초국적 이주와 다문화사회에 관한 연구방법론에 관하여 한편으로 학제적, 통합적 접근을 주장하면서 다른 한편으로 이에 관한 지리학적 연구의 동향과 주요 주제들에 관하여 논의하고 있다. 제1장에서는 초국적 이주와 다문화사회에 관한 연구는 관련 학문분야들을 포괄하는 학제적 접근, 행위/구조와 미시/거시 등을 통합하는 이론체계, 경험적 분석 및 이론적 논의와 더불어 종합적 정책 시행과 규범적 윤리의 정립이 필요하다고 주장한다. 제2장에서는 초국적 이주와 다문화사회로의 전환과 관련하여 그동안 지리학 분야에서 제시된 연구들을 세 분야(한인의 해외이주, 외국인의 국내 이주·정착, 그리고 관련된 연구방법론과 지리교육)로 나누어 살펴보고, 다문화공간에 관한 다규모적 접근의 중요성을 강조하고 있다.

제2부에서는 (동)아시아 및 한국 사회에서 전개되고 있는 초국적 이주와 다문화사회로의 전환에서 나타나는 여러 특성과 변화과정을 주로 통계자료에 근거하여 살펴보고 있다. 제3장은 한국을 포함한 (동)아시아 지역에서 진행되고 있는 초국적 이주의 역사를 2단계(즉 1970~1990년대 중반까지 중동 국가들로 이주가 집중되었던 시기와 1990년대 중반 이후 현재에 이르기까지 초국적 이주의 상당 부분이 동북아 국가들로 전환한 시기)로 구분하여 각 시기별 현황과 전반적 특성을 고찰한다. 제4장은 초국적 이주자들의 한국 유입 추세와 이들의 분포 현황, 이들의 정착생활 및 이에 따른 원주민의 의식 변화, 그리고 이들의 이주를 조건짓는 거시적 배경과 이에 따른 한국 사회의 변화 등을 분석하고 나아가 국민국가의 일반적 성격 변화와 이에 대응하는 국가 정책의 과제 등을 논의하였다.

제3부에서는 초국적 이주자들의 이주 배경과 의사결정과정, 이들의 이주 후 정착생활과 공간 활동, 그리고 이주 및 정착과정에서 (재)형성되는 사회네트워크와 이들의 영향력에 관하여 설문조사와 심층면접을 통해 수집된 자료에 근거하여 논의하고 있다. 제5장은 초국적 이주자들이 자신의 이주를 조건짓는 거시적 및 미시적 이주배경을 어떻게 인식하고 있으며, 이러한 배경하에서 어떻게 의사결정을 하는가를 살펴보고자 한다. 이를 위해 거시적 배경과 미시적 배

경의 통합적 고찰과 공간적 측면에 대한 관심이 강조되었다. 제6장은 초국적 이주자들이 한국으로 이주한 후 지역사회에서 정착하는 과정과 이에 따라 전개되는 기본적, 지역적 활동공간의 특성에 관하여 고찰하였다. 이를 위해 지역사회 정착과정을 조건지우는 다문화생태환경과 이에 관한 인식을 통해 기본활동공간에서 이루어지는 행위와 지리적 지식을 분석하고 있다. 제7장은 초국적 이주자들의 이주 및 정착과정에서 다른 행위자들과 맺게 되는 사회네트워크와 그 영향을 의사결정단계, 이주수행단계, 이주 직후 정착단계, 현재 정착단계 등으로 구분하여 그 특성과 변화를 파악하고자 한다.

제4부에서는 초국적 이주와 다문화사회로의 전환과 관련된 대안적 정책과 규범적 윤리에 관하여 논의하고 있다. 제8장에서는 최근 서유럽에서 한계에 봉착한 (실패한 것은 아니라고 할지라도) 다문화주의와 다문화정책의 대안으로 부각되고 있는 상호문화주의와 이를 실현하기 위한 상호문화도시정책의 유의성과 한계를 고찰하고자 한다. 다문화주의와는 달리 상호문화주의는 적극적으로 사회공간적 격리를 해소하고 상호행동과 교류를 활성화하고자 하지만, 이에 바탕을 둔 정책이라고 할지라도 신자유주의적 도시전략을 완전히 벗어나지 못한 것으로 평가된다. 제9장에서는 다문화사회의 윤리를 위해 논의되고 있는 여러 개념들, 즉 자유주의적 및 공동체주의적 다문화주의에서 각각 핵심적 개념으로 논의되는 관용과 인정의 개념, 세계시민주의에 바탕을 둔 환대의 개념, 그리고 다규모적 시민성의 개념들을 공간적 측면에서 재고찰하고자 한다. 제10장은 세계시민주의에 바탕을 두고 '환대의 권리'를 주장한 칸트와 이를 비판적으로 원용하여 '무조건적 환대'를 강조한 데리다에 초점을 두고, 환대의 지리학에 관하여 논의한다. 이 장의 논의는 이들의 주장에 함의된 지리학적 요소들은 세 가지 측면, 즉 환대의 권리가 근거하고 있는 사회공간적 기반, 보편적 윤리와 공동체적 권리 간 긴장, 그리고 실제로 이러한 환대의 권리가 실현될 수 있는 현실의 공간 양식에 초점을 두고 있다.

＊＊＊

이 책에 게재된 글들은 모두 학술지에 발표된 논문들을 수정·보완한 것이다. 모두 10편의 논문들 가운데 5편은 대구대학교 다문화사회정책연구소에서 펴내는 학술지인 『현대사회와 다문화』에 게재된 것이다. 필자는 2011년 발간된 이 학술지의 창간호부터 편집위원장을 맡아 왔으며, 이런저런 이유로 제법 여러 편의 논문을 게재하게 되었다. 이 과정에서 이 학술지는 2016년 한국연구재단의 '등재후보학술지'로 평가받게 되었다. 그동안 매우 어려운 여건 속에서도 이 학술지에 논문 투고를 독려하고 기꺼이 심사와 편집을 맡아준 편집위원들에게 진심으로 감사드린다. 이 학술지를 발간해야만 한다는 편집위원들의 사명감과 희생이 함께하지 않았다면, 아마 논문들을 쓰지 않았을 것이고, 따라서 이 책도 출간될 수 없었을 것이다.

또한 이 책에 수록된 장들 가운데 세 장은 한국연구재단(또는 구 한국학술진흥재단)의 공동연구지원을 받아 수행된 연구의 결과물에 바탕을 둔 것이다. 이 책의 끝부분에서 확인할 수 있는 것처럼 제5장과 제6장은 각각 2편의 기존 논문들을 수정·축약·통합한 것이다. 당시 연구과제의 결과물에 대한 보고와 제출은 이미 끝났고, 또한 이들의 대부분은 2권의 저서, 『지구·지방화와 다문화공간』과 『다문화 공생: 일본의 다문화 사회로의 전환과 지역사회의 역할』로 출판되었다. 또한 제7장은 한국연구재단에서 지원한 또 다른 연구과제의 결과물로 발표된 것이다. 이 연구과제 역시 결과보고와 결과물 제출이 마감되었고, 대부분은 『번역과 동맹: 초국적 이주의 행위자-네트워크와 사회공간적 전환』으로 출판되었다. 당시 연구결과물들 가운데 이 책에 포함되지 않았던 논문들이 이 책의 편집을 위해 활용되었다는 점에서, 이 책에 당시 연구과제 지원을 명시적으로 표기할 필요는 없다고 할지라도 연구를 지원했던 한국연구재단과 당시 공동연구를 수행했던 연구자들, 그리고 무엇보다도 연구과정에 많은 도움을 주었을 뿐 아니라 공동저자로 참여했던 논문들을 이 책의 편집에 활용할 수 있도록 해준 연구보조원들에게 감사드린다. 제2장은 연구과제의 결과물이 아니지만, 신혜란 교수와 공동저자로 발표되었던 논문임을 다시 밝히고 감사드린다.

끝으로 이 책을 포함하여 그동안 초국적 이주와 다문화사회에 관한 필자의 연구들을 편집·출판해 준 도서출판 푸른길의 김선기 사장과 편집을 맡아준 이선주 씨에게 감사드린다. 한국 사회의 출판 여건이 매우 어렵다는 사실은 잘 알려져 있지만, 이러한 여건에도 불구하고 불쑥 내민 원고들을 기꺼이 맡아준 것은 '환대의 정신'을 발휘한 것이라 하겠다. 마찬가지로 이 책을 출간하여 독자들에게 내미는 것은 이 책이 독자들로부터 환대를 받을 것임을 전제로 하고 있다. 필자가 이 책을 통해 독자들의 공간에 불쑥 찾아가더라도, 독자들이 이 책을 정서적으로 받아들이지 않는다면, 필자와 독자 간에 환대의 공간이 형성될 수 없을 것이다. 이 책을 매개로 필자와 독자가 공동 출현하여 진정한 교류와 공감이 이루어지는 환대의 공간을 열어나가길 기대한다.

2018년 1월

최병두

■ 차례 ■

제1부

초국적 이주와 다문화사회 연구

제1장

초국적 이주와 다문화사회 연구: 학제적·통합적 접근

1. 다문화 시대, 학제적·통합적 연구를 위하여

사람들의 국제이주와 이로 인한 국가 간 문화 교류는 오랜 역사를 가지고 있지만, 1980년대 이후 본격화된 지구·지방화 과정과 더불어 촉진된 초국적 이주와 이에 따른 다문화사회로의 전환은 과거와는 전혀 다른 사회공간적 배경하에서 전개될 뿐만 아니라 그 규모와 범위, 속도 그리고 그 영향에서도 완전히 새로운 양상을 보이고 있다. 이에 따라 현대 사회는 흔히 (초국적) '이주의 시대' 또는 '다문화의 시대'로 불리기도 한다. 이러한 초국적 이주와 이에 따라 형성되는 다문화사회는 기본적으로 자본주의 경제의 지구화와 더불어 교통통신 기술의 발달에 따른 시공간적 압축 과정 속에서 촉진된 것이라고 할지라도, 이 과정에는 다양한 경제적, 정치적, 사회·문화적 요인들이 작용하고 있으며, 또한 이러한 과정의 결과도 사회의 제반 분야들에 영향을 미치고 있다. 최근 이러한 초국적 이주와 다문화사회로의 전환 과정은 특정 국가나 지역에 한정된 것이 아니라 지구적으로 진행되고 있지만, 특히 우리나라의 경우 압축적 경제성장과 더불어 저출산·고령화로 인해 외국인 이주자의 유입이 급속히 증대하고 있으며, 이에 따라 한국 사회도 다문화사회로 빠르게 전환하고 있다.

이와 같이 새로운 지구지방화 과정을 배경으로 전개되면서 다양한 결과들을 초래하고 있는 초국적 이주와 다문화사회로의 전환은 최근 이에 관한 학문적 연구와 정책적 관심도 크게 확대시키고 있다. 인구의 이동과 이에 따른 영향은 그 자체로서 사회적·환경적 요인들을 모두 포함하는 복합적 현상이며, 따라서 이 주제에 관한 연구는 전통적으로 대부분의 사회과학 분야에서 이루어져 왔다. 즉 초국적 이주와 다문화사회로의 전환에 관한 학문 분야들은 인구 이동 자체를 연구 주제로 하는 인구학이나 인류학뿐만 아니라 사람들의 이동 과정 및 그 결과의 각 측면들을 연구하는 경제학, 정치학, 사회학, 문화연구 그리고 이들의 이동과 삶에 영향을 미치는 법학, 복지학, 교육학, 정책학뿐만 아니라 이러한 활동의 공간적, 시간적 측면을 다루는 지리학과 역사학, 나아가 이에 내재된 규범이나 윤리 등과 관련된 철학, 윤리학 등 매우 다양하게 구성된다.

최근 우리나라에서도 초국적 이주와 다문화사회로의 전환과 관련된 이러한 학문 분야들에서 '다문화 연구 열풍'이라고 할 정도로 엄청난 양의 연구 결과물들이 쏟아져 나오고 있다. 새로운 연구모임과 학회, 연구소들이 만들어지고 있으며 많은 논문들뿐만 아니라 단행본과 학술지들이 발간되고 있다. 뿐만 아니라 이러한 연구에 대한 중앙 및 지방 정부의 정책적(특히 재정적) 지원도 크게 증가해 왔다. 초국적 이주와 다문화사회로의 전환과 관련된 이러한 왕성한 연구와 지원은 이 주제에 관한 경험적 연구의 누적뿐만 아니라 새로운 이론이나 방법론의 구축, 그리고 좀 더 적실한 정책이나 프로그램의 개발 등을 가능하게 하며, 나아가 실제 초국적 이주자들의 삶의 질을 향상시키고 이들과 함께 살아가는 원주민들 그리고 새롭게 구성되는 다문화사회의 발전에 기여하게 된다는 점에서 고무적이라고 할 수 있다.

그러나 다른 한편 초국적 이주와 다문화사회에 관한 연구는 체계적, 질적 발전이 미흡한 상태에서 주로 양적 증대 중심으로 확대됨에 따라 연구 인력과 지원의 중복과 낭비가 초래되고 있다. 또한 관련 연구를 수행하는 학문 분야들 간 연계의 부족으로 인해 연구 성과가 공유되지 못할 뿐만 아니라 학문 분과별로 상이한 용어나 개념의 사용으로 소통과 협력이 제대로 이루어지지 않고 있다. 이로 인해 엄청난 연구에도 불구하고, 초국적 이주와 다문화사회로의 전환에 관한 학제적 연구와 통합적 이론의 발전을 기대하기 어려운 실정이다. 그러나 위에서 언급한 바와 같이 초국적 인구 이동의 배경, 과정, 그 결과는 사회의 어느 한 측면만이 아니라 모든 측면들과 관련되며, 또한 어느 한 학문 분야가 아니라 사회과학 및 인문학에 속하는 거의 모든 분야들과 관련된다. 나아가 최근 전개되고 있는 초국적 이주와 다문화사회로의 전환은 현재 진행되고 있는 상황을 새로운 '시대'라고 명명할 정도로 현실 세계에 큰 영향을 미치고 있다는 점을 고려해 보면, 학문 세계(그리고 관련 정책도 포함하여)에도 학제적 연구와 통합적 이론에 바탕을 둔 새로운 '패러다임'의 개발이 절실히 요청된다고 하겠다(Bommes and Morawska, 2005).

물론 초국적 이주와 다문화사회로의 전환과 관련된 연구에서 학제적 연구와 통합적 이론이 가장 이상적이거나 또는 필수적인가의 여부에 대한 논의가 있어야 할 것이다. 그러나 카슬(Castles, 2010, 1565)이 주장하는 바와 같이, "이주에 관한 일반 이론은 가능하지 않을 뿐만 아니라 바람직하지도 않다. 그렇지만 우리는 이주 연구를 현대 사회에 관한 좀 더 일반적인 이해에 다시 뿌리를 두고, 이를 사회과학 분야를 가로질러 더욱 광의적인 사회변화 이론들과 연계"시켜야 한다는 점이 강조될 수 있다. 이러한 점에서 이 장은 초국적 이주와 다문화사회로의 전환과 관련된 최근의 연구 동향들을 학제적으로 검토하는 한편, 기존 연구에서 제시된 다양한 연구 방법론을 재검토하여 통합적(또는 최소한 좀 더 적실한) 연구방법론의 가능성을 고찰하며, 나아가 초국적 이주와 다문화사회로의 전환에 관한 다양한 관점의 문제와 정책 분야별 과제들을 중심으로 앞으로의 연구를 전망해보고자 한다.

2. 초국적 이주와 다문화사회에 관한 국내 연구 동향

자본주의의 지구·지방화 과정과 더불어 급속히 전개된 초국적 이주와 다문화사회로의 전환은 한국 사회에도 직접적 영향을 미치면서, 1990년대 이후 외국인 이주자들의 급속한 유입을 경험하도록 했다. 1990년 국내 체류 외국인 수는 5만 명 정도에 불과했으나 2011년 5월 130만 명을 넘어섰고, 2016년 말에는 200만 명을 돌파하게 되었다. 앞으로도 신자유주의적 지구화 과정에서 촉진된 경제적, 사회문화적 상호의존성의 증대와 더불어 국가 간 사회경제적 격차의 확대, 그리고 한국 사회의 저출산·고령화 및 3D업종의 취업 기피 등으로 인해 외국인 이주자들의 국내 유입은 지속적으로 증가할 것으로 추정된다. 이러한 외국인 이주자들의 국내 유입과 지역사회 정착과정은 한국 사회에 엄청난 영향을 미치면서 경제적, 정치적, 사회문화적 변화를 가져올 것이라는 점에서, 사회 일반의 많은 주목을 끌고 있을 뿐만 아니라, 특히 이에 관해 좀 더 직접적인 관심을 가지고 이를 학문적으로 고찰하고자 하는 연구자들의 노력을 증대시키고 있다.

다문화사회로의 전환은 물론 외국인 이주자들의 국내 유입과 이들의 사회문화적 영향과 함께 해외로 이주한 한국인이 국내에 미치는 영향도 포함하며, 나아가 인종적 소수자뿐만 아니라 젠더나 성, 장애, 노령 등에 의한 사회문화적 소수화에 따른 문제도 포함할 것이다. 윤인진 외(2009)의 연구는 이러한 세부 주제들을 포함하여 초국적 이주와 다문화사회로의 전환과 관련된 연구가 최근 얼마나 급속하게 증가하고 있는가를 그동안 출간된 석·박사학위논문을 중심으로 분석하고 있다. 즉 〈표 1-1〉에서 볼 수 있는 바와 같이, 초국적 이주와 다문화에 관한 연구는 2000년대 이후 엄청나게 확대되었다. 특히 '다문화'에 관한 연구와 관련하여 1990년 이전에는 이 용어 자체가 우리 사회에 거의 알려져 있지 않았기 때문에 한 편의 논문도 없었다. 반면 2000년대 이후에는 급속히 증가하면서 2005년 이후 간행된 석·박사학위논문 수는 800편을 능가한 것으로

〈표 1-1〉 초국적 이주와 다문화사회에 관한 국내 석·박사학위논문 간행 추이

세부주제	1961~1979	1980~1989	1990~1999	2000~2004	2005~2009	합계
국제이주	4	10	15	52	338	420
소수자	3	2	15	34	183	238
재외한인	9	13	113	182	209	526
다문화	–	–	24	129	814	967

자료: 윤인진·유태범·양대영(2009).

조사되었다.

이러한 연구 동향과 관련하여, 윤인진 외(2009, 237~238)에서는 "급작스러운 양적 성장이 반가운 것만은 아니"며, 그 연구 대상이 결혼이주여성과 국제결혼 가정 자녀에 편중되어 있는 반면, 외국인 이주노동자나 화교와 같이 그 수가 많고 역사가 오래된 소수집단에 대해서는 무관심하며, 부적응에 초점을 두고 그 원인과 해결책 모색에 치중하고 있다는 점을 문제점으로 지적하고 있다. 뿐만 아니라 이들이 주장한 바와 같이, "1990년대 이후 국제이주의 특성이 그 이전 시기에 비교해서 훨씬 복잡해졌고 이주 관련 현상들 간의 상호 연관성이 커졌음에도 불구하고 여전히 개별 학문분야에서 고립적으로 연구가 진행되"고 있으며, 따라서 그동안 양적 토대가 마련되었기 때문에 "이제는 기존 연구에 대한 성찰적 검토를 통해 질적 성장과 제2의 도약을 준비해야 할 때"라고 할 수 있다.

초국적 이주와 다문화사회에 관한 연구는 그 이후에도 급속히 증가하였고, 관련된 주제들을 다루는 학문 영역들도 크게 확대되게 되었다. 이러한 점에서, 이혜경(2014)은 한국언론재단이 기사통합검색과 더불어 한국연구정보서비스(RISS)를 중심으로 관련된 주제어를 사용한 연구들에 관한 검색을 통해 다문화 관련 연구가 2000년대 이후 어떻게 증가하고 있는가를 분석하였다. 이 연구에 의하면, 국내 언론매체들에서 2007년 이후 '국제이주'나 '외국인 노동자'에 대한 기사는 소폭 증가한 반면, '다문화'와 관련된 기사는 큰 폭으로 증가한 것으로 나타난다.

학술연구 분야에서도 주제어로 '국제이주' 또는 '초국적 이주'가 들어간 연구

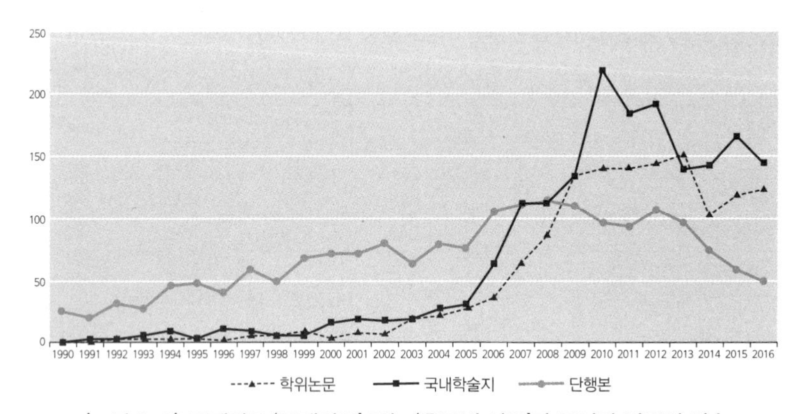

〈그림 1-1〉 주제어로 '국제이주' 또는 '초국적 이주'가 들어간 연구의 편수

자료: 한국연구정보서비스(RISS, www.riss.kr) 홈페이지(검색일: 2017.6.29).

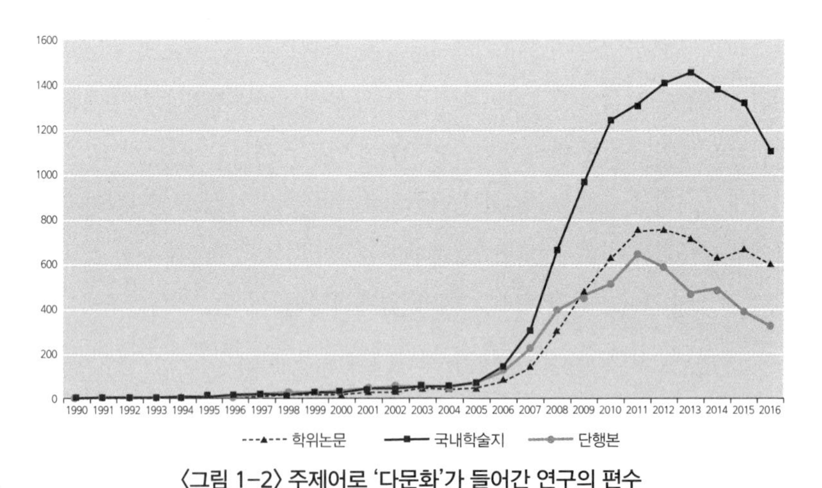

〈그림 1-2〉 주제어로 '다문화'가 들어간 연구의 편수

자료: 한국연구정보서비스(RISS, www.riss.kr) 홈페이지(검색일: 2017.6.29).

그리고 '다문화'가 들어간 연구의 양적 추이를 살펴볼 수 있다(〈그림 1-1〉과 〈그림 1-2〉 참조). 사실 한국 사회에서 인구 유출에 따른 해외로의 국제이주는 이미 20세기 초부터 시작되었다는 점에서 '국제이주'를 주제어로 설정한 연구는 1980년대 이전에도 다소 있었지만, 1990년대 이후에 꾸준히 증가하는 경향을 보였고 2010년 이후에는 감소 추세를 보였다. 하지만 '초국적 이주'를 주제어로 설정한 연구는 2000년대 이전에는 전혀 없었고, 유사하게 '다문화'를 주제어로 설정한 연구 역시 2000년대 이전에는 거의 없었지만, 2006년 이후에 폭발적으로 증가하여 2013년을 정점에 도달하였고 그 후 상당히 감소하는 양상을 보이고 있다.

이와 같이 '다문화'와 관련된 언론 기사 및 학술 연구는 유사하게 2006년 이후 급증하였고, 2010년대 이후에는 감소 추세를 보였다. 이러한 패턴이 나타난 주요한 이유로는 우선 정책적 요인을 들 수 있다. 즉 이혜경(2014, 133)에서 지적한 바와 같이, "2006년 정부가 국제결혼가정을 '다문화가정'이라고 부르기 시작하면서 이들에 대한 정책이 쏟아졌다. 이에 따라 각종 언론매체들도 다문화 관련 기사를 폭발적으로 증가시켰"고, 또한 같은 맥락에서 학술분야에서도 다문화를 주제어로 설정한 연구들이 크게 증가한 것으로 추정된다.

마찬가지로, 국제이주 또는 다문화 관련 연구가 2010년대에 들어와 절대적으로 감소하게 된 것은 우리 사회에서 이와 관련된 현상이나 문제가 줄어들었기 때문이라기보다는, 다문화 관련 정책이 정부 의제에서 밀려나면서 사회적 관심과 정부의 지원이 축소되었기 때문이라고 할 수 있다. 이러한 점과 관련하여 최기탁(2016) 역시 국내외 다문화사회 연구 편수의 추이를 고찰하면서, 이에 관한 시민사회의 논의와 학술적 연구가 급증하였음에도 불구하고 다문화사회로의 원활한 전환과 이를 정착시키기 위한 국가의 정책이 미흡하다고 지적하고 있다.

초국적 이주와 다문화사회로의 전환에 관한 이러한 전반적 추세에 관한 연구와 더불어, 최근 각 학문 영역들에서 이에 관한 그동안의 연구 성과를 검토하고자 하는 노력들이 이루어지고 있다. 전영준(2009, 109~110)은 초국적 이주와 다문화에 관한 연구가 문학(비교문학연구, 문화연구 포함), 역사학(전근대사의 각 단계 연구 포함), 철학(문화철학, 실천철학 등), 그리고 사회과학 각 분야(갈등연구, 법학 등)에서 이루어지고 있음을 지적하면서, 관련 주제를 "각 분야에서 광범위하게 다루긴 했지만 아직까지도 서양에서 생성된 이론을 단순히 수용하는

데 그치고 있으며, 실제적 논의는 사회학과 정치학의 방법론으로 접근하는 실정으로 인문학적인 접근 방법에 입각한 통합적인 패러다임 제시가 아직 없다"고 주장한다.

또 다른 사례로, 교육학 분야에서 그동안 이루어진 연구 성과에 관한 김민환(2010, 61)의 논평에 의하면, "다문화교육에 관한 연구가 본격적으로 시작된 것은 2006년부터로 이후 각종 학회나 단체 및 정부 기관의 연구 활동도 증가하고 있"지만 "다문화 교육 연구가 중등보다 초등과 유치원 교육에서 활발하며, 그 초점도 학교에서의 다문화교육 실태나 내용, 방법 및 교사의 인식 등에 맞추어져 있다." 좀 더 세부적으로 유아의 다문화 관련 연구의 경향을 분석한 서현아·김정주(2010)의 연구나 다문화가족 일반에 관한 연구 동향을 분석한 최정혜(2010)의 연구 등도 이와 같이 개별 학문 분야들에서 이루어진 연구 성과를 검토하고 그 특성을 밝히면서 앞으로의 연구 전망을 제시하고 있다.

사회학 분야에서도 이혜경(2014)은 국제이주와 다문화라는 주제로 국내 학계의 전반적 연구 동향과 함께, 사회학 분야에서 이 주제에 관한 연구 동향을 살펴보고, 이를 바탕으로 '한국 사회학의 미래'를 조망하고자 한다. 이 연구에 의하면, 사회학에서 초기에 해당하는 1990년대에는 외국인 노동자나 중국교포에 대한 연구가 주를 이루었으나, 2000년대 들어와서는 북한 이탈주민, 결혼이민자에 관한 연구, 그리고 최근에는 내국인에 대한 연구로 그 대상이 다양해지고 있음을 밝히고 있다. 특히 이혜경(2014, 129)은 "국제이주는 사회변동에 큰 영향을 미치고 있으므로 사회동학을 중요하게 다루어 왔던 사회학이 국제이주가 야기하는 사회변동에 큰 관심을 보여야 하며, 현재 지나치게 결혼이민자에 초점을 맞춘 왜곡된 국내 다문화연구를 보편적인 차원의 문화다양성 및 문화적 다원주의 연구로 전환시키는데 사회학이 더욱 주도적으로 관여해야 할 것"이라고 주장한다.

다른 한편, 이병하(2017)는 정치학적 접근이 "국제이주 연구에 있어 여타 사회과학에 비해 저발전"되었다고 지적하면서, 주로 해외 연구동향에 관한 고찰에 바탕을 두고 정치학에서 국제이주를 어떻게 접근하고자 하는가를 서술하였다. 그에 의하면, 정치학 분야에서 국제이주에 관한 연구는 "이익, 권리, 제도라는 세 가지 키워드에 기초하여 발전해" 왔으며, "각 키워드에 기초하여 정치학적 접근은 정체경제학적 이론, 국제규범 혹은 사법권에 기초한 모델, 그리고 신제도주의적 이론으로 특화될 수 있"다. 또한 그는 "방법론적 쟁점에 있어 국민국가를 분석단위로 삼는 방법론적 민족주의를 넘어 도시와 같은 대안적인 분석단위들이 모색되어야" 한다고 제안한다. 다른 한편, 그는 "복합적인 국제이주 현상을 분석하기 위해서는 사회과학의 제반 영역에서 독자적인 접근법을 발전시키고 엄밀한 방법론을 모색해야 한다. 각 학문 영역의 발전은 더 나아가 국제이주의 복합성과 다양성을 종합적으로 조망할 수 있는 학제 간 연구로 발전되어야 한다"고 주장한다(이병하, 2017, 26).

이와 같이 초국적 이주와 다문화사회에 관한 기존의 연구 성과 또는 각 학문 분야별 연구 동향에 관한 반성적 고찰의 등장은 이제 우리나라에서도 개별 학문 분야들에서 어느 정도 연구 성과가 양적으로 누적되었고, 이에 따라 기존의 연구에 대한 성찰을 통해 새로운 전망을 모색할 단계가 되었음을 보여주는 것으로 해석된다(지리학 분야 연구 성과에 대해서는 제2장 참조). 이러한 연구 동향 분석들에 의하면(물론 사회과학이나 인문학의 다른 여러 학문분야들에서도 그동안 전개된 연구 성과에 대한 검토가 있어야 하겠지만), 대체로 각 학문 분야들에서 2000년대(특히 2005년) 이후 연구물들이 급속히 양적으로 증가했지만, 한 학문 분야 내에서도 여전히 특정 세부 주제들(사회학분야에서 결혼이주여성에 관한 연구 등)에 국한되어 있으며, 또한 다른 학문 분야들과의 연계가 제대로 이루어지지 않고 있다는 점을 지적할 수 있다. 이러한 점에서, 초국적 이주와 다문화사회에 관한 국내 연구는 학제적 연구와 통합적 방법론의 모색을 통해 좀 더 심층적이고 질적인 연구로 나아가야 한다고 주장될 수 있다.

물론 국내에서도 최근 초국적 이주와 다문화사회에 관한 연구에서 학제적 협력이 어느 정도 이루어진 연구 성과물이 발간되고 이를 반영한 학술 심포지

엄들이 열리고 있다. 중앙대학교의 문화콘텐츠기술연구원 다문화콘텐츠연구사업단(2010)에서 편집한 『다문화주의의 이론과 실제』 같은 경우 관련 문화연구자들뿐만 아니라 복지학, 역사학, 일문학, 불문학, 철학 등의 학문분야에 속한 연구자들이 기여한 글들로 이루어져 있다. 그러나 이러한 연구 성과물은 "개별 필자들이 자신의 전공분야에서 다문화와 관련해 발표한 연구논문들"을 편집한 것이고, "이 총서가 다문화콘텐츠연구사업단이 지향하는 학제 간 연구에는 아직 미흡한 점이 있고, 개별 분과 학문의 한계점 또한 노출하고 있다"는 점이 스스로 인정되고 있다(p.5). 이러한 점에서 초국적 이주와 다문화사회에 관한 학문 분야별 협력과 공동연구를 통한 학제적 접근은 앞으로 중요한 과제라고 할 수 있다.

이와 같이 초국적 이주와 다문화에 관한 학제적 접근은 공통된 특정 주제나 연구방법론에 근거를 둔 공동연구를 통해 촉진되기도 한다. 이화여자대학교 아시아여성학센터에서 펴낸 『글로벌 아시아의 이주와 젠더』(2011)는 여성학, 철학, 사회학, 영문학 등 다양한 학문 분야에 속하는 국내 연구자들과 일본, 중국, 베트남, 필리핀, 스리랑카 등의 학자가 참여하여 '여성이주'로 인한 아시아 지역의 가족구조 변화를 젠더의 관점에서 접근하여 집중적으로 다루고 있다. 또한 부산대학교 한국민족문화연구소에서 편집한 『이주와 로컬리티의 재구성』(2013)은 국경을 가로지르는 초국적 이주와 정착과정을 통해 새로운 경제적 흐름과 문화적 침투가 어떻게 기존 공동체의 성격을 변화시키고 재규정하는가를 고찰하고자 한다. 특히 이 연구는 이러한 국경 넘기의 다양한 현상들이 만들어내는 '새로운 관계의 장소'에 주목함으로써 로컬리티에 대한 변화를 추적하고자 한다.

초국적 이주와 다문화에 관한 또 다른 공동연구의 성과물로 성공회대학교 동아시아연구소에서 펴낸 『귀환 혹은 순환: 아주 특별하고 불평등한 동포들』은 초국적 이주와 다문화에 관한 또 다른 공동연구라고 할 수 있다. 이 연구는 여러 이유로 한국을 떠나 국외에 흩어졌던 '코리안 디아스포라'들이 마침내 고국으로 돌아와 어떻게 살아가고 있는가를 묘사하고 있다. 이러한 연구들은 국제이주와 관련된 특정한 주제(젠더, 로컬리티, 디아스포라 등)에 초점을 둔 공동연구를 통해 학제적 접근을 추구하고 있다는 점에서 의의를 가진다. 그러나 이러한 연구들이 초국적 이주를 공동의 특정 주제와 관련시켜 학제적 연구를 했다고 할지라도, 공유된 연구방법론이나 패러다임 또는 이론에 근거한 통합적 연구의 성과라고 하기는 어렵다.

3. 초국적 이주와 다문화사회에 관한 학제적 접근

초국적 이주와 다문화사회에 관한 국내 학계의 연구 동향에 내재된 학제적 접근의 한계는 사실 영미학계의 연구 동향 검토에서도 이미 1990년대부터 주요하게 지적되어 온 것이다. 서구 선진국들은 한국 사회와는 다른 맥락에서 상대적으로 일찍 이와 관련된 문제들에 접하게 되었고, 이에 따라 관련 연구들도 앞서 진행되었다. 특히 카슬(Castles, 1993, 30; Brettell and Hollifield, 2000, 2에서 재인용)이 서술한 바와 같이, "이주에 관한 연구는 그 자체 입장에서 사회과학의 한 분야이지만, 그 이론과 방법론에 있어서는 매우 학제적"이라는 점에서 경제학, 정치학, 법학, 사회학, 복지학, 인류학 등 사회과학의 거의 모든 학문 분야들뿐만 아니라 철학, 윤리학, 문화연구나 교육학과 같은 인문학에서도 주요한 연구 대상이라고 할 수 있다.

그러나 이러한 다양한 학문 분과별 접근에도 불구하고, 매시 외(Massey et al., 1994, 700~701)는 사회과학자들이 "이주에 관한 연구에서 어떤 공유된 패러다임에 근거하여 접근하기보다는 학문 영역들, 지역별, 이데올로기별로 파편화되고 경쟁적인 다양한 이론적 관점에 따라 접근하고 있다. 그 결과 이 주제에 관한 연구는 협소해지고, 흔히 비효율적이며, 복제, 오해, 반복, 그리고 근본에 대한 논란으로 특징지워"진다고 비판하고, 연구자들이 "공유된 이론, 개념, 도구, 표준을 수용할 때만, [관심 주제에 관한] 지식은 누적될 것"이라고 주장한다. 이러한 점에서 보면, 1990년대 서구 사회에서도 초국적 이주와 다문화사회에 관한 관심은 크게 증가했음에도 불구하고, 학제적·통합적 연구는 거의 이루어지지 않았음을 알 수 있다.

이러한 상황은 2000년대에 들어오면서도 지속되었고, 이를 극복하기 위한 시도들이 계속되었다. 브레텔과 홀리필드(Brettell and Hollifield, 2000, viii)도 카슬, 매시 등의 입장에 공감하면서 이주연구는 흔히 간학문적 또는 다학문적이며, 이주이론은 "학제적 접근을 요청"한다고 주장한다. 이들은 국제이주에 관한 다학문적 및 학문 간 비교연구를 통해 이주 관련 연구자들 간 '대화의 정신'을 함양하는 한편, 국제이주에 관한 더 깊은 통찰력을 얻고, 나아가 좀 더 통합된 이론체계를 구축하고자 한다. 그러나 이들의 실제 성과는 역사학, 인구학, 경제학, 사회학, 인류학, 정치학, 법학 등 사회과학의 각 분야에서 국제이주에 관한 연구가 어떻게 전개되고 있는가에 대한 논문을 모아서 편집하는 것이었고, 이에 관한 한 비평가(Kraly, 2001)가 지적한 바와 같이, "본래 이 편집서가 의도했던 학제적 연구는 거의 이루어지지 않은 채, 학문 분야들 간 연계는 논의되지 않고" 있다.

이러한 주장은 보머스와 모라브스카(Bommes and Morawska, 2005)의 연구에서도 유사하게 나타난다. 이들에 의하면 인구의 이동은 단순히 사회적 인구 구성뿐만 아니라 사회의 모든 부분들에 영향을 미치며, 특히 최근 초국적 이주는 이에 관한 기존 학문 분야들(역사학, 사회학, 언어학, 경제학 등)에서의 전통적 연구로서는 어렵기 때문에 새로운 초국적 이주에 관한 연구 분야들(정치학, 인류학, 심리학 분야에서 초국적 이주와 초국가주의에 관한 연구)이 탄생하게 되었다고 주장한다. 뿐만 아니라 다양한 학문 분과들에서 초국적 이주에 관한 연구는 지난 20여 년간 많은 경험적 지식을 누적시켰으며, 새로운 철학적 성찰과 윤리적 규범에 관심을 가지도록 했다. 그러나 초국적 이주와 다문화주의(또는 초국가주의 등)에 관한 연구는 새로운 연구 주제로 부각되고 있다고 할지라도 어느 한 학문 분야에서도 주류 연구 의제에 통합되지 않은 상태에서 진행되고 있다는 점이 지적된다. 또한 이에 관한 연구는 어느 한 학문분야에서는 종합적으로 이해될 수 없고, 당연히 개별 학문분과를 넘어서 학제적으로 접근되어야 함에도 불구하고, 실제 이러한 접근은 제대로 이루어지지 않고 있다.

이러한 학제적 접근의 당위성과 실제 연구에서 한계에 관한 문제는 최근까지 이어지고 있다. 보스웰과 뮤저(Boswell and Mueser, 2008, 519)는 국제이주에 관한 경제학을 사회학 및 정치학 분야에서의 연구와 결합시키고 나아가 다학문적 연구로 발전시키기 위한 노력의 일환으로 특집호 게재 논문들을 소개하면서, "다학문적 협력에는 실질적 혜택이 있지만, 경제학자들은 완전한 통합을 거부하고, 그들 자신의 이론적 핵심들을 수정하지 않은 채 — 특히 효용극대화를 추구하는 행위자의 개념에 집착하여 — 다른 사회과학들로부터 통찰력과 개념만 수입하기를 선호한다"고 지적하고,[1] "그럼에도 불구하고 학문들 간 대화는 연구자들이 선택한 연구 방법을 분명히 하고 세련되게 하도록 고무시킨다. 게다가 사회적 설명에서 다양한 접근들의 공존은 이주에 관한 보다 풍부하고 유효한 일단의 지식을 만들어낼 수 있다"고 결론짓는다.

한국 사회에 비해 상대적으로 일찍 초국적 이주자의 유입과 다문화사회로의 전환을 경험적으로 그리고 학문적으로 겪은 서구 학계에서도 이에 관한 연구는 학제적 접근을 필요로 하지만 실제 이러한 연구가 제대로 이루어지지 않고 있다.[2] 그 이유는 무엇인가? 특히 위에서 살펴본 한국 및 서구 사회에서의 연구

---

1. 이 특집호에 게재된 한 논문에 의하면, "경제학과 정치학 학문분야는 이주정책에 관한 연구에서 서로 상당한 제안을 해 왔지만, 경제학자들은 최근까지 정치가 이주시장을 제한하는 방법을 무시해 왔으며, 정치학자들은 비록 이주의 경제적 측면을 상당히 고려했다고 할지라도 이러한 문제를 체계적으로 다루지 못했다"고 주장한다(Freeman and Kessler, 2008, 655).

2. 한국에서의 연구와 유사하게 서구에서도 학제적 접근의 한계와 특정 주제에 대한 관심 편중의 문제도 지적된다. 예를 들어 수아레즈-오로즈코(Suárez-Orozco, M. and Suárez-Orozco, C., 2000)에 의하면, 이주의 경제적 원인과 결과와 같은 주제들은 많은 주목을 받으면서 연구 성과물을 상당히 누적시키고 있지만, 다른 주제들은 거의 관심을 끌지 못하고 있다고 주장하고, '이주가 자녀에게 미치는 영향'은 무시되고 있는 대표적 주제들 가운데 하나라고 지적했다.

들은 대체로 '국제이주'에 관한 초점을 둔 것으로, '다문화사회'로의 전환과 관련된 철학적, 윤리적 연구까지 포함시키면 개별 학문들 간 훨씬 다양하고 이들 간 연계성은 상대적으로 더욱 미흡하다고 주장할 수 있다. 이러한 사실과 관련하여, 우리는 최소한 초국적 이주와 다문화사회로의 전환에 관한 연구에서 완전히 통합된 학제적 연구가 가능한가에 대한 의문을 제기해 볼 수 있다. 사실 이러한 의문은 근대 학문의 분과체계의 형성과 더불어 근대 인식론이 안고 있는 문제를 내포하고 있다.

〈그림 1-3〉의 (가)에 제시된 것처럼, 초국적 이주와 다문화사회에 관한 연구는 초국적 이주에 관한 경험적·분석적 연구와 다문화사회의 윤리와 관련된 좀 더 철학적·이론적 성찰의 통합을 동시에 요구하며, 사실 이들은 서로 다른 분리된 주제가 아니라 동전의 양면과 같이 서로 연계된 통합적 주제라고 할 수 있다. 그러나 이 주제에 관한 연구뿐만 아니라 사회과학 및 인문학 전반에서 경험적 연구와 철학적 성찰은 근대 인식론에서 실제 완전히 통합되지 못한 상태로 남아 있다고 할 수 있다. 또한 초국적 이주와 다문화사회에 관한 연구는 〈그림 1-3〉의 (나)에 제시된 바와 같이 다양한 학문 분과들과 연계되어 있지만, 이러한 학문 분과들은 근대적 학문체계로 고착되어 있다. 따라서 초국적 이주와 다문화 사회에 관한 연구는 학제적 통합적 연구를 지향하지만, 현 단계에서는 이러한 연구가 실제 이루어지기는 어렵다고 할 수 있다. 물론 이러한 점을 인정한

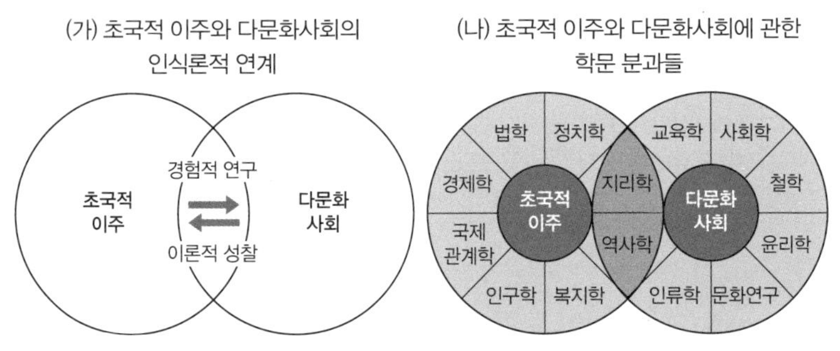

〈그림 1-3〉 초국적 이주와 다문화사회의 인식론과 학문 분과들

다고 할지라도, 관련 주제에 관한 연구에서 학제적 협력과 소통을 위한 노력이 결코 무시 또는 포기될 수 없을 것이다.

이러한 점에서, 우리는 초국적 이주와 다문화사회에 관한 학제적 연구 이상으로 나아가기 위하여, 몇 가지 단계를 설정해 볼 수 있을 것이다.[3] 첫 번째 단계는 우선 각 학문 분야들에서 초국적 이주와 다문화사회로의 전환에 관한 연구가 어느 정도 누적되었으며, 그 특성은 무엇인가를 비판적으로 검토하고, 다른 학문 분야에서의 연구들과 비교하는 것이다. 이러한 연구는 브레텔과 홀리필드(Brettell and Hollifield, 2000)의 연구에서 잘 제시되고 있다. 이들이 편집한 단행본의 각 장들은 역사학, 인구학, 사회학, 인류학, 경제학, 정치학, 법학 등에서 제시된 연구의 성과와 동향들을 연구과제, 분석 수준/단위, 지배적 이론, 주요 가정 등 몇 가지 공통된 항목들에 초점을 두고 상호 비교 가능하도록 논평하고 있다(〈표 1-2〉 참조). 물론 앞서 지적한 바와 같이, 각 장들은 학문 분야들 간 연계에 관해서는 논의하지 않지만, 나름대로 해당 학문 분야에서 이루어진 연구 결과들을 비판적으로 고찰하고 있을 뿐만 아니라 학문 분야들 간 비교 가능한 방식으로 연구가 진행되었다는 점에서 의의를 가진다고 하겠다.

두 번째 단계는 초국적 이주 및 다문화사회에 관한 특정 세부 주제를 선정하여 이에 관심을 가지는 학문 분야별 연구자들이 공동으로 연구하는 방식이다. 이러한 방식의 공동연구는 위에서 논의한 바와 같이, 초국적 이주와 관련된 젠더, 로컬리티, 디아스포라 등에 관한 연구를 각 학문분야별로 수행할 수 있을 것이다. 또한 서구 학계에서도 최근 활발하게 연구되고 있는 초국적 이주자들

---

3. 학제적 연구에 관한 단계적 발전 과정에 관한 주장은 모라브스카(Morawska, 2003) 및 보메스와 모라브스카(Bommes and Morawska, 2005)에서도 찾아볼 수 있다. 이들에 의하면, "초기 단계에는 일단 상이한 학문분야의 연구자들이 초국적 이주에 관하여 새로운 연구 과제들을 설정하고 연구를 전개하여 그 결과물을 발표함에 있어 자신의 언어를 사용하는 것이 불가피"하고, 실제 "우리는 다학문적 연구가 처음부터 공동의 의문이나 과제를 설정할 것이라고 가정하기는 어렵다"는 점에서, "상이한 접근법이나 관심주제를 혼합하여 하나의 통합된 이론적 틀로 녹이려고 노력하기보다는 각자의 언어로 우선 관심 주제를 적극적이고 개방적으로 표현하고, 다른 학문분야의 연구자들과 대화를 하는 방식"이 우선 요청된다.

〈표 1-2〉 초국적 이주에 관한 각 학문 분야별 연구의 특성

학문 분야	연구 의문	분석 수준/ 단위	지배적 이론	주요 가정	이주행태와 그 효과	
					종속변수	독립변수
인류학	이주가 문화변화 및 정체성에 어떤 영향을 미치는가?	좀 더 미시적 (개인, 가구, 집단)	관련적 또는 구조주의적, 초국적	사회적 네트워크는 문화적 차이를 유지하는데 기여한다.	이주자 행태 (유출, 통합)	사회, 문화적 배경(초국적 네트워크)
인구학	이주는 인구변화에 어떤 영향을 미치는가?	좀 더 거시적 (인구)	합리주의적 (경제학에서 주로 차용)	이주는 출산율을 증가시킨다.	인구 역동성 (분포, 수준, 율)	이주행태의 효과 (예: 출산율)
경제학	이주 성향과 그 효과는 어떻게 설명될 수 있는가?	좀 더 미시적 (개인)	합리주의적, 비용-편익, 압출-유인	편입은 이주자의 인적 자본에 좌우된다.	이주자 행태 (이주 및 편입)와 경제적 영향	임금/소득차이, 수요-유인/공급-압출, 인적 자본
역사학	이주 경험을 어떻게 [역사적으로] 이해할 수 있는가?	좀 더 미시적 (개인과 집단)	이론과 가설 검증하지 않음	응용하지 않음	이주 경험	사회적/ 역사적 맥락
법학	법은 이주에 어떤 영향을 미치는가?	거시적 및 미시적 (정치, 법체계)	제도적 및 합리주의적 (사회과학에서 차용)	권리는 이주자를 위한 주도적 구조를 창출한다.	이주자에 대한 법적, 정치적, 사회적, 관리	법 또는 정책
정치학	국가는 왜 이주를 통제[관리]하기 어려운가?	좀 더 거시적(정치적, 국제관계 체계)	제도주의적 및 합리주의적	국가는 흔히 친이민자적 이해관계에 집착한다.	정책(행정주의적, 제한주의적) 결과 (관리, 통합)	제도, 권리, 이해관계
사회학	이주자의[사회적] 통합을 어떻게 설명할 것인가?	좀 더 거시적 (인종집단과 사회계급)	구조주의적 및/또는 기능주의적	이주자의 편입은 사회적 자본에 좌우한다.	이주행태 (이주와 편입)	네트워크, 엔클라브, 사회적 자본

자료: Brettell and Hollifield(2000, 3 및 19).

의 정체성과 시민성 간 관계에 관한 연구는 한편으로 국민국가와 민주사회에서 시민들이 가지는 권리에 관해 연구하는 정치(사회)학자들과 인종성 및 정체

성의 구축과 재구성에 관해 관심을 가지는 인류학자들 간의 흥미로운 협력과 공동연구를 기대해 볼 수 있다(Brettell and Hollifield, 2000, 19). 또 다른 예로는 근대학문의 발달과정에서 역사학과 더불어 종합학문으로 자신을 규정하고 있는 지리학은 초국적 이주와 다문화사회에 관한 연구에서도, 학제적 연구를 강조하고 있는데, 이러한 점에서 멕휴(McHugh, 2000)는 이주와 공간과정에 관한 지리학적 분석에 민속학을 도입할 것을 요청하면서 학제적 관점과 다방법적 접근의 중요성을 강조한다. 즉, "공간, 장소, 연계라는 점에서 사유하는 지리학자들은 사람과 장소, 그리고 이주와 순환 체계의 사회적 함의를 탐구하고자 한다. 이러한 도전은 다중적 인식론과 관점들에 개방적이며, 사회과학과 인문학을 가로지르는 지적 활동이 사회사상에서 장르들 간 경계를 허물고 있다"고 주장한다.

세 번째 단계는 마지막으로 초국적 이주 및 다문화사회에 관한 특정 학문 분야들의 연구에서 사용된 개념적 틀, 인식론적 가정, 설명적 전략들의 상호 이해를 통해 개별 학문 분야의 언어와 방법론을 체계적으로 통합시키는 것이다. 그러나 이 단계라고 할지라도 하나의 완전히 통합된 일반 이론이나 방법론이 제시될 것이라고 예상하기는 어려울 뿐만 아니라 어떤 한 연구자가 이러한 일반 이론을 완전하게 만들어낼 것이라고 기대하기 어렵다. 대신 비교적 단순한 개념들과 구조로 짜인 이론적 틀을 만들어내고 이에 기반을 두고 각 학문 분야의 연구자들이 분업적 공동연구를 수행하는 것이다. 물론 공동의 이론적 기반에 근거한 학제적 접근이라고 할지라도, 이러한 연구가 궁극적으로 의존해야 할 점은 초국적 이주와 다문화사회에 관한 실천적 경험과 생활세계에서의 언어이어야 할 것이다. 즉 이미 지적한 바와 같이 초국적 이주와 다문화사회에 관한 학제적 연구는 이에 관한 경험적 연구와 이론적 성찰 간의 상호 변증법적 관계 속에서 발전해 나가야 할 것이다.

4. 초국적 이주와 다문화사회에 관한 통합적 연구방법론 모색

초국적 이주와 다문화사회로의 전환에 관한 연구가 학제적으로 전개되기 어려운 이유들에는 직접적으로 학문 분야들 간 소통과 협력의 부재 또는 미흡하다는 점뿐 아니라, 학문분야에 따라 다양한 개념과 이론적 틀, 연구방법론을 적용하거나, 상이한 연구 범위나 규모 그리고 연구 대상들을 다루거나 또는 다양한 관점과 분야들에서 정책 방안들을 강구하기 때문이라는 점도 포함된다. 앞서 제시한 〈표 1-2〉에서도 어느 정도 확인할 수 있는 것처럼, 학문분야들에 따라 분석 수준이나 단위가 다르고 또한 지배적 이론도 다르다. 또한 이주노동자가 (지역 또는 국가) 경제에 미치는 영향에 관한 연구는 주로 경제학 분야에서 이루어지는 한편, 결혼이주여성의 가정생활이나 이들에 대한 복지 문제는 주로 (가정)복지학 분야에서 다루어지는 것처럼, 각 학문 분야에 따라 주요 연구 대상들도 서로 다르다. 그러나 학문 분야들 간 분석 수준이나 범위, 주요 이론적 관점이나 방법론, 그리고 연구 대상에서 독자성을 어느 정도 인정한다고 할지라도, 실제 현실에서 초국적 이주와 다문화사회는 통합된 실체를 구성하고 있다는 점에서 이에 관한 연구방법론이나 이론적 관점 등의 다양성을 해소하고 통합된 방법론을 모색해 보는 것은 유의한 의미를 가진다.

우리나라에서 초국적 이주와 다문화사회로의 전환에 관한 연구에서 방법론적·이론적 검토를 제시한 연구자들 가운데 한 사람으로 설동훈(1999)을 들 수 있다. 그는 국제노동력 이동 이론을 〈표 1-3〉과 같이 제시하고, 구조와 행위의 연결에 초점을 두고 연구를 진행하였다. 행위이론과 구조이론의 구분은 사회

〈표 1-3〉 국제(노동력)이동 이론 분류

행위이론	구조이론	관계이론
배출-흡인 이론	세계체계 이론	사회적 연결망 이론
비용-편익 분석	노동시장 분절이론	사회적 자본 이론

자료: 설동훈, 1999, 38.

〈표1-4〉 국제이주·적응에 관한 방법론 분류

발생론	지속론	적응(정착)론
신고전경제학과 신이주경제학	사회적 자본론	인적자본론과 노동시장분절론
노동시장분절론과 역사-구조론	누적원인론	이민사회학과 경제사회학

자료: 석현호, 2000에서 정리함.

학(나아가 사회과학 일반)에서 흔히 미시적/거시적 접근으로 이원화된 이론체계를 반영한 것이며, 관계이론은 이들을 연결시키기 위한 대안적(중범위) 접근방법이라고 할 수 있다. 석현호(2000)는 다소 다르게 매시 등(Massey, et al., 1993, 1994)이 제시한 분류방식, 즉 초국적 이주의 발생/지속 이론의 구분에 더하여 이주의 마지막 국면(또는 단계)이라고 할 수 있는 적응(정착)론을 추가하여 검토하고, 이러한 검토를 통해서 구상된 행위체계적 접근을 결론적으로 제안하고 있다(〈표 1-4〉 참조). 이러한 분류 방식은 초국적 이주와 다문화사회에 관한 이론들을 이주의 발생(배경과 이주과정) → 이주의 지속(새로운 이주의 발생) → 이주 후 적응과 정착이라는 이주의 전체 과정을 파악할 수 있는 단계별 분류라는 점에서 의의를 가진다. 그러나 그가 제안한 행위체계적 접근은 미시적/거시적(또는 행위적/구조적) 접근방식들을 통합할 수 있는가라는 의문뿐만 아니라, 그가 다루고자 한 이주과정의 단계별 이론들을 통합할 수 있는가라는 새로운 의문을 낳고 있다.

최근 김용찬(2006)은 정치학뿐만 아니라 경제학, 사회학, 인구학 등에서 국제이주에 관한 분석 방법들, 특히 기존 경제이론(특히 신고전주의 경제학, 이주의 신경제학, 노동시장분할론 등)과 역사-구조접근법(마르크스정치경제학, 세계체제론 등)을 검토하여 그 한계를 제시하고, 국제이주의 포괄적 분석을 위한 대안으로 일반체계이론을 국제이주분석에 원용한 '이주체계접근법'을 제시한다. 그러나 이러한 대안 역시 미시적/거시적 이론들과 이주 → 정착과정에 관한 이론들을 통합할 수 있는가에 대해서는 여전히 의문이다. 전형권(2008) 역시 국제이주에 관한 다양한 이론들을 재검토하여, 각 이론이 가지는 분석적 유용성과 한계를 밝히고, 나아가 그가 지칭한 '초국가형 디아스포라'의 통합모형이 갖는 분석적 함의를 도출하고자 한다. 특히 그는 설동훈과 유사하게 "신고전경제학의 행위자 중심시각이나 세계자본주의체제나 일국의 노동시장분절 등 구조적 요인만으로는 충분한 설명이 될 수 없으며, 행위자와 구조를 통합하는 관계론적 시각이 보완되어야 할 것"이라고 주장하고, 나아가 "송출국과 수용국을 둘러싼 거시적 구조와 미시적 구조의 통합을 통해 안정된 국제이주체계가 어떻게 형성되며 작용하는지를 살펴야 한다"고 강조한다. 그러나 그가 기존 이론들을 분류하는 과정에서 제시한 두 개의 축, 즉 미시/거시적 분석, 분석단위(개인, 가족, 시장, 국가)가 상호 배타적인 기준인가라는 점과 그가 실제 초국가형 디아스포라를 위한 통합모형을 제시했는가에 대해 의문이 제기될 수 있다.

초국적 이주와 다문화사회로의 전환에 관한 다양한 이론이나 방법론들에 관한 이러한 재검토는 물론 이들이 국내 연구에서 누적된 연구 성과들에 근거하기보다는 대부분 서구 사회에서 제시된 연구방법론의 재검토에 대한 소개와 국내 상황에 대한 경험적 연구에의 적용과정에서 이루어진 것이다. 사실 서구 사회에서 초국적 이주와 다문화사회로의 전환과 관련된 연구방법론의 검토는 오래 전부터 이루어져 왔다. 포테스(Portes, 1981)는 이미 1980년대 초에 국제이주에 관한 이론들을 재검토하면서 이주의 거시적 구조와 더불어 행위자들의 사회연결망에 바탕을 둔 관계적 측면을 함께 연구할 것을 주장했다. 또한 매시 외(Massey, et al., 1993, 1994, 1995 특히 제2장)는 본격적으로 국제이주에 관한 다양한 현대적 이론들을 검토·평가하고자 했으며, 이들의 연구는 석현호(2000), 김용찬(2006) 등에 의해 소개된 바와 같다. 또한 카슬과 밀러(Castles and Miller, 1993/2009)도 초국적 이주에 관한 이론들을 체계적으로 검토하였다.

초국적 이주에 관한 연구방법론에 대한 검토는 서구 학계에서도 최근까지 이어지면서 반복되고 있다. 쿠레코바(Kurekova, 2011, 14)는 관련된 이론들을 이주의 결정요인에 관한 이론과 이주의 지속성 및/또는 흐름의 방향성에 관한 이론으로 크게 구분하고, 각 유형의 이론으로 전자에는 신고전이론, 인적자본론, 신경제론, 세계체계론(역사구조적 접근), 이중노동시장론 등을 포함시키고, 후자에는 네트워크이론, 이주체계이론, 초국적 이주이론 등을 포함시켰다. 오렐리(O'Reilly, 2012)는 국제이주에 관한 이론들을 미시경제적 이론, 세계체계이론, 이주체계와 네트워크이론 등으로 구분하고 미시적 이론과 거시적 이론의 이분법을 극복하기 위해 학제적 연구가 필요하다는 점을 강조했다. 다른 한편 새머스(2013)는 국제이주에 관한 이론을 전체적으로 망라하여 총 열 가지 유형을 확인하고, 이들을 분석 수준에 따라 크게 결정론적 이론과 통합적(또는 혼합적) 접근으로 구분하고, 배출흡인접근, 신고전경제학, 행태주의, 신경제학, 이중노동시장과 노동시장 분절론, 구조주의적 접근 등은 전자 유형에, 그리고 사회네트워크 분석, 초국가주의, 젠더중심적 분석, 구조화 이론 등은 후자 유형에 속하는 이론으로 분류했다.

이와 같이 초국적 이주와 다문화사회에 관한 이론이나 연구방법론에 관한 서구 사회의 연구들은 한국 사회에서 이와 관련된 연구를 위한 이론적, 방법론적 성찰을 가능하게 한다는 점에서 면밀히 검토해 볼 필요가 있을 것이다. 국내외에서 이루어진 이러한 재검토 결과에 의하면, 우선 초국적 이주와 다문화사회에 관한 기존의 이론 또는 방법론들은 미시적(행위적), 거시적(구조적) 접근들과 이들을 결합(또는 통합)시키고자 하는 연구들로 구분될 수 있다. 또한 이들은 이주과정에 관한 이론과 정착과정에 관한 이론으로 구분될 수 있다. 물론 이러한 두 가지 구분, 미시적/거시적 접근, 이주/정착이론들은 실제 내적으로 연계되어 있지만 분석적으로 구분된 것으로 이해되어야 할 것이다. 이러한 점에서 나아가 좀 더 면밀하게 살펴보면, 기존의 이론들은 다규모적 접근에 따른 사회공간적 차원, 즉 개인적 → 가족적(집단적) → 지역(사회)적 → 국가적 → 국제적 → 세계적 차원으로 재분류될 수 있다(〈표 1-5〉 참조). 그리고 이들을 통합시키고자 하는 기존 시도들의 연장선상에서 초국적 이주에 관한 이론화에서 몇 가지 유의사항을 제시해 볼 수 있다.

〈표 1-5〉 초국가적 이주에 관한 접근방법의 다규모적 분류

규모	접근방법	주요 내용
개인적	행태적 접근	개인의 삶의 질 향상을 위한 동기와 태도에 따른 이주와 적응
	인적 자본론	개인이 가진 능력에 대해 최대의 대가를 지불해 줄 곳이라면 어디든지 이주
가족적 (집단적)	위기분산전략 (신이주경제학)	식구 중 한두 사람을 먼저 해외로 이주시켜서 위험을 분산시키면서 가족단위로 이루어지는 이주
	사회적 자본론	국제적 이주의 사회적 연결망은 정보 획득과 문제 해결(또는 위험 회피)을 위한 사회적 자본으로 작동
지역적	이주생태학적 접근	중개인 집단과 소수 인종군락에 의한 적소에의 편입으로서 이주
	누적원인론	노동수요의 감소에 따른 이출 압력 등에 의한 누적 효과에 의해 지역사회에서 이주 영속화
국가적	사회인구학적 접근	국가의 성/연령 구성의 변화와 이에 따른 가치관의 변화로 노동인구 또는 혼인적령인구의 분균형에 따른 인구 유입
	흡인-배출 요인론	국가적 차원의 사회, 정치, 경제적 요인들에 의한 이주: 흡인요인(인구/노동력 감소, 가사노동수요 증가)과 배출요인(인구과밀, 경지부족, 성차별, 일자리부족, 저소득) 구분
국제적 (공간적 분절론)	이중적 노동시장론	자본주의 발전이 두 개의 구분된 직업유형을 창출하며, 이주노동자의 고용은 이차 노동시장에서 임금상승을 억제할 수 있음
	문화교차론 (이주여성화론)	문화의 구성 주체인 계층, 민족, 인종, 젠더, 성성 등의 불균등한 관계에 따른 국제적 이동
세계적 (초국가주의)	(문화적) 탈영역화론	경계의 해체와 재구성에 의해 국가경계를 넘어서는 여러 흐름들의 발달, 다중적으로 구조화된 새로운 지구적 공간의 형성
	자본주의 세계체계론	세계 자본주의의 재편과정에서 세계체계적으로 구축된 자본축적과 계급 지배를 위한 새로운 성격의 인구 이동

첫째, 국제적 이주의 배경에 관한 구조적 측면과 이주의 행위적 차원을 상호 연계시켜 분석할 필요가 있다. 오늘날 대규모 국제이주를 유발하는 세계체계의 불균등지역(또는 중심국-주변국)구조를 고찰하는 한편, 미시적 차원에서 개인 간 그리고 공동체 간 이주 성향의 차이를 설명할 수 있는 개념들을 개발할 필요가 있다(Gross and Lindquist, 1995).[4] 즉 최근 새롭게 급증하고 있는 국제이주는 신자유주의적 지구화 과정을 통해 진행되고 있는 자본주의 경제체제의

지구적 재편과정을 배경으로 연계된 개별 국가(지역)들 간의 경제적, 정치적, 사회적 불균등성에 따라 초래된 것이라고 할 수 있다(Overbeek, 2002; 최병두, 2011, 제1장). 그러나 다른 한편 이러한 세계적 차원의 구조적 규정력은 모든 사람들에게 동시에 영향을 미친다고 할지라도, 그 영향에 좀 더 민감하고 취약한 집단들은 빈곤, 정치적 억압, 사회문화적 배제(인종적, 성적)가 일반화된 지역에서 삶의 질 향상(또는 자아실현)의 기회가 더욱 풍부한 지역으로 이주하게 될 것이다. 이러한 초국적 이주는 행위자의 차원에서 자발적 선택에 의한 것처럼 보이지만, 실제 자본주의 특히 최근 신자유주의적 자본주의의 지구화 과정에 둔감한 구조적 규정력에 의해 조건 지워진 것이라고 할 수 있다.

둘째, 국제이주에 함의된 경제적, 정치적 측면과 문화적 측면을 함께 결합시켜 이해할 필요가 있다. 다양한 인종이나 민족들 간 상호교류에 따른 국제이주는 그 자체로서 문화적 현상이며, 따라서 문화적 관점에서 이해할 필요가 있다. 문화는 개인의 사고와 행동을 지배하는 사회의 구조적 배경이 아니라, 오히려 개인이 주체적 역할을 담당하는 사회 구성의 과정에서 형성되고 재형성되는 것으로 이해되어야 한다. 이러한 점에서 다문화 접촉에서 유발되는 문화적 갈등이나 정체성의 상실과 같은 문제가 중요하게 다루어져야 할 것이다. 그러나 다른 한편 문화적 측면을 지나치게 강조할 경우, 사회경제적 문제를 문화의 문제로 간주하는 오류를 범할 수 있다. 즉 "민족적이고 문화적인 것처럼 보이는 갈등 뒤에는 흔히 경제적인 문제, 경제적인 이유가 숨어 있으며, 특히 다문화(지역)사회에서 발생하는 다양한 문화적 갈등은 사회경제적 갈등과 불평등의 원인이 된다기보다는 오히려 그 결과"라고 할 수 있다(마르티니엘로, 2002, 51).

4. 이와 같이 행위의 차원과 구조의 차원 간 방법론적 결합은 많은 연구자들, 특히 앞서 언급한 바와 같이 '관계적' 측면을 강조하는 연구자들뿐만 아니라 이른바 '구조화' 이론에 바탕을 두고 국제이주 나아가 사회 제반 현상들에 접근하고자 하는 연구자들에 의해 강조되고 있다. 그러나 이 논문에서 강조하고자 하는 점은 단지 이주자 네트워크처럼 '관계적' 측면 또는 일부 구조화이론에서 강조되는 '중범위' 이론을 옹호하기보다는(이러한 접근을 분명 인정하지만) 실질적인 의미에서 행위와 구조를 변증법적으로 결합시키는 연구방법론의 필요성을 강조하고자 한다.

셋째, 이주 및 적응과정에서 외국인 이주자는 독립적인 한 개인이라기보다 사회적 집단(가정에서부터 국가 조직에 이르는 공식 및 비공식집단)의 한 구성원으로 이해되어야 한다. 즉 이주자들은 송출국에서 유입국으로 이주하여 새로운 지역사회에 정착하는 과정에서 자신이 속해 있는 가정, 지역사회, 나아가 국가의 한 구성원으로 활동하면서 새로운 정체성을 형성하게 된다. 이주를 위한 정보 획득이나 위험 분담, 그리고 이주경로의 선택, 유입 지역에서의 적응을 위한 다양한 노력들은 이 과정에서 구축한 다양한 사회공간적 연결망에 의존한다. 이주의 연결망은 관련 정보 전달을 통해 이주자를 지원하는 이주 촉매자가 되거나 또는 일정한 한계나 조건을 부가하는 개입자(학원, 중개업소, 비자 발급 등)가 되기도 한다. 이주 및 적응과정에서의 연결망을 강조하는 연구는 물론 단순히 이주체계적 또는 기능적 접근이라기보다 최근 새롭게 제기되고 있는 행위자-네트워크이론(actor-network theory, 이하 ANT)에 근거를 둘 수 있을 것이다. 최병두 외(2017)의 연구는 행위자-네트워크이론에 바탕을 두고, 초국적 이주과정에서 형성되는 행위자들 간 네트워크와 사회공간적 전환 과정에 관한 공동작업의 결과를 제시하고 있다는 점에서, 새로운 주요 개념들을 제시하고 있을 뿐만 아니라 초국적 이주에 관해 좀 더 통합적인 연구라는 점에서 의의를 가진다고 하겠다.

넷째, 초국적 이주 배경이나 연계망을 통한 이주 및 정착과정은 외국인 이주자 자신(개인 또는 집단)의 변화뿐만 아니라 이들이 떠나온 국가나 지역사회의 변화 그리고 이들이 유입된 국가나 지역사회 그리고 그 구성원들에게 지대한 영향을 미치면서 변화를 유발하고 있다. 송출 국가나 지역사회의 특성에 따른 연쇄이주는 그 지역사회의 사회적 자본으로 간주되기도 하며, 유입된 국가나 지역사회에서의 적응과정은 단순한 동화과정이 아니라 그 지역사회 원주민들과의 상호교류를 통한 다문화적 관계의 형성과정으로 이해된다. 또한 이러한 과정에서 외국인 이주자들의 유입을 통해 지역사회의 변화가 긍정적/부정적으로 평가될 경우, 그 지역사회에의 외국인 이주는 확대/축소되는 경향을 가지게 된다. 물론 이러한 과정은 행태(주의)적 측면에서의 피드백과정이라기보다는 지역사회의 변화가 국가적, 세계적 구조의 변화를 초래하며, 이러한 재구조화 과정을 통해 국제이주는 정책적으로 관리·통제되면서 지속되거나 또는 확대/쇠퇴하게 된다.

이러한 점들에 더하여, 최근 서구의 연구자들은 초국적 이주와 다문화사회에 관한 논의를 좁은 의미의 특정 주제에 한정시키기보다 사회 전반적으로 중요한 이론적 주제로 이슈화하고 있음에 유의할 필요가 있다. 카슬과 밀러(Castles and Miller)는 자신의 저서, 『이주의 시대(*The Age of Migration*)』를 지속적으로 수정하면서, 특히 2009년 발간된 4판에서는 이주과정과 이주체계 및 네트워크(초국가주의 이론 포함)에 관한 이론의 중요성뿐만 아니라 이주에서 정착에 관한 연구로의 전환을 강조하면서, 소수 인종 문제, 문화적 정체성, 국가와 시민성 등을 새로운 이론적 주제로 제시하고 있다. 포테스와 드윈드(Portes and DeWind, 2004) 역시 초국적 이주 연구에서 새로운 개념적, 방법론적 발전을 다루고 있으며, 이러한 의도에서 다양한 학문 분야들에서 이루어진 성과를 검토하고 있다. 이러한 점에서 초국적 이주와 다문화사회에 관한 연구는 어떤 이론적 틀이나 방법론에 따라 관련된 현실 세계의 전개 및 변화 과정을 고찰할 뿐만 아니라 이러한 과정을 주도할 수 있는 역동적이고 좀 더 광의적인 사회이론 및 인문학적(또는 윤리적) 성찰에 바탕을 두고 발전해 나가야 할 것이다. 이러한 점에서 카슬(Castles, 2010, 1565)이 제기한 주장, 즉 "우리는 이주 연구를 현대 사회에 관한 보다 일반적 이해에 재착근시키고, 이를 사회과학 분야들을 가로질러 보다 광의적인 사회변화이론들과 연계"시켜야 한다는 점이 이해될 수 있다.

5. 초국적 이주와 다문화사회에 관한 대안적 관점과 정책 과제

1) 초국적 이주와 다문화사회에 관한 대안적 관점의 모색

초국적 이주와 다문화사회의 연구는 이와 관련된 현실 세계의 변화와 발전을 어떻게 추구해 나갈 것인가에 관한 이론적 관점 또는 윤리와 밀접한 관련을 가진다. 초국적 이주에 관한 연구에서 행위자의 선택에 관한 고찰뿐만 아니라 구조적 배경에 관한 고찰이 중요하다는 주장, 나아가 행위 차원과 구조 차원을 결합시켜야 한다는 관계론적 주장은 단순히 사회의 구성에 관한 방법론의 문제만이 아니라 초국적 이주자를 어떻게 이해하고 대우해야 할 것인가에 관한 윤리적 측면과 정책적 과제의 문제 등을 내포한다. 구체적으로 보면, 초국적 이주자들의 이주 및 정착과정에 관한 연구는 개인의 태도나 노력에 따른 성공/실패가 아니라 이주한 지역사회 나아가 국가에서 이들을 어떻게 포섭/배제하는가에 관한 윤리적 및 정책적 관점의 문제로 이해되어야 할 것이다. 흔히 초국적 이주자들은 이주한 지역의 생산 현장이나 생활공간 속에서 '노동자가 아닌 노동자'(연수생 또는 불법체류자) 또는 가난한 나라에서 못살아서 떠나온 '우편배달 주문 신부'(mail-order-bride)로 인식되며, 사회적 인종관에 따라 인종질서의 서열화가 매겨지고 사회적 약자 또는 타자로서 관념화되어 왔다(한건수, 2003). 이와 같이 실제 상호행동을 통한 체험을 통해서라기보다 관념적으로 형성된 인식, 즉 '상상적 관념'은 초국적 이주와 다문화사회로의 전환과 관련된 정책에도 지대한 영향을 미친다.

다른 한편, 국제이주에 관한 기존의 연구들은 대부분 분석 단위를 (국민)국가로 설정하고, 개별 국가들의 특성을 분석하거나 또는 비교하는 방식을 채택하였다. 그러나 오늘날 지구지방화 과정 속에서 국경을 가로지르는 사람들의 이동은 단순히 한 국가에서 다른 국가로의 이주라기보다는 다장소적 다규모적 네트워크를 가진 초국가적 관계를 내포하고 있다는 점에서 국민국가의 개념을 훨씬 벗어난다. 이러한 점에서 위머와 쉴러는 국민국가에 바탕을 둔 초국적 이주 연구가 가지는 한계를 '방법론적 민족주의'라고 비판하고, 특히 이를 "사회과학적 상상의 영토화와 분석의 초점을 국민국가의 경계로 환원하는 것"이라고 주장했다(Wimmer and Glick Schiller 2002, 307; 이병하, 2017, 37 재인용). 이들에 의하면, 이러한 방법론적 민족주의는 국민국가를 분석단위로 삼으면서 문화, 정체, 경제, 사회집단 등을 국민국가라는 컨테이너 안에 넣고 사고한다는 점에서 일종의 '컨테이너 이론'이라고 불린다. 오늘날 전개되는 초국적 이주와 다문화사회로의 전환은 단순히 한 국가 안에서 벌어지는 현상이 아니라 초국가적 흐름과 지구지방화 과정 속에서 전개되는 다장소적 연계성과 다규모적 전환으로 이해되어야 할 것이다.[5]

좀 더 추상적인 관점에서 초국적 이주와 다문화사회로의 전환을 어떻게 이해할 것인가에 관학 이념적(나아가 철학적) 관점의 문제 역시 학제적 연구와 통합된 이론의 구축을 어렵게 만드는 또 다른 문제이다. 이에 관한 기존의 관점들은 다양하게 유형화될 수 있지만, 최근 다문화사회 연구자들의 담론에서 주요하게 부각되고 있는 것으로 다문화주의, 세계시민주의, 초국가주의, 탈식민주의, 그리고 상호문화주의 등을 들 수 있다. 이들은 초국적 이주와 다문화사회로의 전환과 관련된 주요한 관점(또는 주의, 즉 'ism')이며, 그 자체로 현실 분석을 위한 개념들을 제시하고 있을 뿐만 아니라 명시적 또는 암묵적으로 윤리적 및 정책적 규범을 내포하고 있다. 물론 각 관점에서 우선적으로 관심이 주어지는 행위주체와 현실 세계의 관심 분야는 다소 다르고, 또한 이론적 성향도 상당히 다양하다. 이들에 내포된 분석적 측면과 이론적 및 윤리적 특성들은 세부적으로도 다소 차이가 있을 것이고 또한 시간의 변화에 따라 역동적으로 변하겠지

5. 이러한 점에서 이병하(2017)는 방법론적 민족주의를 벗어나기 위한 대안적인 분석 단위로 도시 규모를 제안한다. 물론 "도시를 분석단위로 채택하여 비교연구에서 '국가적 모델'을 넘어서는 것은 의미 있는 시도"라고 할 수 있지만, 지구적 차원에서 전개되는 자본주의의 구조적 메커니즘에 대한 연구도 필요하며, 또한 국민국가 단위에서 작동하는 영토성과 정치적 통치와 정책도 여전히 주요한 역할을 하고 있다는 점이 지적되어야 할 것이다.

〈표 1-6〉 초국적 이주와 다문화사회에 관한 여러 관점들

	다문화주의 (multiculturalism)	세계시민주의 (cosmopolitanism)	초국가주의 (transnationalism)	탈식민주의 (postcolonialism)
행위 주체	이주자+현주민 (이주자와 현지 주민의 혼합)	지구문화를 수용, 발전시키는 현지 주민	이주자에 초점을 두고, 자본이나 기업도 포함	기존의 지방문화를 초월하고자 하는 이주자
현실의 관심분야	문화적 현상과 이데올로기	사회문화현상과 이데올로기	정치경제과정과 사회적 현상	사회문화현상과 문화비평
규범적 성향	다양성과 차이의 인정	이방인에 대한 윤리	초국민 국가와 하위정치	경계인과 하위 주체 (subaltern)
주요 주창자	킴리카 (W. Kymlicka)	누스바움 (M. Nussbaum)	벡 (U. Beck)	스피박 (G. C. Spivak)

만, 단순화를 전제로 그 특성을 소개하면 〈표 1-6〉과 같이 요약될 수 있다.

표에서 제시된 바와 같이, 다문화주의(multiculturalism)는 인종적, 문화적 다양성과 차이를 인정하는 규범을 내포하고 있으며(킴리카, 2010), 세계시민주의(cosmoplitanism)는 외국인 이주자(이방인)들이 새롭게 정착한 지역이나 국가에서 세계시민으로서의 권리를 가지고 환대를 받아야 된다는 규범을 내포하고 있다(애피아, 2008). 초국가주의(transnationalism)는 지구화로 인한 국민국가의 무력화 등을 지적하고 초국민국가와 하위정치를 강조하며(Beck, 2002; 2006; 박경환, 2007), 탈식민주의(postcolonialism)는 (신)식민지적 경험에 바탕을 둔 혼종성과 경계인의 입장에서 지배에 대한 비판(지배의 전복)과 하위주체(subaltern; 기층민중)의 입장에서 억압체제에 대한 저항을 강조한다(bhabha, 1995; Spivak, 1999). 이와 같은 관점들은 자신들의 입장에서 지구지방화 과정에서 촉진되고 있는 초국적 이주와 다문화사회로의 전환에 관한 다양한 이론적 또는 개념적 틀과 더불어 윤리적 규범을 제공한다는 점에서 공통점을 가진다.

그러나 개별 관점 내적으로 또는 관점들 간에 서로 비판적이거나 대립적 논쟁들이 있었다. 벡(Beck)은 자신의 관점을 제시하면서 초국가주의와 세계시민주의라는 용어를 혼용하고 있으며, 세계시민화라는 이름으로 초국가주의의 지

표들을 제시하는 문제를 안고 있다는 점이 지적되고 있다(Roudonetof, 2005). 다른 한편, 하비(Harvey, 2009)는 칸트(Kant)에서부터 누스바움(Nussbaum), 벡, 애피아(Appiah) 등에 이르는 세계시민주의가 자본주의의 지구화 과정에 대한 대안으로 제시될 수 있지만, 이들의 세계시민주의 보편적 특성을 강조함으로써 "세계시민적 원칙들 자체가 당면한 지리학적, 생태학적, 인류학적 특수성들의 영향으로 수정되거나 심지어 급격하게 재구성될 수 있다는 가능성(인권 이론의 경우처럼)을 고려하지 않았다"고 비판한다. 즉 다문화주의, 세계시민주의, 초국가주의 등은 지구지방화 과정에서 초래된 국민국가의 해체와 다문화(또는 세계시민적, 초국가적)사회로의 전환을 위한 대안적 규범으로서 의미를 가지지만, 이들이 개별 장소나 지역들에 뿌리를 두지 않을 경우, 결국 지배집단의 정치적 이데올로기로 전환할 수 있음이 경고될 수 있다.

이러한 점에서 최근에는 다문화주의에 기반을 둔 이론적 관점이나 정책들이 실패 또는 한계에 직면했다고 주장하면서, 그 대안으로 상호문화주의가 중시되어야 한다는 주장이 제기되기도 한다(제8장 참조). 기존의 다문화주의는 다문화사회의 통합을 위하여 문화적 다양성을 강조하면서 차이의 인정과 공존을 강조하지만, 실제 이에 근거한 정책들은 이를 명분으로 초국적 이주자들의 상황을 방관함으로써 문제를 심화시키는 경향이 있다는 점이 지적된다. 이러한 문제를 해소하기 위하여, 상호문화주의는 여러 문화들의 단순한 병렬적 공존을 넘어 이들 간 상호 열린 대화와 소통을 통해 실천적으로 공유하는 문화를 만들어내어야 한다는 점을 강조한다. 즉 상호문화주의는 훗설이나 현상학에서 제시된 상호주관성에 기반을 두고 다양하면서도 공유가능한 문화성을 창출하고자 한다(최재식, 2017). 이러한 점에서, 상호문화주의는 다문화주의를 대체하거나 또는 상호보완하는 이념으로 이해되면서, 다문화사회로의 원활한 전환을 위한 정책들의 지침이 될 수 있을 것이라고 주장된다(김창근, 2015).

이와 같이 초국적 이주와 다문화사회로의 전환에 관한 학문적(즉 사회이론적, 철학적) 성찰은 관련된 관점들에 대한 이론적 검토뿐만 아니라 현실 상황을 반영한 이들의 비판이나 수용으로 이어진다. 이러한 성찰은 특히 특정한 관점이 지배집단의 정치적 이데올로기로 동원될 때 매우 중요한 의미를 가진다. 그러나 일반적으로 규범적 측면을 강조하는 이러한 관점들을 지나치게 비판할 경우, 오히려 현실적 측면에서 나름대로 규범성을 반영하고자 하는 정책을 억제하는 한편 이에 역행하는 정책들을 창궐하도록 할 수 있다. 실제 서구 사회에서는 신자유주의 정책의 강화과정에서 기존의 다문화정책들이 퇴조하고 있다는 점이 지적된다. 즉 미첼(Mitchell, 2004, 641)이 지적한 바와 같이, "국가가 지원하는 다문화주의는 점차 퇴조하고 있다. 동시에 동화[주의]가 그 녹슨 이미지를 벗어나서 주요 개념적 및 정치적 도구로 그 지위를 다시 얻고 있다"는 점에서 현실 정책에 대해 좀 더 직접적인 비판이 요구된다.

사실 서구 사회에서 초국적 이주와 다문화사회에 대한 논의의 주요 관점들은 동화주의 대 다원주의, 자유주의(또는 개인주의) 대 공동체주의, 평등주의 대 차별주의, 배타주의 대 포용주의 등의 이원적 대립으로 조건지어져왔다. 예를 들어 개인을 사회의 중심으로 이해하는 자유주의자들은 전통적으로 공적인 영역에서 문화와 정체성의 다양성을 인정하지 않으려 하는 반면, 공동체주의자들은 공동체를 각 개인에게 규범적으로나 존재론적으로 꼭 필요한 조건으로 이해하고 문화와 정체성의 다양성을 인정하고자 한다(한준성, 2010). 물론 이러한 구분은 분석적이며, 실제 동화를 지향하는 구체적인 경향은 다원주의 사회에서도 나타나며, 다원주의적 경향이 동화주의 사회에서도 나타나고 있다. 이러한 점에서 "전적으로 동화주의적 사회, 또한 전적으로 다원주의적 사회는 존재하지 않는다. 그들은 서로간의 관계에 의해서만 의미를 갖는, 서로 경쟁하는 이념적 산물"이라고 할 수 있다(마르티니엘로, 2002, 70).

우리 사회에서도 이 같은 다문화사회에 대한 인정에서 나아가 다문화주의를 주창하고 이를 정책에 반영하고자 하는 담론이 형성되고 있다. 일반적으로 다문화주의라는 용어는 인간사회의 다양성, 인구학적이고 문화적인 다원화를 설명하기 위해 사용된다. 그러나 다문화주의라는 용어의 의미는 사용하는 사람,

분야, 학파에 따라 그리고 국가에 따라 매우 다르며, 때로는 심각한 정치이데올로기로 사용되기도 한다. 2차 대전 독일에서의 유태인 학살은 다문화주의에 대한 극단적 반대로 초래된 역사적 재앙이었다면, 최근 대부분의 국가들이 최소한 담론적으로 수용하고 있는 다문화주의는 후기 자본주의의 문화적 색깔(상부구조)로 비판되기도 한다(최병두 외, 2011). 이러한 경향은 다문화주의, 초국가주의, 세계시민주의, 심지어 탈식민주의에서도 내재된 문제라고 할 수 있다. 따라서 어떤 의미에서 초국적 이주와 다문화주의에 대한 연구는 방법론적으로 학제적 접근이나 통합적 이론을 추구하는 것도 중요하지만, 또한 동시에 자본주의 또는 신자유주의적 지구화에 의해 창출되거나 또는 이데올로기적으로 동원되는 지배적 관점에 대한 대안적 관점을 만들어내기 위해 노력할 필요가 있다고 하겠다.

이러한 포괄적 입장을 전제로 초국적 이주와 다문화사회로의 전환과 관련된 정책의 윤리적 배경으로 다문화주의를 살펴볼 수 있다(윤리 그 자체로서의 다문화주의에 관한 논의로는 제9장 참조). 그동안 학술적으로뿐만 아니라 정책적 담론에서 흔히 강조되고 있는 다문화주의는 분명 동화주의나 배제주의와는 구분되는 어떤 정책적 지향으로 이해될 수 있다. 그럼에도 불구하고, 다양성이나 차이를 왜, 어디까지 인정할 것인가, 이러한 관점을 반영한 정책의 주체는 누구이며, 어떻게 실행될 것인가 등을 둘러싸고, 이주자들을 정책의 대상으로 간주하는 피동적 다문화주의와 이들을 정책의 실질적 주체로 설정하는 능동적 다문화주의로 구분될 수 있다.

다문화주의에 대한 이러한 구분은 행위주체가 국가주도적인가, 시민주도적인가에 따라 정책적/실천적 다문화주의로 구분되거나 또는 정책의 집행 방식으로는 위로부터(하향식)/아래로부터(상향식) 다문화주의로 구분될 수 있으며, 온건한(soft)/강경한(hard) 다문화주의로 구분되기도 한다(윤인진, 2007). 온건한(또는 연성light) 다문화주의는 일상적 생활 및 소비 양식의 다양성을 인정하고, 또한 정책적 차원에서 국가가 소수집단 단체들에 재정적 지원을 제공함으로써 문화적 다양성을 인정하고 장려할 수 있다(교육 분야에서 문화적 다양성에 대한 고려, 공공정책을 시행). 강경한 다문화주의는 온건한 다문화주의 내에 존재하는 피상적인 다원주의를 극복하면서 민족적 정체성이라는 고전적 개념에 문제를 제기하고, 일련의 공공정책과 특정 소수집단 성원에게 보장된 권리(외국인 이주자에 대한 동일한 시민권 부여 등)의 인정 등을 포함한다.

특히 다문화주의가 피동적(정책적, 하향식, 약한) 다문화주의에서 능동적(실천적, 상향식, 강한) 다문화주의로 나아가는 데 강조되어야 할 점은 다문화주의는 사회정의와 밀접하게 관련된다는 점이다. 즉 다문화주의는 단순히 문화적 다원성이나 정치적 권리의 인정 이상의 문제로 사회정의와 관련된다는 점에서, "다문화주의는 재분배의 문제가 되며, 또한 사회정의의 문제가 된다"는 점이다(마르티니엘로, 2002, 100). 즉 다문화사회에서 초국적 이주자들이 사회적 억압과 지배에서 벗어나서 자신의 능력을 개발하고 발휘할 수 있도록 인정의 정치가 강조되어야 할 뿐만 아니라 실질적으로 이들의 삶이 물질적 빈곤에서 벗어날 수 있도록 재분배의 정치도 중요하다는 점이 강조된다(최병두 외, 2011, 제1장; 최종렬, 2015). 요컨대, 다문화주의와 사회정의와의 관계는 소득과 부의 재분배적 정의, 인권과 기타 권리(기회균등, 참정권 등)에 관한 법적·정치적 정의, 그리고 타자의 가치관이나 정체성에 대한 인정의 정의 등을 포함한다.

2) 다문화사회로의 전환에 따른 문제와 정책과제

초국적 이주와 다문화사회로의 전환에 대한 학제적, 통합적 접근을 어렵게 하는 또 다른 요인으로 관련된 정책들의 분화와 그 담당 부서들의 분리를 들 수 있다. 일반적으로 초국적 이주, 특히 국가 간 사회경제적 격차에 따라 저개발국에서 상대적으로 발전된 선진국으로 이동하는 이주의 주요 목적은 기본적으로 좀 더 높은 소득 기회의 확보와 더불어 삶의 질 개선에 있다고 할 수 있다. 이들은 국내에 이주하여 열악한 작업 및 생활환경을 감수하고도 좀 더 높은 소득을 얻고자 하지만, 실제 이들에 대한 임금이나 생활조건은 매우 불평등하다. 따라서 다문화주의에 대한 정책은 우선 경제적 측면에서 이들이 지역 및 국가경제에서 차지하는 역할과 이에 상응하는 정당한 대우(소득 분배뿐만 아니라 작업 환경 등)를 전제로 한다. 또한 다문화주의는 외국인 체류자들에 대한 인권(국적문제에서부터 구타나 폭언에 이르기까지)의 평등과 인간다운 삶을 위한 거주, 교육, 의료보건 등에서 최소한의 사회적 보장을 필요로 한다. 그러나 현실적으로 이들의 주거환경은 매우 열악하고, 자녀들의 교육 기회는 차단되어 있으며, 특히 불법체류자들의 경우 질병이 발생하면 대처할 능력이 없다. 이러한 점에서 다문화주의는 인간 삶의 기본적 권리(생존권)와 더불어 인간적 권리들이 사회적 정의의 차원에서 보장되어야 한다.

다문화주의와 사회정의를 조화시키는 또 다른 주요 측면은 내국인과 외국인 간의 타자성에 대한 상호 인정이라고 할 수 있다. 최근 다문화주의와 관련하여 강조되고 있는 인정의 정의는 타자의 가치관이나 정체성, 생활양식(예로 종교) 등을 존중한다는 점에서, 단순한 경제적, 정치적 자원의 배분뿐만 아니라 문화적 생산과 인식의 재구성을 요청한다. 이와 같이 초국적 이주의 수용과정과 지역사회 정착 과정은 해당 국가의 정책에 의해 크게 조건지워진다(최병두 외, 2011). 초국적 이주와 다문화사회로의 전환이 사회과학 및 인문학의 다양한 학문분과들과 관련되는 것처럼, 이들의 현실 생활뿐만 아니라 이들의 이주 및 정착과정을 규정하는 정책들은 다양한 측면들을 포괄한다. 즉 초국적 이주와 다문화사회로의 전환과 관련된 정책들은 사회의 여러 측면들, 즉 경제적, 정치적, 사회문화적 측면들에 내재된 문제들을 파악하고 이를 개선하기 위한 방안들을 포괄해야 한다. 또한 이러한 정책들 간에도 밀접한 상호연계성을 가지고 있기 때문에, 정책을 담당하는 부서들 간에 긴밀한 협력이 있어야 할 것이다. 이러한 사회적 정의의 개념과 정책 간 상호연계성을 전제로 각 분야별 정책들을 간략히 제시하면 다음과 같다.

(1) 경제적 불평등의 문제와 대책

다문화(지역)사회의 형성과 관련하여 우선 고려되어야 할 문제는 경제적·공간적 불평등의 심화이다. 외국인 이주자들이 국내에 중·장기적으로 체류하는 가장 중요한 이유들 가운데 하나는 세계적 차원에서 심화되고 있는 불균등발전에서 기인한다. 신자유주의적 세계화와 교통통신기술의 발달은 개발도상국들도 국제시장에 편입되도록 하여, 이들로부터 노동의 유출을 암묵적으로 강제하는 효과를 가진다. 개발도상국으로부터의 인구 유출은 상대적으로 부유한 국가의 산업 및 경제발전에 따라 요구되는 특정 산업부문(저숙련 노동)의 이주자 노동풀을 형성하거나 노동력의 재생산에 필요한 저소득 가정의 필요(가사노동도 포함)에 부응하기 위한 것이다. 외국인 이주자들은 개인적으로 자신의 소득과 삶의 수준을 개선할 목적으로 이주한다고 할지라도, 이러한 이주는 세계적으로 경제발전의 차이를 줄이기보다는 확대시키는 경향을 가진다.

유치국 내에서 이러한 외국인 이주자들은 해당 국가의 국민들이 다양한 이유로 기피하는 업종에 취업하거나 가족관계를 형성하게 될 뿐만 아니라 상대적으로 열악한 생활환경이 주어진 지역들에서 살아간다. 결혼이민자들은 저소득계층이나 농촌의 배우자들과 결혼하여 가족의 일원으로서의 역할과 더불어 노동(가사노동이나 취업)을 요구받게 되며, 이주노동자의 경우도 국내 근로자들이 기피하는 고된 저숙련 육체노동이 필요한 업종들에 취업하게 된다. 심지어 내국인들이 기피하는 지방대학들이 외국인 유학생들을 유치하기 위해 더 많은 관심을 가지고 있다. 이들은 대체로 공단 주변의 열악한 주거환경이나 농촌에서 생활한다는 점에서 사회적으로뿐만 아니라 지리적으로도 '배제된' 상태에서 생활하고 있다. 앞으로 우리 사회에서도 민족적, 인종적 격리가 미국에서처럼 그렇게 심각하지는 않다고 할지라도, 점차 인종적 집단들의 분화와 갈등 양상을 드러낼 것으로 우려된다.

이러한 문제와 관련하여 세계적, 국가적 차원에서 심화되고 있는 산업 간 지역 간 불균등성을 해소하는 것이 무엇보다도 중요하다. 한편으로 경제적 위기와 더불어 실업자와 비정규직 고용이 증가하는 상황에서, 다른 한편으로 외국인 이주자들의 유입 증가는 이러한 문제를 더욱 심화시키게 된다. 따라서 국내 업종(생산직/첨단기술직), 직종(정규직/비정규직), 기업 규모(대기업/중소기업), 그리고 지역(수도권과 지방도시) 간 고용 기회와 소득 차별의 차별 완화는 내국인들로 하여금 외국인 이주자들에 의해 충족되고 있는 일자리에 더 많은 관심을 가지고 이에 종사하도록 하거나 또는 이에 종사하는 이주자들의 소득을 향상시켜줄 것이다.

(2) 정치적 배제의 문제와 대책

현재 정부의 정책은 원칙적으로 이민을 수용하고 있지 않다. 이에 따라 이주노동자는 일정 기간 체류한 후 귀국을 전제로 하고 있으며, 결혼이주에 대해서도 일정한 기간이 경과된 후 심사를 통해 국적 부여를 결정하고 있다. 이러한 정책적 제약으로 인해 외국인노동자의 절대 다수를 차지하고 있는 미숙련 외국인노동자들에게는 한시적 체류만 허용하며 가족 동반은 허용되지 않는다. 이는 이주자(특히 저숙련 이주노동자)들이 한국 사회에 영주할 가능성을 원천적으로 막기 위한 것이지만, 앞으로 외국인 이주자들이 늘어날 경우에는 이에 대한 적절한 완화 대책이 요구된다.

좀 더 구체적으로 이주자들이 국내 입국 및 체류하는 과정에서 다양한 인권유린 사례들이 발생하고 있다. 결혼이주자들의 경우 배우자에 대한 정보 부재로 결혼 사기를 당하거나 인신매매성 결혼 중개도 빈번히 발생하고 있다. 특히 국제결혼이 증가하고 이의 중매 절차가 상업화됨에 따라, 국내 취업 등을 목적으로 위장 결혼이 증가하고 있다. 또한 국내 체류과정에서도 직장이나 가정생활에서 학대 사례들이 발생하고 있으며, 여성 결혼이민자에 대한 인권문제는 단순히 국내 문제가 아니라 국제적 쟁점이 되고 있다. 미등록 체류 이주노동자들의 경우, '불법' 체류자라는 신분으로 인해 공식적으로부터 보호받아야 할 기본권조차 보호받지 못하는 상황이다.

이러한 인권 유린은 기본적으로 정치·사회적 배제에서 기인한 것이라고 할 수 있다. 단일민족을 전제로 한 순혈주의에 집착하지 말라는 유엔의 권고처럼, 이제 외국인 이주자에 대해 전통적 의미의 영토(또는 민족)에 기반을 두고 포용/배제를 결정하는 정치적 인식은 전환되어야 한다. 또한 결혼이민자들에 대해서도 국적취득과 관련된 법적 절차에 대해서 좀 더 포괄적인 재검토가 필요하다. 국제결혼을 통해 한국으로 이주하는 사람들은 결혼을 목적으로 하지만, 또한 국경을 넘어 일자리를 찾거나 새로운 삶의 기회를 개척해 나가려고 한다. 이를 국제이주라는 좀 더 넓은 사회적 맥락에서 이해하고, 이들에게 기본적 사회서비스의 보장과 더불어 배우자의 최소한 동의로 국적 취득의 기회를 제공할 필요가 있으며, 이들의 일자리와 더불어 사회·정치적 참정권을 보장해 주어야 할 것이다.

(3) 사회적 통합의 문제와 대책

외국인 이주자들 대부분은 본국과는 상이한 자연환경과 인문환경하에서 생활하게 된다. 기후와 지형 등의 자연환경은 사람들의 습관과 생활양식에 지속적인 영향을 미친다. 이에 따라 상이한 자연환경적 조건들에 대한 단기적 적응도 중요하지만, 자연환경과 관련된 장기적인 생활 습관의 개조가 필요하게 된다. 역시 좀 더 중요한 것은 물론 인문적 환경이다. 가장 기본적으로 언어 문제는 사람들 간의 가장 기본적인 의사소통과 새로운 생활공간에의 적응에서 가장 큰 장애요인으로 작용하게 된다. 그 외 일상생활에서 의식주의 차이뿐만 아니라 종교나 가치관 등의 차이는 가족 간, 이웃 간의 원활한 상호행동을 저해하게 된다.

지역사회 정착에서도 또 다른 중요한 문제는 거주하게 되는 생활공간의 역사적·문화적 전통과 그에 함의된 가치관과 태도 등과 더불어 지역사회의 다양한 지리적 환경 요소들에 대한 지식의 획득과 이에 따른 적응이다. 생활공간 주변의 지리적 환경과 사물들의 입지에 대한 지식 부족은 이주민들의 행동공간을 제약하게 된다. 이주자가 새로운 지역환경에 관한 지식의 부족과 이에 따른 행동공간의 제약은 생활환경에 대한 적응을 어렵게 할 뿐만 아니라 사회적 관계나 부와 권력의 배분과정에서 배제되도록 한다. 또한 이로 인해 이주자들의 지역사회 지원기관에의 지리적 접근이 차단되거나 또는 이주자들의 자녀들이 적절한 교육을 받을 기회에 접근할 수 없이 차단될 수 있다.

따라서 이주자들이 언어 문제를 해결하고 대면적 관계 속에서 원활한 의사소통을 통해 지역사회에 원활하게 적응할 수 있도록 지원하는 것처럼, 이주자들에게 지역사회에 관한 자연적, 인문적 지식들을 함양시키고, 이에 따라 지리적 이동성과 접근성을 증대시키기 위한 지원 전략이 필요하다고 하겠다. 또한 이주자들의 지리적 이동을 저해하는 여러 요인들(가족의 반대, 대중교통수단에 관한 정보와 경험의 부족 등)을 해소하기 위한 방안들을 모색할 필요가 있다. 외국인 이주자들의 원활한 사회적 적응은 사회공간적 연계망의 형성과 이를 위한 언어적 및 지리적 접근의 증대에 좌우된다고 할 수 있다.

(4) 문화적 정체성의 문제와 대책

자본주의 시장경제의 세계적 확산과 정보통신매체의 발달로 인해, 대중문화는 점차 상품화·획일화되고 있지만, 이와는 반대 경향으로 문화적 특수성에 대한 요구가 등장하면서 인종적·계층적·지역적 정체성의 복원이 강조되고 있다. 특히 국제이주로 인한 세계적 변화와 이에 따른 한 국가의 국민 내에 소수민족이나 인종, 이민자 집단의 형성이 진행되면서, 이들의 정체성에 대한 자각이 관심사가 되고 있다. 이에 따라 한편으로 정치경제적으로 전 세계는 동질성을 지향하지만, 다른 한편으로 인종적, 문화적 다양성, 그리고 이에 관련된 다양한 정체성의 회복이 요청되고 있다. 문화와 정체성의 추구는 지구화 속에서 길 잃은 개인들의 삶의 의미 추구라고 할 수 있다.

문화적 다양성을 인정하고 이에 따른 정체성을 보장하기 위한 노력은 이주자들이 새롭게 주어진 환경에 더욱 원만하게 적응할 수 있도록 하는 선의의 노력(새로운 언어 교육의 의무화나 지역사회에 가능한 신속하게 적응하도록 요구하는 지리적 지식의 함양 등)과 조화를 이룰 수 있는가에 대한 의문이 제기될 수 있다. 지나치게 사회적 통합을 강조할 경우, 동질적 사회를 위한 사회적 통합의 시도 자체가 이주자 개인이나 집단의 정체성과 문화를 위협하고 사회적 갈등을 증폭시킬 수 있다. 그럼에도 불구하고, 다문화사회에서 문화적 다양성과 정체성의 보장은 원칙적으로 지켜져야 할 사항이다.

초국적 이주자들이 가지는 정체성은 다중적 또는 다규모적이며 '혼종적'이기 때문에 혼돈에 빠지기 쉽지만, 이들을 최소한 국지적 시민성으로 제도화함으로써 좀 더 안정된 정착과정을 보장할 수 있다(Kymlicka and Miller, 1993/2010). 또한 정체성의 자각과 회복은 이주자의 문제만이 아니라 이들을 포용하는 원주민들의 의식과 태도 전환을 필요로 한다. "이주 노동자들을 '우리'의 범주에 포함시켜 사유하는 것은 우리 자신의 정체성을 지구화 시대에 걸맞은 진취적이고 개방적인 것으로 재형성하는 데에도 도움이 될 수 있다. 우리 정체성의 다원주의적 확장은 보다 민주적인 사회통합성이 형성되는 기제로 작용할 수도 있을 것이다"(오경석·정건화, 2006, 76).

6. 맺음말

지난 20여 년간 초국적 이주자의 급증과 이에 따른 다문화사회로의 전환은 우리 사회의 주요한 이슈로 주목을 받게 되었다. 특히 이와 관련된 다양한 학문 분야들에서 많은 연구결과물들이 발표되었고, 정부의 관련 부서들도 이에 대해 많은 관심을 보이면서 직접적인 정책 프로그램의 개발과 더불어 연구에 대한 지원도 확대해 나가고 있다. 이에 따라 최근 각 학문 분야들에서는 그동안 누적된 연구결과물들을 점검하고 평가하는 계기를 마련하면서, 관련 연구의 양적 확대에서부터 질적 발전이 필요함을 공통적으로 주장하게 되었다. 새롭게 요구되는 질적 발전의 주요 내용에는 각 학문 내적으로 그동안 간과되어 왔던 세부 주제들에 관한 연구가 필요하며, 개별 학문 외적으로는 학제적 협력과 보다 통합된 이론 체계의 모색이 중요하다는 점이 강조되고 있다.

사실 초국적 이주와 다문화사회로의 전환은 사회 전반에 변화를 초래할 뿐만 아니라 이에 관한 연구의 새로운 패러다임(접근방법, 이론적 틀, 관점 그리고 정책 원칙들을 포함)의 개발을 요청하고 있다. 왜냐하면 초국적 이주 및 정착 과정 자체가 중층적 배경과 복잡한 관계 속에서 이루어지며 또한 복합적 결과를 초래한다는 점에서, 이에 관한 연구는 본질적으로 학제적 접근을 요청하며, 상호 관련된 실체를 규명하기 위한 통합적 이론 체계를 필요로 하기 때문이다. 나아가 이와 관련된 정책들은 일관성과 효율성을 위한 종합적이고 체계적인 계획을 전제로 한다. 그러나 실제 초국적 이주와 다문화사회로의 전환에 관한 연구는 각 학문 분과들로 분산된 채 다학문적 또는 학제적 접근을 이루지 못하고 있으며, 통합된 이론체계의 구축으로 나아가질 못하고, 관련 정책들도 여러 담당 부서들 간에 분산된 채 비효율적으로 전개되고 있다.

이러한 상황에서 초국적 이주와 다문화사회에 관한 학제적 접근, 통합적 이론, 종합적 관점과 정책을 위하여 다음과 같은 몇 가지 사항들이 강조될 수 있다. 첫째 오늘날과 같이 학문체계가 분화되어 있는 상황에서 완전히 결합된 학제적 접근은 불가능하다고 할지라도, 학제적 접근을 위한 단계별 발전 방안을 모색해 볼 수 있다. 즉 첫 번째 단계는 각 학문 분야들에서 연구의 성과와 동향을 비교가능한 항목들을 설정하여 검토하고 이를 통해 대화와 협력을 이끌어 내는 것이다. 두 번째 단계는 초국적 이주와 다문화사회로의 전환과 관련하여 공통된 세부 주제를 설정하여 각 학문 분야의 연구자들이 공동으로 고찰하는 것이다. 세 번째 단계는 그동안 특정 학문 분야들에서 사용된 개념적 틀, 인식론적 가정, 설명적 전략, 대안적 관점 등에 관한 상호이해를 통해 실질적인 학제적 연구를 진행하는 것이다.

둘째, 현실적으로 초국적 이주와 다문화사회로의 전환은 다층적(개인 행위자의 미시적 차원에서 지구를 포괄하는 거시적 차원에 이르기까지) 차원을 가지기 때문에, 이들을 연계시킬 수 있는 다층적, 다규모적 접근에 바탕을 둔 통합적 이론 체계가 모색되어야 할 것이다. 이를 위해 구조적 차원과 행위의 차원을 상호 연계시킬 뿐만 아니라 유출국에서 유입국으로의 이주와 유입 후 지역사회의 정착을 연속적 과정으로 고찰해야 한다. 또한 개인적 행위로 흔히 간주되는 이주의 주체를 개인이라기보다는 사회적 집단의 한 구성원으로 이해해야 하며, 사회구조적 측면에서 관련된 현상들의 경제적, 정치적, 사회문화적 측면들을 결합시켜 분석해야 할 것이다.

셋째, 초국적 이주와 다문화사회로의 전환과 관련된 다양한 관점의 문제를 검토하여 더 바람직한 윤리적 관점을 모색하는 한편, 관련된 문제들을 해결하기 위해 사회의 각 측면들(즉 경제적, 정치적, 사회적, 문화적 측면)에서 정책적 방안들을 마련하고 종합적으로 시행할 필요가 있다. 그동안 초국적 이주와 다문화사회로의 전환을 이해하기 위하여 다문화주의 외에도 세계시민주의, 초국가주의, 탈식민주의 등이 제시되었으며, 이들은 다소간 차이가 있다고 할지라도 어떤 규범적 측면을 내포하고 있다. 이러한 규범적 측면들은 세부적으로 서로 오해와 갈등을 유발할 수 있다는 점에서, '사회적 정의'의 관점으로 통합되는 것이 바람직하다고 하겠다. 이러한 관점은 물론 초국적 이주와 다문화사회를 분석하는 학문적 관점일 뿐만 아니라 일상생활에서 이와 관련된 현상들을 이해하는 일반인들의 인식과 담론, 그리고 이와 관련된 문제를 정책적으로 관리·통제하고자 하는 정책의 원칙으로 적용됨으로써 더욱 종합적이고 체계화된 정책이 추진될 수 있어야 할 것이다.

김민환, 2010, "다문화교육에 관한 연구 경향과 과제,"『학습자중심교과교육연구』, 10(1), pp.61~86.

김용찬, 2006, "국제이주분석과 이주체계접근법의 적용에 관한 연구,"『국제지역연구』, 10(3), pp.81~106.

김창근, 2015, "상호문화주의의 원리와 과제: 다문화주의의 대체인가 보완인가,"『윤리연구』, 103, pp.183~214.

다문화콘텐츠연구사업단, 2010,『다문화주의의 이론과 실제』, 도서출판 경진.

마르티니엘로(윤진 역), 2002,『현대 사회와 다문화주의』, 한울(Martiniello, N., 1997, *Sortir Des Ghettos Culturels*, Presses de Sciences Po, Paris).

문화콘텐츠기술연구원 다문화콘텐츠연구사업단 편, 2010,『다문화주의의 이론과 실제』, 경진.

박경환, 2007, "초국가주의 뿌리내리기: 초국가주의 논의의 세 가지 위험,"『한국도시지리학회지』, 10(1), pp.77~88.

부산대학교 한국민족문화연구소 편, 2013,『이주와 로컬리티의 재구성』, 소명.

새머스, 마이클(이영민·박경환·이용균·이현욱·이종희 옮김), 2013,『이주』, 푸른길(Samers, M., 2010, *Migration*, Routledge, London and New York).

서현아·김정주, 2010, "유아 다문화관련 연구의 경향 분석,"『한국영유아보육학』, 66, pp.59~78.

석현호, 2000, "국제이주이론: 기존이론의 평가와 행위체계론적 접근의 제안,"『한국인구학』, 23(2), pp.5~37.

설동훈, 1999,『외국인노동자와 한국 사회』, 서울대학교 출판부.

성공회대학교 동아시아연구소 편, 2013,『귀환 혹은 순환: 아주 특별하고 불평등한 동포들』, 그린비.

애피아(실천철학연구회 역), 2008,『세계시민주의』, 바이북스(Appiah, K.A., 2006, *Cosmopolitanism: Ethics in a World of Strangers*, Norton, New York).

오경석·정건화, 2006, "안산시 원곡동 '국경없는 마을' 프로젝트: 몇가지 쟁점들,"『한국지역지리학회지』, 12(1), pp.72~93.

윤인진, 2007, "국가주도 다문화주의와 시민주도 다문화주의," 김혜순 외,『한국적 다문화주의의 이론화』, 동북아시대위원회, pp.251~290.

윤인진·유태범·양대영, 2009, "국제이주, 소수자, 재외한인, 다문화연구의 동향과 과제,"『한국사회학회 2009 국제사회학대회 자료집』, pp.237~248.

이병하, 2017, "국제이주 연구에 있어 정치학적 접근과 방법론적 쟁점," 『연구방법논총』, 2(1), pp.23~51.
이혜경, 2014, "국제이주,다문화연구의 동향과 전망," 『한국 사회』, 15(1), pp.129~161.
이화여자대학교 아시아여성학센터 편, 2011, 『글로벌 아시아의 이주와 젠더』, 한울.
전영준, 2009, "한국의 다문화연구 현황," 중앙대학교 문화콘텐츠기술연구원 편, 『다문화콘텐츠 연구』, 1, pp.109~130.
전형권, 2008, "국제이주에 대한 이론적 재검토: 디아스포라 현상의 통합모형 접근," 『한국동북아논총』, 49, pp.259~284.
최기탁, 2016, "다문화사회에 관한 연구 동향 분석," 『인문사회』 21, 7(1), pp.651~672.
최병두·김연희·이희영·이민경, 2017, 『번역과 동맹: 초국적 이주과정의 행위자-네트워크와 사회공간적 전환』, 푸른길.
최병두·임석회·안영진·박배균, 2011, 『지구·지방화와 다문화 공간』, 푸른길.
최재식, 2017, "상호문화주의에 대한 철학적 이해-현상학적 측면에서 본 상호문화주의 철학," 『시민인문학』, 32, pp.72~106.
최정혜, 2010, "다문화가족 연구 동향분석: 2005년-2010년 발간된 국내 논문을 중심으로," 『중등교육연구』, 22, pp.79~97.
최종렬, 2015, "낸시 프레이저의 정의론과 다문화주의," 『현상과 인식』, 39(4), pp.197~225.
킴리카(장동진, 황민혁, 송경호, 변영환 역), 2010, 『다문화주의 시민권』, 동명사(Kymlica, W., 1995, *Multicultural Citizenship*, Clarendon, Oxford).
한건수, 2003, "타자만들기: 한국 사회의 이주노동자의 이미지," 『비교문화연구』, 9(2), pp.157~193.
한준성, 2010, "다문화주의 논쟁: 브라이언 배리와 킴리카의 비교를 중심으로," 『한국정치연구』, 19(1), pp.289~316.

Beck, U., 2006, *The Cosmopolitan vision*, Blackwell, Oxford.
Beck, U., 2002, "The cosmopolitan society and its enemies," *Theory, Cluture and Society*, 19(1~2), pp.17~44.
Bhabha, H., 1995, *The Location of Culture*, Routedge, London and New York.
Bommes, M. and Morawska, E., 2005, "Introduction," in Bommes, M. and Morawska, E.(eds), *Migration Research: Constructions, Omissions and the Promises of Interdisciplinarity*, Ashgate Publishing, Hants, England.
Boswell, C. and Mueser, P. R., 2008, "Introduction: economics and interdisciplinary approaches in migration research," *Journal of Ethnic and Migration Studies*, 34(4), pp.519~529.
Brettell, C. B. and Hollifield, J. F., 2000, "Introduction: migration theory–talking across

disciplines," in Brettell, C.B. and Hollifield, J. F. (eds), *Migration Theory: Talking Across Disciplines*, Routledge, New York, pp.1~26.

Castles, S. and Miller, M., 1993/2009(4th edn.), *The Age of Migration*, Macmillan, London.

Castles, S., 1993, "Migrations and minorities in Europe. Perspectives for the 1990s," in J. Wrench and J. Solomos (eds), *Racism and Migration in Western Europe*, Berg Publisher, Oxford, pp.17~34.

Castles, S., 2010, "Understanding global migration: a social transformation perspective," *Journal of Ethnic and Migration Studies*, 36(1), pp.1565~1586.

Freeman, G. P. and Kessler, A. K., 2008, "Political economy and migration policy," *Journal of Ethnic and Migration Studies*, 34(4), pp.655~678.

Gross, J. and Lindquist, B. A., 1995, "Conceptualizing international labor migration: a structuration perspective," *International Migration Review*, 29(2), pp.317~351.

Harvey, D., 2009, *Cosmopolitanism and the Geographies of Freedom*, Columbia U.P.,

Kraly, E. P, 2001, Review of "Migration Theory: Talking Across Disciplines. Edited by Caroline B. Brettell and James F. Hollifield," *Journal of Political Ecology*, 8.

Kurekova, L., 2011, "Theories of migration: conceptual review and empirical testing in the context of the EU East-West flows," Paper prepared for Interdisciplinary conference on Migration, Economic Change, Social Challenge (April 6~9, 2011, University College London).

Massey, D. S., Arango, J., Hugo, G., Kouaougi, A., Pellegrino, A., Taylor, J. E., 1998, *World in Motion: Understanding International Migration At the End of the Millenium*, Clarendon press, Oxford.

Massey, D. S., Arango, J., Hugo,G., Kouaougi, A., Pellegrino, A., Taylor, J. E., 1993, "Theories of International Migration: A Review and Appraisal," *Population and Development Review*, 19(3), pp.431~466.

Massey, D. S., Arango, J., Hugo,G., Kouaougi, A., Pellegrino, A., Taylor, J. E., 1994, "An evaluation of international migration theory: the North American case," *Population and Development Review*, 20(4), pp.699~751.

McHugh, K., 2000, "Inside, outside, upside down, backward, forward, round and round: A case for ethnographic studies in migration," *Progress in Human Geography*, 24, pp.71~89.

Mitchell, K., 2004, "Geographies of identity: multiculturalism unplugged," *Progress in Human Geography*, 28(5), pp.641~651.

Morawska, E., 2003, "Disciplinary agendas and analytic strategies of research on immigrant transnationalism: Challenges of interdisciplinary knowledge," *International Migration Review*, 37(3), pp.611~640.

Nussbaum, M., 1997, "Kant and Stoic Cosmopolitanism," *Journal of Political Philosophy*, 5, pp.1~25.

O'Reilly, K., 2012, *International Migration and Social Theory*, Palgrave and Macmillan, London.

Overbeek, H., 2002, "Neoliberalism and the regulation of global labor mobility," *The Annals of The American Academy*, 581, pp.74~90.

Portes, A. and DeWind, J., 2004, "Conceptual and methodological developments in the study of international migration," *International Migration Review*, 38(3, Special Issue).

Portes, A., 1981, "Mode of incorporation and theories of labor migration," in M. M. Kritz, C. B. Keely, and S. M. Tomasi (eds), *Global Trend in Migration: Theory and Research on International Movements, Center for Migration Studies*, New York, pp.279~297.

Roudonetof, V., 2005, "Transnationalism, cosmopolitanism and glocalization," *Current Sociology*, 53(1), pp.113~135.

Spivak, G. C., 1999, *A Critique of Postcolonial Reason a History of the Vanishing Present*, Harvard U.P..

Suarez-Orozco, M. and Suarez-Orozco, C., 2000, "Some conceptual considerations in the interdisciplinary study of immigrant children," in Trueba, E. T. and Bartolome, L. I. (eds), *Immigrant Voices: In Search of Educational Equity*, Rowman and Littlefield Publishers, Oxford, pp.17~36.

제2장

초국적 이주와 다문화사회의 지리학: 연구 동향과 주요 주제

1. 다문화사회로의 전환과 지리학

지리학은 전통적으로 지표상의 환경과 그 위에서 이루어지는 인간 활동 간 관계를 다루는 학문이며, 특히 인구지리학을 중심으로 인구의 지리적 분포와 더불어 인구 이동과 그 배경 그리고 이에 의한 새로운 지역의 형성이나 이들의 영향에 의해 발생하는 지역의 변화에 지대한 관심을 가지고 연구해 왔다. 그러나 지리학에서 인구 분포와 이동 그리고 이에 따른 지역 변화에 관한 전통적 연구는 대체로 현상적 기술 방식으로 이루어져 왔으며, 관련된 지역의 변화도 해당 지역 자체의 인구 구성이나 여타 단순한 변화를 서술하는 정도였다. 물론 1960년대 이후 주류를 이루었던 실증주의적 지리학은 인구이동에 관해 좀 더 정교한 수학적 모형이나 과학적 방법론을 도입했지만(최병두, 1996), 최근 지구적 차원에서 새롭게 전개되고 있는 초국적 인구 이동과 다문화사회로의 전환에 관한 연구에는 원용되기 어려운 것처럼 보인다.

반면 최근 국경을 가로지르는 대규모 인구 이동과 이의 배경이 되고 있는 지구지방화 과정 및 그 결과로 초래되고 있는 사회공간적 변화는 사회과학 및 인문학 전반에 큰 영향을 미치고 있는 만큼, 지리학에도 새로운 관심을 유발하고 있다. 즉 지난 1990년대 이후 외국인 이주자의 급속한 유입과 이에 따른 다문화사회로의 전환은 이들이 유입·정착하게 된 지역들을 중심으로 상당한 변화를 초래하고 있을 뿐만 아니라 국가적으로 그동안 해외 순인구유출국이라는 특성과, 단일문화·단일민족 국가라는 인식을 바꾸어 놓으면서 사회 전반의 변화를 추동하는 주요 요인이 되고 있다. 이에 따라 국내 지리학에서도 기존의 서술적 방법론에서 나아가 새로운 개념이나 이론, 연구방법론을 도입한 연구들이 제시되고 있다.

최근 초국적 이주와 다문화사회로의 전환에 관한 지리학적 연구는 '다문화공간'(최병두 외, 2011)과 같은 새로운 개념이나 사회공간적 연구방법론의 개발을 촉진할 뿐만 아니라 관련된 지식을 지리교육 분야에도 응용·확산시키려고 노력하고 있다. 즉 〈그림 2-1〉에서 제시된 바와 같이, 한국연구정보서비스(RISS)에 등록된 국내 논문들 가운데 '다문화 공간'을 주제어로 설정한 논문들의 편수는 2008년 이후 크게 증가하였고, 2013년 정점에 달한 후 점차 감소하는 추세를 보인다. '다문화 지리', '다문화 지리교육'을 주제어로 설정한 논문의 편수는 2008년 이후 다소 증가했으나 그 이후 더 이상 증가하질 못하고 계속 감소하는 추세를 보인다. 이와 같이 지리학 분야에서 다문화(그리고 초국적 이주)와 관련된 연구가 2010년을 전후하여 크게 증가한 것은 다른 학문 분야들과 비슷하게 대체로 양적 성장에 기인한 것이라고 볼 수 있으며, 그 이후 감소하게 된 것은 정부의 관심과 지원이 줄어들었기 때문이라고 할 수 있지만(제1장 참조), 또한 연구의 질적 발전도 상당히 미흡했기 때문이라고 할 수 있다.[1] 이러한 점에

1. '다문화'를 주제어로 설정한 논문들이 2008년 이후 크게 증가한 것은 2006년 정부의 다문화 정책과 일정한 관계가 있는 것으로 추정된다. 그러나 '다문화 공간'을 주제어로 설정한 논문들이 '다문화 지리'를 주제어로 설정한 논문들보다 더 많은 것은 지리학 분야 밖에서도 다문화의 공간적 측면

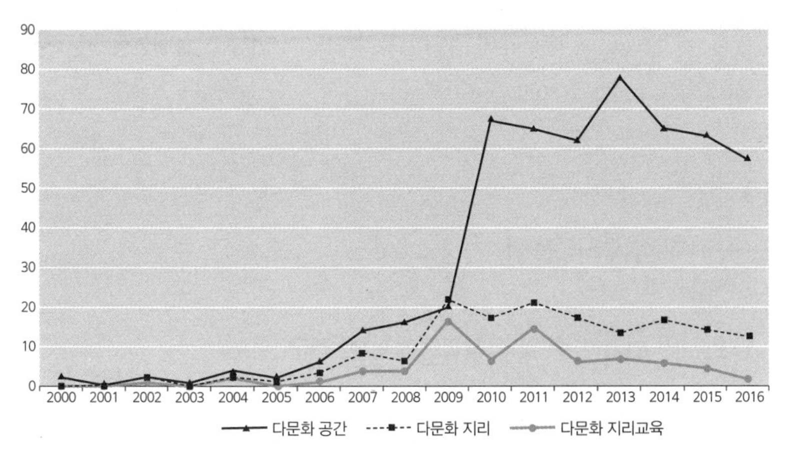

〈그림 2-1〉 주제어로 '다문화 공간', '다문화 지리', '다문화 지리교육'이 들어간 국내 논문의 편수

자료: 한국연구정보서비스(RISS, www.riss.kr) 홈페이지(접근일: 2017.6.29).

서 이제 지리학 분야에서도 관련 주제에 관해 그동안 누적된 연구 성과물들을 검토·평가하고, 기존 연구에서 부족한 부분들을 보완하면서 새로운 전망과 과제를 제시함으로써 관련 연구를 한층 더 발전시킬 수 있는 성찰적 계기를 마련해 볼 필요가 있다고 하겠다.

이러한 점에서 이 장에서는 최근 국내 지리학 분야(해외 지리학 분야의 다문화사회 연구 동향은 제외함)에서 초국적 이주와 다문화사회로의 전환과 관련된 기존의 연구 성과물들을 고찰하면서, 이에 바탕을 둔 주요 연구 주제에 관한 연구 방법론을 살펴보고, 나아가 이에 관한 지리학의 연구 전망과 과제를 논의해 보고자 한다. 초국적 이주 및 다문화사회로의 전환과 관련된 지리학 분야의 주요 연구 주제는 다음과 같이 해외 이주 및 다문화 지역 연구, 국내 이주 유입과 지역사회 정착과정 연구, 방법론 및 다문화 지리교육 연구 등으로 구분해 볼 수 있다. 이 장에서는 관련된 기존 연구결과물의 검토와 주요 주제들에 관한 연구

을 다루는 논문들이 크게 증가하였고, '다문화 공간'이라는 용어가 명시적으로 개념화되었기 때문이라고 할 수 있다.

동향을 살펴보고, 끝으로 관련된 지리학적 연구의 전망과 과제들을 제시하고자 한다.

2. 지리학적 연구 동향

1) 한인의 해외 이주 및 정착과정에 관한 연구

지리학은 전통적으로 인구의 지리적 이동과 이에 따라 형성·변화된 지역의 성격 규명에 관심을 두고 연구해 왔다. 특히 그동안 국내 지리학의 연구 동향을 보면, 외국인의 국내 유입과 지역사회 정착보다는 한국인의 해외 이주와 정착 과정에 관한 연구를 우선하였다. 이는 최소한 지난 1980년대까지는 해외 인구의 순유출이 더 많았던 한국 사회의 역사적, 인구적 특성에 기인한다고 할 수 있다. 이에 따라 지리학에서 관련 주제에 관한 연구는 세계의 다양한 국가나 지역들로 한국인의 국제이주가 이루어지는 지리적 과정과 이들의 해외 지역 정착과정 및 이들이 정착 지역에 미친 영향들에 관한 연구가 먼저 이루어졌다.[2]

1960년대 전후 국내 지리학이 본격적으로 발달하는 과정에서, 국제이주를 우선적으로 연구한 논문은 이정면(1959, 1964)을 들 수 있다. 당시 초기 연구들은 대체로 통계자료를 분석하여 한인들의 해외 이주 현황을 소개하고 그 분포 특성을 서술하는 정도였다. 그 이후 국제이주에 관한 지리학적 연구는 거의 없었지만, 1980년대부터 특정 해외 지역을 사례로 한국인의 거주 분포 특성을 연구한 결과들이 발표되었다. 최효남(1982)은 한국 이민자들이 밀집해 있는 미국 로스앤젤레스에서 한인들의 거주 분포를 분석하였고, 김학훈(1985)도 이와 유

2. 이 장에서 다루고 있는 문헌들은 지리학자의 연구이거나 또는 지리학자는 아니지만 지리학 관련 학술지에 게재된 연구에 한정하며, 초국적 이주와 다문화사회로의 전환과 관련된 문헌임에도 불구하고 누락된 연구들이 많이 있을 것으로 추정된다.

사하게 한국 이민자들이 밀집해 있는 미국 로스앤젤레스의 한인 이주 및 정착 과정을 초기이주 → 정착 → 확산 과정을 단계별로 서술하고 있다. 이러한 연구는 당시 미국 유학생들과 그곳에서 자리를 잡은 연구자들을 중심으로 이루어졌으며(Yu, 1982; Park, 1984 등), 단순한 통계 분석 단계는 넘어서 상당히 체계적인 서술을 통해 단계별 분포 모형을 검증하거나 구조적 접근을 하고자 했다는 점에서 의의를 가진다.

1990년대 이후 한인들의 해외 이주와 이들이 거주하는 지역에 관한 연구는 보다 많은 지역들과 다양한 주제들을 다루게 되었다. 심혜숙(1992)은 조선족의 연변 이주와 그 분포 특성을 소개하는 정도이지만, 이은숙(1999)은 북간도지역으로의 이민 관련 소설들을 해석하여 이들의 공간이미지를 분석하고 있다. 이영민(1996)은 미국 이민자에 관한 연구에서 한인의 한계를 벗어나 베트남 난민 집단과 이들의 종교 생활에서 나타나는 문화적 다양성을 다룸으로써 국내 지리학계에 '다문화'에 관한 개념을 처음 도입하였다고 할 수 있다. 그 외 윤홍기·임석회(1997)와 김영성(1998)의 연구는 오스트레일리아 시드니, 뉴질랜드 오클랜드 지역 한인 사회의 생업활동이나 거주유형을 분석하였지만, 다소 서술적 방식을 여전히 유지하고 있었고, 이러한 연구는 2000년대 들어와서도 일부 지속되었다(김영성, 2006; 2008).

그러나 2000년대에 들어오면서 한인의 해외 이주 및 이와 관련된 지역들에 관한 연구는 좀 더 일반적, 거시적인 관점에서 전개되면서 연구 주제들도 더욱 다양해졌다. 이전(2002)과 반병률(2006)은 미국 및 러시아로의 한인 이주를 1900년대 초반부터 시기를 구분하여 체계적으로 서술하였고, 문남철(2006, 2007)은 동아시아 및 EU와 같은 대륙적 차원에서 노동의 이동을 다루고 있다. 연구 대상으로 설정된 국제이주의 주체들도 다양해져서, 유럽 국가들에서 한국 입양아의 분포(박순호, 2007), 조기 유학을 통해 본 교육이민의 초국가적 네트워크(이영민·유희연, 2008) 등이 다루어지게 되었다. 또한 관련 주제들도 해외 이주자들의 공간 지각이나 정체성 등을 다루거나(이은숙, 2006; 이은숙·김일림,

2008), 한인 이민자들의 종교활동과 관련된 한인 이민 교회의 성장 과정을 다루기도 했다(이전, 2003). 한인 기혼 기독교 이민 여성들의 공간활동, 사회활동, 가족관계를 제한된 상황에서 발달시킨 생존전략의 측면에서 바라보기도 하고 (Shin, H.-R., 2007, 2008), 로스앤젤레스의 지리적 사회적 특성과 연관되어 기독교 이민 여성들의 공간이동이 제한/확장되는 과정과 원인을 분석한 연구(Shin, H.-R., 2011)도 있다. 또한 연구 대상 지역들도 확대되어, 일본의 재일한인 거주지역과 지역사회 생활양식에 관한 연구(조현미, 2006; 2007; 2009), 1920년대 하와이 이주자들의 사회공간적 분리(이영민, 2007)나 로스앤젤레스 한인타운의 탈정치화(박경환, 2005b; 2007)에 관한 연구, 미국 시카고의 한국인 자영업 특성에 관한 연구(임석회, 2009a) 등 미국 사회 한국인들의 이주와 정착 과정에 관한 연구, 그리고 러시아 사할린 극동지역 한인 이주 및 재귀환 등과 관련된 연구 (이채문·박규택, 2003; 이채문, 2008; 이재혁, 2010 등) 등이 발표되었다.

한국인의 해외 이주 및 이들의 지역사회 정착 및 생활 등에 관한 초기 연구는 대체로 관련 자료의 제시와 이를 분석한 내용을 서술하는 방식으로 이루어졌으며, 이러한 방식은 2000년대 이후에도 연장되지만, 최근 연구들은 특정한 관점이나 방법론(예로 탈식민주의, 초국가주의 등) 또는 정책적 관점에 바탕을 두고 관련 자료를 (비판적으로) 해석하는 경향을 보이고 있다. 김영성(1998)의 연구는 시드니지역의 한국인 이주 및 거주지 확산과정을 한국인 거주지역뿐만 아니라 경영 식품점이나 음식업소의 시계열 분석을 통해 집중지역이 어떻게 변화하고 거주분화를 드러내고 있는가를 서술하였다. 시드니 지역의 한국인 지역 이주 및 정착과정은 김영성(2006; 2008)의 최근 연구로 이어지고 있다. 이러한 전통적 연구방법에 근거한 한인 이주의 특성과 지역사회 변화에 관한 연구는 예로 최근 이재혁(2010)의 연구에서도 찾아볼 수 있다. 이러한 연구는 비록 특정한 관점을 가지지 않고 있다고 할지라도, 관련 자료의 서술 자체로도 특정 지역이 어떻게 다인종·다문화화되어 가고 있는가를 보여준다는 점에서 의의를 가진다.

이러한 한국인의 해외 이주과정 및 지역사회 정착과정에 관한 연구는 중앙아시아 고려인의 러시아 극동지역 귀환 이주에 관한 이채문·박규택(2003)의 연구와 같이 인구이동에 대한 배출-흡인모형과 미시적·거시적 요인들을 고려한 좀 더 복잡한 분석으로 발전하게 된다. 이채문(2008)(사회학자이지만 지리학자들과 공동연구를 하고 있음)은 그 후 한인의 러시아 극동지역 이주를 '초국적주의적[또는 초국가주의적] 관점'에서 고찰하면서, 한인의 러시아 이주에서 "초국적주의 형성에 있어서 필수적인 요소로 간주되는 세계화라는 현상이 존재하지 않았음에도 불구하고, 한인들은 이주지와 정착지간의 초국적주의적 연계성을 유지할 수 있었다는 점에서" 의의를 가진다고 주장한다. 특히 일본의 식민지 지배 및 러시아 혁명과 같은 이주지와 정착지에서의 상황 변화가 한인 이주자들의 초국적주의 형성에 중요한 배경이 되었음을 강조한다.

다른 한편, 이러한 한국인 이주와 정착에 관한 초국가주의 또는 탈식민주의 담론이 오히려 한국인의 지역사회 생활과 정체성을 왜곡시키는 것으로 비판되기도 한다. 박경환(2005b, 473)은 로스앤젤레스 한인타운에서의 탈정치화된 민족성의 재정치화 과정을 분석하면서, 탈식민주의적 정치에서 "혼성성은 담론의 경계에 도전하고 권력이 내재화된 역사와 문화를 비판적 차원에서 새롭게 기술할 수 있는 제3의 공간을 제공할 수 있는 것으로 인식"되고 있지만, 실제 "혼성적인 주체의 위치성이 오히려 새로운 문화 담론을 생산하고 새로운 헤게모니를 잉태하는 데에 용이하게 작용할 수 있"다고 지적한다. 특히 그는 로스앤젤레스 도시정부의 재개발 계획과 지역 한인들의 경제활성화를 위한 노력과 관련하여 한국으로부터의 초국적 행위자들이 이 지역의 기업과 부동산 시장을 공격하는 "다중스케일적 지리적 변동은 한인타운을 로스앤젤레스에서 가장 빈곤하고 위험한 내부도시의 하나로 전락시키는 데에 기여"했다고 주장한다(박경환·이영민, 2007, 196; 또한 박경환, 2005b).

다인종·다문화화와 관련된 해외 지역사회 연구는 또한 해당 국가나 지역의 정책을 배경으로 고찰되기도 한다. 조현미(2004)는 일본에서 외국인 이주자들이 집주하는 지자체들에서 추구하는 국제화 전략을 배경으로 외국인 주민과 함께 하는 지역사회 만들기 시책이 지역의 특성에 따라 어떻게 달라지는가를 가나가와 현을 중심으로 분석하고 있다. 이러한 지역사회 외국인 이주자들의 이주 및 정착과정은 해당 국가나 지역의 한국인을 중심으로 고찰될 수도 있지만(조현미, 2007), 좀 더 포괄적으로 외국인 이주자 일반의 지역사회 정착 및 이에 따른 지역사회의 변화에 관한 연구(조현미, 2009a; 2009b)로 확대될 수 있다. 또한 최병두는 일련의 작업(최병두, 2010a, 본서 제6장; 2010b; 2010c; 2011a; 2011b; 2011c)을 통해 더욱 직접적으로 일본의 외국인 이주자와 이에 관한 정책, 특히 최근 일본에서 강조되고 있는 '다문화공생' 정책과 지역사회의 지원활동, 특히 지방정부의 역할, 지역사회 거버넌스, 지역사회 지원단체들의 활동, 그리고 이들의 정체성 및 시민권을 둘러싼 논쟁 등에 관한 연구를 수행하고, 이를 편집하여 책으로 출판했다(최병두, 2011d).

2010년대 이후 한인의 이주 유출과 해외 지역 정착에 관한 연구는 크게 줄어드는 경향을 보였다. 정수열·임석회(2012)는 시카고 대도시권에 거주하는 한국인 자영업자들을 사례로, 이민자들의 주거 분산이 자영업의 성장에 어떤 영향을 미치는가를 고찰하고 있다. 연구 결과, 영향의 유무에 대한 응답자들의 인식은 민족적 네트워크에 의존하는 정도와 활용 방법의 차이에 기인하는 것으로 파악되었다. 다른 한편 조현미(2016)의 연구는 일본의 요세바 고도부키라는 지역의 형성이 한국 사회의 특성(한국전쟁 특수, 한국의 해외여행 자유화와 한국인 노동자의 증가, 그리고 배낭 여행객의 유입 등)와 관련하여 어떻게 다규모적 시공간 상에서 전개되고 있는가를 고찰하고 있다. 한인의 해외지역 이주와 정착에 관한 지리학적 연구가 상대적으로 감소하고 있는 것은 한인 이주자들의 감소(기존 이주자들의 노령화와 새로운 이주자의 감소)와 이에 따른 관심의 축소 등에 기인한 것으로 추정된다.

그러나 2010년대 이후 지리학에서 초국적 이주 및 다문화와 관련된 해외지역 연구는 또 다른 측면에서 새롭게 전개하게 되었다. 이는 두 가지 새로운 세부 주제들이 연구자들의 관심을 끌게 되었기 때문이라고 할 수 있다. 첫째는 특정한 해외 지역이 한국으로의 이주에 따른 인구 유출과 그 후 한국에 정착한 이주자들과의 관계 속에서 어떻게 변화하고 있는가에 대한 관심이다. 조현미(2013)는 '한국마을'이라고 불리는 북부 베트남의 한 시골지역에서 나타나는 초국적 사회공간의 특성을 분석하였다. 이 연구는 세계화의 영향에서 벗어나 있을 것 같은 베트남의 한 시골마을이 한국인과 결혼한 이주여성과 현지에 있는 가족들 간에 형성된 초국적 네트워크와 송금 등을 통해 소통과 교류가 빈번하게 이루어지면서, 어떻게 초국적 사회공간을 형성·진화시켜나가는가를 보여준다. 이영민 외(2016)도 비슷한 맥락에서 연변지역 주요 도시에 거주하는 조선족의 가족관계 조사를 통해 이 지역 조선족의 역외 이주패턴과 연길시 주민들의 생활문화 및 도시경관의 변화를 고찰하고 있다.

초국적 이주 및 다문화와 관련된 해외지역 연구의 또 다른 세부주제는 한인의 이주와는 무관하게 특정 해외지역이 이주자들의 유출 또는 유입에 따라 어떻게 다문화 지역사회 또는 공간으로 그 특성을 가지고 변화해가는가에 관한 것이다. 임은진(2016)은 말레이시아의 인구 구성과 국제적 인구 이동을 중심으로 다민족 국가의 특성과 그에 따른 국가 정책 및 주요 경관에 대한 연구를 통해 말레이시아의 지역성을 밝히고자 하였다. 임안나(2016)는 초국적 이주노동자들이 거주국 내에서 수행하는 다층적인 사회적 관계와 공간적 실천을 살펴봄으로써 '차이의 공간' 또는 '헤테로토피아 공간'이 생산되는 과정을 고찰하고자 한다. 특히 이 연구는 이스라엘에 입주 돌봄 노동자로 체류하는 필리핀 이주자들의 일상 리듬이 주중-작업장, 주말-아파트로 패턴화된다는 사실에 주목하고, 이들이 주말마다 점유하는 텔아비브의 한 아파트가 어떻게 위험하고 적대적인 외부세계로부터 분리된 안식처 역할을 하고 있는가를 보여준다.

이상에서 살펴본 바와 같이, 한국인의 해외 이주와 정착과정 및 이에 따른 해당 지역사회에 관한 연구는 지리학의 오랜 연구주제였다. 1990년대 이전까지만 하더라도 이에 관한 연구는 특정한 개념이나 이론적 기반 없이 수집된 자료를 서술하는 방식으로 전개되었고, 그 이후에도 이러한 방식의 연구가 부분적으로 지속되었다. 그러나 2000년대 이후 국내 외국인 이주자들의 급증과 다문화사회로의 전환에 관한 연구가 활성화되면서, 한인 해외 이주자들의 삶과 지역적 특성에 관한 연구도 초국가주의, 디아스포라, 탈식민주의 등 새로운 관점이나 방법론에 바탕을 두고 활성화되었다. 2010년대에 들어오면서 과거 국내에서 유출된 한인들을 중심으로 한 해외지역연구는 크게 감소한 반면, 한국으로 주민들이 유출된 특정 해외 지역에서 어떤 초국가적 사회공간 변화가 나타나고 있는가, 또는 한국과는 무관하게 어떤 해외지역이 이주자의 유출·입과 관련하여 어떤 변화를 드러내고 있는가에 관한 연구가 새롭게 부상하고 있다. 앞으로 국내 체류했던 외국인 이주자들의 본국 귀환과 재통합 과정에서 발생하는 지역사회의 변화도 초국적 이주와 다문화와 관련된 지리학적 해외지역연구의 새로운 주제가 될 것으로 예측된다.

2) 외국인 이주자들의 국내 유입과 지역사회 정착에 관한 연구

1990년대 이후 외국인 이주자들의 국내 유입이 급증하게 됨에 따라, 이들의 이주 및 정착과정에 관한 연구도 급속히 늘어나고 있다(제1장 참조). 그동안 지리학 분야에서 이에 관한 연구는 다른 학문 분야들과 비슷하게 주로 양적 성장을 중심으로 이루어진 것이지만, 질적으로도 나름대로 발전하고 있다. 외국인 이주자의 국내 유입과 정착과정에 관한 초기 연구는 주로 이들의 개별 유입과 그 정착 과정에서 초래되는 정체성의 문제, 그리고 이들의 유입과 정착에 따른 지역사회의 변화에 초점을 두었다. 그 이후 외국인 이주자들의 유입과 지역사회 정착이 확대되고 우리 사회의 주요 이슈로 일반화됨에 따라, 연구 주제는 새로운 관점(초국가주의 등)에 기초한 결혼이주여성의 이주-정착에 관한 과정에 관한 연구나 또는 외국인 이주자들의 이주 과정에 관한 유형별 통계자료 분석과 이들의 정착에 관한 설문조사 분석 등으로 확대되었다. 그 외 외국인 이주자의 유입·정착과 관련된 지역사회(지방정부 포함)의 지원 정책이나 지역 주민들의 지원 및 자조적 활동에 관한 연구 등이 진행되었다.

경인지역을 사례로 외국인 노동자 취업의 공간적 전개과정을 고찰한 정연주(2001)의 논문은 정수열(1996), 김성윤(1998)의 연구와 더불어 지리학 분야에서 외국인 이주자의 국내 유입에 따른 다문화사회로의 전환과 관련된 가장 앞선 논문들이라고 할 수 있다. 이 연구는 서울–인천–부천시 외국인 산업연수생의 분포를 비교·분석하여 외국인 노동자 취업의 공간적 전개 과정의 특징을 밝히고자 한 것으로, "외국인 노동자는 초기에 섬유·의복제품제조업체와 금속제품제조업체가 집중한 공간지역을 중심으로 분포하며, 시간이 지날수록 외국인 고용에 관한 정보의 확대로 교통이 불편하고 노동력이 부족한 시 외곽 제조업 밀집지역에서 고용이 증가"하고 있다고 밝히고 있다. 이 연구에서 제시된 분석의 틀에 따르면, 국제적 상황과 국내적 상황을 고려하여 외국인 노동자가 유입하면, 이들은 지역사회의 노동시장과 산업구조 등을 배경으로 취업을 한 후, 지방노동시장의 특성에 재반응하면서 취업의 공간 분포 패턴을 변화시켜 나가는 것으로 이해된다.

이와 같이 일정 지역의 특성을 배경으로 전개되는 외국인 노동자의 국내 유입과 취업 과정에 관한 연구는 이들이 지역사회 정착과정에서 겪게 되는 경험이나 정체성의 문제에 관한 연구로 이어진다. 박배균(2004)의 연구는 안산시 원곡동의 외국인 노동자 거주지역을 사례로, 세계화과정에서 이들이 초국가적으로 이주하여 지역사회에 정착하지만, 이들은 본국에서뿐만 아니라 지역사회에서 '잊어버림'의 정치로 인해 배제되게 된다고 주장한다. 또한 김희순·정희선(2011)의 연구는 외국인 이주자들을 중심으로 안산지역에서 이루어지는 커뮤티니 아트를 통한 다문화주의의 실천과정을 지리학적으로 고찰하고 있다. 그리고 장영진(2006)도 안산시 원곡동을 사례로 이주 노동자들이 집단 거주지를 형성함에 따라 이들을 대상으로 하는 상업지역이 성장하는 한편, 민족 네트워크가 어떻게 발달하고 있는가를 보여준다.

이와 같이 외국인 이주자들의 지역사회 정착과정에서 나타나는 지리적 현상들 가운데 가장 관심을 끄는 주제는 이들의 집단거주지의 형성과 이에 의한 지역사회의 변화이다. 이러한 점에서 외국인 이주자들의 집단 거주지에 관한 연구는 안산지역뿐만 아니라 서울과 다른 대도시들에서도 형성된 사례들에 관한 연구로 확대되었다. 최재헌·강민조(2003)의 연구는 서울시에 분포한 외국인 거주지의 특성을 고찰하여, 국적별 및 민족별로 거주지가 집단화되어 있음을 보여준다. 또한 조현미(2006)는 대구 성서지역에서 외국인 거주지가 집단화되면서 어떻게 지역적 에스닉 커뮤니티가 형성되고 점차 그 주변으로 확산되게 되었는가를 고찰하였다. 다른 한편 최병두(2009b)는 이주노동자들이 지역의 노동시장, 지역 생산성, 지역의 산업재구조화 등 경제적 측면에서 지역사회에 미치는 영향을 연구하였다.

이와 같은 외국인 거주지의 형성과 발달과정에 관한 연구들은 외국인 이주자들이 단순히 정착지에 수동적으로 적응하려는 존재가 아니라 정착하는 지역의 특성을 능동적으로 변화시키는 주체라는 점을 밝히고 있다. 이영민 외(2012)의 연구는 서울 자양동 중국음식문화거리를 사례로 소위 트랜스이주를 수행하는 조선족 이주자들이 자신들의 사회적 관계를 통해 로컬에서 주류사회의 차별에 저항하면서 조선족 네트워크에 의한 사회적 자본의 형성을 통해 사회적 관계를 확대시켜나가고 있음을 보여준다. 비슷한 맥락에서 정수열·이정현(2014)은 서울시 대림동 소재 중국 국적인들의 이주과정을 유형화하면서 이주경로를 통한 출신국가별 외국인 집중거주지의 발달과정을 밝히고자 했으며, 또한 정수열·이정현(2015)은 이 지역에서 이들의 일상생활에 필요한 주거, 노동, 급양, 교육, 여가, 교통, 공동체 등 존재기본기능의 충족과 이를 통한 성장과정을 분석하였다.

외국인 이주노동자들에 관한 연구는 이들의 정착과정에서 형성되는 집단주거지의 특성에 관한 연구가 주를 이루는 반면, 국제결혼이주여성들에 관한 연구는 이들의 정체성(또는 주체성, 위치성 등)의 변화에 주목하고 있다. 박신규

(2008)는 구미 지역의 국제결혼이주여성의 생애사를 분석하여, 국제결혼이주여성의 정체성 및 주체성의 사회적 위치성에 따른 변화를 고찰하고 있다. 이 연구는 이주여성들이 미혼여성노동자, 배우자, 어머니, 시민이라는 자신들이 철한 사회적 위치성에 따라 자신의 정체성이 유동되어짐을 보여준다. 정현주(2015)는 이주의 여성화 시대에 다문화 경계인으로서 이주여성의 위치성에 대한 이론적 자원들을 검토하면서 한국 사례에의 적용가능성을 탐색하고 있다. 다른 한편, 박순호 외(2012)의 연구는 국제결혼이주여성이 결혼 전/후 경제상황에 대해 어떻게 인식하는가를 조사·분석하였으며, 김민영·류연택(2012)은 국제결혼이주여성의 지역적 분포를 특화계수를 이용하여 범주화하고, 초국가주의의 관점에서 이들의 정체성과 문화적 혼성화 등을 다루고자 했다. 또한 정유리(2016)도 결혼이주여성의 지역정체성과 생활 변화를 고찰하였으며, 김경학(2016)은 국제이주의 맥락에서 한국에 정착한 성인자녀와 손자녀를 돌보기 위해 입국한 조부모 세대의 역할과 이를 통해 겪게 되는 초국적 삶을 규명하고자 했다.

외국인 이주자의 유입 증대와 이들에 의한 학문적, 정책적 관심이 확대되면서 나타난 특이한 사항은 다양한 기관들로부터 관련 연구자에 대한 지원이 확대됨에 따라 지리학 분야에서도 상대적으로 큰 규모의 프로젝트별 연구가 진행되었다는 점이다. 이러한 프로젝트 연구의 한 사례로 '저개발국가로부터 여성 결혼이주의 정주패턴과 사회적응 과정'에 관한 연구를 들 수 있다(최재헌, 2007; 이희연·김원진, 2007; 이용균, 2007; 정현주, 2007). 이들의 공동연구에서, 이희연·김원진(2007)은 통계자료의 포괄적 분석을 통해 국내 결혼이주여성의 성장추세와 국적별 정주 패턴의 특성을 파악하고자 한다. 또한 주제를 좀 더 구체화시켜서, 최재헌(2007)은 국제결혼이주를 '아래로부터의 세계화' 과정 또는 초국가주의의 틀 속에서 논의하면서 국제결혼을 매개하는 행위자로서 국제결혼중개업체의 공간적 역할과 특성을 파악하고자 하며, 이용균(2008) 역시 초국가주의에 바탕을 두고 다양한 공간 스케일에서 이주여성의 사회적 네트워크의 특성과 초국적 민족문화 네트워크의 특성을 파악하고자 한다. 그리고 정현주(2007)는 결혼이주여성의 이동성과 심상도 분석을 통해 이들이 '공간의 덫'에 갇혀 있다고 주장한다.

지리학 분야에서 또 다른 프로젝트 연구로 진행된 것으로 '지구지방화와 다문화공간의 형성'에 관한 연구를 들 수 있다. 이에 참여한 공동연구자들은 최병두(2009a)와 박배균(2009)에서 제시된 바와 같이 다문화사회의 공간성, 즉 다문화공간을 개념화하였다. 그리고 이에 대한 공간적 접근 방법을 개발하여 네 가지 유형, 즉 결혼이주자, 단순 이주노동자, 전문직이주자, 그리고 외국인 유학생들의 국제이주 및 공간적 분포의 통계자료 분석에 따른 현황 파악 및 설문조사 분석에 따른 초국적 이주 및 지역사회 정착과정에 관한 이주자들의 의식을 고찰하고자 했다. 결과물로서 결혼이주자의 이주 및 분포 현황 분석(임석회, 2009b), 설문조사 분석(임석회, 2009b), 단순 이주노동자의 이주 및 지역경제에 미치는 영향 분석(최병두, 2009b)과 설문조사 분석(2010a), 전문직 이주자의 이주 및 분포 현황 분석(임석회·송주연, 2010), 설문조사 분석(2009b), 그리고 외국인 유학생의 이주 및 분포 현황 분석(안영진, 2009; 안영진·최병두, 2008)과 설문조사 분석(안영진, 2010) 등이 제시되었고, 그 외 네 가지 유형의 이주자들의 초국적(거시적 및 미시적) 이주 배경, 이주 과정, 지역사회의 각 영역별 정착과정에 관한 인식에 관한 설문조사 분석 결과물들도 제시되었다(최병두, 2009d; 최병두·이경자, 2009; 최병두·송주연, 2010, 본서 제5장 등). 이러한 연구의 성과들은 지리학 분야에서 처음으로 초국적 이주와 다문화사회를 다룬 단행본으로 출간되었으며(최병두 외, 2011), 이 책의 일부 장에도 포함되어 있다(제5장과 제6장 참조).

지리학 분야에서 수행된 두 가지 프로젝트 연구의 성과물을 평가해 보면, 최재헌(2007) 등의 연구는 결혼이주여성의 국제이주 및 지역사회 정착과정을 대체로 초국가주의에 근거하여 분석하고자 했다. 특히 이들의 연구는 다른 학문 분야에서 활발하게 논의되고 있었던 다양한 이론적 논의들, 즉 초국가주의, 페미니스트 다문화주의 등을 도입하여 지리학적으로 적용하고자 했다는 점에서

의의를 가진다. 또한 이들의 연구는 이러한 개념적 논의에 바탕을 두고 초국적 이주자들의 구체적인 삶과 공간적 특성을 고찰하고자 했다는 점에서 다른 분야의 연구들과는 다른 지리학적 연구의 중요성을 보여주었다. 다른 한편 최병두(2009) 등의 연구는 '다문화공간'이라는 새로운 용어를 만들어내면서 외국인 이주자들의 이주 및 정착 과정에 함의된 공간성을 좀 더 명시적으로 드러내면서 이를 연구할 수 있는 새로운 분석틀을 개발하고자 했다는 점에서 의의가 있으나, 결과적으로 제시된 연구 성과물들은 대체로 통계자료의 분석을 통한 현황 파악과 설문조사 분석을 통한 국적별·지역별 이주자들의 인식 차이를 드러내는 정도에 한정되었다는 점에서 한계를 가진다.

외국인 이주자들의 국내 정착과정에 관한 연구와 관련하여 지역사회 정책이나 다문화지역사회로의 전환에 필요한 기반시설과 서비스의 필요성을 정책적으로 고찰한 연구들도 있다. 조현미(2008)의 연구는 고령군을 사례로 농촌지역에 많이 분포하는 (즉 비율이 높은) 결혼이주자들의 현황과 이들에 대한 지자체의 지원정책들을 고찰하고 앞으로 이들을 지원하기 위한 지자체의 과제를 제시하고 있다. 그 외 외국인 노동자들의 직주 거리를 이주자들의 유형에 따라 구분하여 분석한 류주현(2009)의 연구, 광주시를 사례로 초국적 다문화주의가 정착하기 위해 필요한 지리적 기반에 관한 박경환(2009)의 연구 등이 있으나, 지자체의 정책이나 지원 프로그램과는 직접 관계는 없었다. 다른 한편, 박경환(2012)과 이용균(2012; 2014) 등의 연구는 국내 및 외국의 이주자 정책을 비판적 관점에서 접근하고 있다. 특히 박경환(2012)은 오늘날 한국의 이주정책이 신자유주의적 경향 속에서 미숙련 이주노동의 경우는 노동 유연성을 확보하려는 정책과 전문직 이주노동의 경우는 해외 투자자를 확보하려는 정책으로 이원화되어 추진되고 있음을 지적한다. 이러한 연구 동향에서 보면, 외국인 이주자들의 이주 및 지역사회 정착과 관련된 국가 및 지역사회 정책에 대해서 더욱 적극적인 대안 모색이 필요하며, 또한 이들의 지역사회 정착을 지원하는 시민사회 또는 지역주민 활동에 관한 연구도 요청된다고 하겠다.[3]

3) 다문화공간의 이론화와 다문화 지리교육

외국인 이주자들의 초국적 이주와 지역사회 정착과정은 경제의 세계화에 따른 지구지방화(또는 탈영토화/재영토화) 과정 및 교통통신기술의 발달에 따른 시공간적 압축뿐만 아니라 지구적 규모로 전개되는 신자유주의적 자본주의 경제의 지역불균등발전과 이에 따른 국가 간 사회경제적 차이의 증대, 그리고 개별 국가들이 봉착한 단순 노동력의 부족과 저출산·고령사회로의 전환 등에 관한 분석을 전제로 한다. 이러한 점에서, 좀 더 거시적으로 차원에서 동아시아 자본 및 노동 이동의 구조적 변화에 관한 연구(문남철, 2006), 유럽연합(EU)의 확대와 노동의 이동에 관한 연구(문남철, 2007)는 중요한 의미를 가진다. 이러한 거시적 연구는 기본적으로 다문화사회로의 전환을 추동하는 거시적, 구조적, 지구적 배경에 관한 추론을 전제로 한다는 점에서, 적절한 이론적 근거를 필요로 하지만, 위의 연구는 특정한 이론에 의존하지 않고 대체로 현황 파악을 중심으로 서술하고 있다.

좀 더 이론적인 연구는 다문화사회로의 전환 및 그 특성과 관련된 다른 분야의 개념이나 이론들을 도입하여 지리학적으로 응용한 것이다. 이러한 맥락에서 우선 이영민 등이 번역한 새머스(Samers)의 저서를 이영민 등이 번역한『이주』(새머스, 2013)는 국제이주에 관한 다양한 이론들을 재정리하고 있으며, 또한 이주와 노동의 지리학, 이주통제 정책에 대한 지정학적 경제, 그리고 국제이주에 따른 시민권과 '소속'의 지리 등을 심도 있게 다르고 있다. 이영민 등의 또 다른 번역서,『개념으로 읽는 국제이주와 다문화사회』(바트럼 외, 2017)는 초국적 이주와 다문화사회로의 전환과 관련된 30여 개의 개념들을 간략하게 설명하고 있다. 이러한 번역서들은 비록 국내 연구의 성과로 생산된 것이 아니라고 할지라도, 관련된 이론 및 개념들을 좀 더 명료하게 하는 데 기여한다고 하겠다.

---

3. 지역사회 지원활동에 관한 연구로는 오경석·정건화(2006)를 들 수 있지만, 이 연구자들은 지리학자들이 아니라는 점에서, 앞으로 이러한 주제에 관한 연구가 더 필요하다고 하겠다.

좀 더 심층적인 개념적 및 이론적 연구들이 논문으로 발표되고 있는데, 앞에서 언급한 초국가주의 및 그와 관련된 여러 개념들(아래로부터의 세계화, 네트워크, 제3의 공간 또는 경계공간, 초국적 정체성 등)을 원용한 국제결혼 및 이주여성의 지역사회 정착과정에 관한 연구들(최재헌, 2007; 이용균, 2007)을 들 수 있다. 그러나 박경환(2007)은 이러한 초국가주의가 주체의 공간적 이동성과 그들의 비공간적 네트워크를 지나치게 강조함으로써 이들이 본국과 정주국에서의 사회문화적 관계와 어떻게 복잡하게 얽혀있고 뿌리내리고 있는가를 종종 간과해 왔다고 주장하였다. 초국가주의가 초래할 수 있는 '세 가지 위험', 즉 초국적 현상의 다양성과 민족국가와의 관계, 초국적 이주자 집단의 이질성, 초국가주의의 국가적(민족적) 접합과 전유의 문제를 간과해서는 안 된다는 점을 지적한다. 초국가주의 및 탈식민주의에 대한 이러한 비판적 고찰과 더불어, 박경환(2005a)은 물리적 이동에서 전제되는 육체의 지리적 이동과 이들의 정신세계를 구성하는 디아스포라 정체성 간 관계를 후기구조주의적 페미니즘과 페미니스트 정신분석의 입장에서 이론적으로 고찰하였다.

초국적 이주와 다문화사회의 연구를 위해 제시되는 개념적 또는 이론적 기반에 대한 비판적 이해는 '초국가주의'뿐만 아니라 '다문화주의'에 대한 비판으로도 나타난다. 박경환·진종헌(2012)에 의하면, 최근 다문화주의에 기반을 둔 정책과 지배적 담론 및 제도적 실천은 결국 소수자로서 여러 민족집단의 '자기목소리내기'의 정치를 차단하고 있다고 비판된다. 특히 이들은 "지리적 측면에서 '다문화'라는 표현은 특정한 지리적 스케일에서의 공간을 외부와 구분 짓고 차별화하는 동시에 보다 작은 지리적 스케일에서의 문화적 차이를 등질화하는 일종의 스케일의 정치적 재현"이라고 주장한다(박경환·진종헌, 2012, 116). 다문화주의에 대한 비판은 최병두 외(2011, 제1장)에서도 제시된 바 있지만, 지리적 관점에서 보다 직접적으로 문제를 제기했다는 점에서 의의를 가진다. 그러나 이들의 연구는 이에 대한 대안으로 '인종과 민족집단'을 계급 및 젠더와 상호교차하는 대안적 개념 또는 서사로 제시하고 있지만, 인종과 민족 집단의 개념 역시 집단 내 동질성과 집단 간 배타성을 전제로 하고 있다는 점에서 한계를 가진다. 이러한 점에서 다문화주의와 이에 기반을 둔 정책을 완전히 포기하기보다는 이를 개선한 '상호문화주의'의 개념이 대안으로 제시될 수도 있을 것이다(제8장 참조; 또한 이영민 · 이연주, 2017).

다른 한편, 정현주(2007)는 초국적 이주의 핵심적 특징 가운데 하나로 이주의 여성화를 강조하고, 페미니즘의 입장에서 이들의 이동성을 제약하는 다양한 요인과 차별성을 분석하였다. 나아가 정현주(2008)는 이러한 페미니스트 이주 연구의 화두인 '이주의 여성화'에 내포된 젠더선별적 접근과 스케일 이슈를 문헌연구를 통해 분석하고 있다. 그 이후 정현주(2009, 109)는 기존의 페미니트의 연구가 "제3세계 여성들을 세계화와 상업화의 희생물로, 제1세계 남성들을 포식자로 일반화하면서 여성들의 주체성과 이들 간의 다양성을 간과하는 결과를 낳음으로써 이들을 계속 타자화하고 소외시켰다"는 점을 비판적으로 지적하고, 그 대안으로 "여성의 에이전시에 대한 관심을 통해 이분법과 소외를 극복하고 여성의 권력화를 모색"할 것을 주장한다. 이러한 연구는 그 이후 정현주(2015)로 이어진다. 이 연구는 이주여성의 위치성을 이론화하기 위한 자원들을 제시하면서, 이러한 자원이 "주변화된 존재들이 다양한 정체성 협상을 통해 페미니즘적 주체로서 거듭날 수 있는 가능성을 모색하는데 유용한 인식론적 통찰과 개념 및 언어적 도구를 제공"할 것이라고 주장한다.

초국가주의, 페미니즘 등과 같은 기존의 이론들을 (긍정적으로뿐만 아니라 비판적으로) 원용 또는 해석한 지리학적 연구들은 다문화사회의 개념화 또는 이론화에 지리학적으로 기여한다는 점에서 중요한 의미를 가진다. 그러나 이러한 기존 이론들에 관한 지리학적 연구들은 초국적 이주와 그 주체들의 지역사회 정착과정에 함의된 공간적 차원을 명시적으로 드러내고 이를 개념화 또는 이론화하려는 시도라기보다는 기존의 이론들을 지리학적 연구에 그대로 원용하려는 시도라는 점에서 일정한 한계를 가진다. 다른 한편 탈식민주의나 세계시민주의에 관한 외국 연구자들의 이론적 고찰을 국내에 번역하여 소개하려는 노력들이 이루어지고 있는데(Sharp, 2008, 이영민·박경환 역, 2011; Harvey, 2009, 최병두 역, 근간), 이러한 번역서들은 외국 연구자들의 관점이긴 하지만 사회과학 및 인문학 일반에서 논의되고 있는 탈식민주의와 세계시민주의에 관한 논의를 지리학적으로 비판하고 재구성하고자 했다는 점에서 의의를 가진다.

물론 국내에서도 초국적 이주와 다문화사회로의 전환과 관련된 개념적·방법론적 연구를 통해 기존의 논의를 지리학적으로 비판하고 재구성하려는 시도가 없었던 것은 아니다. 최병두(2009, 635)의 연구는 국제이주와 이주자들의 지역사회 정착과정이 공간성을 전제로 한다는 점에서 '다문화공간'이라는 개념을 사용할 것을 제시하면서, "다문화주의라는 용어는 인종적, 문화적 다양성과 차이의 인정이라는 점에서 규범적 함의를 가지지만, 또한 동시에 노동력의 지구적 이동과 이의 통제에 관한 자본과 국가의 입장을 반영한 이데올로기라는 점에서 신중하게 사용되어야 한다"고 주장하고, 나아가 탈지구화시대에 필요한 새로운 지구지방적 윤리로서 외국인 이주자들의 지원과 투쟁을 통한 '인정의 공간'을 구축해야 함을 강조한다. 박배균(2009, 616)의 연구는 기존의 사회이론적 분석에서 공간적 관점이 결여되어 있음을 지적하고, "초국가적 이주와 정착의 과정[에 관한 연구]은 초국가적 이주자들의 공간적 정착과 이 과정에서 작동하는 장소, 영역, 스케일, 네트워크의 사회-공간적 차원의 작동에 대한 이해를 바탕으로 다문화공간에 대한 개념화를 통해 더 진전"되어야 함을 주장한다.

다문화공간을 개념화하고 이를 고찰하기 위한 분석틀을 제시하고자 한 이러한 연구들은 이론적 수준에서 아직 초보적 단계일 뿐만 아니라 기존의 다양한 이론들과 어떤 관계를 가지며, 또한 현실 분석에 어떻게 적용될 것인가에 대한 추가적 연구를 필요로 했다. 이러한 점에서 그 이후 다문화공간 개념을 보다 정교하게 세련하고자 한 연구들을 찾아볼 수 있다. 박경환(2012)은 초국적 이주를 추동하는 사회·경제적 구조의 힘과 이를 실행하는 제도적, 조직적 행위자들 및 이들의 네트워크를 다중스케일의 관점에서 추적하고자 했다. 또한 박규택(2013)은 결혼이주여성과 가족들이 겪는 갈등, 차별, 저항 등을 새로운 시각, 즉 초국가(국경을 초월한 로컬과 로컬의 관계), 로컬, 국가와의 관계적 공간으로 설명하고자 했으며, 또한 박규택(2016)은 지구, 국가, 로컬의 힘들이 중층적으로 상호작용하는 글로네이컬(glonacal) 관점에서 국내 화교중학교를 고찰하고 있다. 이러한 연구들은 다문화공간이 기존의 지리학에 익숙한 장소나 영역보다는 사회공간적 네트워크와 (다중)스케일의 개념으로 더욱 잘 이해될 수 있음을 보여준다.

그러나 이러한 네트워크와 스케일의 개념에 기반을 둔 관계적 공간에 관한 개념은 여전히 물리적(절대적) 공간 개념을 벗어나지 못했다는 점에서 한계를 가진다. 최병두의 일련의 연구는 이러한 한계를 벗어나기 위한 시도로 행위자-네트워크이론(actor-network theory)에 기반을 두고 초국적 이주와 정착 과정에서 발생하는 다양한 현상들을 설명하고자 한다. 즉 최병두(2017c)는 기존의 국제이주 연구에서 행위이론과 구조이론을 결합시키고자 하는 관계이론의 유의성과 한계를 논의하고 그 대안으로 행위자-네트워크이론을 제시하고자 했으며, 최병두(2015)는 이러한 행위자-네트워크이론이 절대적 공간 개념에 기반을 둔 기존의 지리학에서 벗어나 다양한 위상학적 공간 개념들을 만들어낼 수 있다는 점을 설명하고 있다. 그리고 최병두(2017a, 2017b)는 각각 이러한 행위자-네트워크이론과 이와 관련된 공간 개념들을 원용하여 초국적 노동이주 과정에서 형성되는 행위자-네트워크와 아상블라주에 관한 연구, 그리고 초국적 결혼이주가정에서 생성되는 음식-네트워크와 초국적 이주자들의 민족적, 문화적 경계 넘기에 관한 분석을 시도하고 있다. 이러한 행위자-네트워크이론은 지구화시대 인문지리학에 유의한 연구방법론으로 인식되고 있지만(박경환, 2014), 인간 행위자와 비인간 사물 행위자들 간의 관계, 네트워크 개념의 모호성, 그리고 위상학적 공간 개념으로 인한 영역적 공간의 유의성 간과 등이 이 이론의 문제점으로 지적되고 있다.

다른 한편, 지리교육 분야는 다문화사회로의 전환과 관련된 또 다른 주요 세부 연구 분야이다. 지리교육은 한국지리 및 세계지리에 관한 교육과정에서 국내외 지역사회의 현황과 그 변화를 주요 주제로 다룰 뿐만 아니라 이를 통해 지역사회의 문제점을 지적하고 새로운 대안적, 규범적 가치와 해결 방안을 모색하고자 한다. 이러한 점에서 박선희(2008)는 한국지리(7차 개정 시안)를 중심으로 지리교육에서 다문화교육을 위한 교수-학습 방안을 모색하고 있으며, 장의선(2010)은 세계지리에서 다문화 교육적 가치에 관해 고찰하고 있다. 또한 이진석(2007)은 호주의 다문화 교육 전개과정과 그 성격에 관해 연구하고, 박순호(2009)는 대구시 초등학교 교사와 학생, 학부모를 대상으로 한 설문조사 결과를 중심으로 다문화교육에 대한 의식과 정책적 함의를 고찰하고 있다. 이러한 연구들은 다문화사회로의 전환에 내재된 지구적, 국가적, 지역적 변화 과정을 강조하면서 그 현황과 이에 내재된 다문화 교육의 가치를 제시하고 있다.

그러나 박경환(2008)은 이러한 다문화주의(특히 초국가주의)에 기초한 연구 및 교육이 "다양성이라는 이름으로 … 사회-공간적 분절화를 극복하는 수단으로 활용되고" 있지만 또한 동시에 "다수자-소수자, 우리-그들, 주체-타자라는 이분법적 논리에 기반한 다문화주의의 온정주의적 속성은 다문화주의가 내재하고 있는 탈근대적 비판의 정치를 희석·약화시키고 있다"고 주장하고, 대신 "다문화주의를 소수자 운동의 차원에서 접근하여 소위 '비판 다문화주의'의 정치적 가능성을 모색해" 보고자 한다. 다른 한편, 박선희(2009)는 세계시민주의의 관점에서 "다문화교육에서 시민성은 국가중심을 탈피하여 세계시민으로서의 자질"을 요구하지만, "세계시민성 교육이 지리교육에서 지역정체성에 대한 포기를 의미하는 것이 아니"며, 오히려 지리교육에서 "다문화교육은 다문화사회의 갈등 해결을 위해 비판적 사고에 바탕을 둔 지역정체성 함양에 초점을 둘 것"을 제안한다. 이들의 연구는 기존의 다문화주의 교육에 대한 비판적 입장을 가지고 있지만, 박경환(2008)의 연구에서 제시된 소수자 운동 차원에서의 다문화 지리교육론이 소수자 정체성의 지역적 차원을 간과하고 있다면, 박선희(2009)의 연구는 지역적 정체성이 세계시민성과 어떻게 연결되는가에 대한 관계 분석을 빠뜨리고 있다.

박승규(2012)는 이러한 다문화교육에서 특히 '다문화공간'의 교육적 의미를 부각시키고자 한다. 그에 의하면, 기존의 다문화교육에서는 '문화'의 의미가 명확하지 않았으며, 이러한 문제를 개선하기 위해 '인간이 어디에서 어떤 삶의 양식'으로 살아가는가에 대한 의문을 개념화하기 위해 다문화에서 공간의 중요성이 강조된다. 다른 한편, 권미영·조철기(2012)는 한국과 영국의 지리교과서의 인구 관련 단원에서 다문화교육 내용이 어떻게 서술되어 있는가를 비교분석하면서, 우리 안의 다문화 현상으로서 지리적 소수자들과 함께 살아갈 수 있는 성숙한 시민이 될 수 있는 교육이 이루어져야 한다고 주장한다. 이러한 주장은 조철기(2016)의 연구로 이어져서, "세계화는 한 국가의 시민들로 하여금 밖으로는 지구촌 사회에 걸맞은 글로벌 시민성을, 안으로는 다문화 사회에 적합한 문화적 시민성을 요구"한다는 점을 부각시키고 있다. 또한 이러한 다문화교육은 소수 이주자 집단은 물론이고 주류 선주민 집단의 의식과 태도 변화를 전제로 한다는 점에서, 이영민·이연주(2017)는 기존의 다문화교육이 가지는 한계를 지적하고, 유럽사회에서 널리 통용되고 있는 상호문화교육의 적용가능성과 방향을 모색하고 있다.

3. 초국적 이주와 다문화사회에 관한 연구 방법론과 주제

1) 지리학적 개념과 연구 방법론의 모색

외국인 이주자의 급증과 더불어 다문화사회로의 전환이 정책적으로뿐만 아니라 일상생활 속에서 주요한 담론 주제가 됨에 따라, 이에 관한 연구들도 엄청나게 증가하였다. 이러한 상황은 최근 다소 둔화되었다고 할지라도, 여전히 지속되고 있다. 지리학 분야도 예외는 아니다. 또 다른 문제는 최근 '다문화공간'의 개념이 일반화되긴 했지만, 사회과학 및 인문학의 각 분야들에서 이루어지고 있는 연구들이 아직도 지리학적 측면을 상당히 무시하고 있다는 점이다. 즉 초국적 이주에 관한 연구들은 대체로 이주자의 행위나 이주가 이루어지는 구조적 배경에 관심을 가지지만, 실제 초국적 이주는 국가들 간 지리적 불균등발전을 배경으로 하며, 특정한 공간적 경로를 통해 이루어진다는 점을 명시적으로 서술하지 않고 있다. 뿐만 아니라 다문화사회로의 전환에 관한 연구들은 다문화사회와 관련된 윤리적, 규범적 측면들을 강조하면서도 실제 이러한 다문화사회로의 전환이 어떤 지역들에서 이루어지고 있으며, 이에 따라 지역사회가 어떻게 변화하고 있는가에 대해서는 무시하는 경향이 있다.

초국적 이주와 다문화사회로의 전환은 사회과학 및 인문학 전반에 걸쳐 다루어지고 있지만, 국내에서뿐만 아니라 서구 선진국들에서도 지리학적 측면은 대체로 간과되는 경향이 있었다. 브레텔과 홀리필드(Bretell and Hollifield, 2000)는 국제이주에 관한 다학문적 접근의 필요성을 강조하면서 그동안 이와 관련된 학문분야들에서 이루어진 연구 성과들을 검토하는 과정에 인류학, 인구학, 경제학, 역사학, 법학, 정치학, 사회학 등을 거론하면서, 지리학은 누락시켰다. 이에 대한 논평에서 크레리(Kraly, 2001)는 이들의 연구가 지리학 분야를 고려하지 않음을 심각한 문제로 지적하고 있다. 분명 초국적 이주와 다문화사회로의 전환은 공간 속에서 그리고 공간 위에서 이루어지며, 공간(환경)적 요인들에 심각하게 영향을 받게 된다. 따라서 이러한 주제에 관한 연구가 공간적 측면을 간과하는 것은 초국적 이주와 다문화사회로의 전환이 마치 하나의 점(또는 핀) 위에서 이루어지는 것처럼 추상화시키는 것이라고 할 수 있다.

그러나 다른 한편 초국적 이주와 다문화사회로의 전환에 관한 기존 연구들이 지리학적 또는 공간적 측면을 간과하게 된 것은 지리학자들의 책임이라고 할 수도 있다. 즉 대부분의 지리학적 연구들은 초국적 이주와 관련된 공간적 현상들을 서술하거나 또는 사회과학이나 인문학 일반에서 개발한 개념이나 이론들에 주로 의존하여 자신의 연구 주제들을 다루고 있다. 이러한 점에서 지리학자들은 다른 학문 분야들의 연구자들과 긴밀한 소통과 대화를 유지하고 나아가 학제적 접근을 추구하면서도, 다른 한편으로 좀 더 독자적인 관점에서 초국적 이주와 다문화사회를 고찰할 수 있는 개념이나 이론들을 개발하고, 또한 이와 관련된 경험적 연구에서도 더욱 폭넓고 다양한 연구 주제들을 개발할 필요가 있다고 하겠다.

이러한 점에서 우선 초국적 이주와 다문화사회에 관한 연구에서 왜 공간적 측면이 중요한가를 재인식하고, 이에 따라 이에 관한 연구에 필요한 개념이나 방법론을 개발할 필요가 있다. 지리학 영역 밖에서도 다문화사회로의 전환을 세계시민주의 관점에서 이해하고자 하는 누스바움(Nussbaum, 1996, 11~12; Harvey, 2009에서 재인용)은 지리학의 중요성을 강조한다. 즉

> "지구적 대화를 수행하기 위하여, 우리는 다른 나라들의 지리학과 생태학—이미 우리의 교과과정에서 많은 개정을 필요로 하는 과목들—뿐만 아니라 그 나라 사람들에 관해 많은 지식을 필요로 하며, 그렇게 함으로써 우리는 그들과의 대화를 통해 그들의 전통과 실행을 존중할 수 있게 될 것이다. 세계시민주의적 교육은 이러한 유형의 논의를 위해 필요한 기반을 제공할 것이다."

하지만 누스바움의 이러한 주장은 세계시민주의에 관한 논의에서 더 이상 구체적으로 진전되지는 않았다. 즉 하비(Harvey, 2009; 최병두 역, 근간)가 지적한 바와 같이, "세계시민주의적 도덕성의 복원에 대한 누스바움의 호소를 둘러싸고 발생했던 광범위한 논쟁에서, 인류학, 지리학, 환경과학의 교육이 수행할 비판적 역할에 대해서는 검토되지 않은 채 지나갔다." 하비는 그의 최근 저서, 『세계시민주의와 자유의 지리학』에서 칸트에서부터 누스바움에 이르기까지 이들이 지리학이나 공간 개념에 대해 얼마나 오해하거나 이를 무시했는가를 지적할 뿐만 아니라 이로 인해 자신들의 이론이 얼마나 왜곡되게 되었는가를 치밀하게 보여주고 있다.

다른 한편으로 지리학자들은 초국적 이주와 다문화사회에 관한 연구를 위해

다른 학문 분야들에서 제시된 관점이나 이론들을 비판적으로 받아들이는 한편, 상대적 자율성을 가지고 자신의 개념이나 이론들을 정형화해 나갈 필요가 있다. 사실 그동안 이에 관한 연구는 흔히 '다문화사회'라는 개념에 근거하여 이해되어 왔다. 기존의 많은 연구들에서 적용된 바와 같이, 다문화사회라는 용어는 최근 급속히 증대하고 있는 세계적 규모의 이주와 지역적 정착과정에서 새롭게 등장하고 있는 사회문화적 현상들을 설명하기 위한 개념으로서 나름대로 유의성을 가진다고 할 수 있다. 그러나 이 용어는 지구지방화 과정 속에서 이루어지는 국제적 이주과정 및 지역사회 정착과정에 함의된 공간적 차원을 간과하고 있다. 즉 다문화사회라는 용어는 대체로 외국인 이주자들이 이주한 지역사회 또는 국가에서의 정착과정과 제도적 이념적 배경에 관한 이해에서는 유용하게 적용될 수 있다고 할지라도, 이주과정 자체나 이를 조건지우는 세계적 배경에 관한 분석에는 아무런 도움을 주지 못한다. 다문화사회라는 용어는 이러한 현상이 전세계적으로 또는 전국적으로 동일한 밀도로 나타나는 것이 아니라 지역적으로(즉 장소-특정적으로) 또는 선별적으로 상이하게 전개되고 있다는 점을 무시하는 경향이 있다.

이러한 점에서 다문화공간은 초국적 이주 자체가 공간적이라는 사실뿐만 아니라 그 배경이 되는 지구지방화 과정의 공간성 및 초국적 이주자의 새로운 정착과정에 함의된 지역성(또는 장소성)을 강조하기 위한 개념으로 제안될 수 있다. 다문화공간은 고정적, 정태적인 것이 아니라, 항상 역동적인 변화 과정에 있으며, 중층적 공간들의 '규모적' 접합으로 이루어진다. 외국인들의 국제적 이주와 지역적 정착과정에 함의된 지구적 공간과 지방적 공간의 접합은 공간적 규모의 문제와 관련된다. 여기서 규모(scale)란 특정의 정치, 사회, 문화, 경제적 관계나 과정들이 서로 연결되고 상호작용하면서 작동하는 공간적 범위를 말한다. 하지만, 세계, 국가, 지역, 도시 등과 같은 규모들은 어떤 객관적 과정을 통해 자연스럽게 만들어져서 우리에게 주어지는 것이 아니라, 물질적이고 담론적인 과정을 통해 사회적으로 구성되는 것이다. 이러한 차원에서, 규모는 다양한 행위자들이 특정한 사회적, 정치적, 경제적 프로젝트들을 개선하거나 억제하기 위하여 행동하는 특정한 지형으로 이해된다(Swyngedouw, 1997, 140). 다문화공간은 지구적 공간과 지방적 공간의 접합 그리고 이 과정에서 역동적으로 재편되고 있는 사회문화적 지형이라고 할 수 있다.

이러한 다문화공간에 관한 연구는 특히 다규모적 접근과 네트워크 개념을 통해 더욱 적절하게 이루어질 수 있다. 즉 최근 급증하고 있는 초국적 이주과정과 이들의 지역사회 정착 과정 그리고 이에 따른 지역사회와 세계체제의 변화과정은 다규모적으로 이루어지고 있다. 지구적 차원에서 경제정치체제의 사회공간적 변화는 상품이나 자본, 정보와 기술의 국제적 이동뿐만 아니라 노동자 및 이와 관련된 여러 유형의 사람들(결혼이주자, 유학생, 그리고 단기적으로는 관광객들)의 국제적 이동을 촉진하고 있다. 이들은 가족이나 친지와 관련된 다양한 네트워크를 통해 정보를 입수할 뿐만 아니라 일반 상품이나 자본과는 달리 인간 주체로서 여러 가지 다른 제약들을 받게 되고 특히 유입국의 정책에 따라 직접적 영향을 받게 된다. 일단 유입된 이주자들은 지역사회에 정착하는 과정에서 지역의 지자체뿐만 아니라 원주민들의 대응전략에 민감하게 반응하게 되고, 그 결과로 송출국 및 유입국에서의 지역사회 변화, 나아가 해당 국가의 특성과 세계체제의 변화에 영향을 미치게 된다. 이러한 과정은 개인-가족-지역사회-국가-세계체계에 이르는 중층적 공간들에서 복합적으로 이루어진다는 점에서 다규모적 접근이 요구된다.

다른 한편, 다문화공간의 개념은 좀 더 이론적이고 철학적인 성찰을 함의한다. 다문화공간의 개념은 탈영토화 과정으로서의 초국적 이주 그리고 재영토화 과정으로서의 지역사회 정착을 일련의 연속적이고 역동적인 과정으로 이해할 수 있도록 한다. 초국적 이주과정과 지역사회 정착과정에 관한 기존의 연구들은 대부분 이 두 가지 과정을 분리시켜 분석하거나 또는 결합시켜 고찰한 경우라고 할지라도 모호하게 병렬적으로 연계시키고 있다. 그러나 초국적 이주는 지역사회의 정착과정(즉 뿌리내림)을 전제로 하지만, 또한 동시에 최근의 국제이주의 동향에서 나타나는 것처럼 지역사회의 정착과정은 불안정하여 또 다른 국제이주를 초래하고 있을 뿐만 아니라, 지역사회의 변화가 국가적 및 세계적 과정에 미치는 영향으로 인해 이들은 새로운 국제이주를 연속적으로 유발하고 있다. 이러한 점에서, 국제이주를 통한 탈영토화는 일정한 지역사회로의 뿌리내림을 전제로 한 재영토화를 전제로 하며, 이러한 재영토화는 또 다른 탈영토화의 배경이나 조건으로 작동하게 된다. 외국인 이주자의 초국적 이주 및 지역사회 정착과정에 관한 연구는 이와 같이 흐름의 공간(탈영토화)과 장소의 공간(재영토화)의 개념을 모두 포괄할 수 있는 다문화공간 이론을 지향해야 할 것이다.

이와 같이 다문화공간의 개념을 중심으로 초국적 이주와 다문화사회로의 전환을 이해하고자 하는 지리학자들은 포스트모던 사회이론에서 흔히 거론되는 탈영토화/재영토화의 개념뿐만 아니라 지구지방화에 관한 논의에서 나아가 다문화주의, 세계시민주의, 초국가주의, 탈식민주의 등으로부터 새로운 공간적 인식이나 개념들을 비판적으로 검토·수용함으로써 이들이 안고 있는 공간적 오해를 바로잡을 뿐만 아니라 지리학 내부의 개념과 연구방법론을 더욱 풍부하게 할 수 있을 것이다. 초국적 이주와 다문화사회로의 전환과 관련된 이러한 관점 또는 이론들은 모두 이미 공간적 차원을 함의하고 있을 뿐만 아니라 명시적으로 공간적 용어나 개념들(또는 메타포)을 사용하고 있다(〈표 2-1〉 참조).

다문화주의는 한편으로 새로운 다문화사회로의 전환을 위한 주요한 윤리적 개념을 제시하면서 다문화도시라는 용어를 사용할 수 있도록 하지만, 또한 동시에 후기 자본주의의 문화를 정당화시키는 이데올로기로 동원될 수 있다는 점이 지적된다(최병두, 2009a; 최병두 외, 2011, 제1장). 식민지 또는 신식민지에서의 다문화사회에 대한 비판적 문화이론으로 제시된 탈식민주의는 이미 지리학 내에 상당정도 들어와 있으며(Sharp, 2008; 이영민·박경환 역, 2011), 특히 상호 이질적인 문화 요소들의 융해, 혼합, 재구성으로 이루어진 공간으로 '제3의 공간'(third space)을 제안한다. 이러한 탈식민주의의 공간 개념은 로스앤젤레스

〈표 2-1〉 다문화주의와 관련된 여러 이념/개념들

	지구지방화 (glocalisation)	다문화주의 (multiculturalism)	세계시민주의 (cosmopolitanism)	초국가주의 (transnationalism)	탈식민주의 (postcolonialism)
공간적 개념	세계도시 (global city), 지구도시화 (glurbanization), 지구지방성 (glocality)	다문화공간 (multicultural space), 다문화 도시 (multicultural city)	세계시민적 도시 (cosmopolitan city); 세계시민적 폴리스 (cosmopolis)	초국가적 (사회)공간 (transnational social space or community)	제3의 공간 (the third space); 국제적 간공간 (international in-between space)
규모적 접근 방법	다규모적: 지구 지방화의 양면성과 규모적 역동성	지방지향(1): 이전된 지방문화들 간 분절과 접합	지구지향(1): 지구문화를 드러내는 지방(도시)	지구지향(2): 지방을 연계하는 지구적 네트워크	지방지향(2): 지구/지방을 초월한 새로운 공간

한인타운에서 형성된 '혼성성의 공간'에서 탈정치화된 민족성이 혼종적 집단의 이해관계를 실현하기 위해 어떻게 재정치화되고 있는가에 관한 연구에 응용되고 있다(박경환, 2005b).

세계시민주의는 사람, 상품, 아이디어, 그리고 문화들의 혼합 장소로서 코스모폴리탄 도시를 창출하며, 이러한 도시는 "지구화되고 있는 세계에서 도시의 민주주의와 거버넌스를 위한 비전을 제시하는 것"으로 간주되고 있을 뿐만 아니라(Yeoh, 2004), 앞서 언급한 바와 같이 하비(Harvey, 2009; 최병두 역, 근간)에 의해 철저히 비판적으로 수용되고 있다. 국제이주에서 나아가 국경을 가로지르는 일련의 활동들을 서술하기 위해 사용되는 초국가주의 역시 이러한 활동들을 연계하는 네트워크와 이를 통해 형성된 '초국가적 사회공간'에 관하여 활발한 연구가 이루어지고 있으며, 이를 지리학에 도입하는 과정에서 박경환(2007)은 초국가주의 논의의 세 가지 위험을 지적하고 있다.

이와 같이 다문화주의, 세계시민주의, 초국가주의, 탈식민주의 등의 관점이나 이론들은 주요한 공간적 함의들을 내포하고 있다는 점에서 지리학에 좀 더 쉽게 도입될 수 있지만, 또한 동시에 이들이 가지는 공간 개념의 한계를 인식할 뿐만 아니라[4] 공간에 대한 접근 방법에서도 단층적 접근이 아니라 다규모적 접근을 추구해야 할 것이다. 다규모적 접근은 초국적 이주와 다문화사회로의 전환과 관련된 미시적 이론과 거시적 이론을 접합시켜 준다는 점(단일한 이론체계나 방법론이 아니라)에서 의미를 가진다. 뿐만 아니라 이들이 가지고 있는 도덕적, 윤리적 함의들은 기존의 정치경제체제에 의해 쉽게 동원될 수 있는 이데올로기적 속성을 가지고 있다는 점에서, 이러한 이론이나 관점에 바탕을 둔 규범적 주장들은 지리학뿐만 아니라 관련된 모든 학문 분야들에서 더욱 신중하게 이루어져야 할 것이다.

2) 초국적 이주와 다문화사회에 관한 경험적 연구 주제들

다문화공간으로서 초국적 이주와 지역사회의 전환 과정에 관한 지리학적 주제들은 배경(원인) → 이주 → 정착 → 영향(변화)라는 4단계에서 작동하는 공간적 측면들로, 국제이주에 관한 정확한 현황 파악, 국제이주의 세계공간적 배경에 관한 설명, 지역사회 정착과정에서의 지리학적 요인 고찰, 그리고 이에 따른 지역사회 변화와 국가적 세계적 영향에 관한 분석 등을 포괄한다. 이 과정들은 상호분리된 것이라기보다 밀접하게 연계되어 있지만, 이 과정들에 경험적 분석들을 위한 세부 주제들은 전체 과정을 항상 전제로 설정되고 고찰되어야 할 것이다. 이를 전제로, 초국적 이주와 다문화사회로의 전환에 관한 지리학 분야의 세부 연구 주제들에 관하여 부가 설명하면 다음과 같다.

4. 하비(Harvey, 2009; 최병두 역, 근간)에 의하면, 칸트에서부터 누스바움에 이르기까지 세계시민주의에 관한 주장이나 그 외 관련된 벡이나 벤하비브(Benhabib), 헬드(Held) 등이 제시한 주장들은 공간적 차원을 무시하거나 또는 어느 정도 고려했다고 할지라도 '절대적 공간' 개념에 빠져서 상대적 공간이나 관련적 공간의 의미를 제대로 이해하지 못했다고 주장한다.

(1) 초국적 이주과정의 현황 파악

우선 초국적 이주과정에 관하여 정확한 현황 파악이 중요하다. 즉 초국적 이주에 관한 연구는 어떤 유형의 사람들이, 어떠한 배경에서, 어디에서, 어떤 경로를 통해, 어디로 오는가에 대한 자료의 체계적 수집과 분석에서 출발한다고 할 수 있다. 이러한 자료의 수집과 분석은 유입국에서의 현황뿐만 아니라 송출국에서의 상황에 관한 고찰을 필요로 한다. 송출국의 현황 파악과 관련하여, 외국인 이주자들은 어떤 국가, 어떤 지역사회에서 유출되었으며, 송출국에서 국제이주를 하는 국가들의 비율을 조사하여 얼마나 많은 사람들이 국제결혼 또는 국제노동으로서 유출되는가를 파악할 필요가 있다. 또한 송출국의 경제적 발전단계와 고용 및 소득 수준, 사회적 이주에 대한 인식과 제도 등이 어떠하며, 특히 한국으로의 이주가 유출국이 과거 한국과 어떤 관계를 가지고 있는가 등에 관한 연구도 필요하다.

유입국의 상황 파악과 관련하여, 외국인 이주자들이 어떤 지역에 분포해 있는가, 이러한 분포는 해당 지역의 경제적, 사회적 그리고 지리적 특성과 어떤 관계를 가지는가 등에 관한 고찰을 우선 필요로 한다. 송출국에서 어떤 특정 지역사회에서 사회적 자본의 형성으로 연쇄이주가 이루어지는 것처럼, 유입국에서 외국인 밀집지역은 어떤 메커니즘에 의해 형성되며, 이러한 밀집지역은 외국인들의 추가 이주에 어떤 영향을 미치는가에 대한 연구도 중요할 것이다. 이러한 유입국 및 송출국의 특성 파악은 단순한 흡인-배출요인의 파악에서 나아가 이 국가들을 규정하는 세계적 경제, 정치체제와 이들에 의해 형성된 지역 불균등 발전 및 공간적 분절에 관한 고찰로 나아가기 위한 경험적 자료를 제공한다.

또한 국제적 이주과정에 관한 현황 파악에는 송출국과 유입국 간의 이동에서 어떠한 매개 및 이주경로를 거치게 되는가에 대한 고찰도 중요하게 포함한다. 여기에는 이주과정에 직접 개입하는 국제결혼 중개업소의 특성이나 국제결혼을 중개하는 기관들(종교기관 등)의 활동뿐만 아니라 교통 및 정보통신기술의 발달이나 이주자들 간 비공식적 네트워크의 구축 등이 미치는 영향에 관한 연구도 포함된다. 이러한 매개기관이나 이주경로의 차이가 초국적 이주 그 자체에 얼마나 중요하게 영향을 미치고 있는가에 대한 연구와 더불어 이러한 차이가 지역사회 정착과정에 어떻게 반영되고 있는가를 고찰할 필요가 있다.

(2) 초국적 이주의 구조적 배경에 관한 고찰

최근 급속하게 증가하고 있는 초국적 이주는 과거의 경우들과는 분명 다른 구조적 배경하에서 전개되는 현상이라고 할 수 있다. 이러한 구조적 배경에 관한 연구는 자본주의 체제의 경제적 변화와 이에 따른 공간적 유동성/분절화(또는 차별화)에 초점을 둘 수 있다. 특히 새로운 초국적 이주는 1970년대 이후 자본주의 경제체제의 변화, 즉 포드주의 축적체제에서 유연적 축적체제로의 전환과 더불어 세계도시에 입지한 본사와 국제적으로 분산된 분공장 체제로 형성된 사회공간적 분업을 전제로 한다. 이 과정에서 초국적기업들의 분공장들은 저임금을 찾아 국제적으로 이동하거나 또는 저임금 외국인 노동자를 국내로 유치하는 경향을 보이게 된다. 또한 유연적 축적체제하에서 한편으로 첨단기술산업의 발달과 이에 종사하는 전문직 다기능 노동자들, 그리고 다른 한편으로 사양화된 탈숙련 제조업의 유지 및 사회적 서비스업(가사 및 돌봄노동 등)의 급증과 이에 따른 단순 노동자들의 수요 증대가 초국적 이주를 촉발하고 있다.

이와 같이 세계적 차원에서 전개되고 있는 자본주의 경제공간의 재편과정은 세계적 지역불균등발전과 더불어 국가별 지역별로 상이한 상황들을 만들어내고 있다. 초국적 이주의 세계적 배경에 관한 연구는 이러한 세계 자본주의의 재편과정에 내재된 지역불균등발전과 이에 따른 경제성장이나 고용 및 소득 기회의 공간적 분절에 관한 고찰을 필요로 한다. 물론 경제적 차원에서 국가(또는 지역)적 공간 분절은 사회문화적 차원에서 삶의 질의 차이와 더불어 인종이나 민족, 젠더와 성성 등의 차이를 유발하는 문화적 차원에서의 공간적 분화(차별)와 병행한다. 이주과정의 배경에 관한 연구는 이러한 경제적, 문화적 공간분화가 어떠한 메커니즘에 의해 형성되며, 이러한 분화가 초국적 이주를 어떻게 유발하는가를 고찰할 필요가 있다.

다른 한편, 이러한 국가적 또는 자연적 차원에서 공간적 분화가 확산 또는 축소될 수 있도록 하는 공간적 유동성에 관한 연구도 중요하다. 즉 자본주의의 세계화과정은 자본과 기술뿐만 아니라 노동의 국제적 이주가 원활히 이루어질 수 있도록 제도적 및 기술적 뒷받침을 요구했다. 특히 시장 메커니즘에의 복귀를 추구하는 신자유주의 전략은 자유무역과 시장통합을 강조하면서, 지구적 차원에서 공간적 유동성을 증대시키기 위하여 기존의 국가 경계를 전제로 한 국민국가의 제도와 정책들을 와해시키고자 한다. 자유로운 초국적 이주를 위한 이러한 제도적 장애물의 제거는 교통 및 정보통신기술의 발달에 따른 시공간적 압축에 의해 기술적으로 뒷받침된다. 전 세계적 항공노선의 발달과 더불어 실시간대 원거리 의사소통은 국제적 이주과정과 지역사회의 정착과정을 보다 원활하게 한다. 더욱이 국경을 넘는 매체의 역할은 탈가치화, 탈이념화에 바탕을 두고 외국 문화에 접할 수 있는 기회를 확대시키고 있다. 초국적 이주에 관한 연구는 흔히 지구화, 정보화과정을 배경으로 제시하고 있지만, 실제 이러한 과정이 어떻게 공간적 분절/재접합과 이를 위한 공간적 이동성의 증대를 가져오는가에 대해 더욱 깊이 있는 분석을 요구하고 있다.

(3) 지역사회 정착과정에 관한 분석

외국인 이주자의 지역사회 정착과정에 관한 연구에서 이들의 행동 차원을 무시할 수는 없다. 즉 이주·정착한 지역에 대한 이주자들의 인식은 어떻게 형성되는가, 지역사회 환경에 대한 인식은 정착과정(그리고 정체성의 형성)에 어떤 영향을 미치는가(지역사회의 지리환경적 요인들은 이주자의 정착과정에 어떤 영향을 미치는가의 문제도 포함됨), 그리고 지역사회에 대한 공간적 인식과 실제 공간적 활동 간에 어떤 관계가 있으며, 이에 따른 지역생활 만족도에 차이가 있는가 등과 같이 행동적 차원에서의 의문에 관한 분석은 나름대로 의미를 가진다. 또한 이주자의 본국 거주지(대도시/농촌지역)의 특성, 이주 이전의 공간적 활동의 정도나 다른 외국 경험이 지역사회 정착에 어떤 영향을 미치는가에 대한 조사도 이루어져야 할 것이다. 왜냐하면 국제적 이동경험이 많은 이주여성과 농촌(폐쇄적 공간)에서만 살아온 이주여성이 지역사회에 정착하는 태도나 과정은 분명 상이할 것이기 때문이다.

그러한 이주자의 정착과정은 이주자의 출신국의 문화, 관습 그리고 지역사회에 정착하고자 하는 이주자의 태도와 가치관에 따라 달라지지만, 이들이 정주하는 지역사회의 특성과 직장 고용인·상사·동료 또는 배우자·가족·주민들의 태도 등 지역사회의 포용력에 따라서도 정착과정과 그 과정에서 야기되는 문제의 양상이 달라질 수 있다. 따라서 이주자가 지역에 대한 정착 정도(또는 만족도)와 지역적 정체성의 형성은 이주·정착한 지역사회의 특성(대도시, 중소도시 또는 농촌지역 등)과 어떤 관계를 가지는가, 그리고 지역사회의 배제/포섭은 어떠한 형태로 나타나며, 이것이 이주자의 지역사회 정체성과 어떤 관계를 가지는가에 대한 고찰도 중요하다. 이러한 과정에서 외국인 이주자에 대한 지역사회의 제도(지자체의 법이나 조례 등)와 지역주민단체들의 지원에 관한 연구가 요청된다.

또한 이주자의 정착은 그동안 진행되어온 과정에 관한 고찰뿐만 아니라 이들이 형성한 지역사회 네트워크(또는 커뮤니티)와 앞으로의 전망에 관한 고찰도 요구한다. 이주자가 형성한 사회공간적 네트워크는 다규모적 차원(개인, 지역사회, 국가, 국외 등)에서 분석될 수 있으며, 이러한 사회공간적 네트워킹을 촉진하는 요인과 제한하는 요인에 대한 분석도 필요하다. 외국인 전문직종사자가 주거지 분화를 이루거나 또는 단순 이주노동자들이나 국제결혼이민자 또는 외국인 유학생이 어떻게 커뮤니티를 형성하는가에 관한 연구가 의의를 가지게 된다. 그리고 외국인 이주자들이 앞으로 한국 사회에 영구적으로 체류할 것인가 또는 일정 기간 이후 본국으로 귀국할 것인가에 따라 이들의 정착과정은 달라질 것이다. 계속 체류하기를 원하는 경우라고 할지라도, 앞으로 어디에 거주하기를 원하는가 또는 자녀 교육은 어디서 시키고 싶은가는 정착과정에 따라 다르게 나타날 것이다. 이러한 연구들은 지역사회 뿌리내림을 통한 생활의 안정감 및 정체성의 고양을 위한 고찰로 나아가게 된다.

(4) 지역사회와 세계체제의 변화에 관한 고찰

다문화사회에 관한 연구는 기본적으로 외국인 국내 이주와 정착과정에 주로 관심을 두는 반면, 실제 이들이 지역사회에 미치는 영향이나 실질적 효과에 대한 분석은 거의 무시하고 있다. 외국인 이주자의 유입 이전과 이후를 비교하여 지역사회가 어떻게 변화하고 있는가에 대한 연구는 거의 찾아볼 수 없다. 이것은 과거 국제이주 연구가 이민법이나 국가별 문화 차이 등 국가차원의 주제에 집중하거나 또는 이주자 개인들에게만 관심을 가진 결과였다. 하지만 최근 국제학계에서 이주자들을 받아들인 도시와 지역의 변화에 대한 관심이 높아지고 관련된 연구도 많이 제시되고 있다. 이러한 연구는 국가의 정책이나 문화적 차이도 도시/지역에따라 다르게 구체화되고, 외국인 이주자들이 밀집된 곳이 바로 이들로 인해 큰 변화를 경험하는 지구화의 구체적 장소(즉 지방화)가 된다는 점을 강조한다(Ehrkamp and Leitner, 2006; Cadge et al., 2009; Nelson and Hiemstra, 2008).

외국인 이주자의 유입에 따른 지역사회의 변화에 관한 연구 및 정책 사례는 일본의 다문화사회로의 전환과 관련된 개념, 즉 '내향적 국제화' 및 '다문화공생'이라는 정책의 지역적 추진과정 및 이에 따른 지역사회의 변화에 관한 연구에서 찾아볼 수 있다(조현미, 2009b; 최병두, 2011a). 상품 및 인력, 자본의 해외유출에 따른 외부로의 국제화, 즉 '외향적 국제화'와는 달리 '내향적 국제화'는 최근 국내로 이주한 국제결혼 이주자, 외국인 노동자나 유학생의 급증으로 지역사회 내부에서 이(異)문화에 대한 접촉의 기회가 증가하고 이에 따른 주민들의 인식과 경험의 변화와 지역사회의 제도와 관행의 세계화 경향과 관련된다. 내향적 국제화에 관심을 둔 연구는 이 과정에서 지역사회가 어떻게 변화하는가에 대해 관심을 가지고 '다문화공생' 사회의 실현을 추구하지만, 때로는 정부정책을 정당화시키기 위한 이데올로기적 성향을 가질 수 있다(최병두, 2011d).

초국적 이주와 정착과정이 송출국과 유입국에 미치는 영향은 긍정적/부정적 효과로 파악될 수 있다. 초국적 이주는 흔히 경제적 측면에서 두 국가 모두에 (최소한 단기적으로) 긍정적 효과를 가지는 것처럼 해석되지만, 장기적으로는 그렇지 않을 수 있다. 송출국의 지역사회에서 과잉노동력을 해소하고 사회적 부의 외부 유입을 촉진할 수 있는 반면, 유입국에서는 부족한 노동력을 해소하고 결혼적령인구의 출산력 증대로 고령화를 완화시킬 수 있다. 그러나 외국인 이주자의 증대는 저소득층 인구의 증가와 이에 따른 복지비용의 확대, 이주자의 정착과정에서 유발될 수 있는 사회공간적 갈등과 정치적 혼란 등을 확대시킬 수 있다는 점에서 유입국의 지역사회 및 국가에 미치는 장기적 영향에 대한 고찰도 중요하다.

나아가 초국적 이주와 지역사회의 경제적, 사회적 변화가 다시 국가적 및 세계적 경제사회 체제의 재편에 미치는 영향을 고찰해 볼 필요가 있다. 초국적 이주는 세계적 차원에서 자본주의 경제체제의 변화를 보여주는 주요 요소일 뿐만 아니라 이러한 변화를 더욱 촉진 또는 제어하는 변수가 될 수 있다. 정치·정책적 측면에서, 한 국가나 지역사회에서 초국적 이주자의 증대는 해당 지역이나 국가의 제도나 정책의 변화를 직, 간접적으로 유도(증가한 초국적 이주자들의 투표 행태는 정치지도자의 선출에 영향을 미치게 됨)할 것이며, 이러한 제도나 정책 변화는 다시 자본주의 경제체제의 변화에 영향을 미치게 된다. 경제적 측면에서 초국적 이주의 증대는 자본과 기술의 국제적 이동과 더불어 세계적 차원에서 균형발전을 가져다주기 보다는 지역불균등발전을 더욱 심화시킬 것으로 예측되며, 이러한 불균등발전은 초국적 이주를 더욱 촉진하게 될 것이다. 초국적 이주에 따른 세계적 차원의 불균등발전의 심화 과정에 관한 연구는 물론 이에 관한 지리학적 연구의 핵심을 이루어야 한다.

4. 지리학적 연구의 전망과 과제

지리학은 전통적으로 공간적 이동과 지역사회의 변화에 관심을 두고 있다는 점에서 초국적 이주와 이에 의한 지역사회의 변화에 관한 연구를 수행해 왔다. 물론 최근 지구적, 국가적 조건의 변화(즉 지구지방화 과정과 시공간적 압축, 국가 간 불균등발전과 같은 지구적 차원의 변화, 그리고 개별 국가 내 노동력 부족이나 저출산,고령화와 같은 새로운 사회인구적 조건들)에 따른 외국인 이주자들의 유입과 이들의 정착과정에 관한 지리학적 연구는 다른 학문분야들과 마찬가지로 최근 급증하고 있다. 이에 관한 지리학적 연구는 관련 자료들의 수집(통계자료 및 설문조사 등)과 분석에 근거한 이주과정 및 공간적 분포 서술 또는 개별적인 지역사회 정착과정이나 그 영향에 관한 미시적 분석에 바탕을 두고 있지만, 최근에는 이론적 또는 방법론의 측면에서 다른 학문 분야들에서 제시된 이론들을 원용하여 적용 또는 새롭게 해석하고자 하는 시도들도 많이 제시되고 있다.

앞으로 외국인 이주자들의 유입과 지역사회가 인종적 및 문화적으로 혼종화되는 정도가 더욱 증가할 것이라는 점에서, 다른 학문 분야와 마찬가지로 지리학에서도 이러한 연구들은 앞으로도 계속 확대될 것으로 예측된다. 그러나 지리학 분야의 기존 연구들은 첫째 초국적 이주와 지역사회 정착에 관한 다규모적 접근, 둘째 초국적 이주와 지역사회의 다인종·다문화화와 관련된 공간적 개념화, 셋째 진정한 다문화공간의 구축을 위한 정책과 실천적 운동 방안의 모색 등이 결여되어 있다는 점에서, 이 세 가지 세부 주제들은 초국적 이주와 다문화 사회공간에 관한 지리학 분야 나아가 사회과학 전반의 주요한 연구 과제라고 할 수 있다.

첫째, 초국적 이주와 지역사회의 다인종·다문화화와 관련된 공간적 개념화가 긴요하다. 초국적 이주와 다문화사회로의 전환은 분명 공간성을 내포하고 있다는 점에서 이에 내재된 공간적 문제들에 관한 연구도 중요한 의미를 가진다. 다문화사회 또는 다문화주의 그리고 이와 관련된 여러 이론들, 즉 초국가주의, 탈식민주의, 세계시민주의 등은 이미 상당 정도 이론화되어 있으며, 또한 암묵적으로 공간적 개념들을 내포하고 있다. 그러나 이러한 기존 이론들에 함의된 공간적 차원을 좀 더 명시적으로 드러낼 필요가 있다. 왜냐하면 외국인 이주자들의 초국적 이주와 이들의 지역사회 정착 과정은 분명 공간적 차원을 통해 구체화되기 때문이다. 즉 다문화사회로의 전환 또는 다문화주의 정책 등과 같은 개념들은 우리나라의 모든 지역들이 균질적으로 다문화사회로 전환하고 있으며, 따라서 지역사회의 특성과는 무관한 국가적 차원의 다문화주의 정책이 우선적으로 중요한 것처럼 인식되도록 한다. 그러나 실제 모든 지역들이 동일하게 다문화화되고 있는 것이 아니며, 또한 다문화정책의 우선적 시행 기관은 국가라기보다는 외국인 이주자들이 밀집한 지자체들이라고 할 수 있다. 이러한 점에서, 다문화공간의 개념화는 단지 다문화사회에 함의된 공간적 차원을 강조하는 정도를 넘어서 현실 분석에서 좀 더 구체적인 연구와 정책의 개발을 가능하게 할 것이다.

둘째, 초국적 이주와 지역사회 정착에 관한 다규모적인 접근이 요구된다. 국제이주는 인간의 역사와 더불어 있어 왔지만, 근대 국민국가의 성립 이후 상품이나 자본의 이동에 비해 국경을 가로지르는 국민들의 이동은 국가의 철저한 통제 대상이었다. 뿐만 아니라 인구의 이동은 물적 상품이나 자본과는 달리 이동과 관련된 여러 가지 부수조건들(가족문제, 언어문제 등)을 가진다. 그럼에도 불구하고, 최근 노동력(단순 이주노동자나 전문직 이주자들뿐만 아니라 가사노동이나 가족의 노동력 충원을 전제로 한 결혼이주자, 전문직 이주자와 밀접한 관련을 가지는 외국인 유학생들도 포함)의 국제적 이동이 급증하고 있는 이유에 대하여 미시적/거시적 분석 또는 행위적/구조적 차원을 분석적으로 통합한 다차원적 또는 다규모적 분석이 필요하다. 특히 그동안 초국적 이주자의 행위적 차원(이주 행태나 정체성 등에 관한 연구에서처럼)은 상당 정도 이루어져 왔다는 점에서 구조적 차원(단순히 경제의 세계화로 추상화될 것이 아니라, 해외직접투자를 통한 생산자본의 국제적 이동에서 한계를 대신하기 위한 노동력의 이동에 관한 분석, 또 다른 예로

NAFTA나 EU와 같은 국가 간 경제시장의 통합이 정치경제적으로 노동력의 국제적 이동을 촉진/억제하는가에 대한 연구 등)에 좀 더 많은 관심을 가질 필요가 있다. 이러한 초국적 이주에 관한 연구는 구조적이고 따라서 상당히 이론적 고찰을 요한다.

셋째, 진정한 다문화공간의 구축을 위한 정책과 실천적 운동 방안의 모색이 필요하다. 지구지방화 과정을 배경으로 국경을 가로지르는 초국적 이주가 대규모로 이루어지고 있으며, 이에 따라 서구 사회들뿐만 아니라 동아시아에서도 상대적으로 경제가 발전한 국가들(한국을 포함하여 홍콩, 싱가포르, 일본, 대만 등)로 외국인 이주자들이 급속하게 유입하고 있다. 이로 인해 그동안 단일민족·단일문화라는 국민국가적 담론을 구축하고 있었던 한국이나 일본도 다문화사회로의 전환을 불가피하게 받아들이게 되었다. 뿐만 아니라 이에 따라 다양한 학문 분야에서 이에 관한 연구들이 엄청나게 발표되고 있으며, 해당 정부도 관련 정책이나 프로그램을 개발하기 위하여 관심을 기울이고 있다. 다문화사회 또는 다문화주의에 관한 담론과 정책들은 그 나름대로 규범적 가치를 가지지만, 또한 동시에 이데올로기적 성격을 내포하고 있다. 즉 국내에서 저렴한 노동력 그리고 노동력의 재생산을 위한 인구가 부족한 상황에서 저개발국의 이주노동자와 결혼이주자들의 유입이 불가피한 상황에서, 다문화사회나 다문화주의 담론이나 정책들은 이들이 지역사회에 정착하는 과정에서 발생할 수 있는 갈등을 완화·해소하고 원만한 사회공간적 통합을 추구하는 자본과 국가의 전략일 수 있다. 그러나 비록 그렇다고 할지라도 다문화주의는 명시적인 동화주의나 차별주의에 대한 대안일 수 있을 뿐만 아니라 그 자체 내에 규범성을 함의하고 있다는 점에서, 진정한 다문화공간의 구축을 위한 관련 정책과 실천 운동을 전개할 수 있는 방안들에 관한 연구가 필요하다고 하겠다.

권미영·조철기, 2012, "한영 지리교과서에 나타난 다문화교육 내용 분석,"『한국지리환경교육학회지』, 20(1), pp.33~44.

김경학, 2016, "국제이주의 맥락에서 본 '조부모노릇(grandparenting)'에 대한 연구,"『문화역사지리』, 29(4), pp.69~85.

김민영·류연택, 2012, "국제결혼이주여성의 지역적 분포와 사회,경제적 특성–충청북도를 대상지역으로,"『한국경제지리학회지』, 15(4), pp.676~694.

김영성, 1998, "시드니 한국인의 거주유형,"『지리학연구』, 32(2), pp.39~58.

김영성, 2006, "호주 한국인의 사회·문화적 적응과 거주이동,"『지리학연구』, 40(4), pp.497~512.

김영성, 2008, "시드니 한인의 이주와 주거이동,"『지리학연구』, 42(4), pp.513~525.

김학훈, 1985, "Los Angeles 한인들의 거주패턴,"『지리학과 지리교육』, 16, pp.12~80.

김희순·정희선, 2011, "커뮤니티 아트를 통한 다문화주의의 실천: 안산시 원곡동 '리트머스'의 사례,"『국토지리학회지』, 45(1), pp.93~106.

류주현, 2009, "수도권 외국인 노동자의 직주거리에 관한 비교 연구,"『한국도시지리학회지』, 12(1), pp.77~90.

문남철, 2004, "북한이탈주민의 이주요인과 이주패턴 및 이주경로–재외 거주공간정책의 필요성,"『지리학연구』, 38(4), pp.497~511.

문남철, 2006, "동아시아 자본 및 노동이동의 구조적 변화,"『한국지역지리학회지』, 12(2), pp.215~228.

문남철, 2007, "EU 확대와 노동 이동,"『한국경제지리학회지』, 10(2), pp.182~196.

바트럼, 포로스, 몽포르테(이영민 외 옮김), 2017,『개념으로 읽는 국제이주와 다문화사회』, 푸른길(Bartram, D., Poros, M. V., and Monforte, P., 2014, *Key Concepts in Migration*, Sage).

박경환, 2005a, "육체의 지리와 디아스포라: 후기구조주의 페미니즘과 페미니스트 정신분석 지리학으로의 어떤 초대,"『지리교육논집』, 49, pp.143~158.

박경환, 2005b, "혼성성의 도시 공간과 정치: 로스앤젤레스 한인타운에서의 탈정치화된 민족성의 재정치화,"『대한지리학회지』, 40(5), pp.473~490.

박경환, 2007, "초국가주의 뿌리 내리기: 초국가주의 논의의 세 가지 위험,"『한국도시지리학회지』, 10(1), pp.77~88.

박경환, 2008, "소수자와 소수자 공간: 비판 다문화주의의 공간교육을 위한 제언,"『한국지리환경교육학회지』, 16(4), pp.297~310.
박경환, 2009, "광주광역시 초국적 다문화주의의 지리적 기반에 관한 연구," 『한국도시지리학회지』, 12(1), pp.91~108.
박경환, 2012, "초국가시대 국가 이주정책의 제도적 틀의 신자유주의적 선회: 한국의 사례," 『한국도시지리학회지』, 15(1), pp.141~155.
박경환, 2012, "초국적 이주에 있어서 제도적·조직적 행위자들의 다중스케일적 관계: 광주광역시를 중심으로," 『문화역사지리』, 24(1), pp.95~117.
박경환, 2014, "글로벌 시대 인문지리학에 있어서 행위자-네트워크 이론의 적용 가능성," 『한국도시지리학회지』, 17(1), pp.57~78.
박경환·진종헌, 2012, "다문화주의의 지리에서 인종 및 민족집단의 지리로 1 : 인종 및 민족집단에 대한 사회공간적 논의의 성찰," 『문화역사지리』, 24(3), pp.116~139.
박경환·이영민, 2007, "로스앤젤레스 한인타운 다시 생각하기: 1990년대 중반 이후의 다중스케일적 지리적 변동," 『대한지리학회지』, 42(2), pp.196~217.
박규택, 2013, "관계적 공간에서 결혼이주여성의 삶," 『한국지역지리학회지』, 19(2), pp.203~222.
박규택, 2016, "'Glonacal' 관점에서 본 한국 화교학교: 대구화교중학교의 사례," 『한국도시지리학회지』, 19(2), pp.105~122.
박배균, 2004, "세계화와 '잊어버림'의 정치: 안산시 원곡동의 외국인 노동자 거주지역에 대한 연구," 『한국지역지리학회지』, 10(4), pp.800~823.
박배균, 2009, "초국가적 이주와 정착을 바라보는 공간적 관점에 대한 연구: 장소, 영역, 네트워크, 스케일의 4가지 공간적 차원을 중심으로," 『한국지역지리학회지』, 15(5), pp.616~634.
박배균, 2010, "외국인 국내 적응의 지역적 차이에 대한 연구: 전문직 종사 외국인들을 대상으로," 『한국경제지리학회지』, 13(1), pp.89~110.
박선희, 2008, "지리교육에서 다문화교육을 위한 교수-학습 방안 모색: 한국지리(7차개정시안)를 중심으로," 『한국지리환경교육학회지』, 16(2), pp.163~177.
박선희, 2009, "다문화사회에서 세계시민성과 지역정체성의 지리교육적 함의," 『한국지역지리학회지』, 15(4), pp.478~493.
박순호, 2007, "한국입양아의 유럽 내 공간적 분포 특성," 『한국지역지리학회지』, 13(6), pp.695~711.
박순호, 2009, "다문화교육에 대한 의식과 정책적 함의: 대구시 초등학교 교사와 학생, 학부모를 대상으로 한 설문조사 결과를 중심으로," 『한국지역지리학회지』, 15(4), pp.464~477.
박순호·빙팜·카미야히로우, 2012, "베트남 여성 결혼이주자의 결혼 전, 후 경제상황에 대한 인식," 『한국지역지리학회지』, 18(3), pp.268~282.
박승규, 2012, "다문화교육에서 다문화공간의 교육적 의미 탐색," 『문화역사지리』, 24(2), pp.111~122.

박신규, 2008, "국제결혼이주여성의 정체성 및 주체성의 사회적 위치성에 따른 변화-구미 지역의 국제결혼이주여성의 생애사 분석을 중심으로," 『한국지역지리학회지』, 14(1), pp.40~53.
반병률, 2006, "한국인의 러시아 이주사," 문화역사지리(발제문), 18(3), pp.140~148.
샤프(이영민·박경환 역), 2011, 『포스트식민주의의 지리』, 여이연(Sharp, J. P., 2008, *Geographies of Postcolonialism*, Sage, London).
새머스, 마이클(이영민·박경환·이용균·이현욱·이종희 옮김), 2013, 『이주』, 푸른길(Samers, M., 2010, *Migration*, Routledge, London and New York).
손승호, 2008, "서울시 외국인 이주자의 분포 변화와 주거지분화," 『한국도시지리학회지』, 11(1), pp.19~30.
심혜숙, 1992, "조선족의 연변 이주와 그 분포 특성에 관한 소고," 『문화역사지리』, 4, pp.321~331.
안영진, 2009, "외국인 유학생의 이주과정과 배경에 관한 연구," 『한국경제지리학회지』, 12(4), pp.344~363.
안영진·최병두, 2008, "우리나라 외국인 유학생의 이주 현황과 특성: 이론적 논의와 실태 분석," 『한국경제지리학회지』, 11(3), pp.476~491.
오경석·정건화, 2006, "안산시 원곡동 "국경없는 마을" 프로젝트: 몇 가지 쟁점들," 『한국지역지리학회지』, 12(1), pp.72~93.
윤홍기·임석회, 1997, "뉴질랜드 오클랜드지역 한국인의 생업 분석," 『대한지리학회지』, 32(4), pp.491~510.
이영민, 1996, "남부 루이지애나의 베트남 이민집단과 불교 : 용광로 속의 성분? 혹은 문화적 다양성의 성분?," 『대한지리학회지』, 31(4), pp.685~698.
이영민, 2007, "1920년대 호놀룰루의 다문화주의와 집단 간 사회-공간적 분리," 『대한지리학회지』, 42(5), pp.675~690.
이영민·이연주, 2017, "중등 사회과에서 다문화교육과 상호문화교육의 상호보완성 연구: 교사들의 인식을 중심으로," 『한국지리환경교육학회지』, 25(2), pp.75~87.
이영민·이용균·이현욱, 2012, "중국 조선족의 트랜스이주와 로컬리티의 변화 연구: 서울 자양동 중국음식문화거리를 사례로," 『한국도시지리학회지』, 15(2), pp.103~116.
이영민·이은하·이화용, 2016, "중국 조선족의 글로벌 이주 네트워크와 연변지역의 사회-공간적 변화," 『한국도시지리학회지』, 16(3), pp.55~70.
이영민·유희연, 2008, "조기유학을 통해 본 교육이민의 초국가적 네트워크와 상징자본화 연구," 『한국도시지리학회지』, 11(2), pp.75~89.
이용균, 2007, "결혼 이주여성의 사회문화 네트워크의 특성: 보은과 양평을 사례로," 『한국도시지리학회지』, 10(2), pp.35~51.
이용균, 2012, "호주의 외국인 유학생 정책에서 자유시장 원리와 조절 메커니즘의 접합," 『한국도시지리학회지』, 15(1), pp.33~47.

이용균, 2014, "서구의 이주자 정책에 대한 비판적 접근과 시사점," 『한국지역지리학회지』, 20(1), pp.112~127.

이은숙, 1999, "1930년대 북간도 지역에 대한 조선 이민의 공간 이미지-이민소설을 중심으로," 『대한지리학회지』, 34(4), pp.419~434.

이은숙, 2006, "이민공간에 대한 재미한인의 지각," 『문화역사지리』, 18(3), pp.1~16.

이은숙·김일림, 2008, "사할린 한인의 이주와 사회,문화적 정체성-구술자료를 중심으로," 『문화역사지리』, 20(1), pp.19~33.

이재혁, 2010, "러시아 사할린 한인 이주의 특성과 인구발달," 『국토지리학회지』, 44(2), pp.181~198.

이 전, 2002, "한인들의 미국 이민사," 『문화역사지리』, 14(1), pp.109~122.

이 전, 2003, "한인 이민 교회의 성장과 그 기능에 관한 연구: 미국 조지아 주 애틀랜타 한인 교회를 중심으로," 『문화역사지리』, 15(1), pp.31~46.

이정면, 1959, "Population movement of Korea: International movement," 『경희대학교 논문집』, 2(1), pp.20~37.

이정면, 1964, "한국인구의 국제이동과 그 경향," 『경희대학교 논문집』, 3, pp.43~65.

이진석, 2007, "호주의 다문화 교육 전개과정과 그 성격에 관한 연구," 『한국사진지리학회지』, 17(3), pp.21~32.

이채문, 2008, "한인의 러시아 극동지역 이주: 초국적주의적 관점," 『한국지역지리학회지』, 14(2), pp.141~158.

이채문·박규택, 2003, "중앙아시아 고려인의 러시아 극동 지역 귀환 이주," 『한국지역지리학회지』, 9(4), pp.559~575.

이희연·김원진, 2007, "저개발 국가로부터 여성 결혼이주의 성장과 정주패턴 분석," 『한국도시지리학회지』, 10(2), pp.15~33.

임석회, 2009a, "결혼이주여성의 지역사회 적응 요인에 관한 연구," 『한국경제지리학회지』, 12(4), pp.364~387.

임석회, 2009b, "미국 시카고 대도시권의 한국인 자영업 특성과 성격 변화," 『지리학연구』, 43(2), 221~239.

임석회, 2009c, "한국의 초국적 결혼이주와 신민족성의 지리," 『한국지역지리학회지』, 15(3), pp.393~408.

임안나, 2016, "헤테로토피아로서의 이주공간," 『대한지리학회지』, 51(6), pp.799~817.

임은진, 2016, "국제적 인구이동에 따른 말레이시아의 다문화사회 형성과 지역성," 『한국도시지리학회지』, 19(2), pp.91~103.

장영진, 2006, "이주 노동자를 대상으로 하는 상업 지역의 성장과 민족 네트워크-안산시 원곡동을 사례로," 『한국지역지리학회지』, 12(5), pp.523~539.

장의선, 2010, "세계지리의 다문화 교육적 가치에 관한 연구," 『사회과교육』, 49(2), pp.185~

201.
정수열, 1996, "국내 외국인 노동자의 이주 및 적응 행태," 서울대 지리학과 석사학위논문.
정수열·이정현, 2014, "이주 경로를 통해 살펴본 출신국가별 외국인 집중거주지의 발달 과정-서울시 대림동 소재 중국 국적 이주민을 사례로," 『국토지리학회지』, 48(1), pp.93~107.
정수열·이정현, 2015, "국내 외국인 집중거주지의 유지와 발달," 『한국지역지리학회지』, 21(2), pp.304~318.
정수열·임석회, 2012, "도시 내 이민자 자영업의 시공간적 역동성: 시카고 거주 한국인 이민자를 사례로," 『한국경제지리학회지』, 15(3), pp.376~389.
정연주, 2001, "외국인 노동자 취업의 공간적 전개 과정-경인지역을 사례로," 『한국도시지리학회지』, 4(1), pp.27~42.
정유리, 2016, "초국가적 이주에 따른 결혼이주여성의 지역정체성과 생활 변화에 관한 연구," 『한국지역지리학회지』, 22(1), pp.180~194.
정현주, 2007, "공간의 덫에 갇힌 그녀들?: 국제결혼이주여성의 이동성에 대한 연구," 『한국도시지리학회지』, 10(2), pp.53~68.
정현주, 2008, "이주, 젠더, 스케일: 페미니스트 이주 연구의 새로운 지형과 쟁점," 『대한지리학회지』, 43(6), pp.894~913.
정현주, 2009, "경계를 가로지르는 결혼과 여성의 에이전시: 국제결혼이주연구에서 에이전시를 둘러싼 이론적 쟁점에 대한 비판적 고찰," 『한국도시지리학회지』, 12(1), pp.109~121.
정현주, 2010, "대학로 '리틀마닐라' 읽기: 초국가적 공간의 성격 규명을 위한 탐색," 『한국지역지리학회지』, 16(3), pp.295~314.
정현주, 2015, "다문화경계인으로서 이주여성들의 위치성에 대한 이론적 탐색," 『대한지리학회지』, 51(6), pp.289~303.
조철기, 2016, "새로운 시민성의 공간 등장," 『한국지역지리학회지』, 22(3), pp.714~729.
조현미, 2004, "일본의 외국인 주민에 대한 지역별 시책비교-가나가와현을 사례로," 『한국지역지리학회지』, 10(3), pp.539~553.
조현미, 2006, "외국인 밀집지역에서의 에스닉 커뮤니티의 형성-대구시 달서구를 사례로," 『한국지역지리학회지』, 12(5), pp.540~556.
조현미, 2007, "재일한인 중소규모 자영업자의 직업과 민족 간의 유대관계 -오사카 이쿠노구를 사례로," 『대한지리학회지』, 42(4), pp.601~615.
조현미, 2008, "고령군의 다문화가정 지원현황과 과제," 『한국지역지리학회지』, 14(4), pp.347~366.
조현미, 2009a, "사회적 최하층계급의 거주지분리와 공동체의식의 변화: 대판부(大阪府) 팔미시(八尾市)의 동화지구를 사례로," 『한국지역지리학회지』, 15(6), pp.803~819.
조현미, 2009b, "일본의 '다문화공생' 정책을 사례로 본 사회통합정책의 과제," 『한국지역지리학회지』, 15(4), pp.449~463.

조현미, 2013, “베트남 북부지역의 국제결혼의 증가와 초국가적 사회공간,” 『한국지역지리학회지』, 19(3), pp.494~513.
조현미, 2016, “요세바 고도부키에서의 시공간과 로컬리티의 변화,” 『한국지역지리학회지』, 22(2), pp.383~396.
최병두, 1996, “한국의 사회·인구지리학의 발달과정과 전망,” 『대한지리학회지』, 31(2), pp.268~294.
최병두, 2009a, “다문화공간과 지구지방적 윤리: 초국적 자본주의의 문화공간에서 인정투쟁의 공간으로,” 『한국지역지리학회지』, 15(5), pp.635~654.
최병두, 2009b, “이주노동자의 유입이 지역경제에 미치는 영향,” 『한국지역지리학회지』, 15(3), pp.369~392.
최병두, 2009c, “일본 ‘다문화공생’ 정책과 지역사회의 지원 활동: (1) 추진 과정과 지역적 현황–오사카와 히로시마의 사례를 중심으로,” 『국토지리학회지』, 43(4), pp.699~721.
최병두, 2009d, “한국 이주노동자의 일터와 일상생활의 공간적 특성,” 『한국경제지리학회지』, 12(4), pp.319~343.
최병두, 2010a, “외국인 이주자의 지역사회 적응과 지리적 지식,” 『한국경제지리학회지』, 13(1), pp.39~63.
최병두, 2010b, “일본 ‘다문화공생’ 정책과 지역사회의 지원 활동: (2) 지역사회 다문화공생 거버넌스–오사카와 히로시마의 사례를 중심으로,” 『국토지리학회지』, 44(2), pp.143~165.
최병두, 2011a, “일본의 다문화사회로의 사회공간적 전환과정과 다문화공생 정책의 한계,” 『한국지역지리학회지』, 17(1), pp.17~39.
최병두, 2011b, “일본 외국인 이주자의 다규모적 정체성과 정체성의 정치,” 『공간과 사회』, 35, pp.219~271.
최병두, 2011c, “다문화사회와 지구지방적 시민성: 일본의 다문화공생 개념과 관련하여,” 『한국지역지리학회지』, 17(2), pp.181~203.
최병두, 2011d, 『다문화 공생: 일본의 외국인 이주와 다문화 사회로의 전환』, 푸른길.
최병두, 2015, “행위자–네트워크이론과 위상학적 공간 개념,” 『공간과 사회』, 25(3), pp.125~172.
최병두, 2017a, “초국적 노동이주의 행위자–네트워크와 아상블라주,” 『공간과 사회』, 27(1), pp.156~204
최병두, 2017b, “초국적 결혼이주가정의 음식–네트워크와 경계–넘기,” 『한국지역지리학회지』, 23(1), pp.1~22.
최병두, 2017c, “관계이론에서 행위자–네트워크이론으로: 초국적 이주분석을 위한 대안적 연구방법론,” 『현대사회와 다문화』, 7(1), pp.1~47.
최병두·송주연, 2009, “외국인 이주자의 미시적 이주배경과 의사결정 과정,” 『한국경제지리학회지』, 12(4), pp.295~318.

최병두·이경자, 2010, "외국인 이주자의 거시적 이주 배경에 관한 인지," 『한국경제지리학회지』, 13(1), pp.64~88.

최병두·임석회·안영진·박배균, 2011, 『지구·지방화와 다문화 공간』, 푸른길.

최재헌, 2007, "저개발 국가로부터의 여성결혼이주와 결혼중개업체의 특성," 『한국도시지리학회지』, 10(2), pp.1~14.

최재헌·강민조, 2003, "외국인 거주지 분석을 통한 서울시 국제적 부문의 형성," 『한국도시지리학회지』, 6(1), pp.17~30.

최효남, 1982, "로스엔젤레스 지역의 한국인 거주 분포 형태," 『지리학연구』, 10, pp.531~543.

하비(최병두 역), 2017(근간), 『세계시민주의와 자유와 해방의 지리학』, 삼천리(Harvey, D., 2009, *Cosmopolitanism and the Geographies of Freedom*, Columbia University Press).

Bretell, C. B, and J. F. Hollifeld, J. F. (eds), 2000, *Migration Theory: Talking Across Disciplines*, Routledge, New York.

Cadge, W, S. Curran, J. Hejtmanek, B. N. Jaworsky, and P. Levitt, 2009, "The City as context: culture and scale in new immigrant destination," Willy Brandt Series of Working Papers in International Migration and Ethnic Relations 1/09.

Ehrkamp, P. and Leitner, H. 2006. "Rethinking immigration and citizenship: new spaces of migrant transnationalism and belonging," *Environment and Planning A*, 38, pp.1591~1597.

Kraly, E. P, 2001, Review of "Migration Theory: Talking Across Disciplines. Edited by Caroline B. Brettell and James F. Hollifield," *Journal of Political Ecology*, 8.

Nelson, L. and N. Hiemstra, 2008, "Latino immigrants and the renegotiation of place and belonging in small town America," *Social & Cultural Geography*, 9(3), pp.319~342.

Nussbaum, M., et al., 1996, *For Love of Country: Debating the Limits of Patriotism*, Beacon Press, Boston.

Park, S.-Y., 1984, "Settlement patterns: residential distribution and mobility," in W. M. Hurh and K. C. Kim (eds), *Korean Immigrants in America: A structural Analysis of Ethnic Confinement and Adhesive Adaptation*, Rutherford, N. J., Fairleigh Dickinson University. Press.

Shin, H.-R., 2007, "Korean immigrant women to Los Angeles: religious space, transformative space?" in Morin, K. and Jeanne G. (eds.), Women, *Religion and Place*, Syracuse University Press, Syracuse, NY.

Shin, H.-R., 2008, "A new insight into urban poverty: the culture of capability poverty amongst Korean immigrant women in Los Angeles," *Urban Studies*, 45(4), pp.871~896

Shin, H.-R., 2011, "Spatial capability for understanding gendered mobility for Korean Chris-

tian immigrant women in Los Angeles," *Urban Studies* (on line), pp.1~19.
Yeoh, B., 2004, "Cosmopolitanism and its exclusions in Singapore," *Urban Studies*, 41, pp.2431~2445.
Yu, E.-Y., 1982, "Koreans in Los Angeles: Size, distribution and composition," in E. Y. Yu., E. H. Phillips and E. S. Yans (eds), *Koreans in Los Angeles: Prospects and Promises*, Koryo Research Institute, Los Angeles, pp.23~47.

제2부

초국적 이주의 공간적 전개과정

제3장

아시아에서 초국적 이주의 전개과정과 특성

1. '유동적 공간'으로서 아시아

최근 외국인 이주자의 유입이 급증하면서, 우리나라도 아시아 지역 나아가 세계에서 주요한 국제 노동이주의 유입국이 되었다. 특히 우리나라로 유입되는 국제이주자의 대부분은 동아시아 국가 출신이며, 따라서 동아시아 지역의 국제이주의 전개과정과 국가별 특성 및 그 영향을 파악하는 것이 중요한 의미를 가진다. 그러나 외국인 이주자들의 유입을 단지 우리나라의 입장에서 고찰할 경우, 국제이주에서 송출(또는 유출)국의 특성이나 그 영향 그리고 국제이주를 연결해 주는 우리나라와 송출국 간의 관계 등을 이해하지 못하게 된다. 따라서 우리나라로 유입되는 국제 (노동)이주자들의 송출국들에 대한 현황과 특성을 파악하고 나아가 우리나라와 유사한 입장에 있는 국제 노동이주 수용(유입 또는 목적)국과 그동안의 과정 및 현재 상황들을 비교해 보는 것도 필요하다고 하겠다.

뿐만 아니라 사실 아시아는 세계에서 가장 많은 국가 수와 인구수(약 38.8억 명, 세계인구의 55%)를 가진 대륙이며, 이에 따라 국제이주(유입 및 유출 모두)에서 아시아인들이 차지하는 비중도 최근 점점 더 커지고 있다. 특히 세계 경제의 지구화 과정에 따라 상품과 자본, 기술과 정보의 세계적 흐름이 급증하고 교통통신기술의 발달에 따른 시공간적 압축이 가속화됨에 따라, 국제 노동이주자의 수가 급증하고, 이 가운데에서도 특히 아시아인들의 국제 노동이주는 더 크게 증가하면서, 동아시아 지역을 새로운 '유동적 공간'으로 만들고 있다(윤인진 외, 2010). 따라서 아시아 지역에서 이루어지고 있는 국제이주의 현황과 특성을 파악하는 것은 그 자체로서도 중요한 의미를 가진다.

국제이주에 관한 연구는 대체로 송출국에서 출발하여 수용국으로 입국하는 과정, 즉 국제이주 과정에 관한 연구와 국제이주자가 수용국 내에서 생활하는 과정, 다시 말해 정착과정에 관한 연구로 이루어진다. 국제이주 과정에 관한 연구는 앞장에서 살펴본 바와 같이 다양한 접근방법이나 이론들(배출·흡인론, 신경제학적 접근, 노동시장분절론, 사회적 자본론, 이주체계이론 등)에 바탕을 두고 전개되고 있지만, 이러한 방법이나 이론들에서 논의되고 있는 주요 세부 주제들은 결국 종합적으로 다루어져야 할 것이다. 특히 국제이주의 조건으로서 국가적 특성들뿐만 아니라 이에 따른 결과로서 국가별 영향과 변화 그리고 앞으로의 전망과 과제에 관해서도 관심을 가질 필요가 있다고 하겠다.

이 장은 이러한 점에서 (동)아시아 국가들에서 이루어지고 있는 국제 노동 이주에 초점을 두고 이주의 전개과정과 이의 일반적 특성을 고찰하고자 한다. 다음 절에서 우선 동아시아 지역의 국제이주 과정에 관한 선행 연구들을 간략히 검토해 본 후 이에 관한 연구에서 고려되어야 할 주요 방법론적 이슈들을 살펴보면서, 특히 국제이주의 차이 요인과 관계 요인을 개념적으로 서술한다. 그 다음 절들에서 동아시아에서 전개되고 있는 국제이주의 전반적 전개과정을 두 시기로 구분하여 그 현황을 파악하고, 나아가 동아시아 국제이주의 일반적 특성과 전망에 관해 간략히 논의하고자 한다.

2. 아시아 국제이주에 관한 재이해

1) 아시아 국제이주 연구 동향과 현황

(동)아시아 지역의 국제 (노동)이주에 관한 연구는 크게 두 가지 유형으로 구분된다. 한 유형은 동아시아 지역 전체를 대상으로 국가들 간 관계와 이들 간에 이루어지는 노동이주의 변화 및 특성을 다루는 연구이다. 이에 관한 최근의 연구로, 최영진(2010)은 동아시아 노동이주 과정의 다층적 측면을 이해하고 이주와 발전과의 연계성을 밝히고자 한다. 이주체계이론에 근거를 둔 이 연구는 동아시아 국가들 간에 이루어지는 노동이주의 형태, 결정요인을 살펴보고 이주노동자들의 해외송금이 지역 및 국가발전에 대한 기여를 분석하고 있다. 윤인진(2010)의 연구 역시 동아시아 국제이주의 현황과 특성을 다루면서, 이주의 배경으로 지리적, 역사적, 경제적 특성을 고찰하고 이주의 현황, 개발과의 관계, 이주와 인권 및 초국가주의·다문화주의의 관점을 서술하고 있다.

동아시아를 지역적 차원에서 다루면서도 개별 국가들 간을 비교하거나 또는 특정한 주제와 관련시켜 고찰한 연구들도 중요한 의미를 가진다. 문남철(2006)은 동아시아 국가들 간에 이루어지고 있는 해외직접투자와의 관계 속에서 노동의 국제적 이동을 파악하고자 했으며, 이정남(2007)은 동북아 국가들이 가지는 다양한 특성들과 이들 간에 이루어지는 인구이동을 관련시켜 이해하고자 했다. 그리고 최호림(2010)이나 미우라 히로키(2011)는 동아시아에서 이루어지는 이주노동의 현황이나 이주노동자의 문제를 분석하고 이에 관한 동아시아 지역 거버넌스를 다층적 관점에서 분석하고 있으며, 또한 비슷한 맥락에서 조영희(2015)는 지구적 이주거버넌스의 형성과 이민정책의 변화를 고찰하고 있다. 동아시아의 지역적 특성으로서 지역경제의 통합과정과 동아시아 국제이주체계의 전개과정에 관한 고찰은 핀드레이와 존스(Findlay and Jones, 1999)의 연구처럼 이미 1990년대부터 제시되었지만, 2000년대 들어와서 아난타와 아리핀(Ananta and Arifin, 2004), 헤위슨과 영(Hewison and Young, 2006)의 연구에도 불구하고 아직 체계적인 연구로 발전하지 못한 것으로 평가된다.

다른 한 유형의 연구는 동아시아 지역의 개별 국가들을 대상으로 국제이주의 유입 또는 유출의 현황과 구체적 내용들을 다룬 것이다. 최병두(2011)는 다문화공생 정책 및 담론에 초점을 두고 일본의 다문화사회로의 전환과 지역사회의 역할에 관한 연구를 제시했다. 동아시아의 개별 국가들의 국제 (노동)이주를 다룬 연구들은 매우 많지만, 이 연구들을 체계적으로 종합하거나, 공통의 관점에서 각 국가들의 국제이주 특성을 다룬 연구는 여전히 미흡한 편이다. 또 다른 예로, 란(Lan, 2006)은 대만의 가사 이주노동자와 이들을 새롭게 고용하면서 등장한 이른바 '글로벌 신데렐라'(Global Cinderella)를 다루고 있으며, 리와 룰루-버거(Li and Roulleau-Berger, 2012)는 정보가 제대로 공개되지 않는 중국을 대상으로 국내 및 국제이주의 특성을 파악하고자 한다. 여와 린(Yeoh and Lin, 2012)은 싱가포르에서 유입이주 인구의 급속한 증가가 국가 정책에 어떤 변화와 영향을 미치는가를 고찰하고자 했다.

동아시아 개별 국가들의 국제 노동이주에 관한 연구는 물론 지역적 차원에서 다룬 연구들과 서로 보완적으로 이해되어야 하며, 윤인진 등(2010)의 연구처럼 동아시아 지역 전체를 다룬 연구에서도 개별 국가들에 관한 연구들이 함께 제시될 수 있다. 개별 국가들에 관한 국내 연구는 주로 동아시아에서 한국으로 이주 송출을 상대적으로 많이 한 국가들, 예를 들어 필리핀(김정석, 2009; 김동엽, 2010; 송유진, 2016), 베트남(김나경, 2015; 김나경 · 임채완, 2015; 최호림, 2015), 네팔(김정선, 2015; 박정석, 2015) 등에 관심을 두고 있으며, 최근에는 이 국가들에 관한 연구들은 이주 송출국으로서 특성에서 나아가 국내에서 본국으로 귀환한 이주자들을 대상으로 이들의 재적응 또는 재통합과정을 다루고 있다. 김나경(2015)은 베트남 귀환이주노동자들이 한국에서의 이주 경험을 통해 획득한 개인적 요인인 인적 자본, 사회적 자본, 재정적 자본이 그들의 모국사회 재통합에 어떠한 영향을 미쳤는가를 고찰하였으며, 김정선(2015)은 네팔 귀환여성들에 주목하여 귀환자 사회재통합프로그램들이 그들의 해외에서 습득한 물질적, 비물질적 자원이 귀환 후 지속가능한 생계로 이어지는데 결정적 역할을 한다는 점을 강조하고 있다.

이러한 문헌들에 관한 검토는 동아시아 국제 노동이주에 관한 연구 대상과 주제를 중심으로 한 것이지만, 최근 역동적으로 증가하고 있는 이 지역의 국제 노동이주를 어떠한 이론적 배경에서 접근해야 하며, 어떠한 방법을 통해 분석해야 할 것인가에 대해서는 명시적 논의가 제대로 이루어지지 않고 있다. 대부분의 연구들은 서구에서 제시된 이론이나 연구방법론을 원용하여 이 지역의 국제 (노동)이주를 파악하고자 한다. 이 장에서도 일단 서구 사회에서 제시된 기존의 이론들을 검토하여 이들을 종합적으로 적용하기 위하여, 지난 20여 년간 국제 노동이주를 촉진한 구조적 배경으로 간주되는 지구화 과정 속에서 송출국과 수용국 간의 사회경제적 차이 및 관계를 중심으로 (동)아시아 국제 이주의 전개과정, 특성, 그리고 이주 요인 및 그 영향, 앞으로의 전망 및 과제 등을 고찰하고자 한다.

일반적으로 국제 노동이주는 임금 및 고용기회의 격차, 경제발전 또는 생활수준의 차이로 인해 빈곤한 국가에서 부유한 국가로 노동력이 이동하는 것으로 이해된다. 이러한 이해는 국제이주에 작용하는 복잡한 구조적/행위적, 거시적/미시적 요인들을 단순화시킬 뿐만 아니라 실제 국제이주는 단지 빈국에서 부국으로만 이루어지는 것이 아니라는 사실을 간과하게 한다. 유엔(UN) 인구분과에서 발표한 자료에 의하면, 2010년 세계의 국제이주 스톡을 보면 총 2억 1300만 명이 자신이 태어난 출신국이 아닌 다른 국가에서 살아가고 있다.[1] 이 가운데 빈국(남부 국가)에서 부국(북부 국가)으로 이동한 경우는 전체 35%이

---

1. 또 다른 자료에 의하면, 세계의 국제이주자 수(스톡)는 1970년 약 8200만 명에서 2005년에는 1억 9000만 명으로 증가한 것으로 추정된다. 이 기간 세계 수출량은 7배 이상 증가했고, 해외직접투자는 100배 이상 증가한 것으로 추정된다. 이와 같이 최근 국제이주자 수는 크게 증가했지만, 상품이나 자본의 국제적 이동에 비해서는 적은 편이다. 세계 전체 인구에서 국제이주자 수는 1960년 2.9%에서 2005년 2.9%로 증가했다. 가장 큰 변화는 구소련의 해체에 따른 것이다.

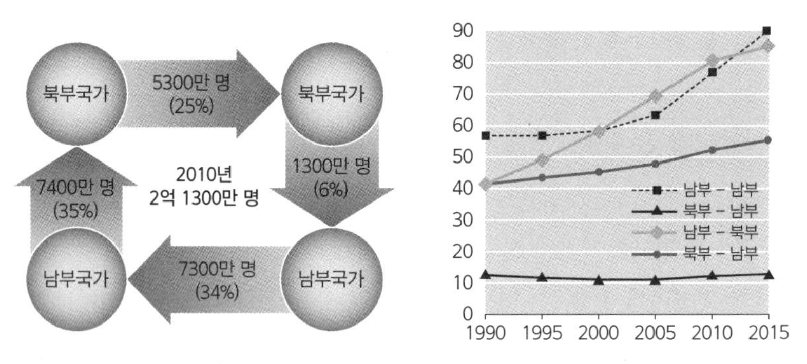

〈그림 3-1〉 송출국과 수용국 간 국제이주의 스톡 현황 및 변화

자료: (가) UN Population Division, 2012.
(나) UN, 2016, International Migration Report 2015.

고, 부국에서 부국으로 25%, 빈국에서 빈국으로 34% 등 상당수의 국제이주는 국가 간 격차가 크지 않은 관계에서 발생하고 있음을 알 수 있다(〈그림 3-1〉 (가) 참조). 물론 1990년에서 2010년 사이 남부 국가에서 태어나 북부 국가에서 거주하고 있는 이주자 수의 증가율은 85%로 전체 국제이주자(스톡)의 증가율인 38%에 비해 훨씬 높았고, 이에 따라 2010년 국제이주에서 가장 큰 비중을 차지하게 되었다. 2000년도까지만 해도 다양한 이유로 남부국가에서 남부국가로의 이주 비율이 가장 높았고 또한 2010년 이후에 다시 증가하여 2015년에는 다시 가장 큰 비중을 차지하게 되었다는 점 등을 고려하면(〈그림 3-1〉 (나) 참조), 세계적으로 국제이주는 매우 다양한 이유와 배경에서 발생한다고 할 수 있다.

물론 이 장은 기본적으로 (동)아시아 지역 내에서 전개되고 있는 국제이주에 초점을 두고 있으며, 따라서 아시아에서 최근 일어나고 있는 국제이주의 양상을 다른 대륙들과 비교해 보는 것이 중요하다. 아시아는 가장 많은 인구와 국가들을 가지고 있지만 1990년대까지만 하더라도 유럽이나 북미에 비해 국제이주자의 수는 훨씬 적었다. 그러나 2000년대 이후 아시아 지역에서 국제이주는 급속히 증가하여 다른 어떤 대륙에서보다도 더 많아졌으며, 2010년대에 들어

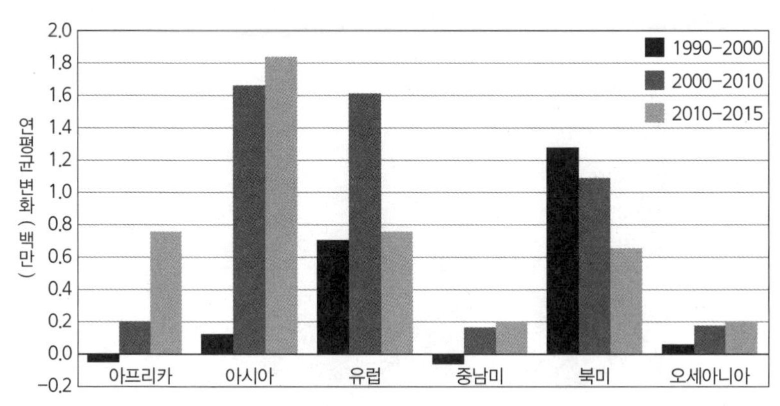

〈그림 3-2〉 목적지별 국제이주자 수의 연평균 변화

자료: UN. 2016, International Migration Report 2015, 4.

서 유럽과 북미에서는 절대 수치가 감소하고 있음에도 아시아에서는 계속 증가하고 있다(〈그림 3-2〉 참조). 주요 경로별로 보면 아시아 지역에서 유출된 이주자들은 1980년대까지는 유럽과 북미로 더 많이 이주했지만, 2000년대 이후에는 아시아 지역 내 국가 간 이주가 급증하여, 다른 어떤 대륙 간 이주경로에 비해서도 많은 것으로 나타난다(〈그림 3-3〉 참조). 이와 같이 아시아 지역에서 국제이주자 수가 크게 증가했으며, 이주 경로도 지역 내 국가들 간에 주로 이루어진다는 점은 아시아 국가들 내에서도 대체로 사회경제적 수준이나 환경이 상대적으로 낙후된 남부국가(즉 남아시아 및 동남아시아 국가)들에서 비교적 발전한 북부국가(일부 중동 산유국들 및 동북아시아 국가)들로의 국제 노동이주를 전제로 한다.

2) 아시아 국제이주 연구 방법론 재고찰

아시아 국제이주의 전반적 전개과정과 더불어 송출국 및 수용국의 이주 요인과 이에 따른 영향을 고찰하기 위해, 우선 이와 같이 국제이주가 세계적으로 급증하고 있는 추세에 대해 먼저 이해할 필요가 있다. 즉 최근 동아시아를 포함

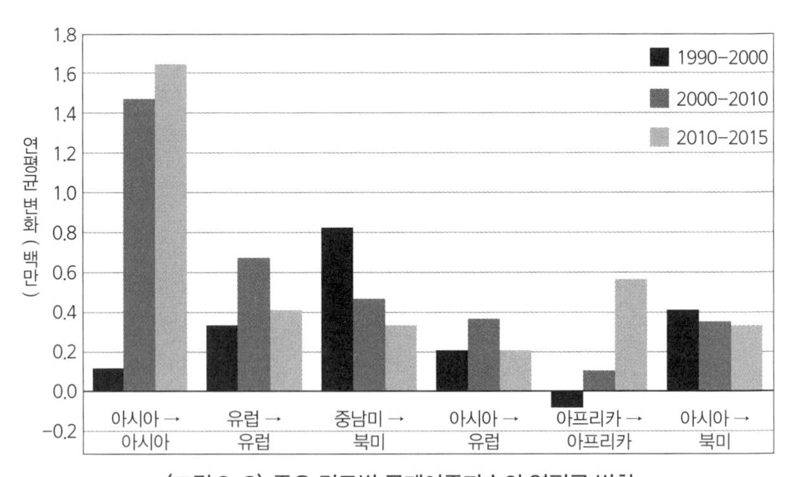

〈그림 3-3〉 주요 경로별 국제이주자수의 연평균 변화

자료: UN. 2016, International Migration Report 2015, 4.

하여 전 세계적으로 증가하고 있는 국제 (노동)이주는 가장 거시적으로 자본주의 경제의 지구화 과정을 전제로 하고 있다. 지구화는 상품, 자본, 기술 등의 국제적 거래의 자유화를 동반할 뿐만 아니라, 국경을 가로지르는 노동의 이동성을 증대시킨다. 물론 노동의 국제적 이동의 증가는 상품이나 자본, 기술 거래의 증가에 비해 상대적으로 낮다. 왜냐하면 노동은 단순한 국제적 거래의 대상이라기보다 노동력을 보유한 인간의 인격성과 주체적 의사결정을 전제로 하기 때문이다. 또한 지구화 과정에서 국민국가의 주권과 자율성이 상대적으로 완화되었다고 할지라도, 노동의 국제이동은 송출국 및 수용국 양자 모두에 많은 사회경제적 영향을 미치며, 따라서 국가의 통제 및 관리가 필수적으로 전제되기 때문이다.

그럼에도 불구하고, 국제이주는 자본주의 경제(그리고 문화)의 지구화에 통합된 과정의 일부라고 할 수 있다(최병두 외, 2011, 제1장). 그 이유로는 우선 지구화 과정에 의해 촉진되는 상품 무역과 자본의 해외직접투자의 증대가 국제이주를 촉진시키는 요인이 될 수 있기 때문이다. 해외 상품의 교역은 국제이주의 잠재적 인구에게 수출/수입의 상대 국가에 대한 이해를 증진시키고 실제 해당 상품의 생산 및 소비 과정을 통해 직·간접적 연계를 강화시킨다. 또한 초국적 기업에 의해 수행되는 해외직접투자는 투자국의 자본과 기술, 경영과 유치국에 건설된 생산설비와 생산품 그리고 이를 위해 고용된 현지 노동자로 하여금 상호행동과 이해 등 상호관계를 직접적으로 증대시키게 된다(문남철, 2006). 그러나 자본주의 경제의 지구화 과정은 이와 같이 상품 및 노동 시장의 통합을 촉진하지만, 또한 동시에 국가들 간 경제적 격차를 오히려 증대시키는 경향을 가지고 있다. 특히 신자유주의적 경제발전 과정은 자유시장 메커니즘에 따른 국제 분업체계의 변화와 각국의 경제적 재구조화 과정을 추동시켰으며, 이로 인해 자국의 시장경제에 통합되지 못한 사람들은 국제이주를 시도하게 되었다.

또한 이러한 자본주의 경제의 지구화 과정에 직접 조건 지워지지 않았다고 할지라도 이에 부수되는 환경의 변화도 국제이주에 영향을 미쳤을 것으로 추정된다. 먼저 지적될 수 있는 점은 지구화 과정에 동반되는 정보통신기술의 발달이 국제이주를 촉진시키는 주요한 요인이라는 점이다. 교통통신기술의 발달에 따른 텔레비전과 컴퓨터 인터넷, 휴대폰 등의 이용 확대는 이주 전에도 실시간에 세계적 정보에 접할 수 있고, 이주과정을 좀 더 손쉽게 하며, 이주 후에도 본국과의 의사소통과 정보교류를 원활히 유지할 수 있도록 한다. 또한 지구화 과정에서 국가 역할의 변화도 국제이주를 장려하는 주요한 배경이 되었을 것으로 추정된다. 각 국가들은 신자유주의화 과정 속에서 자유시장 및 자유무역에 대한 압박을 받게 됨에 따라 지구화 과정에 우선적으로 편입하기 위한 정책이나 전략들을 강구하게 되었다. 이러한 전략들 가운데 주요한 방안이 국내 유휴노동력을 국제적으로 이주시킴으로써 실업률을 완화하고 또한 이들의 해외 취업을 통해 얻게 된 송금을 외화 수입과 국가 재정의 주요한 원천으로 간주하게 되었다. 뿐만 아니라 지구화 과정의 어두운 측면으로 국제이주 자체가 상업화되었고, 이로 인해 국경 주변에 다양한 형태(이주 알선, 중개업, 심지어 인질 등)의 일에 종사하는 사람들을 만들어내었다.

물론 이러한 지구화 과정은 국제 노동이주를 줄이는 측면도 있을 것이다. 예로 무역의 증가는 기존의 노동이주 수용국뿐만 아니라 노동이주 송출국의 경제도 활성화시킴으로써 이 국가의 일자리 창출과 소득 증대를 가져오고 이에 따라 인구 유출의 압박을 줄일 수 있을 것이다. 또한 해외직접투자의 성장은 기존 노동이주 송출국의 고용 확대와 경제성장을 촉진하는 한편, 기존의 노동 수용국이 직면했던 저임금 노동력의 수요를 완화시켜줌으로써 양국 간 국제 노동이주의 필요성을 줄여줄 수 있다. 특히 최근 정보통신기술의 발달과 더불어 첨단기술산업이나 생산자서비스산업(금융산업 등)의 경우, 표준화된 지식집약적 서비스부문을 해외로 외주화함으로써 기존의 노동 송출국에서도 비교적 고임금 일자리를 창출할 수 있는 새로운 기회를 제공하게 된다(인도의 소프트웨어 산업이나 카리브해 연안 국가들의 단순 전자처리 업무활동의 증가 등). 이와 같이 기존의 노동이주 송출국과 수용국이 지구화 과정 속에서 촉진되는 상품 및 해외직접투자의 증대에 어떻게 대응하는가에 따라 국제 노동이주는 확대될 수도 있고 축소될 수도 있을 것이다.

이와 같이 국제이주의 거시적 배경으로서 지구화 과정에 관한 연구는 중요한 의미를 가지지만, 좀 더 구체적으로 특정 국가들 간에 어떻게 국제이주의 송출과 수용이 직접 연계되는가를 설명하기에는 미흡하다. 따라서 국제이주가 이루어지는 송출국과 수용국의 특정한 이주 요인 및 이들 간 관계에 관한 고찰이 필요하다.

국제이주에 관한 국가 수준의 연구라고 할지라도 다양한 세부적 접근방법이나 이론으로 구분될 수 있다(〈표 3-1〉 참조)(석현호, 2003; 최영진, 2010). 가장 간단한 방법은 국가별 노동이주의 현황 및 관련된 정책을 파악하는 것이다. 이러한 연구도 나름대로 의미를 가지지만 국제 노동이주가 단순히 한 국가의 특성이나 정책에 기인하기보다는 송출국과 수용국 간 차이 및 이들 간 관계에서 유발된다는 점에서 송출국과 수용국간 차이 요인과 이들 간 관계 요인을 고려해 보아야 할 것이다. 국제이주의 송출국과 수용국 간 차이 요인은 흔히 인식되는

<표 3-1> 국제 노동이주의 요인

	송출국과 수용국 간 차이 요인			송출국과 수용국 간 관계 요인		
요인	격차요인	송출국 요인	수용국 요인	미시적 관계	거시적 관계	중범위 관계
주요 지표	국제이주의 송출국과 수용국 간 임금, 고용기회(실업), 경제발전, 생활수준 등의 격차	이주하는 개인·집단·지역의 경제·사회적 위험 대처, (잠재)실업 완화, 부(송금) 유입	노동(경제활동인구) 부족, 노동시장 분절에 따른 저숙련노동 부족, 고령화에 대처	양국 거주 개인 또는 집단 간 관계의 역할: 가족이나 친구 또는 지역사회 연계	양 국가 간 사회경제적 관계: 식민지/모국 관계, 무역 및 투자, 정치적, 문화적 유대	기업의 초국적 활동, 정책적 관계(양 국가간 제도적 합의), 중개업자(브로커)의 역할
이론	배출·흡인 이론	신이주 경제학	노동시장 분절론	사회적 자본론	이주체계 이론	-

바와 같이 양국 간 임금이나 고용기회의 차이, 나아가 경제발전이나 소득 및 생활의 질의 격차로 인식될 수 있다. 국제(노동)이주에 관한 연구에서 이러한 요인들에 관한 고려는 흔히 신고전경제학 일반 또는 배출-흡인이론에 바탕을 두고 있다. 송출국과 수용국 간의 차이를 만들어내는 배출요인은 과잉인구(노동력), 낮은 임금, 고용기회 부족 등을 포함하며, 흡인요인은 노동력 부족, 높은 임금, 풍부한 고용기회 등으로 구성된다. 송출국과 수용국 간 격차를 강조하는 이러한 접근은 양국 간 국제이주를 일반적으로 설명해 줄 수 있지만, 이러한 지표들의 차이만으로 국제 노동이주가 결정되는 것이 아니라고 할 수 있다.

이러한 배출-흡인이론의 한계를 넘어서기 위하여, 국제 노동이주의 송출국과 수용국 각각이 처해 있는 조건들을 좀 더 구체적으로 고찰해 볼 필요가 있다. 우선 송출국의 관점에서 보면, 상대적으로 경제발전의 수준이 낮고 사회복지 제도가 미흡한 상황에서 이 국가의 국민들은 국제 노동이주를 통해 가구 소득을 극대화할 뿐만 아니라 소득원의 분산으로 위험을 최소화하고자 한다. 즉 송출국에서 국제이주를 감행하는 개인 또는 집단들은 높은 임금을 얻으면서도 임금의 출처를 다양화하여, 가족의 생계와 기업 활동에 필요한 재원을 마련하고자 한다. 이러한 입장을 강조하는 기존의 이론은 흔히 이주노동의 신경제학이라고 불린다. 국제 노동이주의 공급(즉 송출국) 측면에서 초점을 두고 있는 이러한 신이주경제학에 의하면, 송출국은 노동시장이나 복지체계가 미비한 상황에서 실업이나 퇴직으로 인해 발생하는 문제를 보상할 수 있는 방법으로 국제 노동이주를 이해한다. 또한 국제이주는 국가 간의 임금 격차가 없어지더라도 완전히 중단되지 않는다. 왜냐하면 다른 국가로의 국제 노동이주는 자국 내 다른 지역 노동시장이 부재하거나 미흡한 상태에 있다면 계속 발생할 수 있기 때문이다(석현호, 2003, 18).

국제 노동이주에 관한 연구는 그러나 단지 송출국의 상황에서만 발생하는 것이 아니라 이를 받아들이는 수용국의 상황도 구체적으로 파악해야 한다. 수용국의 입장에서 보면, 국제이주노동의 유입은 자국 내 부족한 노동력을 보완하고 생산성의 증대와 가격 경쟁력의 강화에 기여할 수 있다. 상대적으로 발전한 국가의 경제는 부가가치가 높은 첨단기술 부문의 경우 전문숙련노동자들의 확보를 위해 안정적 고용을 보장하지만, 노후화된 부문들의 미(또는 저)기능 노동자들에 대해서는 임금을 억제하고 비정규직 고용을 제공하게 된다. 이로 인해 상대적으로 발전한 국가들의 노동시장은 자본 및 기술 집약도가 높고 주로 고기능노동자들로 구성된 1차 노동시장과 노동집약적이고 임금수준이 낮은 저기능 노동자들로 구성된 2차 노동시장으로 분절되고, 국내 노동자들은 1차 노동시장에 고용되기를 원하는 반면, 2차 노동시장은 결국 국제이주 저기능 노동자들로 충원되는 경향이 있다. 이러한 노동시장분절론은 수요 측면, 즉 수용국의 상황으로 인해 국제 노동이주가 촉진된다는 점뿐만 아니라 아시아의 발전국가들이 시장경제를 간섭하는 외부규제자의 역할을 수행한다는 점을 이해할 수 있도록 한다(최영진, 2010). 즉 한국, 일본, 대만 등 동아시아에서 상대적으로 발전한 국가들의 정부가 영세한 중소제조업이나 서비스업의 노동력 부족 문제를 해결하기 위하여 분절된 노동시장에 개입하여 국제이주노동의 유입을 허용하고 적절히 관리·통제하고자 한다.

국제 노동이주를 유발하는 이와 같은 송출국과 수용국의 격차 또는 각 국가의 노동시장 및 경제·사회(인구)구성의 차이는 왜 개별 국가에서 국제 노동이주의 유입 또는 유출이 이루어지는가를 설명하는데 주요한 요인이 된다. 그러나 왜 특정한 양 국가 간에 국제 노동이주의 유출-유입이 이루어지는가라는 의문은 양 국가 간 직접적 관계에 관심을 두도록 한다. 송출국과 수용국 간의 관계는 개인적(미시적), 거시적(국가적), 중범위(제도적) 차원으로 구분될 수 있다. 개인적 차원에서 송출국과 수용국 간 관계는 이주의 연쇄로 나타난다. 국제이주는 이주대상국의 일자리에 대한 신뢰할 정보나 지식 획득, 이주를 위한 여행 과정의 설정, 그리고 이주 후 거주할 지역에서의 생활 등을 위하여 다양한 지원을 필요로 하며, 이러한 지원은 흔히 잠재적 이주자와 개인적 관계를 가진 가족, 친구, 같은 지역 출신자 등을 통해 이루어진다. 이러한 지원 경로를 통해, 앞선 이주자들이 비교적 만족스럽고 안전하게 이주한 국가나 지역으로 다음 이주자들이 연쇄적으로 이주하는 경향이 나타난다. 이와 같이 국제이주를 지원해 줄 수 있는 친족, 친구, 동향인 등의 대인 관계를 통한 이주 연결망은 잠재적 이주자의 사회적 자본이 된다. 이러한 사회적 자본이 높을수록, 이주의 비용과 위험이 감소하고 경제적, 사회적 순이익이 증가하기 때문에 이주의 잠재성이 실현될 가능성이 높아진다. 이러한 개인적 차원의 이주연결망은 흔히 정부의 통제 밖에 있기 때문에, 정부는 이에 따른 이주의 흐름을 통제하기 어렵다.

국제 노동이주의 유출과 유입을 직접 연결시키는 또 다른 요인은 송출국과 수용국 간의 거시적 관계이다. 양 국가 간의 거시적 관계는 양 국가 간의 상품교역이나 해외직접투자와 같은 경제적 관계뿐만 아니라 역사적으로 이루어진 식민지와 식민모국 간의 관계나 이념적, 군사적 동맹관계와 같은 정치적 관계, 그리고 언어나 종교, 생활양식의 유사성이나 친근감과 같은 문화적 관계도 포함한다. 상품의 수출입이나 해외직접투자는 이러한 활동이 이루어지는 양 국가 간의 관계를 강화시키며, 이로 인해 잠재적 이주자들이 상대 국가의 상품 이용과 초국적 기업 활동에 대한 인식을 통해 관련 정보와 지식을 가질 수 있게 된다. 한국과 일본 간 피식민/식민관계로 인해 지금도 많은 한국인들이 일본에 거주하고 있는 것처럼, 양 국가 간 과거의 역사적 관계도 국제이주를 유발하는 주요 요인이 된다. 그 외 정치적 및 문화적 유대관계(예로 한류)도 잠재적 이주자들로 하여금 상대 국가 출신의 이주자들에 대해 더 호의적이고 친근감을 가질 수 있도록 하며, 이에 따라 양 국가 간 이주를 촉진하는 배경이 된다. 이와 같이 거시적 수준에서 양 국가 간 관계에 초점을 두는 이주체계이론은 거시적 수준에서 국제이주의 배경으로서 송출국과 수용국 사이에 형성된 경제적, 정치적, 문화적 측면의 국제적 연결망을 이해하는데 도움을 준다.

국제 노동이주의 송출국과 유출국 간 관계를 직접 연계시키는 또 다른 요인은 중범위 수준에서 작동하는 행위자들이다. 송출국에서 잠재적 이주자들은 직접적으로 상대 국가에서 투자한 초국적기업에 취업할 기회를 가질 수 있게 되며, 이 기업의 경영자들은 현지 활동을 통해 본국에서 필요한 노동자들을 선별적으로 유입시킬 수 있을 것이다. 그러나 중범위 수준에서 작동하는 주요 행위자는 정부(준정부기관 포함)이다. 최근 국제 노동이주에 대한 국내 및 국제적 거버넌스 체제가 발달함에 따라, 국제 노동이주의 대부분은 수용국과 송출국 간의 쌍방 협정을 통해 양국 정부가 인정한 제도적 방식을 통해 이루어지고 있다. 이러한 제도적 합의를 통해, 송출국은 자국 노동자의 국제이주를 원활히 하고 해외 체류기간 동안 안전을 보장 받으며, 수용국은 국제 노동이주의 유입을 적절히 통제하고 미등록 이주자들에 대한 송환이나 추방을 정당화하게 된다. 그러나 관료적 제도의 비효율성으로 인해 높은 이주비용과 긴 대기시간을 요하게 될 경우, 이에 개입하여 영리를 취하는 사조직들이 등장하고, 이주자들을 도와주는 인도주의적 비정부기구들도 활동을 하게 된다. 특히 전자의 경우 송출국과 수용국 사이에서 발생한 문제들을 공식·비공식적으로 해결해 주고 이익을 취할 뿐만 아니라 비공식적(불법적) 경로를 통한 노동이주를 유발함으로써 이주자의 인권과 복지를 더욱 취약하게 만드는 경향이 있다.

이상의 논의들은 국제 노동이주의 배경이나 유발 요인들에 관한 것으로, 이러한 배경이나 요인들 각각에 관한 설명은 이미 많은 연구자들에 의해 제시된 바 있다. 여기서 이들에 관해 재론한 것은 이러한 배경이나 요인들이 각각 분리되어 독자적으로 작동하는 것이 아니라 동시에 다면적, 다차원(다규모)적으로 작동한다는 점을 강조하기 위한 것이다. 이에 덧붙여서 국제 노동이주에 관한 연구에서 어떤 주요한 부분, 즉 국제 노동이주가 송출국 및 수용국에 미치는 영향에 관한 고찰이 간과되어 왔다는 점이 지적될 필요가 있다. 이러한 점에서 최근 국제이주와 국가 발전 간 관계에 관한 연구가 활발하게 제시되고 있다. 세계에서 빈국과 부국 간 저기능 노동자의 임금은 20배 이상 차이가 나며, 따라서 세계적으로 국제 노동이주가 3% 증가하면 모든 무역 흐름의 완전한 자유화보다도 세계 소득 증가에 더 많은 기여를 할 것으로 추정된다(Lucas, 2008). 특히 국제 노동이주는 수용국 경제에 미치는 영향에 비해 송출국의 경제 발전에 미치는 영향에 관한 관심이 더 많이 강조되고 있다. 그러나 국제 노동이주 자체가 국가의 발전을 가져다주는 요인은 아니라고 할 수 있다. 달리 말해, 이주와 발전 간 관계에 관심을 가지는 것은 “이주는 발전을 야기하는 독립변수가 아니라 변화 그 자체의 일부분인 내생 변수이자 추가적 변화를 가능하게 하는 요인으로 이주와 광범위한 발전 과정은 상호적 관계”라고 할 수 있기 때문이다(최영진, 2010, 198).

따라서 국제 노동이주가 송출국이나 수용국의 발전에 어떤 영향을 미칠 것인가는 결정적으로 제시할 수 없으며, 경험적으로 분석되어야 할 주제이다. 그러나 여기서 우선 지적될 수 있는 점(그동안 흔히 잘못 인식되어 왔던 점)으로, 첫째 국제 노동이주는 송출국과 수용국 양자 모두에 긍정적 효과와 더불어 부정적 효과를 가질 수 있다. 국제 노동이주에 관한 연구에서 수용국의 경제와 사회에 미치는 긍정적 효과는 거의 언급되지 않은 채, 송출국에게만 유리한 것처럼 접근·서술되는 경향이 있다. 그러나 국제 노동이주의 수용국도 분명 (최소한 단기적으로, 특히 자본의 입장에서) 상당한 긍정적 효과를 얻을 수 있으며, 송출국은 당면한 경제적, 사회적 문제들을 해결할 수 있다고 할지라도 중·장기적으로 보면 국가 발전에 큰 도움을 얻기보다는 오히려 부정적 효과를 가질 수도 있다.

둘째, 국제이주노동자의 유입이 수용국의 사회문화적 혼란을 초래한다는 주장을 뒷받침할 실제 증거는 없다. 한국이나 일본은 국제 노동이주를 수용하면서도 이로 인해 민족적·문화적 동질성이 훼손되고 심각한 사회문화적 문제들(범죄, 질병 등)을 유발할 것으로 우려한다. 그러나 이 국가들에서 국제이주노동자들이 차지하는 비율은 사회문화적으로 안정된 서구 선진국들은 물론이고 말레이시아나 싱가포르에서 차지하는 비율에 비해 매우 낮다. 물론 앞으로 외국인 이주자들의 비율이 더 커지고, 이들에 대한 정책적 대처가 미흡할 경우 사회적 갈등이 유발될 수 있겠지만, 현재 한국이나 일본에서 이를 지나치게 우려할 필요는 없다고 하겠다.

3. 아시아 국제 노동이주의 전개과정

아시아 지역에서 국가 간 인구 이동은 근대 이전에도 상당히 많이 이루어졌을 것으로 추정된다(윤인진 외, 2010). 그러나 동아시아의 대부분 국가들은 서구 선진국들의 식민 지배 등으로 인해 근대사회로의 전환이 늦었고, 이에 따라 근대적 의미(즉 상품화된 노동력)로서 국제 노동이주는 제2차 세계대전의 종결과 이에 따른 해방, 그리고 자본주의 경제체제로의 진입 이후에 이루어지게 되었다고 할 수 있다. 식민지 해방과 이에 따른 사회공간적 혼란에 의해 발생한 국제 인구이동 시기를 제외하면, 동아시아에서 본격적인 국제 노동이주는 크게 두 시기로 구분될 수 있다.[2] 첫 번째 시기는 1970년대 중반 이후에서 1990년대

2. 최영진(2010)은 바티스텔라(Battistella, 2004)를 인용하면서, 동아시아에서의 국제이주노동을 1973~1986년 걸프국가들이 건설경기 활성화로 대부분의 이주를 수용하던 시기, 1987~1997년 걸프전쟁 후 중동으로의 이주는 감소하지만 동아시아로 이주가 확대되기 시작한 시기, 그리고 1998년 외환위기 이후 일시적으로 노동이주가 감소한 시기 등 세 단계로 구분한다. 그러나 아래에서 논의할 바와 같이, 1997년 외환위기로 위한 충격은 그렇게 크지 않고 몇 년 후 다시 회복세를 보였다는 점에서 연속된 시기로 볼 수 있다.

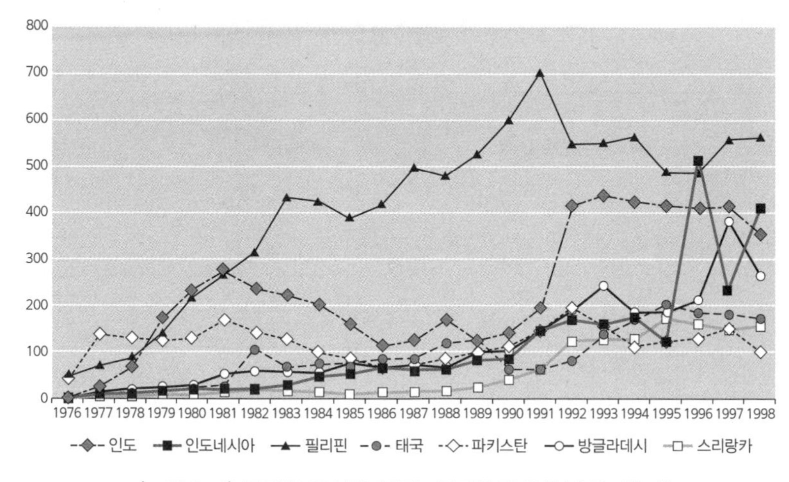

〈그림 3-4〉 국가별 아시아 이주노동자들의 유출(단위: 천 명)

자료: Wickramasekera, 2002, 17.

전반까지로 중동국가들로의 국제이주가 주류를 이루었던 시기이다. 두 번째 시기는 1990년대 이후 중동국가들로의 이주가 상대적으로 감소하고 일본과 더불어 신흥 공업국에서 선진국 수준으로 들어서게 된 동아시아 국가들(대표적으로 한국, 대만, 홍콩, 싱가포르)로의 노동이주가 크게 증가한 시기이다.

사실 1970년대 이전만 하더라도 동·동남아시아에서 노동이주의 유출은 상당히 미미했으며, 실제 이 지역에서 국제 노동이주가 본격화된 것은 대체로 1970년대 중반 이후이다(〈그림 3-4〉 참조).[3] 1976년 이 지역의 주요 노동이주 유출국이었던 인도, 파키스탄, 방글라데시, 스리랑카, 인도네시아, 태국, 필리핀에서 유출된 것으로 공식 기록된 이주노동자 수의 합은 약 10만 명이었다. 그러나 1980년 65.6만 명으로 증가했고, 1985년에는 284만 명으로 급속히 증가했고, 1990년에는 314만 명, 그리고 동아시아 외환위기가 발생하기 직전이

3. 그러나 마르틴(Martin, 2009.3)에 의하면, 아시아 전체 이주노동의 수는 1960년 2,850만 명으로 기록된다(윤인진, 2010, 58). 이 수치는 아시아 지역 외 국가들의 유출을 모두 포함한 것으로 추정된다.

〈표 3-2〉 이주 유출국의 목적지별 구성비

(단위: 천 명, %)

목적지 / 유출국	1993			1998		
	유출자	중동	아시아	유출자	중동	아시아
방글라데시	244.5	94.1	5.9	267.7	60.0*	40.1
인도	438.3	96.7	3.3	355.2	93.4**	6.6
인도네시아	160.0	57.6	42.2	411.6	69.4	30.6
파키스탄	157.7	99.7	0.3	104.0	96.2	3.8
필리핀	550.9	74.9	24.1	562.4	47.1	48.3
스리랑카	129.1	93.2	6.8	158.3	96.7	3.3
태국	137.9	12.2	84.7	175.4	9.3	64.4

자료: Wickramasekera, 2002, 17.
주: * 1997년 자료, ** 그 외 지역유출 제외.

었던 1996년에는 410만 명으로 증가했다. 아시아의 국제 노동이주에서 가장 큰 몫을 차지한 국가는 필리핀으로, 연간 노동이주 유출자 수는 1976년 약 5만 명에서 1997년에는 55.9만 명으로 증가했다. 다음으로 인도네시아, 인도, 방글라데시 순으로 많은 것으로 기록되었다.

1970년대 중반에서 1990년대 전반까지 이러한 노동이주의 목적지는 대부분 중동국가들이었다. 1973년 발발했던 유가폭등으로 엄청난 오일머니를 확보하게 된 중동국가들은 건설업 및 가사 서비스 등을 위하여 많은 노동력을 필요로 했고, 이에 따라 동남아시아 국가들에서 이 지역으로 대규모 노동이주가 발생했다. 이러한 노동이주의 흐름은 그 이후 석유가격의 상대적 하락과 더불어 1990년 발발했던 걸프전쟁과 그 이후 중동국가들 간 정치적 갈등과 불안으로 인해 다소 줄었지만, 그 이후에도 남아시아 국가들(특히 인도, 파키스탄, 스리랑카 등)로부터 중동 국가로의 노동이주는 상당 정도 지속되었고(〈표 3-2〉), 현재에도 중동 국가들은 동아시아 및 동남아시아 국가들로부터 노동이주의 주요 목적지가 되고 있다. 그러나 1990년대 이후 동아시아 국가들(특히 인도네시아, 태국, 필리핀)로부터 노동이주 가운데 중동국가들로의 흐름은 상대적으로 감소한 반면(〈그림 3-5〉), 동아시아에서 상대적으로 발전하게 된 국가들, 즉 일본, 한

국, 대만, 홍콩, 싱가포르로의 이주 흐름이 증가하게 되었다.[4]

1997년 동아시아의 여러 국가들에서 발생한 외환위기와 이에 따른 국가적 경제침체는 이러한 국제 이주의 패턴에 큰 영향을 미치지는 못했다. 물론 위기 국면 자체에서는 국제 노동이주를 다소 감소시키기는 했지만, 그 이후 국가별로 다소 차이가 있을지라도 대체로 노동이주의 유출은 다시 증가하게 되었다. 즉 2000년 중반 아시아 주요 국제 노동이주 유출국들에서 국외로 나간 이주자 수는 2006년 370만 명, 2008년에는 693만 명으로 최고조에 달했고, 2008년 금융위기 이후 크게 줄어서 2010년에는 436만 명 정도에 이르게 되었다. 이 시기에도 필리핀은 아시아 지역에서 가장 많은 노동이주 유출을 기록하여, 연간 노동이주 유출자 수가 1998년 56.2만 명에서 2005년 74만 명, 그리고 2009년에는 100만 명을 넘었고, 2010년대 중반에는 연간 180만 명 이상에 이르게 되었다(〈표 3-3〉 참조). 그 다음으로 최근 큰 비중을 차지하는 국가는 인도, 파키스탄, 네팔, 인도네시아, 방글라데시 등의 순으로, 인도, 방글라데시는 2008년 세계 금융위기가 발생하기 직전인 2007년과 2008년에 연간 80만 명 이상의 노동이주 유출을 기록했고, 방글라데시는 그 이후 크게 감소하였고, 인도네시아도 감소 추세를 보였다. 반면 파키스탄, 네팔은 2010년대 이후에도 지속적으로 증가하여 주요 노동이주 유출국으로 등장하였다. 전체적으로 보면, 2008년 세계 금융

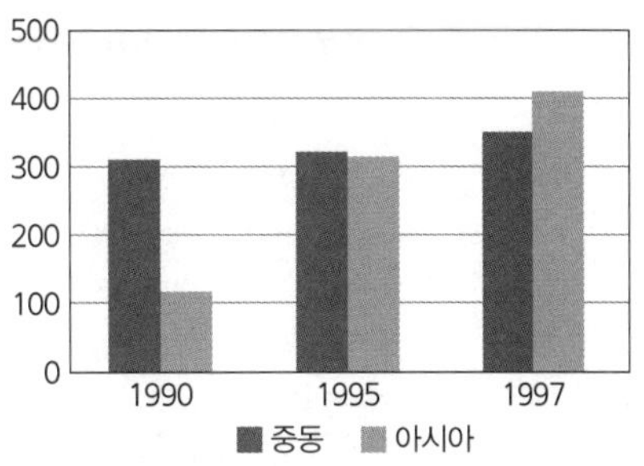

〈그림 3-5〉 동아시아 국가들(인도네시아, 필리핀, 태국 합계)의 목적지별 노동이주 유출(단위: 천 명)

자료: Wickramasekera, 2002, 17.

4. 스토커(Stalker, 2000)에 따르면, 걸프 협력기구의 7개국에서 이주자 수는 1975년 1.1백만 명에서 1990년 5.2백만 명으로 증가한 것으로 추정된다. 한편 ILO에 의하면, 1997년 아시아 발전국들(일본, 한국, 말레이시아, 싱가포르, 태국, 홍콩, 대만 등)에 거주하는 외국인 노동자 수는 6.5백만 명에 이르는 것으로 추정된다(Wickramasekera, 2002, 14).

〈표 3-3〉 동남아시아 일부 국가들의 이주노동자

(단위: 천 명)

국가	1998	2005	2006	2007	2008	2009	2010	2011	2012	2013	2014
방글라데시	267.7	253	382	822.4	875.1	475.3	390.7	568.1	607.8	409.3	-
인도	355.2	549	677	809.5	848.6	610.3	641.4	626.6	747.0	816.7	804.9
인도네시아	411.6	-	680	696.7	644.7	632.2	575.8	586.8	494.6	512.2	429.9
네팔	-	-	205	204.5	219.0	294.1	354.7	384.7	450.8	521.9	-
파키스탄	104.0	142	183	287.0	430.3	403.5	362.9	456.9	638.6	622.7	752.5
필리핀	562.4	740	788	1,077.6	1236.0	1,422.6	1,470.8	1,687.8	1,802.0	1,836.3	1,832.7
스리랑카	158.3	231	202	218.5	250.5	247.1	267.5	263.0	282.3	-	-
태국	175.4	140	161	161.9	161.9	147.7	143.8	147.6	134.1	130.5	-
베트남	-	71	79	85.0	87.0	73.0	85.5	-	-	-	-

자료: 1998년, Wickramasekera, 2002, 15; 2005~2006년 OECD 2012, 182.
2007년 이후 UN ESCAP, 2016, Asia-Pacific Migration Report 2015.

위기의 여파로 일부 아시아 국가들에서 노동이주의 유출이 다소 줄었지만, 그 이후 국제이주는 전반적으로 증가하고 있다.

이와 같이 남아시아 및 동남아시아 유출국들의 국제 노동이주는 물론 아시아 내 다른 국가들로의 유출에 한정된 것은 아니다. 아시아 주요 유출국들에서 유출된 이주노동자들은 여전히 상당수는 서아시아의 이른바 걸프협력국들로 이주하고 있지만, 아시아 내 수용국들 중에는 어느 국가에 더 많이 가는가는 송출국에 따라 차이를 보인다(〈표 3-4〉 참조). 2010년경 인도, 파키스탄, 스리랑카에서 유출된 이주노동자들은 90% 이상이 서아시아 지역의 산유국들로 이주한 반면, 태국과 베트남에서 유출된 이주노동자들은 동남, 남아시아로 이주하는 비율이 60%를 상회했고, 또한 아시아 외부의 다른 지역들도 이주하는 비율도 약 20%에 달했다. 필리핀과 네팔에서 유출된 이주노동자들은 30% 이상이 동남, 남아시아로 이전하고 60% 정도가 서아시아로 이주하며, 인도네시아의 국제이주자들은 각각 약 50% 정도로 나뉜다.[5]

다른 한편, 아시아 수용국들의 입장에서 1990년 이후 지역별, 국가별 체류외

〈표 3-4〉 동남아시아 일부 국가들의 이주노동자의 목적지

	연도	총계	동남, 남아시아	%	서아시아	%	다른 지역	%
방글라데시	2008	875,109	163,344	19	571,737	65	140,028	16
인도	2012	747,041	21,261	3	725,288	97	492	0
인도네시아	2007	696,746	350,255	50	335935	48	10,556	2
네팔	2009/10	298,094	114,083	38	172,407	58	11,604	4
파키스탄	2009	403,528	3,913	1	389809	97	9,806	2
필리핀	2013	1,225,410	379,585	31	826,269	67	19,556	2
스리랑카	2012	281,906	9,883	4	267811	95	4,212	1
태국	2013	130,511	80,314	62	25,715	20	24,482	19
베트남	2010	85,546	53,781	63	10,888	13	20,877	24

자료: UN ESCAP, 2016, Asia-Pacific Migration Report 2015.

국인 수(스톡)를 보면, 서아시아 지역 국가들이 아시아 전체에서 차지하는 비중은 1990년 31.7%에서 2015년 50.8%로 증가한 것으로 나타났다(〈표 3-5〉 참조). 특히 2015년 사우디아라비아에는 1018.5만 명의 외국인 이주자들이 체류하고 있으며, 이 수치는 이 국가의 전체 국민의 32.3%에 해당한다. 또한 쿠웨이트도 전체 인구에서 외국인 이주자가 차지하는 비중은 1990년 52.2%에서 2015년 73.6%로 증가했다. 이러한 점은 2000년대 이후에도 서아시아의 걸프협력국으로 이주노동의 유입이 계속 이루어지고 있음을 의미한다.

하지만 기존에 서아시아 국가들로 집중되었던 국제 노동이주는 동남아시아 인접국가들이나 동북아시아의 신흥 선진국들로 다양화되었다. 2010년 동아시아에서는 홍콩과 일본에 체류하는 외국인 수가 200만 명을 상회하고, 한국에

5. 좀 더 구체적으로 살펴보면, 2010년 100만 명 이상의 국제 노동이주를 기록한 필리핀의 경우, 약 66만 명이 걸프협력국으로 이주하였고, 다음으로 약 10만 명이 홍콩으로 이주하였다. 인도네시아의 경우는 2011년 걸프협력국들로 약 20만 명이 이주하였고, 상대적으로 거리가 가까운 인접국들, 즉 말레이시아, 싱가포르와 대만 및 홍콩으로 많이 이주하였다. 걸프협력국으로의 유출을 제외할 경우, 파키스탄의 노동이주는 일본으로, 태국의 경우는 대만으로 많이 유출되었다(OECD, 2012, 169).

〈표 3-5〉 아시아 국가별 외국인 인구수 및 인구구성비 추이

(단위: 천 명, %)

	1990		2000		2010		2015	
	외국인 인구수	총인구 %	외국인 인구수	총인구 %	외국인 인구수	총인구 %	외국인 인구수	총인구 %
아시아	48,142	-	49,340	-	65,914	-	75,081	-
동아시아	3,959	0.3	5,393	0.4	7,061	0.4	7,596	0.5
중국	376	0.0	508	0.0	849	0.1	978	0.1
홍콩	2,218	38.3	2,669	39.3	2,779	39.8	2,838	38.9
일본	1,075	0.9	1,686	1.3	2,134	1.7	2,043	1.6
한국	43	0.1	244	0.5	919	1.9	1,327	2.6
동남아시아	2,876	0.6	4,926	0.9	8,661	1.5	9,867	1.6
인도네시아	465	0.3	292	0.1	305	0.1	328	0.1
말레이시아	695	3.8	1,277	5.5	2,406	8.6	2,514	8.3
필리핀	154	0.2	318	0.4	208	0.2	211	0.2
싱가포르	727	24.1	1,351	34.5	2,164	42.6	2,543	45.4
태국	528	0.9	1,257	2.0	3,224	4.8	3,913	5.8
베트남	28	0.0	56	0.1	61	0.1	72	0.1
남아시아	19,436	1.6	15,278	1.1	14,326	0.8	14,103	0.8
방글라데시	881	0.8	987	0.8	1,345	0.9	1,422	0.9
인도	7,493	0.9	6,411	0.6	5,436	0.4	5,240	0.4
이란	4,291	7.6	2,803	4.3	2,761	3.7	2,726	3.4
네팔	429	2.3	717	3.0	578	2.2	518	1.8
파키스탄	6,208	5.8	4,181	3.0	3,941	2.3	3,628	1.9
서아시아	15,239	10.3	18,559	10.0	30,601	13.2	38,119	14.8
쿠웨이트	1,074	52.2	1,127	58.4	1,871	61.2	2,866	73.6
사우디아라비아	4,998	30.6	5,263	24.6	8,429	30.0	10,185	32.3
아랍에미레이트	1,306	72.1	2,446	80.2	7,316	87.8	8,095	88.4

자료: UN Population Division 2016, Migration Report, 201.

서도 크게 증가하여 전체 인구의 2.6%를 차지하게 되었다. 동남아시아에서는 태국에 체류하는 외국인 이주자의 수가 계속 증가하여 2015년 약 40만 명에 이르게 되었고, 말레이시아 및 싱가포르에 200만 명 이상 또는 그 정도의 외국인이 체류하고 있다. 특히 홍콩과 싱가포르와 같은 도시(국가)들은 2015년 총인구

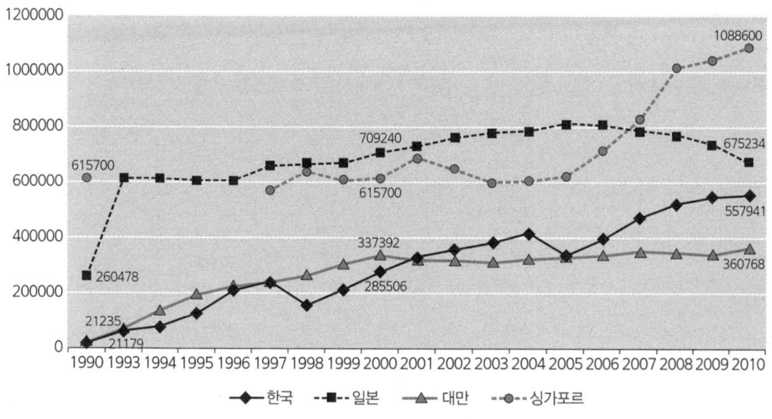

〈그림 3-6〉 한국, 일본, 대만, 싱가포르의 취업이주자(외국인 노동자) 증감 추이

자료: 한국: 최병두 외, 2011, 164; 법무부, 2012, 출입국 외국인정책 통계연보.
일본: 최병두, 2011, 65; Iguchi, 2012.
대만: National Immigration Agency, Taiwan, 2011, Foreign Residents, http://www.immigration.gov.tw/lp.asp?ctNode=29986&CtUnit=16677&BaseDSD=7&mp=2.
싱가포르: Singapore Department of Statisitics, each year, Yearbook of Statistics Singapore.

주: 3개국 모두 전문직 취업이주자 포함하며, 대만의 경우 상업, 공학기사, 교사, 전도사, 기능사, 외국노동자, 기타 등을 합산한 수치임(대만은 1990년이 아니라 1992년 자료임); 싱가포르는 총노동력에서 영주노동력을 뺀 수치로, 1993~1996년 자료는 구하지 못했음.

의 38.9%와 45.4%가 외국인으로 구성되어 있으며, 말레이시아도 외국인 구성비가 8.3%에 달하는 것으로 기록되었다.

이러한 체류외국인들은 다양한 목적으로 이주했겠지만, 이 가운데 상당수는 노동이주로 추정된다(〈그림 3-6〉 참조). 물론 이러한 노동이주의 수용국들은 다소 다른 패턴을 보인다. 예를 들어 일본은 이미 1990년에 약 26만 명의 외국인 노동자가 거주하고 있었지만, 그 직후 크게 증가하여 1993년 60만 명, 2000년 70만 명을 넘어서서 2005년 81.1만 명으로 최고치를 기록했으나 그 이후 줄어들기 시작하여 2008년 세계금융위기 이후 크게 감소함에 따라 약 67.5만 명 정도를 보이게 되었다. 반면 한국은 1990년 외국인 노동자 수는 2만 명 정도에 불과했지만 그 후 꾸준히 증가하여 1997년 24.5만 명에 이르게 되었고 1997년 외환위기로 상당히 감소했으나 꾸준히 증가하였고 2004년 42만 명에 달하게 되었고 2005년 이주노동자의 유입제도가 변하면서 다소 줄었으나 뒤이어 크게 증가하여 2010년 55.8만 명에 이르게 되었다. 동남아시아의 경우, 대만은 한국과 다소 비슷한 유형을 보이지만 그 증가율은 낮아서 2010년 외국인 노동자 수는 36만 명 정도이고, 싱가포르는 일본과 비슷한 수준을 보이지만 1990년 이미 61.6만 명의 외국인 노동자가 취업을 하고 있었다는 점에서 상당한 차이가 있었고, 그 이후 2005년까지 크게 증가하지 않았지만 2000년대 후반 일본과는 달리 싱가포르의 외국인 노동자 수는 다시 급속히 증가하여 2010년에는 108.8만 명에 이르게 되었다.

이와 같이 (동)아시아 국가들 간 국제이주가 크게 증가하고 있는 것은 한편으로 세계화 과정에서 국가 간 경제수준의 차이가 커졌고, 다른 한편으로 국경을 가로지르는 이주를 원활하게 하는 교통통신수단의 발달과 국가 간 관련 제도의 완화에 기인한 것으로 이해된다. 이와 관련하여 최근 학술적 및 정책적으로 관심을 끄는 점은 국제이주(노동)자들이 체류국에서 받는 임금의 상당 부분을 본국으로 송금하며, 그 액수가 크게 증가하고 있다(특히 환율을 고려하면 더욱 커진다)는 점이다(〈그림 3-7〉). 이들이 본국으로 보내는 송금은 본국에서 가족의 생활뿐만 아니라 지역 및 국가의 개발 과정에 점차 더 큰 영향을 미치게 되었다. 이들의 송금은 본국의 가족들로 하여금 빈곤상태를 벗어날 뿐만 아니라 영양/건강상태를 개선하고 자녀 교육이나 가계의 저축과 자산 형성에 기여를 하게 송금한 돈은 가계의 주요한 소득원으로 가족의 생활양식을 변화시키고 나아가 본국의 지역 소비시장을 확대시키고, 지역 개발에 투자를 촉진하기도 한다. 이러한 점에서 송출국의 정부나 국제이주 관련 기구들은 이주의 중요성을 알리기 위한 주요 지표로 송금액을 제시하기도 한다.

세계은행의 추정에 의하면, 세계 개도국들이 받아들이는 송금액은 2013년 4130억 달러에서 2015년에는 4350억 달러로 8% 증가하였고, 아시아 지역 국

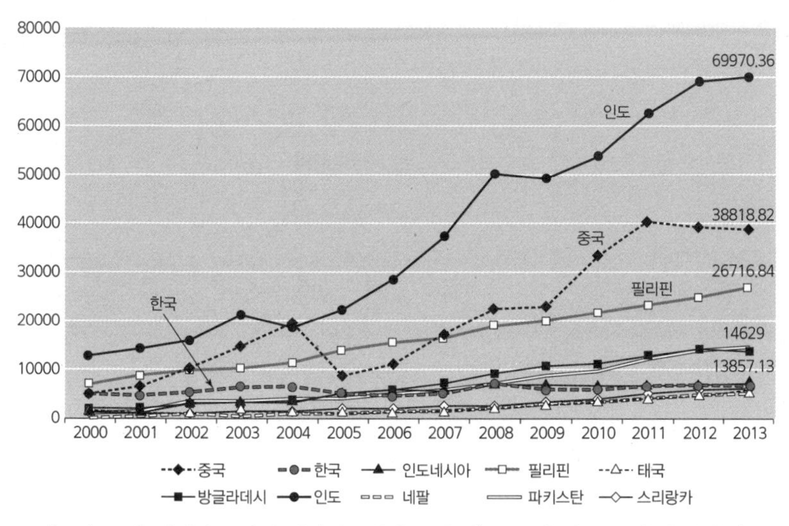

〈그림 3-7〉 아시아 국가별 해외이주자 송금 유입(2013년 기준 50억 달러 이상)

자료: UN ESCAP, 2016(러시아 제외, 단위: 100만 달러)

가들이 가장 많은 금액을 받은 것으로 나타난다(Asia-Pacific Migration Report, 2015). 아시아에서 해외로부터 유입되는 송금액이 가장 큰 국가는 인도로 2000년 128.8억 달러였으나 2000년대 중반 이후 크게 증가하여 2010년 534.8억 달러, 2013년 699.7억 달러에 달하게 되었다. 이 금액은 인도가 소프트웨어서비스 수출을 통해 번 금액보다도 더 많은 것이다. 두 번째로 큰 국가는 중국(홍콩, 마카오, 대만 제외)으로, 2000년 48.2억 달러에서 2010년 334.4억 달러, 2013년에는 388.2억 달러로 증가했고, 그 다음으로 필리핀은 2000년 69.6억 달러에서 2010년 215.6억 달러, 2013년 267.2억 달러로 증가했다.[6] 이 3개 송금유입 대국들에서 이 금액이 각 국가의 GDP에서 차지하는 비중이 어느 정도인지 불확실하지만, 이 국가들보다 상대적으로 송금유입액이 적은 국가들로 파키스탄은

6. 이 자료에 의하면, 한국도 2000년에는 48.6억 달러의 해외송금 유입이 있었으며, 그 이후 다른 국가들에 비해 증가율은 낮지만 2013년 64.8억 달러의 유입이 있었다. 이는 한국 GDP의 6.6%에 해당하는 것으로 계산되어 있다.

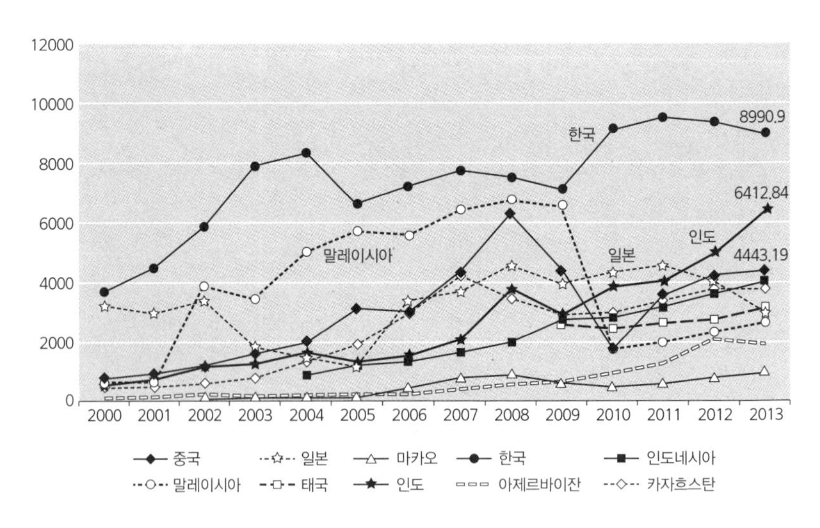

〈그림 3-8〉 아시아 국가별 해외이주자 송금 유출(2013년 기준 10억 달러 이상)

자료: UN ESCAP, 2016(러시아 제외, 단위: 100만 달러).

2013년 19.4%(146.3억 달러), 네팔은 16.4%(55.5억 달러)에 달하는 것으로 조사되었다.

반면 UN ESCAP(2016)의 자료에 의하면, 아시아 지역에서 외국인 이주자들이 해외로 가장 많은 송금을 보내는 국가는 한국으로 조사되었다(〈그림 3-8〉). 한국에서 유출 송금액은 2000년에 이미 36.5억 달러로 일본(31.7억 달러)보다 많았고, 그 이후에도 계속 증가하여 2010년 91.2억 달러에 달했고, 2013년에는 다소 감소하여 89.9억 달러였다(이에 반해 일본은 2010년 43.7억 달러로 증가했지만, 2013년에는 28.7억 달러로 상당히 줄었다). 2000년대에는 말레이시아가 한국 다음으로 많은 송금유출국이었으나, 2010년에 들어 크게 감소한 반면, 인도는 2010년대에 들어와서 상당히 증가하여 2013년 64.1억 달러에 달했다. 이와 같은 이주노동자들의 송금 유출은 그렇지 않을 경우에 비해 수용국의 소비 시장을 상대적으로 위축시킨다고 할 수 있으며, 이러한 점에서 이주노동자가 수용국에 가져다주는 효과에 대해서도 재고찰해 볼 필요가 있다고 하겠다.

이주노동자는 분명 유입국의 노동력의 규모를 확대시키며, 특히 저임금 노동시장에 공급을 증가시킨다. 이주노동자가 경제에 미치는 영향을 정태적이고 단기적으로 분석하면, 고용과 경제적 산출은 증가하는 것으로 추정된다. 특히 이른바 3D 업종에 해당하는 영세 제조업체나 농업 및 서비스업 부문들에서는 외국인 이주노동자들이 제공하는 저임금 노동력으로 생산성을 증대시킬 수 있게 된다. 그러나 임금은 점차 하락하고, 특히 작업환경에 저하시키는 경향이 있다. 뿐만 아니라 장기적으로 이주노동자들이 유입국에 계속 체류할 경우, 복지비용의 지출을 확대시키게 된다. 이러한 점에서 거의 대부분의 이주노동자 유입국들은 이들의 국내 체류기간을 일정하게 한정하고 이 기간을 초과하여 체류할 경우 다양한 방식으로 이들을 제재하게 된다. 그러나 다른 한편, 단순 이주노동자들 외에 결혼이주자들이나 전문직 이주자들의 경우는 경제 부문 외에도 사회적으로 유입국의 인구구조 변화에도 긍정적 효과를 가져온다. 싱가포르의 경우, 외국인 노동자가 전체 노동력 시장에서 차지하는 비중이 1980년 7%에 불과했으나 1990년 16%, 2000년 28%, 2010년 35%로 증가했다. 외국인 노동자들 가운데 비교적 고학력 영주권자들의 유입은 1인당 소득 증대에 기여하면서, 고령화되어 가는 국가 노동시장을 활성화시키는데 기여하는 것으로 추정된다(Yeoh and Lin, 2012).

4. 동아시아 국제 노동이주의 일반적 특성

동아시아에서의 국제 노동이주에서 나타나는 일반적 특성은 다음과 같은 몇 가지 사항들을 포함한다. 첫째 국제 노동이주는 시기별로 목적지를 달리하지만, 1970년대 이후 계속 증가하고 있으며, 1997년 외환위기와 2008년 세계 금융위기에도 불구하고 이러한 증가추세는 큰 변화를 보이지 않고 있다. 1960~1970년대 동아시아 노동이주에 관한 통계는 상당한 차이를 보이지만, 1970년대 유가폭등으로 엄청난 부를 얻게 된 서아시아 국가들로 국제 노동이주가 증가하기 시작하여, 1980년대에는 연간 200~300만 명에 달하게 되었다. 1990년대에 들어와서 국제이주의 목적지는 걸프전쟁으로 사회정치적 혼란을 맞게 된 중동국가들로부터 동아시아에서 좀 더 발전한 신흥공업국들로 바뀌게 되었지만 서아시아로의 이주자 수도 계속 증가하였다. 1997년 동아시아 외환위기로 인한 수용국들의 경제침체로 국제 노동이주는 다소 주춤했지만 그 이후에도 계속 증가하였고, 2008년 세계 금융위기 직전에는 약 650~700만 명에 달한 것으로 나타난다. 세계 금융위기의 여파가 아시아 국가들에도 타격을 주는 상황에서 단기적으로 이주노동이 줄긴 했지만 2010년 이후 대부분의 국가들에서 다시 회복세를 보이고 있으며, 앞으로 상당 기간 동안 증가할 것으로 추정된다.

특히 이러한 국제 노동이주의 증가 추세와 관련하여, 1997년 동아시아 외환위기와 2008년 세계 금융위기가 이러한 추세에 어떤 영향을 미쳤는가에 관한 논쟁이 제기될 수 있다. 사실, 동아시아에서 국제 노동이주는 1997년 대부분 국가들이 겪었던 외환위기 시기 그리고 2008년 세계 금융위기 시기에는 단기적으로 감소하는 양상을 보였지만, 이러한 위기들이 국제 노동이주에 미친 충격은 국가별로 상당한 차이를 보일지라도 전반적으로 예상했던 것보다 그렇게 크지 않았다고 할 수 있다.[7] 〈그림 3-2〉, 〈표 3-3〉에서 볼 수 있는 것처럼, 1998년 유출국들의 국제 노동이주는 인도, 파키스탄, 방글라데시와 같은 남아시아 국가들에서는 상당히 줄었지만 그 외 국가들은 다소 정체된 상태를 보였고, 위기가 어느 정도 경과한 후에는 대부분 유출국들에서 국제 노동이주는 급속히 증가했다. 이러한 상황은 2008년 세계 금융위기에도 유사하게 나타나고 있다. 즉 2008년 이후 인도, 방글라데시와 같은 남아시아 국가들에서 국제 노

7. 경제위기 상황에서, 수용국들은 대체로 이주노동자들을 위기 극복을 위한 '희생양'으로 간주하는 경향이 있다. 즉 경제적 충격으로 생산성이 하락하고 노동에 대한 전반적인 수요가 감소하게 되면, 외국인 이주노동자들이 우선 해고되는 경향이 있다. 이러한 점에서, "이주노동자는 현지 노동자들의 일자리를 확보하기 위해 우선 '처분될 상품'으로 취급"된다고 주장된다(Wickramasekera, 2002, 27).

동이주의 유출은 크게 감소했지만, 필리핀은 계속 증가했고, 다른 국가들도 단기적으로 충격을 받았지만 1~2년이 지난 후 회복세를 보이고 있다,

사실 지역적 또는 세계적 경제위기는 국제 노동이주 유출국보다는 수용국들에 더 큰 영향을 미치는 것으로 추정된다. 왜냐하면 상대적으로 경제발전 수준이 높은 국가들이 낮은 국가들보다도 구조적 경제위기에 민감하기 때문이다. 즉 경제위기 국면에서 노동이주 수용국의 경제는 소비 감소 → 판매 부실 → 재고 증가 → 생산 감소로 이어지면서 기업들로 하여금 추가적으로 고용을 하지 않을 뿐만 아니라 기존에 고용했던 노동자들도 해고하도록 압박을 가하게 된다. 이로 인해 수용국들은 추가적인 해외 이주노동을 필요로 하지 않을 뿐만 아니라 기존의 외국인 노동자들도 귀환시키게 된다. 그러나 이러한 국면이 일단 해소되면, 기존의 수용국들은 경제침체를 단기적으로 벗어나기 위하여 더 저렴한 노동력을 필요하게 되고, 이에 따라 국제 노동이주도 늘어나게 된다. 국제 노동이주의 송출국들은 경제위기에 따른 충격으로 국내 고용기회의 감소를 겪게 되고, 이를 해소하기 위하여 해외 노동이주를 촉진시키게 된다.

둘째, 동아시아 지역의 국제 노동이주는 송출국과 유출국의 유형 변화와 더불어 이주 경로도 점차 복잡한 양상을 보이게 되었다. 사실 동아시아 국가들은 대부분 (도시국가인 홍콩과 싱가포르를 제외하고) 인구 유출국이었다. 1990년대 이후 경제성장과 더불어 인구 유입국으로 전환한 한국, 대만 등은 그 이전에는 인구 순유출국이었고, 심지어 일본도 1970년대까지만 해도 남미 등지로 이주를 내보냈다. 그러나 이 국가들은 1990년대 이후 동아시아 국가들로 국제 노동이주를 받아들이는 주요한 수용국으로 전환하였다. 또한 말레이시아와 태국은 한편으로 중동이나 싱가포르 등 상대적으로 더 많은 부를 가지거나 더 발전한 국가들로 노동이주를 유출하지만 또한 동시에 1990대 중반 이후 인도네시아, 미얀마, 인도, 네팔 등으로부터 노동력을 받아들이는 수용국이 되었다.

뿐만 아니라 1990년대 이후 세계적으로 전개된 신자유주의적 지구화 과정은 동아시아 국가들 가운데 그동안 폐쇄적인 입장을 고수하고 있었던 국가들

대부분에게 시장개방과 더불어 노동력 국제적 이동에 대해서도 개방적 정책을 시행하도록 했다. 이에 따라 미얀마, 라오스, 캄보디아 등은 인접한 국가인 태국, 말레이시아 등으로 많은 이주노동자를 유출하게 되었으며, 특히 베트남은 인접국들뿐만 아니라 한국, 일본, 대만 등으로 상당한 노동이주자들을 유출하게 되었다. 또 다른 변수는 동아시아에서 가장 많은 인구를 가지고 급속한 경제성장과 도시화 과정을 보이는 중국의 국제 노동이주이다. 역사적으로 보면, 중국은 전 세계에 엄청난 화교들이 있지만, 실제 최근의 지구화 추세와 관련된 국제 노동이주는 그렇게 많지 않았다. 중국은 그동안 농촌지역의 대규모 인구들이 도시지역으로 유출하면서 국내적으로 노동력의 수급 균형이 어느 정도 이루어졌으나, 2000년대 이후에는 도시 유휴노동력의 국제적 이동 압박도 상당한 수준에 달했을 것으로 추정된다.

국제 노동이주의 유형은 흔히 영구이주, 일시이주, 난민 등으로 구분된다. 그러나 최근에는 특정 유형으로 분류하기 어려운 형태의 이주가 늘어나고 있다. 우선 결혼이나 가족 합류, 유학 등을 목적(사회문화적 목적)으로 한 일반이주와 순전히 취업을 목적(경제적 목적)으로 하는 노동이주 간에 구분이 모호해지고 있다. 이는 결혼이주나 유학이주 또는 가족합류 등이 본래의 목적뿐만 아니라 결국 노동력의 국제적 이주를 동반하기 때문이다. 또한 과거 국제이주는 대체로 출신국에서 목적국으로 이주한 후 계속 정주하는 양상을 보였지만, 최근 다른 국가들로 재이주하는 경우, 출신국으로 귀환하는 경우, 출신국과 수용국 사이를 순회하는 경우 등 다양한 양상을 보이게 되었다(황정미, 2009). 출신국으로의 귀환은 이주자 본인이 수용국에서 일정 기간 체류한 후 귀환하는 경우와 과거 국제이주를 떠난 사람들의 2, 3세 후손들이 다시 민족성을 찾아서 귀환하는 경우로 구분된다. 이와 같이 이주과정이 복잡해짐에 따라, 과거와 같이 한 방향으로만 이주가 유출 또는 유입하는 송출국 및 수용국의 구분이 없어지게 되었고, 일부 국가들은 송출국이면서 동시에 수용국이 된 것이다.

셋째, 동아시아의 노동이주는 저기능 노동이주가 주를 이루며(최근 전문직 이주가 점차 증가 추세를 보이지만), 이들 가운데 상당 부분은 여성으로 구성되는 한편, 대체로 일시적 및 순환적 이주로 이루어진다. 서구 선진국들 간(즉 북부에서 북부로) 노동이주와는 달리, 동아시아 국가들 간 노동이주는 상대적으로 경제 및 기술 수준이 낮은 국가에서 상대적으로 높은 국가로(즉 남부에서 북부 또는 준북부로) 이루어지며, 이에 따라 저기능 노동이 대부분을 차지하고 있다. 물론 최근 동북아시아의 주요 수용국들은 경제 및 기술 수준이 높아졌으며, 특히 해외직접투자를 통한 초국적 기업활동 및 기술연구직 그리고 지구화에 따른 경제적 및 문화적 시장의 개방으로 교수, 어학강사, 예술흥행 종사자들이 꾸준히 증가하고 있다. 즉 일본의 경우 2000년 약 15만 명에서 계속 상당히 증가하여 2010년 30만 명에 달하게 되었으며, 한국의 경우는 2000년 약 2.7만 명에서 2010년 4.4만 명으로 증가했다(〈표 3-6〉). 그러나 이주노동자의 구성비와 변화 추이는 상당히 다르다. 일본은 전체 노동이주에서 전문직의 비율이 30~40%를 차지하면서 2000년대 중반 이후에는 점차 증가하는 추세를 보였다. 반면 한국과 대만에서 이 비율은 2010년 각각 7.9%, 4.1%에 불과했고, 거의 변하지 않고 있다. 이러한 경향은 싱가포르 및 홍콩의 경우 일본과 다소 유사하겠지만, 말레이시아 및 태국의 경우는 한국이나 대만과 더 유사할 것으로 추정된다.

이러한 저기능 노동이주와 일정한 관계를 가지고 있는 것이 '이주의 여성화'이다. 대체로 국제 노동이주(특히 저기능 노동이주의 경우)는 미혼 남성이 주를 이룰 것으로 추정되지만, 실제 여성들이 차지하는 비중이 증대하고 있다. 물론 국가별로 상당한 차이를 보이긴 하지만, 인도네시아, 필리핀, 스리랑카 등에서 해외로 유출되는 노동 이주의 절반 이상이 여성으로 구성되어 있으며, 수용국들 가운데 특히 싱가포르, 홍콩, 대만 등에서는 유입되는 노동이주자의 절반 이상이 여성으로 구성된다(윤인진, 2010, 62). 국제 노동이주에서 여성들이 담당하는 분야는 주로 가사 및 돌봄 노동으로, 이들은 송출국과 수용국 간 여성 노동의 연쇄 고리를 형성하고 있는 것으로 설명된다(Hochschild, 2000). 즉 '지구적 돌봄 연쇄'(global care chain)로 불리는 이 연계에서, 수용국의 여성들은 국내 고기

〈표 3-6〉 한국, 일본, 대만의 노동이주자 유형별 증감 추이

		2000	2001	2002	2003	2004	2005	2006	2007	2008	2009	2010
한국	전문인력(A)	26,981	30,613	34,263	31,261	30,656	35,527	39,985	34,538	38,261	41,413	44,320
	저기능인력(B)	106,915	110,028	115,466	284,192	283,971	224,732	332,367	442,677	511,249	511,160	513,621
	B/(A+B)	0.798	0.782	0.771	0.901	0.903	0.863	0.893	0.928	0.930	0.925	0.921
일본	전문인력(A)	154,748	168,783	179,639	185,556	192,124	180,465	171,781	193,785	211,535	212,896	307,235
	저기능인력(B)	232,121	343,110	363,682	391,253	401,109	423,542	442,396	448,568	450,917	439,325	361,885
	B/(A+B)	0.600	0.670	0.669	0.678	0.676	0.701	0.720	0.698	0.681	0.674	0.541
대만	전문인력(A)	12,301	13,173	16,784	15,462	16,550	15,849	14,493	15,085	13,666	13,769	13,768
	저기능인력(B)	308,122	287,337	288,878	283,239	288,898	297,287	306,418	321,804	316,177	306,408	325,572
	B/(A+B)	0.962	0.956	0.945	0.948	0.946	0.949	0.955	0.955	0.959	0.957	0.959

자료: 한국: 2006년까지, 최병두 외(2011), 2007년 이후 법무부, 2012, 출입국 외국인정책 통계연보.
일본: 최병두, 2011, 65; Iguchi, 2012.
대만: National Immigration Agency, Taiwan, 2011, Foreign Residents, http://www.immigration.gov.tw/lp.asp?ctNode=29986&CtUnit=16677&BaseDSD=7&mp=2.

주: 3개국 모두 미등록(불법) 취업자는 제외함.
한국: 전문인력은 기업활동, 연구기술관련직, 외국어강사, 예술흥행 등을 포함함.
일본: 전문인력은 취업사증소지자(교수, 예술, 종교, 보도, 투자·경영, 법률회계, 의료, 연구, 교육, 기술, 인문지식·국제업무, 기업내 전근, 흥행, 기능 등), 2010년 기능실습생 일부 취업사증소지자로 전환.
대만: 전문인력은 상업, 공학기사, 교사, 전도사, 기공기능사 포함, 저기능인력은 '외국노동'임.

능 노동시장에 참여하게 되면서 가사노동을 담당할 인력을 필요로 하게 되고, 이러한 수요에 부응하여 개발도상국의 여성들이 이 국가들로 이주하게 되면서, 대신 송출국에 남게 된 자녀들은 부모나 친척에게 맡겨지는 방식으로 송출국과 수용국 간 돌봄의 연쇄 고리가 형성된다. 이처럼 이주의 여성화가 촉진되

는 것은 젠더와 관련된 국제적 문제로 이해될 수도 있지만, 이러한 연쇄고리는 여성의 경우에만 한정된 것이 아니라 남성들에서도 나타난다는 점에서 단순히 젠더의 문제라기보다는 국제적 노동시장의 계급적 연결과정으로 이해될 수도 있다.

동아시아 국제이주노동에서 이와 같이 주를 이루는 저기능 노동이주는 체류기간이 한정되고, 영주권이 제한된 형태로, 거의 일시적이고 순환적인 특성을 가진다. 저기능 노동자에 대한 체류기간은 2010년 기준으로 한국과 일본 5년, 대만 12년, 싱가포르 6년, 말레이시아 5년으로 한정되며(최근 체류기간이 연장되는 추세임), 일단 체류기간이 만료되면 고국에서 일정 기간을 지난 후 재입국할 가능성이 허용되기도 한다.[8] 아시아의 주요 수용국들이 이주노동에 대한 수요가 증가함에도 불구하고 이와 같이 체류기간을 한정하고 영주권을 제한하는 이유는 자국의 노동 수요가 구조적인 것이 아니라 일시적인 것이라고 판단하고, 저기능 이주노동의 유입이 국내 노동자들의 고용기회를 잠식하거나 잠재적으로 저해할 것으로 우려하기 때문이라고 하겠다. 또한 이러한 통제 정책은 외국인 이주노동자들의 장기(영구)체류로 인해 발생할 수 있는 문제를 피하기 위한 것이라고 할 수 있다.

넷째, 국제 노동이주에서 미등록 또는 불법이주자는 상당히 많은 숫자를 보이며, 수용국들의 정책(불법이주자의 양성화 및 입국·체류 제도의 변경 등)에 따라 급변하면서 대체로 줄어드는 추세에 있지만, 이들에 대한 노동권 및 인권 억압

---

8. 한국의 경우, 2010년경 고용허가제로 입국한 이주노동자들의 체류기간은 3년으로 설정되었고 1년마다 갱신하여 최장 4년 10개월 동안 체류할 수 있었지만, 초기 이주자들의 체류기간이 만료될 무렵인 2011~2012년에는 이들이 본국으로 돌아간 뒤 국내에 재입국할 수 있는 제도가 마련되어(특별한국어시험에 합격하거나 또는 '성실 근로자'로 인정받을 경우) 최장 9년 8개월까지 체류할 수 있게 되었다. 최근(2017년 7월경) 이들의 체류기간이 만료되면서 혼란이 초래되기도 했으나 정부는 다시 이들의 체류(가능)기간을 최장 14년 6개월(4년 10개월 체류한 후 특별한국어시험이나 성실근로자로 재입국한 후 다시 다른 한 유형을 통해 재입국 체류하는 경우) 연장을 허용했지만, 이러한 허용은 2017년까지만 적용하고 2018년부터는 9년 8개월로 제한할 방침임을 밝혔다(한겨레, 2017.8.2).

〈표 3-7〉 미등록(불법) 노동자 현황

(단위: 천 명)

	연도	추정치	주요 특성
한국*	2009	181	비자 만료
일본	2011	78	비자 만료
대만	2011	33	비중국노동자 비자만료
말레이시아	2011	2500	양성화 적용 (불법 입국)
태국	2009	700	미등록 양성화 (불법입국)

자료: OECD 2012, 184.

* 한국의 경우 노동자만 아니라 전체 체류외국인 중 불법체류자 수로 추정됨.

의 명분을 제공하고 있다. 불법(미등록) 이주노동자가 가장 많은 국가는 말레이시아로, 2011년 약 250만 명의 불법체류(노동)자가 있는 것으로 추정되며 다음으로 태국이 2009년 70만 명의 불법체류(노동)자가 거주하고 있는 것으로 추정된다(〈표 3-7〉 참조). 한국, 일본에도 각각 7만 명 정도, 그리고 대만에는 3.3만 명 정도의 미등록(불법) 노동이주자들이 잔류하고 있는 것으로 추정된다. 한국의 경우 미등록 체류자의 수는 2000년대 초반 30만 명을 상회하여 전체 체류외국인들 가운데 약 절반에 달할 정도로 많았으나, 고용허가제로의 전환 이후 그 비율이 상당히 줄어들어서 전체 체류외국인에서 차지하는 비율은 11%대로 낮아졌다. 하지만 2011년 이후 미등록 체류자의 수는 증가하고 있으며, 그 비율도 일본에 비하면 매우 높다. 일본의 경우 불법잔류 외국인의 수는 2000년 한국보다 많았지만 그 비율은 14.9%였고, 그 이후 지속적으로 절대수와 비율이 계속 줄어들어 2015년에는 6만 명, 전체 체류외국인의 2.7% 정도에 불과하게 되었다(〈그림 3-9〉).

수용국의 입장에서 이러한 미등록 이주노동자들은 불법으로 간주되며, 다양한 방법, 즉 입국 규제 강화, 거주지 등록, 작업장의 감독 강화 등을 통해 이들의 불법적 고용을 줄이고자 한다. 또한 수용국들은 때로 양성화를 통해 이들을 관리하고자 한다. 양성화란 합법적인 고용권리나 거주권리를 갖지 못한 미등록 외국인에게 일정한 법적 지위를 부여함을 의미한다. 태국 같은 경우 1992년 처음 양성화를 시도한 후 수차례에 걸쳐 양성화 제도를 시행함으로써 노동이주를 관리하고자 했다. 말레이시아 역시 주기적으로 통제 강화 정책을 시행하고 불법 이주노동자의 양성화와 더불어 이들에 대한 체류 조건의 변경(2004년

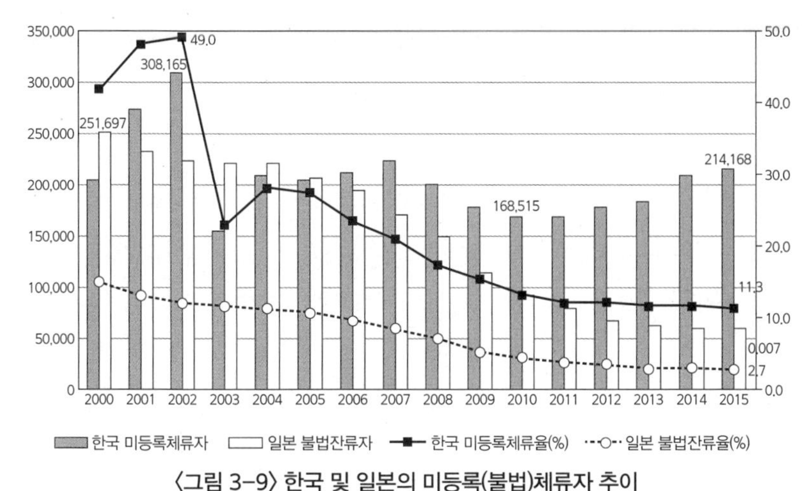

〈그림 3-9〉 한국 및 일본의 미등록(불법)체류자 추이

자료: 한국, 통계청, KOSIS; 일본, 입국관리국 〈출입국관리〉(백서) 해당년도.

중반 약 40만 명이 자발적으로 떠나거나 추방되었고, 상당수는 말레이시아로 재입국을 허용했다) 등을 통해 이들을 관리·통제하고자 한다. 한국과 일본의 경우는 산업연수제도 또는 기능인턴제도 등을 시행함으로써 외국인 이주노동자들에 대한 기능연수를 명분으로 이들의 지위를 제한적으로 보장하고자 했다.

그러나 이러한 미등록(불법) 노동이주들은 수용국의 다양한 제도들에 불구하고 계속되고 있다. 즉 미등록 이주노동자들에 대한 양성화, 추방-재입국 또는 연수제도 등은 이들을 완전히 통제하지 못하고, 새로운 불법 이주를 만들어내게 됨에 따라 반복적으로 이루어지고 있다. 이러한 미등록 이주자들은 수용국에서의 인권 침해 및 사회적 갈등을 유발하는 주요한 요인이 되고 있다. 이들은 거주 자격 자체가 주어져 있지 않거나 또는 체류 기간이 만료된 후이기 때문에, 체류하고 있는 국가로부터 아무런 지원이나 혜택을 받지 못할 뿐만 아니라 기본적인 노동권이나 인권을 보장받지 못하게 된다. 이들은 흔히 거주국 내에서 이동의 자유가 제한되고 작업장에서 고용자나 내국인 노동자들로부터 다양한 형태의 인권 침해를 당하게 된다. 특히 저기능 이주노동자들을 통제하기 위한 방안으로 가족 합류를 허용하지 않는 상황에서 발생하는 불법적 가족합류 또는 거주국에서 출생하여 성장한 미등록 이주자의 자녀 양육은 복지 및 교육 지원으로부터 배제되는 경향이 있다.

다섯째, 그러나 아주 중요한 사항으로, 국제이주는 수용국과 송출국의 가족생활, 지역사회 나아가 국가 차원에서 사회경제적 변화를 초래하고 있다. 국제이주 수용국의 경우, 이주노동자들은 상대적으로 부족한 저임금노동력의 새로운 공급원이 됨으로써 영세업체들의 경제활동이 지속되고 지역경제가 최소한 단기적으로 생산성을 확대시킬 수 있도록 한다. 또한 결혼이주자들은 다양한 이유로 배우자를 구하지 못한 사람들에게 가정을 구성하여 가족을 재생산할 수 있도록 하여, 선진 수용국들에서 흔히 나타나는 저출산·고령화의 문제를 어느 정도 해소할 수 있도록 한다. 그러나 수용국들이 당면한 사회경제적 문제들을 이와 같이 국제이주자들의 유입을 통해 해소하는 방안은 여러 가지 부차적인 문제를 초래한다. 저임금 이주노동자들의 유입은 지역경제 활성화에 단기적으로 기여한다고 할지라도, 장기적으로 보면, 저임금 노동력의 공급은 기업들로 하여금 산업구조 조정을 통한 좀 더 높은 부가가치 업종으로의 전환 또는 생산설비의 자동화 촉진 등을 약화시키기도 한다. 또한 결혼이주자들의 유입 증대는 이들과 그 자녀들에 대한 사회복지의 확대를 요청한다. 무엇보다도 국제이주자들이 증가하면, 수용국의 원주민들은 외국인 이주자들의 문화와 정체성을 인정하고, 자신들의 민족 및 문화에 관한 기존 의식을 스스로 바꾸어 나가야 한다.

국제이주는 이와 같이 수용국 지역사회의 경제적 사회문화적 전환을 초래할 뿐만 아니라 송출국의 지역사회 및 국가 차원의 변화를 유발한다. 우선 개도국에서 선진국으로 이주하는 저임금노동자들의 경우, 가장 중요한 요인은 임금과 일자리 기회이다. 물론 이 과정에서 이주자들은 새로운 기술이나 지식(언어능력), 또는 사회적 연계망의 확보를 통한 사회적 자본 등을 개선할 수 있지만, 이들에게 이주의 가장 큰 목적은 본국보다 높은 임금을 받아서 본국의 가족들에게 일정 금액을 송금하는 것이다. 국제이주자가 보내오는 송금은 고향에 있는 가족들의 생계를 개선하고, 소비를 확충할 수 있도록 하며, 자산의 형성이나 개발 투자를 가능하게 한다. 이에 따라 지역사회의 소비시장은 확대되고, 지역 발전이 유도될 수 있다. 이러한 점에서 송출국에서의 국제이주와 지역 및 국가 발전 간 관련성에 관한 연구가 최근 활발하게 전개되고 있지만, 그 효과에 대해서는 다소 논쟁적이다. 즉 본국에 "훌륭한 기관들이 있을 경우, 송금은 보다 효율적으로 순환하여 더 많은 산출을 가져오도록" 하겠지만, 송금과 국가 개발 간 상관관계가 그렇게 크지 않다는 주장도 있다. 드 하스(de Haas, 2012)에 의하면, 국제이주자들의 송금이 일반적으로 매력적이지 못한 투자환경에 개발을 촉진할 것으로 기대해서는 안 된다고 주장된다(또한 최영진, 2010 참조).

이와 같이 국제이주와 지역 및 국가 발전 간 관련성에 관한 연구는 주로 본국으로 보내온 송금의 효과에 주목하여 국제이주의 경제적 영향을 고찰하고 있지만, 국제이주는 지역사회의 경제뿐만 아니라 사회 전반에 영향을 미친다. 국제이주는 우선 가족들의 해체는 아니라고 할지라도 상당 기간 동안 분리를 전제로 한다. 남성 이주노동자가 유출된 경우, 가족 내에서 남편이나 성인 남성의 부재는 가정에서 여성의 자유와 자율성을 증대시킬 수 있으며, 기존에 남성이 담당했던 역할을 여성이 맡아서 하도록 함으로써 전통적인 성별 분업의 규범에 변화를 초래하게 된다. 또한 국제이주가 지역사회에 미치는 영향은 젠더에 따라 차별적이다. 국제이주를 경험하고 귀환한 미혼 남성은 본국에서 상대적으로 '값나가는 신랑감'으로 간주된다. 최호림(2015)의 연구에 의하면, 베트남 남부 메콩강 유역의 한 마을에서 송금은 국제이주한 딸의 지위와 권력을 상승시키고, 이런 딸을 가진 가족에게 지방의 결혼 거래에서 협상능력을 강화시켜주는 반면, 이러한 결혼이주 탓에 지방에 잔류하는 남성은 불이익을 받는 것으로 조사되었다. 이와 같이 국제이주가 지역 및 국가 경제의 발전에 어떤 영향을 미치는가에 대해서는 논란의 여지가 있지만, 분명한 점은 그렇지 않았을 경우 폐쇄적이고 고립되었을 아시아의 시골마을들까지 개방적이고 혼종적인 사회문화적 전환을 촉진하고 있다는 점이다.

5. 맺음말

자본주의 경제의 세계적 통합과 더불어 국제 노동이주가 크게 증가하고 있다. 이러한 현상은 서구 선진국들 간이나 이 국가들로의 이주뿐만 아니라 동아시아 지역의 국가들 간 이주에서 더 두드러진 현상으로 나타나고 있으며, 이러한 추세는 앞으로 상당 정도 지속될 것으로 예상된다. 이와 같은 동아시아 지역의 국제 (노동)이주에 대한 관심이 최근 증대하고 있지만, 아직 체계적인 연구가 본격적으로 이루어지지 않고 있다고 평가된다. 여전히 서구에서 제시되었던 기존 이론들을 배경으로 논의가 전개되거나 기존 연구방법론에 입각한 분석이 대부분이다. 이 논문 역시 이러한 한계를 벗어나지 못했지만, 동아시아 국제 노동이주는 기본적으로 지구화 과정을 배경으로 송출국과 수용국 간의 차이 요인과 관계 요인에 따라 고찰되어야 한다고 주장한다.

근대 사회로의 전환 이후 동아시아 국제이주의 전반적 전개 과정은 크게 두 시기로 구분된다. 즉 동아시아 지역에서 국제 노동이주는 1970년대 이후 본격화되었으며, 그 첫 번째 시기는 1970년대 유가폭등으로 엄청난 부를 얻게 된 중동국가들로 남아시아 및 동남아시아 국가들로부터 노동력이 이주한 시기이다. 그 이후 중동국가의 이주노동자 수는 상당한 수준을 유지하였지만, 1990년대 들어와서 한편으로 1990년 걸프전쟁의 발발로 인한 중동지역의 정치사회적 혼란 그리고 다른 한편으로 동북 및 동남아시아 일부 국가들의 경제성장과 이에 따른 노동력 부족에 조응하는 국제 노동이주의 다변화가 이루어지게 되었다.

동아시아 지역에서 전개된 이러한 국제 노동이주에서 찾아볼 수 있는 일반적 특징으로 다음과 같은 사항들을 포함한다. 첫째, 1970년대 이후 동아시아 국제 노동이주는 목적지의 역동적 변화와 더불어 1997년 외환위기 및 2008년 금융위기에도 불구하고 지속적으로 증가 추세에 있다. 둘째, 송출국과 유출국의 유형 변화와 더불어 이주형태 및 경로도 점차 다양해지고 복잡하게 되었다. 셋째 저기능 노동이주가 주를 이루면서 상당 부분 여성으로 구성되며, 대체로 일시적 순환적 이주로 구성되고 있다. 넷째 미등록(불법)이주자가 상당히 많으며 수용국의 정책에 따라 변동하면서 점차 줄어드는 추세에 있지만 노동권 및 인권 억압의 명분을 제공하고 있다. 다섯째, 국제이주는 수용국뿐 아니라 송출국의 가정생활 및 지역사회 나아가 국가 전체에 상당한 영향을 미치고 있으며, 특히 송금이 송출국의 발전과 어떤 관계가 있는지는 논쟁적이지만, 폐쇄된 지역사회를 사회문화적으로 개방시키고 있다는 점은 분명하다.

동아시아 지역의 국제 노동이주에서 이루어진 이러한 전개과정과 이에 내포된 일반적 특성들은 포괄적 설명으로 의미를 가지지만, 이러한 설명은 실제 이 지역 국가들이 가지는 개별적 특성들에 대한 분석을 전제로 한다. 즉 동아시아 지역의 국제 노동이주에 대한 포괄적 연구는 개별 국가들이 가지는 인구적, 경제적, 사회문화적 세부 요인들과 이들을 유형화한 국가 간 차이 요인 및 관계 요인에 대한 구체적인 고찰을 통해서 더욱 체계화되어야 할 것이다. 뿐만 아니라 국제 노동이주는 단지 이주 개인에게만 영향을 미치는 것이 아니라 해당 지역이나 국가 전반에 영향을 미친다는 점에서 이의 영향을 면밀히 검토하고, 앞으로 어떻게 전개될 것이며, 이에 따른 과제는 무엇인가에 대한 연구가 후속적으로 이루어져야 할 것이다.

김동엽, 2010, "필리핀 국제결혼이주여성의 초국가적 행태에 관한 연구," 『동남아시아연구』, 20(2), pp.31~72.

김정석, 2009, "필리핀 국제결혼여성의 이주흐름," 『한국인구학』, 32(3), pp.127~144.

문남철, 2006, "동아시아 자본 및 노동 이동의 구조적 변화," 『한국지역지리학회지』, 12(2), pp.215~228.

미우라 히로키, 2011, "이주노동자문제와 동아시아 다층거버넌스: 연성법 관점에 기반한 분석과 함의," 『국제정치논총』, 51(3), pp.153~185.

석현호, 2003, "국제이주론의 검토," 석현호 외, 『외국인 노동자의 일터와 삶』, 지식마당, pp.15~48

송유진, 2016, "배우자의 국적에 따른 필리핀 결혼이주여성들의 다양성," 『지역사회학』, 17(1), pp.149~173.

윤인진, 2010, "동아시아 국제이주의 현황과 특성," 윤인진·박상수·최원오 편, 『동북아의 이주와 초국가적 공간』, 고려대 아연출판부, pp.47~91.

윤인진·박상수·최원오 편, 2010, 『동북아의 이주와 초국가적 공간』, 고려대 아연출판부.

이정남, 2007, "동북아 국가체제와 인구이동: 동북아적 특성과 원인," 『신아시아』, 14(2), pp.90~111.

조영희, 2015, "글로벌 이주 거버넌스의 형성과 이민정책의 변화," 『국제정치연구』, 18(1), pp.151~174,

최병두, 2011, 『다문화 공생: 일본의 다문화 사회로의 전환과 지역사회의 역할』, 푸른길.

최병두·임석회·안영진·박배균, 2011, 『지구·지방화와 다문화 공간』, 푸른길.

최영진, 2010, "동아시아에서의 노동이주의 동학: 경향, 유형 및 개발과의 연계," 『신아세아』, 17(4), pp.191~221.

최호림, 2010, "동남아시아의 이주노동과 지역거버넌스," 『동남아시아연구』, 20(2), pp.135~178.

최호림, 2015, "결혼이주가 이주자 출신 마을에 미친 영향과 젠더 관계의 변화: 베트남 메콩델타 농촌의 사례," 『동남아시아연구』, 25(1), pp.235~271.

황진영·정군오·허식, 2007, "동아시아 국가들의 고학력 노동자 이주에 따른 후생손실," 『국제지역연구』, 11(3), pp.595~615.

Ananta, A. and Arifin, N. (eds), 2004, *International Migration in Southeast Asia*, Institute of

Southeast Asian Studies, Singapore.
Battistella, G., 2004, "Return migraion in the Philippines: issues and policies," in D.Massey and J. Tayor (eds), *International Migration: Prospects and Policies in a Global Market*, Oxford Univ. Press, Oxford.
De Haas, H., 2012, "The migration and development pendulum: A critical view on research and policy," *International Migration*, 50(3), pp.8~25.
Findlay, A. and Jones, H., 1999, "Regional economic integration and the emergence of the East Asian international migration system," *Geoforum*, 29(1), pp.87~104.
Hewison, K. and Young, K. (eds), 2006, *Transnational Migration and Work in Asia*, Routledge, London and New York.
Hochschild, A. R., 2000, "Global care chain and emotional surplus value," in W. Hutton and A. Goddens (eds), *On the Edge: Living with Global Capitalism*, Jonathan Cape, London, pp.130~146.
Iguchi, Y., 2012, *Demographic causes and consequences of Asian migration* (paper presented to the OECD-IDE Roundtable meeting on 17~19 January 2012).
IOM(Inernational Organization for Migration), 2010, *World Migration Report 2010: The Future of Migration*, Building Capacities for Change.
Lan, P. C., 2006, *Global Cinderellas: Migrant Domestics and Newly Rich Employers in Taiwan*, Duke Univ. Press, Durham and London.
Li, P. and Roulleau-Berger, L.(eds), 2012, *China's Internal and International Migration*, Routledge, London. 284.
Lucas, R. E. B., 2008, *International labor migration in a globalizing economy*, Carnegie Paper.
Martin, P., 2009, "Migration in the Asia-Pacific region: trends, factors, impacts," Human Development Research Paper, 2009/32, UN Development Programme.
OECD, 2012, *International Migration Outlook 2012*.
Stalker, P., 2000, *Workers without Frontiers: The Impact of Globalization on International Migration*, ILO, Geneva.
UN., 2016, *International Migration Report 2015*.
UN ESCAP, 2016, *Asia-Pacific Migration Report 2015*.
UN Population Division, 2012, *Population Facts*.
UN Population Division, 2015, *Trends in International Migrant Stock*.
Wickramasekera, P., 2002, *Asian labour migration: Issues and Challenges in an era of globalization*, International Migration Papers 57, ILO, Geneva.
Yeoh, B. S., and Lin, W., 2012, *Rapid growth in Singapore's immigrant population brings policy challenges*, Washington, D.C.: Migration Policy Institute.

제4장

한국의 다문화사회로의 전환과 사회공간적 변화

1. 다문화사회로 전환하는 한국

1990년대 이후 급속하게 진행되고 있는 지구지방화 과정 속에서 초국적 이주자들의 대규모 이동은 이들이 정착·생활하고 있는 개별 지역사회뿐만 아니라 해당 국가나 세계 전체에 큰 영향을 미치게 되었다. 이들이 유입된 지역의 중소기업들은 상대적으로 값싼 노동력을 확보하여 지역경제를 활성화시키게 되었고, 지역의 가정들(대체로 저소득층 가정)은 결혼(여성)이주자들과의 혼인을 통해 가족 구성원을 재생산할 수 있게 되었다. 지역사회의 일반 주민들도 이들과 접할 수 있는 기회가 점점 늘어남에 따라, 이들에 대해 관심을 증대시키고 개인적인 가치나 태도뿐만 아니라 지역사회의 문화를 변화시켜 나가고 있다. 또한 지방자치단체들도 이들을 관리·지원하기 위한 다양한 정책 프로그램들을 운영하게 되었고, 이들을 지원하기 위한 시민사회단체들의 활동도 점점 더 활발해지고 있다. 이와 같이 외국인 이주자들의 유입은 해당 지역의 경제, 사회문화, 정치에 점점 더 큰 영향을 미치게 되었으며, 나아가 한국 사회공간 전반에 변화를 유도하고 있다. 이제 한국도 이른바 다문화시대를 맞게 되었다.

초국적 이주자들의 유입과 이에 따른 사회공간적 변화는 물론 한국 사회에만 국한된 것이 아니라 현대 사회가 더욱 포괄적으로 변화해가는 과정, 즉 지구화 과정 속에서 진행되고 있다. 1970년대 서구 경제의 침체 이후 전개된 신자유주의적 지구화 과정은 자유시장과 자유무역을 통해 국가나 지역 간 경제적 상호의존성을 증대시키면서 지역사회의 변화를 촉진하고 있다. 교통통신기술의 발달과 이에 따른 시공간적 압축에 의해 뒷받침되고 있는 이러한 변화 과정은 지구적, 국가적, 지역적 규모에서 동시에 또는 상호 관련적으로 이루어지고 있다는 점에서 '지구지방화' 과정이라고 불리며, 특히 각 규모들이 중첩되고 상호 침투하는 과정을 분석하기 위하여 '다규모적 접근'이 강조되기도 한다. 요컨대 이러한 변화는 흔히 다문화사회로의 전환으로 이해되지만, 이들의 초국적 이주과정과 지역사회 정착생활은 그 자체적으로 공간적 측면을 매우 중요하게 내포하고 있다는 점에서 '다문화공간'의 형성(또는 생산)으로 이해될 수 있다(최병두 외, 2011).

초국적 이주자들의 유입이 증가하고 이들에 의한 사회공간적 변화가 가시화됨에 따라, 이에 관한 정책적 관심과 더불어 학문적 관심도 점차 확대되고 있다. 즉 초국적 이주와 이에 따른 사회공간적 변화는 지난 10여 년간 사회과학 및 인문학 전반에 걸쳐 가장 많이 연구된 주제들 가운데 하나였다. 그러나 그동안 진행된 연구들은 대체로 학문분야별로 분산되어 학제적, 통합적 접근이 제대로 이루어지지 않았고, 개별 학문분야 내에서도 양적으로 크게 증가했다고 할지라도 질적 수준에서는 아직도 미흡하다고 할 수 있다. 이러한 점에서 초국적 이주와 다문화 사회에 관한 학제적, 통합적 연구에 대한 관심과 더불어 지리학 내에서 이에 관한 연구들을 체계적으로 재고찰해 볼 필요가 있다고 하겠다(최병두, 2011b, 본서 제1장; 최병두·신혜란, 2011, 본서 제2장 참조). 앞으로도 초국적 이주자들의 대규모 유입이 일정 기간 동안 지속될 것이고, 또한 이들이 지역사회나 한국 사회공간 전반에 미치는 영향도 상당 정도 장기적이라는 점에서, 이들에 관한 정책적, 학문적 관심은 계속될 것이며, 그 중요성은 더욱 커질 것으로 예상된다. 이러한 점에서 현단계 한국 사회를 중심으로 초국적 이주와 이에 따른 사회공간적 변화를 체계적으로 성찰해 볼 필요가 있다고 하겠다.

이러한 점에서, 이 장은 지난 30년 가까이 급속하게 전개되었던 초국적 이주와 한국의 사회공간적 변화에 관한 주요 세부주제들을 전반적으로 살펴보고자 한다. 이를 위해 우선 초국적 이주자들의 유입 현황과 이들의 공간적 분포의 특성을 살펴본 후, 자본주의 경제의 지구지방화를 배경으로 초국적 이주가 이루어지는 과정과 외국인 이주자(특히 이주노동자)들의 유입에 따른 지역경제의 변화와 이들의 지역사회 정착 및 생활에 따른 사회문화적 변화를 고찰하고자 한다. 또한 초국적 이주와 지역사회 변화에 대한 국가(중앙 및 지방정부) 정책의 특성과 대안적 방안을 간략히 논의하는 한편, 이와 관련된 개념들의 변화 및 이에 관한 대안적 접근을 위한 '초국적 이주의 지리학'을 간략히 전망하고자 한다.

2. 외국인 이주자의 유입과 공간적 분포

1) 외국인 이주자의 유입 추세

우리나라는 1960년대에 본격적인 경제성장이 촉진되었지만, 여전히 높은 인구증가율과 상대적으로 낮은 소득으로 인해 해외로 이주하는 사람들의 수도 상당히 많았다. 〈그림 4-1〉에서 제시된 바와 같이, 외교부 해외이주신고 현황자료에 의하면, 1962년 우리나라에서 해외로 이주한 사람의 수는 386명에 불과했으나 그 이후 지속적으로 증가하여 1970년 19,268명에 달했고 그 직후 급증하여 1976년에는 46,533명으로 정점에 달했다. 그 이후 해외 이주신고자 수는 계속 감소하여 2001년 11,584명으로 줄었지만, 다시 증가하여 2005년

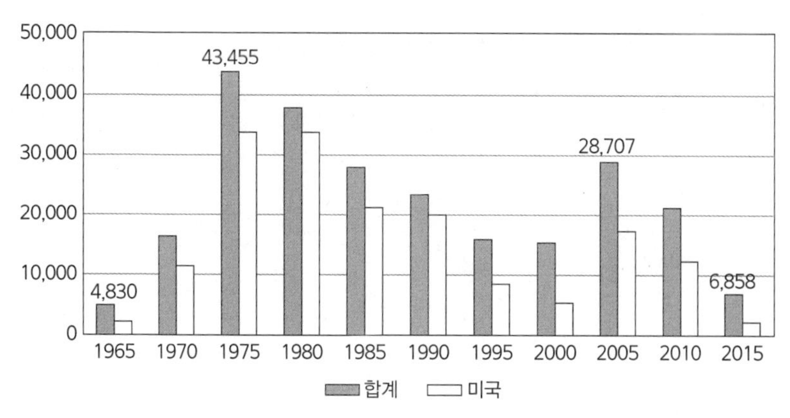

〈그림 4-1〉 한국인의 해외이주 신고자 수

자료: 통계청 KOSIS(외교부, 해외이주신고)

28,707명에 달했으나 그 후 감소추세를 보여 2015년에는 6,858명이 해외이주 신고를 한 것으로 기록되었다. 한국인의 해외이주는 주로 미국을 목적지로 하고 있었지만, 1990년대 이후에는 다른 국가들(호주, 뉴질랜드, 일본 등)으로 다소 분산되는 양상을 보이고 있다. 이에 따라 일제시대 이후 해외로 이주한 재외동포의 누적 수는 2015년 718.5만 명에 달하며, 중국과 미국에 각각 30% 이상 거주하며, 일본에도 약 12% 정도 거주하지만 계속 감소 추세를 보이고 있다(〈표 4-1〉 참조).

이와 같이 우리나라는 최근까지 해외로 나가는 이주자들이 상당수에 달했지만, 1990년대 시작된 외국인 이주자들의 국내 유입이 2000년대에 들어와서 본격화되면서 해외인구 순유입국이 되었다. 즉 국내에 체류하는 외국인 수는 1990년 49,507명에 불과했으나, 2000년 491,324명으로 10년 사이 10배정도 증가했고, 그 이후에도 이러한 추세는 계속되어 2010년에 1,395,077명에 달했고, 2016년에는 200만 명을 돌파하여 2017년 1월 현재 2,013,779명에 이르게 되었다(〈그림 4-2〉 참조). 이에 따라 전체 인구(주민등록인구) 대비 체류외국인의 비율은 2006년 1.10%에서 2017년 1월 3.89%로 증가했다.[1] 이와 같이 외국

〈표 4-1〉 재외동포 증감 추이

(단위: 천 명)

지역	국가	2009	2011	2013	2015	구성비	전년비 증감(%)
총계		6,823	7,176	7,013	7,185	100	2.45
동북아	일본	913	913	894	856	11.9	-4.19
	중국	2,337	2,705	2,586	2,586	36.0	1.47
남아시아태평양		461	453	486	511	7.1	5.10
북미	미국	2,102	2,076	2,091	2,239	31.2	7.06
유럽		656	657	616	627	8.7	1.83
그 외 지역		354	372	340	366	5.1	-

자료: 외교부, 재외동포 현황.

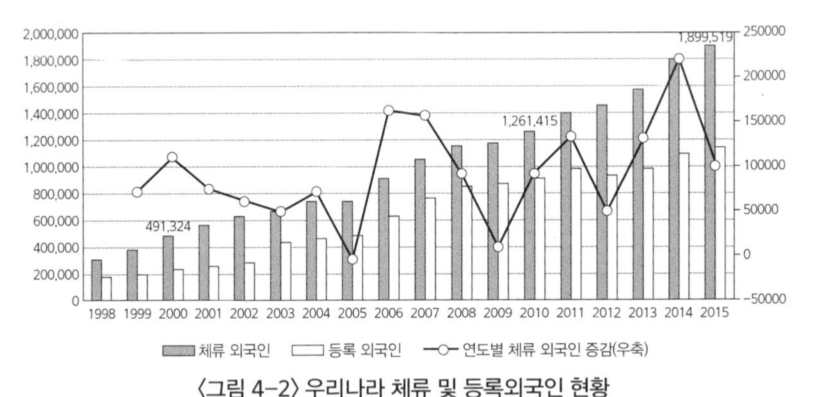

〈그림 4-2〉 우리나라 체류 및 등록외국인 현황

주: 체류외국인에는 장기 및 단기체류로 구분되며, 미등록(불법)체류자도 포함됨

인 이주자들의 유입이 급증하여 전체 인구에서 차지하는 비중이 커짐에 따라, 한국은 실제 외국인 이주자들을 받아들이는 나라(즉 이민국가)가 되어가고 있으며, 이제 국민들도 다문화사회로의 전환을 당연시하게 되었다.

좀 더 구체적으로 살펴보면, 1997년 IMF 경제위기 이후 다소 증가하던 체류외국인 수는 2000년대에 들어와서 증가율이 다소 둔화되었지만, 2005년 산업연수생제도가 고용허가제로 전환하면서 다시 크게 증가하여 2006년 및 2007

1. 등록 외국인 수는 2017년 1월 현재 1,150,610명으로 전체 주민등록인구(51,704,332명)에서 2.22%를 차지한다.

년에는 각각 15만 명에 달하게 되었다. 그 이후 2008년 세계 금융위기의 여파로 2009년 다소 줄었지만 2013년과 2014년 다시 크게 증가하였다. 외국인 이주자들의 유입은 2000년대 중반 이후 모든 유형에서 급증하지만, 최근 이주노동자의 수는 절대적으로 감소한 반면, 결혼이주자는 다소 정체된 상태(혼인귀화자를 감안하면 증가한 것임)이고, 유학생 수는 계속 증가하고 있다. 이러한 체류외국인들 가운데 국적 취득자는 2000년대 중반 이후 많이 증가하여 약 10만 명에 달하는데, 이들 가운데 혼인귀화자 56,584명으로 60.4%를 차지하지만, 기타 사유 국적취득자의 수도 39,877명으로 크게 증가했다. 특히 외국인 이주자의 미성년 자녀수가 급속히 증가하여 2010년 105,502명에 달하게 되었다(설동훈, 2010).

체류외국인의 자격별 현황을 살펴보면(〈표 4-2〉 참조), 2017년 1월 외국인 노동자가 586,652명으로 29.1%를 차지하며, 이 가운데 교수, 회화지도, 연구, 예술흥행 등에 종사하는 전문인력은 47,712명(2.4%), 단순기능인력이 538,940명(26.8%)를 차지한다. 이러한 외국인 노동자 수는 2015년 1월 618,516명에 비해 5.2% 감소한 것이다. 결혼이주자는 2015년 1월 150,797명에서 2017년 1월 152,489명으로 증가했으나 전체에서 차지하는 비율은 8.5%에서 7.6%로 줄었다. 그리고 유학생의 수는 이 기간에 84,873명에서 113,488명으로 증가했고 구

〈표 4-2〉 체류 외국인의 체류자격별 현황

체류 자격별	계	전문 인력	단순기능인력			재외 동포 (F-4)	영주 (F-5)	국민 배우자 (F-6)	외국인 유학생		거주 (F-2)	기타
			비전문 취업 (E-9)	선원 취업 (E-10)	방문 취업 (H-2)				유학 (D-2)	한국어 연수 (D-4,7)		
2015.1	1,774,603	49,435	271,287	14,382	283,412	292,918	113,735	150,798	60,363	24,510	37,613	476,150
구성비	100.0	2.8	15.3	0.8	16.0	16.5	6.4	8.5	3.4	1.4	2.1	26.8
2017.1	2,013,779	47,712	251,013	15,188	272,739	379,810	130,836	152,489	74,708	38,780	39,695	610,809
구성비	100.0	2.4	12.5	0.8	13.5	18.9	6.5	7.6	3.7	1.9	2.0	29.0

주: 전문인력은 단기취업, 교수, 회화지도, 연구, 기술지도, 전문직업, 예술흥행, 특정활동 포함.
자료: 출입국, 『외국인정책통계월보』, 2015년 1월호, 2017년 1월호.

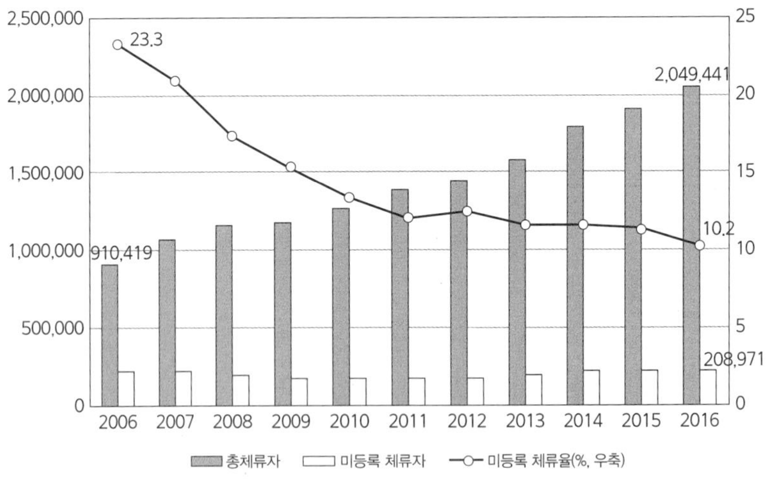

〈그림 4-3〉 미등록(불법)체류자의 증감 추이

자료: 출입국, 『외국인정책통계월보』, 2017년 1월.

성비도 4.8%에서 5.6%로 늘었다. 다른 한편 이러한 체류외국인들 가운데 비자 만류 등에도 불구하고 국내에 체류함으로 인해 발생한 미등록(불법)체류자의 수는 2006년 전체 체류외국인 가운데 23.3%를 차지했지만 2016년 11.3%로 줄어들었다. 하지만, 미등록 체류자의 절대수는 2006년 211,988명에서 2011년 157,780명으로 줄었지만 그 이후 다시 점차 늘어나서 2016년에는 208,971명으로 늘어났다(〈그림 4-3〉).

이러한 체류외국인의 출신국적별 현황을 살펴보면, 중국인(한국계 포함)이 가장 많은데, 2013년 77.8만 명으로 전체 체류외국인의 49.4%를 차지했으며, 그 이후에도 계속 증가하여 2017년에는 100만 명을 능가하게 되었고, 전체 체류외국인 가운데 50.8%를 점하게 되었다. 이들 가운데 한국계가 차지하는 비율은 2013년 64%였고, 그 이후 다소 줄어 2017년 1월에는 61.6%가 되었다. 그 다음으로 많은 출신국은 베트남으로 2013년 12만 명에서 2017년 1월에는 약 15만 명으로 증가하였지만, 이 기간 증가율은 전체 체류외국인 증가율보다 낮은 24.1%를 기록하여, 전체 체류외국인들 가운데 비율은 7.6%에서 7.4%로 줄

〈표 4-3〉 체류외국인 국적별 현황

(단위: 천 명, %)

구분	2013	2014	2015	2016	2017	증가율
총계	1,576.0	1,797.6	1,899.5	2,049.4	2,013.8	27.8
중국	778.1	898.7	955.9	1,016.6	1,022.6	31.4
한국계	498.0	590.9	626.7	627.0	630.1	26.5
베트남	120.1	130.0	136.8	149.4	149.0	24.1
미국	134.7	136.7	138.7	140.2	136.9	1.6
태국	55.1	94.3	93.3	100.9	94.3	71.1
필리핀	47.5	53.5	55.0	57.0	54.5	14.7
우즈베키스탄	38.5	43.9	47.1	54.5	54.4	41.3
캄보디아	32.0	38.4	43.2	45.8	44.6	39.4
인도네시아	41.6	46.9	46.5	47.6	42.1	1.2
몽골	24.2	24.6	30.5	35.2	36.2	49.6

자료: 출입국, 외국인정책통계월보, 2017년 1월호.

었다. 반면 이 기간 동안 태국 출신 체류외국인이 71.1% 증가하여 2017년에 8.4천여 명에 달했고, 우즈베키스탄, 캄보디아, 몽골 출신 외국인의 증가율도 40~50%로 높았지만, 인도네시아는 1.2% 증가하는 데 그쳤다.

2) 외국인 이주자의 공간적 분포와 밀집지역

국내에 체류하게 된 외국인 이주자들은 물론 전국적으로 균등하게 분포하는 것이 아니라 특정 지역에 집중·집적하는 경향을 보인다. 즉 2015년 등록외국인 114.3만 명 가운데 24.1%는 서울, 32.3%는 경기도, 5.0%는 인천에 거주하여, 등록외국인들 가운데 56.9%가 수도권지역에 거주하는 것으로 나타났다(〈표 4-4〉). 이러한 수도권 거주 등록외국인의 비율은 2010년의 비율 65.0%(서울 28.6%, 경기 31.0%, 인천 5.4%)에 비해 다소 줄었지만, 경기도에 거주하는 등록외국인의 비율은 오히려 증가했다. 수도권 시도별 인구수 대비 등록외국인의 비율은 서울 2.74%, 인천 1.97%, 경기 2.95%로 2010년에 비해 다소 줄었지

〈표 4-4〉 등록외국인의 지역별 분포 현황

시도		전국	서울	부산	대구	인천	광주	대전	울산	경기	강원	충북	충남	전북	전남	경북	경남	제주
인구 (2015년, 천)(A)		51,529	10,022	3,514	2,488	2,926	1,472	1,519	1,174	12,523	1,550	15,84	2,078	1,870	1,909	2,703	3,365	624
외국인 (천)	2005	485.5	129.7	19.5	14.5	31.7	6.4	7.9	7.5	155.9	8.0	12.9	20.0	10.2	9.3	23.4	26.7	2.2
	2010	918.9	262.9	32.5	20.4	50.0	13.4	14.9	16.0	285.3	13.8	24.5	42.8	20.2	22.0	36.9	57.7	5.9
	2015(B)	1,143.1	275.0	40.0	26.1	57.7	18.5	16.4	26.2	369.7	15.1	32.5	60.1	26.2	30.6	49.8	82.3	17.0
증가율 (2005~2015)		135.4	112.0	105.1	80.0	82.0	189.1	107.6	249.3	137.1	88.8	151.9	200.5	156.9	229.0	112.8	208.2	672.7
분포 구성비(2015)		100	24.1	3.5	2.3	5.0	1.6	1.4	2.3	32.3	1.3	2.8	5.3	2.3	2.7	4.4	7.2	1.5
지역 구성비(B/A)		2.22	2.74	1.14	1.05	1.97	1.26	1.08	2.23	2.95	0.97	2.05	2.89	1.40	1.60	1.84	2.45	2.72
최다시군구(2015년)		–	영등포	사상	달서	남동	광산	유성	울주	안산 단원	원주	음성	아산	군산	영암	경주	김해	제주
인구(2015년, 천)(C)		–	378.5	237.7	602.6	531.4	400.8	335.3	219.4	318.4	333.0	96.4	297.7	278.4	58.1	259.8	528.9	459.9
외국인	2005		12941	2426	4992	9286	2840	2256	2282	15812	1619	2413	4017	1630	853	2677	5779	1011
	2015(D)	–	39307	4523	8819	12504	9790	5589	9000	45903	3036	7920	13406	5533	5468	9197	18522	10902
증가율 (2005~2015)		–	203.7	86.4	76.7	34.7	244.7	147.7	294.4	190.3	87.5	228.2	233.7	239.4	541.0	243.6	220.5	978.3
지역 구성비(D/C)		–	10.38	1.90	1.46	2.35	2.44	1.67	4.10	14.42	0.91	8.22	4.50	1.99	9.41	3.54	3.50	2.37

자료: 통계청, KOSIS(국가통계포털)

주: 시도 및 시군구 인구수는 주민등록인구수 .

만, 여전히 비수도권 지역에 비해 상대적으로 높다고 하겠다. 비수도권에서 등록외국인이 가장 많은 지역은 경남 8.2만 명(7.2%), 충남 6만 명(5.3%), 경북 5만 명(4.4%)의 순이다. 이에 따라 비수도권에서 각 시도별 인구 대비 등록외국인의 비율은 충남 2.89%, 제주 2.72%, 경남 2.45% 순이다. 인구 대비 등록외국인의 비율이 가장 낮은 지역은 강원도로 0.97%이고, 부산 및 대구, 대전, 광주 등 지방의 대도시들에서 전체 인구에서 등록외국인이 차지하는 비율이 상대적으로 낮은 편이다.

외국인 이주자의 지역별 분포를 기초지자체 단위(즉 시군구)로 보면, 2010년 전국적으로 외국인 비율이 해당지역 인구 대비 5% 이상인 지역은 15곳, 외국인 수가 1만 명이 넘는 지역은 34개 곳으로 나타난다. 외국인 수가 가장 많은 지역은 서울 영등포구로 외국인 수 44,281명(전체 지역인구의 10.9%)이며, 다음으로 경기도 안산시 43,190명(6.1%), 서울 구로구 33,700(8.0%), 경기 수원시 31,552(2.9%), 경기 화성시 26,294(5.3%)이다. 영등포구, 안산시, 구로구 등은 모두 공단이 집중해 있는 지역이며, 수원의 외국인 거주 비율이 높은 이유는 이곳에 경기도 출입국 관리사무소가 있기 때문이다.

2015년에는 서울 영등포구의 등록외국인 수는 39,307명으로(지역인구의 10.38%) 다소 줄었고, 경기도 안산시를 구 단위로 구분하면 단원구의 등록외국인 수는 약 4만 6천 명으로 지역인구 대비 14.4%에 달했다. 그러나 수도권 지역이라고 할지라도 상대적으로 외국인 이주자들이 차지하는 비율이 1% 미만인 지역도 여러 곳 있으며, 농촌지역이라고 할지라도 전남 영암군과 같이 그 비율이 2010년 8.83%, 2015년 9.41%, 충북 음성군의 경우는 2015년 8.22%를 차지하는 곳이 있는 반면 그렇지 않은 곳도 많다. 이러한 점에서 특정 지역에 외국인 이주자들이 밀집하는 이유를 고찰하는 것이 지리학의 주요 과제라고 할 수 있다.

외국인 이주자들의 지역별 분포가 상이하다는 점은 지역 내에서도 확인될 수 있으며, 이들은 국내 이주 유형별, 국적별로 주거지 분화를 이루고 있음을 나타낸다. 외국인 이주자의 수가 가장 많고, 지역 전체 인구에서 차지하는 비율이 가장 높은 서울시의 경우, 중국 국적(한국계 포함)의 이주자가 전체의 75.5%를 차지하고 있으며, 이들은 특히 영등포구(17.2%), 구로구(13.7%) 등 상위 5개 구에 52.3%가 분포되어 있다(〈표 4-5〉). 이에 따라 전국에서 전체 지역 인구 대비 외국인 이주자 비율이 가장 높은 영등포의 경우, 2015년 등록외국인 39,084명 가운데 37,173명(95.1%)이 중국 국적 외국인으로 특히 한국계 중국인이 32,577명(중국 국적 외국인의 87.6%)에 달한다. 구로구, 금천구의 경우도 유사하여 지역 전체 이주자들 가운데 중국 국적 외국인이 차지하는 비율이 94.9%, 93.5%로 매우 높게 나타나고 있다. 상위 5개 밀집지역의 구성비로 보면, 중국 및 일본 국적 외국인들도 각각 50% 이상을 나타내어 특정 소수 지역에 상대적으로 집적되어 있고, 또한 2008년에 비해 2015년에는 이 지역들에 더욱 집적한 것으로 나타난다. 반면 필리핀, 베트남 국적 외국인들은 아직 수적으로 적으며, 기초지자체별 집적도가 상대적으로 낮을 뿐만 아니라 2008년에 비해 2015년에 집적도가 감소한 것으로 나타난다. 실제보다 지역을 세분하여 조사해 볼 경우 이들도 특정 지역에 밀집하여 거주하고 있음을 알 수 있다.

대구·경북지역 외국인 이주자 분포를 살펴보면, 대구시의 경우 2011년 등록외국인 수는 22,014명으로 이 가운데 7,895명(35.9%)이 달서구에 거주해 있었다. 2015년에는 18.7% 증가하여 26,141명에 달했고 이 가운데 33.7%가 달서구에 거주하여, 다소 분산한 것으로 나타난다(〈표 4-6〉 참조). 국적별로는 중국 국적 등록외국인이 2011년 4,641명에서 2015년 4,944명으로 증가했지만 구성비는 21.1%에서 18.9%로 줄었고, 대신 베트남 출신 등록외국인이 2011년 3,771명(17.1%)에서 5,018명(19.2%)으로 급증하여 대구시 전체 등록외국인들 가운데 가장 큰 비중을 차지하게 되었다. 경상북도의 경우 등록외국인 수는 2011년 39,984명에서 2015년 49,765명으로 증가했는데, 중국 국적 외국인은 절대수가 감소한 반면, 베트남, 인도네시아, 기타 국가 출신 등록외국인의 수가 크게 늘어났다. 시군별로 보면, 경주시에서 가장 많이 증가하여 2011년 6,381

〈표 4-5〉 서울시 등록외국인 국적별 상위 5개 구별 분포

전체			중국			베트남			필리핀			일본		
	2008	2015		2008	2015		2008	2015		2008	2015		2008	2015
전국계	854,007	1,091,531	전국계	484,674	546,746	전국계	78,848	122,571	전국계	39,372	43,155	전국계	18,251	23,237
서울계 (%)	255,207 (29.9)	266,360 (24.4)	서울계 (%)	192,618 (39.7)	193,381 (35.4)	서울계 (%)	4,652 (5.8)	7,844 (6.4)	서울계 (%)	3,775 (9.6)	3,806 (8.8)	서울계 (%)	6,840 (37.5)	8,681 (37.4)
구성비	100.0		–	75.5	75.8	–	1.8	3.1	–	1.5	1.5	–	2.7	3.4
영등포	35,438	39,084	영등포	33,102	37,173	성동구	382	406	용산구	573	686	용산구	1,574	1,851
구로구	27,901	31,300	구로구	26,383	29,718	금천구	354	358	성동구	295	179	강남구	683	663
금천구	17,924	19,567	금천구	16,306	18,293	영등포	305	289	성북구	274	258	서대문	475	589
관악구	17,317	18,774	관악구	15,171	15,485	성북구	295	521	동대문	243	207	마포구	402	919
용산구	12,819	13,963	광진구	9,854	11,736	관악구	283	473	금천구	234	174	동대문	324	449
5개구 (%)	111,399 (43.7)	122,688 (46.1)	5개구 소계	100,816 (52.3)	112,405 (58.1)	5개구 소계	1,619 (34.8)	2,047 (26.1)	5개구 소계	1,619 (42.9)	1,504 (39.5)	5개구 소계	3,458 (50.6)	4,471 (51.5)

자료: 출입국, 외국인정책본부, 『통계연보』, 2009, 2015.

〈표 4-6〉 대구·경북지역 외국인 이주자 국적별 분포

	합계		중국		한국계 중국인		베트남		필리핀		인도네시아	
	2011	2015	2011	2015	2011	2015	2011	2015	2011	2015	2011	2015
대구시	22,014	26,141	4,641	4,944	2,825	2,574	3,771	5,018	1,324	1,673	1,568	1,890
남구	900	1,097	202	175	111	126	120	198	78	93	3	10
달서구	7,895	8,819	1,826	1,756	811	729	1,419	1,676	544	661	796	876
달성군	3,288	4,925	265	452	481	561	780	943	274	307	384	552
동구	1,509	1,758	293	384	363	284	295	406	69	103	27	22
북구	4,360	4,768	1,564	1,529	406	335	568	848	192	236	167	226
서구	1,933	2,488	216	264	390	330	396	657	114	159	180	180
수성구	1,410	1,480	167	255	179	154	129	189	43	89	6	15
중구	719	806	108	129	84	55	64	101	10	25	5	9
	합계		중국		한국계 중국인		베트남		필리핀		인도네시아	
	2011	2015	2011	2015	2011	2015	2011	2015	2011	2015	2011	2015
경상북도	39,984	49,765	7,976	6,556	5,011	5,617	9,541	11,861	2,135	2,751	3,509	4,908
경산시	6,668	7,682	2,730	1,828	532	470	987	1,400	225	327	380	579
경주시	6,381	9,197	994	1,080	1,002	1,410	1,557	1,912	336	370	375	578
고령군	1,424	1,845	82	77	165	141	272	324	60	90	221	375
구미시	5,298	5,877	940	734	807	1,262	1,254	1,179	418	479	644	666
김천시	1,735	1,855	407	295	267	163	396	473	73	70	148	202
영천시	2,204	3,029	168	212	338	289	547	663	105	172	286	398
칠곡군	3,107	4,132	309	348	360	530	725	715	290	378	437	687
포항시	4,628	5,050	882	782	564	482	1,057	1,445	207	317	371	427

자료: 통계청 KOSIS.

명에서 2015년 9,197명이 되었으며, 다음으로 경산시, 구미시, 포항시의 순으로 많은 것을 나타난다.

기초지자체보다 더 하위 단위로 세분해서 살펴보면, 2010년대 초반 서울 지역에는 20여 곳에 외국인 타운이 형성되어 있었다(『한국경제신문』, 2011.4.11). 국적별로 보면, 중국인 타운이 가장 많은데, 대림동, 가리봉동, 봉천동, 자양동, 독산동, 신길동 등 서울 곳곳에 산재해 있다. 이 지역들은 인근 공단과 거리

〈그림 4-4〉 서울 시내 주요 외국인 마을

자료: 천종호, 2013.

가 가깝고, 다가구주택이 많아서 상대적으로 집값이 싸기 때문에, 1990년대부터 조선족 동포들과 중국인 등 주로 이주노동자들이 일거리를 찾아 몰려들면서 타운이 형성되었다. 그 외에도 서울에는 베트남, 필리핀, 몽골, 나이지리아, 인도, 중앙아시아, 이슬람거리 등 다양한 외국인 타운이 형성되어 있다. 필리핀타운은 종로구 혜화동에, 네팔타운은 창신동, 베트남타운은 성동구 왕십리, 이슬람타운은 이태원에, 그리고 몽골타운은 광희동에 각각 밀집해 있다(뉴시스, 2016.6.12)(〈그림 4-4〉 참조). 광희동에 '몽골타워'라고 불리는 10층 건물의 뉴금호타워에는 각 층의 상점 대부분이 몽골인을 상대로 영업하며, 주말이면 몽골인들로 발 디딜 틈이 없다고 한다. 또한 서초구 방배동 서래마을은 '프랑스 마

〈그림 4-5〉 대구 달서구 이곡동 성서공단 주변 경관

자료: ⓒ 최병두

을'로 불릴 만큼 프랑스인들이 밀집해 거주하고, 이촌동에는 1,000여 명의 일본인들이 사는 일본인 타운이 형성되어 있다. 서울뿐만 아니라 지방 대도시들에서도 외국인 이주자들의 밀집지역들이 형성되고 있다. 대구의 경우 외국인 이주자가 8,000명이 넘는 달서구에서는 주로 신당동 원룸촌(2,000명 이상), 월성2동(1,000명 이상) 등에 밀집해 있다. 이와 같은 외국인 이주자 밀집지역에는 이들을 위한 상가와 휴게시설, 여타 지원시설들이 형성되어, 기존의 도시경관과는 다른 모습을 보여준다(〈그림 4-5〉 참조).

이와 같이 특정 지역을 중심으로 특정 출신국별 외국인들이 집중·집적하는 것은 개인적인 차원에서 같은 국가 출신 이주자들이 함께 생활하기 편하고, 또한 앞선 이주자들이 특정 지역에 성공적으로 정착하게 되면, 그 후 같은 국가 출신인 친지의 이주 유입을 촉진하기 때문이라고 할 수 있다. 또한 지역적 차원에서 보면, 일본 및 서구 출신의 이주자들은 상대적으로 높은 주거비를 부담해야 하지만 주거환경이 쾌적한 지역에 집중하는 반면, 동남아시아 출신 이주자들은 영세 공장이나 서비스업에 종사할 수 있으며 임대료가 싼 지역에 집중하는 경향을 보인다.

이러한 현상은 외국인 밀집지역 내에서도 분화를 유발한다. 우리나라에서 대표적인 외국인 밀집지역인 서울 용산구 이태원 일대는 최근 윗동네와 아랫동네의 경관이 점차 달라지고 있다. "윗동네는 외국 공관과 부유층의 저택이 즐비하고", 반면 "아랫동네엔 재개발을 기다리는 다가구 주택이 다닥다닥 이어져 있"어 "한눈에도 빈부격차가 극명"하게 나타난다고 한다(『경향신문』, 2016.10.07). 이러한 차이가 나타나는 것은 지역별로 거주하는 외국인들의 국적과 인종에 기인한 것으로, 윗동네(이태원 2동)는 외국인 거주자 1,300여 명 가운데 절반 이상이 미주·유럽·오세아니아 출신이지만, 아랫동네(보광동)는 외국인 거주자 1,100여 명 가운데 70% 정도가 아프리카·중동·아시아 출신이다.

이와 같이 외국인 이주자들의 유입이 증가하고, 이들의 거주가 특정 지역들에 밀집하게 됨에 따라 우리나라에서도 인종의 차이에 따라 주거지 분화가 나타나게 되었으며, 이 지역들은 대체로 특정 국적의 외국인 이주자들로 특화될 뿐만 아니라 기존 원주민들과는 분리되어 폐쇄된 지역이 될 가능성이 높다. 예외적으로 외국인 주거지역으로 잘 알려진 서래마을에는 2,000여 명의 프랑스인들이 살고 있지만, 이 지구 일대 거리와 레스토랑을 메운 사람들은 대부분 한국인이다. 그러나 실제 서래마을처럼 한국인이 활발하게 드나드는 외국인 타운은 서울 이촌동의 일본인 타운이나 이태원 정도이고, 이들을 제외한 대부분의 외국인 타운은 상당히 폐쇄적인 외국인 주거지역을 형성하고 있다. 이렇게 특정지역에 특정 인종(국적)의 이주자들이 폐쇄적으로 밀집하게 되는 것은 그 지역이 가지는 유리한 입지 조건들(상대적으로 많은 일자리, 저렴한 주거비용 등)과 이에 따라 우선 이주한 주민들이 고국의 친지들과 가지는 네트워크에 따른 정보의 소통으로 동일 국적의 이주자들이 추가로 이주·정착하게 되었기 때문이라고 할 수 있다. 그러나 이와 같은 외국인 이주자들의 거주지 분화가 심화될 경우, 이 지역들은 서구 선진국들에서 나타나는 게토(또는 슬럼)처럼 도시 내에서도 특정 국적의 저소득층 외국인들로 구성된 지역으로 주변화될 것으로 우려되기도 한다.

3. 외국인 이주자의 정착과 원주민의 의식 변화

1) 외국인 이주자의 정착 생활

외국인 이주자들은 자본주의 경제의 지구지방화 과정을 배경으로 국가 간 사회경제적 격차에 따른 삶의 조건(소득, 교육, 여타 생활환경 등)이 좀 더 유리한 지역으로 이주를 한 사람들이다. 이들은 고국을 떠나 국경을 가로질러 새로운 국가와 지역으로 이주하여 살아가면서, 과거 자신이 살아왔던 환경을 벗어나 새로운 환경에 정착하여 살아가기 위하여 자신이 기존에 가지고 있었던 생활양식과 문화, 정체성 등을 재구성하게 된다. 물론 외국인 이주자의 사회문화적 전환과정은 일방적이라기보다 상호작용적이다. 즉 외국인 이주자들을 받아들인 지역사회의 원주민들은 자신들의 생활공간에 새롭게 등장한 외국인 이주자들과의 상호작용을 통해 자신들의 문화와 생활양식, 정체성 등을 변화시키게 된다. 이러한 상호작용 과정은 상호 협력이나 조화보다는 포용/배제 또는 지배/피지배의 관계를 내포하고, 이에 따라 상호 긴장과 갈등의 불협화음을 일으키는 것이 일반적이라고 할 수 있다. 이와 같이 외국인 이주자의 유입과 원주민들과의 상호관계 그리고 이에 따른 인종이나 문화의 혼합이 일어나는 과정을 '다문화화' 또는 '혼종화'로 지칭하기도 한다. 그러나 다문화, 혼종성 등의 용어 역시 그 자체로 어떤 인종적, 문화적 혼합과 이에 따른 공생의 실현을 윤리적으로 전제하고 있는 것은 아니다. 이질적 인종과 문화가 어떻게 상호작용하며, 그에 따라 어떤 결과가 초래될 것인가는 경험적으로 고찰되어야 할 문제이다.

이러한 점에서 우선 외국인 이주자의 지역사회 정착과정과 이에 따른 이들의 정체성의 변화를 고찰하면서, 이들이 지역의 사회문화에 미치는 영향을 살펴볼 수 있다. 외국인 이주자들은 고향을 떠나 새로운 지역사회에 유입·정착하는 과정에서 자신의 특정한 이주 목적을 실현하기 위한 활동을 우선 추구하게 된다. 이주노동자는 작업장에서의 노동, 결혼이주자는 가정에서의 각종 활동, 외국인 유학생은 학교생활 등을 우선적으로 수행하게 된다. 물론 이들은 이러한 목적별 활동을 수행하기 위해 전제되는 다양한 생활공간에서의 활동(이른바 '존재기본기능')도 수행한다. 주거활동은 가장 기본적이기 때문에 직장생활이나 가족생활과 마찬가지로 기본생활(공간)에 속하며, 그 외 구매활동, 여가생활, 이웃사회 활동, 역내 친지관계, 공공행정이나 서비스와 관련된 활동(자녀 교육, 병원 등), 그 외 지역 내 지원단체들(종교단체 포함)과 관련된 활동들이 이루어진다.

물론 이들은 이주를 결심하는 과정에서부터 고국의 경제정치적 조건들이나 다른 이주가능 국가들의 조건들을 고려하며, 고국에 있는 가족 친지나 다른 국가에서 생활하는 친지들과의 소통을 통해 정보를 획득하고 이주 후에도 관계를 유지하게 된다. 다른 한편 이들은 세계적 차원에서 형성된 구조적 조건이나 유입국에서 부여되는 경제(고용)규제나 정치(법적)규제 그리고 직·간접적으로 영향을 미치는 여러 사회제도들과 규범들로부터 제약을 받게 된다. 그러나 이들의 정착과정에서 우선적으로 필요로 하는 것은 이주 목적을 실현하는 것이며, 그외 활동(공간)에서 자신의 생존과 생활을 영위하거나 심지어 자신의 정체성과 문화를 유지 또는 재구성하는 활동은 흔히 부차적인 것으로 치부될 수 있다. 이로 인해 이들의 사회공간적 태도(만족도) 및 생활방식은 특이한 유형을 보이게 된다.

외국인 이주자들이 지역사회에 정착하는 과정에서 드러내는 특이성은 다음과 같은 사항들을 포함한다(최병두 외, 2011, 제8장 참조). 첫째, 외국인 이주자들은 자신이 이주한 목적을 실현하기 위해 필요한 작업장, 가정 또는 학교 등의 기본생활 공간에 출현하지만, 이러한 공간은 과거에는 경험하지 못했던 낯선 공간, 심지어 감시나 규율을 전제로 한 억압적 공간임에도 불구하고 이를 참아 내고 가식적으로 만족해야 한다는 의식을 가지는 경향이 있다. 둘째 외국인 이주자들은 생활에 필요한 경우(생필품 구매, 병원 치료나 자녀 교육, 종교 활동 등)를 제외하고는 기본생활공간을 가능한 벗어나지 않으려는 경향을 가진다. 왜냐하면 이들은 시간 및 금전적으로 다른 공간을 이용할 능력이 상대적으로 부족하며, 다른 공간에 참여하게 될 경우 만나게 되는 사람들과의 접촉을 꺼려하며, 또한 기본생활공간을 벗어난 다른 공간들에 대해 필요한 지식이나 정보가 부족하기 때문이다. 셋째, 반면 외국인 이주자들은 인접한 이웃주민들보다는 멀리 고국에 있는 가족이나 친지들과 지속적인 네트워크를 구축하고 더욱 빈번하게 소통을 하는 경향이 있다. 특히 이주노동자의 경우 일정 기간이 종료된 이후 지역사회를 떠나 출국해야 하기 때문에, 지역사회 정착은 기본적으로 한시적이며, 그렇지 않을 경우 불법체류자가 된다. 넷째, 그러나 지역사회 내 외국인 이주자들의 유입이 누적적으로 증가하고 점차 장기화됨에 따라, 이들은 흔히 인종적, 문화적 동질성을 전제로 점차 사회적 집단화가 될 뿐만 아니라 공간적으로 분화된 양상을 보이게 된다.

외국인 이주자들의 이러한 사회공간적 행태의 특이성은 물론 한편으로 외국인 이주자의 국적(인종)이나 특성(단순이주자/전문직 이주자, 연령 등)에 따라 다소 다를 것이며, 또한 기존 주민들이 보여주는 포용/배제의 태도 및 행동, 그리고 지역사회의 경제·정치적 규제의 정도, 사회문화적 조건들에 따라 다소 차이를 보일 수 있다. 그러나 기본적으로 외국인 이주자들은 소수이고 새로운 지역사회로의 이주자라는 사실만으로도 이러한 경향성을 드러낼 것으로 추정된다. 그러나 외국인 이주자들의 행태가 사회공간적으로 제한적이라고 할지라도, 이들의 행동이 수동적임을 의미하는 것은 결코 아니다. 이들에게 새로운 지역사회에서의 일상생활은 흔히 그러한 것과는 달리 의심이 유보되는 '당연적으로 주어진 세계'가 아니라 끊임없는 의문과 문제적 상황에 처하도록 한다.

이러한 점에서 외국인 이주자들은 자신이 처해 있는 상황으로 인해 자신의 개인적 공간 경험양식으로 인해 혼돈에 빠지기도 한다. 즉 그들은 가까움과 멈, 친숙함과 낯섬, 지역성과 지구성, 사적인 것과 공적인 것, 안과 밖의 이분법이 더 이상 적용되지 않으며, 한 지역에 물리적으로 인접하여 살아가고 있지만, 기존 주민들과는 달리 이들은 자신이 생활공간에 다규모적으로 영향을 미치는 수많은 외부 힘들을 인식하면서 살아간다(최종렬, 2009). 이러한 상황 속에서 이들은 새로 정착하게 된 국가 및 지역사회에서 부여되는 힘들이 억압적이거나 불리하다고 할지라도, 주어진 조건들 속에서 자신의 목적을 실현하기 위해 매우 적극적이며, 심지어 미등록(불법) 이주자들처럼 주어진 법적 조건들을 무시할 수도 있다.

이러한 사회공간적 제약이나 조건들과 그 속에서 이주 목적을 실현하기 위해 이루어지는 외국인 이주자들의 (제한적이지만 적극적인) 행태는 이들의 정체성의 재구성에도 반영된다. 정체성이란 기본적으로 "자신이 누구인가, 타자와 어떤 관계에 있는가, 그리고 자신과 타자들로 구성된 사회공간적 관계 속에서 무엇을 어떻게 해야 하는가"에 대한 인식의 집합으로 정의될 수 있다. 이러한 정체성은 한편으로 개인이나 집단이 가지는 인종성(또는 혈연성)에 근거를 둔다고 할지라도 인종이나 민족의 의미도 사회적으로 부여된 것이다. 다른 한편 정체성은 생활과정을 조건지우는 사회제도나 문화에 영향을 받으며, 사회공간적 상호작용을 통해 변화한다. 흔히 전통적 사회의 해체로 공동체적 장소에 바탕을 둔 정체성이 해체되거나 매우 약화되었다고 하지만, 실제 개인이나 집단의 정체성은 사라진 것이 아니라 (비록 불안정할지라도) 변화했으며, 특히 새로운 정체성을 구축하기 위해 오히려 더욱 적극적이게 되었다고 할 수 있다. 즉 "오늘날 정체성은 전통적 장소나 공동체 사회에서 단순히 한 개인이 얻게 되는 경험이나 지식만이 아니라 개방된 사회공간에서 타자와의 부단한 관계 속에서 경쟁적 갈등적 투쟁을 통해 구성 · 재구성된다"(최병두, 2011a, 252).

초국적 이주자들은 자본주의적 지구화 과정에서 국경을 가로질러 이주하게 되었지만, 이들은 상품이나 자본의 이동과는 달리 인격체이며 특히 과거 자신의 삶을 통해 구축된 정체성을 체현하고 있다. 이러한 정체성의 체현은 태어나고 자란 장소에서 자연스럽게 형성된 것이지만, 초국적으로 이주하여 낯선 곳에서 살아가야 할 이주자들에게는 매우 소중한 의미를 가질 수 있다. 물론 이들은 기존에 체득된 정체성뿐만 아니라 새로운 지역사회에 정착하여 살아가면서 원주민들과의 상호관계 속에서 얻게 되는 새로운 정체성과 혼합된 이중적 또는 혼종적 정체성을 가지게 된다. 특히 이들이 가지는 정체성은 단순히 '혼합적'이라기보다는 다규모적이다(정현주, 2008). 즉 외국인 이주자들(특히 결혼이주자들)은 자신이 정착하게 된 가정과 지역사회에 어떻게 해서든 뿌리를 내리고 가정 및 지역사회의 일원(즉 주민)으로서 자신의 정체성을 가지기 위해 노력하게 된다. 그러나 이들(특히 국적을 취득하지 못한 이주자들)은 아직 이주 국가에 대해서는 애착이나 헌신성 등의 국가적 정체성을 거의 가지지 못한 채, 오히려(특히 귀국을 해야만 하는 이주노동자들의 경우) 모국과 물질적, 정신적 관계를 유지하거나 또는 출신국 및 이주국 양국 모두에도 소속감을 가지지 못한 초(또는 탈)국가적 정체성을 가지는 경향이 있다. 이러한 점에서 초국적 이주자들은 규모(또는 공간적 층위)별로 구축된 재구성된 '지구지방적 정체성'을 가지는 것으로 이해할 수 있다.

2) 원주민의 의식 변화

정체성의 이러한 변화와 재규모화는 물론 외국인 이주자들에게만 한정되는 것이 아니라 기존 원주민(개인이나 집단)들에게도 이루어진다. 물론 기존 원주민들의 정체성 변화는 단지 지역사회(또는 생활공간)에 출현한 외국인 이주자들과의 대면적 상호작용을 통해서만 이루어지는 것이 아니라, 초국적 이주 그리고 이를 추동하는 자본주의의 지구화 과정 그리고 이에 대한 국가(중앙 및 지방

정부)의 기본 입장, 그외 언론이나 담론을 주도하는 집단들의 여론에 크게 영향을 받는다. 일반적으로 외국인 이주자들의 유입이 증대하고 지역사회에서 이들과 접촉할 수 있는 기회가 증가하게 되면, 기존 원주민들은 이들을 불가피하게 받아들이는 경향이 있으며, 이에 따라 원주민들의 정체성도 점차 다문화적 정체성으로 전환할 것으로 기대된다. 즉 기존 주민들은 새로 유입된 외국인 이주자들의 자신의 지역사회(공동체)의 일원으로 받아들이고, 이들과 경제정치적 이해관계를 공유하면서 사회문화적으로 상호존중하는 공생적 발전을 추구해야 한다는 의식을 가질 것으로 가정된다. 그러나 외국인 이주자들에 대한 기존 주민들의 실제 의식이나 태도는 그렇지 않을 수 있다. 즉 지역주민들은 한편으로 이들을 '함께 살아가는 이웃' 또는 '주민'으로 인정하고 다문화화에 대해 긍정적 입장을 가질지라도, 다른 한편으로 기존의 단일민족·단일문화에 관한 의식(이데올로기)에 대한 상당한 자부심을 느끼는 이중적 정체성(또는 정체성의 혼란)을 보일 수도 있다.[2]

한 시민단체(부산발전시민재단)에서 조사한 결과에 의하며, 설문응답자 522명 가운데 66.0%가 부산 거주 외국인은 '함께 살아가는 이웃'이라고 생각하는 답변을 했으며, 이들이 지역사회발전에 도움이 된다는 긍정적 의견이 51.4%, 부정적인 의견이 11.6%로 나타났다(『부산일보』, 2011.11.15). 외국인 이주자들의 증가로 지역사회에 미치는 긍정적 영향은 3D업종 등 중소기업인력난 해소가 31.9%로 가장 높았고, 부정적 영향은 외국인 범죄율 증가(26.2%)로 가장 높았다(〈그림 4-6〉). 이러한 조사 결과는 또 다른 조사연구의 결과와 어떤 점에서는 일치한다. 윤인진·송영호(2011)에 의하면, 이주노동자들은 국가 경제에 기여

2. 특히 국가가 단일민족·단일문화에 대한 전통적 이데올로기를 고수할 경우, 이러한 이중적 정체성(좀 더 정확하게 말하면, 정체성의 규모적 분화)이 형성할 수 있다. 일본의 경우, 일부 지역의 주민들과 혁신지자체는 외국인 이주자들을 자신의 공동체의 일원으로 받아들여 다양한 복지서비스 등을 제공하고 공생적 발전을 추구하고자 하는 반면, 일본의 중앙정부는 '다문화공생'을 정책의 기본지침으로 내세우면서도 여전히(때로 노골적 또는 암묵적으로) 단일민족, 단일문화라는 전통적 국가 정체성을 고수하려는 경향을 보인다(최병두, 2011a, 제6장 참조).

(가) 외국인 증가가 부산에 미치는 긍정적 영향

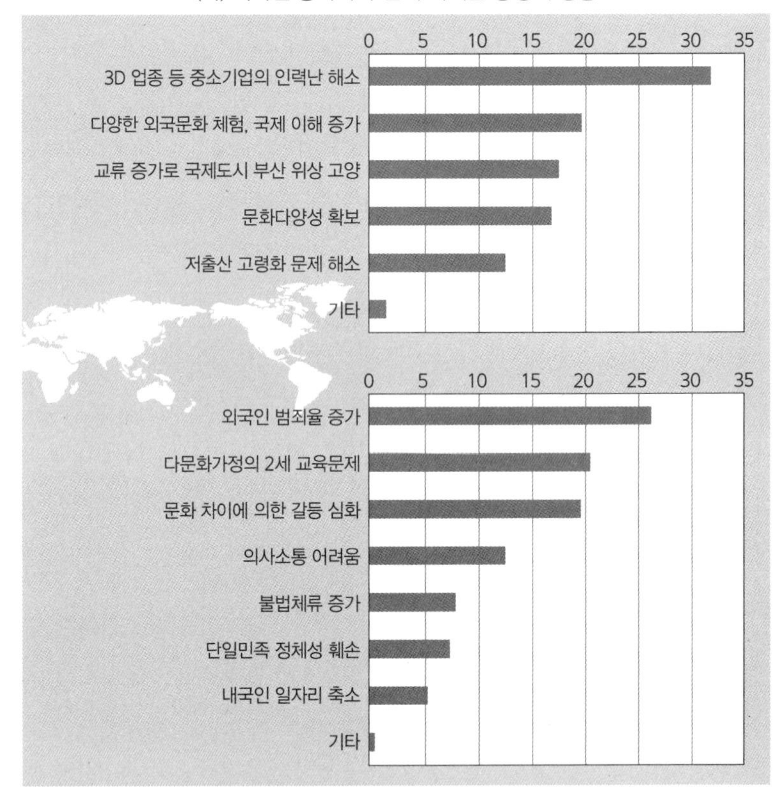

(나) 외국인 증가로 부산에서 예상되는 문제점

〈그림 4-6〉 외국인 이주자의 증가가 도시 발전에 미치는 영향에 관한 인식

자료: 부산발전시민재단; 『부산일보』, 2011.11.15.

를 하며 국내 노동자들의 임금수준이나 일자리에 큰 영향을 미치지 않는 것으로 인식하는 한편, 이들이 거주하는 지역은 지저분하고, 범죄율이 높은 것으로 간주하는 경향을 보인다(〈표 4-7〉). 또한 응답자들은 우리 사회의 다문화화가 규범적으로 좋을 뿐만 아니라 국가경쟁력에 도움이 되는 것으로 인식하는 한편, 외국인 이주자들의 증가가 국가(사회)의 결속력을 저해하고 오히려 단일민족 혈통이 자랑스럽고 국가경쟁력을 높이는 데 도움이 된다고 생각하는 이중

〈표 4-7〉 이주노동자가 국가 경제 및 지역사회에 미치는 영향에 관한 인식

항목	찬성	반대	평균
이주노동자들은 한국 경제에 기여하는 것보다 가져가는 것이 더 많다	27.4	28.7	3.01
이주노동자 때문에 우리나라 임금이 낮은 수준에 머물러 있다	23.6	39.6	2.79
이주노동자들은 한국인의 일자리를 빼앗아 간다	28.9	40.0	2.87
이주노동자들이 많이 사는 지역은 지저분하다	33.3	26.8	3.08
이주노동자들이 늘어나면 범죄율이 올라간다	35.2	28.7	3.08

자료: 윤인진·송영호, 2011, 171.

〈표 4-8〉 다문화사회로의 전환에 관한 인식

항목	찬성	반대	평균
어느 국가든 다양한 인종·종교·문화가 공존하는 것이 더 좋다	55.4	12.2	3.54
인종·종교·문화적 다양성이 확대되면 국가경쟁력에 도움이 된다	50.3	12.3	3.47
외국인 이주자들이 늘어나면 우리나라 문화는 더욱 풍부해진다	29.5	24.9	3.07
여러 민족을 국민으로 받아들이면 국가의 결속력을 해치게 된다	36.3	19.4	3.20
한국이 오랫동안 단일민족 혈통을 유지해 온 것은 매우 자랑스럽다	62.9	10.5	3.77
한국이 단일민족 국가라는 사실은 국가경쟁력을 높이는데 도움이 된다	44.1	16.3	3.36

자료: 윤인진·송영호, 2011, 170.

적 인식을 하는 것으로 조사되었다(〈표 4-8〉).

한국인들이 외국인 이주자들에 대해 가지는 이러한 이중적 또는 혼돈된 인식은 다문화사회로의 전환기에 나타나는 어떤 특성으로 이해할 수 있지만, 문제가 되는 점은 이러한 인식이 시간의 경과에 따라 점차 더 부정적 방향으로 나아가고 있다는 점이다. 서울대 아시아연구소 한국 사회과학자료원의 조사에 의하면(『경향신문』, 2016.10.07), '외국인 이주자들이 한국경제에 도움을 준다'거나 '새로운 아이디어와 문화를 가져옴으로써 한국 사회를 좋게 만든다'라는 점에 대해 긍정적으로 답변한 응답자들이 2003년 각각 53.9%와 28.6%였지만, 2015년에는 각각 44.9%, 22.4%로 줄었다. 반면 '외국인 이주자들이 범죄율을 높인다'와 '한국인의 일자리를 빼앗아간다'는 점에 동의하는 응답자들은 2003년 각각 33.1%, 28.6%였으나 2015년에는 46.6%, 29.7%로 높아졌다(〈그

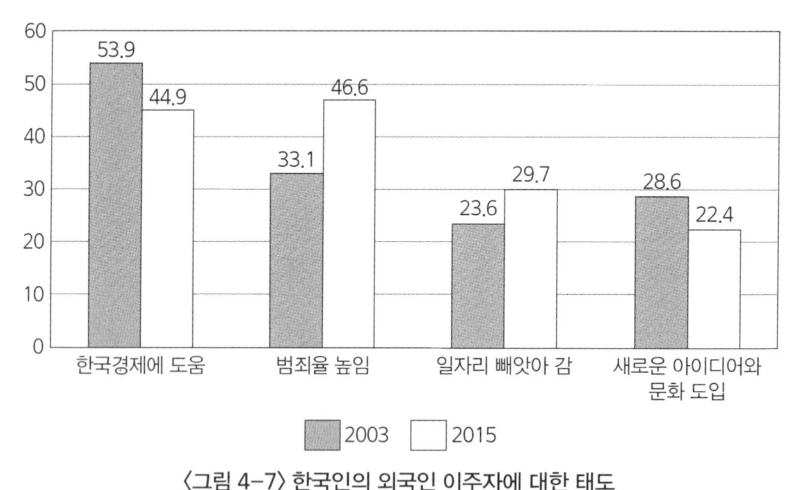

〈그림 4-7〉 한국인의 외국인 이주자에 대한 태도

자료: 『경향신문』, 2016.10.07.

림 4-7〉). 또한 이러한 외국인 이주자들이 '늘어야 한다'와 '줄어야 한다'는 점에 대한 응답비율은 2003년에 비해 2015년 모두 감소했고, '지금 수준을 유지해야 한다'는 응답이 38.4%에서 58.7%로 증가하였다(〈그림 4-8〉).

이러한 조사 결과를 종합해 보면, 다음과 같은 몇 가지 점들을 열거할 수 있다. 첫째 한국 사회의 기존 주민(또는 시민)들은 급증하고 있는 외국인 이주자들에 대해 혼란스럽고 이중적인 태도를 보이고 있다. 이들은 외국인 이주자들을 '함께 살아가는 이웃' 또는 '주민'으로 받아들이면서도, 이들은 지저분하고, 범죄의 위험이 있는 사람들로 인식하고 있다. 뿐만 아니라 이들은 다른 인종·종교·문화의 유입에 따른 다문화화에 대해 긍정적 입장을 가지면서도, 동시에 단일민족에 대한 자부심을 여전히 가진다. 이러한 혼란스러움이나 이중성은 현재 상황이 전환적이고, 이로 인해 원주민으로서 외적 충격에 대해 반응에 기인한 것으로 이해할 수 있을 것이다. 그러나 문제는 한국인들의 외국인 이주자들에 대한 인식은 긍정적 측면보다는 부정적 측면이 점차 커져가고 있으며, 이에 대한 적절한 대책이 마련되지 않을 경우 앞으로 더 커질 수도 있을 것이라는

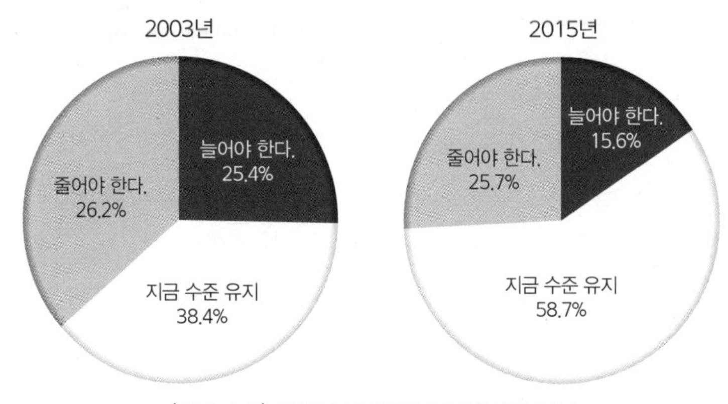

〈그림 4-8〉 외국인 이주자의 증감에 대한 인식

자료: 『경향신문』, 2016.10.07.

점이다.

둘째, 외국인 이주자들이 국가 경제나 지역사회에 미치는 긍정적 및 부정적 영향에 대해서는 시민들의 의식을 그대로 받아들이기보다는 이에 대해 더욱 객관적인 고찰을 필요로 한다. 즉 외국인 이주자들이 과연 중소기업의 인력난을 해소하지만 국내 노동자들에게는 별로 영향을 미치지 않으면서 지역이나 국가 경제에 이바지하는가, 또는 외국인 밀집 지역이 지저분하고 이들이 증가하면 범죄율이 올라가는가의 문제는 시민들이 막연히 인식하는 것과 실제 간에는 상당한 차이가 있을 것으로 추정된다. 이러한 점에서 외국인 이주자들과의 공생을 위한 사회공간적 윤리의 모색과 더불어 이들이 지역사회에 미치는 경제적, 정치적, 사회문화적, 공간환경적 영향에 대해 좀 더 객관적인 연구가 체계화되어야 할 것이다.

셋째, 외국인 이주자들에 대해 한국 시민들이 가지는 이러한 인식이나 태도는 자신들의 직접적인 체험에 근거한 것이라기보다는 정부나 언론의 홍보에 의해 많은 영향을 받은 것이라고 추정되며, 이러한 이데올로기의 본질에 대한 올바른 평가가 요구된다. 즉, 초국적 이주는 이주자 개인이나 개별 국가 또는 지역의 차원에서 어떤 의미에서 긍정적 측면을 가진다고 할지라도, 신자유주의적 지구화 과정을 배경으로 추동되는 자본의 지구적 순환 과정에서 심화되는 사회경제적 및 공간적 불균형을 전제로 하며 또한 이를 더욱 심화시킬 수 있다. 그럼에도 불구하고, 신자유주의적 국가 정책이나 이데올로기는 이러한 부정적 측면을 은폐 또는 무시하기 위한 담론을 확산시키고자 한다. 그 결과 시민들은 자신이 구체적 경험이나 지식 없이 막연하게 다문화주의를 받아들이는 경향이 있다. 이러한 점에서 '다문화주의' 또는 '다문화사회'로의 전환이 그 자체로 나쁜 것이 아니라고 할지라도, 신자유주의적 자본주의를 뒷받침하는 이데올로기로 비판되기도 한다(최병두 외, 2011, 제1장).

4. 초국적 이주의 거시적 배경과 한국 사회에 미치는 영향

1990년대 이후 우리나라뿐만 아니라 경제가 상대적으로 발전한 국가들로 초국적 이주가 급증하게 된 것은 기본적으로 이 시기에 부각된 지구지방화 과정을 배경으로 하고 있다. 지구화라는 용어는 흔히 국경을 초월한 생산, 교역, 투자 등과 이를 작동시키는 행위자로서 초국적 기업의 역할, 그리고 이러한 활동에 의해 점점 통합되고 있는 지구경제의 발전 과정을 개념화하기 위해 사용되고 있다. 이러한 경제의 지구화 과정은 사회공간적 조건으로서 시공간적 압축을 통한 재화, 자본, 정보기술 그리고 노동의 세계적 순환 또는 공간적 이동을 전제로 한다. 지구화 과정에 대한 초기 연구에서는 이 과정이 국가의 역할을 쇠퇴시킬 것으로 가정되었다. 한편으로 국제적 회의와 협약들과 이들을 집행하는 초국적 제도들(유엔뿐만 아니라 IMF, 세계은행 등)의 역할이 강화되고, 다른 한편으로 국가 내 개별 도시나 지역이 지역경제 계획과 이를 위한 역외 자본 유치 등을 위한 의사결정의 주체로 등장하게 되었음이 강조되었다. 그러나 그 이후 이러한 지구화 과정에서 행위자가 누구인가의 문제보다는 지구화 과정이 개별 지역의 사회공간적 변화를 추동할 뿐만 아니라 이를 전제로 하고 있다는 점, 즉 지구적 과정이 지방적 과정을 규정할 뿐만 아니라 창출하며, 지방화 과정을 통해 지구적 과정이 형성·재형성된다는 점에서 지구지방화(glocalization)라는 용어를 사용하게 되었다(Swyngedouw, 1996).[3]

이러한 지구지방화 과정은 자유시장, 자유무역을 전제로 한 시장의 통합을 통해 국제 경쟁에서 우위를 점하고, 국가를 경제 번영을 위한 길로 나아갈 수 있도록 하는 것으로 이해됨에 따라, 우리나라를 포함하여 대부분의 국가들은 이 과정에 편승하기 위하여 다양한 전략들을 강구하게 되었다. 그러나 지구지방화 과정에 대한 이러한 인식은 무역 및 금융시장의 자유화를 통해 초국적 기업의 영향력을 확대시키기 위한 신자유주의적 이데올로기에 불과하고, 실제 과정은 미국과 같이 세계적으로 힘의 우위에 있는 강대국들이 국제적 지배 질서를 재편하기 위한 전략적(신제국주의적) 메커니즘으로 이해되기도 한다(김미경, 2010; 한수경, 2011).

이와 같이 상반된 개념화 속에서 지구화라는 용어는 2008년 세계금융위기를 계기로 국가경쟁력 강화라는 미명하에 정계와 재계는 물론 학계에서도 슬그머니 자취를 감추고 있다. 이제 지구화라는 용어는 다소 진부한 개념이 되었지만 그러나 그 과정은 여전히 지속되고 있다는 점에서, 지구지방화라는 용어는 규범적으로 어떤 의미가 주어진 것이 아니라 새롭게 설명되어야 개념이라고 할 수 있다. 즉 지구지방화란 지구적 규모로 확장되는 세계경제체제하에서 국가나 지역들(그리고 이들의 고유한 문화)이 상호 보완적으로 공존 또는 '혼종'(hybriding)함을 의미하거나 또는 역으로 전 세계 문화가 동질화 또는 표준화(특히 미국화)되는 과정(신제국주의적 과정)으로만 이해될 수 없고, 실제 이 과정

3. 나아가 이러한 지구지방화 과정에 대한 연구에서 국가의 역할에 대한 재고찰과 시공간적 규모화에 대한 사고를 반영하기 위하여(즉 지구화 과정에서 국가의 역할이 상대적으로 축소되기보다는 그 역할을 지구적 및 지방적 차원으로 규모화하게 되었다는 점을 강조하기 위하여) 국가의 '지구지방적 재규모화'라는 용어가 사용되기도 한다(Brenner, 1998; 최병두 외, 2011).

이 어떻게 전개되고 있는가에 대한 경험적 연구를 통해 설명되어야 할 것이다.

초국적 이주 역시 지구지방화 과정을 배경으로 전개되고 있지만, 이에 반영된 구조적 함의는 주어진 것이 아니라 설명되어야 할 것이다. 즉 초국적 이주는 이주자 개인이나 집단이 자신에게 주어진 조건을 합리적으로 활용하여 생계유지를 위한 소득의 증대뿐만 아니라 사회공간적 생활 여건이 좀 더 좋은 지역으로 이동함으로써 자신의 삶의 질을 높이기 위한 것으로 이해되거나 또는 초국적 이주자(즉 생산요소로서 저렴한 노동력)의 유입을 통해 지역이나 국가의 경제가 새롭게 발전하고 지역들이나 국가들 간 균형발전이 이루어질 것이라고 기대하는 것은 어리석은 일이다.

반면 지구지방화 과정을 통한 자본주의의 경제정치적 재구조화는 새로운 제국주의적 관리·통제체제를 창출하고 초국적 노동력의 이주를 통해 계급적 위계화를 재조정하는 것이기 때문에, 이러한 초국적 이주를 막자고 주장하기도 어려운 상황이다. 자본의 유동에 따른 이주노동자의 초국적 이동은 인종화, 계급화, 젠더화의 문제를 전 지구적으로 확산시키고 있다. 특히 제3세계 여성들은 단순 이주노동자 또는 결혼이주자의 유형으로 선진국으로 이주하여 가족의 재생산에 기여할 뿐만 아니라 가사 및 서비스 영역에 직접 노동력을 공급함으로써 각종 저임금서비스업의 상품화·시장화를 촉진하고 심지어 성적 억압과 착취를 초래하고 있다. 이와 같이 인종, 계급, 젠더의 관점에서 중층적 소외를 불러일으키는 초국적 이주의 여성화 경향을 해결하기 위해 무조건 지구지방화 과정에 반대하거나 초국적 이주 자체를 막을 수는 없을 것이다. 따라서 지구지방화 과정과 초국적 이주의 문제를 세부적으로 분석하여 설명하는 것이 중요하다.

지구지방화 과정을 배경으로 초국적 이주자의 국내 유입이 급증하게 된 것은 지구적 차원에서의 세계 자본주의 경제정치체제의 변화와 더불어 국내에서 이들의 유입을 필요로 하는 사회공간 구조의 변화가 서로 조응하기 때문이라고 할 수 있다(〈그림 4-9〉 참조). 지구적 차원에서 보면(최병두 외, 2011, 제4장),

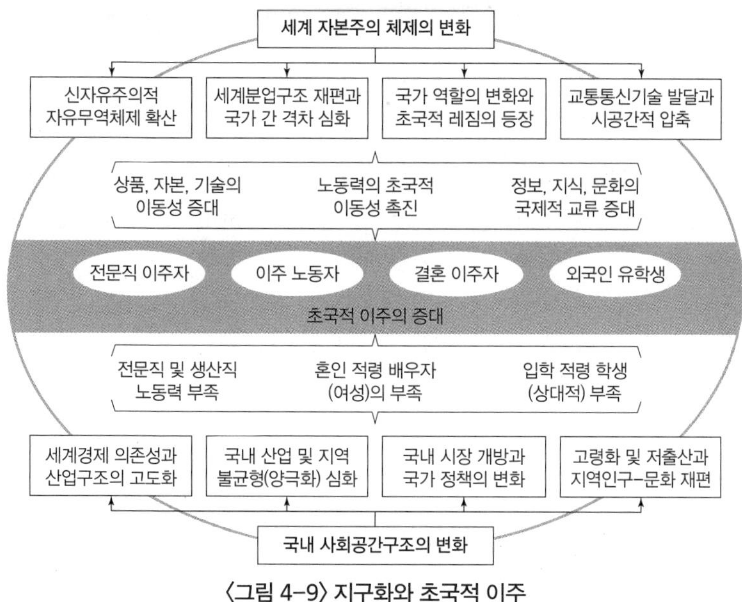

〈그림 4-9〉 지구화와 초국적 이주

초국적 이주는 첫째 시장의 논리를 신봉하는 신자유주의적 자유무역체제의 확산을 배경으로 한다. 즉 신자유주의화 과정은 자유시장, 자유무역의 지구적 확대를 위한 전제로서 상품화, 특히 자연과 인간 노동력의 상품화를 포함한다. 이에 따라 세계 인구의 점점 더 많은 부분은 자본주의 노동시장에 집적 통합되면서, 노동력의 초국적 이주를 촉진시키게 되었다.

둘째, 노동력의 초국적 이주는 기본적으로 지구적 규모의 세계분업구조의 재편과 국가 간 불균등발전을 배경으로 한다. 즉 신자유주의적 자본 축적의 지리적 불균등은 산업구조의 국제적 양극화와 더불어 특정 국가나 지역으로 부의 집중과 소득 증대를 촉진하는 한편, 여타 국가나 지역의 부의 유출과 소득 감소를 초래한다. 이러한 지리적 분균등 발전은 단순히 부의 유출/유입뿐만 아니라 상품화된 노동력의 유출/유입을 자극하고, 이에 따라 저발전 국가로부터 경제가 상대적으로 발전한 국가로 이동하게 된다.

셋째, 초국적 이주는 국민국가의 역할 변화와 초국적 레짐의 등장과 일정한 관계를 가진다. 즉 과거 폐쇄적 경계를 전제로 국민국가의 사회경제적 통합을 강조하던 국가의 역할은 경제정치적 초국가적 레짐(초국적 기업들과 유엔, IMF, World Bank 등으로 구성된)의 등장으로 인해 기능을 변화 또는 정확히 말해 지구적, 지역적 규모로 기능을 재규모화하게 되었다. 이에 따라 국경이 다공화되면서 상품이나 자본뿐만 아니라 초국적 이주자들의 유입/유출이 더욱 자유롭게 되었다.

넷째, 초국적 이주는 교통통신기술의 발달과 이에 의한 시공간적 압축을 전제로 한다. 즉 교통 및 정보통신 기술의 발달은 실제 초국적 이주를 가능하게 하는 물적 토대일 뿐만 아니라 네트워크의 활성화와 이를 통한 정보 전달의 초공간화로 분산된 가족들 간을 국제적 소통을 원활히 할 뿐만 아니라 이를 활용한 연쇄 이주를 촉진한다. 이러한 세계 자본주의체제의 변화를 초래하고 있는 주요 요인들에 따라 상품·자본·기술의 이동성 증대, 노동력의 초국적 이동성 촉진, 정보·지식·문화의 국제적 교류 증대 등이 촉진되었고, 이에 따라 초국적 이주가 급증한 것으로 설명될 수 있다.

다른 한편 국내적 상황에서 보면, 1990년대 이후 외국인 이주자의 유입 증대는 국내 경제정치체제와 이에 따른 사회공간구조의 변화와 관련된다. 사실 1990년 우리나라의 국내총생산(GDP)은 179.8조 원(2525억 달러)이었고, 이에 따라 1인당 국민소득은 5,886달러였다. 그 이후 국내 경제의 외형적 확대로 IMF 위기 직전 1996년 국내총생산은 5200억 달러, 1인당 국민소득은 11380달러로 증대하게 되었다. 이러한 국내 경제의 성장은 제3세계 국가들, 특히 중국 및 동남아시아의 다른 국가들과의 소득 격차를 확대시키면서 외국인 이주자의 유입을 촉진하는 주요한 계기가 되었다. IMF 위기로 인해 경제침체와 더불어 외국인 이주자들의 유입도 감소했지만, IMF 위기가 상당 정도 극복된 후 2002년부터 다시 외국인 이주자들의 유입이 급증하였고, 2008년 국제 금융위기의 여파로 2009~2010년 사이 증가 추세가 다소 주춤하게 되었다.

이러한 외국인의 이주 증대는 한국 경제의 외형적 성장 추이뿐만 아니라 더욱 구체적으로 경제정치체제 및 이에 따른 사회공간구조의 변화와 관련된다. 첫째, 국내 외국인 이주자의 급증은 한국 경제의 세계 의존성 증대와 산업구조의 고도화와 우선 관련된다. 한국 경제는 1960년대 이후부터 수출입을 촉진하여 경제성장을 추구하는 대외의존적 경제로 발전해 왔지만, 특히 1990년대 이후 표준화된 포드주의적 생산체계와 이에 의해 생산된 상품 수출입 전략의 한계로 국내 시장의 확충, 해외직접 투자의 확대, 그리고 첨단기술산업(특히 정보통신산업)의 육성 등을 추구하게 되었다. 이러한 과정에서 국내 경제의 성장은 세계경제와의 상호의존성을 확대시키면서 해외로부터 자원이나 자본뿐만 아니라 탈숙련 노동력을 가진 단순 이주노동자들과 정보기술을 보유한 전문직 이주자들의 유입도 필요로 하게 되었다.

둘째, 초국적 이주는 국내 경제적(즉 산업 및 소득) 불균등과 지역적 불균등의 심화에 따라 촉진되었다. 즉 국내 경제와 1인당 국민소득은 전반적으로 성장했지만, 국내 산업 및 소득의 불균등(양극화)의 심화로 상대적으로 저소득 직종(즉 이른바 3D업종)에 대한 취업을 기피하게 되었다. 뿐만 아니라 기존에 농촌으로부터 저렴한 노동력을 공급 받았던 도시의 산업들은 더 이상 국내에서 새로운 노동력의 공급을 기대하기 어렵게 되었다.

셋째, 초국적 이주는 정부의 국내 시장 개방 등과 같은 국가 정책의 변화와 일정한 관계를 가진다. 즉 1990년대 이후 중소업체들을 중심으로 노동력 부족을 겪게 됨에 따라 외국인 이주자들의 국내 유입을 공식적으로 허용하게 되었으며, 또한 비공식적으로 '불법' 체류를 묵인하고 있다. 즉 정부는 이주노동자에 대해 체류기간을 제한하는 순환근로제 원칙을 적용하고 있으며, 기간이 만료된 체류자에 대해서 때로는 대규모로 단속하지만 2015년 현재 20만 명이 넘는 외국인이 체류기간 만료로 미등록(불법) 상태로 국내에 체류하고 있다.

넷째, 초국적 이주는 고령화 및 저출산에 따라 경제활동 인구의 전반적 부족과 더불어 지역사회(특히 농촌)에서의 결혼 배우자 부족과 이에 따른 국제결혼 나아가 외국인 이주자에 대한 인식의 변화와 밀접한 관계를 가진다. 근대화된 도시지역뿐만 아니라 농촌지역에서도 일손 부족과 더불어 가족의 재생산, 즉 가계의 대를 이어 유지·번성시켜야 한다는 전통적 가족의식 때문에 외국인 이주여성을 가족의 일원으로 받아들이는 다문화 의식을 가지게 되었다.

세계 자본주의 경제정치체제의 변화와 국내 사회공간구조의 변화를 배경으로 대규모로 유입된 초국적 이주자들이 한국의 지역사회에 어떤 영향을 미치게 되었는가는 또 다른 문제라고 할 수 있다. 물론 외국인 이주자의 유입을 필요로 하는 국내 경제 상황을 전반적으로 고려해 보면, 이들의 유입을 필요로 하는 조건들이 어느 정도 충족됨으로써 지역경제 나아가 국가경제 발전에 기여할 것으로 가정해 볼 수 있다. 그러나 실제 이들이 지역 및 국가의 경제에 어떤 영향을 미치는가, 그리고 경제적 측면에서 비록 긍정적 효과를 가진다고 할지라도 사회문화적 측면에서 어떤 영향을 미칠 것인가에 대해서는 좀 더 꼼꼼히 따져보아야 할 문제이다. 외국인 이주자들 가운데 가장 큰 비중을 차지하는 이주노동자의 경우, 이들이 지역경제의 주요 영역이나 세부 내용에 미치는 영향은 매우 다양하다. 즉 지역경제의 주요 영역을 지역생산성, 지역산업구조, 지역노동시장으로 구분하고, 이들을 다시 세부 내용별로 살펴보면 매우 상이한 영향을 미칠 것으로 추정해 볼 수 있다.

지역의 제조업부문으로 유입된 단순 이주노동자가 지역경제에 미칠 영향을 각 영역별, 세부내용별로 추정해 보면 다음과 같다(최병두 외, 2011, 제4장 참조). 첫째 지역생산성의 영역에서, 이주노동자의 유입은 임금 절감에 따른 제품 가격의 경쟁력을 향상시키고, 이에 따라 국내 시장을 확대하거나 해외 수출을 증대시키고, 또한 (최소한 단기적으로) 지역생산성을 증대시켜서 기업의 이윤을 증대시키고 추가 투자의 확대를 가능하게 할 것으로 기대된다. 그러나 이를 효과를 가지도록 하기 위해서는 이주노동자의 임금은 계속 낮게 유지되어야 하는 문제를 가지며, 이들의 낮은 임금과 그나마 해외 송금으로 인해 구매력이 약화되면서 내수시장이 둔화되는 결과를 초래할 수 있다.[4]

둘째, 지역산업 구조의 영역에서 보면, 이주노동자의 유입은 한계 상황에 봉착한 노후 기업들(특히 노동집약적 업종들)에게는 생산 활동을 지속시킬 수 있는 새로운 방안을 마련해 주지만, 산업재구조화를 통한 신규 업종으로의 전환이나 생산설비의 자동화 및 혁신을 차단시켜서 지역 산업구성의 고도화를 지연시키거나 생산의 효율성을 감소시킬 수 있다. 또한 이주노동자의 유입으로 생산설비의 해외 이전을 억제함으로써 지역산업의 공동화를 막아 줄 것이라고 가정해 볼 수 있지만, 실제 연구 결과 이주노동자의 유입은 해외직접투자와는 큰 관계가 없으며, 따라서 해외이전에 따른 지역산업의 공동화를 막아 줄 것이라고 예측하기는 어렵다.

셋째, 지역노동시장의 영역에서, 이주노동자의 유입은 노동시장의 세분화를 통해 기존 노동력의 지위를 향상시키는 보완효과를 가질 수 있지만, 시간의 경과에 따라 국내 단순 노동자를 대체하여 오히려 실업을 증대시키는 효과를 가질 뿐만 아니라 전반적으로 노동의 협상력 저하로 이어져서 노동조건을 전반적으로 악화시킬 수 있다.

종합해 보면, 외국인 이주자(특히 이주노동자)의 유입 증대는 자본주의 경제의 지구화 과정뿐만 아니라 한국 자본주의 경제의 성장 과정과 일정한 관계를 가지며, 특히 지역의 노동집약적 중소업체들의 노동력 부족을 해소하고 생산성을 증대시킴으로써 지역경제를 단기적으로 활성화시킬 수 있다. 그러나 다른 한편 이러한 이주노동자의 유입은 지역 중소기업들의 이해관계를 단기적으로 충족시킬 뿐이고, 장기적으로 보면 지역 생산성 저하, 산업 재구조화의 지연, 노동시장의 악화 등을 초래할 가능성을 내포함으로써 장기적으로 지역경제에 부정적 영향을 미치는 것으로 추정된다. 그러나 외국인 이주자들이 지역이나 국가 경제에 미치는 영향이 어떠하든지 간에, 일단 지역사회에 유입된 외국인 이주자들의 삶과 문화 그리고 인권과 여러 사회적 권리는 당연히 보장되어야

4. 한국은행에 따르면 2010년 계약기간 1년 미만의 외국인 단기 근로자에게 지급된 급료는 10억 8천만 달러로 2009년 6.5억 달러보다 66% 늘어났다. 계약기간 1년 미만의 근로자에게 지급된 급료는 대부분 해외로 송금되는 것으로 추정된다(『한국경제신문』, 2011.4.11).

할 것이다.

5. 국민국가의 성격 변화와 외국인 이주 정책

초국적 이주의 증대는 기존의 국민국가가 가지고 있었던 국가적 정체성에 심대한 영향을 미치면서, 이에 근거를 두고 있었던 외국인 이주 정책의 변화를 초래하고 있다. 사실 국경을 가로지르는 초국적 이주의 증대는 일정한 영토적 경계에 바탕을 두고 배타적 주권을 행사하고자 하는 국민국가의 성격을 변화시키고 있다. 서구의 경우 1648년 베스트팔렌 조약 이후 탄생한 이러한 근대국가의 개념은 사법적 관할권과 정치적 권위의 행사를 국가별로 구분된 영토적 경계에 바탕을 두고 그 공간 내에서 배타적 주권을 가지는 것으로 이해되었고, 1789년 프랑스혁명을 거치면서 한 국가 내의 주권이 군주가 아니라 그 국가를 구성하는 국민들에게 귀속되는 것으로 규정하게 되었다. 이러한 국민국가의 개념은 20세기 후반까지 동질적 문화를 가진 국민들로 이루어진 정치체제의 기본단위로 간주되었다(이동수, 2008, 6). 그러나 실제 이러한 국민국가의 개념에 해당되는 국가는 서유럽의 일부 국가들과 아시아의 경우 한국과 일본 등에 한정된다.[5] 특히 한국인들은 일반적으로 오랜 역사 동안 단일 혈통, 단일 문화를 유지해온 것으로 믿고 있으며, 국가 또는 지배집단은 이를 사회공간적 통합과 충성심을 유도하기 위한 이데올로기로 동원하고 있다.

그러나 실제 한국 사회가 역사적으로 단일민족·단일문화를 유지해 왔는가는 또 다른 문제이다. 임혁백(2010, 12)은 한국인이 중국인보다 오래된 북방유

5. 아시아·아프리카 국가들은 대부분 다인종, 다종교, 다언어 사회, 즉 다문화국가들이다. 중국의 경우는 55개 민족으로 구성된 국가이며, 언어, 민족, 종교 등 문화적인 면에서도 다양하다. 다문화국가인 인도의 경우에도 18개에서 24개까지의 공식 언어가 사용되며, 600개 이상의 지역 언어가 있으며, 소규모 도시국가인 싱가포르의 경우도 네 개의 공식 언어를 사용하는 다민족다문화국가이다.

목민으로 한반도에 정착하게 된 고조선 이후 오늘날에 이르기까지 다양한 문화적 요소들을 다양한 배경과 경로를 통해 받아들였음을 서술한다. 이에 따라 "우리 한국인의 정체성에는 다양한 다문화적 요소들이 포함되어 있으며, 이러한 다문화적 요소들이 융합되어 오늘날 우리 한국인의 정체성을 형성하고 있다"고 주장하고, "또한 우리는 역사적으로 이질적인 것을 배척하기보다는 오히려 주체적으로 흡수하여 발전시켜 왔다"는 점을 강조한다. 물론 과거의 역사 속에서 다양한 문화들이 어떻게 어느 정도 혼합되었는지는 확인하기 쉽지 않다고 할지라도, 경험적으로 이미 20세기 이후 근대 문명의 유입과 일제 식민지배의 와중에서 '다문화'의 역사적 경험은 일상적 시·공간 속에서 체득되었다고 할 수 있다. 즉 "개화, 식민지, 전쟁, 분단 등의 역사적 과정에서 진행된 광범위한 '이주의 증가'와 다양한 문화 융합의 사례 등은 이미 한국 사회의 '내부'에서 다문화적 현상이 확산되고 있었던 징후"라고 할 수 있다(김신정, 2010, 114). 이와 같이 한국 사회가 그동안 (최소한 개념적으로) 유지해 오던 단일민족·단일문화국가가 이데올로기적인가의 문제는 역사적으로 해석되어야 할 문제이지만, 이러한 이데올로기가 실제 최근 급증하고 있는 외국인 이주자들에 대한 인식과 정부의 정책에 영향을 미치고 있으며, 진정한 의미의 다문화사회로 나아가는데 어떤 역할을 하는가에 대한 고찰은 현실적으로 중요한 의미를 가진다.

서구의 경험에 근거를 두고 있긴 하지만, 외국인 이주자 관련 정책은 흔히 세 가지 유형(또는 모형), 즉 차별적 배제모형, 동화모형, 다문화주의 모형으로 구분된다(〈표 4-9〉 참조). 만약 한 국가가 단일민족·단일문화의 이데올로기를 강력하게 고수할 경우 외국인 이주자 정책은 기본적으로 차별적 배제 모형을 택할 것이고, 지구적 및 국가적 상황 속에서 불가피하게 외국인 이주자들을 불가피하게 수용한다고 할지라도 이들에 대한 정책은 동화모형을 택하게 될 것이다. 그러나 지구화 과정이 지속되면서 외국인 이주자들의 유입이 가속화될 경우, 이러한 모형들의 정책들을 고수하기가 쉽지 않게 되고, 따라서 흔히 이른바 다문화주의 모형으로 전환하게 될 것으로 예상한다. 이에 따라 최근 외국인 이

〈표 4-9〉 외국인 이주자 관련 정책 모형

	차별적 배제 모형	동화모형	다문화주의 모형	주변화 모형
정책의 정향성	국가가 원하는 이주자에 대해 영주권 부여, 원하지 않는 이주자는 영주 가능성 차단, 차별화하려 함	'국민됨'을 전제로 조속한 동화를 지원하고 제도적으로 내국민과 평등하게 대우하려 함	이주자의 다른 문화를 존중하고, 이에 대한 보존을 지원하고 정체성과 인권을 인정하려 함	이주자의 능력 일부(생산에 기여)를 인정하지만 최소한 지원으로 사회적 문제를 해소하려 함
정책 목표	외국인 이주자의 배제 또는 최소화	외국인 이주자의 주류 사회 동화	외국인 이주자와 공존을 통한 통합	외국인 이주자 허용, 계층화
국가 역할	적극적 규제	제한적 지원	적극적 지원	소극적 지원
이주민에 대한 태도	이방인, 위협적 존재	완전한 동화를 전제로 인정	동등한 타자성과 관용	차별적(낮은 계층적) 존재
법적 수단	단속 및 추방	동화의 제도화	제반 권리 인정	분리 방치, 규제
정주화	불가능	가능	가능	비교적 가능
정체성	이질화	동질화	다원화	계층화

자료: 최병두·김영경, 2011, 359.

주자들을 수용하는 대부분의 국가들은 다문화주의 정책으로 전환한 것으로 가정하고, 이에 따른 담론들을 제시·유도한다. 우리나라보다 약간 일찍 시작되었지만 유사한 경로를 전개되고 있는 일본의 다문화사회로의 전환에서도 '내향적 국제화', '다문화공생'과 같은 개념들을 중심으로 다문화 담론과 정책을 추구하고 있다. 우리나라에서도 아래에서 논의할 바와 같이, 2000년대 중반 정부는 다문화사회로의 전환을 인정하고 이에 적합한 정책을 모색하고자 한다.

그러나 실제 우리나라나 일본뿐만 아니라 서구 국가들의 외국인 이주 관련 정책을 분석해 보면, 다문화주의 모형을 지향하기보다 주변화 모형을 전제로 하는 것처럼 보인다. 주변화 모형이란 이주자의 능력 일부(경제적 생산 및 사회적 재생산에의 기여)를 인정하지만 이러한 능력을 인정하는 대가로 발생하는 사회공간적 문제에 대해서 최소한 지원 정책으로 해소하려는 성격을 가지며, 이에 따라 외국인 이주자의 유입이 허용되지만 하위계층의 차별적 존재로 간주한다. 이러한 모형에 입각한 정책을 통해 "외국인 이주자를 받아들인 국가들은 이들을 필요로 하는 상황, 즉 저임금 노동시장의 수요나 저소득층 가구들(농촌뿐만 아니라 도시의) 적령기 배우자의 부족을 충족시킴으로써, 국가적, 지역적 이해관계를 실현시키고자 하지만, 실제 이들은 유입된 국가의 새로운 하위계층을 형성하면서 기존의 사회구성원들로 하여금 사회경제적 지위를 상대적으로 상승시킬 수 있도록 하는 반면, 자신은 사회[공간]적으로 소외·주변화되게 된다"(최병두·김영경, 2011, 360). 외국인 이주에 대한 주변화 모형은 한 국가의 정책뿐만 아니라 기존 주민들의 인식에서도 암묵적으로 함의되어 있으며, 이러한 주변화 모형의 채택 여부는 어떠한 사회문화적 지향(즉 단일문화 또는 다문화 지향)을 가지는가의 문제라기보다는 어떠한 정치경제적 성향을 가지는가에 더 많이 의존한다.[6]

우리나라의 외국인 이주자 정책은 2000년대 중반 이전까지는 매우 미흡한 상태였다. 즉 1990년대 외국인 이주자들이 급속하게 유입되면서 이주노동자와 결혼이주자들에 대한 개별 정책들이 시행되었지만, 실제 이들에 대한 종합적 대책은 없었다고 할 수 있다. 2006년에 들어와서 정부는 당시 '빈부격차차별시정위원회'를 중심으로 다문화사회로의 전환에 대비한 외국인 이주자와 이들의 자녀(혼혈인)들에 대한 차별 해소와 사회통합에 관한 종합대책을 마련하게 되었다(이혜경, 2008; 김미나, 2009).

이 종합대책은 기본적으로 그 이전 외국인 이주자들을 통제·관리하기 위한 정책 패러다임에서 이들의 인권보장과 상호이해 및 존중을 전제로 한 새로운 정책 패러다임으로의 변화를 전제한 것이었다(〈표 4-10〉). 즉 2000년대 중반 이후 우리나라의 외국인 이주자 정책은 '다민족·다문화사회로의 전환'을 공식 슬로건으로 내걸고 다문화주의적 정책을 강구하게 되었다. 그러나 정부의 이

6. 이러한 설명과 다소 유사하게, 한국 사회에서 같은 민족인 혼혈인을 타자화시키는 메커니즘을 '순혈민족주의'와 '인종주의' 및 '위계적 민족성' 개념으로 설명한다(설동훈, 2007). 그러나 이러한 설명은 사회문화적 측면에서 의미를 가지지만, 정치경제적 배경을 고려하지는 못하고 있다.

〈표 4-10〉 2000년대 중반 외국인 이주 정책 패러다임의 변화

구분	과거 패러다임	새로운 패러다임
정책 기조	국익 우선	국익과 인권보장
외국인 처우	통제、관리	상호 이해와 존중
추진체계	개별 부처 추진체계	총괄 추진체계
정책 평가	단편적 · 비체계적	정책품질관리(종합평가)

자료: 이혜경, 2007.

러한 다문화주의 패러다임의 선언은 지구화 과정에서 외국인 이주자들의 대규모 유입에 따른 불가피한 것이었고, 실제 정부의 다문화 정책은 여전히 외국인 이주자들을 국가 경쟁력 강화를 위한 수단으로 인식하고 이들에 대한 체류 질서를 확립하기 위한 '온정주의적' 방안으로 제시된 것이라고 평가되고 있다.

뿐만 아니라 이명박 정부 이후 10년 동안은 이러한 온정주의적 정책조차 제대로 시행되지 않고 있다고 하겠다. 물론 이 시기에도 정부(이명박 정부와 박근혜 정부)는 외국인 이주 정책을 중장기적 관점에서 추진하기 위하여 '제1차 외국인정책 기본계획'(2008~2012)을 수립 · 시행하였고, 또한 '제2차 기본계획'(2013~2017)을 입안하여 시행하고 있다. 제1차 기본계획에서 정부는 정책의 기본목표로 적극적인 이민 허용을 통한 국가경쟁력 강화, 질 높은 사회통합, 질서 있는 이민행정 구현, 외국인 인권 옹호를 설정했고, 제2차 기본계획에서는 경제 활성화 지원과 인재 유치, 대한민국의 공동가치가 존중되는 사회통합, 체계적인 이민자 사회통합프로그램 운영, 차별방지와 문화 다양성 존중, 국민과 외국인이 안전한 사회 구현, 국제사회와의 공동발전 등을 제시했다. 그러나 실제 정부의 외국인 이주 정책은 사회 · 경제적 필요에 따른 이주자들의 유입과 이들의 사회통합에 우선순위를 두었고, 이로 인해 이주노동자뿐만 아니라 결혼이주자들의 인권이나 복지에 대해서는 무관심하거나 방치하는 경향을 보였다(최홍엽, 2017).

나아가 이러한 정부주도적 정책은 이들의 유형에 따라 달리 적용되고 있다

는 점이 지적될 수 있다. 즉 외국인 이주자의 유형에서 가장 큰 비중을 차지하는 이주노동자에 대한 정책은 다문화주의적 정책이라고 보기는 매우 어렵고, 여전히 차별적 배제주의에 근거하고 있다. 물론 최근 (단순) 이주노동자들에 대한 산재보험, 최저임금 노동 3권 보장 등을 허용하게 되었지만, 이들이 필요로 하는 다양한 복지서비스와 시민권은 보장되지 않을 뿐만 아니라 취업기간을 제한하여 기간이 만료되면 고국으로 돌아가서 다시 심사를 받고 재입국하도록 규정하고 있다. 다른 한편 결혼이주자에 대한 정책은 다문화주의 모형보다는 동화모형에 더 가까운 것으로 평가된다. 물론 2006년 이후 결혼이주자와 그 자녀 등을 지원하기 위해 '다문화가족 관련 서비스–생애주기별 맞춤형 서비스' 방안이 마련되기도 했지만, 이러한 정책 방안 역시 결혼이주자 가족들이 어떻게 보다 원만하고 신속하게 한국의 지역사회에 적응·통합하도록 할 수 있는가에 초점을 두고 있다. 이와 같이 외국인 이주자 관련 정책이 유형별로 상이한 특성을 가진다는 점은 정부가 이들의 유형에 따라 다른 이해관계를 가지고 있으며, 따라서 이를 실현하기 위하여 상이한 정책적 성향을 적용하기 때문인 것으로 이해된다.

외국인 이주자들에 대한 이러한 중앙정부의 (외형적인) 패러다임 변화와 실제 유형별로 차별적인 방안의 시행은 지방자치단체들에게도 일정하게 반영되고 있다. 지역단위에서 외국인 이주자들을 지원하기 위한 시민단체들의 활동은 그 이전부터 있었지만, 지자체가 이들에 관한 정책에 관심을 가지게 된 것은 2006년 중앙정부가 관련 정책을 추진하게 된 이후부터라고 할 수 있다. 즉 일본과는 달리(최병두 외, 2011), 우리나라의 외국인 정책은 중앙정부에서 먼저 본격화되었고, 지자체는 대체로 이러한 중앙정부의 정책을 집행하는 수동적 역할에 수행하는 정도이다. 심지어 중앙정부의 여러 부처들은 정책 목표를 달성하기 위하여 직접 지역조직을 구성·운영하는 양상을 보이고 있다. 예로 법무부는 '사회통합프로그램'을 운영하면서 지역거점운영기관을 두고 있으며, 여성가족부는 다문화가족지원법에 근거하여 2016년 현재 전국에 217개소의 다문화가족지원센터를 운영하고 있다. 또한 고용노동부도 일부 지역에 외국인력지원센터(또는 외국인근로자지원센터)를 두고 이주노동자에 대한 지원 시책을 관장하고 있지만, 전국적으로 7곳에 불과하다(박세훈, 2011, 9). 이와 같이 외국인 이주자에 대한 중앙정부의 정책이 지역사회의 특성을 고려하지 않은 채 기획되고 또한 기획지방자치단체들의 매개 없이 지역에 직접 집행되면서, 정책의 중복과 과잉, 실효성 저하, 추진주체들 간의 갈등 등을 유발하고 있다.

이로 인해 지역사회에서 시행되고 있는 외국인 이주자 관련 정책들은 지역적 특성을 적절하게 반영하면서 지역에 거주하는 외국인 이주자들이 실제 필요한 다양한 지원 프로그램들을 개발, 시행하기보다는 지역 간에 별 차이가 없이 한글교실이나 문화축제 등 획일적인 프로그램들을 일방적으로 시행하고 있다. 특히 지자체들(특히 군단위 지자체)은 주로 결혼이주자를 대상으로 한 지원 방안의 모색에는 그나마 관심을 가지고 있지만, 이주노동자들에 대해서는 거의 관심을 보이지 않고 있으며 이들을 위한 일부 프로그램들을 제시하는 경우에도 획일적이고 일방적인 내용으로 실제 외국인들의 참여를 제대로 끌어내지 못하고 있다. 물론 안산시 원곡동에서 문화예술 공동체 '리트머스'에 의해 전개되고 있는 커뮤니티 아트는 지역 예술가들만 아니라 관으로부터 재정 지원을 받는 한편 이주민 지원단체들과 협력관계를 유지하면서 활동을 함으로써 "소수자의 문화 권리를 확보하고 문화 역량을 강화하며 지역발전의 모멘텀을 제공할 수 있다는 점에서 그 의의를" 가지는 것으로 평가된다. 그러나 지역사회 통합을 지나치게 강조하는 목적성으로 인해 순수한 다문화적 예술성이 상실될 수 있기 때문에 "지역의 사회공간적 맥락 속에서 문화예술의 본질을 유지하며 커뮤니티 아트를 전개할 필요가 있다"는 점이 제시되기도 한다(김희순·정희선, 2011, 93).

이러한 점들을 고려해 보면, 우리나라의 외국인 이주자 정책이 나아가야 할 방향으로 다음과 같은 몇 가지 사항이 제시될 수 있다. 첫째 외국인 이주 관련 정책은 단순히 외형적으로 다문화주의 정책 패러다임을 표방하는 정도가 아니라 실질적으로 이를 반영한 구체적 내용들을 개발하고 진정한 의미의 다문화주의 담론을 선도해 나가야 한다. 외국인 이주자들의 급속한 유입으로 인해 다문화사회로의 전환을 불가피하게 인정하면서도 이들을 기존의 질서와 제도에 따라 사회(공간)적으로 통합시키기 위해 차별적 배제 또는 동화주의적 정책을 시행한다면, 실제 이들의 주체적 참여와 자발적 통합을 이루어내기 어렵다. 또한 다문화주의를 표방하면서 실제 자민족·자문화우월주의에 기반을 두고 외국인 이주자들을 주변화시키기 위한 정책을 시행하고 담론을 주도한다면, 여론 형성의 중심에 있는 언론매체들이나 일반시민들 역시 이러한 의식 속에서 외국인 이주자들과의 긴장과 갈등을 해결하기 어렵게 될 것이다.

둘째, 외국인 이주자들에게 필요한 정책은 물론 중앙정부에 의해 국가적 차원에서 개선되어야 할 점들(국적 취득 문제, 출입국 관리 문제 등)도 포함하지만 무엇보다도 실제 이들이 생활하는 지역단위에서 지방자치단체들의 적극적인 관심과 지원 방안들로 구성되어야 한다. 즉 외국인 이주자 관련 정책들은 중앙정부에 의해 일방적으로 제시될 것이 아니라 이들이 직접 참여하면서 지역의 특성이나 사회공간적 맥락을 반영해야 한다는 점이 강조될 수 있다. 따라서 지방자치단체들은 외국인 이주자들의 의견이 지역 정책에 반영될 수 있는 거버넌스 체제를 구축할 뿐만 아니라 지자체들 간 외국인 이주 관련 정보 및 정책적 방안들을 교류하여 상호 협력적이지만 중첩되지 않는 다양한 지원 프로그램들을 모색해 나가야 할 것이다.

셋째, 외국인 이주자들을 위한 정책은 단순히 시혜적인 복지 제공을 능가하여 이들이 지역사회에서 살아가면서 필요한 사회문화적, 정치·경제적 권리를 보장하는 것을 주요 내용으로 해야 한다. 외국인 이주자들은 최소한 일정 기간 동안 국적으로 가지지 못하기 때문에, 국적에 근거한 권리의 개념을 벗어나서 새로운 의미의 다문화적 시민권 개념이 강조되고 있다(Kymlicka, 2003; 최현, 2008). 기존의 시민권 개념은 국민국가의 구성원들에게 한정되었지만, 다문화사회에서 시민권은 누가 시민(또는 주민)인가라는 공동체 구성원의 자격 및 지위 문제 그리고 인종 및 문화의 다양성에 직면한 공동체의 정체성과 통합의 문제와 관련된다(Joppke, 2007). 나아가 다문화 사회공간에서의 시민권은 국가적 개념에서 지구지방적 시민권의 개념으로 재규모화되고 있다(최병두, 2011a, 제7장).

6. 맺음말: 초국적 이주의 지리학을 위하여

지난 1990년대 이후 외국인 이주자들의 유입이 급증하였고, 이제 지역사회에서 이들을 접할 수 있는 기회가 빈번해지고 있다. 오늘날 초국적 자본의 세계화 과정 속에서 촉진되고 있는 이러한 외국인 이주자의 유입 증대와 지역사회에서 상호작용의 확대는 경제의 영역에서부터 정치, 사회·문화의 문제에 이르기까지 모든 면에 영향을 미치고 있다. 뿐만 아니라 지구지방화 과정과 특히 이를 배경으로 전개되는 초국적 이주의 증대 그리고 이에 따른 다문화사회(공간)로의 전환은 기존의 학문분과들에서 사용되어온 전통적 개념들과 이론들의 재구성을 요구하는 심각한 도전이라고 할 수 있다. 이러한 전환 과정은 국가의 역할과 정체성, 이와 관련된 영토, 국경의 개념을 변화시키기 때문에 국민국가의 개념에 근거를 둔 전통적 '한국학'으로부터 벗어날 것을 요구한다.

뿐만 아니라 지구지방화 과정 및 외국인 이주자의 초국적 이주와 새로운 지역사회에서의 정착 과정 자체가 공간적 개념들을 내포한다는 점에서, 지리학에 큰 충격을 주고 있다. 즉 초국적 이주는 공간적 차원을 함의한 지구지방화 과정, 특히 송출국과 유입국 간의 국가 간 불균등발전을 전제로 하며, 또한 교통통신기술의 발달과 이에 따른 '시공간적 압축'에 의해 뒷받침된다. 그리고 이러한 초국적 이주는 국가를 가로지르는 이동으로서 탈영토화와 새로운 지역에의 정착이라는 재영토화 과정으로 이해된다는 점에서, 지리학자들뿐만 아니라 사회과학 및 인문학 일반에서도 이러한 공간적 측면에 더 많은 관심을 가지게 되었다. 뿐만 아니라 유입국에서도 이주자들의 분포는 지역 간에 불균등할 뿐만 아니라 지역 내에서도 흔히 노동시장의 분절과 더불어 거주지의 분화를 유발하고 있다. 이들의 정체성은 지역사회에서의 기존 주민들과의 상호관계 속에서 새로운 장소성을 반영하며, 또한 기존 주민들도 이들과의 상호관계 속에서 자신의 정체성을 변화시켜 나간다.

이러한 점들을 포괄적으로 함의하기 위하여 '다문화사회'보다 '다문화공간'이라는 용어 사용이 더 적절하다는 점이 제안되었고(최병두 외, 2011; 정병호·송도영, 2011), 실제로 상당히 널리 사용되고 있다. 지구지방화와 초국적 이주·정착 과정은 이러한 다문화공간의 개념화에서 나아가 이러한 과정을 통해 지역사회 나아가 국가와 세계의 경제, 정치, 사회문화가 어떻게 전환하고 있는가에 관한 이론적 연구를 요구한다. 즉 이는 분절된 단위 지역들과 이와 이분법적으로 구분되는 국가 및 세계의 개념에서 벗어나서 지구화와 지방화가 변증법적으로 상호작용하는 과정, 즉 '지구지방화' 과정을 함의한 지리학의 발전을 요청한다. 이와 같이 초국적 이주에 함의된 공간적 측면을 이해하고 그 문제점들을 도출하고 대안을 제시하기 위하여 지리학 분야에서 이에 관해 좀 더 구체적인 연구가 필요하지만, 우선 지리학의 기본 개념인 지역과 장소, 국가(영토 및 국경)와 민족 등의 개념이 어떻게 변하고 있는가, 그리고 이에 더하여 새롭게 제기되고 있는 세계시민과 지구지방적 권리의 개념 등이 어떻게 초국적 이주의 지리학에 도입되어야 하는가를 간략히 살펴보고자 한다.

첫째 초국적 이주의 지리학은 지역과 장소의 개념 변화를 요구한다. 지리학은 흔히 지역연구의 전통 속에서 지역을 자기 완결적 단위공간으로 이해하고, 한 지역의 성격을 구성하는 다양한 현상들을 종합적으로 고찰하고 다른 지역과 어떤 차이를 가지는가를 규명하는 학문으로 정의되었다. 그러나 이제 지역은 결코 고립·폐쇄된 공간이 아니라 상호 연계되고 의존할 뿐만 아니라 국가적인 것에서 나아가 지구적인 것과 연계됨으로써, 지역적인 것과 지구적인 것을 더 이상 구분하기 어려운 상황이 되었다. 상호연계와 상호의존의 네트워크가 급속히 발전·확장되고, 그 네트워크 안에서 개인적, 지역적, 국가적, 국제적, 지구적 차원들이 공존하면서, 이들 간 상호작용이 증대하고 지역적 규모의 활동이 국가적 매개 없이 지구적 규모와 연계되는 '규모 뛰어넘기', 그리고 국가적 규모의 정부 활동이 지구적 및 지역적 규모로 확장되는 국가 활동의 재규모화 등이 만연하게 되었다(정현주, 2008).

이에 따라 장소의 개념도 변하게 되었다. 장소란 흔히 생활공간 속에서 이루어지는 일상적 활동을 통해 의미가 부여되고 이를 통해 일상생활 문화가 (재)형성되는 터전으로 이해되었다. 그러나 이제 일상생활이 영위되는 생활공간과 문화가 형성되는 터전으로서 장소가 분리되게 되었다. 한 생활공간 내에서 다양한 문화가 혼재하면서, 문화와 장소 간의 일대일 관계가 끊어진 것이다. 이러한 점에서 "'물리적으로' 여전히 동일한 지역일지라도, 지구적으로 떠도는 수많은 문화들이 접촉하면서 복합적으로 연계되면서 '현상학적으로는' 다른 지역"이 되었다고 주장된다(최종렬, 2009, 54). 그러나 이러한 것이 문화의 장소성이 완전히 해체되게 되었음을 의미하는 것은 아니다. 외국인 이주자들은 새로운 생활공간 속에서 기존의 문화를 새로운 지역 문화화 결합된(또는 혼종된) 새로운 문화를 만들어가는 것으로 이해해야 할 것이다. 이는 기존 원주민들에게도 마찬가지라고 할 수 있다.

또한 이러한 지역의 개방성과 연계성의 증대 및 지구지방적 규모화에 따른 개념적 변화가 지역이 지구화 과정 속에서 독자성(또는 특이성)을 상실하고 획일화된 것으로 규정해서도 안 될 것이다. 물론 현재 진행되고 있는 지구화가 미국이 주도하는 과정 또는 (신자유주의적) 자본주의가 추동하는 과정으로 이해될 수 있으며, 이에 따라 지구화 과정에 노출된 지역들이 획일적으로 미국화 또는 신자유주의화되고 있는 것으로 주장될 수도 있다. 그러나 지구지방화란 단순히 지구화와 지방화의 수직적 또는 병렬적 연계가 아니라 지역의 자립과 지역 간 네트워크를 통한 수평적, 관련적 연계로 새로운 공동체들 간 관계의 형성을 의미한다(홍순권, 2010). 그러나 이와 같은 새로운 공동체들 간 관계의 구축은 지구화에 대응하여 과거와 같은 단위 지역의 자립성을 전제로 한 것이라기보다는 자립성을 가진 지역들 간 연합을 형성하는 것, 즉 세계시민주의로 나아가는 과정으로 이해되어야 할 것이다.

둘째, 초국적 이주의 지리학은 국가와 영토의 개념 변화를 요구한다. 초국적 이주는 근대 국민국가체제 및 그와 관련된 사회과학 일반에 걸쳐 정당화된 개념이나 가치관을 근본적으로 변화시키고 있다. 근대 국민국가는 동일한 국적과 문화, 배타적 국민의식, 영토에 대한 절대적 주권 등을 전제로 한다. 이에 따라 국적은 같은 인종이나 혈통, 같은 언어와 생활양식을 공유하는 사람들에게만 한정되며, 이에 따라 국적을 가지게 된 국민은 다른 국민들과는 구분되는 배타적 가치관과 정체성을 가져야 하며, 또한 국가는 국경에 의해 폐쇄된 영토를 정치·경제적으로 지배하고(국가 통화, 외교권의 독립성), 국민은 이에 참여할 수 있는 권리(참정권뿐만 아니라 사회복지 등과 관련된 다양한 권리)를 가지는 것으로 이해된다. 그러나 외국인 이주자의 유입은 이러한 전제들을 와해시키거나 손상을 입히고 있다. 단일민족·단일문화, 애국적 국민(민족)주의, 배타적 영토주의 등에 대한 믿음과 가치관이 잠식 또는 약화되고 있다. 지구지방화 과정과 이에 따른 초국적 이주자의 유입은 국가중심적 안보 논리, 국가 통치를 위한 폭력 독점, 애국적 국가 정체성의 요구, 민족 발전과 이를 위한 헌신성 등에 대해 의문을 가지도록 한다.

이러한 상황에서, 우선 단일민족·단일문화에 대한 믿음과 국가중심적 충성 또는 헌신성에 바탕을 둔 가치관은 더 이상 유지되기 어려운 것처럼 보인다. 앞서 논의한 바와 같이, 오늘날 지구상의 국가들 가운데 실제 단일민족·단일문화를 유지하거나 최소한 그렇다고 믿고 있는 국가는 소수에 불과하다. 뿐만 아니라 실제 지구지방화 과정 속에서 전개되는 국제적 교류의 증대, 특히 초국적 이주의 급증은 특정한 인종이나 문화가 더 이상 폐쇄된 상태로 유지될 수 없도록 하고 있다. 또한 국가의 배타적 영토성 역시 점차 완화되고 있다. 초국적 이주는 단순히 비인격체적인 상품이나 자본이 아니라 인격체로서 사람과 이에 체현된 문화가 국경을 가로질러 이동하는 것을 의미한다. 따라서 상품이나 자본의 초국가적 이동에 대한 국경 통제에 비해 노동력의 출입국에 대한 통제는 훨씬 더 복잡하고 미묘한 문제들을 안고 있다(외국인 이주자에 대한 인권에 대한 최소한의 보장과 안전 및 복지 제공 등). 따라서 영토주의에 근거한 국가적 시민성은 더 이상 적용되기 어렵다. 뿐만 아니라 지구화 과정 속에서 추동되는 경제정치적 통합과정(유럽연합, FTA 등)은 영토에 근거를 둔 경제시장의 통제나 통화 및 재정 정책들을 점점 더 어렵게 만들고 있다.

그러나 국가가 해체되어야 하는가는 또 다른 문제이다. 국가는 사람들 간의 관계 속에서 형성된 특정한 유형의 공동체 또는 장소라고 이해한다면, 해체되어야 할 것은 국가 자체가 아니라 이에 내재된 이데올로기적 성격과 이에 의해 구축된 물리적 형상이나 특성(국경에 폐쇄된 배타적 영토)이라고 할 수 있다. 이러한 점에서 하비의 주장을 꼼꼼히 해석해 볼 필요가 있다. 즉 하비에 의하면, 국가에 관한 지리학적 이론을 탐구함에 있어,

> "만약 우리가 국가를 특정한 종류의 장소 구성이라고 본다면, 장소 이론에 포함된 모든 것—공간 및 자연의 생산과 관계가 있는—은 국가가 무엇이었으며, 현재 무엇이며, 또한 무엇이 될 것인가에 관한 이해에 집중할 필요가 있다. 우리는 더 이상 국가를 어떤 이념형 또는 불변의 본질로 간주할 수 없다. 오히려 우리는 국가를 장소 구성 과정의 유동적 산물로 보아야 하며, 그 속에서 자연과의 관계, 생산과정, 사회적 관계, 기술, 세계에 관한 지적 개념화, 그리고 일상생활의 구조라는 상이한 모멘트들이 유동적 실체를 사회적 권력의 견고한 '지속'으로 전환시키기 위해 경계화된 세계(영토화된 아상블라주) 내에서 상호 교차하는 것으로 이해해야 할 것이다"(Harvey, 2009, 272).

셋째, 초국적 이주의 지리학은 세계시민주의와 지구지방적 권리에 관한 개념(또는 이론)을 필요로 한다. 지구지방화 과정 속에서 촉진되고 있는 초국적 이주는 전통적 개념(또는 이념이나 가치관)으로는 이해될 수 없는 새로운 현상이나

상황들을 만들어내고 있다. 기존의 주민, 시민, 국민의 개념들은 기본적으로 폐쇄된 지역, 장소, 도시 또는 영토에 근거를 두었다. 그러나 초국적 이주는 이러한 절대적 공간 개념에 근거한 정체성이나 가치관(충성심 등)이 더 이상 형성·실현되기 어렵게 한다. 즉 지구지방화와 초국적 이주에 따른 다문화 사회공간의 형성은 시민성이 지역적 정체성과 지구적 정체성이 변증법적(또는 관련적)으로 결합된 복수적, 혼종적, 다규모적 개념으로 변화하도록 한다. 이러한 개념은 물론 완전히 새로운 것이라기보다 근대 칸트의 철학, 나아가 고대 스토아학파에까지 소급될 수 있는 세계시민주의에 함의된 것이라는 점에서 세계시민주의에 대한 새로운 관심이 증폭되고 있다(Nussbaum, 1997).

오늘날 세계시민주의는 물론 연구자들에 따라 다소 다른 주장들과 개념들로 구성되지만(Harvey, 2009), 기본적으로 지역적 및 지구적 정체성의 결합으로 이루어진다. 지역 정체성은 일상생활이 영위되는 지역의 특성과 지역사회 내 네트워크 등을 통해 형성되며, 이에 소속된 구성원들의 집단적 사고나 실천을 고양시킨다. 오늘날 지역이 지구화 과정과 연계되어 있는 상황에서, 이러한 지역 정체성의 형성은 지구적 정체성과 분리되지 않으며, 국가적 정체성과는 배타적이지 않다고 주장된다. 즉 오늘날 지역적 정체성은 지역들 간 그리고 지역과 세계의 상호연계성과 상호의존성을 이해하고 세계시민으로서의 보편성을 획득할 때 비로소 그 진정한 의미를 가질 수 있다. 마찬가지로 지구적 시민성은 개별 지역이나 국가 내 시민들이 지역 간 또는 국가 간 연대를 통해 시민성을 확장할 때만이 그 보편성을 성취할 수 있는 것으로 이해된다(박세훈, 2009). 즉 새로운 시민성의 지리학은 지역적, 국가적, 지구적 시민성의 요구를 함께 포괄할 수 있는 새로운 관점에서 조망할 필요가 있다.

이와 같이 세계시민주의에 근거를 둔 지구지방적 시민성으로의 전환에 이에 따른 초국적 이주자들의 권리에 대한 새로운 개념, 즉 세계시민적 권리, 또는 지구지방적 권리의 개념을 가능하게 한다. 칸트는 세계시민주의를 논의하면서, 세계시민적 윤리는 (한 국가의 시민으로 추정되는) 개인들이 명백히 정해진 국경을 넘을 때 환대(hospitality) 받을 권리를 가질 것을 요청한다. 벤하비브(Benhabib, 2004, 27)에 의하면, 세계시민적 권리로서 이러한 "환대의 권리는 인간의 권리와 시민의 권리 사이, 우리 개인에 내재된 인간성의 권리와 특정 국가의 구성원이라는 점에서 우리에게 부여된 권리 사이의 공간에 존재한다"고 지적한다. 이와 같이 환대의 권리로 표현되는 세계시민적 권리는 외국인 이주자가 하나의 인격체로서 가지는 보편적 권리와 함께 지역사회의 한 구성원으로 누려야 할 특정한 권리의 다규모적(즉 지구지방적) 결합으로 이루어진다. 초국적 이주의 지리학은 한편으로 절대적 공간(고정불변의 분명한 경계를 가진 영역으로서 지역이나 국가)의 개념을 벗어나서 시민성 또는 권리의 관련적, 다규모적 개념화로 나아가야 할 것이다.

김미경, 2010, "세계화·세방화·다문화-아래로부터의 세계화를 위한 제언," 영남대학교 인문과학연구소, 『인문연구』, 59, pp.207~252.

김미나, 2009, "다문화사회의 진행단계와 정책의 관점: 주요국과 한국의 다문화정책 비교 연구," 『행정논총』, 47(4), pp.193~223.

김신정, 2010, "다문화 시대의 문학과 대중문화: 다문화공간의 형성과 '이주'의 형상화-한국 시에 나타난 다문화의 양상," 『국어교육연구』, 26, pp.113~143.

김희순·정희선, 2011, "커뮤니티 아트를 통한 다문화주의의 실천: 안산시 원곡동 '리트머스'의 사례," 『국토지리학회지』, 45(1), pp.93~106.

박선희, 2009, "다문화사회에서 세계시민성과 지역정체성의 지리교육적 함의," 『한국지역지리학회지』, 15(4), pp.478~493.

박세훈, 2011, "한국 지방자치단체 외국인 정책의 비판적 성찰," 『공간과 사회』, 21(2), pp.5~34.

설동훈, 2007, "혼혈인의 사회학: 한국인의 위계적 민족성," 『인문연구』, 52, pp.125~160.

설동훈, 2010, "이민자 사회통합 관련 기금 제도의 국제비교," 한국민족연구원, 『민족연구』, 44, pp.145~161.

윤인진·송영호, 2011, "한국인의 국민정체성에 대한 인식과 다문화 수용성," 『통일문제연구』, 55, pp.143~192.

이동수, 2008, "지구하 시대 시민과 시민권," 『한국정치학회보』, 42(2), pp.5~23.

이영민, 2007, "1920년대 호놀룰루의 다문화주의와 집단간 사회-공간적 분리," 『대한지리학회지』, 42(5), pp.675~690.

이혜경, 2008, "한국 이민정책의 수렴현상," 『한국 사회학』, 42(2), pp.104~137.

임혁백, 2010, "한국인의 정체성의 다문화적 요소: 역사-인류학적 해석," 『다문화와 평화』, 4(2), pp.10~42.

정병호·송도영 편, 2011, 『한국의 다문화 공간: 우리 사회 다문화 이주민들의 삶의 공간을 찾아서』, 현암사.

정현주, 2008, "이주, 젠더, 스케일: 페미니스트 이주 연구의 새로운 지형과 쟁점," 『대한지리학회지』, 43(6), pp.894~913.

천종호, 2013, "세계화의 물결에 따라 번창하는 외국인거주지들," 민족문화연구원 웹진 『민연』, 2월호.

최병두, 2011a, 『다문화 공생: 일본의 다문화 사회로의 전환과 지역사회의 역할』, 푸른길.

최병두, 2011b, "초국적 이주와 다문화사회에 관한 학제적, 통합적 연구를 위하여," 대구대학교 다문화사회정책연구소, 『현대사회와 다문화』, 창간호, pp.1~33.

최병두 · 김영경, 2011, "외국인 이주자의 관련 정책 및 지원활동에 관한 인식," 『한국지역지리학회지』, 17(4), pp.357~380.

최병두 · 신혜란, 2011, "초국적 이주와 다문화사회의 지리학: 연구동향과 주요 주제," 『현대사회와 다문화』, 1(1), pp.65~97.

최병두 · 임석회 · 안영진 · 박배균, 2011, 『지구 · 지방화와 다문화 공간』, 푸른길.

최종렬, 2009, "탈영토화된 공간에서의 다문화주의: 문제적 상황과 의미화 실천," 『사회 이론』, 35, pp.47~79.

최 현, 2008, "탈근대적 시민권 제도와 초국민적 정치공동체의 모색," 『경제와 사회』, 79, pp.38~61.

한수경, 2011, "세계화(지구화) 이론의 모순," 한국정치평론학회, 『정치와 평론』, 8, pp.121~160.

홍순권, 2010, "글로컬리즘과 지역문화연구," 『석당논총』, 46, pp.1~17.

Benhabib, S., 2004, *The Rights of Others: Aliens, Residents and Citizens*, Cambridge: Cambridge University Press.

Brenner, N., 1998, "Global cities, glocal states: global city formation and state territorial restructuring in contemporary Europe," *Review of International Political Economy*, 5(1), pp.1~37.

Harvey, D., 2009, *Cosmopolitanism and Geographies of Freedom*, Columbia University Press, New York.

Joppke, C., 2007, "Transformation of citizenship: status, rights, identity," *Citizenship Studies*, 11(1), pp.37~48.

Kymlicka, W., 2004, *Multicultural Citizenship*, Clarendon Press, Oxford; 황민혁 · 송경호 · 변영환 역, 2010, 『다문화주의 시민권』, 동명사.

Nussbaum, M., 1997, "Kant and Stoic Cosmopolitanism," *Journal of Political Philosophy*, 5, pp.1~25.

Okkerse, L., 2008, "How to measure labor market effects of immigration: a review," *Journal of Economic Surveys*, 22(1), pp.1~30.

Rosewarne, S., 2001, "Globalization, migration, and labor market formation-labor's challenge?," *Captialism, Nature, Socialism*, 12(3), pp.71~84.

Sanderson, M., and Kentor, J., 2008, "Foreign direct investment and international migration," *International Sociology*, 23(4), pp.514~539.

Swyngedouw, E., 1996, "Neither global nor local: Globalization and the politics of scale," in Cox, K.(ed), *Spaces of Globalization: Reasserting the Power of the Local*, Guilford, New York and London, pp.137~166.

Vetrovec, S., 2007, "Migrant transnationalism and modes of transformation," in Portes. A., and DeWind J.(eds.), *Rethinking Migration: New Theoretical and Empirical Perspectives*, Berghahn, New York and Oxford, pp.149~180.

제3부

초국적 이주자의 이주 및 정착 과정

제5장

초국적 이주자의 이주 배경과 의사결정 과정

1. 초국적 이주자는 왜 이주하는가?

지구지방화 과정으로 국가 영역의 경계성이 약화되면서 상품과 자본, 정보 그리고 인구의 초국적 이동이 급속히 증가하고 있다. 특히 국제인구 이동과 관련하여, 우리나라는 1990년대 이후 외국인 이주자들이 급속하게 유입하는 국가가 되었다. 이에 따라 최근 일상생활 주변에서 이들과 빈번하게 접하면서, 우리는 어떤 의문을 가지게 된다. 외국인 이주자들은 어떻게 우리나라로 이주하게 되었는가? 이들이 그동안 살아온 고향을 떠나 낯선 이국 땅으로 이주하게 된 것은 분명 한편으로 지구화과정으로 지칭되는 최근의 세계적 변화와 이에 동반된 국가적, 지역적 변화에 영향을 받았기 때문이기도 하겠지만, 또한 동시에 이러한 영향에 대한 개인적 대응으로서 이주자 개인의 의사결정에 따른 것이라고 할 수 있다.

인구의 초국적 이동을 거시적으로 보면, 세계적 규모의 불균등발전의 심화,

이에 따른 국가나 지역 간 경제적 격차, 특히 고용기회와 임금의 격차 확대가 이러한 이동의 주요 원인이라고 할 수 있다. 교통 및 정보통신기술의 발달에 따른 지리적 이동성의 가속화 그리고 원격지 간 의사소통의 가능성 증대 역시 이러한 초국적 이주가 급증한 주요 배경이라고 할 수 있다. 초국적 이주자들은 이러한 세계적 차원에서의 변화와 더불어, 자신이 살고 있는 지역과 국가의 특성과 더불어 이주하고자 하는 국가와 지역의 변화된 특성을 고려할 것이고, 양국 간의 관계에 관해서도 관심을 가지고 이주 여부를 결정할 것이다.

우리나라의 경우, 1980년대 후반 저임금 영세 제조업과 건설부분 등에서 인력 부족현상이 발생하면서, 이주노동자의 유입이 시작되었고, 최근 저출산·고령화에 따른 노동력 감소, 경제성장에 따른 소득 증대 및 학력 향상으로 3D업종 기피 현상은 이들의 유입을 가속화시키고 있다. 또한 도시 서민이나 농어촌 지역에서 결혼문제 해결을 위한 방편으로 국제결혼을 긍정적으로 인식하면서 결혼이주자가 급증하게 되었고, 해외직접투자 및 과학기술분야 교류 증대 그리고 문화적 개방에 따른 외국어 강사의 필요성 등으로 고급인력의 수요가 커지면서 전문직 이주자도 증가하고 있다. 또한 문화 교류 확대와 더불어 국내 적령인구의 감소에 따른 학생 부족에 당면한 대학들이 국제화의 일환으로 외국인 유학생의 유치에 매진하면서 최근 유학생들도 크게 증가하고 있다.

그러나 이와 같이 여러 유형의 초국적 이주는 상품이나 자본, 정보 등의 이동 증대와 마찬가지로 이주의 거시적 배경에 의해 조건 지워지지만, 또한 이주하고자 하는 개인들의 이주배경에 관한 인식과 이를 통한 의사결정에 의해 좌우되기도 한다. 행위 차원에서 보면, 초국적 이주자는 이주 전 자신 및 가족의 사회경제적 여건이나 이주하고자 하는 국가에 관한 이미지 등을 고려하여 의사결정을 할 것이다. 이와 같이, 외국인 이주자들의 이주 배경은 지구적 차원에서 국가적 차원이나 지역적 차원, 그리고 개인적, 가족적 차원에 이르기까지 다층위적·다규모적으로 구성되며, 또한 이러한 배경하에서 개별 이주자들의 의사결정에 영향을 미치는 요인들도 다양할 것이다.

이 장에서는 외국인 이주자들의 이주 결정 과정에 영향을 미치는 거시적(즉 지구적, 국가적) 상황과 미시적(즉 개인적, 가족적) 상황을 일련의 연속적 조건으로 이해하고 이들을 고찰하고자 한다. 우선 초국적 이주에 관한 기존 접근방법들에 관한 간략한 논의와 이를 종합한 이주체계의 분석틀을 제시하고, 이에 따라 마련된 설문조사 및 심층면접(2008년 10월에서 2009년 2월 사이에 서울, 경기, 대구, 경북, 광주, 전남 등 6개 지역에서 시행)을 통해 수집된 자료에 근거하여 국내 외국인 이주자들의 이주 배경에 관한 인식을 분석하고자 한다. 자료 분석 결과는 이주체계에 따라 제시된 이주의 거시적 배경으로서 세계적 변화, 출신국의 국가적 및 지역적 특성, 그리고 이주 목적국으로서 한국의 특성에 관한 이주자들의 인식 등을 먼저 서술하고, 다음으로 이주의 미시적 배경이라고 할 수 있는 이주 전 사회경제적 여건과 의사결정과정에서 고려된 여러 사항들(이주의 용이성, 취업환경, 목적성취가능성, 여타 간섭기회 등)에 관한 인식에 관한 서술로 이어진다.

2. 초국적 이주 배경에 관한 접근방법

인간이 특정 지역에 정착생활을 하게 된 이후, 다양한 이유로 지역이나 국가를 옮겨 살게 된다는 점에서 지역 간, 국가 간 이주는 오랜 역사를 가진다. 특히 근대에 들어와서 중상주의 시기 경제성장과 식민지 점령은 유럽인들의 국제이주를 유발하였고, 19세기 초반 이후 산업화가 촉진되면서 유럽인들의 세계적 이주와 더불어 아프리카에서 북미지역으로 흑인들의 대규모 이주가 있었다. 20세기에 들어 양차 대전과 경제 대공황 등으로 국제이주가 다소 위축되었으나, 1960년대 이후 후기산업화 시기의 이주는 과거 단방향, 일회성 국제이주에서 여러 국가들에 걸쳐 다방향성, 지속성을 가지는 초국적 이주로 전환하게 되었다. 이러한 초국적 이주의 지리적 범위를 보면, 기존 유럽 중심의 국제이주가

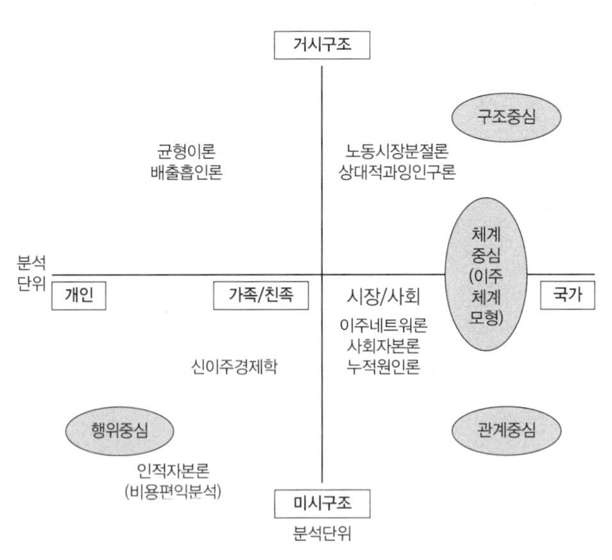

〈그림 5-1〉 초국적 이주의 분석 수준과 분석 단위

자료: 전형권, 2008, 266.

세계적인 차원으로 확대되었으며, 1970~1980년대 중동지역과 1990년대 괄목할 만한 경제성장을 이룩한 동아시아 지역으로까지 확산되었다(제3장).

이러한 국제(초국적) 이주 과정을 연구하기 위해 그동안 다양한 이론과 접근방법들이 제시되었다. 매시 등(Massey, et. al., 1993)은 국제이주의 기원과 지속을 설명하는 전통적 이론들로 개인, 가족, 국가, 세계수준의 분석 수준에 따라 신고전경제학, 신이주경제학, 노동시장분절론, 세계체제론 등으로 구분하여 이주의 원인을 분석하는 이론들을 소개하였다. 그 후에도 많은 학자들은 초국적 이주이론을 재정리하여 이주의 발생과 지속화, 이주자의 정착과 적응 등을 포괄적으로 설명할 수 있는 이론을 제시하고자 했다. 국내에서도 초국적 이주에 관한 연구가 활발해지면서, 그 접근방법을 논의한 연구들도 많이 제시되게 되었다(설동훈, 1999; 석현호, 2000; 전형권, 2008; 박배균, 2009 등). 이들의 논의에 의하면, 초국적 이주에 관한 이론이나 방법론은 기본적으로 행위중심이론과 구조중심이론으로 대별된다(〈그림 5-1〉 참조).

초국적 이주에 관한 행위중심이론은 개인과 가족을 분석단위로 하고, 국제이주와 정착을 개별 행위자의 합리적 선택의 결과로 파악하며, 특히 노동력 수요와 공급의 지역 간 차이에 초점을 두고 국제이주를 설명한다. 행위적 측면에서, 이주자들은 교육, 경험, 훈련, 언어능력과 같은 자신의 인적자본을 투자하여 고용이 가능하고 삶의 질을 개선시킬 수 있는 곳으로 이주하는 것으로 이해된다. 반면, 구조중심이론은 중심부의 자본 투자에 의해 유발된 세계 자본주의의 불균등발전으로 국제 노동력의 이동이 촉진되고, 따라서 초국적 이주는 거시적 배경으로서 세계자본주의의 전개과정에 따른 결과로 설명된다. 구조적 측면에서, 노동력의 국제 이동은 해당 국가의 상대적 과잉인구를 유발하여 저임금과 노동자들의 저항을 약화시키고, 궁극적으로 자본주의 발전을 위한 원천으로 간주되기도 한다. 특히 유입국의 경제 구조와 노동시장에서의 자본집약적 부문과 노동집약적 부문의 분절에 따라, 외국인 이주자는 주로 후자의 노동시장을 구성하게 된다.

이러한 행위/구조중심이론들은 국제이주의 배경이나 의사결정과정을 이분법적으로 설명함으로써, 서로 다른 차원을 간과하는 경향이 있다. 이러한 점에서 국제이주를 구조와 행위의 상호작용 결과로 이해하고자 하는 주장이나 개념들이 제기되고 있다. 이들은 관계중심이론으로 지칭되며, 사회자본론, 사회네트워크이론 등을 포함한다. 이 이론들은 국제이주를 이주자 개인의 단순한 능력이 아니라 사회적으로 가지는 관계, 즉 사회적 연결망이나 이와 관련된 이주조직 또는 이주 에이전시(agency)로서 사회집단, 조직, 단체 등의 역할을 강조함으로써 구조와 행위를 결합시키고, 이주의 흐름과 후속되는 이주의 사회적 조건들과 이주과정을 설명하고자 한다. 이러한 설명과 유사하게, 거시구조적 접근과 미시구조적 접근을 통합시키고자 하는 체계중심이론은 이주의 배경을 이해하기 위해 다차원적(또는 다규모적) 접근이 필요함을 주장한다. 즉 이주체계이론은 국가들 간 체계화된 이주의 흐름을 이해하기 위해 두 나라의 정치, 경제, 사회, 인구학적 환경을 배경요인으로 하여 노동력을 송출하고 수용함으

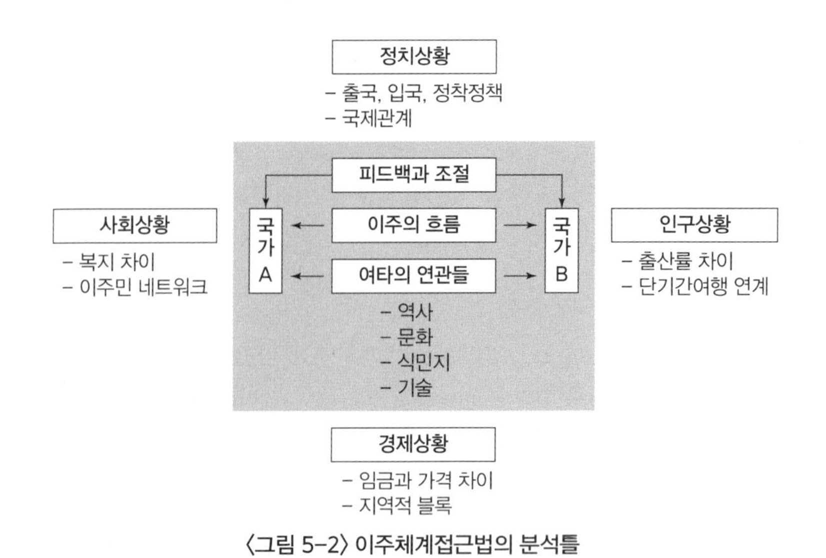

〈그림 5-2〉 이주체계접근법의 분석틀

자료: Kritz & Zlotnik, 1992; 김용찬, 2006에서 재인용.

로써 하나의 이주체계를 형성하게 된다는 점에 관심을 가진다(〈그림 5-2〉).

최근 이러한 초국적 이주의 배경과 정착 과정을 이해하기 위한 새로운 관점으로 다문화주의, 초국가주의, 탈식민주의 등이 제시되고 있다. 초국가주의는 외국인 이민자들이 출신국과 정착국 간에 형성되는 사회(공간)적 관계에 우선 관심을 가지고, 이를 통해 구축되는 이주의 연쇄 및 정착 후 생활양식을 설명하고자 한다. 최재헌(2007, 2)은 초국가주의적 접근에 기초하여 국제결혼중개업체의 특성을 파악하면서, "국제결혼 이주를 통해 송출국과 수용국 사이에 공간적 연계망이 형성"되어 있음에 주목한다. 또한 이용균(2007)은 초국가주의적 관점에 따라 "다양한 공간스케일에서 이주여성의 사회적 네트워크의 특성과 초국적 민족문화 네트워크의 특성을 파악"하고자 한다. 이러한 초국가주의적 접근은 대부분의 외국인 이주자들은 가족 및 친구를 통해 사회적 네트워크를 형성하고 있었으며, 초국적 특성을 반영한 이들의 네트워크는 이들의 국제이주 및 정착 과정에 지대한 역할을 하는 것으로 이해된다.

이러한 초국가주의적 접근은 국제이주와 정착의 과정이 여러 국가와 지역에 걸쳐서 초국가적으로 형성되어 있는 이주자들의 연계망과 그들의 초국가적 실천과 활동을 촉진한다는 점을 이해할 수 있도록 한다. 뿐만 아니라 이러한 접근은 국제이주가 완전히 구조적 차원에 의해 규정되거나 또는 반대로 개별 이주자의 자발적 의지로 이루어지기보다는 이주를 매개하고 촉진하는 에이전시를 강조함으로써 구조/행위 차원을 결합시키고자 한다는 점에서도 의의를 가진다. 정현주(2009, 110)는 이러한 "에이전시의 재조명은 구조를 부정하거나 과소평가하기 위해서가 아니라 구조적인 제약에 대처하고 그것을 극복해 나가는 개인의 '차별화된 경험'을 이해하기 위한 접근법"임을 강조한다. 그러나 이러한 의의에도 불구하고, 초국가주의는 국제이주와 정착과정이 장소-기반적 사회문화적 관계에 어떻게 복잡하게 얽혀 있고 뿌리내리고 있는가를 간과하는 경향이 있다는 점이 지적될 수 있다(박경환, 2009).

뿐만 아니라, 이러한 다문화주의나 초국가주의에 기초한 연구들은 기본적으로 사회문화적 관계에 초점을 둠으로써 외국인 이주자들의 이주 및 정착 과정에 내재된 공간적 측면을 간과하는 경향이 있으며, 따라서 국제이주와 정착에 관한 사회문화적 이론들에 공간 개념을 접합시킬 필요가 있다는 점이 제기된다. 사실 다문화주의나 초국가주의는 공간적 함의를 내포하고 있으며, 실제 '제3의 공간', '사이 공간' 등의 공간적 용어들을 사용하고 있다. 이러한 공간적 측면을 강조하여 명시화하기 위해 '다문화사회' 대신 '다문화공간'(multicultural space)이라는 용어가 제시될 수 있다(최병두, 2009; 최병두 외, 2011). 즉 오늘날 문화적 교류는 과거에는 볼 수 없었던 지구적 차원에서 이루어지고 있으며, 또한 개별 국지적 지역사회에서도 이러한 문화적 교류와 혼합은 지구지방적으로 새로운 다문화공간을 형성하게 되었다. 다문화 공간의 개념은 기본적으로 다문화주의 또는 다문화사회에서 논의되어 온 현상들을 공간적 차원에서 고찰할 수 있도록 함으로써, 그동안 간과된 주제들을 새롭게 드러내고 또한 기존의 논의들도 재서술함으로써 더욱 적실하게 이해할 수 있게 된다.

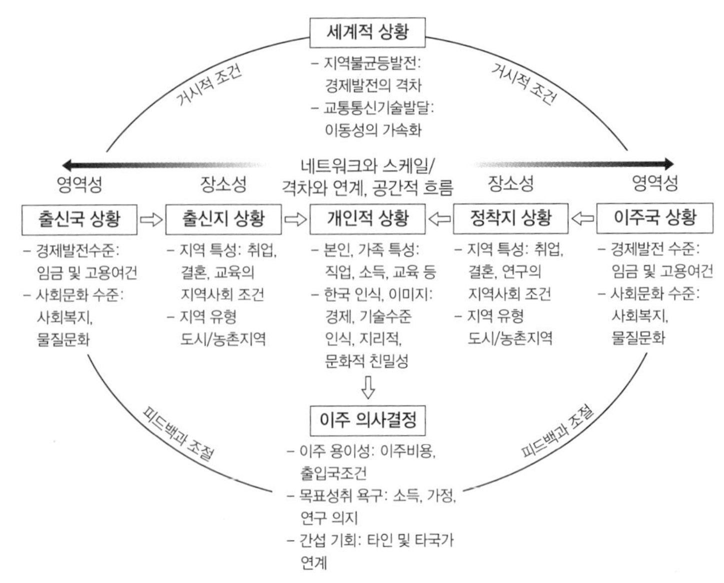

〈그림 5-3〉 초국적 이주의 배경(분석틀)

물론 이러한 주장은 다문화주의나 초국가주의 개념 자체를 부정하는 것이 아니다. 즉 초국가주의적 관점에서도, "시간과 공간 관계를 분석하는 분석틀은 세계화 속에서 다양한 공간 스케일에서 초국가 이민집단이 어떻게 다른 의미성, 행위, 경제, 정치적 특성 등을 가지는지를 이해하기 위해 필수적"이라고 할 수 있다(최재헌, 2007, 4). 이러한 점에서 박배균(2009)은 제솝 등(Jessop et al., 2008)이 제시한 사회공간적 관계의 이론화에 근거하여, 외국인 이주자의 이주 및 정착 과정 분석에 더욱 명시적으로 응용될 수 있는 공간적 분석틀을 제시한다. 그에 의하면, 초국가적 이주와 정착 과정에 관한 연구는 이 과정에서 작동하는 장소, 영역, 스케일, 네트워크의 사회공간적 차원의 작동에 대한 이해를 바탕으로 하는 다문화 공간에 대한 개념화를 통해 더 진전될 수 있다고 주장된다(박배균, 2009, 616).

이러한 점에서 본 연구는 외국인 이주자의 거시적 및 미시적 배경과 이에 조건 지워진 의사결정과정에 관한 분석을 위하여 〈그림 5-3〉과 같은 분석틀을 제시하고자 한다. 이 모형은 〈그림 5-2〉에서 제시된 바와 같은 미시적 배경과의 접합을 전제로 한 거시적 배경을 고찰하고자 한다는 점에서 체계중심모형이라고 할 수 있지만, 이러한 모형에서 좀 더 명시적으로 장소, 영역, 네트워크, 스케일과 같은 공간적 차원이 함의되어 있음을 강조하고자 한다. 출신지 상황 및 이주 후 정착 지역의 상황은 기본적으로 장소의 의미로 이해된다. 즉 장소는 이주 관련 정보 흐름과 연계망의 장소기반적 성격과 관련되며, 출신지에서 형성되는 가족, 친지들과의 사회적 연계망이나 이른바 '사회적 자본', 그리고 정착지에서 이주자들의 장소적 뿌리내림과 이를 통한 종족 집단별 지역 차별화, 즉 '종족 집거지'(ethnic enclave)의 출현, 그 외 이주자들의 이주와 정착과정에 영향을 미치는 장소적 조건의 특성을 포함한다.

영역은 기본적으로 이주의 흐름에 영향을 미치는 국가의 영역성을 중심으로 설정된다. 특히 출신국과 유입국의 경제·정치적 규제(취업조건 등과 관련된 이민정책)뿐만 아니라 이민자에 대한 사회복지정책이나 권리 부여와 관련된다. 물론 이러한 영역은 개별 이주자의 출신지 및 정착지의 장소와도 관련된다. 출신지 및 정착지에서 취업이나 결혼, 진학을 위한 기회나 조건과 관련하여 지역민의 편견과 배제가 부각될 경우, 장소의 영역화가 이루어진다. 네트워크는 출신국(지)과 정착국(지) 간에 형성된 사회적 연계와 이를 통한 연쇄이주에서 나타날 뿐만 아니라 특정 지역에 국지화된 이주자들 간 사회공간적 연계와 이를 통한 장소적 뿌리내림에서도 확인된다. 스케일은 이주와 정착 과정에 영향을 주는 지구적, 국가적, 지방적 차원의 다양한 지리적 스케일에서 작동하는 힘과 과정들과 관련된다. 특히 외국인 이주자들의 이주 및 정착과정은 기본적으로 다중스케일적 접근을 요청한다.

이러한 네 가지 핵심적 차원들과 더불어 두 가지 공간적 요소들이 추가될 수 있다. 첫째, 국가 간 및 지역 간 '공간적 흐름'이 강조될 수 있다. 국제이주 자체는 두 국가 간, 두 지역 간 물리적 이동을 전제로 한다. 이러한 이동은 이동을 제약할 뿐만 아니라 가능하게 하는 다양한 사회공간적 요소들로서 설명될 수도 있지만, 이동 그 자체에 전제된 거리의 마찰이나 관련 지식들과도 관련된다. 이러한 지리적 이동성은 두 국가(지역) 간 이주 과정뿐만 아니라 일정 지역에 정착한 이후에도 일상생활의 중요한 요소가 된다. 즉 "이동성이란 물리적 공간 극복 능력인 동시에 그것을 가능하게 해주는 공간에 대한 인지능력과 상상력을 포함하는 개념으로 개인과 집단의 일상생활이 조직되는 기초가 되며, 사회적 권력관계 지형도를 드러내는 단초가 된다"(정현주, 2007, 53). 좀 더 구체적으로 외국인 이주자는 정착 지역에서 성별, 비자 유형 및 직종의 전문성, 국적 등 다양한 특성에 따라 직주거리에 차이를 나타낸다(류주현, 2009). 이러한 점에서, 외국인 이주자들의 다양한 특성들은 출신국(지)과 정착국(지) 간 거리를 좌우한다고 추정해 볼 수 있다.

다른 한 요소는 공간적 차이(또는 격차)이다. 국제이주는 기본적으로 국가 간 및 지역 간 경제적, 정치적, 사회문화적 차이에 기인한다. 이러한 차이는 단순히 가시화된 요소들(생산성, 산업구조, 고용기회, 결혼이나 학업 조건 등)의 양적 격차에서 나아가 이러한 격차를 만들어내는 메커니즘과 관련된다. 즉 국제이주는 지구적 차원에서 불균등발전 메커니즘에 기초한 자본주의 경제체제와 관련된다. 특히 최근 신자유주의적 지구지방화 과정은 자유시장과 자유무역(그리고 이에 내포된 개별 국가나 지역의 규제 완화를 통한 자유로운 이동)을 전제 이러한 지리적 불균등발전 메커니즘을 강화시키고, 지리적 차이들 확대시키고 있다. 또한 이러한 차이는 개별 국가나 지역 내에서도 확인된다. 흔히 포스트모더니즘에서 강조되는 차이는 사회문화적 차이이며 우리는 이러한 점에서 '생태적 차이'도 강조할 수 있지만, 이들은 항상 공간적 측면과 결합된다. 하비(Harvey, 1996, 6)는 이러한 "공간적 및 생태적 차이들은 …… '사회·생태적 및 정치·경제적 과정들에 의해 구성될 뿐만 아니라 이들을 구성하는 것"으로 이해된다. 즉 이러한 점에서 공간적 차이는 외국인 이주 및 정착 과정을 구성하며 또한 이들에 의해 구성(완화 또는 심화)된다고 할 수 있다.

3. 초국적 이주의 세계적, 국가적 배경 인식

1) 세계적 배경 인식

외국인 이주자들은 초국적 이주를 결정함에 있어 세계적 및 국가적 차원의 경제·정치적 구조에 의해 조건 지워지지만, 이주자 개개인들은 이러한 거시적 구조의 영향을 의식하지 못하거나 또는 심지어 이를 부정하면서 이주는 자신들의 자발적 의지와 개인적 의사에 의해 결정된 것으로 간주하기도 한다. 이와 같이 거시적 배경에 의한 규정보다는 자신의 자발성이나 직접 관련된 개인적, 가족적 조건들을 더 의식한다는 점은 다른 조사연구에서도 확인된 바 있지만(박은경, 2009), 외국인 이주자들의 초국적 이주와 정착은 이러한 행동을 조건지우는 세계적 및 국가적 규정력에 의해 조건 지워지면서 또한 이에 대응하는 개인의 의사와 실천의 결과로 이해되어야 할 것이다(조현미, 2009, 522). 이러한 점에서, 우선 외국인 이주자들의 초국적 이주에 영향을 미치는 세계적 요인들로, 국제적 불균등발전(즉 국가 간 경제발전 수준의 차이), 세계적 교통 및 정보통신기술의 발전 정도, 국가 간 상품과 자본의 이동의 증가 정도, 그리고 최근 국제이주의 일반화 경향 등을 지표로 하여 세계적 배경에 대한 이주자들의 인식을 조사·분석해 볼 수 있다.

먼저 국가 간 경제발전 수준의 차이에 대한 인식에서 전체 응답자(1,353명)들 가운데 '매우 그렇다' 및 '그렇다'라고 답한 비율이 각각 26.7%와 40.0%로, 응답자의 3분의 2가 국가 간 경제발전 수준에 상당한 차이가 있는 것으로 인식하고, 5점 척도값도 3.90으로 비교적 높게 나타났다. 응답자의 특성을 보면, 전문직이주자들이 차이에 대한 인식의 정도가 가장 높아서 5점 척도값으로 4.21을 나타내었고, 반면 결혼이주자가 가장 낮아서 3.62를, 그리고 이주노동자와 외국인 유학생은 비슷하게 3.75와 3.76을 나타내었다. 이와 같이 모든 유형의 이주자들이 국가 간 경제발전의 수준 차이를 인정하는 응답비율을 높게 나타내었다. 이 점은 외국인 이주자들이 최근 심화된 지구적 불균등발전이 자신의 출신국과 정착국인 한국 간 경제적 발전의 수준차이를 유발하고 이로 인해 국제이주가 이루어졌음을 잠정적으로 인정하는 것이라고 하겠다.

이러한 점은 다음과 같은 심층면접의 사례를 통해서도 알 수 있었다.

〈사례 1〉 본국은 경제수준이 낮고, 산업이 발달되지 않았으며, 일자리가 없고, 앞으로의 전망도 특별히 좋아지리라고 생각하지 않는다. 한국에 가면 일자리가 많고 임금도 많이 주기 때문에 돈을 많이 벌 수 있다고 생각한다. 본국 사람들은 해외 취업을 하면 돈을 많이 벌 수 있다고 생각하기 때문에 해외취업을 하고 싶어 한다(이주노동자, 태국 출신, 여성, 1974년생, 대졸, 기혼, 2006년 입국, E-9(비전문취업) 비자).

이러한 국가 간 경제발전 수준의 차이는 선행연구에서 확인되는 것처럼 이주노동자들에게 가장 민감하게 인식될 것으로 추정되지만(김영란, 2008, 104~105), 실제 전문직 이주자들의 인식 비율이 특히 높은 것은 이들이 상대적으로 높은 학력으로 세계적 배경에 대한 인지도가 높고, 또한 이에 따른 임금격차의 심화 등 초국적 이주의 거시적 조건이 주어지는 것으로 이해하고 있기 때문인 것으로 추정된다.

초국적 이주를 촉진하는 또 다른 주요한 세계적 요인으로 교통 및 정보통신기술의 발전을 들 수 있다. 아무리 국가 또는 지역 간에 노동력의 수요와 공급의 불균형으로 인한 상호보완관계가 성립된다고 하더라도 두 지역 간 물자, 정보, 사람의 흐름의 공간이 형성되어 있지 않다면, 즉 교통·정보통신수단의 발달에 다른 수송가능성이 구축되어 있지 않다면 초국가적 이주는 불가능할 것이다. 교통·통신기술의 발전은 물리적 거리의 마찰을 극복할 뿐만 아니라 실시간에 원격지 간 정보 및 의사소통을 가능하게 함으로써 이른바 시공간적 압축현상을 가져오고 있다. 이러한 교통통신기술의 발달은 외국인 이주자들에게

〈표 5-1〉 세계적 상황에 관한 이주자 유형별 인식(5점 척도값)

설문문항	전체	결혼 이주자	이주 노동자	전문직 이주자	외국인 유학생
국가 간 경제수준 차이에 대한 인식	3.90	3.77	3.88	4.26	3.82
교통 및 통신기술의 발달에 관한 인식	4.01	3.91	3.90	4.29	4.03
상품 및 자본의 지구적 이동에 관한 인식	3.93	3.75	3.85	4.23	4.03
최근 국제이주의 일반화 경향에 대한 인식	3.74	3.63	3.75	3.88	3.75

주: 전혀 그렇지 않다 = 1점, 그렇지 않다 = 2점, 보통이다 = 3점, 그렇다 = 4점, 매우 그렇다 = 5점.

세계적 정보에 접할 수 있는 기회를 확대시키고, 실제 이주과정에서 국가 간 물리적 공간 이동을 원활하게 하며 유입국에 정착한 이후에도 고국을 방문하거나 고국에 있는 가족, 친지들과의 연계망을 지속적으로 유지, 확장할 수 있도록 함으로써 국제이주를 전반적으로 촉진시키는 주요 요인이 된다.

이와 같이 초국가적 이주를 가능하게 한 교통·통신기술의 발전 정도에 관한 설문조사에서 응답자들은 '매우 그렇다' 28.8%, '그렇다' 441.%로 응답하였으며, 5점 척도값으로 4.01을 나타내어, '국가 간 경제 수준의 차이'에 대한 5점 척도값(3.90)보다 약간 더 높은 수치를 보였다(〈표 5-1〉 참조). 이주자 유형별로 보면, 경제수준의 차이에 대한 응답과 마찬가지로, 결혼이주자의 5점 척도값이 3.70으로 가장 낮았고, 전문직이주자가 4.26으로 가장 높았다. 이주노동자는 결혼이주자와, 외국인 유학생은 전문직 이주자와 수치의 차이는 있지만, 유사한 양상을 보였다. 이러한 응답 결과를 보면, 대부분의 외국인 이주자들이 교통 및 정보통신기술이 발전했다고 인지하고 있음을 알 수 있고, 특히 학력이 비교적 높은 전문직 이주자와 외국인 유학생들이 높은 점수를 결혼이주자와 이주노동자가 상대적으로 낮은 점수를 나타내었다는 점에서 두 집단 간 인식의 차이를 알 수 있다.

이와 같이 교통통신기술의 발달에 의해 추동되고 있는 초국적 이주는 상품과 자본의 지구적 이동 증가와 일정한 관계를 가질 것으로 추정된다. 수출입 및 해외직접투자를 통한 상품과 자본의 지구적 이동의 증가는 전반적으로 국제이주의 증대와 같은 맥락에서 이루어지지만, 또한 동시에 다소 상반된 경향을 가질 수도 있다. 이러한 점에서 국가 간 상품과 자본의 이동 증가와 관련한 외국인 이주자들의 응답 결과를 살펴보면, 전체적으로 응답자들 가운데 26.0%는 '매우 그렇다'를, 42.7%는 '그렇다'고 응답하여 5점 척도값으로 3.93을 나타내었다. 이를 이주자 유형별로 살펴보면, 결혼이주자는 3.52로 가장 낮은 값을, 전문직 이주자가 4.18로 가장 높은 값을 보였다. 또한 이주노동자는 결혼이주자와, 외국인 유학생은 전문직 이주자와 약간의 점수 차이는 있지만 유사한 양상을 보였다. 상품 및 자본의 이동 증가에 대한 이주자 유형별 인지 차이는 앞신 교통 및 통신기술의 발전 정도에 관한 점수 차이와 같은 맥락에서 이해될 수 있을 것이다.

세계적 상황과 관련하여, 마지막 설문사항은 초국적 이주자 자신들과 관련된 문항, 즉 최근 국제이주의 일반화 경향에 관한 문항이었다. 이에 대해 전체 응답자들은 5점 척도값으로 3.74를 나타내었는데, 이는 국가 간 경제수준 차이(3.90), 교통통신수단의 발달(4.01), 상품·자본의 지구적 이동(3.93)에 비해 상당히 낮은 수치이다(〈표 5-1〉 참조). 이러한 수치는 초국적 이주자들이 자신의 이주 행동을 세계적으로 일반화된 현상으로 인식하기보다는 상대적으로 특수한 경우로 인식하고 있음을 드러낸다고 하겠다. 이러한 국제이주의 일반화 경향에 관한 인식 정도를 이주자 유형별로 살펴보면, 결혼이주자가 3.45로 가장 낮았고, 전문직 이주자가 3.82로 가장 높았고, 이주노동자는 3.61, 외국인유학생은 3.70을 보였다. 이러한 유형별 특성은 다른 항목들과 유사하다고 할 수 있으며, 따라서 이러한 인지도는 학력이나 지식의 수준에 의해 상당히 좌우된 것이라고 할 수 있다.

이상에서 살펴본 바와 같이, 국내 외국인 이주자들은 모든 유형에서 국제이주의 거시적 배경으로서 세계적 상황들에 대해 대체로 높게 인지하고 있었는데, 특히 교통 및 정보통신기술의 발전에 대해 가장 높은 5점 척도값을 나타내었고 국제이주의 일반화 경향에 대해서는 가장 낮은 점수를 나타내었다. 그리고 모든 항목에서 전문직 이주자가 가장 높았고 결혼이주자가 가장 낮았으며, 외국인 유학생은 전문직 이주자와 유사하고 이주노동자는 결혼이주자와 유사한 양상을 보였다. 또한 외국인 이주자들의 인식의 차이에 가장 큰 영향을 미친 요인은 국적인 것으로 추정되었다.

2) 본국의 국가적 특성 인식

외국인 이주자들은 초국적 이주를 결정할 때 좀 더 직접적으로는 출신국의 국가적 상황을 고려할 것이다. 특히 그동안 자신이 살아왔던 국가와 지역을 떠나 새로운 국가, 지역에서 생활하게 되는 여러 어려움에도 불구하고, 초국적 이주를 결심하게 되는 것은 그만큼 출신 국가 및 지역의 여러 요인들이 가지는 영토적 제약이 상대적으로 불만족스럽거나 열악하기 때문이라고 할 수 있다. 달리 말해, 출신국의 상황은 해당 국가의 영토적 제약에도 불구하고 국경을 가로질러 초국적 이주를 감행하도록 하는 압출요인으로 작용한다. 이러한 점에서 우선 출신국의 국가적 상황과 관련한 본국의 경제적 수준, 좋은 직장 여부, 정치적 상황, 사회복지수준, 물질문화 발달 정도 등에 대한 외국인 이주자들의 인식을 분석해 볼 수 있다(〈표 5-2〉 참조).

〈표 5-2〉 본국의 국가적 상황에 대한 인식(5점 척도값)

이주자 유형	응답자 수(명)	경제적 수준이 낮음	좋은 직장이 부족함	정치 상황이 불안정함	사회복지 수준이 낮음	물질문화가 뒤떨어짐
전체	1,353	2.93	3.02	2.66	2.93	2.50
결혼이주자	393	3.05	3.02	2.63	3.04	2.57
이주노동자	346	3.39	3.39	3.11	3.32	3.05
전문직이주자	256	2.42	2.69	2.32	2.38	2.07
외국인유학생	358	2.51	2.61	2.28	2.52	2.03

주: 설문조사에서 무응답은 5점 척도값 산정에서 제외함.

우선 본국의 '경제적 수준이 상대적으로 낮다'고 생각하는지에 관한 설문에서 '매우 그렇다'와 '그렇다'라고 동의한 응답 비율은 결혼이주자 40.0%, 이주노동자 50.0%를 나타낸 반면, '그렇지 않다'와 '전혀 그렇지 않다'고 부정적으로 응답한 비율이 각각 28.1%, 18.8%로 나타났다. 전문직 이주자와 외국인 유학생은 긍정적 응답 비율이 20.0%, 19.8%, 그리고 부정적 응답 비율이 60.9%, 48.6%를 나타내었다. 이에 따라 5점 척도값으로 보면, 이주노동자가 3.39로 가장 높고, 결혼이주자 3.05, 외국인 유학생 2.51, 전문직 이주자 2.42 순으로 나타났다. 이러한 응답 결과는 유형별로 이주의 동기나 배경에 차이가 있음을 보여준다. 즉, 결혼이주자와 이주노동자의 경우 송출국인 본국이 대부분 저개발국임을 추정할 수 있으며, 국가 간 경제적 수준의 차이가 국제이주의 배출요인으로 작용했음을 알 수 있다. 그러나 전문직 이주자나 외국인 유학생의 경우는 경제적 요인보다는 다른 동기들이 이주에 영향을 미쳤음을 반증해 주는 것이라고 하겠다.

'좋은 직장이 부족하다'고 생각하는가에 관한 항목에서, 결혼이주자와 이주노동자는 '매우 그렇다'와 '그렇다'라는 동의한 응답에서 각각 42.0%와 50.9%를 나타내었고, '그렇지 않다'와 '전혀 그렇지 않다'라는 부정적 응답에서는 각각 27.2%, 10.9%를 나타내었다. 반면 전문직 이주자와 외국인 유학생은 긍정적 응답에서 각각 25.1%, 21.6%를, 부정적 응답에서 각각 48.8%, 46.1%를 나타내었다. 이에 따라 5점 척도값으로 이주노동자가 가장 높은 3.39를 나타내었고, 다음으로 결혼이주자 3.02, 전문직 이주자 2.69, 외국인 유학생 2.61 순으로 나타났다. 이와 같은 결과는 이주노동자의 경우 이주 목적 자체가 좀 더 나은 직장을 얻기 위한 것이라는 점을 반영한 것이라고 할 수 있다. 그러나 전문직 이주자의 경우 이주 자체가 직장과 관련을 가지긴 하나 이주노동자와는 달리 이주 요인이 본국의 직장부족 때문만이 아니라 다른 요인(자신의 경력을 높이기 등)도 작용함을 알 수 있다. 또한 외국인 유학생의 경우 본국에서 좋은 직장 자체의 부족이라기보다는 좋은 직장에 취업하기 위한 준비과정으로 국내 거주하고 있는 것으로 이해할 수 있다.

본국의 '정치적 상황이 불안정하다'고 생각하는가에 대한 항목에서는 모든 유형에서 대체로 부정적 입장을 보였는데, 5점 척도값으로 이주노동자가 3.11로 가장 높았고, 다음으로 결혼이주자 2.63, 전문직 이주자 2.2, 외국인 유학생 2.28 순으로 나타났다. 이와 같은 정치적 불안정에 대한 인식 정도를 경제적 수준이나 좋은 직장 기회와 비교해 보면, 이주노동자는 여전히 긍정적 응답을 높게 나타내었는데, 이는 실제 스리랑카와 캄보디아, 필리핀 등 본국의 정치적 상황이 불안정한 이주자들이 포함되어 있기 때문이라고 할 수 있다. 반면 결혼이주자의 점수는 많이 낮아졌고, 전문직 이주자와 외국인 유학생들의 경우도 전반적으로 점수가 낮아졌다는 점에서 '정치적 불안정'은 (일부 국적의 이주노동자들을 제외하고) 국제이주에 상대적으로 적은 영향을 미쳤다고 할 수 있다.

본국의 '사회복지수준(교육, 의료보건 등)이 낮다'고 생각하는가에 대한 문항에서는 결혼이주자와 이주노동자들 가운데 '매우 그렇다'와 '그렇다'의 긍정적 응답을 한 비율이 각각 39.1%, 48.0%였고 '그렇지 않다'와 '전혀 그렇지 않다'고 부정적 응답을 한 비율은 21.6%, 14.9%였다. 그리고 전문직 이주자와 외국인 유학생의 경우는 긍정적 응답 비율이 각각 19.6%, 18.7%이고, 부정적 응답 비율이 각각 61.3%, 45.2%였다. 이에 따라 5점 척도값은 이주노동자 3.32로 가장 높고, 다음으로 결혼이주자 3.04, 외국인 유학생 2.52, 전문직 이주자 2.38 순으로 나타났다. 사회복지 수준에 관한 이러한 응답 결과는 경제 수준 및 좋은 직장 여부에 대한 유형별 인지 특성과 유사한 것으로 설명할 수 있다.

끝으로 '물질문화(TV, 컴퓨터 보급 등)가 뒤떨어져 있다'고 생각하는가에 대한 항목에서 결혼이주자와 이주노동자들 가운데 '매우 그렇다'와 '그렇다'의 긍정적 응답을 한 비율이 각각 26.2%, 41.6%였고 '그렇지 않다'와 '전혀 그렇지 않다'고 부정적 응답을 한 비율은 43.2%, 26.0%였다. 그리고 전문직 이주자와 외국인 유학생의 경우는 긍정적 응답 비율이 각각 14.0%, 11.2%이고, 부정적 응답 비율이 각각 76.6%, 68.4%였다. 이에 따라 5점 척도값은 이주노동자 3.05로 가장 높고, 다음으로 결혼이주자 2.57, 전문직 이주자 2.07, 외국인 유학생 2.03

순으로 나타났다. 물질문화의 수준에 관한 이러한 응답 결과는 다른 모든 문항들과 비교하여 가장 낮은 5점 척도값을 보이고 있다는 점에서, 국제이주에 가장 적게 영향을 미친다고 할 수 있다. 그리고 유형별로 보면, 물질문화에 대한 응답은 이주노동자만 상대적으로 높고, 다른 유형의 이주자들에서 낮게 나타난다는 점에서 경제 및 고용, 사회복지보다는 오히려 정치 상황과 유사한 양상을 보인다고 하겠다.

이상에서 본국의 상황에 대한 이주자들의 인식을 종합하면, 유형별로 뚜렷한 차이가 있음을 알 수 있다. 즉 이주노동자는 본국의 경제적 수준이 낮고, 좋은 직장이 부족하며, 정치적 상황이 다소간 불안정하고, 사회복지수준이 낮으며, 물질문화가 뒤떨어져 있다고 생각하는 비율이 높고, 결혼이주자의 경우는 경제적 수준 및 좋은 직장의 부족, 그리고 사회복지 수준이 낮음에 대해서는 그렇다고 생각하지만 정치적 불안정이나 물질문화의 낙후에 대해서는 대체로 그렇지 않다고 생각하는 비율이 높다. 반면 전문직 이주자와 외국인 유학생의 경우는 모든 문항에서 그렇지 않다고 인식하는 비율이 높음을 알 수 있다. 이러한 응답 결과는 송출국인 외국인 이주자들의 본국 사항이 이주자 유형에 따라 이주결정 동기에 미치는 영향도 차이가 있음을 알 수 있다.

3) 한국의 국가적 특성 인식

국제이주가 이루어지는 주요한 거시적 배경은 세계 전반적 상황과 더불어 한편으로는 출신 국가의 특성 그리고 다른 한편으로 이주를 하고자 하는 국가의 여러 특성을 포함할 것이다. 특히 거시적 배경에 관한 국제이주이론에서 국가 간 불균등발전이나 또는 이주 유출국의 배출요인과 더불어 유입국의 흡인요인을 강조하는 배출흡인이론에 의하면, 중간 장애요인(또는 간섭기회)이 없을 경우 유출국과 유입국 간의 격차가 클수록 국제이주가 더 활발하게 이루어지는 것으로 추정된다. 이러한 점에서, 외국인 이주자들이 이주 목적국으로서 한

〈표 5-3〉 한국의 국가적 상황에 대한 인식

이주자 유형	응답 자 수 (명)	경제가 발전한 나라		좋은 직장이 많은 나라		정치적으로 안정된 나라		사회복지 높은 나라		물질문화가 앞선 나라	
		5점 척도	척도 차이*	5점 척도	척도 차이*	5점 척도	척도 차이*	5점 척도	척도 차이*	5점 척도	척도 차이*
전체	1,353	3.83	0.90	3.45	0.43	3.45	0.79	3.69	0.76	3.94	1.44
결혼 이주자	393	3.81	0.76	3.43	0.41	3.43	0.80	3.82	0.78	3.91	1.34
이주 노동자	346	4.11	0.72	3.83	0.44	3.78	0.67	3.99	0.67	4.02	0.97
전문직 이주자	256	3.66	1.24	3.33	0.64	3.31	0.99	3.26	0.88	3.90	1.83
외국인 유학생	358	3.71	1.20	3.20	0.59	3.24	0.96	3.56	1.04	3.93	1.90

* 본국 상황에 관한 동일 항목에서의 5점 척도값(〈표 5-4〉 참조)과의 차이를 계산한 것으로, 수치가 클수록 차이를 부정하는 정도가 강한 것으로 해석됨.

국의 특성을 어떻게 인식하고 있는가를 확인해 볼 수 있다. 특히 본국의 국가적 특성에 대한 인식의 정도와 비교하기 위하여 동일한 유형의 문항으로 설문조사를 하였다.

우선 '한국을 경제적으로 발전한 나라라고 생각하는가'에 대한 항목에서, 외국인 이주자들은 전체적으로 '매우 그렇다' 17.3%, '그렇다' 53.0%로 긍정적으로 인지하고 있는 비율이 70%를 넘었고, 5점 척도값으로 3.83을 보였다(〈표 5-3〉 참조). 유형별로 보면, 이주노동자가 5점 척도값 4.11을 나타내어 가장 높았고, 그 다음 결혼이주자 3.81, 외국인 유학생, 3.71이었고, 전문직 이주자는 3.66으로 가장 낮았다. 위에서 논의한 본국의 경제적 상황에 대한 인식과 비교해 보면, 이주노동자가 0.72로 가장 작았고, 전문직 이주자가 1.24로 가장 높았다. 이러한 점은 이주노동자의 경우 출신국과 유입국의 경제적 발전 수준의 차이가 가장 큰 이주의 거시적 배경으로 작용했음을 알 수 있도록 한다. 또한 결혼이주자와 외국인 유학생이 본국과 한국의 경제발전 차이에 대해 인지하는 정도가 크지 않지만, 본국의 상황에 대한 인식 정도를 고려하면 결혼이주자는 이주노동자와, 외국인 유학생은 전문직이주자와 더 가깝다는 점을 알 수 있다.

'좋은 직장이 많은 나라라고 생각하는가'에 대한 항목을 보면 이주노동자가 3.83으로 가장 높고, 외국인 유학생은 3.20으로 가장 낮았다. 이 항목은 전반적으로 다른 항목들에 비해 5점 척도 점수가 낮은 편이지만, 이주노동자의 경우 취업을 목적으로 유입되었다는 점에서 상대적으로 점수가 높게 나타났다고 할 수 있다. 그리고 이 항목에서도 한국의 상황에 관한 결혼이주자의 인지는 5점 척도값으로 이주노동자와 상당한 차이를 보이지만, 본국 상황과 비교해 보면 결국 이주노동자의 비슷한 인지 양상을 보임을 알 수 있다.

'정치적으로 안정된 나라라고 생각하는가'에 대한 항목에서도 이주노동자가 5점 척도값 3.78로 가장 높았고, 외국인 유학생이 3.24로 가장 낮았다. 사실 외국인들은 일반적으로 한국의 정치적 상황이 이주 목적국으로 고려될 수 있는 다른 국가들에 비해 다소 불안정하다고 인식할 것으로 추정되지만, 실제 이 항목은 '좋은 직장이 많은 나라인가'에 관한 항목과 5점 척도값에서 비슷한 양상을 보이고 있다. 또한 본국의 정치적 상황을 고려해 보면 그 차이가 더 커진다는 점에서, 초국적 이주자들은 한국의 정치적 안정성에 대해 일반적인 추정보다는 더 긍정적으로 인식하는 경향을 보인다고 하겠다.

'사회복지 수준이 높은 나라인가'라는 항목에서는 결혼이주자, 이주노동자, 외국인 유학생은 대부분 긍정적인 응답을 보인 반면 전문직 이주자의 경우는 '그렇지 않다'는 부정적 응답 비율도 18.8%로 다소 높게 나타나고 있다. 이에 따라 이주노동자가 5점 척도값 3.99로 가장 높았고, 전문직 이주자가 3.26으로 가장 낮았다. 이러한 응답 결과는 한국의 사회복지수준에 대해 결혼이주자와 이주노동자가 인식하는 것과 전문직 이주자와 외국인 유학생의 인식 간에는 상당한 시각차가 있음을 보여주지만, 또한 본국 상황과 비교해보면, 외국인 유학생이 전문직 이주자들보다도 그 차이를 부정하는 정도가 더 큼을 알 수 있다. 이는 다른 유형과는 달리 전문직 이주자의 경우 미국, 캐나다 등 선진국 출신이 많아 본국의 사회복지수준에 비추어 한국의 복지수준이 그다지 높지 않은 것으로 인식된 결과로 보인다.

마지막으로 '물질문화(TV, 컴퓨터 보급 등)가 앞선 나라라고 생각하는가'라는 항목에서, 전반적으로 5점 척도값이 가장 높은 3.94를 나타내어 한국의 국가적 상황에 관한 항목들 가운데 가장 높은 점수를 나타내었다. 또한 유형별로 이주노동자가 4.01로 가장 높고 전문직 이주자가 3.90으로 가장 낮아 유형별로 큰 차이가 없음을 알 수 있다. 또한 본국 상황과 비교하여 그 차이에 대한 부정이 다른 항목들 보다 훨씬 높았다. 그러나 다른 항목들과 마찬가지로 그 차이에 있어서 전문직이주자와 외국인유학생의 경우 그 차이에 대한 부정의 정도가 결혼이주자나 이주노동자보다 훨씬 강하게 나타났다.

4. 출신지역의 특성 및 정착지의 이미지

1) 본국의 출신지역 특성

외국인 이주자들의 출신 지역 유형과 지역의 경제적 및 사회적 특성들은 이들의 이주 의사결정에 가장 결정적 영향을 미쳤을 것으로 추정된다. 특히 이주 결정과정에 영향을 미치는 요인들은 공간적 스케일이 작아질수록 더욱 직접적으로 작동했을 것으로 추정된다. 이러한 점에서 이주자들의 이주 전 거주지역의 지리적 특성을 공통문항으로 설정하였으나, 그외 구체적인 내용으로 지역의 경제적 및 사회적 여건 그리고 지역에서 해당 유형의 국제이주에 대한 지역민들의 인식 등에 관한 설문 문항들은 각 유형별로 달리 설정하여 조사·분석하였다.

우선 이주 전 거주지를 살펴보면, 전체적으로 대도시(인구 100만 명 이상)에 거주했던 응답자가 26.6%, 중도시(5만~100만 명)에 거주했던 응답자가 33.4%, 소도시(2만~5만 명)에 거주했던 응답자가 16.7%, 그리고 농어촌(2만 명 이하)에 거

〈표 5-4〉 이주 전 거주지역의 경제적·사회적 여건에 관한 이주 유형별 인식

이주노동자	5점 척도	전문직 이주자	5점 척도	외국인 유학생	5점 척도
직장 구하기 어려움	3.56	직장 구하기 어려움	2.63	전공학과 부족	2.19
낮은 임금	3.59	낮은 임금	2.64	졸업 후 취업이 어려움	2.74
고된 노동	3.51	국제 경험 기회 부족	2.62	외국에 대한 교육 부족	2.76
불확실한 전망	3.43	국내외 취업 구분 없음	2.64	성적에 맞는 대학 부족	2.45

주했던 응답자가 21%로 조사되었다. 유형별로 보면, 결혼이주자와 이주노동자들 가운데 절반 이상은 소도시나 농어촌 지역에 살았고, 반면 전문직 이주자와 외국인 유학생은 각각 42.6%와 33.8%가 대도시에, 41.0%와 43%가 중도시에 살았던 것으로 나타났다. 본국의 출신지역을 농어촌과 도시로 비교해 보면, 농어촌지역에서 삶의 여건은 상대적으로 나쁘지만, 지역에 대한 소속감(또는 정체성)은 상대적으로 높을 것으로 추정되며, 도시는 이에 반대될 것으로 추정된다. 조사결과에 따르면, 결혼 이주자와 이주노동자는 전문직 이주자나 외국인 유학생에 비해 이주 전 삶의 여건이 좋지 않았고, 이러한 열악한 삶의 여건은 농어촌지역 출신의 결혼이주자와 이주노동자들이 해당 지역에 대해 더 높은 지역적 정체성을 가진다고 할지라도 결국 물질적으로 보다 나은 삶을 위해 이주를 결심하게 한 배경이 되었던 것으로 해석된다.

유형별로 이주 전 거주지의 경제·사회적 여건을 살펴보면(〈표 5-4〉), 이주노동자의 경우 해외취업과 관련된 출신 지역의 상황으로 '직장 구하기 어려움', '낮은 임금', '고된 노동', '불확실한 전망' 등을 제시하였다. 이주노동자들의 응답은 출신 지역의 이러한 구체적 상황들에 대해, 미래의 '불확실한 전망'에 대해서만 상대적으로 낮은 점수를 보였지만, 전반적으로 큰 차이를 나타내지 않고 대체로 '그렇다'는 비율을 높게 나타내었고, 5점 척도값은 3.5를 보였다.

이러한 상황은 다음과 같은 심층면접 〈사례 2〉를 통해 이해될 수 있다.

〈사례 2〉 길림시는 교통조건이 좋아 앞으로 산업·경제적 측면에서의 전망이 좋다. 하지만 현재 고용조건이 나빠서 젊은 사람들의 해외취업, 특히 한국 취업이 많다. 길림시에 사는 사람의 경우, 농사일로 버는 수익이 낮아 겸업을 하고 있다 (이주노동자, 재중동포 출신 남성, 1999년 입국, D-3(산업연수생) 비자로 입국, 대구 인근 거주).

이 사례의 경우, 출신 지역은 앞으로 전망이 좋다고 하지만, 현재 수익이 낮은 농업 외에 마땅히 전업으로 취업할 일자리가 부족하여 해외로 취업 이주한 경우라고 할 수 있다. 특히 국내 이주노동자들 가운데 중국 출신, 특히 재중동포가 큰 비중을 차지한다는 점에서 출신 지역의 장기적 전망에 대해서는 나름대로 긍정적으로 인식하고 있음에도 초국적 이주를 행한 것은 단기적으로 고용조건이 열악하기 때문인 것으로 이해할 수 있다.

전문직 이주자의 경우도 취업 이주라는 점에서 이주노동자와 비슷한 문항으로 '능력을 발휘할 수 있는 직장이 부족', '취업을 하더라도 임금 수준이 높지 않다'라는 문항과 더불어 '국제적 경험을 쌓을 기회가 없다', '본국 취업과 해외 취업 간 별로 구분이 없다'라는 문항을 제시하였다. 전문직 이주자들은 이러한 항목들에 대해 거의 구분 없이 전반적으로 '그렇지 않다'고 가장 많이 응답했으며, 이에 따라 5점 척도값은 모두 2.6이었다. 전문직 이주자들의 이러한 응답 결과는 상당히 의외의 결과라고 할 수 있다. 이들의 상당수가 선진국 출신이고 학력이 높다고 할지라도, 출신 지역에서 이러한 경제적, 사회적 여건들이 충족된다면 구태여 한국으로 취업 이주를 할 필요가 없기 때문이다. 그렇다고 이들이 또 다른 이유(예로 특정한 문화적 이유)로 이주했다고 보기 어렵다. 이와 같이 출신 지역의 여건에 대해 다소 모호한 인지에 대해서 다음과 같은 심층면접의 〈사례 3〉을 참조할 수 있다.

〈사례 3〉 [출신] 지역 주민들의 해외 취업에 관한 생각은 잘 모르겠다. 개인마다 생각이 다르기 때문에 …… 미국에서 나도 한국에 대해 잘 알지는 못했다. 하지만 여행과 함께 영어를 가르치면 많은 돈을 벌 수 있기 때문에 한국을 선택했다. 일본은 [물가가] 비싸고 돈을 벌기 힘들다고 생각했고, 태국으로 갈까 생각도 많이 했었다(전문직 이주자, 미국 출신 여성, 2008년 입국, 회화지도(E-2) 비자, 대구 거주).

외국인 유학생의 경우, 출신 지역의 경제·사회적 여건에 대한 응답 결과를 살펴보면 전공학과 부족, 지망대학 부족, 졸업 후 취업이 어려움, 외국에 대한 교육 부족, 본인 성적에 맞는 대학 부족 등에 관한 설문에서 '그렇지 않다'는 응답이 높게 나타나고 있다. 5점 척도 분석 결과 외국에 대한 교육 부족이 2.76으로 가장 높은 점수를 보이고 있어 송출국의 배출요인 중 가장 영향이 큰 것으로 추정된다. 그러나 출신 지역의 상황 역시 국적별로 상이할 것으로 추정된다. 예로 심층면접에서 일본 출신 여성의 경우 출신지역에서 "취직이 어려워지기 때문에 대학 진학률이 오르고 있고, 최근에는 대학원까지 가는 학생도 늘고 있다"고 말했으며, 중국 출신 여성의 경우도 다소 다른 의미에서 출신지역인 "광동성에서는 10명 중 7명 정도가 대학을 가는 편이며, 다른 지역에 비해 대학 진학률이 높고, 광동성에는 20개 정도의 4년제 대학이 있다"고 말했다. 이러한 점에서 한국으로의 유학은 본국에서 진학이 어렵기 때문이라기보다는 한국에 관한 전문적 지식이 필요하기 때문인 것으로 추정된다.

다른 한편 이주 전 거주 지역에서 해외 이주에 관한 주민들의 인식은 이주자 당사자의 이주 의사결정에 많은 영향을 미칠 것으로 추정된다. 이에 대해 결혼이주자들은 '매우 긍정적' 15.8%, '다소 긍정적'이 36.6%로 국제결혼에 대해 지역 주민들의 의식은 상당히 긍정적이었던 것으로 조사되었다. 또한 이주노동자의 경우도 해외 취업에 대해 '매우 긍정적' 41.0%, '다소 긍정적' 30.3%로 해외 취업에 대해 긍정적 의식 수준이 매우 높은 것으로 나타났다. 외국인 유학생

역시 '매우 긍정적' 22.9%, '다소 긍정적' 41.6%로 나타났다. 이러한 응답 결과로 볼 때 국제결혼, 해외 취업, 해외 유학에 대해 대부분의 출신 지역들에서 긍정적으로 인식하고 있는 것을 알 수 있으며, 이러한 긍정적 인식은 아래 〈사례 4〉와 같이 특히 한국과 관련된 특정 상황을 전제로 하기도 한다.

〈사례 4〉 [지역주민들은] 한국 기업이 베트남에 많이 들어와 있기 때문에, 그만큼 한국문화에 대해 많이 아는 사람이 필요하다고 생각한다. 그래서 저의 능력을 발전시키는데 한국유학은 매우 유효하다고 생각해서 한국 유학을 결정했다. 평소 취업에 대해서 고민이 많았기에 한국 유학은 매우 옳은 결정이었다고 생각한다. 평소에 주위 사람들에게 한국에 대해서 자주 이야기를 들어서 한번 한국에 와서 배우고 싶었다(외국인 유학생, 베트남 출신, 남성, 미혼으로 2003년 입국, D-2(유학) 비자).

이와 같이 국내 외국인 이주자들은 출신지역의 주민들이 국제이주에 대해 대체로 긍정적으로 생각한다고 인지하고 있지만, 출신국별로 차이를 보이기도 한다. 예로 결혼이주자의 경우 국적별로는 차이를 보이고 있는데 특히 일본인 결혼이주자는 '다소 부정적' 50.0%, '매우 부정적' 12.5%로 부정적인 경향이 뚜렷하게 나타나고 있다. 이것은 일본출신 결혼이주자의 경우 다른 국가들과 달리 이주 동기가 경제적 요인보다는 종교적인 요인에 기인한 결과로 볼 수 있을 것이다(정기선, 2008 등 참조). 이주노동자의 경우도 국적별, 가정의 경제수준에 따라 다소 차이를 보여주고 있는데 특히 필리핀의 경우 63.5%가 매우 긍정적인 것으로 나타났다. 또한 본인 가정의 경제적 수준과 비교할 경우, 특히 가정의 경제적 수준이 낮을 경우 지역주민들의 해외취업에 대한 선호도가 높은 것으로 인지하고 있었다.

2) 한국의 정착지역에 관한 이미지

초국적 이주자의 출신지역 특성에 관한 인식과 더불어, 이주하고자 하는 국가나 지역에 관한 지식이나 정보와 더불어 개인적 인식과 이미지도 이주 의사결정 과정에 상당한 영향을 미칠 것이다. 일반적으로 국내 외국인 이주자들은 이주 전에 한국에 대해 상당한 지식을 가지고 있었을 것으로 추정되지만, 실제로는 그렇지 않은 것으로 나타났다. 즉 이주 전 한국에 대한 인지 정도를 조사하는 항목에서, 전체적으로 '아주 많이 알았음'과 '많이 알았음'이 각각 2.4%, 15.8%였고, '조금 알았음'과 '전혀 몰랐음'이 각각 38.1%, 9.2%로 부정적 응답자가 훨씬 더 많았고, 5점 척도값으로 2.64였다. 특히 결혼이주자는 5점 척도값이 2.32로 가장 낮았고, 의외로 전문직 이주자들도 2.63으로 낮은 편이었다. 반면 이주노동자 2.81, 외국인유학생 2.82로 나타났다. 이러한 점에서 모든 유형의 외국인 이주자들은 이주 전 한국에 대해 잘 알지 못했고, 특히 결혼이주자가 인지 수준이 낮았음은 배우자에 대한 개인적 선택이 우선이었기 때문이거나 또는 전문직이주자의 경우는 자신이 선택할 수 있는 직장이 우선 고려의 대상이었기 때문인 것으로 해석된다. 뿐만 아니라 초국적 이주자들은 이주 대상국으로서 한국을 정할 수 있지만, 구체적으로 어떤 지역에 살게 될 것인가에 대해서는 거의 아무런 정보나 지식을 가지지 못한 것으로 추정된다.

물론 초국적 이주자들이 이주하고자 하는 국가나 지역에 대해 가지는 인식이나 이미지는 대체로 긍정적이겠지만, 일관된 것이라기보다는 이의 형성에 영향을 미친 매체나 이주 유형에 따라 다양하게 형성되며, 여러 하위 이미지들로 구성된 종합적이고 누적적인 심상이라고 할 수 있다. 이주 정착지로서 한국에 관해 이미지의 형성 매체를 살펴보면, 전체적으로 언론과 인터넷 등 대중매체를 통한 인지가 27.5%로 가장 높았고, 다음으로 영화, 음악, 드라마 등과 같은 문화매체가 25.9%를 차지한 반면, 학교 교육은 13.3%였고, 친지나 주변사람이 14.9%, 한국 제품과 기업은 7.2% 정도였다. 이러한 인지 수단이나 방식은 이주 유형에 따라 상당한 차이를 보였는데, 결혼이주자와 외국인 유학생의 경우는 영화, 음악, 드라마와 같은 문화매체를 통해 알았다고 응답한 비율이 높게 나타난 반면, 이주노동자와 전문직 이주자는 언론과 인터넷과 같은 대중매체를 통해 알았다는 비율이 높은 비중을 차지했다. 유형별로 이러한 응답 결과의 차이는 보편적으로 남성에 비해 여성들이 드라마를 선호하며, 결혼이주자의 경우 성비 구성에서 여성이 대부분을 차지하고 있어 한국 드라마를 통해 한류스타의 영향을 받은 것으로 볼 수 있다. 이러한 점은 외국인 유학생에게도 상당 정도 나타난다는 점을 다음과 같은 심층면접 〈사례 5〉에서 확인된다.

〈사례 5〉 중국 광동성에서는 한국 문화가 유행하고, 한국 드라마를 많이 보는 편이다. 한국 유명가수, 특히 '동방신기'의 노래가 많이 유행하고 있으며, 한국에 대한 정보와 이미지를 드라마와 음악을 통해서 많이 알고 있다. 한국의 전통문화보다는 현대 문화를 통해서 한국에 대해서 많이 알게 되었고, 그래서인지 한국의 문화가 익숙하다(외국인 유학생, 중국 출신 여성, 미혼, 2008년 입국, D-2(유학) 비자).

정착지역으로서 한국에 대한 이미지의 주요 형성 매체는 물론 출신 국가별로 다소 차이를 보인다. 예를 들어 1999년 몽골국영방송에서 방영한 〈모래시계〉가 큰 인기를 끌면서 몽골에 한국 드라마 붐이 생겼고 그 이후에도 여러 드라마 프로그램들이 선풍적 인기를 끌면서 옷과 핸드폰 등의 액세서리가 상상을 초월할 정도로 유행했으며(김선호, 2002, 65), 베트남의 사례도 이와 비슷하다(김이선 외, 2006). 그러나 일본이나 태국, 필리핀 이주여성의 경우는 한류의 영향보다는 종교를 통해 한국을 알게 되었고 종교 활동을 하는 친구를 통해 한국인과의 국제결혼을 권유받으면서 한국에 대해서 알게 된 경우가 많았다. 이와 같이 이주 전 한국에 대한 인지가 주로 비공식적인 수단이나 방식으로 이루어진다는 점은 역으로 학교 교육이나 이주 전 한국 정부에 의한 공식적이고 직

〈표 5-5〉 유형별 출신국별 지리적 인접성에 관한 인식

유형	국적	응답자(명)	5점 척도	유형	국적	응답자(명)	5점 척도	유형	국적	응답자(명)	5점 척도
결혼이주자	전체	373	3.22	이주노동자	전체	337	3.62	외국인 유학생	전체	358	3.28
	중국	141	3.46		중국	117	3.97		중국	209	3.54
	베트남	120	2.99		필리핀	61	3.72		일본	31	3.65
	필리핀	54	3.19		인도네시아	33	2.94		인도	23	3.17
	일본	15	3.40		베트남	62	3.39		필리핀	16	3.06
	캄보디아	18	3.06		스리랑카	22	3.27		미국	9	1.78
	기타	25	3.00		기타	42	3.60		기타	70	2.63

주: 전혀 그렇지 않다=1점, 그렇지 않다=2점, 보통이다=3점, 그렇다=4점, 매우 그렇다=5점.
자료: 설문조사에 의함(무응답 제외).

접적 교육이 부족함을 추정할 수 있도록 한다.

한국의 정착지역에 관한 이미지의 구체적 내용은 지리적 인접성, 문화적 유사성, 생활환경에 대한 긍정적 이미지 등을 살펴보았다. 우선 외국인 이주자들이 느끼는 정착지에 대한 지리적 인접성의 정도는 출신국과 목적국 간 물리적 거리의 가까움 정도를 의미하는 것이 아니라 그 외 다른 요인들에 의해 인지되는 관계적 거리를 의미한다. 관계적 거리로서 지리적 인접성은 이주유형별 특성(특히 본국으로의 귀환 여부)과 사회적 네트워크에 좌우되며, 이주자의 물리적 공간에 대한 극복 정도로 작용한다. 이러한 점에서 자신의 경력을 중심으로 주로 이동하는 전문직 이주자를 제외한 결혼이주자, 이주노동자, 외국인 유학생 세 유형을 대상으로 한국에 대한 지리적 인접성의 인식을 살펴보았다.

지리적 인접성에 관한 인식에 관한 5점 척도값은 결혼이주자 3.22, 이주노동자 3.62, 외국인 유학생 3.28로 나타났다(〈표 5-5〉). 이러한 인식 수치에서 결혼이주자가 이주노동자에 비해 낮은 것은 결혼이주자들은 일반적으로 한국으로의 영구 이주를 전제로 하고 있지만, 이주노동자는 일정 기간이 지나면 본국으로 귀환할 것이라는 인식이 반영되었기 때문인 것으로 해석된다. 이러한 점은 같은 국가 출신의 결혼이주자와 이주노동자를 비교해 보면 알 수 있다. 즉, 표

⟨5-5⟩에서 확인할 수 있는 바와 같이, 지리적 인접성에 관한 5점 척도값을 비교해 보면, 중국 출신 결혼이주자는 3.46, 이주노동자는 3.97, 필리핀 출신 결혼이주자는 3.19, 이주노동자는 3.72, 그리고 베트남 출신 결혼이주자는 2.99, 이주노동자는 3.39로 나타난다.[1]

지리적 인접성과 더불어, 이주 국가나 지역에 관한 문화적 유사성의 정도는 이주 결정에 중요한 변수로 작용한다. 카 등(Carr et al., 2005)은 문화적 요인 가운데 출신국의 문화적 해체가 미국문화의 세계화와 맞물려 미국으로 이주하는 현상을 지적한 바 있다. 특히 결혼이주자는 다른 유형의 초국적 이주자들에 비해 이주의 위험부담을 상대적으로 크게 느끼는 집단이다. 따라서 이들이 느끼는 한국에 대한 문화적 유사성은 이주에 대한 의사결정에 있어 심리적으로 크게 작용할 것이라고 추정된다. 그러나 다른 한편, 이러한 문화적 유사성은 이주자 개인이 이주한 후 자신의 입장에 따라 다르게 체험된다고 할 수 있다. 설문조사 결과에 따르면, 문화적 유사성에 관한 인지에서 결혼이주자는 5점 척도값으로 3.31을, 이주노동자는 3.47을 나타내었다. 이와 같이 결혼이주자가 이주노동자보다 문화적 유사성 수치가 낮은 것은 결국 설문조사가 이주한 후에 이루어져서 실제 가정 내에서 겪고 있는 문화적 거리감을 반영했기 때문이라고 해석할 수 있을 것이다.

이러한 점은 외국인 이주자들 가운데 한국의 문화와 가장 유사한 재중동포 결혼이주자들이 이주 직후에 상대적으로 문화적 어려움을 더 많이 호소하고 있다는 점에서도 알 수 있다.

⟨사례 6⟩ 처음엔 문화적 차이를 이해하지 못해 서로간의 갈등도 많았고 힘들었다. 그저 언어만 통하면 될 줄 알았는데 한국 가정의 집안 법도와 무엇보다 제

---

1. 그러나 같은 유형 내에서는 한국에 대한 지리적 인접성을 대체로 물리적인 거리와 비슷하게 인지하고 있다. 즉 결혼이주자의 출신 국가별 지리적 인접성에 관한 인식의 5점 척도값은 중국(3.46), 일본(3.40)의 순으로 높았고, 캄보디아(3.06), 베트남(2.99) 순으로 낮았다.

일 힘들었던 것은 가족과 친척 간의 유대관계, 시어머니와 시아버지 사이에서 지켜야 되는 예절과 행동과 말이 너무 복잡하고 힘들었다. 혹, 실수를 해서 야단을 맞을 때면 혼자 울고 고향으로 돌아가고픈 마음이 하루에 거짓말 조금 보태어 수십 번이 더 들었다(중국 길림성 출신 재중동포, 여, 1997년 이주, 대구 거주).

그러나 중국 출신의 이주노동자들은 한국에 대한 문화적 유사성에 대해 5점 척도값이 3.94로 나타나 결혼이주자와 큰 차이를 보이고 있다. 이러한 결과는 한국계 중국인이 다수 포함되어 있기 때문이라고 추정되며, 특히 이들은 언어 장벽이 없기 때문에 문화적으로 유사성을 많이 느낀다고 하겠다. 언어는 문화적인 친밀성을 높이는 요인 가운데 중요한 변수로, 이주자들은 자신이 잘 구사할 수 있는 언어권으로 이주하고 싶어 하는 경향을 보여준다.

이주 전 외국인 이주자들이 인지하고 있던 한국의 생활환경에 대한 이미지 역시 이주 의사결정 과정에서 중요한 요인을 구성한다. 설문조사에 의하면, 이주자들은 전반적으로 한국에서의 생활환경에 대해 상대적으로 높은 기대감을 가지고 있었다(즉 5점 척도값으로 이주노동자 3.64, 외국인 유학생 3.59 등). 이를 출신국별로 살펴보면, 이주노동자의 경우, 필리핀(3.87), 중국(3.75) 출신의 이주자들이 한국의 생활환경에 대해 다소 좋게 인식하고 있으며, 베트남(3.45)과 인도네시아(3.40), 스리랑카(3.36) 출신의 이주자들은 비슷한 수준을 보이고 있다. 따라서 출신국의 발전 수준이 한국에서의 생활환경을 인식하는데 있어 큰 영향을 주고 있지는 않는 것으로 보인다. 한편 한국의 생활환경을 부정적으로 인식하고 있는 응답은 인도네시아인 20.0%, 베트남인이 14.5%로 타 국가 이주노동자에 비해 다소 높은 비중을 차지하고 있다. 외국인 유학생의 경우, 인도 출신의 학생이 5점 척도값에서 4.13을 나타내어 한국의 생활환경에 대한 이미지를 가장 좋게 평가하고 있음을 알 수 있다. 다음으로 필리핀 3.56, 중국 3.50, 미국 3.44, 일본 3.35의 순을 보이고 있어, 이주노동자와 마찬가지로 출신국의 발전 수준이 한국의 생활환경에 대한 이미지에 전적으로 영향을 미치는 것으로

보이지 않는다.[2]

5. 개인적 상황 인식과 의사결정

1) 개인 및 가족의 사회경제적 여건

초국적 이주자의 이주 전 생활을 직접적으로 조건지우고 있었던 개인 및 가족의 사회·경제적 여건은 이주의 원인 또는 동기에서 아주 중요한 변수라고 할 수 있다. 특히 이주노동자나 결혼이주자의 경우, 이들은 자신이나 가족이 처한 빈곤한 경제 여건으로 인해, 본국 가족의 생계부담을 줄이는 한편 이주한 국가에서 소득이나 삶의 수준을 높이고 또한 본국 가족에게 일정 금액을 송금하기 위하여 국제이주를 결행하게 된다. 이들과는 달리 전문직 이주자나 외국인 유학생의 경우는 개인적 학력이나 직업 또는 가족들의 사회경제적 여건이 좀 더 나을 수도 있지만, 이들 역시 좀 더 높은 임금이나 취업기회 또는 본국에서는 얻기 어려운 경력 쌓기나 기술 또는 지식 습득을 위하여 이주를 결정하게 된다. 어떠한 유형이라고 할지라도, 이주자들은 이주를 위한 의사결정에서 본인 및 가족과 관련된 다양한 사회경제적 변수들, 즉 본인의 학력이나 직업, 부모의 교육수준 등에 의해 영향을 받게 된다. 이러한 요인들은 또한 이주 과정에서 활용되는 개인적 능력, 즉 인적 자본의 수준을 결정하게 된다.

우선 외국인 이주자들의 이주 전 직업은 본국에서 이들의 경제적 소득이나 사회적 지위가 어떠하였는가를 가늠할 수 있을 뿐만 아니라 한국에 이주한 후 이들의 취업이나 경력의 경로가 어떤 방향으로 전개될 것인가를 추정해 볼 수

---

2. 최진희(2006)의 연구에 의하면, 외국인 유학생의 경우 한국에 관한 이미지가 긍정적일수록 앞으로 한국에서 살기를 원하거나 한국 기업에서 일하고 싶어 하며, 더 나아가 주변 사람들에게 한국 방문을 권유할 확률이 높은 것으로 나타났다.

〈표 5-6〉 외국인 이주자의 이주 전 직업

(가) 결혼이주자와 이주노동자(단위: 명, %)

구분	합계	농어업	단순생산	단순사무	전문직	판매유통	기타서비스	공무원	학생	무직	기타
결혼이주자	389	13.4	20.6	8.7	6.4	9.5	9.3	0.5	10.0	14.7	6.9
이주노동자	339	21.2	19.8	7.7	5.3	8.0	5.0	1.8	7.7	10.9	12.7

(나) 전문직 이주자(단위: 명, %)

구분	합계	농어업	단순생산	단순사무	전문직				판매·유통	연예·스포츠	공무원	학생	무직	기타
					의사, 변호사	경영·회계	교육, R&D	정보통신기술						
전체	253	0.8	1.2	19.4	1.2	9.9	28.1	4.7	2.8	4.0	0.4	20.9	1.6	5.1
기업활동	36	0.0	5.6	30.6	0.0	47.2	0.0	2.8	2.8	2.8	0.0	5.6	0.0	2.8
연구·기술	85	1.2	0.0	24.7	2.4	4.7	31.8	11.8	1.2	2.4	1.2	17.6	1.2	0.0
외국어강사	109	0.9	0.9	11.9	0.9	3.7	36.7	0.9	4.6	0.0	0.0	30.3	1.8	7.3
연예 관련	9	0.0	0.0	11.1	0.0	0.0	0.0	0.0	0.0	77.8	0.0	0.0	0.0	11.1
기타	14	0.0	0.0	21.4	0.0	0.0	28.6	0.0	0.0	0.0	0.0	21.4	7.1	21.4

주: 기업활동 = 상사주재(D-7), 기업투자(D-8), 무역경영(D-9), 특정활동(E-7); 연구·기술 = 교수(E-1), 연구(E-3), 전문직업(E-5); 외국어 강사 = 회화지도(E-2) ; 연예 관련 = 예술흥행(E-6)

자료: 설문조사에 의함(무응답 제외).

있도록 하는 주요 지표라고 할 수 있다. 결혼이주자의 경우, 이주 전 직업은 단순생산직(20.6%), 무직(14.7%), 농어업(13.4%) 등의 순으로 나타났다. 즉, 결혼이주자들 가운데 취업을 했던 이주자들은 대체로 도시 단순 노동력의 저임금직 내지는 농어촌지역에서 농어업분야에 종사한 비율이 다소 높게 나타난다. 이주노동자의 경우도, 이주 전 직업이 농어업 및 단순생산직이 각각 21.2%, 19.8%로 높게 나타나서 결혼이주자와 비슷한 상황이었음을 알 수 있다.

결혼이주자 및 이주노동자와는 대조적으로, 전문직 이주자의 이주 전 직업은 교육·연구개발분야가 28.0%로 높은 비중을 보였다. 이어서 학생이었다는 응답도 20.9%로 높게 나타나 현재 한국에 있는 전문직 이주자들 중 한국에서 자신의 첫 경력을 쌓는 이들도 적지 않은 것으로 보인다. 또한 경력 경로는 대체로 본국에서의 직종과 연관되어 있다. 기업활동 관련 전문직은 이주 전 판매·유통분야(47.2%) 및 경영·회계분야(30.6%)에 종사하였고, 연구·기술 관련 전문직과 외국어 강사는 이주 전 교육·연구개발분야(각각 31.8%, 36.7%)에, 그리고 연예 관련 전문직은 연예·스포츠직(77.8%)에 종사한 비율이 가장 높았다. 그러나 한편으로 기업활동 관련 전문직과 연구·기술 관련 전문직의 이주자들은 이주 전 단순사무직에 종사했다는 응답도 높은 비중을 보이고 있다. 이러한 점은 한국으로 이주하는 전문직 이주자들 가운데 상당 부분이 이주 전 실제 비전문직 분야에 종사하였음을 보여주는 것으로, 외국어 강사들이 이주하기 전 대부분 학생이었다는 설문결과도 같은 맥락에서 이해될 수 있다.

이러한 점은 심층면접에서도 확인되었는데, 2003년 한국으로 이주한 한 외국어 강사는 한국으로 이주하기 전의 상황과 한국으로 이주한 후 상황을 다음과 같이 진술하였다.

〈사례 7〉 나는 캐나다 출신이며, 2003년 여름 한국에 오기 전, 토론토의 한 회사에서 주당 50시간을 일했으며, 휴가는 거의 없었다. 나는 변화를 모색했다. 여행을 원했고, 학생시절 받았던 학자금 대출을 갚기 위해 돈을 벌어야 했다. 또한 나의 이력을 정말 바꾸고 싶었다. 한국 구미시의 한 영어학원에서 일했던 친구와 이야기를 나눈 후, 나는 한국은 좋은 기회가 될 것이며, 1년 동안 영어를 가르쳐보기로 생각했다. 한국으로 이주하기를 결정한 후, 나는 대전에 있는 한 학원에서 강의할 수 있도록 해준 소개업자와 접촉을 했다. 1년 동안 어린이를 가르친 후, 나는 내가 진실로 한국을 좋아하며, 가르치기를 좋아한다는 점을 알게 되었지만, 성인들을 가르치기를 원했다. 그래서 나는 온라인의 한 한국직업게시판을 통해 대학에서 강의할 수 있는 자리를 찾아서 응모하여 선정되었다(캐나다 출신 36세 남성, 2003년 입국, 현재 대구 소재 모 대학교 외국어 강사).

이와 같이 심층면접 응답자는 선진국인 캐나다 출신이라고 할지라도, 본국 상황에 비해 한국 상황이 더 유리한 것으로 평가하고, 한국에서의 직업을 선택하여 이주하였고, 이주 후에도 더욱 적극적으로 자신이 바라는 직장을 옮기면서 거주지도 함께 옮긴 사례를 보여주고 있다.

외국인 이주자들의 이주 전 직업과 더불어 이들의 가정의 경제적 수준은 국제이주에 관한 의사결정과정에 지대한 영향을 미쳤을 것으로 생각된다. 본국 가정의 경제적 수준에 관하여 응답자들의 50.6%는 '그저 그렇다'고 응답한 가운데 '풍족하다'는 인식(32.5%)이 '빈곤하다'는 인식(27.0%)보다 조금 더 높게 나타났다. 그러나 이주 전 가정의 경제적 수준을 이주 유형별로 살펴보면, 경제적인 여건에 의해 생존회로(survival circuit)에서 이주하는 결혼이주자 및 이주노동자 집단과 상층회로(upper circuit)에서 이동하는 전문직 이주자 및 외국인 유학생으로 분화되는 패턴을 보인다. 결혼이주자는 설문조사 결과 52.7%가 '그저 그렇다'고 응답하였고, 풍족함과 빈곤함의 비율은 거의 유사하게 나타났다. 이러한 경향은 보건복지부(2005) 실태조사에서도 유사하게 나타나고 있는데, 이 실태조사에 따르면 국내로의 결혼이주가 물론 국적에 따라 차이가 있지만, 주변 가난한 나라의 극빈층 여성의 이동이라기보다는 중간층 여성들의 이동이며, 국제결혼을 해서 온 이주 여성들의 '경제적 동기'가 강조되는 경향이 있지만, 최근에 온 여성들 중 이미 자국에서 경제적 기반을 확립했던 여성들이 많고, 한국을 '부유한 국가'로 생각하지도 않는 경향을 보인다고 주장하고 있다.

이주의 목적이 취업과 직결되어 있는 이주노동자는 결혼이주자보다 경제적 여건이 더 열악한 것으로 파악된다. '그저 그러함'을 제외한 약 30%가 가정의 경제적 여건을 '빈곤하다'고 평가하고 있다. 따라서 일반적으로 알고 있던 '이주노동자들은 본국에서 매우 열악한 환경에 있다'라는 인식과 설문조사의 결과가 비슷하게 나타났으며, 이주노동자들의 이주 목적 중 경제적 요인은 매우 강하게 작용했을 것이다. 전문직 이주자는 설문의 특성상 '그저 그러함(56.7%)'이 높게 나타났지만, 이를 제외하면 빈곤한 가정(5.1%)보다 풍족한 가정(38.2%)의 수치가 대조적으로 높은 수준을 보이고 있어 전문직 이주자의 이주배경이 단순히 생계를 위한 구직이 아니라는 것을 설명해준다. 외국인 유학생 가정의 경제수준은 대체로 전문직 이주자보다도 더 풍족한 경향을 보인다. 외국인 유학생의 응답자들 가운데 '다소 풍족함'과 '아주 풍족함'의 비율이 55.6%를 차지한다는 점에서 경제적 여건이 뒷받침되어야 한국으로 유학 이주가 가능하다는 점을 일반적으로 보여준다.

외국인 이주자 가정의 주 소득원이 어떠한 업종에 의존하고 있는가를 살펴보면, 가정의 경제적 수준과 비슷한 결과를 유추할 수 있다. 즉 생존회로에서 이동하는 결혼이주자와 이주노동자의 가정은 주로 농어업 및 단순생산직에 종사하여 생계를 유지하고 있으며, 따라서 가정의 소득 수준이 낮았을 것으로 추정된다. 이러한 상황에서 특히 결혼이주자들은 본국에서의 빈곤을 탈출하기 위해 국제결혼을 선택하지만, 이들과 결혼하는 배우자 역시 대부분 한국 여성과 결혼이 어려운 도시나 농촌의 중하층에 속하기 때문에, 본국의 가정생활에 비해 소득은 상대적으로 다소 높아질지는 모르지만, 생활의 질이 크게 개선될 것이라고 기대하기는 어렵다. 다른 한편, 초국적 이주에서 상층회로를 구성하는 전문직 이주자와 외국인 유학생의 가정은 앞의 유형과 상반되는 경향을 보인다. 전문직 이주자의 가정은 교육·연구개발직(19.8%), 단순사무직(19.3%), 전문직(18.9%) 등에 의해서, 외국인 유학생의 가정은 경영직(30.5%)에 의해서 주로 생계가 이루어지고 있다.

2) 의사결정 과정과 간섭요인 인식

초국적 이주자들은 앞에서 살펴본 바와 같이 이주 의사결정과정에 영향을 미치는 다규모적 배경 또는 조건 속에서 이주의 필요성을 인지하면서, 본격적으로 이주를 결정하게 된다. 따라서 최종적으로 이주를 결정하는 과정에서 이들은 이주비용과 출입국을 위한 여권과 비자 발급의 용이성, 그리고 자신이 의

〈표 5-7〉 이주의 용이성에 관한 인식

유형	설문 문항	5점 척도
결혼 이주자	타 국가보다 국제결혼 쉬움	2.86
이주 노동자	입국과정 쉬움	3.08
	취업비용 저렴	3.18

〈표 5-8〉 목적 성취가능성에 관한 인식

유형	설문 문항	5점 척도
전문직	능력 발휘 기회 보장	3.68
외국인 유학생	학문적 욕구 충족	3.80
	사회적 신분상승	3.39
	유학 후 능력 향상	3.96

도한 목적의 성취가능성(즉 욕구 충족)을 위한 요소들을 고려하게 될 것이다. 또한 이주 목적국이나 이주 방식을 결정하는 과정에는 다른 여러 간섭요인들도 개입하게 될 것이다. 이러한 점에서 한국으로의 이주를 결정하는 과정에서 작동하는 주요한 요인들로, 이주의 용이성, 목적 성취가능성, 그리고 간섭기회(이주 결정에 영향을 미치는 사람들이나 자신의 해외 경험 및 해외 이주가족과의 연계 여부 등) 등과 관련된 설문문항을 설정하여 조사·분석하였다.

먼저 이주의 용이성에 대해서 결혼이주자는 이주하고자 하는 국가가 타 국가보다 국제결혼이 쉬운지, 이주노동자를 대상으로는 타 국가에 비해 입국과정이 쉬운지, 취업비용은 저렴한지 등에 관한 문항을 통해 분석하였다. 결혼이주자들은 한국 남성과의 국제결혼에 대해 타 국가보다 수월하다고 인식하는 정도가 5점 척도값이 2.86으로 나타나 전반적으로 낮은 수준을 보이고 있다. 세부적으로 부정적인 응답이 전체의 34.1%에 달하고 있어, 결혼이주자들이 인식하는 한국으로의 이주는 다소 어려운 것으로 판단된다(〈표 5-7〉 참조). 또한 이주노동자들은 한국으로의 입국과정의 용이성에 대해 결혼이주자보다는 약간 높은 3.08을 보였으나, 이 역시 절대적으로 낮은 수준이라고 하겠다. 이러한 점에서 결혼이주자와 이주노동자는 모두 이주의 용이성에서 낮은 점수를 보였지만, 실제 이들은 한국으로 이주했다는 점에서, 이주의 용이성 자체는 이주에 큰 고려사항이 되지 않는 것으로 판단된다. 또한 이주노동자의 경우 취업비용에 있어서도 이주의 용이성에 비해 높지만 절대적으로 낮은 점수(3.18)를 보였다는 점에서 취업비용 역시 다소 부담스러웠던 것으로 해석된다.

이주노동자에게 취업비용이 상당한 부담으로 된다는 점은 심층면담에서도 확인되었다.

〈사례 8〉 스물세 살에 결혼을 하였는데, 결혼 후 생활하는 데 돈이 많이 필요하다는 것을 깨달았다. 그래서 한국의 원양어선을 탔지만, 여전히 힘들고 부족해, 가정을 위해서 한국에 가서 일을 해야겠다는 생각이 들었다. 한국에 가서 일을 하겠다는 마음을 먹고 가족들과 이야기를 나누고, 어머니 몰래 2000년도 5월에 한국 돈으로 약 800만 원 정도 빚을 내어서, 여러 친구들과 함께 밀입국을 통해서 한국에 나오게 되었다. 이틀 동안 배를 타고 오면서 나는 어떻게 하면 한국에서 돈을 많이 벌어서 돌아가 가족들과 함께 즐겁게 살 것인가 밖에 생각하지 않았다 (중국 길림성 출신 재중동포, 남, 2000년 이주, 대구 거주).

이와 같이 초국적 이주가 결코 용이하지 않으며 이주비용도 만만찮음에도 불구하고 이주를 실행했다는 사실은 초국적 이주에 따른 비용보다 기대 소득이나 이익이 더 크기 때문임을 보여준다고 하겠다. 달리 말해, 외국인 이주자들은 단순히 한국으로의 이주가 용이하기 때문이 아니라, 이주의 목적에 부합하는 개인적 동기들이 더 강하게 작용했기 때문에 이주한 것으로 추정된다.

이와 같은 이주의 용이성과 더불어 한국으로의 이주를 통해 자신의 목적 성취가능성도 최종적으로 초국적 이주의 의사결정에 직접 작용할 것으로 추정된다. 결혼이주자와 이주노동자의 경우는 결혼 및 임금 그 자체를 목적으로 하고 있다는 점에서 제외하고, 전문직 이주자와 외국인 유학생에게 관련 사항을 질문하였다. 전문직 이주자는 한국으로의 이주결정과정에서 능력을 발휘할 수 있는 기회가 보장되는지에 대해 5점 척도 결과 3.68의 응답을 보였다. 이는 스코트(Scott, 2006)가 제시한 전문직 이주자의 이주 동기 중 경력 경로(career path)에 해당하는 것으로, 이들이 전문직에 종사하고 있기 때문에 경력 요소를 크게 고려하고 있는 것으로 보인다.[3] 다른 한편 외국인 유학생이 한국 이주에서 고려하는 목적 성취가능성에 관한 주요 요소로서 '유학 후 능력 향상'에 대해 5점 척도값 3.96으로 매우 긍정적인 인식을 보이고 있다. 또한 '학문적 욕구충족'에 대해서도 3.80의 높은 척도값을 보이고 있어 외국인 유학생들은 교육이 이주의 주 목적인 만큼 목적 성취가능성 요소를 크게 고려하고 있었다. 한편 사회적인 신분상승에 대한 고려는 3.39로 상대적으로 낮게 나타났다.

다른 한편, 초국적 이주는 국경을 가로지르는 장거리, 장시간 이주라는 점에서, 자신의 의사결정뿐 아니라 타인으로부터 상당한 영향을 받을 것으로 추정된다. 이주자들이 초국적 이주 결정과정에서 타인의 영향을 어느 정도 받았는지의 여부는 그들의 이주가 어느 정도 자발적인가를 가늠해 볼 수 있는 지표라고 할 수 있다. 또한 이주 국가를 선정함에 있어 개인의 해외 방문 경험이나 해외 거주 가족들과의 연계와 이를 통해 확보된 정보 등을 활용할 것이 분명하다. 즉, 초국적 이주자는 이주를 결정하기에 앞서 개인이 처한 특정한 상황과 문제점들을 인식하고, 가족이나 친구를 국제이주의 사회적 연결망으로 활용하고 있는 것으로 보인다. 이렇게 이주자와 주변사람과의 사회적 연결망이나 네트워크가 형성될 경우 이주의 전통과 가치관이 심어져 연쇄이주(chain migration)가 지속되기도 한다. 이와 같은 타인의 영향과 다른 국가에 대한 경험과 연계는 한국으로의 이주에 간섭기회로 작용하는 것으로 이해할 수 있다.

우선 초국적 이주의 의사결정과정에 영향을 미치는 사람들의 존재 여부와 이들이 누구이며, 어느 정도 영향을 미쳤는가를 조사하였다. 조사 결과, 혼자서 이주를 결정했다는 응답이 이주유형별로 약간의 차이는 있지만 대체로 50% 내외를 보였다는 점(결혼이주자 60.2%, 이주노동자 45.5%, 전문직 이주자 49.6%, 외국인 유학생 54.7%)에서, 이주자 자신의 의시결정이 가장 결정적이라는 점을 알 수 있었다. 특히 결혼이주는 한 번 결정하면 일반적으로 평생 유지된다는 점에서 이주자의 가족 구성원들로부터 많은 영향을 받을 것임에도 불구하고, 혼자

---

3. 스코트(Scott, 2006)는 전문직 이주자의 이주 동기를 크게 경력 경로(career path), 생활양식 선호(lifestyle preference), 관계(relationship)로 구분한 바 있다.

결정했다는 비율이 높은 것은 특이하다. 혼자서 결정했다는 응답을 제외하면 이주자의 유형별로 이주를 결정하는데 영향을 미치는 사람이 상당히 다르게 나타난다. 결혼이주자의 경우, 가족이나 친척, 또는 친구나 동료의 영향력은 생각보다는 상대적으로 적고, 종교단체나 결혼중개업소의 영향이 큰 것으로 나타난다. 이주노동자는 다른 유형의 외국인 이주자들에 비해 자발적으로 이주를 결정하는 비중(45.5%)이 가장 낮으며, 이주를 결정하는데 부모님이나 친척(22.9%), 친구(16.1%) 또는 해외인력 송출 관계자(10.8%)의 영향이 비교적 높게 나타난다.

전문직 이주자의 경우, 혼자 결정하는 경우를 제외하면 이주노동자와 유사하게 친구의 영향(15.6%)을 많이 받고 있으며, 한국 및 본국의 관련 기업이나 기관 관계자들로부터도 다소 영향을 받는 것으로 나타난다. 그러나 이 수치가 선진국들에서 볼 수 있는 전문직 이주자들의 이주 경로, 즉 상층회로에서 이주의 전형으로 형성되는 조직 내 파견근무자나 이주의 채널이 다양해지면서 나타나는 조직 간 이동의 형태가 국내에서 활발하게 이루어지고 있음을 나타낸다고 보기는 어렵다.[4] 이러한 점은 앞서 전문직 이주자의 이주 전 직업 중 경영·회계직이나 전문직의 비율이 낮았던 것을 통해서도 확인할 수 있다. 외국인 유학생의 이주 결정과정에서는 혼자 결정했다는 응답을 제외하면 부모의 권유(20.9%)가 가장 높은 비중을 보였다. 외국인 유학생의 평균 연령을 고려해 볼 때 부모가 이주의 결정에 큰 영향을 미치는 것이 당연하지만, 학교나 교수의 영향이 저조한 것은 학교 간 국제교류가 원활하게 이루어지지 못함을 암시한다고 할 수 있다. 다만 타 지역에 비해 서울로 유학 온 학생들에게 학교나 교수

4. 기존 연구에서 다국적 기업 내부에서 이동하는 조직 내 파견근무가 상층회로에서의 이주의 전형으로 생각되었지만(Beaverstock and Boardwell, 2000), Findlay(1998)는 이 밖에 헤드헌터나 기업에 의한 직접 고용 등에 따른 방식 등으로 이주의 채널(channel)이 다양화되고 있다고 지적하였다. 한주희(2007)는 예전의 다국적 기업의 조직 내 파견에 의한 이주가 개인보다는 조직에 의해 결정되었다면, 최근에 나타나는 조직 간 이직은 조직보다는 개인에 의해 결정되는 경향이 크다고 보았다.

〈표 5-9〉 다른 나라 방문 경험 및 목적

(단위: 명, %)

유형	합계	방문 경험 있음	다른 나라 방문 목적(%)					
			소계	취업	유학	여행	가족방문	기타
전체	1,353(100)	417(30.8)	367(100)	33.0	15.8	37.1	6.5	7.6
결혼이주자	393(100)	61(15.5)	51(100)	35.3	2.0	37.3	17.6	7.8
이주노동자	346(100)	99(28.6)	82(100)	59.8	9.8	9.8	9.8	11.0
전문직이주자	256(100)	162(63.3)	144(100)	35.4	20.8	34.0	2.1	7.6
외국인유학생	358(100)	95(26.5)	90(100)	3.3	21.1	66.7	4.4	4.4

주: 방문 목적에서 무응답자 제외.

의 권유(18.2%)가 다소 높게 나타나고 있어, 지역 간 대학 연구역량의 계층화를 짐작해 볼 수 있다.

다른 한편, 국내 외국인 이주자들이 한국으로 이주하기 전 다른 국가에 체류한 경험이 있는지 여부는 초국적 이주를 위한 정보의 획득과 해석능력에 있어서뿐만 아니라 이주를 시행함에 대한 두려움을 크게 줄여줄 것으로 추정된다. 또한 가족 가운데 해외 거주자가 있는가의 여부는 국제이주에 관한 정보를 획득할 수 있는 기회의 제공과 더불어 특히 목적국에 거주할 경우 이들과 형성하는 네트워크는 해당 국가에 이주 및 정착하기 위해 필요한 많은 도움을 제공해준다는 점에서, 이주자의 주요한 사회적 자본으로 인식되기도 한다. 이러한 점에서 우선 초국적 이주자 본인의 타 국가 방문 경험 여부를 조사해 보면, 일반적으로 예상할 수 있는 바와 같이 전문직 이주자가 63.3%으로 가장 많고, 그 다음 이주노동자 28.6%, 외국인 유학생 26.5%, 결혼이주자 15.5%의 순으로 응답하였다.

다른 나라의 방문에 대한 경험을 좀 더 구체적으로 목적별로 살펴보면, 경험이 있는 이주자의 방문 목적은 여행(37.1%)이나 취업(33.0%)의 순으로 나타났다. 이주 유형별로 보면 결혼이주자와 전문직 이주자는 방문 목적별 비율이 비슷하게 여행(각각 37.3%, 34.0%)과 취업(각각 35.3%, 35.4%)이 높게 나타내고 있다. 그러나 이 두 유형의 이주자들은 전체적으로 해외 방문 경험의 여부에 있어서 큰 차이가 있다는 점이 고려되어야 한다. 이주노동자와 외국인 유학생은 다른 국가로의 방문 목적이 뚜렷하게 편중되어 있음을 확인할 수 있다. 타 국가를 방문한 적이 있는 이주노동자의 약 60%가량이 취업을 목적으로 이주한 것으로 보아 이들은 생계를 위해 국경을 넘어 '생존회로'에서 이동하고 있음이 여실히 드러난다. 즉, 이주노동자들은 경제적 빈곤이라는 외부적 조건과 개인의 주체성이 결합되어 국제이주를 대안으로 선택하고 있는 것이다. 이와는 달리 외국인 유학생의 타 국가 방문 목적은 여행이 66.7%로 가장 높은 비중을 보이고 있다. 이러한 점에서 외국인 유학생은 이주노동자와 대조적으로 여행의 경험을 가질 만큼 가정의 경제적인 여건이 풍족함을 유추해 볼 수 있다.

다른 한편, 이주자의 가족 중에 해외로 이주한 다른 사람이 있는가의 여부는 사회적으로 이주에 대한 접근기회가 얼마만큼 열려 있는지 또는 위기 분산 전략으로 타 국가로 이주를 선택했는지 등을 파악할 수 있도록 한다. 가족(일부)의 해외 이주 여부를 결혼이주자와 외국인 유학생을 대상으로 살펴보면, 결혼이주자는 해외로 이주 경험이 있는 본국 가족에 대한 질문에서 대부분 '없다'(79.0%)는 응답이었지만 필리핀 출신 결혼이주자와 캄보디아 출신 결혼이주자의 경우 여자 형제들의 해외 이주경험이 10% 이상 나타나고 있다(각각 13.0%, 11.8%). 외국인 유학생도 비슷하게 가족 중 해외에 체류하는 사람은 대부분 '없다'고 응답하였으며(77.1%), 인도와 미국 출신 외국인 유학생의 남자 형제들이 해외에 체류하는 경우가 10% 이상으로 나타났다(각각 17.4%, 11.1%). 즉, 결혼이주자와 외국인 유학생 모두 해외에 체류하는 가족이 주로 형제로 나타나 젊은층에 분포하고 있음을 알 수 있고, 그중 결혼이주자는 여자형제, 외국인 유학생은 남자형제 위주로 나타나 성별로 분화되어 있다.

이와 같이 다른 국가들에 관한 경험이나 다른 국가들에 거주하는 가족들의 여부는 이주 목적국으로서 한국을 고려하면서 또한 동시에 다른 국가들로의 이주가능성을 고려하도록 할 것으로 추정된다. 이러한 현상은 특히 해외로 이주한 가족의 이주 목적에서 더욱 뚜렷하게 드러난다. 즉 결혼이주자 가족의 해외 이주 목적은 국제결혼이 39.7%, 취업이 32.9%로 다수를 차지하는 반면, 외국인 유학생 가족은 유학이 48.0%로 이주 목적 중 가장 높은 비중을 보이고 있다. 결국 결혼이주자와 외국인 유학생, 그리고 이들 가족 중 해외로 이주한 사람들 모두 개인이 처한 환경하에서 세계적인 이주 대열에 합류하게 되지만, 그 속에서 이들은 각기 다른 분절화된 영역에 편입하게 됨을 알 수 있다.

6. 맺음말

최근 급증하고 있는 초국적 이주는 분명 지구지방화 과정 및 교통통신기술의 발달과 더불어 출신국 및 목적국의 사회경제적 특성을 배경으로 이루어지고 있다고 하겠다. 그러나 이와 같은 조건들이 동일하게 주어진다고 할지라도, 모든 사람들이 초국적 이주를 추진하는 것이 아니다. 따라서 초국적 이주는 개인이 직접 체험하거나 삶의 조건으로 지워지는 지역사회 및 개인의 특성, 그리고 정착지역에 대한 개인적 이미지와 더불어 이주자 본인이 느끼는 이주의 용이성이나 목적 실현가능성, 그리고 다른 사람들의 영향 등에 의해 좌우된다고 할 수 있다. 이러한 점에서 초국적 이주에 관한 기존의 연구들은 한편으로 세계적, 국가적 차원에서 전개되는 구조적 거시적 배경에 관한 고찰과 다른 한편으로 지역적, 개인적 차원에서 작동하는 행위적, 미시적 조건에 관한 고찰로 크게 양분되어 있었다. 그러나 이와 같은 이원화된 접근으로는 초국적 이주과정을 제대로 파악하기 어렵다는 점에서 이들을 결합한 전반적 이주체계를 고찰할 필요성이 제기되었다.

이 장에서는 이러한 점에서 구조적 배경과 행위적 조건을 결합시킨 이주체계접근에 따라 초국적 이주자들이 자신의 이주 배경과 의사결정 과정을 어떻게 인식하고 있는가를 조사 연구하고자 했다. 그리고 지리학적 연구라는 점에서, 이 장에서 제시된 이주체계 모형은 다문화 공간의 개념과 이에 함의된 장소, 영역, 네트워크, 스케일과 공간적 흐름과 공간적 차이 등을 반영하고자 했다. 그러나 실제 연구 결과는 세계적 및 국가적 배경에 관한 설문 분석과 지역적 및 개인적 조건과 의사결정과정에 관한 설문 분석을 병렬적으로 나열하여 서술하는 정도에 불과하고, 또한 초국적 이주와 관련된 공간적 측면들은 설문조사와 연구 결과에 제대로 반영되지 않았다는 점에서 한계를 가진다. 그럼에도 불구하고, 이 장은 대규모 설문조사를 통해 초국적 이주와 관련된 여러 거시적 및 미시적 요인들의 특성을 이주 유형(즉 이주노동자, 결혼이주자, 전문직 이주자, 외국인 유학생)에 따라 구분하여 밝히고자 한다는 점에서 나름대로 의의를 가진다고 하겠다. 분석 결과를 요약하면 다음과 같다.

첫째, 초국적 이주의 거시적 배경으로 세계적 상황에 대한 인식을 살펴보면, 외국인 이주자 대부분은 국가 간 경제발전 수준의 차이, 교통 및 정보통신기술의 발달, 상품과 자본의 지구적 이동, 그리고 국제이주의 일반화 경향 등을 상당히 높게 인지하고 있었다. 하지만 이들 가운데 외국인 이주자들 자신과 관련된 '국제이주의 일반화 경향'에 대한 인식은 상대적으로 낮았다는 점에서 자신의 초국적 이주 행위를 다소 특수한 경우로 인식하고 있었다. 이주자 유형별로 큰 차이를 보이지 않았지만, 이주노동자와 결혼이주자는 특히 국가 간 경제발전의 차이를 크게 인지하고 있었다. 본국의 경제사회적 상황에 대해서는 이주노동자와 결혼이주자가 부정적으로, 전문직 이주자와 외국인 유학생은 비교적 그렇지 않은 것으로 인식하고 있었다. 이주 목적국으로서 한국의 경제사회적 상황에 대해서, 외국인 이주자들은 대체로 한국의 경제적 발전 수준, 좋은 직장의 정도, 정치적 안정, 복지수준, 물질문화의 수준 등을 긍정적으로 인지하고 있으며, 유형별로는 이주노동자와 결혼이주자가 특히 그 정도가 높아서 전문직 이주자 및 외국인 유학생과는 이주 배경에 차이가 있음을 엿볼 수 있다.

둘째, 초국적 이주자들의 미시적 배경 또는 조건으로 본국의 지역 상황과 개인적 특성 그리고 정착지역에 대한 이미지를 살펴보았다. 외국인 이주자들의 이주 전 거주 지역과 관련하여, 결혼이주자와 이주노동자는 농어촌 거주비율이 높은 반면, 전문직 이주자와 외국인 유학생은 대도시 및 중도시 거주비율이 높게 나타났다. 그러나 본국의 지역사회에서 주민들은 국제이주에 대해서 모든 유형에서 대체로 긍정적인 것으로 나타났다. 정착지로 한국의 국가적, 지역적 특성에 대한 지식 수준은 대체로 모두 낮았다. 한국을 알게 된 계기 또는 수단은 유형별로 차이를 나타내는데, 결혼이주자와 외국인 유학생은 영화, 음악, 드라마와 같은 문화매체를 통해 알았다고 응답한 비율이 높은 반면, 이주노동자와 전문직 이주자는 언론과 인터넷 등 대중매체를 통해 알게 된 비율이 더 높았다. 이러한 수단을 통해 형성된 한국 이미지들 가운데 지리적 인접성에서는 이주노동자가 가장 가깝게 느끼는 것으로 나타났으며, 문화적 유사성에서도 이주노동자가 결혼이주자에 비해 더 높게 인식하고 있었다. 한국의 생활환경에 관해서는 이주노동자와 외국인 유학생이 다른 유형들보다 더 좋은 이미지를 가지고 있었다.

셋째, 초국적 이주자 본인의 직업 및 가정의 경제수준과 소득원 등 미시적 이주배경에 있어 결혼이주자와 이주노동자는 상대적으로 낮은 지위를 나타낸 반면, 전문직 이주자와 외국인 유학생은 비교적 높은 수준을 보였다. 결혼이주자와 이주노동자의 이주 전 직업은 농어업과 단순 생산직이 상대적으로 많았고, 전문직 이주자들은 교육·연구개발 분야에 많이 종사한 것으로 조사되었다. 이주 전 가정의 경제적 수준에 대해서는 이주노동자는 상당히 열악한 것으로 인식하지만, 결혼이주자는 보통 정도로 인식하는 비율이 가장 많았고, 전문직 이주자와 외국인 유학생 유형에서는 풍족하다는 응답 비율도 상당히 높게 나타났다. 출입국 등과 관련된 이주의 용이성에서는 결혼이주자와 이주노동자 모두 낮은 점수를 보였으며, 특히 이주노동자의 경우 취업비용의 부담 능력에 대해서도 낮은 점수를 나타내었다. 즉 초국적 이주가 용이하지 않으며 또한 취업비용에 대해서도 상당한 부담을 느낌에도 불구하고, 이들이 한국으로 이주를 했다는 점은 한국으로의 이주에 따른 비용보다 기대 소득이나 이익이 더 크기 때문인 것으로 추정된다. 끝으로 모든 유형에서 이주자들은 스스로 이주를 결정했다는 비율이 절반에 달했으며, 전문직 이주자는 다른 유형들에 비해 다른 국가를 방문한 경험이 월등히 높았지만, 결혼이주자와 외국인 유학생은 해외 거주 가족들과의 연계를 부분적으로 활용한 것으로 나타났다.

김선호, 2002, “동아시아의 ‘한류’: 몽골 ‘한류’의 특성과 전망,” 『동아연구』, 42, pp.59~72.

김영란, 2008, “한국 사회에서 이주노동자의 사회문화적 적응에 관한 연구,” 『담론 21』, 11(2), pp.103~138.

김용찬, 2006, “국제이주분석과 이주체계접근법의 적용에 관한 연구,” 『국제지역연구』, 10(3), pp.81~106.

김이선 · 김민정 · 한건수, 2006, 『여성결혼이민자의 문화적 갈등 경험과 소통증진을 위한 정책과제』, 한국여성개발원.

류주현, 2009, “수도권 외국인 노동자의 직주거리에 관한 비교연구,” 『한국도시지리학회지』, 12(1), pp.177~190.

박경환, 2009, “광주광역시 초국적 다문화주의의 지리적 기반에 관한 연구,” 『한국도시지리학회지』, 12(1), pp.91~108.

박배균, 2009, “초국가적 이주와 정착을 바라보는 공간적 관점에 대한 연구: 장소, 영역, 네트워크, 스케일의 4가지 공간적 차원을 중심으로,” 『한국지역지리학회지』, 15(5), pp.616~634.

박은경, 2008, “외국인 유학생의 국제이주와 지역사회 적응에 관한 연구,” 대구대학교 석사학위 청구논문.

보건복지부, 2005, 『국제결혼 이주여성 실태조사 및 보건, 복지 지원정책 방안』, 미래인력연구원.

석현호, 2000, “국제이주이론: 기존이론의 평가와 행위체계론적 접근의 제안,” 『한국인구학』, 23(2), 5~37.

설동훈, 1999, 『외국인노동자와 한국 사회』, 서울대학교 출판부.

이용균, 2007, “결혼 이주여성의 사회문화 네트워크의 특성: 보은과 양평을 사례로,” 『한국도시지리학회지』, 10(2), pp.35~51.

전형권, 2008, “국제이주에 대한 이론적 재검토: 디아스포라 현상의 통합모형 접근,” 『한국동북아논총』, 49, pp.259~284.

정현주, 2007, “공간의 덫에 갇힌 그녀들? 국제결혼 이주여성의 이동성에 대한 연구,” 『한국도시지리학회지』, 10(2), pp.53~68.

정현주, 2009, “경계를 가로지르는 결혼과 여성의 에이전시: 국제결혼이주연구에서 에이전시를 둘러싼 이론적 쟁점에 대한 비판적 고찰,” 『한국도시지리학회지』, 12(1), pp.109~122.

조현미, 2009, “일본인 국제결혼여성의 혼성적 정체성,” 『일본어문학』, 45, pp.521~544.

최병두, 2009, “다문화공간과 지구지방적 윤리: 초국적 자본주의의 문화공간에서 인정투쟁의 공간으로,"『한국지역지리학회지』, 15(5), pp.635~654.
최병두·임석회·안영진·박배균, 2011,『지구·지방화와 다문화 공간』, 푸른길.
최재헌, 2007, "저개발 국가로부터의 여성결혼이주와 결혼중개업체의 특성,"『한국도시지리학회지』, 10(2), pp.1~14.
최진희, 2006, "주한 외국인의 한국 이미지에 대한 연구: 국내 거주 중국 및 일본 유학생을 중심으로," 중앙대학교 대학원 석사학위논문.
한주희, 2007, "고숙련 전문직 이주자들이 갖는 커리어의 사회적 경로: 한국 금융서비스산업 전문가 집단을 중심으로," 연세대학교 석사학위논문.

Beaverstock, J. V. and Boardwell, J. T., 2000, "Negotiating globalization, transnational corporations and global city financial centres in transient migration studies." *Applied Geography*, 20, pp.277~304.
Carr, S. C., Inkson, K. and Thorn, K., 2005, "From global careers to talent flow: Reinterpreting 'brain drain'." *Journal of World Business*, 40, pp.386~398.
Findlay, A., 1998, "A migration channels approach to the study of professionals moving to and from Hong Kong." *International Migration Review*, 32(3), pp.682~703.
Harvey, D., 1996, *Justice, Nature and the Geography of Difference*, Blackwell, London and New York.
Jessop, B., Brenner, N., and Jones, M., 2008, "Theorizing socio-spatial relations," *Environment and Planning D: Society and Space*, 26(3), pp.389~401.
Kritz, M. and Zlotnik, H., 1992, "Global interactions: migration systems, process and policies," in Kritz, M., Lim, L. L., and Zlotnik, H. (eds), *International Migration Systems: A Global Approach*, Clarendon Press, Oxford, pp.1~16.
Massey, D. S., Arango, J., Hugo, G., Kouauci, A., Pellegrino, A., and Taylor, J. E., 1993, "Theories of international migration; A review and appraisal," *Population and Development Review*, 19(3), pp.431~466.
Scott, S., 2006, "The Social morpholgy of skilled migration: The case of the British middle class in Paris," *Journal of Ethnic and Migration Studies*, 32(7), pp.1105~1129.

제6장

초국적 이주자의 지역사회 정착과 사회공간 활동

1. 초국적 이주자의 정착과 활동 공간

이른바 지구지방화 과정 속에서 초국적 이주가 급증하면서, 한국 사회에서도 이제 일상생활 과정에서 흔히 외국인 이주자들을 접할 수 있게 되었다. 물론 국내 거주 외국인 이주자들은 공간적으로 균등하게 분포하기보다는 이주 유형별로 일정한 여건을 가진 지역들에 우선 정착하는 양상을 보인다. 이주노동자의 경우 대도시 공단주변이나 도시외곽의 저소득층 지역, 지방의 공업도시 등에 밀집하며, 외국인 유학생의 경우는 대도시들이 인근 지역의 대학 주변에 밀집하는 경향을 가진다. 일정한 과정을 통해 입국하여 일단 정착한 외국인 이주자들은 본국의 친인척이나 친구들의 이주를 주선하면서 자연스럽게 특정 지역으로 이주자들이 누적되는 경향을 보이고 있다. 이에 따라 특정 지역의 외적 여건들과 이주자들 간 인적 네트워크에 따른 개인적 조건들에 따라 외국인 이주자 밀집지역들이 형성되기도 한다.

그러나 외국인 이주자들이 어떤 지역에 정착하게 되는가는 상당히 개연적이다. 왜냐하면 이들의 국내 유입은 특정 목적, 즉 취업, 결혼, 유학 등을 우선 전제로 하기 때문에, 해당 직장, 배우자, 또는 대학교의 선택이 우선이고, 이들이 소재하는 지역의 외적 환경이나 지역 주민들의 특성은 부차적 요소로 간주될 수 있다. 이와 같이 외국인 이주자들은 자신의 일차적 이주 목적을 달성할 수 있는 장소, 즉 '기본활동 공간'(basic activity space)이라고 불릴 수 있는 장소에서의 일상생활에 매우 민감할 것으로 추정된다. 결혼이주자는 가정, 이주노동자는 직장, 외국인 유학생은 학교라는 장소와 이 장소에서 이루어지는 일차적 사회관계에 가장 우선적인 관심과 노력을 기울이게 될 것이다. 기본활동 공간은 해당 유형의 외국인 이주자들이 자신의 일상생활에서 최우선적으로 적응하고 이 장소에서 이루어지는 일차적 사회관계를 원만하게 구축하여 자신의 이주 목적을 달성하고자 하는 장소이다.

외국인 이주자들은 일단 기본활동 공간에 어느 정도 적응하게 되면, 점차 자신의 활동공간을 확대하여 지역사회의 자연 및 인문환경에 대해 관심을 가지면서 지역주민들과도 일정한 관계를 구축하게 될 것이다. 이들은 이를 위해 필요한 지리적 지식을 확보하게 되고, 이러한 지역사회 정착과정에서 겪게 되는 어려움들을 해소하기 위해 노력하고자 할 것이다. 즉 외국인 이주자들은 이주 목적을 달성하기 위해 기본활동 공간에 최우선적으로 민감하게 반응한다고 할지라도, 이를 위해 정착하게 된 지역의 자연 및 인문 환경에도 적응하면서 지역 주민들과도 일정한 관계를 유지해야 한다. 그러나 이들은 거의 아무런 사전 지식 없이 특정 지역에 정착하게 되며, 정착한 이후에도 상대적으로 폐쇄된 생활양식과 한국어 구사 능력의 미흡 등으로 지역 환경이나 주민들과 접할 기회가 부족할 것이다. 이러한 상황에서 이들은 생존과 생활을 위해 지역 사회에 관한 정보를 확보하고, 지리적 상상력을 동원하게 될 것이다.

이러한 점에서 외국인 이주자들이 국내로 이주한 후 정착하는 과정에서 형성하는 사회공간은 두 가지 유형, 즉 이주목적을 직접 실현하기 위해 형성하는 기본활동 공간, 그리고 이러한 목적 실현 과정에서 점차 확장되는 지역사회 공간으로 구분할 수 있을 것이다. 이 장은 외국인 이주자들이 형성하는 기본활동 공간의 의미와 지역사회 정착과정에 관하여 우선 개념적으로 살펴본 다음, 설문조사 결과에 근거하여 이들이 지역사회의 자연 및 인문 환경에 대한 지각과 지역주민들과 관계 구축, 그리고 정착과정에서 발생하는 어려움의 해소 방안을 살펴보고, 또한 지역사회의 정보를 획득하는 과정과 이에 관한 상상력을 드러내는 심상도 분석을 통해 이들이 가지는 지리적 지식의 특성을 고찰한 후, 끝으로 이들의 기본활동 공간에서의 만족도를 이주자 유형별로 분석하고자 한다. 이 장에서 활용된 설문조사는 제5장에서 활용된 것과 동일하다.

2. 초국적 이주자의 지역사회 정착과 기본활동 공간

1) 지역사회 정착과 다문화생태환경

외국인 이주자의 지역사회 정착 과정에 관한 지리학적 연구는 우선 이들의 공간 분포와 그 특성을 파악하는 것이다. 이러한 연구는 특정 유형별 외국인 이주자들의 전국적 분포 또는 수도권이나 대도시 내 행정구역별 분포에 관한 고찰(이희연·김원진, 2007; 안영진·최병두, 2008)에서 출발한다. 전국 또는 대도시 내 외국인 이주자들의 공간적 분포에 관한 연구는 분포의 특성 변화를 통해, 이들이 어떤 조건하에서 이주·정착하고 있는가를 분석하거나(정연주, 2001), 외국인 집단거주지역의 사례연구로 이어져 '도시 내부의 국제화된 지구'의 형성 여부를 고찰하거나(최재헌·강민조, 2003) 또는 한 도시의 외국인 이주자의 총량적 변화 및 분포의 변화에 관한 분석에서 나아가 소수인종집단의 주거지 분화현상을 설명하는 바탕이 되기도 한다(손승호, 2008). 특히 이들의 연구에 의하면, 외국인 이주자들은 각 지역이 가지는 외적 환경의 특성(산업구조 등)과 더불어 지역사회 정착과정에서 형성된 정보의 누적과 연쇄 이주를 통해 외국인 이주자 밀집지역을 형성·확장시키는 것으로 설명된다.

외국인 이주자의 정착과정에 관한 또 다른 지리학적 접근 방법은 이들이 밀집한 지역에 관한 경험적 연구이다. 위의 접근방법이 통계자료를 활용하여 전국적 또는 비교적 넓은 지역 내 외국인 이주자들의 공간분포에서 출발하여 개별 지역의 특성에 관한 연구로 나아간다면, 후자의 연구 방법은 이들이 밀집한 개별 지역을 대상으로 구체적인 자료의 직접 수집에 근거하여 이들의 일상생활 장소나 지역 활동 공간, 그리고 이들에 의해 형성된 지역적 경관과 조직 등에 관해 세밀하게 경험적으로 분석하는 것이다. 이러한 연구는 개별 지역의 실태에 관한 연구에서 나아가 외국인 밀집지역의 일반적 특성에 관한 개념적, 이론적 결과를 도출하고자 할 수 있다.[1] 조현미(2006)는 외국인 밀집지역에서의 에스닉 커뮤니티 형성에 관한 연구에서, 초국가적 이주를 통한 "특정 지역 내의 이민족의 유입은 기존의 지역경관과 지역주민의 정체성의 변화에도 크게 영향"을 미치며, 이러한 에스닉 커뮤니티는 스미스(Smith, 1998)가 제시한 바와 같이 "아래로부터의 초국가주의(transnationalism below)가 실현되고 있는 장소"이며 "에스닉 네트워크의 거점 혹은 결절점으로서의 역할을 담당"하고, 나아가 "다시 강한 흡인력으로 에스닉 집단을 응집시키는 역할"을 하는 것으로 이해된다(조현미, 2006, 540).

외국인 이주자들의 이주 및 정착에 관한 이러한 개별 지역 연구는 지리학에만 국한되는 것은 아니다. 즉 외국인 이주자들이 밀집한 특정 지역에서 형성된 사회적 조직과 생활세계의 특성은 최근 사회학, 사회복지학, 인류학 등에서 명시적 또는 암묵적으로 주요한 연구과제가 되고 있다(김은미·김지현, 2008; 김현미, 2009). 지역을 명시적으로 드러낸 연구들 가운데 하나는 "이주란 거주지역

---

1. 또한 이러한 외국인 이주자 밀집 지역에 관한 연구는 단지 이들의 지역사회 생활의 장소성이나 공간적 특성에 관한 이해에서 나아가, 이들이 해당 지역의 형성과 발전에 미치는 영향에 관한 연구로 확대될 수 있다(정건화, 2005; 오경석·정건화, 2006 참조).

의 이동, 즉 '지역' 문제가 본질적으로 내재된다"고 주장하는 김혜순(2009)의 연구이다. 이 연구에 의하면, "이주해 갈 곳의 결정은 이출지와 이입지의 지역으로서 장소적 특성이 결정적"이며, 특히 "이주자의 사회인구적 특성과 인적, 사회적 자본이 이입지역 및 지역밀착성을 결정"한다고 주장된다. 특히 이 연구는 외국인 이주자밀집지역을 '다문화생태복합체'(ecological complex)로 개념화하고자 한다. 이 개념은 "그 구성인자인 지역[의] 환경, 인구, 사회조직의 특성의 유기적 연결 상태"를 의미하면서, 특히 "'환경'은 자연 및 사회환경과 더불어, '생태' 환경은 구성요소들 간 상호의존적 관계와 양상을 통해 전체 특성이 나타나고, 변화함을 강조"하기 위해 사용된다.

조현미(2006)와 김혜순(2009) 연구의 공통점은 외국인 이주자 밀집지역을 각각 '에스닉 커뮤니티' 또는 '다문화생태복합체'로 개념화하면서 그 기본 근거를 시카고학파의 도시생태학에서 찾는다는 점이다. 특히 김혜순(2009)은 1930년대 미국의 도시연구에 적용되었던 인문생태학에 근거하여 다문화생태환경의 구성을 네 가지 요인으로 설명한다. 이 네 가지 요인은 지역주민(population: P, 지역의 원주민과 외국인 주민의 사회인구 특성 및 내국인의 다문화 감수성), (지역)사회조직(organization: O, 정부부문과 언론, 관련 전문가, 연구집단, 기업, 시민단체, 상업조직 등), 도시환경(environment: E, 입지, 경제, 산업배경, 주거환경, 이주정주 중심 정도), 그리고 기술적 요인으로서 전문가(technology: T, 지역사회의 가용 전문지식수준과 활용 정도로 다문화관련 지식의 영향력)이다. 이러한 다문화생태환경의 개념은 특히 던컨(Duncan, 1959)에 의해 제시된 POET 모형을 전제로 한 것으로(〈그림 6-1〉 참조), 각 요인들은 지역의 경험적 현상들에 대한 인과적 설명이라기보다 순수한 개념적 틀로서 제시된 것이다.

그러나 이 모형에서 문제는 지역을 강조함에도 불구하고 실제 공간적 차원이 빠져 있다는 점이다. 이 모형은 외국인 이주자가 지역사회 적응을 위해 능동적으로 지역정보의 학습과 과거 경험에 근거한 지리적 상상력을 바탕으로 자신의 지리적 지식을 확대시키고 이를 통해 지역사회 생활의 사회공간적 범위

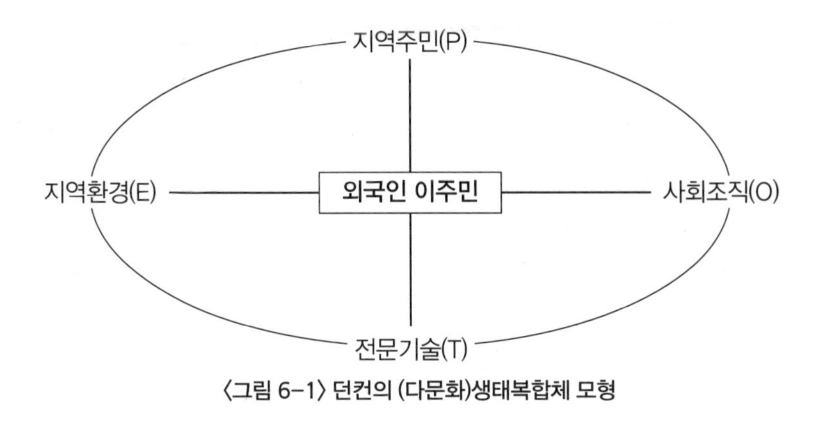

〈그림 6-1〉 던컨의 (다문화)생태복합체 모형

를 확대시켜 나간다는 점을 간과하고 있다. 이러한 점에서 외국인 이주자의 지역사회 정착에 관한 연구 모형에서 지역을 구성하는 자연·인문 환경(기후, 지형, 입지, 문화, 역사, 경제, 산업, 교통과 통신 등)과 개인/집단으로서 지역주민들과의 상호관계를 명시적으로 드러낼 필요가 있다. 또한 이렇게 구성된 지역사회에 새롭게 유입된 외국인 이주자들은 생활과정에서 경험적 지식과 더불어 지역에 대한 정보학습과 지리적 상상력을 통해 지리적 지식을 구축하고 이를 통해 지역사회 활동을 영위해 나간다고 할 수 있다. 이러한 점에서, 지역주민(P), 지역환경(E), 그리고 지역정보 학습(L) 및 지리적 상상력(I)으로 구성된 외국인 이주자의 지역 정착 모형(PELI 모형)을 제시하고자 한다(〈그림 6-2〉).

〈그림 6-2〉에서 제시된 외국인 이주자의 지역 정착모형은 한편으로 지역환경 및 지역주민과의 외적 관계를, 다른 한편으로 이러한 관계에서 직·간접적으로 요구되며 또한 이 관계를 뒷받침하는 내적 의식과 가치, 지식과 정체성 등을 의미한다. 특히 지역정보 학습은 정형화된 언어로 표현된 '형식적 지식'의 습득과정을 의미한다. 이러한 지식의 습득은 관련 서적뿐만 아니라 신문, 인터넷 등을 통해 이루어지며, 무엇보다도 언어구사능력을 전제로 한다. 지리적 상상력은 과거의 경험이나 기존에 획득한 지식을 바탕으로 새로운 사회공간적 상황을 이해하고 판단할 수 있는 능력을 의미하며, 이는 공간적 현상들에 대한

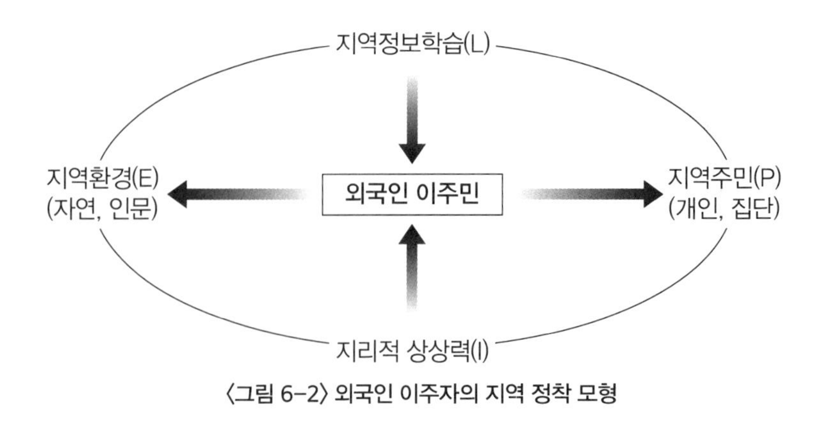

〈그림 6-2〉 외국인 이주자의 지역 정착 모형

객관적 인지뿐만 아니라 느낌이나 가치 등의 주관적 의미와도 관련되며, 나아가 이주자 개인의 사회공간적 정체성과 존재론적 안전감 형성의 토대가 된다. 이러한 지리적 상상력 가운데 외적 공간환경에 대한 객관적 인지는 심상도 분석을 통해 파악될 수 있으며(정현주, 2007), 이러한 점에서 이 모형은 다음 절에서 논의할 지역환경 지각과 존재기본기능을 반영한 모형과 직접 관련된다.

그러나 이 모형을 통한 외국인 이주자의 지역사회 정착에 관한 분석에서 몇 가지 유의해야 할 사항들이 있다. 우선 외국인 이주자의 (밀집)지역은 폐쇄된 단위지역이 아니라 지구지방화 과정 속에서 전 세계적으로 개방된 공간, 즉 "더 이상 고립된 실체로서가 아니라 초국가적인 차원에서 역동적으로 변화해 가는 부분으로" 인식된다(조현미, 2006, 542). 이러한 점에서 외국인 이주자의 정착 지역과 정착 과정에서 형성하는 사회공간적 관계(네트워크)를 연구하기 위해, 단순히 생태요인적 분석이나 민속지적 접근방법론에서 벗어나 다문화주의, 초국가주의, 탈식민주의, 범세계주의 등의 함의를 고려할 필요가 있다(제2장 참조). 즉 "이질적 문화의 공간적 네트워크는 다문화주의와 초국가주의를 강조하는 새로운 이론적 조류를 만들고 있다. …… 초국가주의는 세계화의 진전에 따라 국경을 초월한 이민이 발생함으로써 지리적으로 격리되어 있던 두 사회가 하나의 사회네트워크로 연결되는 현상"을 설명하고자 한다(최재헌, 2007,

3; 또한 윤인진, 2008, 7).[2]

따라서, 둘째 이러한 다문화주의나 초국가주의 등에 기초한 외국인 이주자의 지역사회 정착에 관한 연구는 초국가적 네트워크나 탈영역화에 관한 강조에서 다시 개별 지역에서의 정착 과정에 관한 관심을 다시 결합시켜야 한다는 점이 강조된다. 물론 여기서 외국인 이주자의 지역사회 뿌리내리기(즉 재영토화)에 관한 연구는 전통적 방법론에 바탕을 둔 지역연구가 아니라, 새로운 접근방법을 요구한다. 이러한 점에서 박배균(2009)은 제솝 등(Jessop, et.al., 2008)이 제시한 사회공간적 관계에 관한 모형(TPSN 모형)에 기초하여 초국적 이주와 정착을 바라보는 공간적 관점을 정립하고자 한다. 이 모형에 의하면, 사회적 관계는 필연적으로 공간적 차원과 결합하며, 이에 따라 형성된 사회공간적 관계는 관계들의 국지화 및 지리적 뿌리내림의 과정을 통해 형성되는 장소(place), 어떤 경계를 중심으로 안/밖을 구분하는 과정을 통해 만들어진 영역(territory), 연결성과 결절점으로 구성되는 네트워크(network), 그리고 수직적으로 계층화된 차별화를 통해 나타나는 스케일(scale)과 같은 네 가지 핵심적 차원으로 구성된다. 이러한 네 가지 차원들은 사실 이미 외국인 이주자들의 이주 및 정착과정에 관한 최근 연구에서 상당 정도 적용되고 있다.[3]

셋째, 외국인 이주자들의 이주 및 정착에 관한 지역사회 연구는 제시한 네 가지 핵심적 사항들 가운데 네트워크와 스케일에 우선적 초점을 둔 연구와 더불

---

2. 그러나 초국가주의적 특성에 관한 지나친 강조는 "다양한 초국적 이주자 집단 및 그들의 상이한 경험을 등질화할 수 있고, 이주자들이 국지적 공간에 뿌리내리는 지리적 과정을 간과할 수 있으며, 초국가주의에 있어서 국가정부나 기업과 같은 제도적 행위자들의 역할을 간과할 수 있다"는 점이 지적된다(박경환, 2009, 93).

3. 최재헌(2007, 4)은 "시간과 공간 관계를 분석하는 분석틀은 세계화 속에서 다양한 공간 스케일에서 초국가 이민집단이 어떻게 다른 의미성, 행위, 경제, 정치적 특성 등을 가지는지를 이해하기 위해 필수적"이라는 점을 강조한다. 그리고 이용균(2007)도 초국가주의적 관점에서 초국적 이주로 연계되는 두 지역사회 간 네트워크를 강조할 뿐 아니라 다양한 공간 스케일에서 작동하는 결혼이주여성의 사회문화 네트워크의 특성을 고찰한다. 정현주(2008, 894)는 '이주의 여성화'에 내포된 스케일의 이슈에 주목하면서, "거시적 스케일에서뿐만 아니라 미시적 스케일에서 형성되는 젠더관계와 다양한 스케일에서의 과정이 상호 접목되는 양상을 분석할 것을 요구한다"고 주장한다.

어 이들을 전제로 한 장소와 영역에 관한 연구를 필요로 한다. 이러한 차원에서의 연구는 외국인 이주자로 형성된 혼성성의 도시공간과 정치를 주제로 로스앤젤레스 한인타운에서의 탈정치화된 민족성과 재정치화 과정을 연구한 박경환(2005)에서 찾아볼 수 있다. 그는 "탈식민주의적 정치와 관련하여 [일정 지역 내에 형성된] 혼성성은 담론의 경계에 도전하고 권력이 내재화된 역사와 문화를 비판적인 차원에서 새롭게 기술할 수 있는 제3의 공간을 제공할 수 있을 것으로 인식되고" 있음을 강조한다. 이러한 연구는 기본적으로 탈식민주의에서 강조하는 새로운 지역성으로서 '제3의 공간'(또는 사이공간)을 강조하고 여기에서 이루어지는 새로운 사회문화적 담론과 이의 정치적 헤게모니화를 고찰하고 있다.

끝으로, 외국인 이주자들의 이주 및 정착에 관한 연구는 이들에 의한 지역사회 자체의 변화에도 관심을 가져야 할 것이다. 즉 외국인 이주자들에 의해 형성된 새로운 장소와 이의 영역성은 이들 자신의 관점에서 접근될 수도 있지만, 그 결과로 형성되고 변화하는 지역성의 관점에서도 접근될 수 있다. 즉 외국인 이주자들과 이들이 유입된 지역의 환경과 주민들과의 관계에서 변화하는 지역은 경제적 측면에서 지역 생산성의 성장/쇠퇴, 정치적 측면에서 지역 통치성에 있어서 통합/갈등을 고찰할 수 있을 것이다. 이러한 지역 경제 및 정치의 차원은 외국인 이주자들의 유입과 혼성에 따른 사회공간적 기능의 체계성과 관련된다. 다른 한편, 외국인 이주자의 유입과 정착으로 이루어지는 지역은 다른 지역과의 관계에서 어떻게 외적으로 개방 또는 폐쇄해 나갈 것인가의 문제와 더불어 지역 구성원들(또는 세부 지역들) 간에 어떻게 내적으로 포섭 또는 배제해 나갈 것인가의 문제를 안고 있다고 하겠다. 이러한 문제들은 지역사회 자체가 어떻게 변화해 나갈 것인가라는 점뿐만 아니라 지역에 유입·정착해 나가는 외국인 이주자들의 문제를 어떻게 해결할 것인가라는 점과도 관련된다.

2) 지역환경 지각과 기본활동 공간

외국인 이주자들은 국경을 가로질러 이주하여 새로운 지역사회에 정착하면서 많은 어려움을 겪게 되지만, 이러한 어려움을 감수하면서도 이주를 하는 것은 매우 의도적이고 분명한 목적을 가지고 있기 때문이라고 할 수 있다. 결혼이주자들은 이주한 국가의 생소한 지역에서 새로운 배우자를 만나 가정을 꾸리고 새로운 생활을 영위함으로써 자신의 삶을 개선시킬 목적을 가지고 영구 이주를 결정했을 것이며, 이주노동자(단순 노동자뿐만 전문직 종사자)들도 마찬가지로 새로운 직장생활을 찾아 좀 더 많은 임금을 얻거나 기술(생산 또는 경영 등)을 익힐 목적으로, 외국인 유학생 역시 새로운 학교생활을 통해 자신이 원하는 학업이나 연구의 수준을 높일 목적으로 몇 년간 이국 땅에 체류하고자 한다. 이러한 기본 목적을 달성하기 위해 활동하는 공간은 '기본활동 공간'으로 지칭될 수 있을 것이다.

외국인 이주자들의 지역사회 정착에 관한 기존 연구들을 살펴보면, 각 유형별로 이주자들의 생존과 생활을 좌우하는 기본활동과정과 이에 따라 형성되는 사회공간 및 사회적 관계에 관한 연구들이 가장 많이 발표되고 있음을 알 수 있다. 결혼이주자에 관한 연구의 경우, 한국 남성과 결혼한 외국인 이주여성이 이들의 가정에서 겪게 되는 갈등을 드러내고 그 원인으로 가부장적 권력을 강조하거나(이혜경, 2005 등), 그 외에도 가정생활에서 부부관계, 다른 가족과의 관계, 자녀 양육문제 등이 주요한 연구 주제로 설정된다(김기홍, 2011 등). 이주노동자에 관한 연구에서는 이들의 직장에서 직무만족, 노사관계, 사회적 연결성 등에 관한 고찰이 주를 이루고(이주연 외, 2011 등), 그 외에도 다른 동료와의 관계, 직장이전, 지원단체와의 연계, 미등록 이주노동자의 문제 등에 관한 연구도 많이 나타난다(이정환, 2005; 김민정, 2011 등). 전문직 이주자나 외국인 유학생의 정착과정에 관한 연구는 그렇게 많지 않지만, 원어민 교사의 경우 직무환경 및 직무만족도에 관한 연구가 있고(이미경, 2007; 노수인, 2009 등), 외국인 유학생의 경우는 학업 및 생활과정에서 겪게 되는 어려움이나 대인관계의 문제 등을 주로 파악하고자 한다(황해연, 2007; 최금해, 2008 등).

이러한 연구들은 외국인 이주자들의 정착 과정에서 우선적으로 영위되는 기본활동과 사회적 관계, 그리고 이 과정에서 발생하는 문제들을 다루고자 한다. 이러한 연구들에서 외국인 이주자들의 기본활동이 왜 우선적으로 주목되어야 하는가에 관한 설명이 미흡하고, 특히 공간적 측면에 관한 관심이 부족하다. 이러한 점에서, '기본활동 공간'에 관한 간략한 개념적 서술이 필요하다고 하겠다. '기본활동 공간'의 개념은 독일의 사회지리학 전통에서 제시되었던 '존재기본기능'의 개념으로부터 주요 의미를 도출할 수 있을 것 같다(Maier et al., 1977; 박영한·안영진 역, 1998, 제1장 참조). 존재기본기능이란 인간 생존의 필수적으로 충족되어야 할 기능으로, 거주, 노동, 급양, 교육, 휴양, 교통(의사소통), 공동생활 등을 의미한다. 이러한 존재기본기능의 개념은 공간적 측면의 중요성이 강조되면서 사회지리학의 핵심 주제가 되었다. 특히 존재기본기능의 개념이 기능주의적 관점에서 행위자들의 지각과 행위가 간과된다는 비판을 받아들여, 공간체계의 구축에서 존재기본기능이 어떻게 작동하는가를 보여주는 도식을 제시하기도 한다(〈그림 6-3〉 참조).

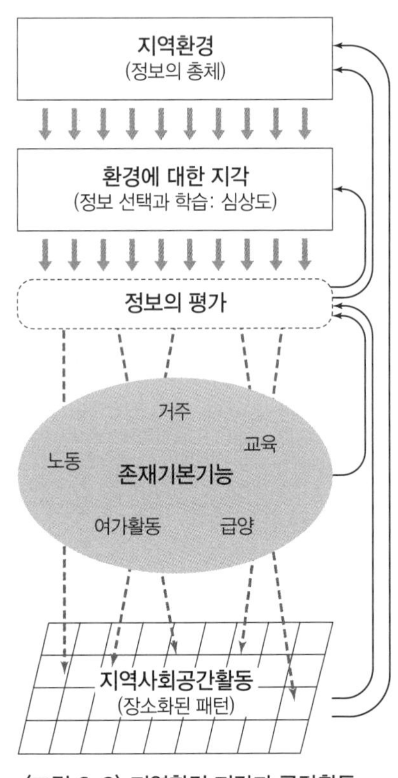

〈그림 6-3〉 지역환경 지각과 공간활동

자료: 박영한·안영진 역, 1998 수정.

〈그림 6-3〉의 도식에서 제시

된 바와 같이, 존재기본기능과 이를 충족하기 위한 활동은 주어진 지역환경의 조건 속에서 이루어진다. 즉 지역환경은 존재기본 활동을 위한 물질적 및 빗물질적 정보의 총체를 구성하며, 사람들은 이러한 지역환경에 대한 정보를 선택하고 학습하면서 환경에 대한 지각(또는 지식)을 가지게 되고, 이를 지도학적으로 표현한 것이 심상도(mental map)이라고 지칭된다. 일정한 환경 지각을 가지는 사람들은 자신의 활동을 위하여 정보를 평가하고 우선적으로 자신의 생존과 생활에 필요한 존재기본활동들을 영위하기 위해 공간적 활동을 하게 된다. 이러한 존재기본기능을 위한 공간적 활동이 지속되고, 다른 부차적 기능들로 확장되면서, 사람들의 공간활동은 일정한 패턴을 가지게 되고, 장소에 뿌리를 내리게 된다. 이와 같은 과정에서 각 단계별 활동은 그 이전의 단계로 피드백되며, 특히 지역사회 공간활동을 통해 장소화된 패턴은 그 자체로 지역환경을 재구성하게 된다. 이와 같은 도식은 한때 (사회)지리학에서 주요한 접근방법으로 인식·활용되었으며 최근 외국인 이주자의 집적지에 관한 연구에도 응용되고 있지만(이정현·정수열, 2015), 기본적으로 크게 벗어나지 못했고, 또한 공간을 지역환경과 장소 등을 이해하지만, 공간적 관계(즉 네트워크)나 규모(scale)을 제대로 반영하지 못했으며, 또한 지역환경을 넘어선 국가적, 세계적 배경은 완전히 생략되어 있다.

이러한 점에서, 존재기본기능을 반영한 '기본활동 공간'의 개념을 활용하면서 공간적 규모와 네트워크 등을 고려한 도식을 외국인 이주자들의 지역사회 정착과정에 관한 분석의 틀로 제시할 수 있을 것이다(〈그림 6-4〉 참조). 인간에게 가장 기본적인 공간은 자신의 신체와 정체성으로 구성되는 개인공간이겠지만, 그 다음으로 초국적 이주자들은 자신의 일차적 목적을 실현하기 위해 새롭게 형성되는 기본활동공간에 매우 민감하게 반응할 것이다. 즉 기본활동공간은 외국인 이주자들이 어려운 조건하에서도 국경을 넘어 새로운 지역사회로 이주하여, 낯선 사람들과 환경 속에서 살아가면서 실현하고자 하는 어떤 목적이 우선적으로 반영된 장소라고 할 수 있다. 따라서 이들은 이러한 기본활동 공

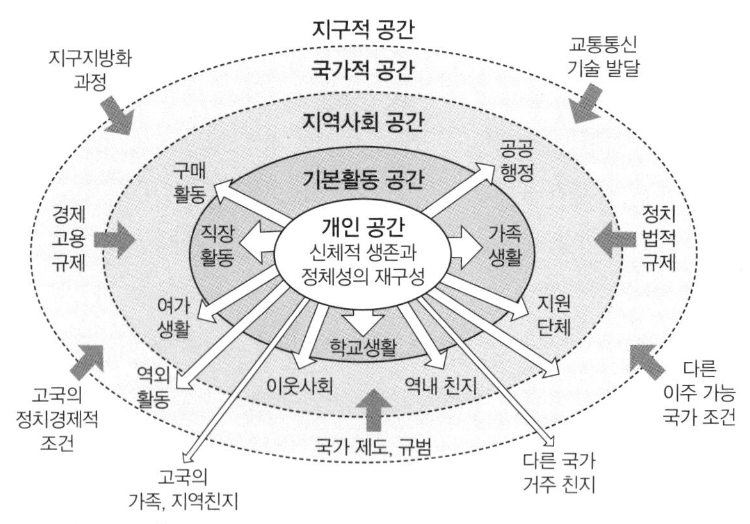

〈그림 6-4〉 초국적 이주자의 기본활동 공간과 다규모적 사회공간관계

자료: 최병두, 2012.

간에서 이루어지는 일상생활 및 사회적 관계에 매우 적극적인 관심을 가질 것이며, 이 과정에서 형성되는 사회적 관계로 인해 긴장과 스트레스를 받게 될 것이다. 물론 이 장소에서 외국인 이주자들이 겪게 되는 긴장과 스트레스는 단순히 일방적이라기보다는 이 장소를 함께 구성하고 활동하는 관련 내국인들(즉 배우자 및 가족 구성원, 직장 동료 및 관리자, 또는 학교 친구 및 교직원 등)에게 반작용적인 영향을 미치게 될 것이다. 이러한 기본활동 공간은 중층적으로 형성되는 '다문화 공간'의 다규모성에서 가장 핵심적인 장소라고 할 수 있다.

물론 외국인 이주자들은 이러한 기본활동 공간에서 자신의 목적을 실현하기 위해 뒷받침되어야 할 다른 '존재기본기능'들도 수행한다. 생존과 생활에 가장 기본적인 주거활동을 포함하여, 그 외 구매활동, 여가생활, 이웃사회 활동, 역내 친지관계, 공공행정이나 서비스와 관련된 활동(자녀 교육, 병원 등), 그 외 지역 내 지원단체들(종교단체 포함)과 관련된 활동들이 필요하다. 이러한 활동들은 일차적 목적 실현을 위해 필요한 경우에만 한정되며, 대체로 지역사회를 크게 벗어나지 않는다. 다른 한편, 이러한 기본활동 공간에서의 행동은 이주한 국가의 정부에서 부여하는 정치적 조건(체류기간 등), 경제적 규제(고용조건 등), 그리고 직, 간접적으로 영향을 미치는 국가적 차원의 사회적 제도나 규범들로부터 제약을 받게 된다. 또한 이러한 기본활동공간은 세계적 차원에서 전개되는 지구지방화 과정과 교통통신기술의 급속한 발달에 구조적으로 조건 지워지며, 또한 본국이나 다른 국가에 거주하는 가족 및 친지와의 네트워크에 영향을 받을 것이다.

이러한 기본활동 공간에서 외국인 이주자들의 행태는 중층적 조건들과 배경하에서 이루어지기 때문에 매우 제한적일 것으로 추정되지만, 이들의 의식이나 행동이 결코 수동적이라고 볼 수는 없을 것이다. 왜냐하면 이들이 정착과정에서 우선 필요한 것은 이주 목적의 실현이며, 그 외 자신의 생활을 위해 이루어지는 활동(구매, 여가활동 등)이나 심지어 자신의 정체성과 문화를 유지(재구성)하는 활동(종교활동 등)도 때로 부차적인 것으로 간주될 수 있다. 또한 이들은 자신의 목적을 실현하기 위하여 새로운 장소에서 일상생활과 사회적 관계를 형성·유지해 나가면서 지속적으로 문제 상황에 봉착하지만, 문제의 해결 또는 회피를 위해 특이한 태도나 행동양식을 보이기도 한다. 외국인 이주자들은 자신의 이주 목적을 실현하기 위해 필요한 직장, 가정, 학교 등의 기본활동 공간에 참여하지만, 이 공간은 규율을 전제로 한 억압적 공간임에도 불구하고 이를 참아내고 가식적으로 만족해야 한다는 의식을 가지는 경향이 있다(최병두, 2009). 물론 외국인 이주자들은 기본활동 공간이나 지역사회 생활공간에서 자신이 처해 있는 상황으로 인해 개인적 공간 경험양식(즉 장소적 정체성)에 혼돈을 일으키거나 이로 인해 때로 가족들과의 갈등이나 자녀 양육의 한계를 드러내기도 한다. 또한 이들은 직장생활이나 학교생활에서 제대로 적응하지 못하여 일탈된 행동을 보이거나 심지어 미등록(불법)이주자들처럼 주어진 법적 조건들을 무시할 수도 있다.

3. 초국적 이주자의 지역사회 정착

1) 지역사회 외부환경 적응

외국인 이주자들은 정착한 장소에서 새롭게 주어진 여러 환경적 요소들에 적응하면서 살아가게 된다. 이러한 지역 환경적 요소들은 기후 등의 자연환경, 주거시설이나 주변 인문환경, 생활에 필요한 소비 및 여가시설, 그리고 긴급 상황에서 요구되는 의료시설 등을 포함한다. 뿐만 아니라 앞서 논의한 바와 같이, 이주자들이 살아가는 지역사회 환경은 주어진 외부환경이라기보다 이주자 자신이 가지는 다양한 특성과의 관계를 통해 형성되는 다문화생태환경으로 이해된다. 외국인 이주자들은 이러한 지역사회의 환경에 대해 자신의 개인적, 사회적(예로 출신국) 특성 등에 따라 다양한 방식으로 정보를 확보할 뿐 아니라 자신의 경험과 상상력을 발휘하여 지역사회 환경에 대한 심상도를 구축하게 된다. 이러한 지역사회 환경과 이에 관한 지리적 지식은 외국인 이주자들이 자신의 이주 목적을 실현하기 위한 기본활동 공간을 조건지우며 나아가 정착 지역에서 살아가기 위해 필요한 그 외 다양한 활동들을 위한 바탕이 된다.

우선 기후 및 여타 자연환경은 불가피하게 적응해야만 하는 요소이지만, 대부분의 이주자들은 자연환경 자체에 대해 크게 심각하게 생각하지는 않는 것처럼 보인다. 즉 관련 설문문항에서 응답자들은 '지역의 기후 및 자연환경에 대해 잘 적응하고 있는가'에 대해, 전반적으로 '그렇다' 49.5%, '매우 그렇다' 15.9%로 응답하였으며, 5점 척도값으로 평균 3.76을 나타내었다는 점에서 대체로 잘 적응하고 있다고 하겠다(〈표 6-1〉). 자연환경에 대한 이러한 적응 정도를 유형별로 보면, 전문직 종사자가 3.87로 가장 높았고, 결혼이주자가 3.61로 가장 낮았지만, 전반적으로 높은 편이다. 선행연구에서도 외국인 이주자들의 기후 및 자연환경에 대한 적응은 크게 어렵지 않은 것으로 확인된다. 국가인권위원회(2002)의 보고서에서는 기후·날씨에 대해 응답자의 31.2%가 문제가 된

〈표 6-1〉 외적 환경에 대한 적응 정도(5점 척도)

구분	응답자 수(명)	기후 및 자연 환경	주거시설 및 주변환경	소비 및 여가 시설 이용	의료기관 이용
전체	1,533	3.76	3.67	3.45	3.23
결혼이주자	393	3.61	3.54	3.35	3.18
이주노동자	346	3.77	3.59	3.52	3.37
전문직종사자	256	3.87	3.86	3.61	3.19
외국인유학생	358	3.84	3.75	3.38	3.15

다고 답했지만, 설동훈 외(2006)의 연구에서는 기후 등의 환경 적응에 어렵다고 응답한 결혼이주자는 3%에 불과한 것으로 조사되었다. 한국의 기후 및 자연환경은 동남아시아와는 달리 다소 긴 겨울이 있지만, 외국인 이주자들은 지역사회 적응에서 기후 및 자연환경에 대해서는 크게 어려워하지 않는 것으로 판단된다.

외국인 이주자들의 지역사회 생활에 좀 더 직접적으로 영향을 미치는 요인은 주거 시설 및 주변 환경이라고 할 수 있다. 이에 관한 항목에서 응답자들은 전체적으로 '매우 그렇다' 11.8%, '그렇다' 48.6%를 나타내었으며, 5점 척도값으로 3.67로 대체로 잘 적응하고 있는 것으로 조사되었다. 그러나 유형별로 보면, 전문직 이주자가 가장 높은 3.86, 외국인 유학생이 3.75로 높은 수치를 보인 반면, 결혼이주자는 3.54, 이주노동자는 3.59로 낮은 값을 보였다. 이러한 차이는 전문직 이주자와 외국인 유학생들은 전반적으로 학력과 소비 수준이 높을 뿐만 아니라 주거 및 주변 환경이 불만족스러울 경우 자유롭게 주거 이전을 할 수 있는 반면, 결혼이주자와 이주노동자는 상대적으로 소비 수준이 낮고 주거시설의 이전도 가정적으로나 법적으로 제한되기 때문이라고 하겠다.

외국인 이주자들이 일상생활을 영위하기 위해 필요한 '소비 및 여가시설을 잘 이용하고 있는가'라는 문항에 대해서는 전반적으로 '매우 그렇다' 10.0%, '그렇다' 37.6%, '보통' 40.6%로 대체로 잘 적응하고 있는 것으로 보이며, 5점 척도값으로 3.45를 나타내었다. 유형별로 보면, 전문직 이주자가 3.61로 가장 높았고, 다음으로 이주노동자 3.52였고, 외국인 유학생은 3.38, 결혼이주자 3.35로 상대적으로 낮게 나타났다. 이와 같이 외국인 유학생이 낮은 것은 의외이지만 유학생활에서 소비 및 여가시설 이용 빈도 자체가 낮기 때문인 것으로 추정되며, 결혼이주자의 경우는 역으로 이용 빈도가 높기 때문에 이로 인해 어려움을 많이 느끼는 것으로 추정된다. 결혼이주자들이 지역의 소비 및 여가시설의 이용에서 겪는 어려움은 다음과 같은 심층면접 사례에서도 잘 나타나고 있다.

〈사례 1〉 경북 경산에 살고 있는데, 지금은 모르면 물으면 되니깐 문제가 없지만 처음에 이곳에 왔을 때, 말도 못하고 밖에 나가는 게 무서웠다. 한번은 한국말도 거의 못할 때 버스를 타고 경산시장에 가다가 졸아서 진량[경산시장을 한참 지난 지역]까지 오게 되었는데 정말 큰일 날 뻔 했다. 거의 울면서 '경산시장, 경산시장' 이라고 외치니깐 버스기사가 다른 버스로 안내해줘서 집을 찾아왔다(결혼이주자, 일본 출신 여성, 46세, 1996년 입국, 국민의 배우자(F-1-3) 비자).

외국인 이주자들이 지역사회에서 생활하는 과정에서 긴급하게 필요한 요인들 가운데 하나는 의료기관이라고 할 수 있다. '의료기관을 잘 이용하고 있는가'라는 항목에 대해 전체적으로 '매우 그렇다' 9.1%, '그렇다' 27.9%를 나타내었으며, 5점 척도값으로 3.23으로 다른 항목들에 비해 가장 낮았다. 특히 이러한 결과는 외국인 이주자의 기대수준과 관련되는 것으로 판단된다. 왜냐하면 잘 적응할 것으로 추정되는 전문직 이주자와 외국인 유학생이 5점 척도값으로 3.19와 3.15를 나타내어 결혼이주자 3.18, 이주노동자 3.37보다도 낮게 나타났기 때문이다. 즉 전자 유형들은 후자 유형들에 비해 실제 의료기관의 이용에 상대적으로 잘 적응하지만, 요구 수준이 후자들보다 높기 때문에 제대로 적응하지 못한다고 인지하는 것으로 추정된다. 다른 연구들에서도 외국인 이주자의 의료보험 실태는 이주 유형별로 상당한 차이를 보였다. 심인선(2008)의 연구에서는 결혼이주자의 24.0%가 어떤 의료보장도 받고 있지 않다고 응답하였으며,

지역별로는 도시지역보다 농촌지역의 결혼이주자가 의료보호를 받지 못하고 있는 것으로 조사되었다. 그에 비해 전문직 종사자는 90.0%가 의료보험 적용을 받고 있었으며, 한국 의료보험 시스템에 대해 68.4%가 만족하지만, 의사소통의 어려움과 의료환경 및 서비스의 불만족을 나타내고 있다(김남희, 2004).

2) 지역사회 주민과의 관계

지역의 자연 및 인문 환경뿐만 아니라 지역사회 주민들과의 관계는 외국인 이주자들의 정착에 주요한 요인이 된다. 즉 지역 주민들과의 관계(즉 네트워크)는 외국인 이주자들에게 새로운 사회적 관계를 형성할 뿐만 아니라 이를 통해 지역사회에 뿌리를 내리고 장소에 밀착된 생활을 할 수 있도록 한다. 외국인 이주자들이 지역사회 정착과정에서 기존 주민들과 관계를 맺는 활동은 주민과의 단순한 의사소통에서부터 경조사 참석, 이웃으로부터의 도움, 필요시 금전의 대부 등을 포함할 것이다. 외국인 이주자들이 새로 정착하게 된 지역사회에서 이와 같은 사회적 관계를 전제로 한 활동들은 시간의 경과에 따라 점차 익숙해진다고 할지라도, 일상생활에서 많은 어려움을 유발하는 요인이라고 할 수 있다. 김희주·은선경(2007)에 의하면, 연구 대상자들 가운데 한국에 와서 7~8년 정도 지났음에도 불구하고, 이들이 알고 지내는 한국 사람들은 시댁 식구를 제외하고 종교 단체와 관련된 사람이거나 남편의 친구들로 제한되어 있고, 관계의 내용도 주로 도움을 받는 수혜적인 면이 강하고 일시적이고 형식적인 관계들이 대부분이다.

물론 지역 주민들과의 사회적 관계 형성은 이주자 자신의 필요성에 따라 유형별로 달리 나타날 수 있다. 전문직 이주자의 경우 지역에서의 사회적 관계는 더욱 제한적이고, 필요성을 느끼지 않은 경우가 대부분이다. 다음과 같은 전문직 종사자의 심층면접 사례는 사업 및 종교 관계를 제외하고는 지역에서 사회적 관계가 제대로 이루어지지 않음을 보여준다.

〈표 6-2〉 지역주민들과의 사회적 네트워크(5점 척도)

	응답자 수 (명)	이웃과 의사소통이 원활함	지역주민 경조사 등에 참석함	어려울 때 도움 받을 수 있음	급하게 돈을 빌릴 수 있음
전체	1,533	3.22	2.76	2.92	2.58
결혼이주자	393	3.31	2.97	2.86	2.38
이주노동자	346	3.42	2.94	3.20	3.06
전문직 이주자	256	2.86	2.68	2.70	2.22
외국인 유학생	358	3.19	2.41	2.86	2.59

〈사례 2〉 나는 동네주민이라고 생각하지 않는다. 동네 주민들과는 인사만 하는 정도이고, 이야기를 하거나 친하지는 않다. 하지만 한국인 사업가들과는 도움을 주고 받는다. 앞으로 계속 [이 지역에] 산다면 동네사람들과 어울릴 수도 있을 것이다. 그러나 지역주민들의 모임에 가 본적이 없고, 오히려 이 동네에 이슬람 사원이 생길 때 지역주민들이 반대했다. 친하게 지내는 한국인은 없고, 이슬람 사원을 통해 본국이나 다른 나라 사람들과 알고 지낸다(전문직 이주자, 파키스탄 출신 남성 27세 기혼, 2007년 입국, 기업투자(D-8) 비자).

이러한 점들을 전제로 외국인 이주자들이 형성하는 사회적 관계에서 우선 '이웃과의 의사소통이 원활한가'에 대한 항목에서, 응답자들은 전체적으로 '매우 그렇다' 8.6%, '그렇다' 29.8%로 답했지만 '그렇지 않다' 및 '전혀 그렇지 않다'고 답한 비율도 13.2%와 5.9%에 달하여 지역 주민과의 의사소통 관계가 원만하지 못한 이주자들도 상당 정도 있는 것으로 나타났다. 특히 전문직 종사자가 2.86으로 가장 낮았고, 다음으로 외국인 유학생 3.19이며, 결혼이주자는 3.31, 이주노동자는 3.42로 가장 높은 점수를 보였다(〈표 6-2〉 참조). 이와 같이 전문직 이주자들의 수치가 낮은 것은 이들이 대부분 선진국 출신으로 자신의 언어를 유지하고 있으며 또한 이웃과 의사소통을 꼭 필요로 하지 않기 때문이라고 할 수 있다. 반면 이주노동자와 결혼이주자들은 자신의 지역사회 적응을 위해 한글을 배우고 의도적으로 지역주민들과 일정한 의사소통을 유지하는 것으로 이해된다.

외국인 이주자들이 이웃주민과 형성하는 사회적 관계는 의사소통을 넘어서 좀 더 친밀한 네트워크의 형성을 통해 경조사 등 모임 참석으로 확대될 수 있지만, 이 점에 관하여 이주자들은 부정적 입장을 더 많이 나타내어 5점 척도 점수로 2.76을 보였다. 모든 유형에서 낮은 점수를 보였지만, 그 가운데에서 결혼이주자와 이주노동자가 상대적으로 높은 점수를 보였다. 결혼이주자의 경우는 가족 관계를 비롯한 주변 이웃과의 교류가 어느 정도 형성되었음을 알 수 있고, 이주노동자의 경우도 지역사회에서보다는 직장에서 한국인 동료들의 경조사에 참석하는 경우가 있기 때문에 다른 유형보다 약간 높게 나타난 것으로 추정된다. 이와 관련된 기존 연구에서는, 결혼이주자의 경우 한국인 이웃과 함께 하는 일 가운데 일상적 대화, 경조사 참석, 농사일 돕기 순으로 많은 것으로 나타났고(이순형 외, 2006), 또한 이주노동자의 경우는 27.8%가 이웃관계에서 경조사에 참석하고 있다고 응답하였다(국가인권위원회, 2002).

지역사회 생활에서 어려움에 봉착했을 때 이웃주민들로부터 도움을 받는가에 대한 문항에서, '그렇다'와 '매우 그렇다'라고 긍정적으로 인정한 비율이 29.5%, '그렇지 않다'와 '전혀 그렇지 않다'고 부정적으로 답한 비율이 32.5%로 더 높게 나타나고 있다. 특히 이주자의 유형 가운데 이주노동자들이 지역주민들로부터 도움을 받았다고 응답한 비율이 상대적으로 높게 나타났으며, 나머지 유형들은 모두 낮은 편이었다. 이주노동자의 지역사회 생활에서 이웃관계를 조사한 국가인권위원회(2002)에 의하면, 생활용품 빌리기와 빌려주기에 응답한 비율이 24.7%, 개인이나 집안의 어려운 일을 주변 이웃과 의논한다는 비율이 27.7%로 비교적 높은 편으로 나타났다. 그에 비해 전문직 종사자의 이웃주민의 도움은 가장 낮았다. 이와 관련하여 김남희(2004)의 연구에서도 전문직 종사자들의 경우 1.9%만이 이웃의 도움을 받은 적이 있다고 응답하고 있어 이들과 주변 이웃과의 교류는 활발하지 않는 것으로 조사되었다.

지역주민들과 매우 절친한 경우에만 가능하다고 판단되는 금전 대여관계와 관련된 항목에 대해 전체적으로 '그렇지 않다' 23.7%, '전혀 그렇지 않다' 22.2%로 부정적 응답이 절반 가까이를 차지했고, 이에 따라 5점 척도값으로 2.58을 나타내었다. 이 항목에서 직장 등에서 동료들과 어느 정도 금전관계가 가능한 것으로 추정되는 이주노동자는 5점 척도값 3.06으로 가장 높았고, 반면 지역주민들과의 관계 자체가 별로 없는 전문직 종사자들은 2.22로 가장 낮게 나타났다. 결혼이주자의 경우도 2.38로 낮게 나타났는데, 이는 금전관계 자체가 매우 친밀한 사이를 전제로 할 뿐만 아니라 이에 대한 가족들의 통제가 있거나 또는 배우자를 통해 이루어질 것이기 때문인 것으로 추정된다. 이웃 주민들과의 금전 거래는 지역별로 차이를 보이는데, 가장 높은 점수를 보인 지역은 전남, 2.89였고 다음으로 경북 2.59였으며, 낮은 지역은 서울 2.38, 경기 2.42로 수도권지역이었다. 이러한 점에서, 지방 중소도시와 농촌지역에 거주하는 외국인 이주자들은 지역 주민들과 친밀한 관계를 형성하기가 비교적 용이한 반면, 수도권이나 대도시 거주 외국인 이주자들은 이러한 관계를 형성하기가 어렵다는 점을 알 수 있다.

3) 지역사회 적응에서의 어려움

외국인 이주자들은 자신의 특정 목적을 달성하기 위하여 국내에 입국하여 일정한 지역에 살아가기 때문에, 지역환경에 적응이 어렵고 사회적 관계가 불편하며, 실제 지역 생활을 위한 지식이 부족하더라도 참고 살아가는 경향이 있다. 이러한 점과 관련한 문항에서, 지역사회생활에서 전반적으로 느끼는 불편함의 정도에 대해 전체 응답자들 가운데 '매우 불편하다' 5.8%, '다소 불편하다' 16.3%인 반면, '불편하지 않다' 25.4%, '전혀 불편하지 않다' 5.1%로 나타났다. 분명 이들의 지역사회 생활이 불편할 것으로 추정됨에도 불구하고 불편하지 않다고 응답한 것은 결국 자신의 목적을 위하여 불편하더라도 감내해야만 하므로 반영한 응답 결과라고 할 수 있다(최병두, 2009). 지역사회 생활에서 불편

함의 정도는 이주자의 유형에 따라 다소 차이를 보였다. 이에 대한 결혼이주자의 응답을 5점 척도값으로 나타내면 2.68로 가장 낮았고, 그 다음 전문직 종사자가 2.86을 나타내었다. 반면 이주노동자는 3.19로, 지역사회 생활에서 불편하다고 느끼는 정도가 다른 집단에 비해 높게 나타났다. 이러한 응답 결과는 한국인에 비해 근무환경이 열악하고, 임금 수준이 낮은 작업장에서 근무하고 있는 이주노동자들이 많기 때문인 것으로 추정된다.

특히 이주노동자들이 지역사회 생활에서 불편을 많이 느낀다는 점은 다음과 같은 심층면접 조사에서도 확인된다.

> **〈사례 3〉** 주변에서 도움을 주는 한국인은 많지만, 또한 속상한 것도 너무 많다. 그러나 사람은 100퍼센트 다 만족하면서 살 수 없다. 기숙사가 안 좋다. 시끄럽다. 참지만 때로 불쑥불쑥 화가 나기도 한다. 그리고 혼자 생각이지만, 한국에는 공장이 많고, 외국인들도 너무 많다. 하지만 외국인이 더러운 일, 힘든 일, 다 한다. 돈 벌어야하니까. 미등록[노동자]이라 돈도 적게 받지만 말도 못한다. 단속이 힘들게 한다. [체류]기간이 끝나도 열심히 일하면, 계속 더 있게 해 달라 (이주노동자, 베트남 출신 37세, 2000년 입국, 섬유공장 근무).

이와 같이 이주노동자들은 실제 기숙사문제, 저임금 문제, 불법체류 단속 문제 등으로 여러 가지 어려움을 안고 살지만, '불편함'을 묻는 설문조사에서는 '보통이다'라고 답한 비율이 가장 높게 나타난다. 이주노동자들이 지역생활에서 불편함을 가장 많이 느끼는 이유는 이들 가운데 미등록(불법) 체류자들이 많기 때문이라고 할 수 있다. 이에 관한 설문조사에서, 총응답자 356명 가운데 미등록 이주자가 95명으로 27.5%에 달했으며, 이들이 지역사회 생활에서 느끼는 가장 큰 어려움으로, '불법 이주노동자 단속'에 대한 불안이라고 답한 사람이 33명(34.7%)이었고, 그 다음으로 이동의 어려움(19명),[4] 주변 사람의 시선(11명)의 순이었다.

〈표 6-3〉 지역사회 적응과정에서 어려움의 정도(5점 척도)

	응답자 수	가정, 지역의 문화 적응이 어렵다	한국말 사용이 어렵다	원하는 곳에 이동하기 어렵다	사람이 두려워 외출하기 어렵다	법·제도를 몰라 어렵다
계	1,353	3.06	3.29	2.75	2.12	3.13
결혼이주자	393	2.94	3.33	2.83	2.09	3.27
이주노동자	346	3.13	3.20	2.96	2.59	3.06
전문직이주자	256	3.09	3.60	2.52	1.76	3.01
외국인 유학생	358	3.09	3.11	2.64	1.97	3.14

지역사회 적응에서 어려움의 구체적 내용을 몇 가지 항목들에 따라 조사해 보면, 우선 내용 면에서 언어 사용, 법, 제도 등을 몰라 어려움이 있다고 인식하는 응답자가 그렇지 않은 쪽에 비해 많고, 이동과 사람들에 대한 두려움으로 인한 어려움은 전체 응답자에게서 낮은 비율을 보이고 있다(〈표 6-3〉 참조). 문화 적응에 대해 어려움이 있다고 응답한 비율은 전문직 이주자가 다소 높으나, 전체 유형에서는 대체적으로 큰 어려움으로 인식하지 않고 있다. 특히 언어 사용에 대한 어려움 정도가 크다고 답한 응답자의 비율은 모든 유형의 외국인 이주자들에서 공통으로 높게 나타나, 언어 사용의 어려움이 높음을 알 수 있다.

유형별로 살펴보면, 결혼 이주자의 경우 언어 사용과 법, 제도 등에 대한 무지에서 다른 유형에 비해 그 어려움을 인식하는 정도가 높았고, 이주 노동자는 언어 사용, 법, 제도에 대한 무지에서 어려움을 느끼는 정도가 크게 나타났다. 전문직 이주자는 59.4%가 언어 사용에 어려움이 있다고 응답해 한국어 사용에 불편함을 토로하였고, 외국인 유학생은 법·제도에 대한 무지(31.0%)로 겪는 어려움이 가장 높게 나타났는데, 이는 사회생활을 하지 않는 학생 신분이기 때문에 법·제도에 대한 지식이 다른 유형에 비해 낮기 때문일 것으로 보인다. 또한

4. 이주노동자의 지리적 이동에 제약을 가할 수 있는 가장 강력한 수단으로는 여권을 들 수 있다. 본 조사에서는 이주노동자 전체의 74%가 여권을 본인이 소지한다고 응답하였다. 달리 말해 이주노동자들 가운데 26%는 여권을 타인이 보관하고 있음으로써, 이동의 제약을 받고 있다고 할 수 있다.

결혼이주자와 이주노동자의 경우 모두 소득이 낮고 생계가 어렵다고 인식하는 비율이 높으며 특히 이주노동자는 본인이 속한 집단의 문화에 대한 인정을 제대로 받지 못함과 법적 사회권리 보장을 받지 못한다는 인식을 타 유형에 비해 높게 나타내어 이주 노동자에 대한 문화적, 법적, 제도적 지원의 필요성을 시사하고 있다.

전문직 종사자가 지역사회 생활에서 겪는 가장 큰 어려움은 역시 의사소통 문제이고, 다음으로 본국과 다른 문화에 대해 불편을 느끼고 있다는 점이다. 또한 전문직 외국인에 대한 편견을 어느 정도 느끼는 것으로 나타났지만, 이와는 상반되게 지역주민들과의 유대에 어려움을 느끼는 비율은 매우 낮게 나타났다. 외국인 유학생도 전문직 종사자와 마찬가지로 의사소통 문제가 가장 컸다. 다음으로 출신국과 다른 자연환경으로 어려움을 겪고 있었고, 유학생이라는 특정 신분으로 인해서 생활서비스 문제도 꽤 심각한 것으로 나타났다. 하지만 외국인이라는 이유에서 지역주민들의 차별은 극히 적은 것으로 나타났다. 유학생활에서 겪는 경제적 어려움의 원인으로는 생활비 문제를 가장 많은 응답자가 꼽고 있고 그 다음으로는 학비문제를 들고 있으며, 이 외에도 '일자리 구하기의 어려움'과 '환율변동' 등 사회·경제적 요인도 유학생에게는 경제적 어려움의 주요 원인이 됨을 나타내고 있다.

외국인 이주자들은 지역사회 생활에서 이러한 어려움을 느꼈을 때, 이를 해소하는 방법으로 전체적으로 '혼자 참는다(29.9%)'가 가장 많았고, 다음으로 다른 사람에게 '도움을 청함(29.8%)', 해당 당사자에게 직접 항의(13.9%) 순으로 나타났다. 외국인 이주자 유형별 특징으로는 결혼이주자와 이주노동자는 '혼자 참는다'를 가장 많이 응답한 반면, 전문직 종사자와 외국인 유학생은 '다른 사람에게 도움을 청한다'는 응답이 가장 많았다. 이러한 점은 외국인 이주자들 가운데 결혼이주자들이나 이주노동자들이 지역주민들과 사회적 관계를 구축하기 위해 더 많이 노력한다고 할지라도, 실제로 어려운 상황에서 도움을 청하기는 어렵다는 것을 나타낸다고 하겠다.

4. 초국적 이주자의 지리적 지식

1) 지역에 관한 지리적 정보 학습

사람들이 한 지역사회에서 살아가기 위하여 그 지역의 자연 및 인문 환경에 관한 지식과 더불어 사물들의 공간적 분포와 그 특성들에 관한 지식이 필요하다. 이 지식은 그 지역사회에서 살아오면서 얻게 되는 경험을 통해 형성되기도 하지만, 외국인 이주자들은 새롭게 정착한 지역에 대해 과거 경험이 없을 뿐만 아니라 간접적으로 학습을 통해 배운 지식도 매우 미흡하다. 또한 언어와 활동의 한계로 인해 정착하게 된 지역에서 새로운 지식을 획득하기도 쉽지 않다. 이러한 점에서 외국인 이주자들이 필요한 지식을 어떻게 획득하는가의 문제는 이들이 새롭게 정착한 장소에서 어떻게 살아갈 것인가에 지대한 영향을 미친다고 하겠다.

지역 생활에 관한 정보를 어떻게 획득하는가에 관한 항목에서 전체 응답자 1353명 가운데 40.2%는 'TV, 인터넷, 지도' 등을, 15.6%는 '같은 출신국 친구를 통해', 14.0%는 '직접 경험'을 통해, 11.0%는 '배우자나 가족들의 도움'을 통해 획득하는 것으로 조사되었다. 이러한 지역 정보 획득 방법은 이주자 유형별로 상당한 차이를 보인다. 결혼이주자들이 지역에 관한 정보를 획득하는 방법은 배우자나 가족들의 도움, TV나 인터넷, 지도, 같은 출신국 친구를 통해, 지원기관의 프로그램을 통해 순으로 나타나고 있다. 이주노동자들의 지역정보 획득하는 방법으로는 TV나 인터넷, 지도를 통해서, 같은 출신국 친구를 통해, 직접 경험 등이 높은 비율을 차지했다. 그러나 한국인 친구에게 배우거나 지식에 관한 도움을 얻고 있다는 응답은 극히 낮게 나타나고 있는데, 언어적, 문화적 장벽을 극복하지 못했기 때문인 것으로 판단된다. 전문직 종사자가 지역에 관한 정보를 획득하는 경로는 'TV, 인터넷, 지도'가 57.8%로 높은 비율을 차지하고 있어, 이들은 주변의 도움 없이 주로 매체를 통해 정보를 획득하고 있음을

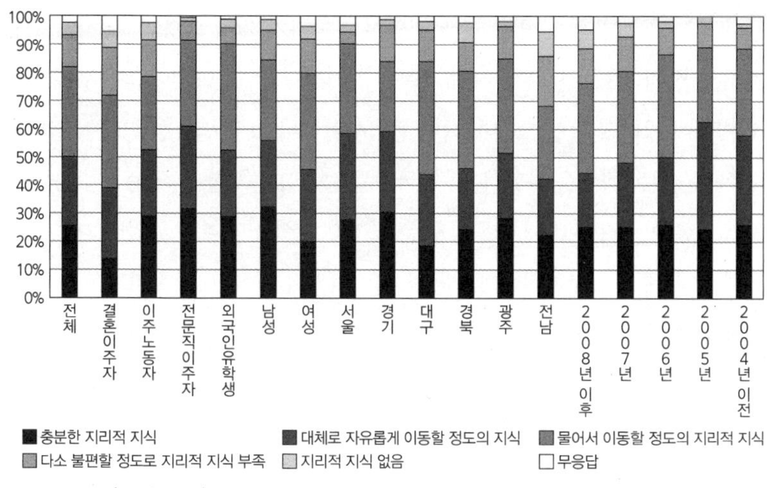

〈그림 6-5〉 지역사회에서의 이동과 관련된 지리적 지식의 정도

알 수 있다. 외국인 유학생의 지역정보를 획득하는 방법으로는 TV, 인터넷, 지도를 이용해서, 직접 경험을 통해서, 같은 출신국 친구를 통해서 얻고 있었다.

실제 지역 생활을 영위하기 위하여 필요한 지식을 어느 정도 가지고 있는가에 대한 항목에서 전체 응답자들 가운데 31.9%는 '물어서 이동할 정도의 지리적 지식'을 갖추고 있는 것으로 응답했으며, '충분한 지리적 지식' 25.2%, '대체로 자유롭게 이동할 정도의 지식' 24.9%를 나타내어, 외국인 이주자들 가운데 절반 정도만이 지역사회에서 이동하기 위해 필요한 최소한 이상의 지식을 갖추고 있는 것으로 조사되었다(〈그림 6-5〉 참조). 응답자의 특성별로 보면 남성이 여성에 비해 '충분한 지식'을 갖추고 있다는 답한 비율이 높았지만, 입국 연도와는 대체로 무관한 것으로 나타났다. 즉 외국인 이주자들이 국내 거주 기간이 길어지면 관련된 지리적 지식도 확대될 것으로 예상되지만, 실제 조사 결과 '충분한 지식'은 크게 향상되지 않고, '대체로 자유롭게 이동할 정도의 지식'은 점차 향상되는 것으로 나타난다.

또한 이주자 유형별로도 다소 차이를 나타내었다. 결혼이주자는 '물어서 이동할 정도의 지리적 지식'을 갖추고 있는 응답자가 가장 많았다. 특히 수도권 지역은 타 지역보다 높은 지리적 지식을 가지고 있었고, 학력이 높을수록 지리적 지식이 많다고 응답했으며, 특히 한국생활에서 가장 필요한 한국어 말하기 수준과는 깊은 관련을 보였다. 즉 한국어를 능숙히 구사할 수 있는 이주자는 그렇지 않은 이주자에 비해 월등히 높은 지리적 지식을 갖추고 있었다. 이주노동자의 경우, 수도권지역의 이주노동자들의 지리적 지식이 타 지역보다 높게 나타났다. 한국인 동포로 구성된 방문취업자들은 한국어가 유창하기 때문에 어디든 찾아갈 수 있다고 응답한 비율이 높게 나타났고, 이주노동자의 경우 나이가 많을수록 지리적 지식이 높았지만 결혼이주자와는 달리 학력과 지리적 지식과는 무관한 것으로 나타났다. 전문직 이주자의 대부분은 지리적으로 이동하는데 큰 제약이 없다고 응답하였다. 특히 광주, 전남의 전문직 이주자와 교수(E-1), 전문직업(E-5)의 이주자들이 지리적 이동에 대해 훨씬 더 자유로움을 알 수 있다. 또한 입국연도가 오래될수록 지리적 이동이 더 쉽지만 큰 차이점은 보이지 않는다. 외국인 유학생들의 경우 응답자 중 51.9%가 지리적으로 이동하는데 전혀 문제가 없거나 지역 내에서는 대체로 자유롭게 이동할 지식이 있다고 응답하였다.

외국인 이주자들의 지리적 지식은 공간적 규모에 따라 상이할 것이고, 대체로 지역사회의 지리보다는 국가적 규모나 출신국을 포함한 동아시아의 지리에 대해 더 익숙할 것으로 추정된다. 하지만 이들의 실제 지리적 지식은 기본적으로 자신의 일상생활을 영위한 지역사회의 지리에 대해 상대적으로 많은 지식을 가지는 반면, 국가적, 국제적 차원의 지리적 지식은 상대적으로 취약한 것으로 조사되었다(〈표 6-4〉 참조). 물론 모든 유형의 외국인 이주자들에서 '본국으로 귀국하는 경로를 잘 알고 있다'는 점에 대한 5점 척도값이 가장 높았지만, 이를 제외하면 결혼이자주와 이주노동자의 경우는 현재 살고 있는 지역의 지리에 관한 지식이 한국의 대도시와 행정구역의 관한 지식이나 동아시아에서 한국의 위치에 관한 지식보다 더 많은 것으로 인식하고 있다. 살고 있는 지역에

〈표 6-4〉 공간적 규모별 지리적 지식의 확보 정도(5점 척도)

구분	응답자 수(명)	현재 살고 있는 지역의 지리를 잘 알고 있다	한국의 대도시와 행정구역들을 잘 알고 있다	동아시아에서 한국의 위치를 잘 알고 있다	본국으로 되돌아가는 경로를 잘 알고 있다
결혼이주자	393	3.18	2.71	2.88	3.27
이주노동자	346	3.52	3.23	3.52	3.72
전문직 이주자	256	3.75	3.49	4.28	4.21

관한 지리적 지식도 유형별로 전문직 이주자, 이주노동자, 결혼이주자 순으로 상당한 차이를 보인다. 또한 전문직 이주자의 경우는 지역의 지리보다는 동아시아의 지리에 관해 더 많은 지식을 가지는 것으로 인식하고 있다.

2) 지리적 상상력과 심상도

사람들은 자신이 경험해 보지 못한 새로운 환경에 봉착하면, 기존에 자신이 가진 지리적 지식에 바탕을 둔 상상력을 발휘하여 이를 분석하고 이해하고자 한다. 하비(Harvey, 1973)에 의하면, 지리적 상상력은 개인들이 자신의 삶에서 공간과 장소의 역할을 인식하고, 그들 주변에서 자신들이 볼 수 있는 공간환경들과 관련시키도록 하며, 개인들과 조직들 간 상호작용이 이들을 분리시키는 공간에 의해 어떻게 영향을 받는가에 대해 인식하도록 한다. 또한 지리적 상상력은 다른 장소들에서 발생하는 사건들의 적실성을 판단하고, 타인들에 의해 만들어진 공간적 형태들의 의미를 이해하도록 하며, 나아가 공간을 창조적으로 설계하고 이용할 수 있도록 한다. 즉 지리적 상상력은 낯선 지역에서 개인의 사회공간적 판단과 이에 근거한 활동을 가능하게 하며, 또한 지역적 정체성과 존재론적 안전감의 토대가 된다. 이러한 지리적 상상력의 구체적 확인은 개인의 지리적 행동과 공간적 인지에 관한 의식과 더불어 심상도를 통해 이루어질 수 있을 것이다.

지리적 행동이나 공간적 인지와 관련한 분석 결과, 결혼이주자들의 경우 초중고등학교의 위치, 시장이나 대형마트의 위치, 대중교통 노선 등을 대부분 잘 알고 있다고 생각하지만, 행정기관의 위치에 대한 인지 여부에서는 2.93으로 낮은 척도값을 보여, 지역사회 적응과정에서 어려운 일들 가운데 하나가 행정기관의 이용임을 유추해 볼 수 있다. 이주노동자의 지리적 행동이나 공간적 인지는 자신과 관련된 경우에는 어느 정도 높게 나타났다. 즉, 버스노선이나 시장, 백화점, 마트 등의 위치를 알고 있는 경우가 상대적으로 많았고, 이들과 크게 관계가 없는 학교나 행정기관의 위치에 대한 인지도는 낮게 나타났다. 전문직 종사자는 지역 활동공간의 지각에서 대체로 높은 수준을 보이고 있다. 특히 시장과 백화점, 대형마트의 위치에 대해서는 5점 척도에서 4.02로 가장 높은 인지수준을 보였다. 행정기관과 관공서의 위치에 대해서는 이주노동자와 비슷하게 가장 낮은 인지도를 나타내었다. 외국인 유학생의 분석 결과, '혼자서 원하는 곳에 갈 수 있다'가 3.80로 가장 높게 나타났지만, 다른 유형의 이주자들과 마찬가지로 행정기관(읍면동사무소 및 시군구청)의 위치에 대한 질문에서는 2.89점으로 상대적으로 낮았다.

이와 같이 외국인 이주자들이 가지는 지리적 이동에 관한 개인적 능력은 자신의 지리적 지식을 구체적으로 표현한 심상도를 통해 분석될 수 있다. 심상도란 마음 속에 있는 그림을 표현한 것으로, 외부 환경에 대한 지각 활동의 결과로 인지된 지식이며, 개인의 가치관과 태도를 반영한다. 이러한 심상도는 개인의 공간적 지각의 내용을 파악할 수 있을 뿐만 아니라 이들의 공간적 행태가 어떻게 이루어지고 이를 통해 형성된 공간적 인지가 어떻게 누적/수정되는가를 이해할 수 있도록 한다. 이러한 점에서 심상도는 개인의 학력이나 거주기간 등과 밀접한 관련을 가진다. 즉 학력과 거주기간 등 개인의 지각 능력과 기간이 확대될수록 심상도는 단순하고 개별적인 형태에서 점차 복잡하고 연속적인 형태로 발전하게 된다.

외국인 이주자들이 그린 심상도를 분석해 보면, 성별, 연령, 교육수준, 직업, 한국 거주기간 등에 따라 약간의 차이가 있었다. 즉 심상도에 표기된 구체적 지

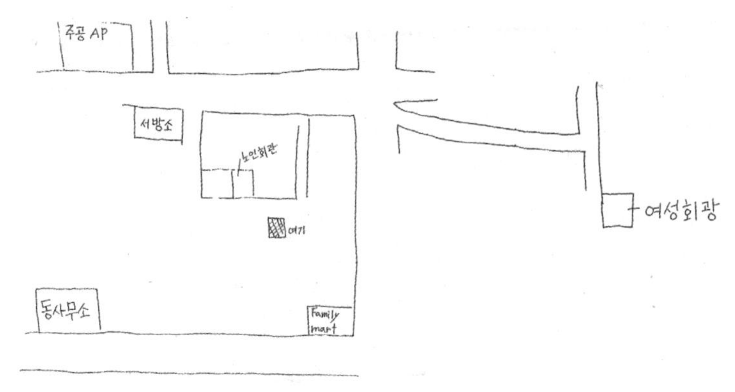

〈그림 6-6〉 심상지도 사례: A(결혼이주자)

형지물이나 내용의 상세함 정도를 보면, 성별이나 연령보다는 교육수준이나 소득 또는 거주기간에 따라 상당한 차이를 나타내고 있다. 유형별로는 결혼이주자와 이주노동자가 비슷한 수준이며, 유학생, 전문직종사자 순으로 심상도가 복잡해지고, 상세한 것으로 나타났다. 심상도를 몇 개의 개별 시설들을 분리해 그린 단절형, 이들을 선형으로 연결시킨 연속형, 그리고 좀 더 복잡하게 망상형으로 그린 공간 분포형 지도로 구분해 보면, 결혼이주자와 이주노동자의 경우 아주 간단한 단절형과 비교적 간단한 간선형, 연결형 심상도가 많았다. 반면 외국인 유학생과 전문직 이주자들은 망상형이나 패턴형 같은 다소 복잡한 형태의 심상도를 많이 그렸다.

몇 가지 심상도를 구체적으로 살펴보면, 〈그림 6-6〉은 1968년생 중국 여성으로 2008년 입국하여 서울에 거주하고 있는 사람이다. 다른 결혼이주자들의 심상지도와 비교해 보면 상대적으로 매우 자세하고 정확하게 표현하기 위해 노력했으며, 특히 소방서와 동사무소 등을 주요 지형지물로 설정하여 공간을 인지하고 있음을 알 수 있다. 그러나 이 심상도를 〈그림 6-7〉의 심상도와 비교하면 활동공간의 범위가 상대적으로 매우 좁고 세부 지역들 간 연계성이 없음을 알 수 있다. 〈그림 6-7〉은 일본에서 온 외국인 유학생으로, 현재 서울 소재

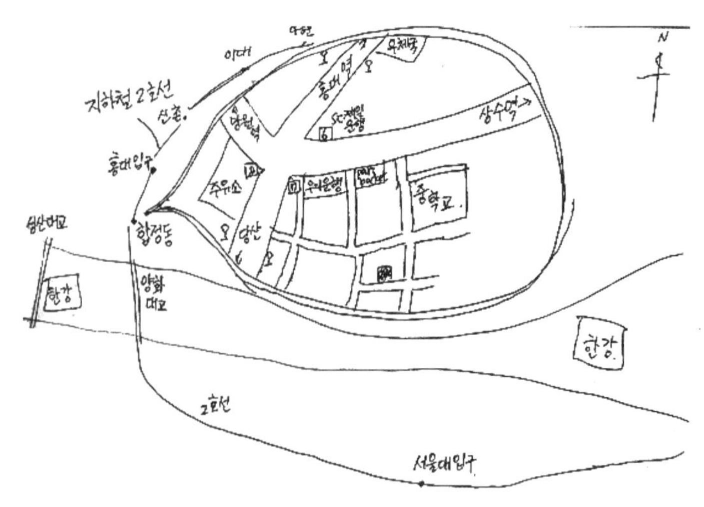

〈그림 6-7〉 심상지도 사례: B(외국인 유학생)

대학교 박사과정에 재학 중이다. 이 외국인 유학생의 심상지도 중 특이할 점은 방위표가 기입되어 있다는 점이다. 대부분의 외국인 이주자들은 방위표를 생략하지만, 이 사람은 방위표를 기입함으로써 더 정확하게 공간을 인지하고 있음을 알 수 있다.

〈그림 6-8〉은 한 이주노동자의 심상지도로, 상대적으로 넓은 범위를 포괄하고 있다. 즉 이 심상도를 그린 사람은 경상북도 칠곡군 가산면 다부리에 위치한 '대구예술대학교'에서 대구광역시 중구 동성로에 위치한 'novotel'까지 총 거리가 약 19km(도보로 약 4시간)로 매우 넓은 스케일의 공간을 인지하고 있음을 알 수 있다. 이는 그의 거주지인 칠곡에서 대구 시내로 큰 어려움 없이 쇼핑 등의 여가 생활 또는 친구를 만나러 시내로 자주 외출하는 일상적 경험과 관련된 것으로 추정된다. 또한 이 이주노동자는 이주 전 본국(필리핀)에서도 도시에서 거주하였기 때문에 도시 중심부로의 접근에 대해 비교적 거부감 없이 활발한 이동을 하는 것으로 판단된다. 그러나 이 심상도는 〈그림 6-9〉와 비교하면 단선적임을 알 수 있다. 〈그림 6-9〉은 전문직 이주자의 심상도로, 다른 유형의 외국인 이주자보다 이들의 심상지도는 좀 더 상세하고 풍부한 정보를 담고 있다.

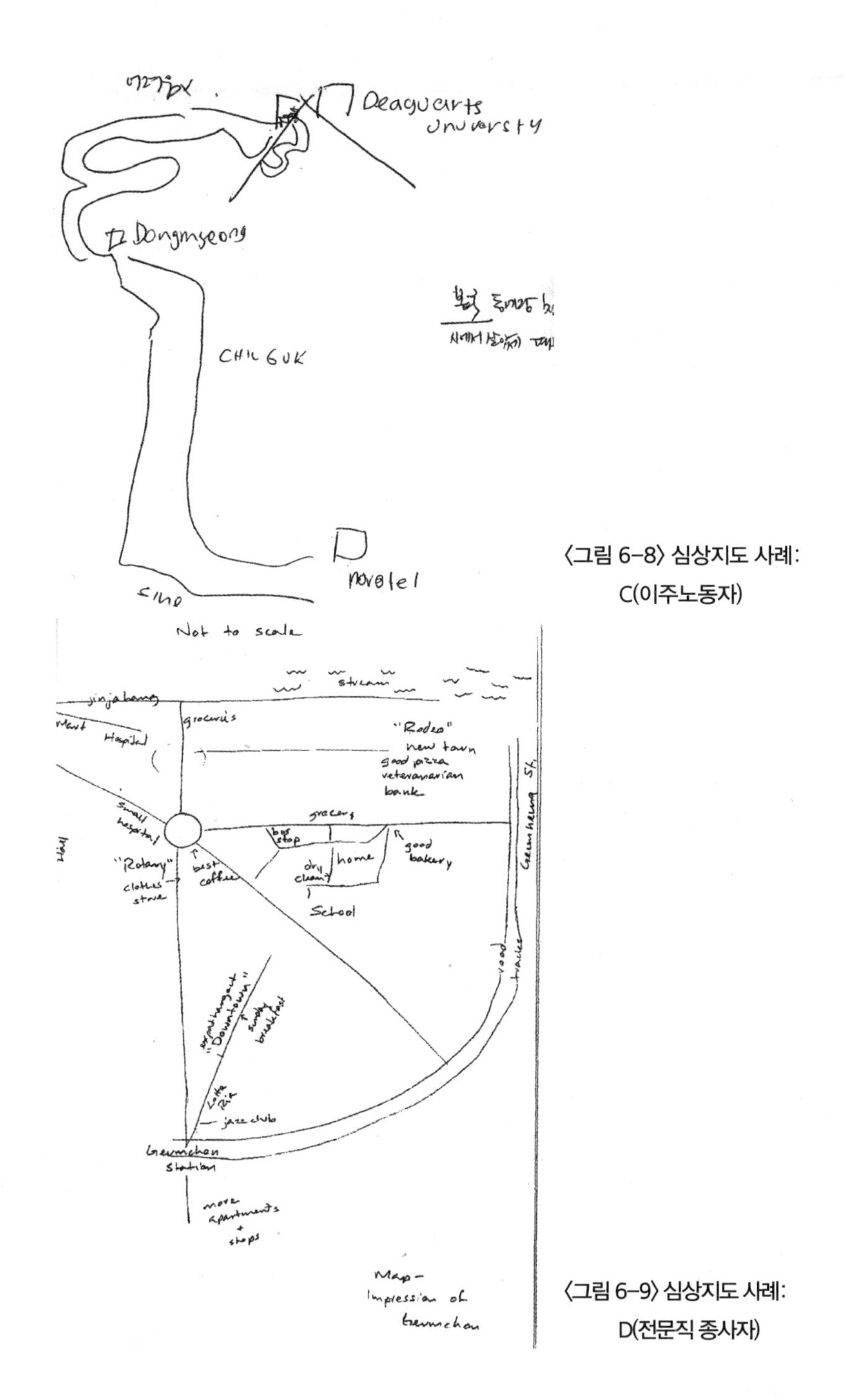

〈그림 6-8〉 심상지도 사례: C(이주노동자)

〈그림 6-9〉 심상지도 사례: D(전문직 종사자)

이는 공간지각능력이나 지식수준이 직업이나, 교육수준과도 어느 정도 밀접한 관련을 지니고 있기 때문으로 파악된다.

5. 초국적 이주자의 기본활동 공간

외국인 이주자들이 지역사회에 정착하면서 기본활동 공간에서 수행하는 일상생활과 사회적 상호행동은 이들의 이주 목적 실현가능성뿐 아니라 정체성의 형성이나 지역사회의 변화를 위해 중요한 의미를 가진다. 이러한 점에서 우선 외국인 이주자들이 이러한 기본활동 공간에서 느끼는 전반적 만족도와 구체적 사항에 따른 적응 정도를 설문조사 자료에 근거를 두고 유형별로 살펴보고자 한다(〈표 6-5〉 참조). 외국인 이주자들이 기본활동 공간에 대해 느끼는 전체적 만족도는 총응답자 1,353명 가운데 '만족' 및 '매우 만족'하는 비율이 각각 44.1%, 13.8%로, 매우 불만족 08%, 불만족 5.6%에 비해 훨씬 높았다. 이와 같이 만족도가 상대적으로 높은 것은 이들이 기본활동 공간에서 느끼는 실제 만족도가 높기 때문이라기보다는 본국에서 경험했거나 또는 기대했던 것에 비해 만족할 만하거나 또는 자신의 이주 목적을 실현하기 위해 필수적으로 활동해야만 하기 때문에 다소 가식적으로 높은 것이라고 할 수 있다. 유형별로 살펴보면, 전문직 이주자의 만족도가 훨씬 높은 반면, 결혼이주자가 가장 낮게 나타났으며, 의외로 이주노동자와 외국인 유학생이 비슷한 만족도를 가지는 것으로 조사되었다.

결혼이주자들이 지역사회에 정착하는 과정에서 가장 중심이 되는 곳은 가정(공간)이다. 이들의 가정생활은 새로 맺게 된 가족과의 관계 속에서 이루어지는 다양한 활동들, 즉 의사소통, 집안일 처리, 자녀 양육 등을 포함한다. 이러한 가정생활은 본국과 다른 가족 문화, 생활양식, 가치관 등에 영향을 받을 것이다. 설문조사에 의하면, 결혼이주자들은 가족생활 전반에 대한 적응도는 상대적으

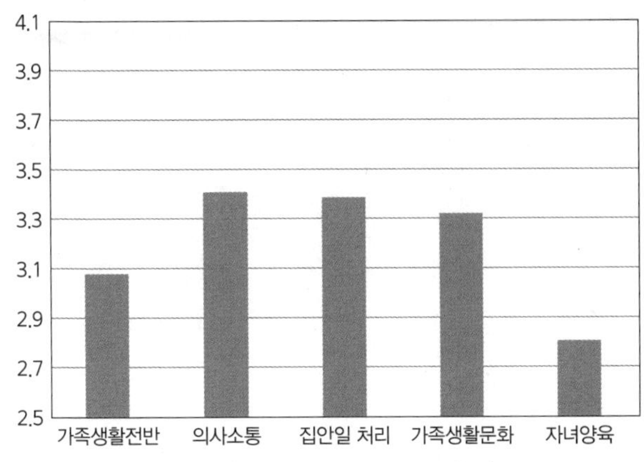

〈그림 6-10〉 결혼이주자의 가정생활 만족도

로 낮았고(5점 척도값 3.08) 특히 자녀 양육에서 상당히 불만족스러움을 보였지만(2.8), 가족의 생활문화 자체에 대한 적응이나 집안일 처리, 의사소통 적응 등에 있어서는 상대적으로 높은 만족도를 나타내었다(〈그림 6-10〉 참조). 이러한 설문조사 결과는 이순형(2007)의 연구에서 결혼이주여성의 가정생활에서 한국문화 및 예절, 친족관계, 자녀양육 등이 어렵다고 한 점과 어느 정도 유사하다고 할 수 있다.

이와 같은 결혼이주자의 가정생활 만족도는 실제 심층면접 결과에서도 확인된다. 즉 결혼이주자들은 대체로 가정생활에 대해서는 보통 이상으로 만족스럽게 여기고 있으나, 자녀의 양육에 따른 문제에 대해서는 상당히 염려하는 모습을 보였다. 이와 같이 자녀 양육에 대해 더 어렵게 느끼는 것은 결혼이주 여성이 언어와 문화의 이질성으로 인해 자녀 교육에 적극 참여하기 어려운 점도 있지만, 또한 한국의 높은 교육열로 인한 영향도 있을 것으로 추정된다.

〈사례 4〉 대체적으로 만족스럽다. 시부모님은 시골에 계시고 시누이가 있는데 나이가 50이 넘었는데도 생각하는 게 굉장히 젊다. 그래서 얘기도 통하고, 만나고 그러는데 참 좋다. 지금 일하는 회사도 시누이가 소개시켜 준거다. 휴가

때 같이 몽골 가서 며칠 보내고 왔다(몽골, 여, 1973생, 경북, 화장품판매).

〈사례 5〉 만족스러운 편이다. 남편도 잘해주고 아이도 잘 크고, 그러나 앞으로가 문제인 것 같다. 아이 교육문제가 제일 걱정된다. 지금까지는 별로 큰 어려움이 없었지만 앞으로 초등학교를 들어가기 시작하면서는 아무래도 어려움이 많을 것 같다. 내가 해줄 수 없는 부분들이 많이 생길 것 같다(중국, 여, 1965년생, 경북, 한글방문지도사).

이주노동자의 기본활동 공간은 직장이다. 이주노동자에게 직장생활은 정착생활의 대부분을 차지하지만, 직장 공간(즉 일터)은 이중적으로 타자의 공간이다(최병두 외, 2011, 338). 즉 직장 생활은 이주노동자가 아니라고 할지라도 모든 노동자들이 고용자나 관리자의 지시와 통제를 받아야 하는 규율의 공간이다. 특히 이주노동자에게는 합법적으로 입국하여 직장을 가지는 경우라고 할지라도 열악한 노동 조건과 노동 환경을 감수하고 다양한 유형의 차별과 직간접적인 압박이나 폭언·폭행을 감내해야 하는 공간이기도 하다. 체류기간이 만료되어 미등록(불법)체류하는 이주노동자의 경우 이러한 상황은 더욱 심각하다고 할 수 있다. 이러한 점에서 이주노동자의 직장생활에 관한 세부 사항으로 희망직종 여부, 노동 업무량의 정도, 임금에 대한 만족도, 직장의 유지 의지 등에 관해 설문조사를 하였다(〈그림 6-11〉 참조). 각 문항들에 대해 응답자들은 대체로 3점 이상으로 보통 수준을 보였다. 그러나 분석자의 입장에서 보면, 이러한 응답 결과는 상대적이며, 때로 진실된 응답이라고 보기 어려운 부분도 있다. 예로 이주노동자들이 담당한 노동의 업무량은 국내 노동자들에 비해 분명 훨씬 많지만,[5] 응답자들은 이 사항에 대해 더 높은 만족도를 보였다(3.47). 반면 이주

5. 응답한 이주노동자의 약 30% 정도가 일주일에 70시간 이상 일하는 것으로 답하였다. 통계청 자료에 의하면, 2006년 기준으로 우리나라에서 일하는 근로자의 주당 총 근로시간은 45.25시간이다. 고용형태별 근로자의 주당 총 근로시간을 살펴보면 외국인 근로자의 주당 총 근로 시간은

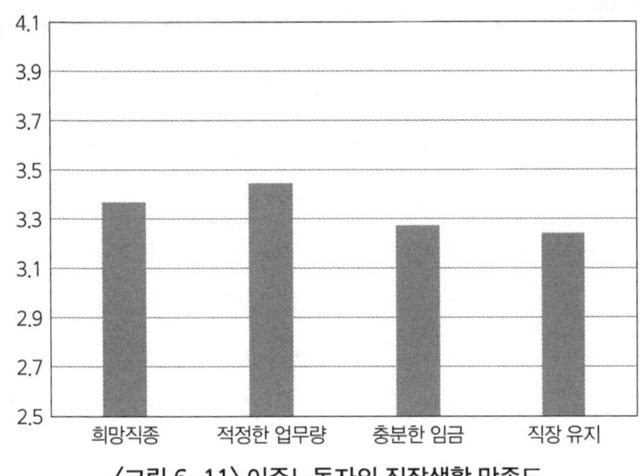

〈그림 6-11〉 이주노동자의 직장생활 만족도

노동자들의 경우 일단 일정한 직장에 취업하면 다른 직장으로 옮기는 것이 제한되어 있음에도 불구하고 응답자의 19.3%가 직장을 옮길 생각이 있는 것으로 응답하여 다른 항목들에 비해 가장 낮은 만족도를 보이고 있다.

다음 심층면담 사례는 이주노동자의 작장(공간)에서 기본활동이 어떻게 이루어지고 있는가를 보여준다. 이주노동자들의 노동조건은 대체로 좋지 않은 편이지만, 임금 수준이 자국에 비해 높기 때문에 견딜만하다는 점을 알 수 있다.[6]

〈사례 6〉 저는 조선족이고, 경북 의성이 본적이라 직장생활에서 의사소통은 잘 되는 편하다. 또 문화 차이도 별로 없기에 한국으로 취업을 결정하였고, 한국에서 직장생활을 하고 있다. 직장에서는 잘 지내는 편이지만 제가 있는 공장은 일 자체가 힘든 편이다. 일이 힘들고, 많아서 인지 여가시간은 없고, 쉬는 날이면 잠자기 바쁘다. 공장에 항상 몸에 안 좋은 가스가 많이 차있기에 건강에 문제는 없을 지 걱정이다. 당연히 일에 대한 스트레스는 많지만 본국에 있는 가족

55.26시간으로 국내 근로자들보다 주당 10시간 정도 더 많이 일하는 것으로 확인된다.

6. '임금 수준이 적당하다'고 응답한 비율은 절반에 못 미치는 40.7%로 나타났다. 국가인권위원회(2002)의 연구에서도 월 평균 임금이 99.5만 원이고 본국에서의 월평균 임금은 14.5만 원이었다.

을 생각하면서 참고 일하고 있다. 하지만 외국인이라고, 불법체류자라고 봉급이 적고, 차별대우를 받는 것은 여전히 힘들다. 그래서 직장을 옮기는 문제에 대해서 많이 생각하고 있다(중국, 남, 42세, 대구 거주).

〈사례 7〉 한국에서 직장생활은 먹는 것, 말하는 것이 달라서 많이 힘들지만 직장 동료들은 다들 잘해주어서 좋다. 물론 막 시키고 그러는 사람도 있지만, 좋은 사람들도 있다. 노동시간은 좀 많다고 생각하지만 일하는 만큼 높은 돈을 받기에 만족한다. 처음에는 힘들었지만 이제는 음식도 만족하고, 특별히 일하면서 위험한 것도 없기에 일에 대해서도 만족하는 편이다. 그래서 직장을 옮기고 싶지 않다(몽골, 여, 25세, 대구 거주).

저임금 이주노동자들과는 달리, 전문직 이주자들 대부분은 합법적인 취업비자를 가지고 입국하며, 상대적으로 체류기간이 짧고, 직장이 안정되며 소득도 높기 때문에 일상생활에서 문제를 크게 드러내지 않는다. 즉 이들의 초국적 이주와 지역사회 정착 과정은 사실상 '눈에 잘 띄지 않는' 현상을 보인다(최병두 외, 2011, 197). 물론 전문직 이주자라고 할지라도, 이 유형에는 다양한 세부 유형의 이주자들이 포함되며, 또한 이들이 종사하고 있는 직장에 대한 만족도에 차이가 있을 것이다. 그러나 전문직 이주자들의 직장생활 전반의 만족도를 살펴보면, '만족'(57.4%)과 '매우 만족'(19.5%)을 합하면 모두 76.9%의 응답자들이 직장 생활에 만족하고 있는 것으로 나타났다. 특히 '매우 불만'에 해당하는 응답은 0%로(〈표 6-5〉 참조), 전문직 이주자들은 한국에서의 직장 생활이 비교적 순탄한 것으로 보인다. 이러한 전반적인 만족도와 더불어 세부적으로 시설의 편리성, 복지제도, 적당한 업무시간 및 업무량, 적정한 임금, 업무수행 능력 인정에 관한 항목에서도 모두 (5점 척도값) 3.5 이상을 보여 대체로 만족하고 있는 것으로 조사되었다(〈그림 6-12〉 참조).

전문직 이주자들이 직장에서 대체로 만족스러운 생활을 하고 있다는 점은

〈표 6-5〉 외국인 이주자의 기본활동 공간에 대한 전체적 만족도

	매우 불만족	불만족	보통	만족	매우 만족	무응답	합계	5점 척도
전체	11(0.8)	76(5.6)	464(34.3)	597(44.1)	187(13.8)	18(1.3)	1,353(100)	3.65
결혼이주자	8(2.0)	24(6.1)	164(41.7)	136(34.6)	51(13.0)	10(2.5)	393(100)	3.52
이주노동자	2(0.6)	14(4.0)	138(39.9)	147(42.5)	41(11.8)	4(1.2)	346(100)	3.62
전문직 이주자	0(0.0)	12(4.7)	45(17.6)	147(57.4)	50(19.5)	2(0.8)	256(100)	3.93
외국인 유학생	1(0.3)	26(7.3)	117(32.7)	167(46.6)	45(12.6)	2(0.6)	358(100)	3.64

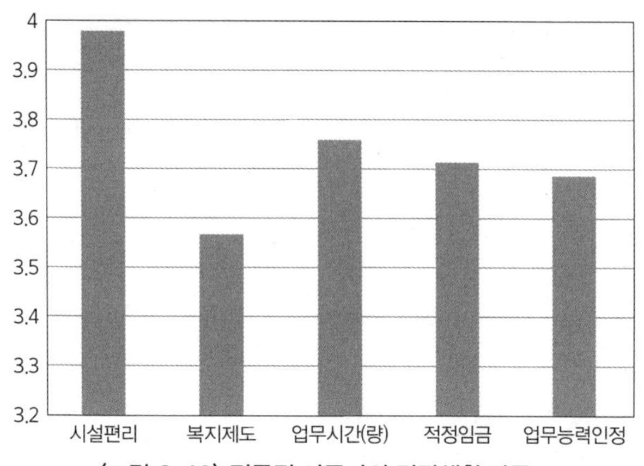

〈그림 6-12〉 전문직 이주자의 직장생활 만족도

심층면접 자료에서도 확인된다. 〈사례 8〉 및 〈사례 9〉에서 서술된 것처럼, 전문직 이주자들은 근무 환경이 상대적으로 양호하며, 임금에 대해서도 스스로 상당히 만족하고 있음을 알 수 있다.

〈사례 8〉 마닐라에서 뮤지션으로 활동을 했었고, 서울에서 1년 정도 싱어로 활동하다가 지금은 대구에서 활동하고 있다. 직장생활을 하면서 상사나 동료와의 관계는 좋으며, 노동시간도 만족하고 임금부분에서도 대체로 만족하고 있다. 하지만 누구나 임금을 많이 주는 것을 바라고 있기 때문에 물론 더 많이 주면 좋겠지만… 현재 일하고 있는 작업환경이나 부대시설도 호텔이라서 매우

좋다. 무엇보다도 고향에서 싱어로 활동할 때보다 여러 가지 많은 것을 지원해 주기에 더 좋다. 본국에서의 기대보다 막상 와 보니 현실이 더 좋기에 이직 생각은 없다(필리핀, 남, 35세, 대구 거주, 연주 공연).

〈사례 9〉 저는 ㅇㅇ대학교에서 영어회화를 지도하고 있다. 직장생활에서 동료들과의 관계는 매우 좋다. 한국 사람들은 친절하고 항상 반겨준다. 교양영어 강사에서 전공영어 강사로 넘어오면서 일이 줄어서 업무량도 만족한다. 처음에는 교양영어의 원어민 강사로 수업을 하여서 일이 많았는데, 영어과 전공수업과 회화지도를 하면서 많이 편해졌다. 또, 임금 부분은 월급여 외에 학교에서 복지비로 한 달에 300만 원씩 주기에 만족하고 있다. 전반적인 근무환경은 만족스럽고, 현재 있는 기숙사도 조용하고 부대시설에도 만족한다(미국, 여, 65세, 경북 거주, 회화 지도).

일반적으로 외국인 이주자들은 이주 특성과 정착 과정에서 공통점을 지니는 한편, 유형별로 본국에서의 생활수준, 이들의 체류 목적이나 기간, 법적 지위, 향후 본국으로의 귀환 여부 등에 따라 상당한 차이를 가진다. 특히 외국인 유학생의 경우 본국에서의 생활 여건이 상대적으로 부유하기 때문에, 이들이 국내에서 체류하면서 생활하는 방식이 다르며, 유학한 학교에서의 기본활동과 만족도는 또 다른 의미를 가진다고 하겠다. 설문조사 결과에 의하면, 유학생의 대학 내 주요 활동은 대체로 3.3 이상의 만족도를 보이고 있으며 다른 활동에 비해 교내 행정기관 및 편의시설의 이용에 대한 만족도가 높게 나타난다(〈그림 6-13〉 참조). 그러나 외국인 유학생들이 학교생활에서 느끼는 만족도는 전문직 이주자들보다는 상대적으로 낮은 편이며, 특히 기숙사 이용에서 상대적으로 불만이 높게 나타난다.[7] 대학 내 개선되어야 할 점에 대한 항목에서는 의사소통

7. 유학생활 영역별 만족도 조사를 실시한 손로(2009)에서도 비슷한 결과를 보인다. 즉 전체 만족도 수준은 3.29점으로 나타났으며, 영역별 만족도 중 가장 높은 영역은 전공수업(3.55점), 지식활용

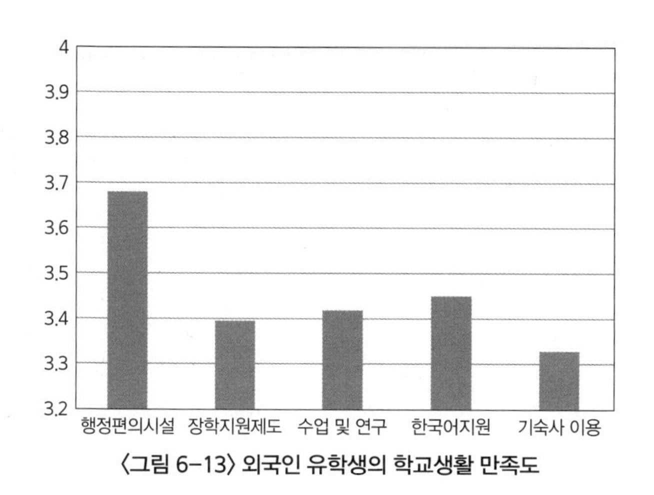

〈그림 6-13〉 외국인 유학생의 학교생활 만족도

이 50.6%로 가장 높았으며 외국인 차별도 14.5%로 나타났다. 또한 응답자의 30.2%가 한국어 교육내용이 개선되기를 희망하였고, 충분한 교육시간이 필요하다는 응답도 17.9%로 나타났다.

의사소통은 기본적으로 한국어로 이루어지기 때문에 이에 대한 배려 정도는 심층면접에서도 잘 나타난다.

〈사례 10〉 학교에서 수업은 한국어가 능숙하지 못해서 어렵지만 재미있다. 그리고 현재 다니고 있는 ○○대학교의 시설은 정말 좋은 편이다. 시험기간이 되면 교수님께서는 일본어, 영어교과서를 보면서 칠 수 있게 배려를 해주신다(일본, 여, 23세, 대구지역 대학 유학).

〈사례 11〉 수업에서는 일본에서 배울 수 없는 한국 교수님들의 생각이나 지식, 그리고 같이 공부한 학생들의 생각을 들을 수 있어서 정말 유익한 시간이다. 그

도(3.51점), 거주형태(3.35점) 순이었다.

래도 제가 한국말이 안 될 때가 많아서 이 점이 아깝다고 생각한다. 강의실은 정말 깨끗하고 좋은데 난방이 안 들어오는 방도 있고 겨울에 매우 춥다. 하지만 주변에 자연이 많고 공부할 수 있는 환경이 잘 되어 있는 편이다. 대학의 교수님은 설명하실 때 유학생을 위해서 천천히 해주시고 배려가 많다(일본, 여, 37세, 서울지역 대학 유학).

이처럼 외국인 유학생들에게 학교 공간은 '어렵지만 재미'있거나 '유익한 시간'을 제공하며, 시험을 치거나 설명을 할 때 교수들의 배려는 이들에게 중요한 의미를 가진다. 또한 자연환경과 더불어 난방시설 등 다양한 학교 시설들도 이들의 일상생활에 직접 영향을 미치는 요인이 된다.

6. 맺음말

외국인 이주자들은 이주 후 정착하게 된 지역사회에 관한 사전 지식과 경험 없이 일상생활을 영위하게 된다. 이 때문에, 이주 초기부터 지역의 자연 및 인문환경에 대한 적응이나 지역 주민들과의 사회적 관계에서 많은 어려움을 겪게 된다. 이러한 어려움은 언어나 습관과 같은 문화적 차이와 같은 일반적 문제뿐만 아니라 개별 지역에 관한 자연 및 인문환경에 관한 지식의 부재나 지역주민들과의 이웃 관계의 한계로 인해 발생하는 장소특정적 문제들을 포함한다. 특히 이들은 자신의 이주 목적을 실현하기 위하여 이와 직접 관련되지 않은 문제들에 대해서는 참고 지내거나 심지어 가식적인 만족을 표현하기도 한다. 이러한 점에서 외국인 이주자들이 정착하게 된 지역사회의 자연 및 인문환경에 대한 지각과 이들이 가지는 지역사회 정보와 상상력에 바탕을 둔 지리적 지식(그리고 이를 재현하는 심상도)에 대한 관심뿐만 아니라 이들의 이주 목적 실현과 직접 관련된 기본활동 공간, 즉 결혼이주자의 가정, 이주노동자의 직장, 외국인 유학생의 학교(공간)에 관해 더 많은 관심이 요구된다.

외국인 이주자들이 살아가는 지역사회의 환경은 단순히 그들에게 주어진 것이 아니라 이들의 개인적 특성과 사회적 관계에 따라 다양하게 구성되는 다문화 생태환경으로 인식되어야 할 것이다. 이러한 다문화 생태환경은 단지 지역의 물질적 (자연·인문)환경뿐만 아니라 사회적 광계를 형성하는 지역주민, 그리고 지역사회에서 획득(학습)한 지리 정보와 지리적 상상력(또는 정체성) 등과 같은 기본 요소 등으로 복합적으로 구성된다. 이러한 다문화 생태환경복합체 개념은 외국인 이주자들의 지역사회 정착과정을 이해하기 위해 기본 틀이 될 수 있다. 그러나 외국인 이주자들이 지역사회의 이러한 다문화 생태환경복합체를 구성하게 이유는 기존 주민들과는 다르다. 이들은 자신들의 보다 명시적인 이주목적으로 가지고 있으며 이를 실현하기 위해 매우 적극적으로 기본활동을 추구하고자 한다. 이러한 점에서 이 장은 외국인 이주자들의 지역사회 정착과정에서 지역의 자연·인문환경에 대한 적응과 지역주민들과의 관계 설정, 그리고 이 과정에서 필요한 지리적 지식의 형성, 나아가 이들이 기본활동 공간에서 느끼는 만족도 등에 관해 고찰하고자 했다.

이러한 점에서 우선 외국인 이주자들의 지역환경 적응도를 요약하면, 기후 및 자연환경에 대한 적응도가 가장 높았고, 다음으로 주거 시설 및 주변 환경, 소비 및 여가시설의 이용 순이고, 의료기관의 이용에서 낮은 적응도를 나타내었다. 각 유형별로 다소 차이를 보였는데, 전문직 종사자는 의료기관의 이용을 제외한 항목들에서 높은 적응도를 보였다. 반면 결혼이주자는 각 항목별 활동에서 모두 가장 낮은 수준을 보였으며, 이주노동자는 의료기관의 이용에서 특이하게 적응도가 상대적으로 높은 것으로 나타났다. 외국인 유학생은 소비 및 여가시설의 이용과 의료기관의 이용에서 다른 유형들에 비해 상대적으로 낮은 적응도를 보이고 있다.

지역 주민들과의 사회적 관계에서는, 외국인 이주자들은 이웃과의 의사소통에서는 큰 어려움이 없는 것으로 나타나지만, 경조사 참석, 급하게 돈을 빌림

등과 같이 좀 더 친밀한 관계를 전제로 하는 사회적 네트워크의 형성은 어려운 것으로 조사되었다. 이주노동자들은 이웃관계가 상대적으로 원만하여, 경조사의 참석을 제외하고 의사소통, 어려울 때 도움, 급하게 돈을 빌릴 수 있음 등에서 상대적으로 높은 5점 척도값을 보였다. 그에 비해 전문직 종사자는 상대적으로 낮은 값을 보여 지역사회 내에서 이웃과의 교류가 활발하지 않음을 보여준다. 지역사회에서 겪는 어려움은 결혼이주자들이 가장 적고 이주노동자들이 가장 큰 것으로 나타났다. 이러한 어려움은 물론 주관적이지만, 특히 이주노동자들은 취업조건에 따른 거주 장소와 기간의 제한과 더불어 미등록(불법)체류의 경우 단속과 직장 이전의 한계를 겪고 있기 때문이라고 할 수 있다.

지역 생활에 관한 정보의 획득방식으로는 'TV, 인터넷, 지도' 등 형식적 지식에 의존도가 가장 높았고, '같은 출신국 친구를 통해', 또는 '직접 경험'을 통해, 그리고 '배우자나 가족들의 도움'을 통해 획득되는 개인적이고 암묵적 지식이 그 다음 순을 이었다. 유형별로 보면, 결혼이주자는 대체로 개인적 관계에서 형성된 지식에 의존하는 반면, 전문직 이주자와 외국인 유학생은 학력, 특히 언어구사 능력을 전제로 하는 관련 서적, 신문이나 인터넷 등을 통해 이루어지는 경향이 있었다. 그리고 지역사회에 대한 지식의 정도는 이주기간이나 성별보다는 학력과 소득 수준 등과 더 밀접한 관계를 가지며, 이러한 점에서 전문직 이주자와 외국인 유학생들의 지리적 지식의 범위가 더 넓었다. 외국인 이주자들이 표현한 심상도 역시 전문직 이주자들과 외국인 유학생들이 더 복잡하고 공간 분포형 지도를 보여주었다.

외국인 이주자들이 자신의 이주 목적을 실현하기 위해 행하는 기본활동과 그 공간에 관해서는 비교적 높은 만족도를 보였다. 이와 같이 민족도가 다소 높은 것은 이들이 기본활동 공간에서 느끼는 실제 만족도가 높기 때문이라기보다는 본국에서 경험했거나 또는 기대했던 것에 비해 만족할 만하거나 또는 자신의 이주 목적을 실현하기 위해 필수적으로 활동해야만 하는 공간이기 때문에 다소 가식적으로 높은 것이라고 할 수 있다. 유형별로 보면, 전문직 이주자의 만족도가 훨씬 높은 반면, 결혼이주자가 가장 낮게 나타났으며, 이주노동자와 외국인 유학생이 비슷한 만족도를 가지는 것으로 조사되었다. 기본활동 공간에서의 세부활동들 가운데, 결혼이주자는 자녀양육, 이주노동자는 직장 유지, 전문직 이주자는 복지제도, 외국인 유학생은 기숙사 이용 등에서 낮은 만족도를 보였다는 점에서 어려움을 겪고 있다고 하겠다.

국가인권위원회, 2002, 『국내 거주 외국인노동자 인권실태조사』.

김기홍, 2011, "농촌 결혼이주여성의 경험과 기대에 관한 현상학적 연구," 『농촌사회』, 21(2), pp.49~102.

김남희, 2004, "국내에서 해외 고급인적자원의 활용 방안 연구," 교육인적자원부 연구보고서.

김민정, 2011, "필리핀 노동 이주여성의 일과 한국 생활: 미등록 장기체류의 역설," 『한국문화인류학』, 44(2), pp.313~358.

김은미 · 김지현, 2008, "다인종 · 다민족 사회의 형성과 사회조직: 서울의 외국인 마을 사례," 『한국 사회학』, 42(2), pp.1~35.

김현미, 2009, "방문취업 재중 동포의 일 경험과 생활세계," 『한국문화인류학』, 42(2), pp.35~75.

김혜순, 2009, "지역기반 다문화사회통합과 달서구," 72차 21세기 낙동포럼 및 2차 열린 다문화사회포럼, 발제문(PPT 자료).

김희주 · 은선경, 2007, "결혼이주여성의 적응을 위한 대처전략에 관한 사례연구－필리핀 여성을 중심으로," 『사회복지연구』, 35, pp.33~66.

노수인, 2009, "원어민 영어보조교사의 직무환경 및 직무만족도에 관한 연구," 창원대학교 교육대학원 석사학위논문.

박경환, 2007, "초국가주의 뿌리내리기: 초국가주의 논의의 세 가지 위험," 『한국도시지리학회지』, 10(1), pp.48~57.

박배균, 2009, "초국가적 이주와 정착을 바라보는 공간적 관점에 대한 연구: 장소, 영역, 네트워크, 스케일의 4가지 공간적 차원을 중심으로," 『한국지역지리학회지』, 15(5), pp.616~634.

설동훈 외, 2006, 『결혼이민자 가족실태조사 및 중장기 지원정책방안 연구』, 여성가족부

손승호, 2008, "서울시 외국인 이주자의 분포 변화와 주거지분화," 『한국도시지리학회지』, 11(1), pp.19~30.

심인선, 2008, 『경남 여성결혼이민자의 생활실태 및 정착지원 방안』, 경남발전연구원.

안영진 · 최병두, 2008, "우리나라 외국인 유학생의 이주 현황과 특성: 이론적 논의와 실태 분석," 『한국경제지리학회지』, 11(3), pp.476~491.

오경석 · 정건화, 2006, "안산시 원곡동 '국경없는 마을' 프로젝트: 몇 가지 쟁점들," 『한국지역지리학회지』, 12(1), pp.72~93.

윤인진, 2008, "코리안 디아스포라와 초국가주의," 『문화역사지리』, 20(1), pp.1~18.

이미경, 2007, "원어민 영어보조교사의 직무만족도와 직무환경에 관한 연구," 경상대학교 교육

대학원 석사학위논문.
이순형·문우경·최언실·이숙정·정하나·우현경, 2006, 『농촌여성결혼이민자 정착지원 방안』, 농림부.
이용균, 2007, "결혼 이주여성의 사회문화 네트워크의 특성: 보은과 양평을 사례로," 『한국도시지리학회지』 10(2), pp.35~51.
이정현·정수열, 2015, "국내 외국인 집중거주지의 유지 및 발달-서울시 대림동을 사례로," 『한국지역지리학회지』, 21(2), pp.304~318.
이정환, 2005, "외국인 노동자의 모국인 및 한국인과의 사회적 관계-친구관계를 중심으로 실증연구," 『한국 사회과학연구』, 27(3), pp.75~90
이주연·김혜숙·신희천·최진아, 2011, "외국인 노동자의 노동,여가생활 변화 인식과 삶의 만족감에 대한 연구," 『한국여가레크리에이션학회지』, 35(4), pp.83~97.
이혜경, 2005, "혼인이주와 혼인이주 가정의 문제와 대응," 한국인구학회, 『한국인구학』, 28(1), pp.73~106
이희연·김원진, 2007, "저개발 국가로부터 여성 결혼이주의 성장과 정주패턴 분석," 『한국도시지리학회지』, 10(2), pp.15~33.
정건화, 2005, 『근대안산의 형성과 발전』, 한울, 서울.
정연주, 2001, "외국인 노동자 취업의 공간적 전개과정: 경인지역을 사례로," 『한국도시지리학회지』, 4(1), pp.27~42.
정현주, 2007, "공간의 덫에 갇힌 그녀들? 국제결혼 이주여성의 이동성에 대한 연구," 『한국도시지리학회지』, 10(2), pp.53~68.
정현주, 2008, "이주, 젠더, 스케일: 페미니스트 이주연구의 새로운 지형과 쟁점," 『대한지리학회지』, 43(6), pp.894~913.
조현미, 2006, "외국인 밀집지역에서의 에스닉 커뮤니티의 형성-대구시 달서구를 사례로," 『한국지역지리학회지』, 12(5), pp.540~556.
최금해, 2008, "재한 중국 유학생의 학교생활과 사회생활적응에 관한 연구," 한국청소년복지학회, 『청소년복지연구』, 10(1), 115~138
최병두, 2009, "한국 이주노동자의 일터와 일상생활의 공간적 특성," 『한국경제지리학회지』, 12(4), pp.319~343.
최병두, 2012, "초국적 이주와 한국의 사회공간적 변화," 『대한지리학회지』, 47(1), pp.13~36.
최병두·임석회·안영진·박배균, 2011, 『지구·지방화와 다문화 공간』, 푸른길.
최재헌·강민조, 2003, "외국인 거주지 분석을 통한 서울시 국제적 부문의 형성," 『한국도시지리학회지』, 16(1), pp.17~30.
최재헌, 2007, "저개발 국가로부터의 여성결혼이주와 결혼중개업체의 특성," 『한국도시지리학회지』, 10(2), pp.1~14.
황해연, 2007, "재한중국유학생의 대인관계 문제와 대학생활 적응 간의 관계," 서울대학교 대학원 석사학위논문.

Duncan, O., 1959, "Human ecology and population studies," in Hauser, P. M. and Duncan, O. (eds), *The Study of Population: An Inventory and Appraisal*, The University of Chicago Press, Chicago, 678~716.

Harvey, D., 1973, *Social Justice and the City*, Arnold, London; 최병두 역, 1982, 『사회정의와 도시』, 종로서적.

Jessop. B., Brenner, N., and Jones, M., 2008, "Theorising socio-spatial relations," *Environment and Planning D: Society and Space*, 26(3), pp.389~401.

Maier, J.R., Ruppert, K, and Schaffer, F., 1977, *Sozialgeographie*, Braunschweig, Georg Westermann Verlag; 박영한·안영진 역, 1998, 『사회지리학: 사회공간이론과 지역계획의 기초』, 법문사.

Smith, M. P. and Guarnizio, L. E. (eds.), 1998, "Transnationalism from Below," in *Comparative Urban and Community Research* 6, Transaction Publishers.

제7장

결혼이주자의 사회네트워크의 특성과 변화

1. 결혼이주자는 어떻게 이주·정착하는가?

초국적 이주는 일회적으로 이루어지는 일시적 결과가 아니라 연속적으로 진행되는 역동적 과정이다. 초국적 이주는 본국의 지역사회를 떠나 국경을 가로질러 이주하는 과정 자체뿐 아니라 이주한 국가의 새로운 지역사회에 정착하여 생활하는 과정에서 이루어지는 다양한 상황들의 연속을 포괄한다. 또한 초국적 이주는 이주자들의 자녀에게도 지속적으로 영향을 미치며, 다른 한편으로 이들이 다시 본국으로 귀환하거나 또는 다른 국가들로 이주할 수 있는 가능성을 내포한다. 이와 같은 초국적 이주는 이주자들이 기존에 형성한 사회공간적 관계 또는 네트워크로부터 부분적인 단절과 새로운 관계의 구축을 전제로 한다(김렬, 2011). 초국적 이주자들이 이주·정착하는 과정에서 형성·재형성하는 이러한 사회공간적 관계는 국경을 가로질러 구축되는 초국가적 장 또는 사이공간(in-between space)을 만들어낸다.

결혼이주자들의 이주·정착과정은 이러한 초국적 이주의 사회공간적 특성을 아주 잘 반영한다. 이들은 이주 후 정착한 지역사회에서 접하게 된 환경과 사람들과 새로운 관계를 형성할 뿐 아니라 본국에 있는 가족·친지들과 일정한 네트워크를 지속/변화시켜 나간다. 결혼이주자들의 이주 및 정착과정은 이러한 지역 내 및 국가 간에 형성된 네트워크를 통해 다양한 행위자들로부터 영향을 받고, 또한 이들에 영향을 미치게 된다. 이와 같은 국지적 및 초국적으로 형성된 사회공간적 네트워크는 결혼이주자들 그리고 이들과 관계를 맺고 있는 다른 행위자들에게 영향을 미침으로써 궁극적으로 관련된 지역사회 및 국가의 사회공간적 변화를 초래한다. 결혼이주자들의 이주·정착과정에서 형성되는 네트워크는 이들과 관련된 다양한 행위자들과 다규모적인 사이공간을 형성·재형성하면서, 네트워크로 연계된 행위자들을 변화시킨다.

최근 초국적 이주 및 정착 과정에 관한 연구에서 이러한 사회(공간)적 네트워크에 관심을 가진 연구들이 많이 늘어나고 있다. 그러나 이러한 초국적 이주 네트워크를 고찰하기 위한 방법론적 논의는 아직 제대로 이루어지지 않고 있다. 초국적 이주에 관한 전통적 연구방법론은 행위중심이론과 구조중심이론으로 이원화되어 있었고, 그 후 이러한 이원론적 접근방법에 대한 비판이 제기되면서 이들을 연계시키고자 하는 관계중심이론 또는 이주체계이론이 부각되었다. 이러한 이론이나 접근방법을 응용한 연구들은 초국적 이주 및 정착 과정에서 형성되는 사회공간적 네트워크에 관심을 가지게 되었지만, 이 연구들에서 강조되는 네트워크는 다양한 유형의 연계성(이주와 관련된 사람들 간 연계, 이주·정착과정에서 이용되는 교통통신 네트워크, 이주 유출국과 유입국 간 관계 등)을 지칭할 뿐 아니라 이로 인해 '네트워크' 자체를 이론적으로 개념화하는 데는 한계가 있었다.

이러한 점에서 초국적 이주정착과정을 둘러싸고 형성되는 사회네트워크를 개념적으로 재검토하면서 경험적으로 그 유용성을 고찰할 필요가 있다고 하겠다. 이 장에서는 우선 초국적 이주정착과정에 관한 연구에서 이러한 네트워크에 관심을 둔 논의들을 간략히 살펴보고 이들이 근거하는 이론 또는 방법론적 함의를 고찰한 다음, 사회네트워크 연구를 위한 대안적 연구방법론으로 새롭게 부각되는 '사회네트워크분석'과 '행위자-네트워크이론'을 제시하고자 한다. 그리고 이러한 연구방법론에 기반을 두고 결혼이주자의 이주 및 정착 시기에 따른 사회공간적 위치 및 네트워크의 변화를 고찰하고 나아가 이들이 이러한 네트워크를 통해 다른 행위자들과 타협하고 협상해 나가는가, 즉 이들의 초국적 이주 및 정착 과정에서 작동하는 사회공간적 지지체계의 특성이 이들의 생활만족도에 어떻게 영향을 미치는가를 파악하고자 한다.

2. 초국적 이주의 사회공간적 네트워크

1) 초국적 이주의 네트워크에 관한 연구

초국적 이주에 관한 연구에서 전통적 연구방법론은 크게 개인의 의사결정과 행위를 강조하는 행위중심이론과 이주의 거시적 배경에 우선 관심을 가지는 구조중심이론으로 구분된다. 매시 등(Massey et al., 1993)은 개인, 가족, 국가 그리고 세계 차원의 분석 수준에 따라 신고전경제학, 신이주경제학, 노동시장 분절론, 그리고 세계체제론으로 분리하여 초국적 이주의 원인을 분석하는 이론들을 체계화하였다(또한 설동훈, 1999; 석현호, 2000 등 참조). 먼저 신고전경제학은 이주의 결정이 개인 행위자에 의해 이루어진다는 점을 전제로, 거시이론과 미시이론으로 구분된다. 신고전적 균형이론 또는 배출-흡인론과 같은 거시이론은 노동력 수요와 공급의 국가 간 차이를 초국적 이주의 근본 원인으로 설정하고, 국가 간 고용기회와 임금 차이를 초국적 이주의 원인으로 제시한다. 반면, 비용-편익분석이나 인적자본론으로 대표되는 미시이론은 사람들은 자신의 교육, 경험 등과 같은 인적 자본을 투자하여 고용이 가능하고, 비용-편익의 계산에 의해 가장 큰 순이익이 기대되는 지역으로 이주한다는 점을 가정한다.

신고전경제학에 바탕을 둔 초국적 이주 연구는 이와 같이 거시/미시의 이분법적 방법론을 채택하면서 기본적으로 경제균형론의 입장을 취하고 있다. 그러나 신고전경제학은 그 자체로 이원론적 접근방법을 전제로 할 뿐만 아니라, 실제 초국적 이주를 통해 국가 간 또는 지역 간 균형이 이루어지기보다는 오히려 유출국과 유입국 간 불균형이 유지 또는 확대되면서 이들 간 이주가 지속된다는 점에서 비판되기도 한다. 또한 이러한 신고전경제학적 접근은 현실적으로 국가의 역할을 간과하고 있다는 한계를 가지기도 한다. 초국적 이주 이론은 이와 같은 신고전경제학적 접근으로부터 본격적으로 발전하기 시작하였으며, 다른 이론들은 대체로 이 이론에 대한 도전으로 발전하여 왔다고 볼 수 있다(석현호, 2000). 신이주경제학은 이주의 결정이 고립된 개인에 의해서 이루어지는 것이 아니라 이주자 가족(가계) 또는 공동체 등의 더 큰 단위의 행위자에 의해 결정된다고 주장한다(김용찬, 2006). 노동시장분절론은 경제구조적 조건을 이주의 주된 요인으로 고려하여 합리적 선택이론과 결합시키고자 한다는 점에서 신고전경제학적 접근과 신이주경제학이 가지고 있는 문제점을 어느 정도 해소해 준다.

그러나 이러한 신이주경제학이나 노동시장분절론은 또 다른 이분법적 접근으로 이해될 수 있다. 즉 신이주경제학에서는 이주의 단위를 개인이라기보다 가족이나 공동체로 설정하지만 여전히 행위적 차원에 머물고 있으며, 반면 노동시장분절론은 발전된 국가의 경제구조에 본질적인 특성으로 노동력의 영구적인 수요 때문에 초국적 이주가 발생한다고 주장함으로써 구조적 접근에 바탕을 두고 있다. 특히 노동시장분절론은 경제 선진국의 노동시장이 고임금 1차시장과 저임금 2차시장으로 분절되어 있고, 이에 따라 저숙련 노동시장의 공백을 채우기 위해 초국적 이주가 발생한다고 주장한다(석현호, 2000). 그러나 노동시장분절론은 실제 선진국의 노동시장이 이와 같이 이념형적으로 양분화되어 있지 않으며, 또한 실제 전문직 이주자의 상당수는 선진국들 간에 이루어지며,

일차시장의 진입을 전제로 하고 있다는 점에서 한계를 가진다.

이러한 행위(미시)중심이론과 구조(거시)중심이론에 따른 이분법적 접근은 초국적 이주와 정착과정을 포괄적으로 설명하기 어렵다는 점에서, 이들 간을 연결시키는 이론들, 즉 관계중심이론에 대한 관심이 대두하였다. 특히 이론적인 측면에서 행위이론과 구조이론을 연계시키는 구조화이론이나 행위와 구조 간 연계성을 강조하는 사회연결망이론이 주목을 받게 되었다(설동훈, 1999; 최병두, 2017a). 이러한 이론들을 초국적 이주에 원용한 관계이론의 유형으로 사회자본론과 이주체계이론 등을 들 수 있다. 사회자본론은 이주자의 사회적 자본, 즉 사회연결망과 사회제도에의 참여가 자원 획득에 매우 중요한 요소가 된다는 점에 근거한다. 어떤 국가나 지역의 잠재적 이주자가 이주 대상국에 이미 이주한 가족이나 친구 등과 대인적 연계망이 형성되면, 이는 이주의 비용과 위험을 감소시켜 순이익을 증대시켜 주기 때문에 실제 이주 가능성을 높여준다는 것이다(석현호, 2000). 이후 등장한 이주체계이론은 초국적 이주가 송출국의 상황에서만 발생하는 것이 아니라 이를 받아들이는 수용국의 상황 그리고 이들 간의 체계적 연계성에 좌우된다고 전제한다. 이주체계이론은 이주 송출국과 수용국의 특성과 이들 간 연계성을 동시에 분석단위로 고려하는 포괄적이고 통합적 분석을 위한 기초를 제공하는 것으로 평가된다(김용찬, 2006).

초국적 이주에 관한 연구에서 행위적 관점이나 구조적 관점 모두 나름대로 통찰력을 제공했다고 할 수 있으며, 관계적 관점은 이들이 가지는 단점을 보완하는 대안적 접근방법으로 이해될 수 있다. 실제 초국적 이주가 감행되는 배경으로 행위적 요인과 구조적 요인을 분명히 구별하기는 쉽지 않다(전형권, 2008). 이러한 점에서 카슬과 밀러(한국이민학회 역, 2013)는 이주의 다차원적인 구조론을 제기하였다. 카슬과 밀러는 초국적 이주를 거시적 배경과 미시적 배경의 상호작용 결과로 이해하였다. 여기서 거시적 배경은 세계시장의 정치경제, 국제관계, 그리고 이주를 통제하는 송출국과 유입국 정부에 확립된 법, 관행 등의 대규모 구조적 요인들을 말하고, 미시적 배경은 이주자들의 사회 연결망, 신념

등을 의미한다(박신규, 2008). 이밖에도 국제이주를 설명하기 위한 이론으로는 세계화 시대에 초국적 공간에서 벌어지는 활동에 대하여 주목하는 초국가주의 이론 등이 있다. 초국가주의 이주이론은 이주체계이론을 포함하여 기존의 접근방법들이 '방법론적 국가주의의 함정'에 빠져 있다고 비판하면서, "국민국가의 경계를 가로지르는 사람들 또는 제도들을 묶어주는 다층적 연계와 상호작용"에 대한 관심이 필요하다고 주장한다(새머스, 2013, 69).

이와 같이 행위이론과 구조이론의 한계를 극복하기 위해 새롭게 제시된 이론들, 즉 관계이론들은 초국적 이주에 관한 체계적이고 포괄적인 접근을 강조한다. 특히 이러한 이론들이 관계이론으로 지칭되는 것은 이 이론들이 다양한 유형의 관계성 또는 네트워크에 초점을 두기 때문이다. 이러한 점은 국내 결혼이주에 관한 연구에도 반영되고 있다. 결혼이주에 관한 기존 연구들은 주로 이주자의 사회문화적 적응에 관심을 두고 사회적 갈등이나 문제의 실태를 파악하고 이를 해결하는 방안을 모색하였다. 그러나 최근 연구들은 결혼이주자의 사회자본이나 사회적 네트워크에 관심을 두고, 이들의 이주 및 정착 과정에서 사회공간적 네트워크가 어떻게 형성되며, 이들의 정착과정뿐만 아니라 관련된 행위자들이나 지역사회에 영향을 미치는가를 고찰하고자 한다. 즉 사회공간적 네트워크에 관심을 둔 연구들은 결혼이주자들이 이러한 네트워크를 통해 다른 사람들과 어떤 관계를 맺고 있으며, 이들과 관계를 맺고 있는 행위자들이 결혼이주자의 행동 및 일상생활에 어떤 변화로 이어지는가, 그리고 결혼이주자가 이러한 네트워크를 통해 가족의 지지와 결혼생활의 안정을 얻게 되는지 등을 주요 주제로 다루고 있다(김경미, 2012 등 참조).

좀 더 구체적으로 살펴보면, 결혼이주자의 사회공간적 네트워크에 관한 연구는 크게 세 가지 유형으로 구분된다. 첫째 유형은 결혼이주자의 사회적 네트워크 그 자체의 특성을 분석한 것이다. 이용균(2007)은 설문조사를 통해 여성결혼이주자의 사회연결망이 가족 의존적인 특성을 보이고, 가족 외부의 경우에는 주로 모국인들과 관계를 맺고 있으며, 한국인과의 관계는 상당히 한정되어 있음을 밝혔다. 또한 결혼이주자 대부분은 가족과 친구를 통한 민족적 연결망을 형성하여 출신국과의 연결을 유지하고 있는 것으로 나타났다. 황정미(2010)는 결혼이주자의 사회적 네트워크 특성 분석에 근거하여 가족 중심형, 한국인 친구 중심형, 이주민 친구 중심형, 복합형으로 유형화하였다. 이외에도 노연희 외(2012)는 이주여성의 사회적 연결망의 구조적 특성과 사회적 지지 유형 간 관계에 대해 분석했으며, 박순희 · 조원탁(2013)의 연구에서는 이주여성과 일반여성의 사회적 네트워크의 특성을 비교하여, 일반여성이 이주여성보다 대체로 사회적 지원이 다양하다는 점을 밝혔다.

둘째 유형은 결혼이주자들의 사회공간적 네트워크를 통해 연계된 행위자들이 이들의 한국 사회 적응 및 정착에 어떤 영향력을 미치는가를 고찰한 것이다. 이러한 유형의 연구는 이미 서구 학계에서도 많이 이루어진 것으로, 포르테스와 센센브레너(Portes and Sensenbrenner, 1993)의 연구는 본국 출신 이주자들 간 강한 연계가 이들 간 자원의 흐름과 교환을 원활하게 함으로써 이주사회에서의 성공적인 적응이나 경제적 성취를 가능하게 한다는 점을 밝히고 있다. 또한 사이베르트 등(Seibert et al, 2001)은 네트워크를 통한 상호행동이 많은 사람일수록 정서적으로 안정성이 높다는 점에서 네트워크 영향력이 이주자 개인의 정서 및 감정과 밀접한 관계를 갖고 있음을 시사했다. 이와 같은 맥락에서 이루어진 국내 연구로, 이주재 · 김순규(2010)는 결혼이주여성의 사회적 연결망이 심리적 적응에 미치는 영향을 분석함으로써 사회적 연결망이 자아존중감에 긍정적인 영향을 미치고 있음을 확인하였다. 즉 이 연구에 의하면, 형성된 연결망의 밀도와 다양성은 이주여성의 정체성 형성에 영향을 미치고, 긍정적이고 안정적인 정체성의 확립은 한국생활에 대한 자신감과 만족감으로 이어진다. 그러나 다른 한편 본국 출신 외국인 이주자들 간 사회적 연결망이 강할수록, 이들의 공동체는 폐쇄성을 띨 수 있다는 점이 주장되기도 한다(Portes, 1995).

셋째 유형은 결혼이주자의 사회적 네트워크와 이주 및 정착 과정에서 느끼는 만족도 간 관계에 관한 연구이다. 장지혜 · 설동훈(2006)의 연구에 따르면 가족 성원 간의 접촉, 특히 본국 가족과의 원활한 상호작용이 결혼이주자의 생활 만족도를 높이는 것으로 나타났으며, 김경미(2012)는 사회 네트워크를 가족 연계, 정서적 연계, 모임 수준으로 구분하여 한국생활 만족도에 미치는 영향을 살펴 본 결과 가족연계 변인 중에서는 모국 가족 접촉 빈도가 생활만족도에 영향을 미쳤으며, 동거 가족 크기는 유의한 효과를 나타내지 못하는 것으로 분석되었다. 또한 본국 가족의 지지망은 물리적 제약에도 불구하고 작동하고 있는 한편, 한국 가족은 지지망으로 작동하는데 한계를 보이는 것으로 나타났다. 반면 이민아(2010)의 연구는 본국 출신 동료와의 연결망이 결혼이민자여성의 심리적 안녕감에 부정적인 영향을 미칠 수 있음을 보여준다. 즉 본국 출신 동료와의 연결망 효과를 이민 전후로 비교 분석한 결과, 이민 전 혹은 이민 전후 모두 본국 출신 동료이민자와의 연결망이 있다고 응답한 여성들이 연결망을 전혀 갖지 않은 여성에 비해 우울도가 높게 나타났다. 그러나 가족구성원 특히 배우자와의 연계는 결혼이주자의 우울도와 삶의 만족도에 강한 긍정적인 영향을 나타내는 것으로 분석되었다. 일반적으로 초기 이주자들에게 가족, 친족 등 유사한 배경을 지닌 사람들과의 강한 연계는 중요하지만, 주류 사회와 본격적으로 관계를 맺어야 되는 시기가 되면 민족적·문화적으로 상이한 사람들과의 관계가 중요해진다(김이선 외, 2011).

이와 같이 결혼이주자가 이주 및 정착 과정에서 구축하는 사회공간적 네트워크에 관한 연구는 네트워크 그 자체의 특성이나 이를 통한 다른 행위자의 영향력이나 또는 이주자 본인에 미치는 효과 등을 밝히고자 한다는 점에서 의의를 가진다. 그러나 이러한 연구들에서 네트워크는 기본적으로 사람들 간의 연계성을 전제로 하고 있다. 그러나 결혼이주자들의 이주 및 정착과정에서 형성되는 네트워크와 이를 통해 영향을 미치는 요인들은 단지 인간 행위자들뿐만 아니라 여권과 비자에서부터 중개기관 등을 포함하여 유입·유출국의 제도나 정책에 이르기까지 다양하다. 따라서 이들과의 관계 및 이를 통한 영향력에 대한 고찰도 네트워크 분석에 포함되어야 할 것이다. 또한 이러한 결혼이주자 네트워크 연구는 주로 경험적 연구에 머물러 있기 때문에, 앞서 논의한 행위/구조중심이론의 한계를 극복하고 나아가 관계중심이론의 유의성을 뒷받침하는 이론적 준거가 부족하다. 끝으로 이러한 연구들에서 결혼이주자들이 구축하는 네트워크는 단지 사회적일 뿐 아니라 공간적 측면을 명시적 또는 암묵적으로 함의하고 있음에도 불구하고, 이에 관한 공간적 개념화가 미흡하다. 이러한 점에서 결혼이주(나아가 초국적 이주 전반)의 사회공간적 네트워크를 경험적으로 분석하고 이론적으로 정당화할 수 있는 이론체계 또는 연구방법론이 모색되어야 할 것이다.

2) 초국적 이주 네트워크에 관한 연구방법론

초국적 이주 및 정착 과정에서 형성·변화하는 사회공간적 네트워크에 관한 연구방법론으로 두 가지, 즉 '행위자-네트워크이론'(actor-network theory: 이하 ANT로 표기)과 '사회네트워크분석'(social network analysis: 이하 SNA로 표기)을 고려해 볼 수 있다. 이 연구방법론들은 공통적으로 사람들 간 그리고 사람과 사물들 간에 형성되는 네트워크에 우선적인 관심을 가지고, 이를 이론화하거나 분석하는 연구에 원용될 수 있다. 그러나 ANT는 방법론으로서 의의를 가질 뿐만 아니라 존재론적, 인식론적인 측면에서 철학적 사유를 전제로 한다. 반면 SNA는 네트워크의 개념적 또는 이론적 함의에 대해 관심을 가지지만, 흔히 계량적 분석에 응용되고 있다. 즉 SNA는 네트워크의 연결수나 중심성 등 네트워크의 형태 분석을 중시하는 반면, ANT는 네트워크의 이론적 의미와 이를 통해 연계되고 작동하는 다양한 유형의 행위자들 간 (권력)관계와 이에 따른 네트워크의 효과에 더 많은 관심을 기울인다.[1] 이 장에서 초국적 이주네트워크에 관한

1. 구양미(2008, 36)에 의하면, "경제지리학에서 SNA는 개별 행위자의 특성에 초점을 두면서 네트워크의 구조를 분석하기 위한 분석 틀로서 도입된 경향이 강"한 반면, "ANT는 네트워크의 구조가 형성된 프로세스에 관심을 가지면서, 사람과 사물 등 여러 이질적 행위자의 실행에 의해 파워[권력]

대안적 연구방법론으로 이 두 가지 이론을 제시하지만, 후반부의 경험적 분석에서는 주로 SNA에 근거를 두고 결혼이주여성의 이주 및 정착 과정에서 형성되는 사회(공간)적 네트워크를 고찰하고자 한다.

(1) 사회네트워크분석(SNA)

SNA는 사회적 관계 또는 연결망에 대한 분석을 통해 사회구조를 파악하는 한편, 이에 의해 조건 지워진 개인의 특성(정체성)을 고찰하고자 하는 방법을 말한다. 이 분석방법 또는 이론의 기원은 고전적 사회학자인 짐멜까지 소급될 수 있지만, 사회체계분석이나 사회자본론 등에서도 이 이론의 함의를 찾아볼 수 있고, 또한 수학과 자연과학에서 발달한 네트워크 이론에도 상당히 빚지고 있다. 또한 신경제 현상들을 설명하고자 하는 네트워크 경제론 또는 복잡계 경제학도 이러한 네트워크이론의 관점에 부분적으로 의존하고 있다. SNA는 사회적 관계의 형태(morphology)나 사회적 연계유형(patterns of social linkages)을 파악하는데 목적이 있으며, 구조나 연결망 형태의 특징을 도출하고 관계성으로 체계의 특성을 설명하거다 체계를 구성하는 단위의 행위를 설명하는데 의의가 있다(김용학, 2007). 관계망 '형태'에 중점을 두는 것은 짐멜의 형태사회학으로부터 유래한 전통으로, 그는 형태와 내용을 구분하고 심리학이 내용을 다루는 학문이라면 사회학은 형태를 다루는 학문, 즉 그가 명명한 사회관계 형태의 기하학(geometry of sociations)으로 재정립되어야 한다고 주장했다.

또한 이러한 SNA는 "일정한 사람들 사이의 특정한 연계 전체의 특성으로 연계에 포함된 사람들의 사회적 행위를 설명하려는 시도"라는 점에서 특성을 가진다(Mitchell, 1969, 2; 김용학, 1987에서 재인용). 즉 SNA에 의하면, 개인의 상호작용의 연계성은 행위를 통해 (재)생산되고 유지되며, 각 개인이 맺고 있는 연계의 전체적 형태가 그들의 행위에 영향을 미친다. 달리 말해 SNA는 미시적 행

가 형성되는 과정에 관심"을 더 많이 둔다.

위자가 일상생활에서 맺는 사회적 관계의 망이 사회구조의 제약에 의해 이루어지면서 동시에 이 관계의 망은 매 순간 거시적인 사회구조를 창출하는 것'으로 인식된다. 이러한 점에서 SNA의 논리는 구조의 이중성과 긴밀한 관계를 가진다. 즉 SNA는 초국적 이주를 이주하는 행위자와 이주가 이루어지는 사회구조적 배경 간의 역동적인 상호작용의 산물로 파악하고자 한다는 점에서 의의가 있으며, 행위와 구조 간 이분법을 극복하고 이들 간 관계를 고찰하고자 한다는 점에서 기든스(Giddens)가 제시한 구조화이론과 같은 맥락에서 이해된다(설동훈, 1999).

SNA는 이와 같은 구조의 이중성이나 구조화이론의 관점에서 개인의 행위나 정체성이 사회적 맥락과 관계 속에서 가장 잘 이해될 수 있다고 주장한다. 즉 SNA는 인간관계를 중심으로 형성된 연결망의 형태에 따라 다른 행위양식이 나타나며, 따라서 설명의 초점을 개인의 개별적 속성에서 관계적 속성으로 옮겨가고자 한다. 물론 SNA는 개인들의 속성 자체를 경시하는 것이 아니라 개인들이 어떻게 연결되고, 그 연결망에서 어떤 지위를 갖는가에 관심을 가지고, 네트워크화된 개인들 간 관계를 나타내는 구조의 특성에 주목하고자 한다. 이러한 점에서 SNA는 첫째 사회적 네트워크의 분포적 특성과 형태를 분석하며, 둘째 이러한 네트워크가 어떤 원리나 구조적 배경에서 구축되었는가를 고찰하며, 셋째 사회적 네트워크가 어떤 효과를 초래하는가에 관심을 가지고 추적하고자 한다.

이러한 SNA는 사회학이나 인류학, 경제학, 지리학 등 다양한 학문분야에서 응용되어 왔으며, 초국적 이주에 관한 연구주제에도 폭넓게 원용되고 있다. SNA에 의하면, 초국적 이주는 기본적으로 "송출국과 유입국의 시장, 사회, 국가 간의 복합적 상호작용을 포괄하는 세계체계의 구조적 관계 속에서 이루어진 개인의 선택"으로 이해되며, 이 같은 "구조적 조건과 개인 행위자의 선택을 함께 이해하기 위해서는 '사회적 연결망' 개념을 도입할 필요"가 있다는 점이 강조된다(설동훈, 1999). SNA에 직접 근거를 두거나 또는 변형된 네트워크 개념에 바탕을 두고 초국적 이주와 정착 과정에 관한 연구는 위에서 제시된 것처럼 세 가지 유형, 즉 사회적 네트워크의 특성에 관한 연구, 네트워크를 통해 연계된 행위자들에 관한 연구, 네트워크의 효과(만족도)에 관한 연구 등으로 구분될 수 있다.

이와 같은 사회적 네트워크와 이를 통해 연계된 행위자의 특성과 그 효과에 관한 연구는 연구자들에 따라 다소 다른 개념과 기법으로 전개되고 있다. 시베르트 등(Sibert et al., 2001)은 SNA에 준거하여 네트워크의 노드(node) 간 관계의 형성 또는 관계 부족을 나타내는 일련의 연결 형태 분석을 통해 어떤 집단의 구성원들이 행하는 사회적 역할과 정체성을 고찰하고자 했다. 이러한 연구에 함의된 바와 같이, 사회적 네트워크는 연계된 행위자들에게 특정한 행위를 수행하도록 유도하며, 성원들 간의 정서적·물질적 지원 관계를 구축하고, 긴밀한 협력 관계를 지속시켜 결속감을 더 견고하게 만들어주는 역할을 하게 된다(김용학, 2004). 이러한 점에서 사회적 네트워크는 사회자본, 사회적 지원망 또는 지지체계 등의 용어와 혼용되기도 한다. 즉 사회적 네트워크는 타인과의 상호작용을 통해 제공되는 심리적, 물리적 형태의 자원을 지원하는 긍정적 효과를 가지며, 특히 결혼이주자들은 이를 통해 개인적 역량을 향상시키고, 부정적 영향으로부터 자신을 보호하며 나아가 한국 사회에서의 적응에 긍정적 결과를 유도할 수 있다.

이러한 사회적 지지체계로서 사회적 네트워크는 사회자본의 개념과 연결된다. 부르뒤외(Bourdieu)는 사회자본을 지속적인 네트워크 혹은 상호 면식이나 인정이 제도화된 관계의 구성원이 됨으로써 획득되는 실제적이거나 잠재적인 자원의 총합이라고 정의하였고(Bourdieu, 1986; 이정향·김영경, 2013), 콜만(Coleman)은 사회자본이 행동을 촉진하는 사람들 사이의 관계 변화를 통해 만들어진다고 정의했다(Coleman, 1988; 나금실, 2011). 이러한 사회자본은 사회적 네트워크를 통해 형성되며, 이러한 맥락에서 연구자들은 사회적 네트워크를 흔히 사회자본으로 개념화한다. 린(Lin, 1999)에 따르면 사회적 관계는 가족과 같은 가장 친밀한 층에서 시작해 친구, 친척 등 중간 수준으로, 그리고 공동체와 같은 외부 층으로 확장된다. 이러한 사회적 연계는 사회자원으로 간주될 수 있으며, 삶의 조건을 향상시키는 효과를 창출한다(또한 Lancee, 2010). 달리 표현하면, 개인의 사회적 연결망은 초국적 이주자들의 이주 및 정착 과정에서 필요한 일종의 자본(또는 역량)으로 취급될 수 있다는 것이다(김경미, 2012).

일반적인 연구에서 사회적 네트워크는 공식적 관계와 비공식적 관계를 모두 포괄하지만, 흔히 구분하여 약한 연계와 강한 연계로 이해되기도 한다. 예로 비공식적 네트워크는 가족, 친지나 가까운 친구 간에 형성된 연계로 접촉의 강도나 빈도가 높은 강한 유대를 보이는 반면, 공식적 네트워크는 인력송출업자, 해외이주상담자, 여행사 직원 등 비즈니스 중심으로 구성된 연계로 접촉 강도나 빈도가 낮다. 이러한 사회적 네트워크의 유형 구분은 상이한 효과를 고찰하기 위한 것으로, 강한 연계는 정서적, 물질적 측면에서 지지효과를 창출한다면, 약한 연계는 정보 획득과 매개적 역할을 수행한다(설동훈, 1999, 36; 김경미, 2012). 사회적 네트워크의 연계 강도에 관한 이러한 이해에 바탕을 두고, 이 장의 후반부에서는 네트워크의 연계 강도를 분석하고자 한다. 특히 네트워크로 연계되는 사람과 사물들 간의 연계 강도를 공간적 측면에서 다규모적으로 분석하기 위하여, 개인적, 지역적, 국가적, 지구적 차원의 공간 규모를 설정하고 규모를 가로질러 구축되는 네트워크의 연계 강도를 고찰하였다.

SNA의 분석 기법은 크게 기술적(descriptive) 방법과 설명적 방법으로 구분된다. 기술적 방법은 분석의 기본단위들 간 상호작용의 형태나 연결망의 밀도, 중심성(centrality) 등 관계성을 묘사하는 기법을 사용하여 네트워크의 형태적 특성을 밝히고자 하는 반면, 설명적 방법은 기술적 방법에서 개발된 개념들을 이용해 네트워크를 통해 연계되는 행위자들에 미치는 효과를 분석하는데 초점을 둔다. 중심성 지표는 기술적 접근방법에서 사용되는 대표적 지표로(Freeman, 1979), 각 노드별로 네트워크에서의 중심 역할에 대한 정도를 지수화한 계량적 값으로 계산되며, 계산방법에 따라 연결 정도중심성(degree centrality), 근접중심성(closeness centrality), 매개중심성(betweenness centrality) 등으로 구분된다. 중심성은 한 행위자(노드)가 네트워크에서 어떤 위치에 있는지를 나타내는 지표로서 각 행위자와 관련된 개별 수준의 변수이지만, 전체 네트워크를 고려해야 계산 가능한 지수이다(구양미, 2008). 중심성은 권력과 영향력이라는 개념과 연결되어 가장 많이 사용되는 지표 중 하나로 사회적 관계로부터 나타나며, 각 행위자들은 강한 유대가 형성될 경우 강한 영향력을 미치게 된다. SNA에서 중심성 지표 등을 사용한 기술적 분석은 그 자체로 의미를 가진다고 할지라도, 설명적 방법에 의해 보완되거나 또는 이를 위한 자료로 활용된다. 설명적 접근 방법은 위에서 논의한 바와 같이 SNA와 직접 관련된 여러 개념들에 근거할 수 있지만, 나아가 ANT와 같은 대안적 이론 또는 연구방법론들로부터 새로운 개념들을 원용할 수 있을 것이다.

(2) 행위자-네트워크이론(ANT)

ANT는 1980년대 과학철학 분야에서 과학적 지식의 사회적 이해를 위해 라투르(Latour), 깔롱(Callon), 로(Law) 등에 의해 주창된 이론으로, 2000년대에 들어와 다양한 학문분야에서 많은 연구주제들에 응용되고 있는 이론이다. 이 이론에 의하면, 인간과 비인간(동식물, 자연환경, 기술, 제도 등 다양한 인문환경의 구성 요소들) 사물들은 대등한 관계를 가지고 네트워크를 구성하며, 사회적 지식은 이들 간에 형성된 네트워크를 통해 생성되고, 확산/쇠퇴하는 것으로 이해된다. ANT는 이러한 과학적 지식에 관한 이해에서 나아가 '사회적인 것'에 관한 일반적 연구로 확장되었다. 이 이론에 의하면 인간이든 비인간이든 서로 네트워크를 구축하여 상호관계를 가지기 전까지는 아무런 특성을 가지지 않으며, 단지 이들 간에 형성되는 네트워크를 통해서만 그 특성을 가지게 된다(김환석, 2010; 최병두, 2017a).[2]

---

2. ANT의 발전과정에서 다른 사회이론들처럼 이 이론도 그 한계와 문제점들로 인해 비판을 받았으며, 이로 인해 유발된 논쟁을 거치면서 2000년대 이후에는 'after-ANT' 또는 'post-ANT'로 전환

2010년대에 들어오면서 국내에서도 ANT에 관한 이론적 논의와 이를 응용한 경험적 분석이 널리 확산되게 되었다. ANT의 주요 특성과 개념들은 연구자에 따라 다소 다르게 파악되고 있다. 홍성욱(2010)은 ANT를 일곱 가지, 즉 ① ANT는 (이분법적) 경계를 넘고, ② 비인간에게 적극적 역할을 부여하고, ③ 네트워크가 행위자이며, ④ 네트워크 건설과정이 번역이고, ⑤ 네트워크를 잘 기술하는 것이 좋은 이론이며, ⑥ 권력의 기운과 효과에 새로운 통찰을 제공하며, ⑦ 민주주의를 위해 열려 있는 '사물의 정치학'이라는 점으로 정리한다. 김환석(2011)은 ANT의 특성으로 행위자-네트워크의 개념, 인간 및 비인간 행위자들의 동등성 또는 대칭성, 그리고 이질적 네트워크의 효과 등을 강조한다. 박경환(2014)도 비슷하게 ANT의 핵심적 특성으로 네트워크의 효과, 네트워크를 구성하는 이질적 요소들의 대칭성, 그리고 네트워크의 형성을 통해 생산되는 집합적 구성물 등에 주목한다. 다른 한편, 머독(Murdoch, 1998)은 ANT가 가지는 핵심적 유의성으로, 첫째 자연/사회, 행동/구조, 국지적/지구적인 것과 같은 이원론을 극복하기 위한 수단을 제공하며, 둘째 유클리드적 공간관을 극복하고 새로운 네트워크 공간 또는 위상학적 공간 개념을 제시하고자 한다는 점을 강조한다(최병두, 2017a 참조).

ANT의 특성에 관한 이러한 기존 연구를 고려하는 한편, ANT가 초국적 이주연구에 응용될 수 있는 세 가지 주요 개념적 특성들을 제시하면 다음과 같다. 첫째, ANT는 행위자와 네트워크의 개념을 결합한 행위자-네트워크의 개념에 준거하여 행위와 구조 간 이분법을 벗어나고 관계성을 나타내는 다양한 용어들을 체계적으로 통합시키고자 한다. ANT에서는 인간뿐만 아니라 모든 사물들(신체, 박테리아, 식물, 바람, 텍스트, 기술, 제도 등)은 행위자로 간주된다. 즉 인간 행위자와 비인간 행위자들 간에 아무런 차이가 없다는 점에서 대칭성(symmetry)이 전제된다. 그러나 인간 및 비인간 행위자들은 그 자체로 행위능력을

하게 되었다. 이 논쟁을 거치면서 네트워크의 개념이 좀 더 분명해졌으며, 특히 인간 및 비인간 사물들 간의 관계성을 이해하기 위해 위상학적 공간 개념이 주요하게 제시되었다.

가지는 것이 아니라, 다른 행위자들과의 상호 연결을 통해서 행위능력을 가지고 이를 행사함으로써 어떤 '관계적 효과'를 가져오게 된다. 이런 점에서 ANT는 인간과 비인간 사물들로 구성되는 수많은 이질적 객체들 간에 형성된 혼종적 상호관계 또는 이에 따른 질서를 '행위자-네트워크'로 개념화하고자 한다.[3]

둘째, ANT를 특징짓는 핵심 개념은 행위자-네트워크 개념이지만, 이 개념을 실질적으로 뒷받침하고 이를 경험적으로 응용가능하게 하는 것은 번역과 동맹의 개념이라고 할 수 있다. 번역은 행위자-네트워크들 간의 연결을 통해 보다 강력한 네트워크가 구축되는데 필요한 절차이며 또한 서로 다른 네트워크들 간 연합이 이루어지는 과정을 의미한다(홍성욱, 2010). 네트워크를 통해 연계된 인간 및 비인간 행위자들은 이러한 번역과정을 통해 수많은 협상을 시행하며, 결국 서로를 번역하고자 하는 역동적 시도들을 통해 네트워크를 안정화시키게 된다. 이러한 번역과정에서 행위자들은 협상에서 좀 더 유리한 지위를 가지기 위하여 관련된 행위자들을 네트워크로 끌어들여 동맹을 맺고자 한다. ANT에 의하면, 어떠한 행위자도 본연적으로 강하거나 약하지 않으며, 다른 동맹들과의 결합에 의해 강하게 되어 확장되기도 하고, 약하게 되어 해체되기도 한다. 이러한 동맹의 여부와 강도는 번역의 계기를 좌우하고, 결국 행위자-네트워크의 지속성과 이동성을 규정한다(칼롱, 2010).

셋째, ANT는 다른 사회이론들과는 달리 공간의 개념을 명시적으로 부각한다. 물론 ANT에서 강조되는 공간의 개념은 유클리드적 또는 절대적 공간 개념이 아니라 위상학적 또는 관계적 공간 개념이다. 즉 이 이론에서 공간의 개념은 행위자와 네트워크의 개념과 내재적으로 연계되어 있다. ANT에서 행위자나 네트워크는 절대적 또는 근본적인 특성을 가지지 아니하며 상호관계 속에서 형성되고 그 효과에 따라 특성을 가지는 것처럼, 공간은 행위자들 간에 형성

3. ANT에 의하면, 이러한 행위자-네트워크들은 인간 및 비인간 행위자들을 함께 모아서 새로운 결합체, 즉 아상블라주(assemblage)를 구성하며, 이들이 어떤 안정된 질서를 형성할 때 이를 블랙박스가 되었다고 한다.

되는 네트워크를 통해 생성·유지·소멸하게 된다. 달리 말해, 네트워크를 형성하는 행위자들의 공간성은 유클리드 공간에서 주어지는 자신의 물리적 위치가 아니라 네트워크 연계 내에서 그들이 차지하는 위치 또는 위상과 관련된다. 이러한 점에서 ANT는 이질적 요소들 사이에 연계된 네트워크에 관심을 가지며, 이에 따라 연계의 형성/해체에 따른 공간의 구성과 소멸을 고찰하고자 한다. 여기서 공간(그리고 시간)은 항상 우연적이고 일시적인 네트워크의 집합체 상태로 이해된다. 즉 공간은 네트워크화된 것이며, 네트워크는 항상 공간화되어 있다고 주장된다(Murdoch, 1998; 2006).

이러한 ANT는 지난 30여 년 동안 다양한 학문분야들에서 많은 연구주제들에 응용되어 왔지만 초국적 이주 및 정착 과정에 관한 연구 사례는 서구에서도 거의 찾아보기 어려웠다. 그러나 최근 국내에서 이 이론에 근거를 두고 초국적 이주 및 정착 과정을 고찰한 연구들이 시도되어 일정한 성과를 거두고 있다. 이러한 연구들에는 남한 사회에 정착한 북한 여성이 초국적 이주 과정에서 겪은 탈북–결혼이주–이주노동의 교차적 경험과 정체성의 변위에 관한 연구(이희영, 2012), 아시아 여성 이주자들을 사례로 결혼–관광–유학의 동맹과 신체–공간의 재구성에 관한 분석(이희영, 2014), 노동–유학–자녀교육의 동맹에 초점을 두고 몽골 이주노동자 가정의 이주–정착–귀환 과정을 고찰한 연구(이민경, 2015), 이주민선교센터에서 형성된 행위자–네트워크 고찰을 통해 미등록 이주노동자 공동체의 특성과 역할을 살펴본 연구(이민경, 2016), 결혼이주여성의 한국 이주 및 정착 과정에서 미디어테크놀로지의 역할에 관한 연구(김연희·이교일, 2017), 다문화가족지원센터에서 전개되는 서비스 조직의 안정화와 지원 서비스 이용자의 주변화에 관한 연구(김연희, 2017), 그리고 초국적 이주노동과정에서 지속적으로 형성·전환되는 행위자–네트워크와 아상블루주들에 관한 연구(최병두, 2017b), 초국적 결혼이주가정에서 형성되는 음식–네트워크와 초국적 이주자의 경계–넘기에 관한 연구(최병두, 2017c) 등이 포함된다. 이 연구들은 함께 편집되어, 『번역과 동맹: 초국적 이주의 행위자–네트워크와 사회공간적 전환』(최병두 외, 2017)이라는 제목으로 최근 출간되었다.

3. 이주과정에서 사회네트워크의 특성과 변화

1) 조사방법과 조사대상자의 특성

앞에서 논의한 바와 같이, SNA는 행위자들 간에 형성되는 관계 자체에 관심을 가지고, 관계의 전반적인 체계를 효율적으로 살펴볼 수 있는 장점을 가진다. 특히 SNA는 다양한 관계의 맥락을 통하여 사회현상을 파악할 수 있다는 점에서 결혼이주자의 사회적 네트워크들이 나타내는 관계 양식의 차이에 따라 이주와 정착 과정에서 수행되는 행위 양식의 변화와 생활만족도의 변화를 쉽게 파악할 수 있다. 결혼이주자는 다규모적인 사회공간적 맥락 속에서 살아가기 때문에 다양한 행위자들은 그들의 생활 전반에서의 모든 흐름과 작용에 많은 영향을 받기도 하지만 네트워크를 통해 관계 맺고 있는 상대 행위자에게 직·간접적으로 막대한 영향을 미치기도 한다. 따라서 결혼이주자의 사회적 네트워크 변화에 대한 분석과 향후의 변화 여부에 대한 전망에서 그러한 행위자의 역할과 상호작용을 조망하는 것은 필수적이다. 이 절에서는 결혼이주자를 둘러싼 행위자들의 연결망이 어떤 형태와 특징을 가지고 있으며, 연결망 속에서 어떤 행위자가 중심적인 위치에 있고, 가장 많은 영향력을 미치는지를 분석하고자 한다.

이와 같이 결혼이주자들이 이주 및 정착 과정에서 형성하는 사회공간적 네트워크들의 특성을 경험적으로 분석하기 위하여, 국제결혼의 의사결정 과정, 국제이주 과정, 입국 직후 정착 상황, 그리고 현재 정착 과정 등 네 시기로 구분하였다. 이 장에서는 각 시기에서 결혼이주자들이 형성하는 사회공간적 네트워크의 특성을 구체적으로 파악하기 위하여, 각 시기별 개인, 지역, 국가, 지구적 차원에서의 사회적 네트워크 관계의 변화를 분석하고, 각 행위자가 결혼이주자의 전반적인 삶에 미치는 영향력을 살펴보면서, 각 시기에 이러한 네트워크의 형성을 둘러싸고 나타나는 어려움과 장애요인을 고찰하고자 한다. 또한 한국 사회로의 이주 후 정착과정에서 나타나는 결혼이주자의 사회공간적 네트워크 관계를 통해 작동하는 다양한 행위자들의 영향력과 그로 인해 나타나는 생활만족도의 변화를 이주 직후와 현재의 시기적 흐름에 따라 파악해 보고자 한다.

이러한 분석을 위한 원자료를 수집하기 위하여 국제결혼을 통해 한국에 정착한 외국인 결혼이주자들을 대상으로 시행한 설문조사를 수행하였다. 조사는 2013년 10월 18일부터 11월 15일까지 약 한 달 동안 대구광역시와 경상북도 청도군에 거주하는 결혼이주자를 가운데 편의추출방법으로 선정된 응답자들을 대상으로 이루어졌으며, 베트남어, 중국어, 필리핀어, 일본어로 번역된 설문지를 이용하였다. 이 조사로 회수된 설문지는 154부였으며, 무응답이나 중복응답 등 분석에 문제가 있는 설문지를 제외하고, 분석에 사용된 설문지는 총 136부이다. 수집된 자료는 Netminer 4.0, SPSS for Window 21.0 프로그램을 이용하여 분석되었으며, 이를 통해 결혼이주자의 이주·정착과정에서 나타나는 사회공간적 네트워크 특성을 파악하고자 했다.

설문의 응답자는 한국 국적을 취득하지 않은 결혼이주자 80명(58.8%)과 한국 국적을 취득한 혼인귀화자 56명(41.2%)으로 총 136명으로 모두 여성으로 구성되었다. 조사대상자들의 나이는 30대 미만이 82명(60.2%)으로 가장 많았고, 30세 이상~40세 미만이 49명(36%), 40세 이상~50세 미만이 3명(2.2%), 50세 이상이 2명(1.5%)이었다. 배우자의 연령대는 결혼이주자 본인의 나이에 비해 높게 나타났으며, 40대 이상~50대 미만이 69명(50.7%)으로 가장 많았다. 결혼이주자들의 출신국가를 보면, 베트남 출신이 86명(63.2%)으로 과반수 이상을 차지하였으며, 중국 17명(12.5%), 캄보디아 12명(8.8%), 일본 9명(6.6%), 필리핀 7명(5.1%) 순이었다. 기타 지역 출신으로는 파키스탄, 우즈베키스탄 등 5명

(3.7%)의 결혼이주자가 응답하였다. 거주기간에 대한 응답에서는 45명(33.1%)의 응답자가 7년 이상 한국생활을 하고 있는 것으로 나타났으며, 5년 이상~7년 미만이 29명(21.3%), 1년 이상~3년 미만이 28명(20.6%), 3년 이상~5년 미만이 25명(18.4%), 1년 미만이 9명(6.6%) 응답하였다.

2) 의사결정 과정에서 사회네트워크

SNA에 바탕을 두고, 결혼이주자의 의사결정 과정에서 형성되고 또한 이에 영향을 미치는 사회적 네트워크를 기술적으로 분석하는데 핵심적으로 사용되는 개념 또는 지표들 가운데 하나는 중심성(centrality)으로, 연결망에서 중심에 위치한 정도를 나타낸다. 일반적으로 중심성이 높다는 것은 연결망의 중심에 위치하여 연결망을 구성하는 다른 행위자들과 연결되는 정도가 높고 다른 행위자들에 비해 결혼이주자에 미치는 영향력이 상대적으로 크다는 점을 의미한다. 사회적 네트워크 속에서 결혼이주자의 중심성을 1.000으로 가정했을 때 다른 행위자들의 상대적인 중심성(relative centrality)을 보면 〈그림 7-1〉과 같다. 그림에서 노드는 공간적 규모에 따라 다르게 표현하였다. 육각형 노드는 결혼이주자, 원모양 노드는 개인적 차원, 사각형 노드는 지역적 차원, 다이아몬드형 노드는 국가적 차원, 삼각형 노드는 지구적 차원에서의 행위자를 나타낸다. 또한 수치는 영향력 강도를 나타낸 것으로, 링크의 굵기로 가는 선에서부터 굵은 선으로 표현되었다. 그리고 행위의 차원이 공간적 규모를 넘나들 경우는 점선으로 표시하였다.[4]

〈그림 7-1〉에서 알 수 있듯이 결혼이주자의 국제결혼 의사결정 과정에서는 결혼하게 될 배우자와 자신의 가족이 가장 큰 영향력을 미쳤고, 주변인물이나

---

4. 〈그림 7-1〉에서 국제결혼 의사결정 과정은 이주 전 본국에서 이루어지기 때문에, 배우자는 결혼이주자의 지역사회에서 직접 대면하는 관계에 있거나 또는 한국(또는 제3국)에 있을 수 있기 때문에 점선으로 표현했다.

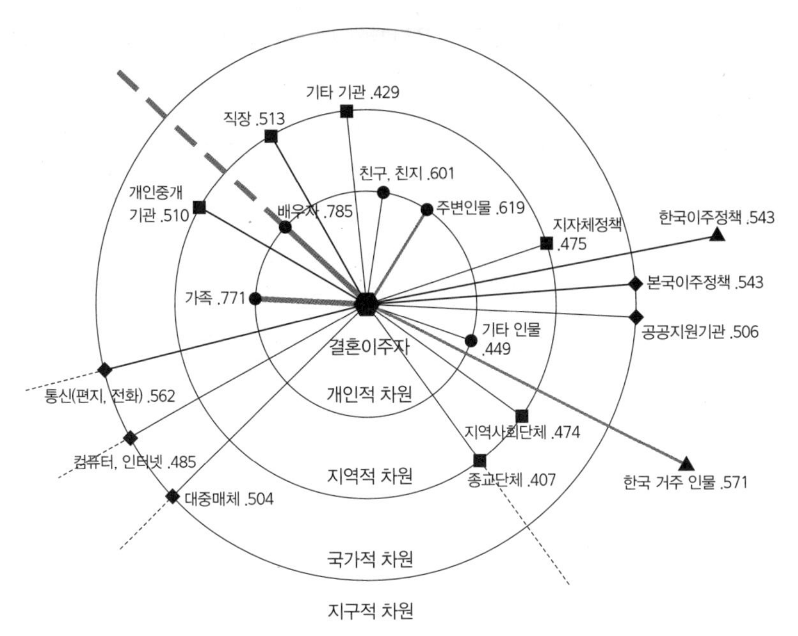

〈그림 7-1〉 의사결정 과정에서 행위자들의 영향력 강도

친구·친지와 같은 개인적 차원의 행위자들도 상당히 높은 영향력을 미치는 것으로 나타났다. 특히 한국으로의 이주를 결정하는데 가장 큰 영향력을 미치는 행위자는 다름 아닌 미래의 배우자였다. 다른 유형의 이주자들과는 달리 결혼이주자의 초국적 이주 목적과 이주 후 생애가 전적으로 결혼하게 될 배우자에 의해 좌우되기 때문이라고 하겠다. 이러한 점은 국제결혼의 동기나 매개과정이 다를지라도 큰 차이를 보이지 않았다. 결혼중개업체를 통해 결혼한 경우 미래 배우자의 영향력이 크게 작용하지 않았을 것이라는 예상과 달리, 한 번밖에 보지 못한 미래의 배우자일지라도 이주 후에는 자신이 온전히 배우자에게 의존해야 한다는 특성 때문에 높은 영향력을 나타내는 것으로 보인다.

국제결혼 의사결정 과정에서 배우자의 영향력과 더불어 가족의 영향력이 높게 나타나는 이유는 결혼이주자들이 국제결혼 의사결정 과정에서 개인적 요인들을 우선 고려하기 때문이라고 할 수 있다. 이러한 점은 〈표 7-1〉에서 제시된

〈표 7-1〉 의사결정 과정에서 고려 요인

구분	송출국 요인			수용국 요인		
	개인적차원	지역적차원	국가적차원	개인적차원	지역적차원	국가적차원
영향력	−3.46	−2.97	−3.00	3.44	3.30	3.24

바와 같이, 개인적 차원의 요인이 상대적으로 높은 수치를 보인다는 점에서 확인될 수 있다. 즉 송출국 요인 중 개인적 차원의 요인에는 마땅한 신랑감이 없음과 가정의 빈곤이나 불화가 그 요인으로 작용되는데, 그 중에서 가정의 빈곤 요인은 −5점에서 +5점을 기준으로 −3.51점으로 나타나 가정의 경제적 요인이 결혼이주에 많은 영향을 미친 것으로 나타났다.

또한 한국거주인물의 영향력이 .570으로 비교적 높게 나타났는데, 이는 앞서 이론적으로 논의한 사회자본의 개념과 관련된 것으로 보여진다. 즉, 결혼이주자의 주변 인물이나 친구·지인 중 한국에 거주하고 있으면서, 특히 한국으로 결혼이주를 한 한국 거주인물과의 통신(.561)을 통한 상호작용이 한국 사회에 대한 이미지나 한국 사회에서의 삶에 대한 지식을 제공함으로써 의사결정과정에 상대적으로 큰 영향을 미친 것으로 파악된다. 다른 한편 송출국의 국가적 차원의 요인과 수용국의 국가적 차원의 요인은 서로 연계될 수 있는데, 본국의 낮은 경제 발전 수준(−3.21)이나 기타 본국의 문제점(−2.79)은 결혼이주자가 국제결혼 의사결정을 하는데 있어서의 배출 요인으로 작용하는 계기가 된 것으로 추정된다. 또한 본국에 비해 상대적으로 높은 한국의 경제 발전 수준(3.35)과 한국에 대한 국가적 호감(3.13)은 이주를 선택함에 있어 흡인요인으로 크게 작용한 것으로 보여 진다. 이처럼 국제결혼 의사결정 과정에서는 가족적 차원과 지구적 차원에서의 행위자가 가장 많은 영향력을 가지는 것으로 나타났으며, 이는 다른 행위자들과의 연결망 속에서 중심적인 위치에 있음을 의미한다.

3) 이주과정에서 사회네트워크

결혼이주자와 네트워크로 연계된 행위자들의 영향력은 국제결혼 의사결정 과정에서 작동했던 행위자의 영향력과 대체로 일치하는 경향을 보였으며, 직장과 본국이주정책을 제외한 행위자들의 영향력 강도는 전체적으로 모두 증대되었다. 이주과정에서 사회적 네트워크를 강하고 다양하게 구축하고 있는 결혼이주자들은 그렇지 않은 결혼이주자와 비교해서 정보를 빠르게 받을 수 있다. 또한 사회적 네트워크는 그 연결을 통해서 경제적·정치적·사회적 자원의 동원을 가능하게 해준다. 결혼이주자가 이주과정에서 가장 많은 영향력을 받은 행위자는 의사결정 과정에서와 마찬가지로 이주과정을 지지하는 이주자의 가족으로 나타났다. 특히 결혼 직후 배우자의 영향력은 .850으로 매우 높게 나타났다(〈그림 7-2〉 참조). 이는 결혼이주자의 이주과정에서 필요한 사항들(비자 발급 등) 가운데 배우자의 지지가 필요한 부분이 많을 뿐 아니라 궁극적으로 결혼이주 자체는 오로지 배우자에게 의존해야만 하는 상황이기 때문이라고 하겠다. 눈에 띄는 변화는 개인중개기관의 영향력 강도의 확대이다. 결혼중개기관은 그 기관을 통하지 않은 결혼이주자의 경우에서도 그 영향력이 높게 나타났는데, 이는 한국으로의 이주를 준비하는 과정에서 필요한 서류를 일괄적으로 준비해주는 역할을 수행하고 있기 때문이다. 이러한 점은 이주과정에서의 어려움으로 여권, 비자 등 이주 절차(5점 척도값 3.93)가 가장 큰 요인으로 등장한 것과 일맥상통한 것으로 보인다.[5]

이주과정에서 결혼이주자에게 미치는 다양한 행위자의 영향력은 개인적 차원의 요인과 지구적 차원의 요인으로 대표될 수 있으나 그 외에도 기타기관(.666)이나 공공지원기관(.638), 개인중개기관(.707) 등 지역적 차원에서의 행위

---

5. 이주과정에서 결혼중개업소의 횡포가 주는 어려움이 2.63으로 가장 낮은 수치를 보이는 것은 한편으로 이미 국제결혼을 했기 때문에 어려움이 없다고 느끼거나 또는 이주과정에서 결혼중개기관이 미치는 영향력이 그만큼 크기 때문인 것으로 풀이된다.

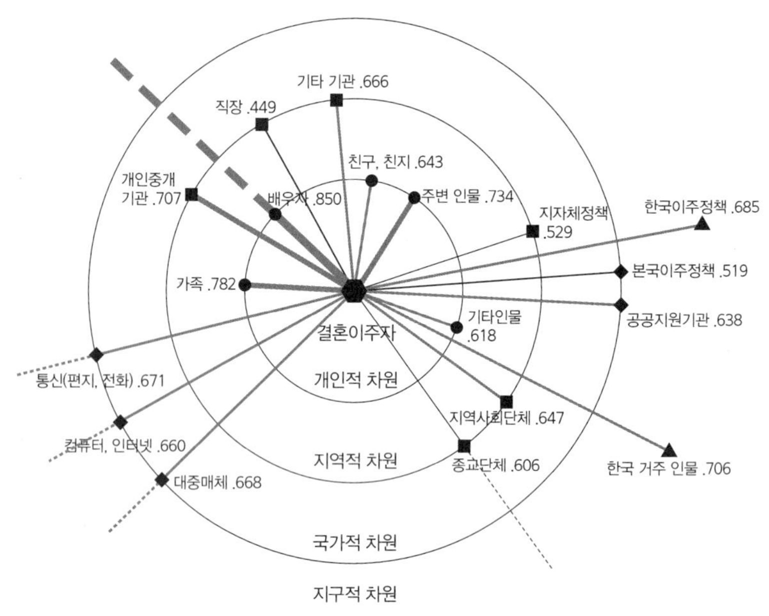

〈그림 7-2〉 이주 과정에서 영향력 강도

자가 크게 작용한 형태를 확인 할 수 있었다. 특히 국제결혼 의사결정 과정에서의 영향력에 비해 이주과정에서 영향력의 강도가 크게 증가한 행위자는 기타 기관이었다. 이는 한국이주정책(.685) 및 본국이주정책(.519)과 맞물려 입국 준비를 위한 서류 준비(한국어 교육기관 등) 또는 입국 절차 과정에서 나타나는 영향력으로 대표될 수 있다.

〈그림 7-3〉은 결혼이주자가 이주과정에서 가장 도움이 된 행위자와 가장 장애가 된 행위자로 선정한 행위자를 나타낸 것이다(설문조사에서 이주과정에서 네트워크로 연계된 18가지 유형의 행위자들 가운데 한 행위자를 선정하도록 함). 먼저 이주과정에서 도움이 된 행위자로는 배우자(44명), 가족(37명), 개인중개기관(13명), 친구·친지(10명), 주변인물(각 6명) 순으로 나타났다. 장애가 된 행위자로는 한국이주정책(26명)이 가장 높게 나타났으며, 가족(20명), 본국이주정책(15명), 친구·친지(11명), 공공지원기관(7명) 순으로 선정되었다. 장애 요인에서 주목할

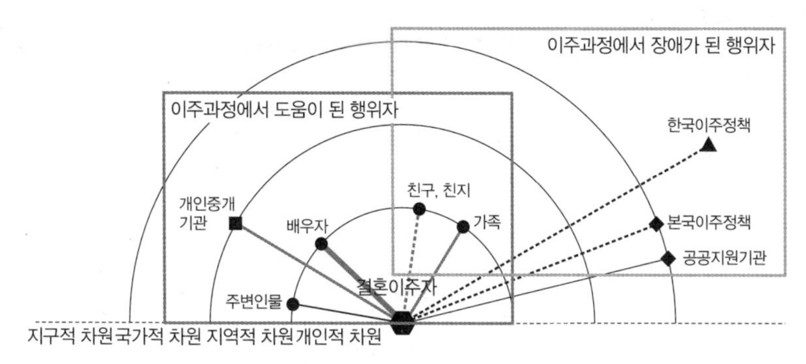

〈그림 7-3〉 이주과정에서 도움/장애 행위자

만한 점은 배우자를 선택한 사람이 단 한 명도 없었다는 점으로, 이러한 점에서 결혼이주에서 가장 중요한 사람이 배우자임을 다시 한 번 알 수 있었다. 또한 가족과 친구·친지는 도움 요인인 동시에 장애 요인에 해당하는 것으로 나타났는데, 이는 〈표 7-2〉에서 유추할 수 있는 바와 같이, 그들의 존재가 이주를 하는데 있어서 큰 지지와 정서적 의지를 지원함에도 불구하고, 이주 전까지 늘 함께해왔던 관계를 뒤로한 채 정든 고향과 조국을 떠나는 아쉬움(3.50)이 크기 때문인 것으로 해석된다.

〈표 7-2〉 이주과정에서 어려움 정도

순위	이주과정에서의 어려움		순위	이주과정에서의 어려움	
1	여권, 비자 등 이주 절차	3.93	8	배우자와 가족의 정보 부족	3.46
2	한글을 잘 못함	3.85	9	정착 지역 제도(예, 교육) 낯섬	3.38
3	한국 사람, 문화에 대한 두려움	3.51	10	한국에서 일자리 찾지 못함	3.37
4	정착 지역에서 아는 사람 없음	3.51	11	이주 비용 마련	2.90
5	고향, 조국을 떠나는 아쉬움	3.50	12	친구, 친지, 주변 인물의 반대	2.89
6	한국의 외국인 정착관련 정책	3.50	13	가족의 반대	2.76
7	정착 지역 지리(교통 등) 모름	3.48	14	결혼중개업소의 횡포	2.63
				전체 평균	3.33

주: 수치는 '매우 어려움'을 5로 하여 5점 척도값으로 계산한 것임.

4. 정착과정에서 사회네트워크의 특성과 변화

1) 이주 직후의 사회네트워크

결혼이주자를 포함하여 초국적 이주자들은 탈영토화를 지향하면서도 정주성(sedentarism)을 포기하지 않는 모순 속에서 살아간다. 이들의 이주 및 정착 과정은 기존의 사회적 네트워크를 해체시키고 새로운 네트워크를 구축하는 과정으로 이해된다. 그러나 정보통신기술의 발달로, 실제 대면적 만남의 기회는 감소하지만 도구적인 연결망의 연계 관계는 증가하고 있다. 이와 같은 시공간을 초월한 이동성의 도구가 증대할수록 연계의 폭과 규모는 넓어지지만, 결합의 강도는 약해지는 경향을 보이며, 이러한 사회적 연계와 결속을 가지는 새로운 삶의 방식, 즉 네트워크 사회성(network sociality)이 나타나고 있는 것으로 이해된다(장세용, 2012). 기존의 조사연구들에서도 이러한 경향이 파악되고 있다. 설진배 외(2013)의 연구에 따르면 이주여성들은 한국생활 초기에 공통적으로 사회적 관계의 공백을 느낀다. 한국생활 초기 경험은 낯선 언어와 환경으로부터 오는 외로움과 사회적 관계의 단절로 오는 고립감으로 이어지며, 본국에서 친밀한 관계로 맺어진 가족과 친구들은 물리적인 거리로 인해 일종의 상실감으로 다가온다.

이러한 점은 결혼이주자의 이주 직후 생활에 미치는 영향력의 정도를 나타내는 〈그림 7-4〉에서도 확인된다. 이들의 이주 직후 사회네트워크는 이주 과정에서 나타난 영향력 강도에 비해 지역주민과 배우자를 제외한 모든 행위자의 영향력 강도에서 크게 감소하였다. 또한 이주과정과 달리 정착과정에서 관계를 맺고 있는 행위자들은 다소 차이가 있었다. 본국과의 사회적 네트워크가 약화된 결혼이주자는 앞으로 한국에서 지속적으로 정주해야 하기 때문에 점차 사회적 연결망의 재형성에 노력을 기울이기 시작한다. 결혼이주자는 배우자나 시부모 배려 없이는 가족 외부의 사람들과 관계를 형성하거나 유지하기가 어

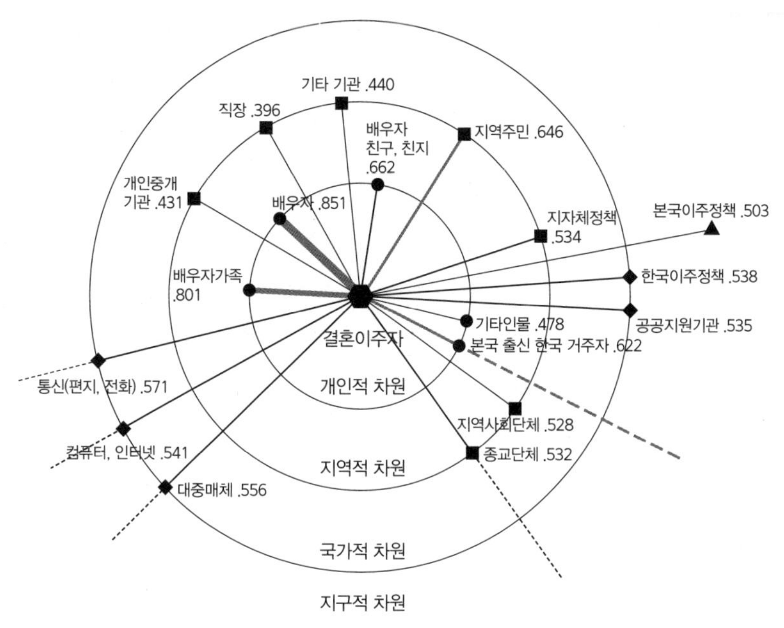

〈그림 7-4〉 이주 직후 생활에서 영향력 강도

렵다는 점에서 한국인 배우자나 그 가족과의 관계가 특히 중요하며, 이 시기에도 배우자(.851)의 영향력은 가장 크게 나타났다. 또한 이주 이전의 사회적 네트워크에서는 가족과 자신의 친구·친지가 중심이 되었다면, 이주 이후에는 배우자의 가족(.801)과 배우자 친구·친지(.662)가 새로운 행위자로 등장하였으며, 그 영향력 또한 매우 높게 나타났다(〈그림 7-4〉).[6]

특히 주목할 만한 점은 지역주민이 새로운 행위자로 등장하여 다소 강한 연계를 형성하게 된다는 점이다. 결혼이주자의 특성상 이주 직후에는 가족 내에서만 혹은 지역사회 내에서도 자신의 집 주변에서만 활동하는 경향을 나타내

6. 설문조사 과정에서 심각한 착오로 본국 거주 가족 및 친지의 영향력 강도에 관한 항목이 누락되었고, 이로 인해 〈그림 7-4〉와 〈그림 7-5〉에 이에 관한 사항이 빠져 있다. 그러나 각 항목별로 영향력 정도를 조사했기 때문에 다른 요인들의 영향력 강도는 유의하다고 할 수 있다.

며, 대부분의 연구에서 이주 직후에는 지역사회 주민과 어느 정도 사회적 거리감을 보이는 것으로 조사되었다. 사회적 거리감은 한 집단의 성원이 다른 집단에 대해서 느끼는 친밀감의 정도 또는 주관적 거리감이다. 사회적 거리감에 영향을 미치는 요인들은 인종, 경제, 지리, 문화 등으로 매우 다양하지만, 다른 국가로의 이주로 공간적 이동을 경험한 결혼이주자들은 대부분이 사회적 거리감을 느낄 수밖에 없을 것이다(박윤경, 2002). 특히 한국보다 경제적 수준이 낮은 국가 출신의 이주자에 대한 한국 사람들의 무관심과 배제 등은 이주자 개인에게 매우 큰 스트레스로 작용하고 있으며, 사회적 차원에서도 한국의 사회문화적 적응에 심각한 장애요인이 되고 있는 것으로 보인다.

이러한 점에서 결혼이주자의 사회적 거리감은 이주 직후 상대적으로 가장 크게 작용하여, 이들이 지역사회에 정착하는 과정에서 상당한 어려움을 겪도록 할 것으로 예상된다. 그러나 이러한 예상과는 달리 본 연구에서는 이주 직후에 지역주민의 영향력이 크게 작용한 것으로 나타난 점은 다른 연구들과는 다소 차이가 있다. 이러한 점은 본 연구가 기존의 연구들에 비해 비교적 최근에 설문조사를 시행했고, 이에 따라 지역사회에서 다문화에 대한 인식이 보편적으로 확장되었다는 점을 반영한 결과로 판단된다. 또한 결혼이주자의 초기 정착에서 본국 출신 한국인 거주자(.622)의 역할이 큰 것으로 나타났다. 이는 한국 사회에 먼저 정착한 동일 결혼이주자 집단의 사전 지식이나 의견을 반영할 수 있고, 동일한 상황의 이주자로부터 신뢰관계를 형성하기 때문에 그들이 상대적으로 강한 영향력을 발휘하고 있다고 볼 수 있다. 이러한 점에서 이주 직후 정착과정에서 지역주민들과의 사회네트워크가 상당한 영향력을 미치지만 이들과의 관계는 어려움을 유발하는 갈등관계가 아닌 것으로 조사되었다(〈표 7-3〉 참조).

이러한 특성을 제외하고, 전반적으로 결혼이주자의 입국 직후 사회네트워크는 공간적 이동으로 인해 그 영역은 확장되어 새롭게 정착하게 된 가정 및 지역사회에서 새로운 네트워크를 구성하게 되면서 그 연결의 폭은 증가한 반면 결합 강도는 감소하였음을 확인할 수 있었다. 본국 거주 당시 결혼이주자의 높은

〈표 7-3〉 이주 직후 생활에서 어려움 정도

순위	이주 직후의 어려움		순위	이주과정에서의 어려움	
1	한국어를 잘 못함	3.93	8	가족의 경제 형편(적은 수입)	3.34
2	고향(가족 등)에 대한 그리움	3.79	9	한국의 외국인 정착관련 정책	3.33
3	한국 문화(예절)를 잘 모름	3.52	10	지역 자연환경이 다름(기후 등)	3.29
4	배우자와 갈등	3.45	11	일자리 구하기/ 직장에서 일하기	3.18
5	지역의 지리를 잘 모름(이동)	3.42	12	본국과의 연락(송금 등 포함)	3.13
6	배우자 가족과 갈등	3.38	13	지역주민과의 갈등	2.99
7	지역 사회(시장, 교육, 병원) 모름	3.38	14	기타 인물과의 갈등	2.33
				전체 평균	3.32

주: 수치는 '매우 어려움'을 5로 하여 5점 척도값으로 계산한 것임.

네트워크 강도는 입국 직후 일시적 단절 또는 네트워크 강도의 감소를 초래했을 것으로 추정되며, 이주 후 결혼이주자가 가정 및 지역사회에서 새로운 네트워크를 안정적으로 형성하지 못할 경우, 확장하려던 네트워크는 약화될 수 있으며, 경우에 따라서 사회네트워크가 와해·해체될 수도 있다. 이는 본 연구에서 또한 결혼이주자가 이주 직후 가장 큰 어려움으로 한국어를 잘 못하는 점(3.93)과 고향(가족 등)에 대한 그리움(3.79)을 꼽았다는 점을 통해 쉽게 확인 할 수 있다. 이러한 점은 결혼이주자들이 한국 사회에서 정착하는 과정에서 사회네트워크의 형성을 저해하는 요인으로 이해된다.

2) 현재의 사회네트워크

본 연구의 결과는 결혼이주자의 사회네트워크가 국제결혼 의사결정 과정에서 이주 시행 과정으로, 그리고 이주 직후의 정착과정에서 현재 시기의 정착생활로 시간이 경과함에 따라 그 중심성과 영향력의 강도가 강화되는 형태를 보여주고 있다. 이러한 결혼이주자의 사회네트워크 내에서 행위주체들 간 결속은 개인적, 지역적, 국가적, 그리고 지구적 차원의 각 행위자들과 어떤 관계를 맺고 있느냐에 따라 이주 및 정착과정에서 좀 더 안정된 네트워크를 구축할 수

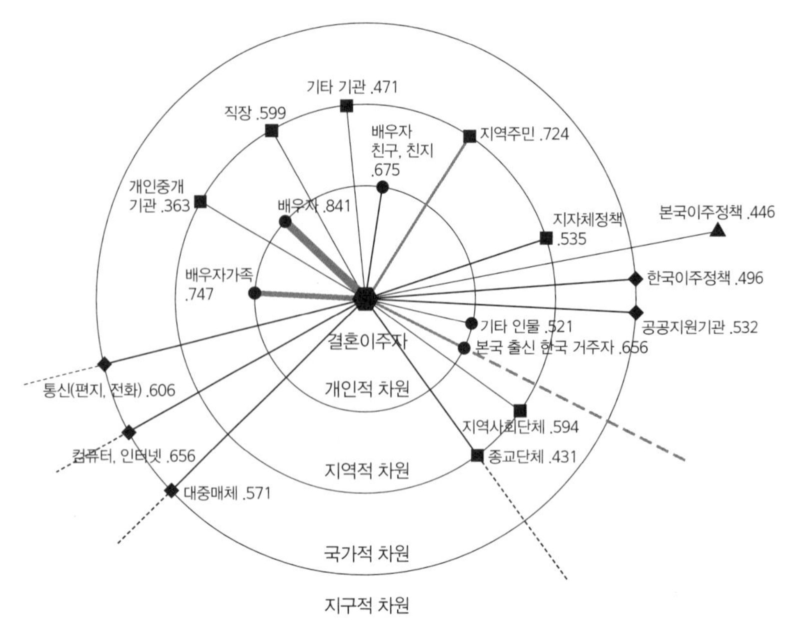

〈그림 7-5〉 현재 생활에서의 영향력 강도

도 있고, 그렇지 않을 경우 한국 사회 정착에 어려움을 겪고 실패하여 사회적 관계로부터 거부되는(또는 이를 거부하는) 배제자로 위치지어질 수도 있다. 달리 말해 결혼이주자들의 사회적 네트워크의 범위가 넓어지고 그 밀도가 높아질수록, 이들은 안정적인 정주민이라는 의식을 갖게 되고, 이에 따라 이들의 정체성은 보다 적극적으로 재구성될 것이다(설진배 외, 2013).

결혼이주자의 사회네트워크에서 흥미로운 점들 가운데 하나는 시간의 흐름과 함께 나타나는 지역적 차원에서의 네트워크 팽창이다. 이는 결혼이주자의 생활에서 지역사회 주민들이 주요 행위 주체로서 등장하였음을 의미한다. 물론 앞서 논의한 바와 같이, 결혼이주자의 입국 직후 시기에 다양한 지역적 관계망들이 결혼이주자의 생활을 유지·변화시켜 나가는 데 영향을 미치지 않은 것은 아니다. 그러나 현단계 결혼이주자의 사회네트워크에서는 개인적 차원에서의 영향력에서 크게 벗어나지 않았던 이주 직후의 시기와는 달리, 지역주민

〈표 7-4〉 현재 생활에서 어려움 정도

순위	현재의 어려움		순위	현재의 어려움	
1	한국어를 잘 못함	3.62	8	한국의 외국인 정착관련 정책	2.97
2	고향(가족 등)에 대한 그리움	3.61	9	지역 자연환경이 다름(기후 등)	2.85
3	배우자와 갈등	3.45	10	지역주민과의 갈등	2.82
4	가족이 경제 형편(적은 수입)	3.25	11	지역의 지리를 잘 모름(이동)	2.76
5	배우자 가족과 갈등	3.24	12	본국과의 연락(송금 등 포함)	2.76
6	일자리 구하기/직장에서 일하기	3.24	13	지역 사회(시장, 교육, 병원) 모름	2.63
7	한국 문화(예절)를 잘 모름	3.15	14	기타 인물과의 갈등	2.31
				전체 평균	3.05

주: 수치는 '매우 어려움'을 5로 하여 5점 척도값으로 계산한 것임.

(.724), 직장(.599), 지역사회단체(.594) 등 지역적 차원에서의 사회적 네트워크의 확장이 눈에 띄게 나타났다(〈그림 7-5〉 참조). 이는 정책적으로 지원되는 한국어 교육 및 다양한 지역사회 정착을 위한 지원 활동과 관련되는 것으로 추정된다. 이러한 점은 결혼이주자가 입국 직후의 상황과 마찬가지로 현재에도 한국어를 잘 못한다는 점(3.62)을 가장 큰 어려움으로 겪고 있으며, 이에 따라 한국어와 기타 다양한 한국 문화를 배우기 위해 지역사회 내의 다문화가족지원센터 및 시민단체와 같은 지역사회단체로부터의 지원을 받고 있기 때문이라고 하겠다.

이러한 점과 관련하여, 기존의 연구들에서는 이주자의 적응정도를 대표하는 변수로 한국어 실력이 미치는 영향은 이중적인 것으로 나타난다. 즉 한국어 실력은 한국 사회에서의 적응 및 심리적 안녕감에 그리 큰 영향을 미치지 않기도 하지만(이민아, 2010), 반면 한국어 능력이 생활만족도에 유의한 수준에서 긍정적인 영향을 미치는 것으로 나타나기도 했다(장지혜·설동훈, 2007). 본 연구에서는 여전히 사회적 네트워크를 형성하고 한국 사회에 정착하기 위한 도구적 수단으로써의 한국어는 결혼이주자에게 중요한 부분을 차지하고 있음을 확인할 수 있었다(〈표 7-4〉 참조). 또한 결혼이주자들이 한국 사회에 정착하여 살아가는 과정에서, 본국에 거주하는 가족과 친지 그리고 한국에 거주하는 본국 출신 이주자들을 제외하고는 한국어로 의사소통이 가능해야만 상대적으로 강한 사회적 유대가 형성될 수 있다는 점에서, 한국어 교육과 그 외 다양한 지원 프로그램을 운영한 지역사회 단체와의 사회네트워크가 미치는 영향력이 높아진 것으로 추정된다.

지역적 차원에서 사회네트워크의 팽창과 더불어 주목할 점은 컴퓨터·인터넷(.607), 통신·편지·전화(.606) 등 국가 공간의 차원을 벗어난 지구적 차원으로 사회네트워크를 확장시킬 수 있는 매체들이 현재 결혼이주자의 생활에 또한 많은 영향력을 주고 있다는 점이다. 현대 사회에서 통신매체의 발달은 결혼이주자 뿐만 아니라 모든 인간의 사회네트워크를 확장시키는 결과를 가져오고 있다. SNS, 메신저 등과 같은 통신수단의 발달은 결혼이주자와 본국과의 일상적인 연결에 중요한 역할을 수행한다. 이는 이주 전·후의 모든 시간에서 막대한 영향력을 미치는데, 국제이주 결정 과정에서는 이주를 결정하기 위한 정보를 획득하고 한국에 거주하는 이주자나 지인으로부터의 연계 수단으로 국제이주를 결정하는 데 중요한 요소로 작용하며, 이주 직후와 현재 생활에 이르기까지는 한국 내에서 본국과의 연계를 지속할 수 있는 수단으로 혹은 한국 사회 주민과의 상호작용 수단으로써도 중요한 위치에 자리매김하고 있다.

기존 연구에 의하면, 이주여성들에게 휴대전화는 본국에 있는 가족과의 관계를 지속하기 위한 수단임과 동시에 필요할 때 도움을 받을 수 있는 필수품이자 심리적 안정감을 느끼게 해주는 매개체이다(이경숙, 2008). 이들은 사회적 관계 유지를 위하여 휴대전화를 사용하며, 이를 통해 초국가적 가족관계를 유지하는 탈영토화된 정체성을 형성하게 된다는 것이다. 결혼이주자의 경우 모국을 떠나 새로운 사회로 유입되면 본국과의 연결은 끊어지고 유입국에서 다시 뿌리를 내리는 존재로 상정되어 왔으나(설진배 외, 2013), 오히려 이러한 통신매체를 통한 본국과의 연계가 한국 사회 내에서의 적응에 더욱 효과적인 영향력은 나타내기도 한다. 이러한 점에서 한국 사회에서 사회네트워크를 통한 연결정도와 함께 모국과의 연결정도가 강한 경우 한국에서의 삶의 만족도 또한 높게 나타난 연구도 있다(정유리, 2014). 이러한 점에서 성공적으로 이주·정착한 결혼이주자들의 경우, 이들이 구축하는 사회네트워크는 시간의 경과에 따라 전반적으로 확장되고 다양하게 될 뿐만 아니라 본국과의 네트워크도 더욱 탄탄하게 구축되는 경향을 보인다고 하겠다.

3) 현재 네트워크 특성에 따른 생활만족도

결혼이주자의 한국 사회에서의 부적응은 단순히 개인적 차원의 문제를 넘어 다문화 가족 자녀에게까지 전수·재생산될 가능성이 높고, 나아가 지역사회나 국가 전체적으로 심각한 사회문제를 유발할 수 있다. 한국 사회에 비해 앞서 다문화사회로 전환한 서구 국가들은 인종적 갈등이나 이로 인해 발생하는 심각한 사회문제를 겪고 있다는 점에서, 결혼이주자의 생활 만족도에 영향을 미치는 요인을 찾는 것은 이론·정책적으로 매우 중요하다고 하겠다. 특히 앞서 논의한 바와 같이 사회네트워크는 사회적 지지 개념을 포함하며, 이는 심리·정서적 기능에 긍정적인 영향을 미쳐 일상생활의 만족도를 높이는데 결정적인 역할을 한다. 사회적 지지란 인간의 행복한 삶이나 평안을 의미하는 추상적 개념이면서 동시에 이러한 이념을 실현하기 위한 사회적인 제도나 노력이라는 포괄적인 개념으로 정의되며, 특히 사회적 지지의 정도를 가늠하는 결혼이주자의 사회적 자본의 크기는 생활 만족도에 유의미한 영향을 미친다(장지혜·설동훈, 2006), 즉 사회적 지지체계로서 사회네트워크 또는 사회적 자본은 개인이 겪는 부정적인 사건이나 상황에서 스트레스를 감소시키며 어려운 환경에 잘 적응하여 새로운 능력을 개발하도록 돕는 역할을 담당한다(조인숙·김미원, 2002). 또한 분명한 점은 사회적 지지의 많고 적음 혹은 높고 낮음이 개인에게 미치는 영향은 결혼이주자의 정착에서 긍정적이든 부정적이든 큰 영향을 미친다는 사실이다.

따라서 이 절에서는 결혼이주자의 현재 사회적 네트워크 관계 특성으로 사회적 지지체계의 차이에 따른 생활만족도의 차이를 살펴보고, 그들의 생활만족도 및 정착에 긍정적/부정적 요인으로 작용하는 행위자의 특성을 파악하고자 한다. 이를 위해 사회적 연계성으로부터 긍정적인 자원을 얻을 수 있는 사회적 지지체계를 규모와 강도를 달리하는 개인·지역·국가·지구적 행위자들의 약한 연대/강한 연대로 구분하여 유형화하고, 이에 따라 사회적 네트워크의 특성을 분석하였다. 이러한 분석 방법은 기존의 배우자, 자녀, 친구, 이웃 등과 같은 단일 변수들의 영향력이나 특성을 분석하는 방법보다는 연대의 강도(즉 강/약한 연대)를 나타내는 사회적 지지체계로 변수들을 결합하고, 이렇게 결합된 유형에 따른 생활만족도의 차이를 살펴본다는 점에서 의의를 가진다. 또한 이러한 방법을 통해 결혼이주자의 사회지지체계를 이주 직후와 현재 상황을 비교 분석하고자 한다.

좀 더 구체적으로 서술하면, 배우자, 가족, 친구·친지 등의 개인적 차원에서 행위자들의 영향력이 높게 나타난 결혼이주자는 개인적 차원의 사회적 지지체계 특성을 가지는 유형으로 구분하였으며, 지역사회단체, 직장, 종교단체, 지역주민 등의 지역적 차원의 행위자들의 영향력이 높게 나타난 결혼이주자는 지역적 차원의 사회적 지지체계 특성을 가지는 유형으로 설정하였다. 또한 국가적 차원의 사회적 지지체계는 공공지원기관, 한국 정책 등의 영향력이 높은 경우, 지구적 차원의 사회적 지지체계는 본국가족, 본국이주정책 등의 행위자들의 영향력이 높게 나타나는 경우로 분류하였다. 그 결과 기존의 연구와 마찬가지로 배우자, 가족, 배우자 가족, 친구 등을 중심으로 한 개인적 차원의 사회적 지지체계를 특성으로 한 응답자가 73명으로 가장 많았으며, 지역사회단체나 공공기관 등의 행위자에 대한 영향력이 높은 지역적 차원의 사회적 지지체계 특성을 보인 응답자는 51명으로 개인적 차원 다음으로 많았다(〈표 7-5〉 참조). 그러나 국가적 차원이나 지구적 차원의 사회적 지지체계를 특성으로 하는 응답자는 그 수가 개인적·지역적 차원의 사회적 지지체계 특성보다 확연히 적게

〈표 7-5〉 현재 사회적 지지체계에 따른 생활만족감

구분	N	전체만족감		개인만족감		가족만족감		지역만족감		국가만족감	
		M	SD	M	SD	M	SD	M	SD	M	SD
개인적 차원	73	3.46	0.557	3.52	0.689	3.38	0.757	3.53	0.728	3.41	0.663
지역적 차원	51	3.70	0.592	3.75	0.659	3.65	0.796	3.78	0.757	3.63	0.720
국가적 차원	4	3.31	0.800	3.50	0.577	3.50	0.577	3.25	0.957	3.00	1.155
지구적 차원	8	3.44	0.496	3.50	0.535	3.38	0.744	3.63	0.744	3.25	0.463
전체	136	3.55	0.581	3.60	0.670	3.49	0.770	3.63	0.750	3.47	0.699

주: 수치는 '매우 어려움'을 5로 하여 5점 척도값으로 계산한 것임.

나타났다.

지역적 차원의 사회적 지지체계를 구성하고 있는 결혼이주자의 경우 한국인 이웃과 긴밀한 관계를 맺을수록 우울도는 낮고 삶의 만족도는 높았던 이민아(2010)의 연구와 마찬가지로 다른 차원의 사회적 지지체계보다 높은 만족감을 나타내는 것으로 분석되었다. 특히 이 경우 다른 만족감보다도 지역만족감이 가장 높게 나타났는데, 이는 지역에 대한 만족감이 지역적 차원에서의 사회적 지지체계로의 발전을 유발하며, 사회적 지지체계 내의 다양한 행위자에 대한 호감이 지역만족감을 향상시킬 수도 있다는 점에서 상호 관련되어 나타난 것으로 추정된다. 이를 통해 결혼이주자의 지역 내에서의 상호작용은 고립감과 외로움을 해소하는데 도움이 된다는 것을 알 수 있다.

이와 같은 현재 상황에서 사회적 지지체계에 따른 만족도를 이주 직후 상황의 만족도와 비교해 보면, 차원에 따라 다소 차이는 있으나 모든 차원에서 만족도가 증가했고, 그 증가의 정도는 통계적으로 매우 또는 상당히 유의한 것을 볼 수 있었다(〈표 7-6〉 참조). 특히 지역적 차원의 사회적 지지체계를 특성으로 하는 응답자의 경우 이주 직후와 현재 생활만족도를 비교했을 때 그 증가율이 가장 높게 나타났다. 이러한 점에서, 지역적 차원의 사회적 지지체계가 결혼이주

〈표 7-6〉 사회적 지지체계에 따른 이주 직후와 현재 만족도 변화

구분	N	이주 직후		현재		증가율 (%)	df	t
		M	SD	M	SD			
개인적 차원	73	2.95	0.506	3.46	0.557	17.3	72	−7.851***
지역적 차원	51	2.78	0.632	3.7	0.592	33.1	50	−8.129***
국가적 차원	4	2.74	0.142	3.31	0.800	20.8	3	−3.235**
지구적 차원	8	2.78	0.488	3.44	0.496	23.7	7	−5.692***
전체	136	2.85	0.563	3.55	0.581	24.6	−	−

주: 1) N:응답자수, M: 평균, SD: 표준편차
2) 해당 자유도(df)에서 t 검증의 유의수준: *** p〈.001, ** p〈.01

자의 정착생활에서 만족도를 높여주는 가장 중요한 요인으로 판단할 수 있다.

5. 결론

초국적 이주에 관한 기존의 연구들은 행위이론, 구조이론 그리고 이들을 결합하고자 한 관계이론으로 구분되며, 특히 관계이론은 초국적 이주자들이 이주 및 정착과정에서 형성하는 다양한 유형의 사회적 네트워크에 주목하며, 이를 경험적으로 고찰하는 연구에 흔히 원용되고 있다. 사회네트워크분석(SNA)과 행위자네트워크이론(ANT)은 이러한 관계이론의 관점에서 정형화된 대표적 이론이라고 할 수 있으며, 초국적 이주 및 정착 과정에서 작동하는 다양한 사회네트워크와 관련 행위자들이 미치는 영향력 등을 고찰하는데 주요한 통찰력을 제공한다.

이 장에서는 ANT에서 제시된 개념들에 유의하면서 기본적으로 SNA의 기법에 바탕을 두고 결혼이주자의 이주 및 정착과정에서 작동하는 다양한 사회적 네트워크 및 관련 행위자들과 이들이 미치는 영향력을 고찰하고자 했다. 이러한 고찰을 위해, 시기적으로는 국제결혼의사결정, 이주 실행, 입국 직후 정

착, 그리고 현재 생활 시기로 구분하고, 행위자의 규모적 차원으로는 개인적 차원, 지역적 차원, 국가적 차원, 지구적 차원으로 구분하여 결혼이주자의 활동과 관련된 사회네트워크와 이로 연계된 행위자들이 미치는 차이를 검증하였으며, 특히 이주 및 정착과정에서 시기적으로 변화하는 사회적 연결망의 부재와 형성, 그리고 축소와 확대 과정을 살펴보고자 했다. 그 결과 결혼이주자들의 사회적 네트워크는 시기에 따라 그 특성을 달리하였음을 알 수 있었고, 행위자의 영향력에 따른 사회적 네트워크에서의 사회적 지지체계를 개인·지역·국가·지구적 차원으로 유형화 하여 생활만족도의 차이가 있음을 확인하였다.

이 연구를 통해 결혼이주자의 사회네트워크 유형은 사회적·정서적·도구적 지원에 대한 접근을 가능하게 하는 관계의 다양한 측면을 반영하고 있으며, 이러한 점에서 사회적 지지와 사회적 네트워크의 형성이 결혼이주자들의 한국 사회 생활에서 매우 중요하다는 점이 강조될 수 있다. 그러나 SNA분석을 위해 임의적으로 사회적 네트워크와 행위자의 유형을 구분했으며, 특히 결혼이주자의 이주 직후 및 현재 생활에 지대한 영향을 미치는 행위자인 본국의 가족 및 친지를 누락하여 이들과의 관계에서 구축되는 네트워크의 영향력을 제대로 파악하지 못한 한계를 가진다.

이 연구에서 수행된 분석의 결과를 좀 더 세분하여 요약·정리하면 다음과 같다. 첫째, 결혼이주자의 이주 및 정착 과정에서 사회적 연결망 또는 네트워크는 매우 중요하게 작용한다. 특히 결혼이주자의 사회적 네트워크는 이주 및 정착 과정 시기별로 그 특성을 달리했다. 국제결혼 의사결정 시기 및 이주과정 시기에는 개인적 차원의 요인이 가장 큰 영향력을 미치고 있었으며, 이는 이주 과정에 있어 도움요인이 되기도 하였으나 이주 전까지 늘 함께해왔던 관계를 뒤로 한 채 정든 고향과 조국을 떠나는 아쉬움으로 가장 큰 장애 요인으로도 작용하였다. 또한 국제결혼 의사결정 과정에서 결혼중개기관은 여전히 이를 촉발하는 중요한 환경적 요인이었고, 이미 한국에 이주해 온 가족이나 친구 역시 후속 이주를 이끄는 연결고리가 되고 있었다. 이러한 사회적 연결망은 이주 후에도 사회적 네트워크의 확장을 이어나갔다.

둘째, 결혼이주자는 국제결혼 의사결정 과정의 시기에서 이주과정의 시기로, 이주 직후의 시기에서 현재의 시기로 시간이 지남에 따라 그 중심성과 영향력의 강도가 강화되는 형태를 취했다. 이주 직후와 현재 모두 개인적 차원과 지구적 차원에서의 영향력이 높게 나타났으며, 통신의 발달과 인터넷은 결혼이주자가 본국과의 네트워크를 유지하는 데 중요한 작용을 하는 것으로 나타났다. 또한 현재의 경우 지역사회의 네트워크가 결혼이주자의 삶에 큰 영향력을 미치고 있는 것으로 나타났다.

셋째, 사회적 연결망의 부재 또는 약한 연계는 한국생활 적응 과정에서 결혼이주자의 정서적인 안정감에 부정적인 영향을 끼치고 있었다. 결혼이주자가의 사회적 네트워크 관계의 약화는 한국 생활에서의 부적응과 정보의 부재로 연결되는 반면, 영향력의 강화와 함께 사회적 연결망의 팽창과 확대, 특히 지역적 차원의 사회적 지지체계의 구축은 결혼이주자의 정착 및 생활만족도에 긍정적인 영향을 미쳤다. 즉 결혼이주자들은 자신을 지지해 주는 다양한 사회적 연결망이 구축될수록 한국생활에 자신감과 만족감을 나타냈으며, 이는 이들의 초국가적 실천을 돕는 기제로 작용하였다.

끝으로 결혼이주자의 이주 전 사회네트워크가 초국적 이주를 촉진하는 역할을 하며, 이주 이후에도 현재에 이르기까지 한국 사회에 성공적으로 정착하는 데 중요한 영향력을 미친다는 점에서, 이 연구는 앞으로 이들에 대한 국가 및 지역 차원의 지원 정책은 이들의 사회네트워크, 특히 지역적 차원의 사회네트워크를 활성화시킬 수 있는 프로그램들을 제공하는데 더 주력해야 한다는 점을 시사한다. 달릴 말해 결혼이주자의 생활 만족도를 증진시키기 위하여, 개인적, 가족적 차원의 노력뿐만 아니라 지역적, 국가적 차원의 노력이 통합적으로 이루어져야 할 것이다. 이러한 점에서 단순히 이들의 고유한 문화적 특성을 인정하는 정책에서 나아가 이들과 사회적, 문화적 교류를 활성화하고자 하는 상호문화주의적 정책이 요구된다고 하겠다.

구양미, 2008, "경제지리학 네트워크 연구의 이론적 고찰: SNA와 ANT를 중심으로," 『공간과 사회』, 30, pp.36~66.

김경미, 2012, "여성결혼이민자의 사회연결망과 한국생활 만족도: 중국, 베트남, 일본 출신을 중심으로," 『한국인구학』, 35(2), pp.185~208.

김 렬, 2011, "결혼이주여성의 문화접변에 대한 정책지원의 효과," 『한국정책과학학회보』, 15(4), pp.285~308.

김연희, 2017, "서비스 조직의 안정화와 서비스 이용자의 주변화-다문화가족지원센터 사례를 중심으로," 『한국 사회복지행정학』, 19(1), pp.1~28.

김연희·이교일, 2017, "초국적 삶의 주체로서 결혼이주여성의 전환 경험과 미디어 행위자-네트워크의 역할," 『아시아여성연구』, 56(1), pp.107~153.

김용찬, 2006, "국제이주분석과 이주체계접근법의 적용에 관한 연구," 『국제지역연구』, 10(3), pp.81~106.

김용학, 1987, "사회연결망분석의 이론틀-구조와 행위의 연결을 중심으로," 『한국 사회학』, 21, pp.31~68.

김용학, 2007, 『사회 연결망 분석』, 박영사.

김이선 외, 2011, 『결혼이민자의 사회적 관계 증진을 위한 정책지원 방안』, 한국여성정책연구원.

김환석, 2010, "'두 문화'와 ANT의 관계적 존재론," 홍성욱 편, 『인간·사물·동맹』, 이음, pp.305~330.

김환석, 2011, "행위자-연결망 이론에서 보는 과학기술과 민주주의," 『동향과 전망』, 83, pp.11~46.

나금실, 2011, "이주노동자의 사회적자본과 취업만족에 관한 연구: 사회적지원의 매개효과를 중심으로," 『한국지역사회복지학』, 37, pp.435~454.

노연희·이상균·박현선·이채원, 2012, "결혼이주여성의 사회적 연결망 특성에 대한 연구: 자아중심적 연결망 분석을 통하여," 『한국 사회복지학』, 64(2), pp.159~183.

박경환, 2014, "글로벌 시대 인문지리학에 있어서 행위자-네트워크 이론의 적용 가능성," 『한국도시지리학회지』, 17(1), pp.57~78.

박순희·조원탁, 2013, "결혼이주여성의 사회적 관계망 비교: 이주여성과 일반여성 비교를 중심으로," 『한국가족복지학』, 18(2), pp.41~57.

박신규, 2008, "국제결혼이주여성의 이주경로별 사회적정체성의 형성: 구미시 결혼이주여성의 이주과정을 중심으로," 경북대학교 박사학위논문.
박윤경, 2002, "외국인노동자들의 사회적 자본과 사회적 거리감에 관한 연구," 성균관대학교 박사학위논문.
새머스, 마이클(이영민·박경환·이용균·이현욱·이종희 옮김), 2013, 『이주』, 푸른길(Samers, M., 2010, *Migration*, Routledge, London and New York).
석현호, 2000, "국제이주이론: 기존이론의 평가와 행위체계론적 접근의 제안," 『한국인구학』, 23(2), pp.5~37.
설동훈, 1999, 『외국인 노동자와 한국 사회』, 서울대학교 출판부.
설진배·김소희·송은희, 2013, "결혼이주여성의 사회적 연결망과 초국가적 정체성: 한국생활 적응 과정을 중심으로," 『아태연구』, 20(3), pp.229~260.
스티븐 카슬·마크 J. 밀러(한국이민학회 역), 2013, 『이주의 시대』, 일조각.
이경숙, 2008, "이주여성의 휴대전화 경험과 관계 맺기," 『언론정보연구』, 45(2), pp.43~68.
이민경, 2015, "노동–유학–자녀교육의 동맹: 몽골 이주노동자 가정의 이주, 정착, 귀환의 행위자–네트워크," 『교육문제연구』, 55, pp.1~25.
이민경, 2016, "미등록 이주노동자 공동체의 특성과 역할 연구–B시의 이주민 선교센터 사례에 대한 행위자 네트워크," 『인문사회과학연구』, 17(3), pp.63~101.
이민아, 2010, "이민 전·후의 연결망이 결혼이민자여성의 심리적 안녕감에 미치는 영향," 『보건과 사회과학』, 27, pp.31~60.
이용균, 2007, "여성결혼이민자의 사회문화 네트워크의 특성: 보은과 양평을 사례로," 『한국도시지리학회지』, 10(2), pp.35~51.
이정향·김영경, 2013, "한국이주노동자의 사이버공동체에 관한 연구," 『한국지역지리학회지』, 19(2), pp.324~339.
이주재·김순규, 2010, "결혼이주여성의 사회관계망이 심리적 적응에 미치는 영향," 『한국가족복지학』, 15(4), pp.73~91.
이희영, 2012, "탈북–결혼이주–이주노동의 교차적 경험과 정체성의 변위: 북한 여성의 생애사 분석을 중심으로," 『현대사회와 다문화』, 2(1), pp.1~45.
이희영, 2014, "결혼–관광–유학의 동맹과 신체–공간의 재구성: 아시아 여성 이주자들의 사례 분석을 중심으로," 『경제와 사회』, 102, pp.110~148.
장세용, 2012, "공간과 이동성, 이동성의 연결망: 행위자연결망이론과 연관시켜," 『역사와 경제』, 84, pp.271~303.
장지혜·설동훈, 2006, "여성결혼이민자의 사회적 자본과 생활만족도," 『한국 사회학대회 자료집』, pp.85~86.
전형권, 2008, "국제이주에 대한 이론적 재검토: 디아스포라 현상의 통합모형접근," 『한국동북아논총』, 49, pp.259~284.
정유리, 2014, "결혼이주여성의 생활만족도와 정체성의 변화: 대구광역시 동구, 경상북도 청도

군을 사례로," 대구대학교 석사학위논문.
조인숙·김미원, 2002, "사회적지지 프로그램이 취학 전 장애아동 어머니의 스트레스와 대처에 미치는 효과,"『한국모자보건학회지』, 6(2), pp.211~227.
최병두, 2017a, 관계이론에서 행위자-네트워크이론으로: 초국적 이주 분석을 위한 대안적 연구방법론,"『현대사회와 다문화』, 7(1), pp.1~47.
최병두, 2017b, "초국적 노동이주의 행위자-네트워크와 아상블라주,"『공간과 사회』, 27(1), pp.156~204
최병두, 2017c, "초국적 결혼이주가정의 음식-네트워크와 경계-넘기,"『한국지역지리학회지』, 23(1), pp.1~22.
최병두·김연희·이희영·이민경, 2017,『번역과 동맹: 초국적 이주의 행위자-네트워크와 사회공간적 전환』, 푸른길.
칼롱, 2010, "번역의 사회학의 몇 가지 요소들-가리비와 생브리외만의 어부들 길들이기," 홍성욱 편역, 2010,『인간·사물·동맹, 이음』, pp.57~94(Callon, M., 1986, "Some elements of a sociology of translation: domestication of the scallops and the fishermen of St. Brieuc Bay'" in Law, J. (ed.) *Power, Action, and Belief: A New Sociology of Knowledge?*, pp. 196-233. London, Boston and Henley: Routledge and Kegan Paul).
홍성욱, 2010, 7가지 테제로 이해하는 ANT, 홍성욱 편역, 2010,『인간·사물·동맹』, 이음, pp.15~35.
황정미, 2010, "결혼이주여성의 사회연결망과 행위전략의 다양성: 연결망의 유형화와 질적 분석을 중심으로,"『한국여성학』, 26(4), pp.1~38.

Bourdieu, P., 1986, "The forms of capital," in Richardson, J. G.(ed), *Handbook of Theory and Research for the Sociology of Education*, Greenwood Press, Westport.
Coleman, J., 1988, "Social capital in the creation of human capital," *American Journal of Sociology*, 94, pp.95~120.
Freeman, L. C., 1979, "Centrality in social networks: conceptual clarification," *SocialNetworks*, 2, pp.215~239.
Lancee, B., 2010. "The economic returns of immigrants' bonding and bridging social capital," *The case of the Netherlands, International Migration Review*, 44(1), 202~226.
Lin, N., 1999, "Social networks and status attainment," *Annual review of sociology*, 25(1), pp.467~487
Massey, D. S., Arandgo, J., Hugo, G., Kouaouci, A., Pellegrino, A. and Taylor, J. E., 1993, "Theories of International Migration: A Review and Appraisal," *Population and Development Review*, 19(3), pp.431~466.
Mitchell, C., 1969, "The concept and use of social networks," in C. Mitchell(ed), *Social Net-*

works in Urban Situations, Manchester Univ. Press, Manchester.
Murdoch, J., 1998, "The spaces of actor-network theory," *Geoforum*, 29(4): pp.357~374.
Murdoch, J., 2006, *Post-structuralist Geography: A Guide to Relational Space*, Sage, London.
Portes, A., 1995, "Economic sociology and the sociology of immigration: an overview," in A. Portes(ed), *The Economic Sociology of Immigration*, New York: Russell Sage Foundation.
Portes, A. and J. Sensenbrenner, 1993, "Embeddedness and Immigration: Notes on the Social Determinants of Economic Action," *American Journal of Sociology*, 98, pp.1320~1350.
Seibert, S. E., Kraimer, J. L. and Liden, R. C., 2001, "A social capital theory of career success," *Academy of Management Journal*, 44, pp.219~237.

제4부

다문화사회 정책과 윤리의 지리학

제8장

상호문화주의로의 전환과 상호문화도시정책

1. 서구 다문화사회의 한계?

최근 외국인 이주자의 급속한 유입은 국가적으로 인구 구성의 변화와 더불어 일상생활에서 이들과 접할 수 있는 기회를 크게 증가시키고 있다. 이로 인해 외국인 이주자들과 원주민들 간 관계를 어떻게 설정할 것인가, 그리고 이를 위해 어떠한 정책이 필요한가에 대한 논의가 활발하게 전개되고 있다. 이미 오래전부터 이러한 경험을 겪었던 서구 선진국들의 경우, 초기에는 무대응 정책을 보이거나 동화주의 또는 차별적 배제 정책을 시행했다. 그러나 이들과의 관계에서 사회문화적 균열이 발생하고 심각한 사회공간적 갈등이 초래되면서, 외국인 이주자들의 다양한 문화와 정체성 차이를 인정하고 존중하고자 하는 다문화정책과 이를 뒷받침하기 위한 다문화주의 담론이 주류를 이루게 되었다.

그러나 1990년대 이후 서구 국가들에서 경제침체와 더불어 신자유주의적 정책의 시행으로 실업 증가와 복지 재정의 축소 등이 초래되면서, 원주민과 외국인 이주자들 간 대립과 반목이 고조되고, 이에 따라 외국인 이주자들의 유입과 이들을 위한 다문화정책에 대한 반대 목소리가 높아지게 되었다. 이로 인해 다문화주의와 이를 실현하기 위한 정책들이 실패한 것으로 간주됨에 따라, 2000년대 이후 서구 국가들은 외국인 이주자들의 유입과 정착을 위한 새로운 정책과 이를 위한 논리를 모색하게 되었다. 상호문화주의는 이와 같이 실패한 것으로 간주되거나 또는 사회적 갈등의 원인으로 비난 받게 된 다문화주의를 대체할 새로운 정책과 담론을 위해 등장한 것이라고 할 수 있다.

상호문화주의는 다문화주의와 마찬가지로 사회 구성에서 인종적, 문화적 다양성을 강조한다. 그러나 다문화주의가 이러한 다양성을 어떻게 함양하고 실천할 것인가의 문제를 간과함으로써 외국인 이주자들의 사회적 주변화 또는 공간적 분리를 조장했다면, 상호문화주의는 이러한 사회공간적 격리를 극복하고 사회적, 인종적 다양성의 의미를 적극적으로 실천하기 위한 방안들, 즉 상호행동(접촉 또는 만남)의 장려와 이를 위한 공적 공간의 활성화 등을 강조한다. 유럽연합과 유럽평의회는 이러한 상호문화주의를 회원국들에 확산시키고, 이를 정책적으로 실행하도록 상호문화정책, 특히 상호문화도시 프로그램을 개발하여 시행하고 있다.

이와 같은 상호문화주의로의 전환과 이에 기반을 둔 상호문화(도시)정책의 유용성에 관한 논의는 기본적으로 다문화주의 및 다문화정책이 왜 실패했는가에 대한 원인 규명을 전제로 한다. 이 장은 이러한 실패가 다문화주의의 철학적, 이론적 한계라기보다 이를 실천하기 위한 다문화정책의 오류와 왜곡, 그리고 이러한 문제를 초래한 경제·정치적 배경 등에 기인한 것으로 이해하고자 한다. 따라서 상호문화주의와 상호문화정책이 비록 앞선 다문화주의 및 다문화정책의 실패를 딛고 새롭게 제시된 것이라고 할지라도, 이에 대한 평가는 다문화주의 및 다문화정책의 실패를 초래한 정치경제적 배경으로부터 자유롭지 않다는 점을 암묵적으로 전제한다.

이 장은 이러한 문제의식을 배경으로 다문화주의에서 상호문화주의로의 전환 과정과 상호문화주의에 바탕을 둔 상호문화정책의 유의성과 한계를 특히 상호문화도시 정책 및 프로그램의 시행과정을 중심으로 논의하고자 한다. 다음 절에서는 다문화주의에서 상호문화주의로의 전환과 이에 따른 상호문화정책의 등장 과정을 고찰하고, 제3절에서는 상호문화도시의 개념과 이의 배경을 사회적 다양성의 의미와 사회공간적 격리(특히 주거 분화)를 중심으로 살펴보고자 한다. 끝으로 이러한 상호문화도시 정책을 장려하고 확산시키기 위한 유럽평의회의 상호문화도시 프로그램의 진행과정을 소개한 후, 상호문화주의와 상호문화도시 정책의 의의와 한계를 제시하고자 한다.

2. 다문화주의에서 상호문화주의로의 전환

1) 상호문화주의로의 전환 배경

서유럽 국가들은 과거 제국주의적 식민지배 시기뿐만 아니라 제2차 세계대전 이후 지속된 경제적 호황 시기에 부족한 노동력을 공급하기 위하여 이주노동자들을 받아들여 왔다. 또한 1990년대 이후 세계화 과정 및 유럽의 통합이 진전되면서 이주민의 비율이 전체 인구의 10~20%를 차지할 정도로 증가하게 되었다. 이러한 외국인 이주자들의 유입 과정에서 서유럽 국가들은 이들에 대해 초기에는 무대응하거나 또는 주로 동화주의 정책(프랑스 등)이나 차별적 배제 정책(독일 등)을 시행하였다. 그러나 외국인 이주자들의 수가 증가하고 이들의 자녀들이 정착하여 세대가 늘어감에 따라, 이들과 원주민 간 갈등이 심화되면서 여러 사회문화적 문제들이 발생하게 되었고, 이에 대한 대응책으로 대부분 국가들은 1980~1990년대에는 다문화(주의) 정책을 채택하게 되었다. 다문화주의 정책은 기본적으로 외국인 이주자들의 고유한 문화와 다양한 정체성을 존중하고 이들이 사회의 모든 분야에서 평등한 권리와 혜택을 누릴 수 있도록 사회적 서비스를 제공하는 것을 목적으로 했다. 특히 전체 국민 가운데 외국인 이주자가 약 20%를 차지하는 스웨덴을 포함하여 여러 북유럽 국가들이나 영국, 독일 등은 이러한 정책을 통해 다문화주의의 이상인 상호인정과 존중, 평등한 사회적 재분배, 정치참여 보장 등을 추구했다. 1990년대까지만 해도 다문화 정책이 동화(주의) 정책의 한계를 극복하고 외국인 이주자들의 정착과정을 지원하는 주요 방안으로 간주되었다.

그러나 이러한 다문화 정책은 서유럽 국가들의 경제침체와 실업의 증대, 국가 재정 및 복지 감축 등으로 인해 한계를 드러내게 되었고, 원주민들 가운데 반이민 감정을 가지고 이러한 다문화정책에 노골적으로 반대하는 사람들의 비율이 점차 증가하게 되었다(권경희, 2012; 최진우, 2012). 원주민들은 이러한 정책이 자신들이 낸 세금을 외국인 이주자들을 위해 낭비되는 것으로 간주하고, 실제 이들을 차별하거나 반대하는 사건들을 빈번하게 유발하게 되었다. 반면 외국인 이주자들은 다문화정책이라는 명분으로 자신들의 사회적 불만을 드러내지 못하도록 하면서 오히려 사회적 편견을 조장하는 이주자 지원 사업이라고 비난하게 되었다.

이로 인해, 다문화정책에 함의된 '다문화'에 대한 의미조차 변하게 되었다. 즉 오정은(2012)에 의하면, 다문화라는 용어는 소수의 이민자가 버리지 못한 비주류문화라는 매우 부정적 의미로 바뀌게 되었다. 다른 한편, 이와 관련하여 캔틀(Cantlem, 2012, 14)은 '다양성의 역설'(paradox of diversity)을 지적하면서, "사회가 다양해질수록 그리고 사람들이 직, 간접적으로 차이 내지는 다양성에 더 많이 노출될수록, 자신의 고유 정체성 속으로 도피하고 분리주의자의 이데올로기를 수용하는 경향"을 더 많이 보이게 되었다고 지적한다(김형민·이재호, 2017, 12). 특히 최근 유럽에서 발생한 일련의 이슬람 테러사건들과 시리아 난민의 유입이 정치적 쟁점이 되면서, 이민자의 사회통합 문제는 유럽 각국의 정책에 대한 심각한 재검토를 요구하게 되었다(황기식·석인선, 2016).

이러한 일련의 역사적 과정 속에서, 서유럽 국가들의 정책 입안가들이나 이에 관심을 가지는 학자들은 서유럽 국가들의 이주자 정책이 다문화주의에서 동화주의로 후퇴한 것으로 해석하거나 또는 다문화 정책이 결국 실패한 것으로 평가하게 되었다(Mitchell, 2004). 일부 학자들은 다문화주의가 위기에 처하거나 다문화정책이 실패하게 된 것은 다문화주의나 다문화정책이 자본주의적 세계화 과정에서 작동하는 초국적 자본의 논리를 은폐하기 위한 이데올로기이기 때문이라고 주장한다. 즉 다문화주의는 자본주의 경제의 세계화과정에서 초래되는 사회문화적 문제를 통제하거나 또는 관리하기 위한 '자본주의의 통합된 색채들' 또는 '초국적 자본주의의 문화적 논리'라고 비판되기도 한다(최병두 외, 2011, 41). 이러한 점에서 보면 다문화주의의 위기나 다문화 정책의 실패는 '다문주의' 자체 또는 '다문화정책'의 목표가 잘못된 것이라기보다, 현실적 배경에 기인한 것으로 이해될 수 있다. 즉 1990년대 이후 서유럽 국가들은 사회 전반적으로 신자유주의 정책으로 인해 경제적 양극화를 심화시키는 한편 국가 재정에서 복지부문 지출을 축소시키게 되었다. 이로 인해 원주민들 가운데 노동자 등 하위계층은 외국인 이주자들이 자신의 취업기회와 복지혜택을 빼앗아가는 것으로 간주하게 되었다. 뿐만 아니라 세계화 과정과 유럽연합(EU)의 통합과정에서 국민국가의 경제적, 사회적 질서의 변화는 원주민들에게 정체성의 혼란을 유발하게 되었고, 이로 인해 외국인 이주자들을 반대하고 배제의 대상으로 간주하는 경향이 초래되었다.

이와 같이 다문화주의와 다문화정책에 대한 비판과 문제점이 노정됨에 따라, 서유럽 국가들은 2000년대 초반 이후 새로운 이주자 정책과 이를 뒷받침하기 위한 논리를 모색하게 되었고, 이에 따라 등장한 대안이 '상호문화주의' 및 상호문화정책이라고 할 수 있다. 상호문화주의라는 용어는 사실 이미 1960년대 캐나다에서 퀘벡주 분리 독립을 요구했던 분리주의자들에 반대하면서 영국계 민족과 대등한 입장에서 사회적 통합을 추구하는 프랑스계 민족주의자들에 의해 제시되었다. 이들에 의하면, 상호문화주의는 다양한 민족들이 동등한 입장에서 다른 민족의 고유문화를 이해하고 상대방의 문화를 존중하는 개방적 자세로 사회통합을 이루어야 한다는 논리를 함의한다(오정은, 2012, 41). 오늘날 유럽의 상호문화주의는 캐나다에서 민족 간 주도권 다툼에서 유발된 상호문화주의와는 다소 다른 배경에서 거론된 것처럼 보이지만, 다수의 문화와 소수의 문화 간 갈등을 해소하기 위하여 서로 대등한 입장에서 상대방의 문화를 존중하고 상호 교류하는 것이 바람직하다는 전제는 동일하다.

캐나다 퀘벡에서 이러한 상호문화주의가 등장하게 된 것은 서유럽의 상황과는 다소 다른 배경을 가지는 것처럼 보인다. 즉 한편으로 영국계가 캐나다 국가 전체의 지배력을 장악하고 있는 상황에서, 프랑스계가 절대 다수를 차지하고 있는 퀘벡주는 언어와 문화의 차이에 따라 분리 독립을 요구하게 되었다. 그러나 퀘벡주 자체로 본다면, 경제 성장에 필요한 노동력 공급을 위해 이민을 지속적으로 수용함으로써 인구 구성이 매우 다양하게 되었다. 이로 인해 문화적 이질성을 극복하고 퀘벡 정체성을 강화하는 것은 퀘벡주 정부가 직면한 가장 큰 문제로 떠올랐다. 퀘벡은 문화적 정체성을 수호하기 위해 불어의 유지와 보존에 사활을 걸고 있으며, 다른 한편으로는 이민자 소수집단의 종교와 문화의 자유를 인정해야 하는 딜레마에 처하게 되었다. 이를 해결하기 위해 퀘벡이 선택한 최선의 방책은 퀘벡 판 다문화주의인 '상호문화주의'였다. 상호문화주의는 퀘벡의 불어사용 다수집단의 문화를 보존하면서 소수 집단의 다양성을 인정할 수 있을 것으로 기대되었다(김경학, 2010).

이러한 설명에서, 캐나다 퀘벡주에서 상호문화주의의 등장 배경은 2000년대 이후 서유럽에서 재등장한 상호문화주의와는 다소 다른 것처럼 보인다. 그러나 상호문화주의가 등장하게 된 배경을 재검토해 보면, 이의 등장과정에서 작동하는 다규모성은 매우 유사하다. 즉 캐나다 퀘벡주에서 추진된 상호문화주의는 캐나다 국가 전체 차원, 국가의 주류집단과는 다른 퀘벡주 민족 구성, 그리고 주정부 내 국지적인 외국인 이주자 소수 집단이라는 세 단계(규모)의 상호작용으로 인해 제기된 것이라고 할 수 있다. 서유럽에서 상호문화주의가 재등장한 것은 결국 경제적으로 통합된 유럽연합 차원, 개별 국민 국가의 민족 구성, 그리고 개별 국가 내 외국인 이주자 집단이라는 세 단계의 상호작용에 따른 것이라고 할 수 있다. 이와 같이 유사한 내용과 배경을 가지고 등장한 상호문화주의 및 이에 바탕을 둔 상호문화정책은 개념적으로나 정책으로 다문화주의 및 다문화정책과는 구분될 수 있다.

2) 상호문화주의의 개념 형성

개념적 측면에서 우선 지적될 수 있는 점으로, 다문화주의는 여러 문화의 존재를 현상적으로 기술하는 개념이라고 할 수 있지만, 상호문화주의는 여러 문화가 존재한다는 사실에서 더 나아가 이들이 상호관계성을 가진다는 점을 함의한다. 따라서 상호문화주의는 현상 기술을 넘어서 당위적 지향성을 표현하는 개념이라고 주장된다. 즉 "상호문화 철학이 현실을 기술하는 데에 머물지 않고 현실의 변화를 지향하는 강한 프로그램을 갖고 있는 학문이라는 점을 고려해 볼 때, '상호문화성' 개념이 그 성격을 보다 더 잘 표현해 주는 개념"이라고 주장된다(최현덕, 2009, 310). 또한 다문화주의가 다문화적 존재에 대한 관용이나 인정에 초점을 두고 있기 때문에 상대주의에 빠질 수 있지만, 상호문화주의는 상호의사소통 또는 대화 등을 통한 상호행동에 초점을 두고 있기 때문에 스스로 규제 역할을 발전시켜 나갈 가능성을 내포하고 있다고 주장된다. 즉 다문화주의는 개념적으로나 현실적으로 여러 문화들이 상호 연결됨 없이 단지 병존하는 상황에 머무는 경향이 있지만, 상호문화주의는 서로를 변화시키기 위한 대화와 교류, 서로 간에 존재하는 경계와 장애물의 극복을 적극적으로 추구해 나갈 것임을 함축하는 개념으로 이해될 수 있다.

이와 같이 다문화주의와 상호문화주의가 문화의 개념과 이와 관련된 실천적 문제와 관련하여, 각 입장을 옹호하는 학자들 간에 논쟁이 야기되기도 했다. 특히 한 논쟁에서 캔틀(Cantle, 2015)은 상호문화주의란 문화를 시간적 및 공간적으로 고정된 것으로 간주하는 오류를 범하고 있다고 지적한다. 그에 의하면, 세계는 시공간적으로 복잡하고 다중적인 문화 형성 패턴을 나타내며, 상호문화주의는 다문화주의의 공동체주의적 접근을 넘어서 이러한 복잡성에 주목하고자 한다고 주장한다. 이에 대해 모두드(Modood, 2015)는 다문화주의 이론과 이에 근거를 둔 일련의 정책들을 옹호하면서도, 상호문화주의가 제기한 비판으로부터 많은 것을 배워야 한다고 인정한다. 즉 그에 의하면, 상호문화주의는 다문화주의에 대한 대안적 정책이나 철학으로 간주되기보다는 다문화주의의 한 변형으로 이해된다. 그러나 이러한 반론에도 불구하고, 상호문화주의와 다문화주의 간 가장 분명한 차이는 문화적 다양성을 실천하는 방법에 있다고하겠다. 이러한 점에서 캔틀은 다문화주의에서는 "접촉 이론이 거의 언급되지 않았지만, 우리가 차이를 나타내는 모든 영역들, 즉 젠더, 종파적 폭력, 장애나 특정한 필요를 요하는 사람들에 살펴보면, 접촉은 사실 사람들이 태도를 변화시킬 수 있음을 알 수 있다"고 주장한다(Cantle, 2015, 5).

이러한 점에서 상호문화주의의 개념을 구성하는 대표적 요소는 접촉, 만남 등으로 일컬어지는 상호행동 또는 상호관계이다(최현덕, 2009, 314~316). 상호문화주의에서 접두사인 '상호'(inter)는 무엇보다도 관계에 관한 개념이다. 즉 상호문화주의는 문화 간 관계에서 모든 문화가 각기 주체이며 힘의 크기에 상관없이 동등한 권리를 가짐을 인정한다. 또한 상호는 '사이'를 함축하며 만남을 전제로 한다. 이러한 점에서, 아민(Amin, 2002)은 상호문화적 이해와 대화의 가능성을 탐구하면서, "인종적, 민족적 관계에 관한 국가적 틀은 여전히 중요하게 남아 있지만, 국지적 수준에서는 차이에 관한 많은 타협들이 일상적 경험과 만남을 통해 이루어지고 있"음을 강조한다. 나아가 상호문화주의는 서로 다른 문화 사이의 관계를 동적인 측면에서 인식한다. 즉 상호문화주의에서, 문화란 동적 속성을 가지고 있으며, 다른 문화는 서로 간섭함으로써 주류 문화와 비주류 문화가 묵시적 상호작용을 하게 된다(김태원, 2012, 201). 요컨대, 상호문화주의는 상이한 것들의 단순한 병존을 넘어서 그들 사이의 역동적 상호작용을 함축한다.

이러한 상호문화주의의 개념은 이론적으로 상호주관성과 감정이입을 강조하는 후설의 현상학이나 대화를 강조하는 하버마스의 의사소통이론에 함의된 것으로 이해된다(최재식, 2006; 박인철, 2010; 김영필, 2012; 2013 등 참조).[1] 후설에서 상호문화성은 타자 경험에 관한 그의 논의에서 주축을 이루는 감정이입이론에 함의되어 있는데, 감정이입이란 기본적으로 나를 넘어서 타자에로 향하고 나아가 그를 이해하고 포용하려는 실천적 의지를 내포하는 윤리적 태도이다. 박인철(2010, 129)에 의하면, "이러한 상호문화성의 윤리적 이해는 단순히 문화의 차이와 다양성을 인정할 뿐 사실상 이방문화에 대해 방관하는 다문화주의에 대한 실천적 대안이 된다는 점에서 그 의미를 가진다"고 주장된다. 즉 다문화주의는 겉으로는 문화의 다양성과 타자성을 존중하고 다양한 문화의 공존을 인정하는 것처럼 보이지만, 실제 이방문화에 대해 간섭하거나 관여하지 말 것을 암묵적으로 요구하는 것처럼 보인다.

하버마스의 의사소통행위이론은 서구 근대화과정에서 유발된 '생활세계의 식민화'와 '체계적으로 왜곡된 담론구조' 문제를 해결하기 위해 의사소통의 유의성을 강조한다는 점에서, "다수자와 소수자 사이의 현실적 장애들을 극복할 수 있는 상호문화적 모형을 그의 의사소통행위이론에서" 찾아볼 수 있다고 주장된다(김영필, 2013, 6). 즉 하버마스의 의사소통적 행위이론은 소수자를 다수자의 이념적 틀 속에 효율적으로 통합시키려는 근대적 동화주의(assimilation)의 사고나 정책에 대한 대안으로서 설득력을 갖는다. 그러나 김영필(2013, 9)의 해석에 의하면, "독일의 다문화정책이 실패했다는 메르켈 총리의 선언이 의미하는 것은 결국 하버마스의 의사소통모형에 기반을 둔 독일 다문화정책의 한계를 시사하는 것이다. 합리적 의사소통능력을 구비하고 있는 이성적 주체들 사이에서나 가능한 이상적 담론구조는 이성적 주체로서 지위를 보장받지 못하

1. 파레크(Parekh), 길로이(Gilroy), 브라(Brah), 센(Sen), 휴스턴(Hewstone) 등은 상호문화주의를 둘러싼 학문적 논쟁에 참여하여, 상호문화주의가 다문화주의에 대한 대안적 이론으로 성장하는데 큰 기여를 한 것으로 평가되고 있다(James, 2008; 김태원, 2012 참조).

는, 특히 소수자들에게는 오히려 소수자에 대한 다수자의 폭력을 정당화시키는 기제가 될 수 있"기 때문이라고 할 수 있다.

물론 상호문화주의를 개념적으로 뒷받침할 수 있는 철학이나 사회이론에는 현상학이나 하버마스의 의사소통이론만 있는 것은 아니다. 김정현(2017)은 유럽의 정치적 지도자들이 앞 다투어 다문화주의의 실패를 선언하고 있음을 인정하고, 대안적으로 상호문화주의를 자신의 문화들의 다양성을 인정하면서도 통합을 강조하는 모델을 찰스 테일러(Charles Taylor)의 견해로부터 찾고자 한다. 즉 다문화주의가 차이의 인정을 강조한다면, 상호문화주의는 다양성의 인정과 통합을 모두 목표로 설정한다. 특히 캐나다에서 불어권 퀘벡에서는 상호문화주의를 그리고 그 외 영어권 지역에서는 다문화주의를 선호하는 것은 그 지역의 특성과 역사에 기인한다고 주장한다. 다른 한편, 김태원(2017)은 서구에서 다문화주의 정책에 따른 사회적 가치 통합의 실패를 지적하고, 이로 인해 상호문화에 대한 관심이 높아지게 되었음을 지적하면서, 짐멜의 이방인 연구에 바탕을 두고 "유동적 존재로서 이질적 세계를 자유롭게 이동하며 새로운 사회공간을 구성하는 이방인"을 상호문화이론의 중심으로 설정하고자 한다. 그러나 이러한 이방인의 개념은 세계화에 따른 이주의 시대에 주변인(또는 경계인)에 관심을 가지도록 할 수 있지만, 여전히 사회(공간)적 통합(또는 공동체의 결속)의 문제를 남겨두고 있다.

이와 같이 여러 이론적, 철학적 전통에서 상호문화주의의 개념을 대안적으로 제시할 수 있겠지만, 다양성(또는 차이)의 인정과 사회(공간)적 통합과 결속의 동시 추구는 현실적으로뿐만 아니라 개념적으로 어떤 모순이나 딜레마를 내포하고 있다. 이와 같은 맥락에서, 박인철(2017)은 기존의 논의들(즉 다문화주의에 근거를 둔 논의들)에서 문화적 다양성의 보존에만 관심을 가졌고 문화적 동질성에 관해서는 소홀했다는 점을 지적하고, 문화적 다양성(타자성)과 동질성이 양립 가능하다고 주장한다. 즉 그에 의하면, 문화적 동질성은 극단화될 경우 획일화된 전체주의로 기울 수 있지만, 동질성의 추구는 인간의 자연적 본성이며,

따라서 문화적 다양성과 동질성을 서로 대립적 요소가 아니라 상호보완적으로 긍정적인 측면이 있음을 강조한다. 그러나 차이 인정과 통합, 다양성과 동질성이 모순적 통합은 이론적 문제라기보다 이를 어떻게 동시에 추구할 것인가에 관한 실천적, 정책적 문제라고 할 수 있다. 즉 중요한 점은 이러한 모순적 개념들을 논리적으로 어떻게 결합할 것인가의 문제라기보다, 실제 원주민들과 이주자들이 상호문화주의적 의식과 태도를 가지고 일상생활에서 실천해 나가야 한다는 점과 더불어,[2] 각 국가들이 진정성을 가지고 상호문화주의를 정책에 반영해야 한다는 점이다.

3) 상호문화주의 정책의 전개

정책적 측면에서, 상호문화정책은 영국 내무성(Home Office, 2001)의 공동체 결속에 관한 보고서에서 처음 제시되었다.[3] 이 보고서에서 상호문화주의 모형은 상호문화적 대화와 소통을 전제로 하는 두 가지 주요 정책 문서에 근거를 두고 있다(김태원, 2012에서 인용). 하나는 캔틀(Cantle) 보고서로, 여기서는 "공동체의 융화 증진, 접촉을 통한 상호이해 증진, 다양한 문화들 간의 상호 존중"으로 더 부유하고 다양성을 가진 국가로서 영국을 만들어 나가기 위해 서로 다른 문화집단들 간 더 빈번한 접촉, 즉 '교차문화 접촉'(cross-cultural contact)이 필요하다는 점이 강조된다. 또 다른 문건은 통합융화위원회(Commission on Integration and Cohesion)에서 발표한 '우리 공유된 미래'(Our shared future)라는 보고서로, 여기서는 영국의 상호문화주의 비전과 분석을 제시하고 있다.

---

2. 이러한 점에서 상호문화성에 관한 교육의 중요성이 강조될 수 있으며, 실제 유럽에서는 이러한 교육이 시행되고 있으며(홍종열, 2011), 우리나라에서도 이를 반영한 상호문화교육에 관한 일반교육학적 의미가 논의되어 왔고(정영근, 2006), 지리학적 측면에서도 다문화교육에서 확장된 상호문화교육의 필요성이 주장되고 있다(이영민·이연주, 2007).

3. 영국에서 다문화주의에 대한 반격 또는 비판의 분위기에 따른 다문화주의 정책 담론의 변화 과정에 대한 것은 육주원·신지원(2012)을 참조하라.

상호문화주의에 바탕을 둔 정책의 필요성이 제기된 후, 2004년 영국의 싱크탱크 기관인 코메디아(Comedia)는 관련 연구를 수행하고 2004년 '상호문화도시: 최고의 다양성 만들기(The Intercultural City: Making the Most of Diversity)'라는 보고서를 제출했다. Joseph Rowntree Foundation의 지원으로 수행된 이 보고서는 상호문화정책을 시행하기 위한 방안으로 '상호문화도시'의 개념을 제시하였다. 상호문화주의와 이에 근거한 상호문화정책은 2008년 유럽평의회(Council of Europe)가 '상호문화 대화 백서(White Paper on Intercultural Dialogue)'를 발간하고, 유럽연합의 유럽위원회(European Commission)가 2008년을 상호문화 대화의 해로 정하여 다양한 문화와 더 개방적이고 복잡한 환경에 대한 시민들의 이해를 함양하기 위한 노력을 강구하면서 유럽 전역에 걸쳐 본격화되었다.

특히 여기서 강조될 점은 이러한 상호문화정책이 2008년 유럽평의회와 EU가 공동으로 상호문화도시 프로그램을 시행하면서 유럽 전역에서 구체적인 사업 형태로 보급되었다는 점이다. 상호문화도시 프로그램의 시행 배경과 특성에 관해서는 다음 절에서 논의하기로 하고, 여기서는 상호문화정책이 제기되는 유럽 이민자 정책의 역사를 간략히 고찰해 볼 필요가 있다. 즉 서유럽 국가들은 제2차 세계대전 이후 외국인 이주자들에 대해 무(대응)정책 → 초청노동자 정책 → 동화정책 → 다문화정책으로 발전해 왔는데, 상호문화정책은 이전의 정책들이 안고 있었던 문제나 한계를 보완한 것이라는 점에서, 유럽평의회 스스로 '현재까지 이민자 사회통합을 위한 가장 성숙한 정책'으로 평가하고 있다(Khovanova-Rubicondo and Pincelli, 2012).

유럽의 이민자 정책을 부문별로 좀 더 구체적으로 살펴보면(〈표 8-1〉 참조), 외국인 이주자들의 주택정책은 초기 무정책 시기에는 이민자 주거를 무시하거나 임시주거로 위기에 대응하는 정도였는데, 초청노동자정책 시기에는 외국인 이주자들의 주거문제에 대한 단기적 해법으로 민간임대 주택에 대한 규제를 최소화하였다. 동화주의정책 시기에는 외국인 이주자들도 원주민들과 대등한

〈표 8-1〉 이민자 정책의 유형 비교

	무정책 (non-policy)	초청노동자 정책(guest-worker policy)	동화주의 정책 (assimilationist policy)	다문화 정책 (multicultural policy)	상호문화 정책 (intercultural policy)
소수집단 조직	이민자 무시	제한된 이슈에 비공식적 협력	이민자 불인정	역량강화 주체로 지원	통합 주체로 지원
노동시장	무시, 맹목적 암시장 활동으로 전환	제한된 직업 지원과 최소규제	인종 구분 없는 일반적 직업 지원	차별금지정책: 훈련과 고용에서 차별철폐 조치	차별금지정책: 상호문화능력과 언어능력 강조
주거	이민자 주거 무시, 임시 주거 위기에 대응	단기적 주거 해법, 민간임대 최소 규제	공공주택 대등한 이용, 주택시장 비인종적 기준	차별금지 임대 정책: 공공주택 긍정적 이용	차별금지 임대 정책: 인종적 주거 혼합 장려
교육	이민자녀의 임시적 인정	이민자녀 학교 등록	국가 언어, 역사, 문화 강조, 보충수업 무시	다원적 학교 지원, 모계 언어, 종교, 문화 교육	국어와 모계언어/문화 교육, 상호문화함양, 탈분화
치안	안전 문제 대상으로서 이민자	이민자 규제, 모니터링, 추방 주체로서의 경찰	이민자 지역에 대한 집중 치안	사회봉사자로서의 경찰, 순행적 반인종주의 강화	인종 간 갈등 관리의 주체로서 경찰
공적 인지	잠재적 위협	경제적 유용, 정치·사회·문화적으로 무의미	소수자 관용 장려, 비동화자에 대한 불관용	'다양성 찬양' 축제와 도시 브랜드화 캠페인	상호문화적 함께함을 강조하는 캠페인
도시개발	인종적 앤클라브 무시, 위기 발생 시 산개	인종적 엔클라브 일시적 관용	인종적 엔클라브 도시문제로 간주, 분산정책 재활성	엔클라브와 인종적 지역사회 리더십 인정, 지역기반 재생	인종혼합 이웃, 공적 공간 장려, 도시 공무원과 NGO의 갈등관리
거버넌스와 시민권	권리 또는 인정 없음	권리 또는 인정 없음	자연적 동화촉진, 인종자문 구조 없음	지역사회 리더십, 인종기반적 자문 구조와 자원배분	문화 간 리더십, 협력, 자문 장려, 혼종성 함양

자료: Wood, 2009, 23~24.

입장에서 공공주택을 이용할 수 있게 되었고, 주택시장에서 비인종적 기준을 적용하고자 했으며, 다문화정책 시기에 오면서 임대주택분야에서 외국인 이주자에 대한 차별을 완전히 금지하고, 공공주택을 더욱 적극적으로 이용하도록 했다. 그러나 이러한 정책에도 불구하고, 외국인 이주자들의 주거공간은 원주민들의 주거지와는 격리된 주거분화 현상이 일반적이었고, 이로 인해 외국인 이주자의 주거지들은 주로 도시 외곽에 고립되어 있었다. 상호문화정책으로 전환하면서, 외국인 이주자를 위한 주택정책은 다문화정책과 마찬가지로 차별 금지 임대정책을 지속적으로 시행할 뿐만 아니라 주거격리를 해소하고 나아가 상이한 인종과 문화 간 교류와 상호소통을 촉진하기 위하여 주거 혼합을 장려하고자 한다.

이와 같이, 상호문화정책은 유럽의 외국인 이주자 정책의 발전과정에서 점진적 개선을 통해 도달한 정책이며, 특히 다문화정책을 이어받으면서 문제점을 해소하고자 했다는 점에서 의의를 가진다. 물론 상호문화정책은 다문화정책과 상당부분 중첩되며, 또한 많은 공통점을 가진다. 이민자를 지역사회의 구성원으로 인정하고, 법적 제도를 통해 이민자에 대한 차별을 금지하고자 했다는 점에서 공통점을 가진다. 이러한 차별 금지는 주거부문뿐 아니라 노동시장이나 교육 등 사회의 모든 부분에도 적용된다. 특히 이와 관련하여, 차별금지와 관련하여, '구성원들의 다양한 문화적 배경을 창의적이고 혁신적인 아이디어를 산출하는 자산으로 간주하고 다양한 문화 공존을 위해 교육과 문화사업을 실시한다'고 제시한다. 그러나 이러한 공통점 때문에 상호문화정책은 결국 다문화정책에 포장만 한 말장난이라는 비난을 받기도 한다.

하지만, 다문화주의가 다양한 문화의 병렬적 '공존'에 관심을 두는 반면, 상호문화주의는 다양한 문화의 상호 '교류'와 만남을 강조한다는 점에서 중요한 차이를 가진다. 즉 다문화정책은 모자이크 상태의 정적인 문화공존을 긍정하는 반면, 상호문화정책은 지역사회에서 상이한 민족이나 문화 간 상호작용이 없는 공존 상태는 시급히 해결되어야 할 문제로 간주한다. 이러한 점에서 주거부문 정책에서 다문화정책은 이민자 밀집거주지역 형성을 장려하고 이민자가 모여 사는 구역을 문화상품으로 개발하려 하지만, 상호문화정책은 원주민과 분리되어 이민자끼리 특정 구역에 거주하는 것을 경계한다(오정은, 2012, 43). 왜

나하면 이민자 밀집거주지가 지역의 게토로 전락하고, 일반인들은 출입을 꺼리는 장소가 되어 현지인과 이민자 사이의 격리현상이 일어날 우려가 있기 때문이다. 따라서 상호문화정책은 특정 민족의 밀집거주지 형성을 사전에 예방하기 위해 기숙사나 공공임대주택과 같은 밀집거주시설에 민족별 쿼터제를 도입하고자 한다(Wood, 2009).

3. 상호문화도시의 개념과 배경

1) 상호문화도시의 개념

상호문화도시는 다문화주의 및 다문화정책의 개념적, 정책적 한계를 극복하기 위해 제시된 상호문화주의와 이에 바탕을 둔 상호문화정책의 핵심 실천 프로그램으로 제시된 것이다. 상호문화도시 프로그램을 실행하고 있는 유럽평의회의 주장에 의하면(Council of Europe, 2013. 이후 CE로 인용됨), 상호문화도시에 관한 영국의 코메디아 보고서는 다음과 같은 사항들을 고찰하기 위한 것이었다. 첫째, 문화적 다양성은 어느 정도 혁신, 창조성, 기업정신의 근원이 될 수 있으며, 이러한 문화적 다양성이 도시 발전을 위한 새로운 에너지와 자원으로서 긍정적 힘이 될 수 있는가? 둘째, 상이한 문화적 기능과 속성의 조합이 어떻게 새롭고 다양한 사고를 유도할 수 있으며, 이를 고취하기 위한 조건은 무엇인가? 셋째, 증진된 상호문화적 대화, 교류 등의 상호활동이 이러한 과정을 촉매재가 될 수 있는가, 넷째, 상호문화적 네트워크와 상호매개적 교류-행위자들의 역할을 이해하며, 누가 이러한 행위자이며, 이들은 어떻게 활동하고 이들을 장려하거나 방해하는 조건은 무엇인가? 그리고 끝으로 이 보고서는 경제적 혜택을 최대화하기 위한 제도적 장애와 기회를 탐구하고, 도시의 다양성과 부의 창출을 위한 미래 정책의 지침을 제공하는데 목적을 두었다.

이와 같은 상호문화도시 연구의 목적, 특히 도시의 문화적 다양성을 함양하고자 하는 상호문화도시의 개념과 정책은 국제이주기구(IOM: International Organization for Migration) 2011년 연차보고서에 반영되었다. 즉, "다양성이 인정되고 포용된다면, 다양한 임원을 가진 기업은 더 혁신적이며, 다양한 팀은 문제들을 더 잘 해결할 수 있다. 생산성과 임금은 다양한 인구를 가진 지역이나 도시에서 더 높다. 디아스포라 기업정신은 출신국가뿐만 아니라 수용국가의 경제발전을 촉진하며, 이주는 국제무역을 증가시킨다"고 주장된다. 그러나 "만약 정부 당국이 이주 현실에 관한 적절한 의사소통에 실패하거나, 다양성에 관한 '사회적 교육'을 개발하지 못하거나, 위협을 최소화하고 다양성의 혜택을 최대화하는 정책을 시행하지 못한다면 … 다양성은 또한 결속력, 신뢰, 안전의 감소라는 점에서 높은 사회적 비용을 요구할 수 있다"는 점이 지적된다. 요컨대 "[국제] 이주는 재능, 서비스, 기능, 경험의 다양성이 교환되는 방법들 가운데 하나"이지만, 국제이주는 정치적으로 민감하며, 각국 정부는 이를 둘러싸고 유발되고 있는 오해와 갈등을 풀어야하는 어려운 과제에 직면해 있다고 서술된다(CE, 2013에서 인용).

유럽평의회(CE, 2013)는 특히 현대 도시나 사회의 다양성에 대한 중요성을 재차 강조한다. 즉 상호문화도시는 도시의 통합과 혁신을 위하여 자산으로서 다양성에 관한 전략적 비전을 함양한다는 점이 부각된다. 이에 의하면, 도시의 상호문화적 전략은 세 가지 기둥에 의해 지지된다. 첫째는 "이주와 다양성의 현실에 관한 솔직한 의사소통과 지속적인 공적 논쟁"의 중요성이 강조된다. 이러한 논쟁을 통해, "공적 공간과 제도들의 모든 차원들에서 공적 기관들"이 다원화되고, "문화적 갈등을 건설적으로 다룰 수 있는 능력을 포함하여 조직의 문화적 능력이 함양"되기 때문이다. 둘째, "상호문화도시는 민주주의와 인권에 관한 유럽적 원칙과 기준에 바탕을 둔 가치와 권리에 관한 명백한 틀 없이는 기능할 수 없다"는 점이 강조된다. 상호문화도시의 "행위자들은 다양성 관리에 대한 권리-기반적 접근의 규정력을 잘 이해하며, 어떠한 형태의 차별에도 단호히 맞서며, 문화적 상대주의를 거부한다". 셋째, "상호문화도시는 사람중심적이고, 유연하며 부처를 가로지르는 거버넌스 모형을 채택하며, 개입, 협상, 논쟁을 강조한다." 시민사회와의 관계에서, 무게 중심은 각 지역사회의 다원적 목소리들에 주어지며, 공적 기금은 부문적 이해관계보다 공동의 원칙과 목적을 강조하는 비영리조직의 교차문화활동에 우선권을 준다.

상호문화도시의 개념에서 이러한 문화적 다양성에 대한 강조는 사실 최근 많은 관심을 끌고 있는 '창조도시' 주창자들의 입장과 매우 유사하다. 특히 코메디아가 첫 번째 연구목적으로 제기한 문제, 즉 "문화적 다양성은 어느 정도 혁신, 창조성, 기업정신의 근원이 될 수 있으며, 이러한 문화적 다양성이 도시발전을 위한 새로운 에너지와 자원으로서 긍정적 힘이 될 수 있는가"라는 물음은 특히 창조도시에 관한 고찰에서 흔히 제기되는 것이다(Florida, 2005; Landry, 2000; 최병두, 2014 참조). 특히 랜드리는 유럽을 배경으로 창조도시 정책을 강조했을 뿐만 아니라 우드(Wood)와 함께 상호문화도시에 관한 저서를 출간했다(Wood and Landry, 2008). 이들에 의하면, 사람들은 중첩되고 상호행동하는 문화적 관계 속에서 존재하며, 도시는 상호문화적 관계와 실천을 위한 타협과 재구성의 특권적 장소라고 주장된다. 특히 이들은 다양한 상호문화적 관계를 고취하고 함양하는 것은 시민들 간의 공감대를 넓힐 뿐만 아니라 차이로 인한 불신, 불관용, 극단주의를 줄일 수 있으며, 이를 통해 함양된 다양성은 도시혁신을 위한 이점, 무한한 자원, 생동적이고 창조적인 잠재력이라고 평가한다(Wood and Landry, 2008, 10~11).

창조도시의 개념과 더불어 상호문화도시의 개념에서도 강조되고 있는 '다양성'의 의미, 즉 '문화적 다양성은 도시의 자산이자 이점'이라는 주장은 그러나 문제를 내포하고 있다. 왜냐하면 이러한 개념들에서는 다양성 그 자체로 목적으로 설정하기보다는 도시의 혁신과 창조성, 이를 통한 도시 경제발전을 위한 수단으로 간주하기 때문이다. 뿐만 아니라 국제이주기구(IOM)의 2011년 연차보고서에서 제시된 주장, 즉 "다양성이 인정되고 포용된다면, … 기업은 더 혁신적이며, … 문제들을 더 잘 해결할 수 있다. … 디아스포라 기업정신은 출신 국가뿐만 아니라 수용국가의 경제발전을 촉진하며, 이주는 국제무역을 증가시킨다"는 주장은 다양성을 외국인 이주자들의 인권과 복지를 위한 것이 아니라, 기업이나 국가의 경제발전을 위한 것으로 설정하고 있다는 점을 노골적으로 보여주고 있다. 만약 아무리 잘 의도된 계획과 정책을 통해 다양성을 인정하고 함양하는 상호문화도시가 건설된다고 할지라도, 이러한 다양성이 도시나 국가의 경제 성장을 목적으로 한 것이라면 외국인 이주자들의 권리와 복지, 나아가 시민들 간 평등과 정의, 민주주의는 부차적인 문제로 전락하게 될 것이다.

그러나 다른 한편으로, 상호문화도시의 개념에서 강조되는 다양성의 개념은 배제의 극복으로서 포용과 통합을 목적으로 한다는 점에서 의의를 가진다. 즉 상호문화도시의 개념은 사회공간적 배제가 최소한 부분적으로 문화적 동기에서 비롯된다는 가정에 바탕을 둔다. 문화적 배제는 타자를 문화적 이유(생활양식, 언어, 종교, 인종, 정체성 등)로 동등한 인권과 사회적 권리들 그리고 경제·사회·정치적 제도에 대한 동등한 접근을 거부하는데서 시작된다. 문화적 배제는 노동시장과 작업장, 이웃사회, 공적 공간, 교육과 의료보건, 기타 사회적 서비스, 나아가 정치적 참여와 권력 기관 등에 대한 접근의 차별을 가져오게 된다.

사실 서유럽의 외국인 이주자 정책은 초기에는 정치적, 문화적 권리를 가지지 못한 이주노동자들의 노동시장 통합을 목적으로 했다. 그 후 이들의 문화적 동화는 시민권 획득을 위한 전제조건으로 간주되었다. 초청노동자들에 대한 동화주의 정책은 이민자 1세대에게는 적용될 수 있었지만, 그 다음 세대들은 완전한 시민권, 차별금지, 동등한 기회, 문화적 정체성의 존중 등을 요구하면서 사회적 갈등을 드러내게 되었다. 다문화정책은 이민자들이 그들의 문화적 정체성을 유지하면서 자녀에게 물려줄 권리를 가진다는 점을 인정함으로써 이러한 사회적 갈등을 해소하는데 상당한 진전을 보였다. 그러나 다문화주의 또는 다문화정책은 정체성을 단지 정적이고 주어진 것으로 간주하고, 문화의 혼종성과 역동적 진화에 대해서는 거의 인지하지 못했을 뿐만 아니라, 지역사회의 다중적 정체성과 결속을 함양할 필요를 인지하지 못했다. 이로 인해 다문화정책은 결과적으로 외국인 이주자들을 사회문화적으로 주변화시키고, 이들의 주거지를 사회공간적으로 격리시킴으로써 배제를 확대시켰다.

이러한 문제를 극복하기 위하여, 상호문화도시 전략은 공식적 비공식적 공적 공간(public space)을 확인하고, 연령과 계층, 인종적으로 다양한 집단들이 함께 이용하고 서로 교류하도록 함으로써 상호행동의 수준을 높일 수 있도록 재설계하고 활성화시키고자 한다. 이에 따라 도시계획 입안가들은 다양한 집단들이 참여하여, 도시의 공적 공간을 어떻게 이용하는가를 더 잘 이해하고, 계획과 설계 지침에 포함시키도록 한다. 특히 주거부문 프로그램들에서, 상호문화주의 도시들은 특정한 활동과 행사를 행사를 계획·시행함으로써 상호문화적 접촉과 상호행동, 혼합과 탈격리를 촉진하고자 한다. 또한 이 도시들은 인종적 집단들이 상호 격리된, 즉 엔클라브화된 주거공간에서 벗어나 서로 혼합된 주거 기회를 가지도록 장려하고자 한다. 이러한 점에서 상호문화도시는 단순히 네트워크가 아니라 신중하게 설계된 프로그램들을 가진 학습공동체이며, 도시의 여러 행위자들이 이슈의 복합성을 이해하고 해결해 나갈 수 있도록 도시 정책에 참여하여 설계하고 시행해 나가도록 한다. 이러한 점에서 상호문화도시는 진정한 다양성이 그 자체로서 도시의 미래이며, 배제의 정치를 극복할 수 있도록 하는 공동체를 지향한다는 점이 강조될 수 있다.

2) 상호문화도시의 배경: 주거 격리

상호문화도시의 개념과 이를 위한 정책은 기본적으로 사회문화적 다양성을 어떻게 구축 또는 편성하여 이의 혜택을 증대시키는 한편, 이를 유지하기 위한 비용을 줄일 것인가에 주목하고 있다. 다양성의 혜택을 늘이면서 비용을 줄일 수 있는 방법으로 세 가지 조건들에 대한 고려가 요구된다(Khovanova-Rubicondo and Pinelli, 2012). 첫째는 다양성의 사회적 및 공간적 편성과 관련된 조건으로, 인종적 및 문화적으로 상이한 집단들을 사회적으로 어떻게 조직하고, 공간적으로 배치할 것인가를 고려하는 것이다. 둘째는 다양성의 증대나 유지를 위한 맥락과 관련된 조건으로, 다양성을 형성·관리하기 위해 어떠한 가치, 제도, 거버넌스가 필요한가를 고려하는 것이다. 셋째는 다양성을 위한 정책 설계와 관련된 조건으로, 인종화와 불평등 이슈를 해소하고 다양성을 적극적으로 함양할 수 있는 정책 프로그램을 어떻게 개발할 것인가를 고려하는 것이다.

특히 첫 번째 측면, 즉 다양성의 사회공간적 편성과 관련된 조건들은 도시공간을 어떻게 구성할 것인가의 문제와 직접적으로 관련된다. 어떤 도시에서 문화적 다양성의 효과는 단순히 구성 집단이나 문화의 수나 종류가 많다고 해서 얻을 수 있는 것이 아니다. 왜냐하면 다양한 집단들 간 접촉과 교류가 없다면, 다양성은 아무런 효과를 가질 수 없기 때문이다. 이러한 점에서 사회자본론을 제시한 푸트남(Putnam, 2007)의 접촉(contact) 개념은 상호문화주의를 지지하는 문헌에서 흔히 거론된다. 그가 제시한 사례에 의하면, 미국 군대에서 흑인 군인과 함께 근무를 해 본 백인 군인은 흑인 군인에 대한 반감이 적으며, 인종적 혼합에 대해 훨씬 편안한 느낌을 가진다고 한다. 이러한 사실은 다양성이 어떻게 편성되는가에 따라, 신뢰와 사회적 결속이 달라짐을 보여준다. 즉 이 개념에 의하면, 집단 간 교차 접촉과 상호행동의 함양은 이들 간 신뢰와 사회적 결속을 가져다준다.

도시공간에서 이러한 다양성의 편성과 관련된 문제는 우선적으로 주거공간의 분화와 밀접하게 연관된다. 서구 선진국들의 도시들에서 서로 다른 문화를 가진 인종 집단들은 흔히 서로 격리된 주거공간, 즉 '에스닉 커뮤니티'를 형성하고 살아간다. 이러한 주거공간의 인종적 격리가 그 곳에서 살아가는 사람들에게 미치는 영향은 연구에 따라 다소 다른 결과를 보여준다. 코바노바-루비콘도와 파넬리(Khovanova-Rubicondo and Pinelli, 2012)의 문헌 연구에 의하면, 미국 도시들에서 격리된 주거공간(엔클라브)에서 생활하는 아프리카 아메리칸은 도시의 다른 지역들에서 생활하는 다른 동료들보다 다소 나쁜 사회경제적 결과(학력, 직업, 편부모 등)를 가지는 것으로 조사되었다. 또한 미국과 영국에서 수행된 연구에서 자신의 인종집단이 적은 지구에서 생활하는 사람들에게 정신분열과 자살율이 낮은 것으로 나타났다. 그러나 분리된 주거지역에서 생활은 사회경제적 조건들을 함양하거나 또는 안정된 생활을 영위하는 것으로 조사되기도 했다.

주거 격리가 지역주민에게 미치는 영향은 또한 시간의 경과에 따라 다르게 나타난다. 즉 외국인 이주자들은 처음에는 유사한 생활방식과 언어를 가진 같은 민족들과 가까이 살아가기를 원한다. 이러한 인식은 개인의 일상생활에서 안정감뿐만 아니라 일자리를 구하거나 사회적 서비스를 이용하는데도 도움을 준다. 달리 말해, 인종적으로 격리된 주거공간에서 살아가는 이주 1세대 외국인들은 그렇지 않은 지역에서 정착한 동료들에 비해 비교적 더 높은 소득과 생활조건을 가지는 경향을 가진다. 그러나 시간이 경과함에 따라, 격리된 주거지역의 사회공간적 조건은 그곳에서 살아가는 사람들을 규정하는 요소가 될 수 있다. 즉 장기적으로 어떤 격리된 주거지에서 살아가는 사람들은 다른 지역에 있는 사람들과 사회경제적 연계를 구축하지 않게 됨에 따라, 취업 및 소득이나 그 외 일상생활에 필요한 새로운 정보 획득의 기회를 잃게 되면서, 노동시장으로부터 배제되고 소득이 상대적으로 낮아질 수 있으며, 언어 및 의사소통 능력을 저하시킬 수 있다.[4]

주거 격리가 그곳에 살아가는 사람뿐만 아니라 도시 전체에 미치는 영향을 살펴보면, 이로 인한 부정적 영향은 더 커지는 것으로 나타난다. 세계 90개 국가들에서 도시의 주거 격리의 영향을 조사·분석한 한 연구에 의하면(Alesina and Zhuravskay, 2011), 다양성 그 자체가 아니라 다양성의 공간적 격리가 불안정을 증대시키고 도시의 사회공간적 규제의 질을 떨어뜨리며, 법 질서를 약화

4. 이와 같이 단기적으로 혜택을 추구하는 개인의 선택이 장기적으로 자신의 이해관계뿐만 아니라 사회 전체적으로 손실을 가져다줄 수 있다는 점은 주거격리에 의한 '잠김효과'라고 지칭된다.

〈표 8-2〉 주거 격리에 대한 정책 유형 구분

		다양성	
		부정	인정
상호행동	방치	격리[무대응] 모형	다문화 모형
	강화	동화주의 모형	상호문화 모형

시킨다는 점을 보여준다. 또한 푸트남의 주요한 연구 성과를 원용하여 재평가한 한 연구(Uslaner, 2009)에 의하면, 다양성의 공간적 격리는 미국 도시들이나 세계 여러 국가들에서 결속형 및 연계형 [사회적] 자본을 저하시키는 주요 원인이 되는 것으로 주장된다. 이와 같이 주거 격리는 도시 내 정보나 아이디어의 순환이나 문화 교류, 그리고 집단 간 상호행동에서 많은 부정적 영향을 미친다고 할 수 있다.

서구 선진국의 도시들에서 외국인 이주자들의 유입 증가에 따라 발생하는 이러한 주거격리에 대한 정책은 이민정책 전반의 전환 과정과 더불어 변화해 왔으며, 이러한 변화를 반영하여, 주거격리에 대한 정책은 네 가지 유형으로 구분될 수 있다(〈표 8-2〉 참조)(Janssens and Zanoni, 2009; Khovanova-Rubicondo and Pinellli, 2012).

첫 번째 모형으로 초기 무대응 정책 시기에는 주거 격리를 방치하거나 오히려 이를 장려하는 정책이 강구되었다. 즉 문화가 다른 외국인 이주자 집단을 일자리나 주거 등에서 사회공간적으로 원주민 집단들과 분리시키는 정책을 강구했다. 이 정책은 인종적, 문화적 차이를 인지하고 허용하지만 또한 동시에 이 집단을 분리시키고 상호작용을 제한하고자 했다. 외국인 이주자들은 자신의 생활양식과 문화를 유지할 수 있었지만, 사회의 다른 부문들로부터 배제되었다. 이러한 격리는 외국인 이주자 집단의 내생적 요구에 의해 이루어질 수 있었으며, 도시 내부 또는 변두리에 공간적으로 분리된 인종적 엔클라브가 등장하게 되었다.[5] 외국인 이주자들은 이러한 주거 격리를 통해 자신들의 정체성을 유지할 수 있다고 할지라도, 주류 집단으로부터 사회문화적, 경제·정치적으로 배제 또는 주변화된다는 점에서 사회 전체적으로 보면 다양성이 부정된 것이라고 할 수 있다.

두 번째 유형은 주거 격리를 강제적으로 해소하기 위한 동화모형으로, 외국인 이주자들이 주류 사회와 문화에 완전히 흡수·통합되도록 하는 정책이다. 이러한 정책의 사례로 프랑스의 이주자 정책이 거론된다. 격리 정책과는 달리 동화 정책에서는 이주자들은 새롭게 정착한 국가나 지역의 경제나 사회 생활에 참여가 허용되지만, 자신들이 가지는 문화와 정체성을 포기하도록 요구된다. 주거정책에서 외국인 이주자들은 원주민들과 대등한 입장에서 공공주택을 이용할 수 있도록 규제가 풀리지만, 문화나 정체성의 차이를 포기하고 다수의 생활방식에 동화할 것으로 기대된다. 이러한 동화정책은 결국 문화적 인종적 차이를 말소하고 다양성의 긍정적 잠재력을 부정한다. 그러나 실제 시간 경과에 따라 이민자 2, 3세대의 입장은 이러한 동화가 현실적으로 이루어지기 어려움을 보여주었다.

세 번째 유형은 이러한 격리 정책과 동화 정책의 문제점을 해결하기 위해 제시된 다문화주의 정책이다. 이 정책은 외국인 이주자들이 그들의 생활양식과 문화적 활동을 지속할 자유를 강조하고, 이를 법적으로 장려하고자 한다. 영국과 스웨덴의 정책이 흔히 이 유형에 해당하는 것으로 간주된다. 주거 부문에서 다문화정책은 외국인 이주자에 대한 차별을 법적으로 금지하고, 공공주택을 더욱 적극적으로 이용하도록 장려하였다. 그러나 주어진 사회적 권력관계 속에서, 다양성에 대한 강조는 명분에 불과하고, 이들이 스스로 자신들의 생활양식이나 문화를 유지하도록 방치함에 따라, 기존의 사회공간적 질서는 그대로 유지되는 결과를 초래하였다. 이로 인해, 외국인 이주자과 원주민의 주거공간은 격리된 상태로 고착되었고, 결국 이러한 정책은 격리를 해소하기보다는 방

5. 과거 남아프리카에서 공공연히 시행되었던 인종차별(apartheid) 정책은 극단적인 사례라고 할 수 있다. 또한 독일의 초청노동자에 대한 정책도 원주민과 외국인 간 엄격한 구분을 전제로 했다는 점에서 이러한 격리 정책으로 분류될 수 있다.

치하고, 동화를 극복하기보다는 지연시키는 경향을 보였다. 이러한 맥락에서 외국인 이주자들을 위한 정책과 이를 뒷받침한 다양성 담론은 상호연계를 함양하기보다 차단시키는 효과를 가지면서 사회공간적 엔클라브를 형성하도록 했다고 비판되게 되었다.

네 번째 유형의 정책, 즉 상호문화정책은 이러한 다문화정책의 한계를 해소하기 위해 제시된 것이라고 할 수 있다. 다문화정책의 실패는 과거의 격리정책이나 동화정책으로의 회귀를 허용하는 것이 아니라, 새로운 대안의 모색을 요구했다. 상호문화정책은 다문화정책과 마찬가지로 사회공간적 다양성을 강조한다는 점에서 공통점을 가지지만, 이를 수동적으로 인정하는 것에서 나아가 능동적으로 함양하고자 한다는 점에서 의의를 가진다. 즉 대안은 인종적, 문화적 경계를 가로질러 공동의 이해관계에 관한 이슈들을 논의·합의하고 실천할 수 있도록 만남과 상호행동을 장려하는 것이라고 할 수 있다. 주거정책에서, 상호문화정책은 주택시장에서 외국인 이주자들에 대한 차별을 철저히 금지할 뿐만 아니라, 주거격리를 해소하기 위하여 상호 교류와 소통을 촉진하고자 한다.

상호문화정책은 이와 같이 도시의 주거공간뿐만 아니라 다양한 미시적 공적 공간의 활성화를 강조한다.[6] 아민(Amin, 2002)은 아시아계(특히 영국의 인도-파키스탄계) 노동계급의 자기 격리현상에 주목하고, 이러한 인종 및 문화의 차이에 따른 주거 격리는 인종 집단 간 의사소통의 부재와 더불어 교육의 격리를 초래한다고 주장한다. 이러한 문제를 해소하기 위하여 정책은 주거혼합에 대해 관심을 가지고, 다양한 배경을 가진 사람들이 공유된 이해관계를 가지고 공동체를 구성할 것으로 기대했다. 그러나 실제 주거 혼합은 인종주의나 인종적 갈

---

6. 이러한 점에서, 아민(Amin, 2002)은 '타협의 미시적 공공성'을 유지하기 위한 참여와 공방을 논의하였다. 특히 아민은 대안적 장소로 작업장, 학교, 청소년센터, 스포츠클럽 그 외 사교공간들을 포함한 미시적 공적 공간에서 상호 만남과 이를 통한 '평범한 협상'을 촉진할 것을 강조한다. 이와 유사하게 Banerjee(2001)는 '쾌활한 도시'(convivial city)의 필요를 강조했다. 다른 한편 메리필드(Merrifield, 김병화 역, 2015)는 상호문화주의에 근거를 두지는 않았다고 할지라도, 르페브르의 '공간의 생산' 이론에 근거를 두고, '차이의 공간'을 구축하기 위한 '마주침의 정치'를 강조한다.

등과 긴장, 문화적 고립과 배제를 극복하지 못하고 많은 문제를 유발하기도 했다. 그러나 아민에 의하면, 이러한 점은 주거 혼합의 시도가 무의미한 것으로 부정하는 것은 아니라는 점이 강조된다. 오히려 매력 없고 탈인간화된 인종혼합 주거를 개선하려는 노력이 더욱 필요하다고 주장된다. 즉 사회공간적 격리의 해소는 단순히 지리적 인접성에 바탕을 둔 주거혼합에서 나아가 주민들 간 상호행동을 촉진할 수 있는 일상적 만남의 국지적 장소 만들기를 통해 이루어진다.

4. 상호문화도시 프로그램의 시행과 정책 평가

1) 상호문화도시 프로그램의 시행

유럽 국가들에서 다문화정책에 대한 대안으로 제시되고 있는 상호문화정책은 기본적으로 도시 정책 특히 도시의 사회공간적 재구성과 관련된 세부 정책 프로그램들을 통해 시행되고 있다. 유럽평의회의 주장에 의하면, 다양성을 능동적으로 함양하기 위한 상호문화도시 정책은 "다양한 문화적 인종적 배경을 가진 주민들 간 비공식적 만남이 용이한 도시 전망을 제시하고 이를 장려하는 도시공간과 도시 제도의 설계를 촉진한다. 이는 상호작용의 개방 공간을 장려하며, … 신뢰와 사회적 결속을 지속시키고, 사고와 창의성의 순환을 촉진한다"(CE, 2013). 물론 상호문화도시 정책은 단지 좁은 의미의 도시 공간의 재구성뿐만 아니라 노동시장, 교육, 주거, 건강, 안전 등의 사회적 서비스제공, 공공행정과 거버넌스에의 참여 등 다양한 부문들에 걸쳐 이루어진다. 이러한 정책의 입안과 추진은 다양한 공적기관과 경영조직 그리고 지역 NGO와 여타 단체들의 참여를 통해 입안되고 추진되며, 그 외 문화적 인종적 구분을 해소할 수 있는 여러 이슈들에 걸쳐 시민들의 활동을 지원한다.

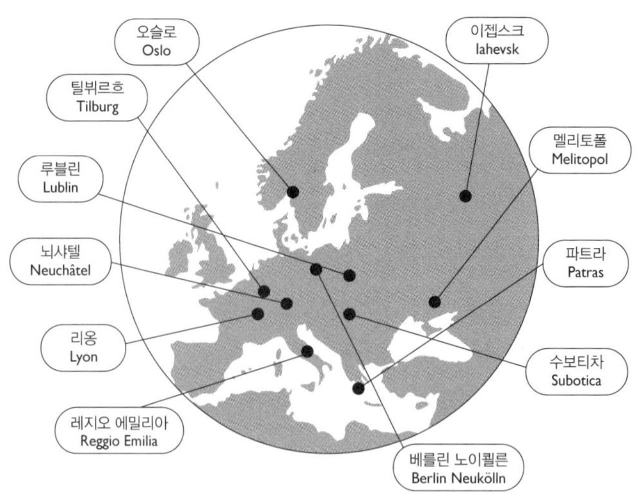

〈그림 8-1〉 프로그램 1단계 사업 선정 11개 도시들

자료: Wood, 2009.

유럽평의회는 유럽의 많은 도시들이 이러한 상호문화도시 정책을 수용하고 촉진할 수 있도록 상호문화도시 프로그램을 운영하고 있다. 유럽평의회의 홈페이지에 제시된 서술에 의하면, 상호문화도시 프로그램(intercultural cities programme ICC)는 "도시 정책을 상호문화적 렌즈를 통해 검토하고 종합적인 상호문화적 전략들을 개발하고자 하는 도시들을 지원하여, 다양성을 적극적으로 관리하고 다양성의 이점을 실현하는데 도움을 주고자 한다." 좀 더 구체적으로 이 프로그램은 이민자와 원주민이 상호행동을 통해 더불어 살아가기에 적합한 환경을 조성하고자 하는 모범도시들을 선정하여 지원하는 사업이다. 유럽평의회는 회원국인 47개 국가들(유럽연합 회원국은 현재 27개국임)의 도시들을 대상으로 2008년부터 2010년 사이 1단계 사업을 시행했고, 2011년 초부터는 2단계 사업을 시행하게 되었다. 1단계 사업의 결과로 11개 도시가 상호문화 모범도시로 선정되었으며, 2단계 사업을 통해 21개 도시가 선정되어 이 프로

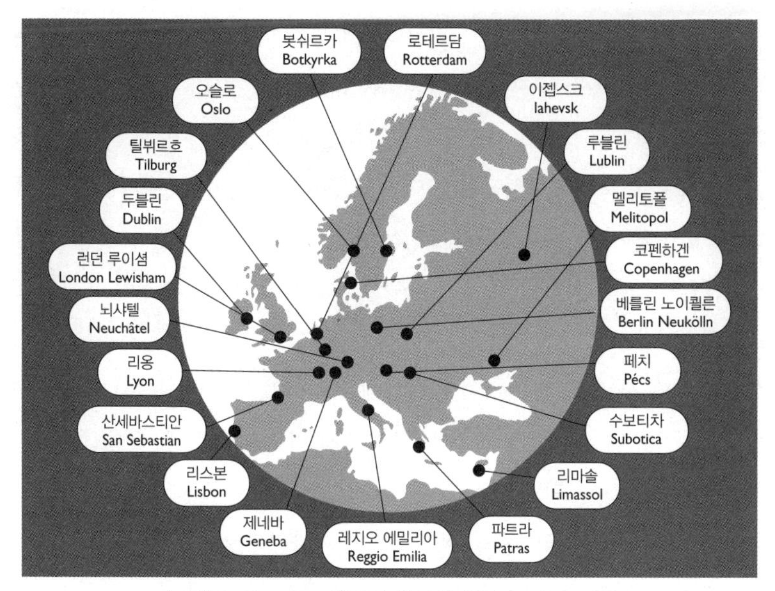

〈그림 8-2〉 프로그램 2단계 사업 선정 21개 도시들

자료: Council of Europe, 2013.

그램을 시행하도록 했다(〈그림 8-1〉, 〈그림 8-2〉 참조).[7]

상호문화도시 프로그램의 목적은 단지 우수도시를 선정, 수상하는데 있는 것이 아니라 이 프로그램을 통해 유럽의 각지에 상호문화주의를 확산시키기 위한 것이라고 할 수 있다. 주관기관은 참여 도시의 상호문화성 평가에 앞서 상호문화도시로의 발전을 위한 열 가지 전략을 제시하고 상호문화도시로의 발전을 유도한다.[8] 또한 프로그램의 주관기관은 우수 상호문화도시 평가를 위해 지

7. 유럽평의회 홈페이지(2017.9.5. 접속)에 게시된 바에 의하면, 상호문화도시의 목록에 기재된 도시의 수는 총 121개로, 유럽연합 회원국 외에도 이스라엘의 하이파, 멕시코의 멕시코시티, 일본의 하마마쓰 등도 포함하고 있다.

8. 열 가지 전략은 다음과 같다. ① 공개적 담론과 상징적 행동을 통해 다양성에 대한 대중의 긍정적 인식을 이끌어내기, ② 도시의 주요 행사들에 대해 '상호문화적 렌즈'를 통한 평가를 일반화하면서 교육, 공익사업, 도시행정, 스포츠, 예술 등 다양한 분야에서 상호문화 시범 프로젝트를 실시하기, ③ 다양한 문화적 배경을 가진 사람들 사이의 갈등을 당연하게 받아들이고 시 차원의 중재와 해결 기술을 개발하기, ④ 다양한 언어 교육에 적극적으로 투자하여 소수민족의 의사소통을 장려하

표들을 고안하여 유럽 전역에서 도시의 상호문화성 측정을 위한 공신력 있는 도구로 활용하도록 했다. 지표들은 인구구성, 경제여건, 제도적 특징 등을 묻는 객관적 지표와 시민들의 도시생활 만족도 및 우려도, 집단의식, 사회적 유대 등을 묻는 주관적 지표로 구성되었다. 이 지표들은 특히 다양한 문화의 공존 상태 측정이 아니라 서로 다른 문화적 배경을 가진 사람들 사이의 접촉과 상호작용이 발생할 수 있는 여건 조성, 실제 사람들의 상호작용 빈도 측정에 초점을 두고 설정되었다.[9]

상호문화도시 프로그램의 1단계 사업에는 외국인 이주자들을 위한 오랜 사업 경험과 인프라를 구축해 온 서유럽 도시들뿐만 아니라 중,동부 유럽의 도시들도 포함되었으며, 2단계 사업에서는 더욱 확대되었다. 모범도시의 선정은 단지 상호문화적 인프라의 구축 상황만을 점수화하는 것이 아니라 각 도시의 고유한 전통과 경제적 여건을 고려하여 구성원들의 의지와 노력을 반영하고자 했다. 유럽평의회에서 제시한 상호문화도시의 '도시 정책입안자를 위한 좋은 실무 사례'에 의하면, 프로그램의 주요 분야는 교육, 공적 공간, 사회서비스, 사업과 경제, 청소년, 중재와 갈등 해결, 대중매체와 의사소통, 국제 정책, 거버넌스·리더십·시민권 등 총 아홉 가지로 구분된다. 여기서는 각 유형별로 주요 도시들의 사업들이 제시되어 있으며, 한 도시는 여러 분야에 걸쳐 사업을 추진한 것으로 나타난다. 상호문화 모범도시들에서 시행된 교육분야 프로젝트 과제들은 〈표 8-3〉과 같다. 또한 상호문화 모범도시들 가운데에서도 대표적 도

기, ⑤ 지역 미디어매체와 협력하여 뉴스나 기타 사실 전달에서 상호문화적 시각 견지하기, ⑥ 외부 세계에 대한 국제적 정책 수립하기, ⑦ 상호문화기능을 담당하거나 관찰하는 기관 설립하기, ⑧ 상호문화의 가치를 인식할 수 있도록 공무원 연수 사업하기, ⑨ 새로 도착한 이민자를 배려하는 도시 개발 프로젝트 발전과정에 기존 지역 거주민을 위한 서비스 역시 동등하게 고려하기, ⑩ 시민사회와 공공기관이 함께 다양한 문화를 아우르는 정책 결정을 할 수 있는 거버넌스 구축하기 등이며, 각각의 전략에 따른 구체적 실천 방안도 제시되었다.

9. 이 지표들은 경제·인구적 자료, 제도적 실태, 사회적 특성 등으로 구분되며, 측정 가능한 개별 변수의 형태로 제시되기보다는 객관적으로 검증 가능한 질문에 대한 답변으로 이루어진다. 구체적 내용에 대해서는 Wood(2009, 79~89) 참조.

〈표 8-3〉 상호문화도시 프로그램 교육 분야 주요 도시 및 과제

도시명	프로그램 과제
네덜란드, 틸뷔르흐	틸뷔르흐 '다채롭고 훌륭한' 무지개 학교: 초등학교 수준에서 다인종 정체성의 인정
스위스, 제네바	'가족 전체' 접근: 더 좋은 통합을 위한 학부모들의 협력
세르비아, 수보티카	사회에서 분파적 구분 없애기: 공동체 간 긴장을 논의하는 공동 역사 교과과정 채택
노르웨이, 오슬로	Gamlebeyn Skole[전통적 도시 초등학교]: 문화와 예술에서 다양성: 유치원에서 백인 이주(white flight) 현상을 막기 위한 문화적, 상호문화적 교육 촉진
스페인, 바르셀로나	교실에서 다양성 존중 교육: 다양한 공동체들의 평화로운 공존을 보장하기 위하여 교육에 대한 상호문화적 접근
스위스, 취리히	QUIMS 교육, 다문화학교의 질: 교육 불평등을 줄이기 위하여 이주자들을 위한 특수교육 프로그램
캐나다, 토론토	'신입' 캐나다인과 원주민 캐나다인 간 간극 잇기: 교육에서 기회 균등 접근

자료: Council of Europe, http://www.coe.int/t/dg4/cultureheritage/culture/Cities/Default_en.asp.

〈표 8-4〉 네덜란드 틸뷔르흐(Tilburg) 상호문화도시 프로그램의 분야별 과제

분야	프로그램 과제
교육	틸뷔르흐 '다채롭고 훌륭한' 무지개 학교: 초등학교 수준에서 다인종 정체성의 인정
공적 공간	세계의 집, 새로운 사람과 사고를 위한 모임 장소: 교육, 교류, 창조성을 위한 발판으로서 공적 공간
사회 서비스	가능한 일반적으로, 필요할 경우 특수하게: 공무원들을 위한 다양성 훈련
사업 및 경제	틸버그를 책임지는 다양성: 이주자 사업선도를 지원하는 기업클럽
언어 지원	사전 및 적시 교육: 이주자 자녀를 위한 조기 언어 지원
거버넌스·리더십·시민권	여러분의 이웃을 풍요롭게 하라, 진정하게 상향식 거버넌스에의 접근: 공동체 프로젝트에의 이주자 참여

자료: Council of Europe, http://www.coe.int/t/dg4/cultureheritage/culture/Cities/Default_en.asp.

시라고 할 수 있는 네덜란드 틸뷔르흐(Tilburg) 상호문화도시 프로그램의 분야별 과제는 〈표 8-4〉와 같다(오정은, 2011 참조).

2011년에 시작된 2단계 사업에서는 21개 도시가 선정되어 상호문화도시 프로그램을 시행한 것으로 발표되었다. 유럽평의회는 "다양성은 사회의 향상을 위해 필수적인 자원이며, 개인의 문화적 정체성 표현은 근본적인 권리"라고 주장하고, 이러한 다양성을 적극적으로 활성화할 수 있는 공적 정책의 개발을 촉진하기 위하여, 유럽위원회(the European Commission)의 지원을 받아서 상호문화적 통합 프로그램을 개발하고 지원하게 되었다고 서술하고 있다. 유럽평의회는 이러한 상호문화도시 프로그램의 통해 상호문화주의가 확산되고, 상호문화도시 지표가 공신력 있는 평가지표로 활용되게 되었다고 자부하고 있다. 이에 따른 효과는 상호문화도시 프로그램에 대한 관심 표명과 참여 도시들이 증가하여 유럽뿐만 아니라 아메리카와 아시아 도시들로 확대되었으며, 상호문화주의에 관해 다양한 세미나와 학술대회 등이 개최되었음을 지적된다(오정은, 2012, 56~57).

2) 상호문화도시 정책에 대한 평가

서유럽을 중심으로 외국인 이주자들에 대한 정책이 다문화주의에서 상호문화주의로 전환한 이유는 다음과 같은 세 가지 측면에서 제시될 수 있을 것이다. 첫째 다문화주의의 이론적 윤리적 근거 자체의 한계에 기인하는가 ? 둘째 다문화주의에 바탕을 둔 정부(중앙 및 지방)의 정책이 미흡했기 때문인가? 셋째 다문화주의를 이데올로기적으로 동원하거나 또는 다문화정책을 왜곡시키는 경제적 및 정치적 지배 권력의 이해관계에 문제가 있는 것인가? 물론 이러한 세 가지 측면의 이유들은 서로 뒤얽혀 있기 때문에, 상호문화주의로의 전환이 하나의 이유만으로 설명될 수는 없을 것이다. 그러나 일단 분석적으로 각 측면에서 그 문제를 다시 거론해 볼 수 있다.

우선 첫 번째 측면에서 다문주의의 이론적 윤리적 근거를 의문시할 수 있다(Macey, 2012 등 참조). 다문화주의는 사실 모든 문화들을 동등하게 긍정적인 의미를 가지는 것으로 간주한다. 그러나 모든 문화 자체를 긍정적인 것으로 간주할 경우, 문화적 상대주의에 빠질 수 있고 이는 결국 기존의 권력을 배경으로 형성된 인종적 질서를 영속시킬 수 있다. 또한 문화에 대한 이러한 인식은 문화를 정적인 것으로 이해하는 것이며(그러나 서구 백인문화만은 동적인 것으로 가정하면서), 이는 결국 다문화주의에는 문화가 없다는 비판을 받도록 한다. 또한 다문화주의는 이로 인해 현실 사회에서 문화적 갈등이 존재함에도 불구하고, 이를 방치하면서 문화적 다양성의 규범적 측면만 강조하는 것으로 비난되기도 한다. 끝으로 다문화주의는 문화적 다양성을 주장함에도 불구하고 어떻게 실천해야 하는가에 대해서는 소극적 태도를 보이고 있다.

두 번째 측면에서 다문화정책의 한계는 다문화주의 자체라기보다 이를 실현할 정책 입안과 실행 과정의 문제에 기인한 것이라고 할 수 있다. 사실 다문화주의는 나름대로 다양한 이론적, 철학적 배경을 가지고 있으며 적절하게 (재)구성될 경우, 정책의 지침으로 별 문제는 없지만 실제 이를 구체적 정책으로 제대로 실현시키지 못한 점이 지적될 수 있다. 즉 정책으로서 다문화주의는 나름대로 사회의 소수집단들의 삶을 성공적으로 개선하는데 기여할 것으로 인정되기도 하지만, 이러한 성공의 조건들이 제대로 마련되지 않을 경우 실패하게 된다. 다문화주의는 공동체가 대화에 참여하기에 충분하게 신뢰감으로 느끼고, 이들이 지배적 문화와 상호작용하기 위해 충분한 공적 공간이 있을 때만 가능하다"고 주장된다(Parekh and Bhabha, 1989, 27; Collins and Friesen, 2011, 3072에서 재인용). 이러한 정책 실행의 조건의 미흡으로 다문화정책이 실패했다면, 이러한 문제는 정책의 보완이나 재구성을 요구하는 것이며, 다문화주의 자체를 부정할 것은 아니라고 할 수 있다.

그러나 가장 큰 문제는 세 번째 측면, 즉 현실의 사회구조에 기인한 문제라고 할 수 있다. 즉 아무리 규범적이고 실천적(정책적) 의미를 가진다고 할지라도,

현실의 지배 권력에 의해 왜곡되게 적용된다면, 다문화주의이든 상호문화주의이든지 간에 비난 받지 않을 수 없을 것이다. 미첼(Mitchell, 2004) 같은 경우는 다문화주의를 지구화의 신자유주의적 형태와 연계시킨다. 즉 다문화정책과 다문화주의 담론은 포용적 공동체의 창출을 위한 수단이 아니라 '지구적 자본주의의 국제적 네트워크로의 통합'을 촉진함으로써 인종과 민족의 개념에 대한 헤게모니적 통제를 통해 '인종적 마찰을 부드럽게 하는' 데 기여한다고 주장된다(최병두, 2011). 이러한 점에서 다문화주의는 때로 사회경제적 불평등을 지속시키는 일상생활의 다양한 상품화를 지지하는 한편, 외형적으로 진보적이고 자유주의적인 정치로서 차이의 정치를 강조하는 '부르주아적 도시화'로 간주되기도 한다(Goonewardena and Kipfer, 2005).

다문화주의에서 상호문화주의로의 전환에 대한 이러한 세 가지 측면의 이유를 전제로 상호문화주의와 이에 기반을 둔 상호문화정책 특히 상호문화도시 정책을 평가해 볼 수 있을 것이다. 우선 상호문화주의의 이론적, 철학적 근거이다. 상호문화주의의 철학적 근거는 후설의 현상학에까지 소급될 수 있지만, 상호문화주의 그 자체는 철학적 성찰이라기보다 현실 정책에 대한 문제점 지적에서 등장한 것이라고 할 수 있다. 즉 문화적 다양성의 인정과 함양은 상호문화주의뿐만 아니라 다문화주의에서도 강조되는 사항이다. 문제는 이러한 다양성을 어떻게 실현할 것인가의 문제에서 차이를 보인다는 점이다. 즉 상호문화주의로의 전환에서 유의한 이론적 논의는 '다양성의 역설'을 벗어나기 위한 '접촉가설'(contact hypothesis)이라고 할 수 있다. 즉 접촉은 타자에 대한 지식과 친근성을 향상시킴으로써 불안감을 줄이고, 개인들 간 편견을 감소시킬 수 있다. 이러한 점에서 상호문화도시 프로젝트는 상호문화적 접촉을 위한 기회를 제공하고 상호문화적 행동을 위한 능력을 개발하는 정책을 제안한다고 강조된다(Wood and Landry, 2008, 324~325).

상호문화주의가 강조하는 이러한 실천적 차원의 윤리는 구체적인 실천 방안을 제시한다는 점에서 유의성을 가진다. 즉 상호문화주의는 도시의 공적 공간에서 다양한 배경을 가진 사람들 간 자발적 상호행동을 무시하고, 병렬적 다문화 편성을 하향식으로 시도하는 다문화주의 정책을 거부한다. 대신 일상생활에서 이루어지는 낮은 수준의 접촉 또는 사회성의 형태들이 차이를 통해 함께 살아감의 방식을 발전시키는 기반으로 간주된다. 고객과 가게주인 간, 버스 탑승자들 간, 카페와 술집에서, 이웃들 간 일상적 상호행동은 '연계성의 정치'를 위한 기회를 제공하는 것으로 이해된다(Amin, 2002). 이러한 점에서 상호문화주의는 문화적 차이가 도시의 공적 공간에서의 문화적 혼합이나 혼종화 과정을 통해 해소되어야 할 것임을 함의한다. 이러한 상호문화주의는 다양성을 위한 국가적 차원의 정책에서 새로운 유형의 도시 시민성의 자리로서 미시적인 공적 만남에 초점을 두는 정책으로 전환하도록 한다.

다문화주의에 대한 이러한 상호문화주의의 비판과 대안 제시는 다문화주의를 좁은 의미로만 해석하거나 또는 정책 실패의 측면을 부각시킴으로써 자신의 이론을 정당화시키고자 한다고 비난될 수 있다. 사실 긍정적 입장에서 보면, "다문화주의는 … 단지 포용과 관련된 것이 아니며 단순히 차이의 승인만도 아니다. 이는 다양성을 적극적으로 달성하는 것이다. 이는 사회의 핵심 집단의 구성원들을 위하여 상상된 생활체험의 범위를 확장하는 것"이라고 주장될 수 있다(Mitchell, 2004, 642). 반면 상호문화주의에서 강조되는 "공적 공간은 개인들 간의 시민적 만남으로 특징 지워지겠지만, 이들은 흔히 개인들 간 실질적 또는 인지된 불평등에 바탕을 둔 더 깊은 편견을 숨기기도 한다. 또한 문화적 차이에 대한 이러한 강조는 차이를 지속시키는 불평등한 권력 관계로부터 관심을 돌리는데 기여할 수 있다"(Valentine, 2008, 324).

둘째는 상호문화(도시)정책이 가지는 유의성과 한계에 관한 논의이다. 상호문화도시 프로젝트는 영국의 민간컨설팅회사인 코메디아(Comedia)에서 개발된 것으로(Wood et al., 2006 참조), 현대 도시에서 '다양성을 관리하는' 대안적 접근으로 제시되었다. 앞서 언급한 바와 같이, 이는 '소극적인' 다문화주의에서 '적극적인' 상호문화주의로의 이행을 위하여 '만남'의 사고를 강조한다. 특히 다문화정책은 흔히 국가에 의해 하향식으로 입안·시행되는 경향이 있지만, 상호문화주의는 실제 만남이 이루어지는 국지적 장소들에 관심을 두고 다양성을 함양하기 위한 방안들을 모색한다는 점에서 의미를 가진다. 즉, 문화적 다양성에 대한 정책적 접근에서, 다문화주의는 기본적으로 국가 공간이 사회의 다양성과 결속을 위한 핵심 공간이라고 이해한다. 그러나 상호문화주의는 이러한 국가 영토에 근거한 공간적 편성에서 벗어나 '도시'에 초점을 두고 있다. 즉 상호문화도시 프로그램은 현대 도시가 다양성을 관리하는 '대안적 규모'임을 강조하기 위한 것이다.

그러나 문제는 국지적 특성을 반영해야 한다는 정책적 주장은 그것이 정당화되는 과정에서 결국 보편적 계획으로 간주된다는 점이다. 상호문화정책은 국지적 장소에 근거하지만 결국 정책 지식이 지구적으로 유통되는 대표적 사례들 가운데 하나라고 할 수 있다. 상호문화도시 프로젝트는 "문화적 다양성, 혁신, 도시 공동체의 번창과 발전 간 연계"에 초점을 두는 국제적 계획모형으로, 영국을 배경으로 발전했지만, 점차 세계의 대부분 도시들에서 적용될 수 있는 정책으로 보편화되고 있다. 이 과정에서 개별 도시들(선진국이든 개발도상국이든지 간에)이 받아들이고자 하는 정책은 어떠한 이름을 가지든(즉 다문화정책이든 상호문화정책이든) 보편화된 정책을 추구하게 된다. 이로 인해 어떤 도시들에서는 다문화정책이 제대로 시행되지도 않았거나 또는 다문화정책이 어느 정도 효과를 가져오고 있는 상황에서도, 상호문화주의 도시 프로젝트가 사회의 다양성을 위한 새로운 제안으로 제기되고 있다.

특히 실천을 위한 '만남'의 사고나 '공적 공간'의 재구성과 같이 도시적 차원에서 추구되는 상호문화정책은 도시 발전의 궤적에서 사회문화적 다양성을 활성화시킬 수 있는 이점이 있음을 인식했다는 점에서 유의성을 가진다. 그러나 상호문화주의 역시 도시별로 다양성이 존재할 수 있는 양식이 다를 수 있다는 사실을 무시하고, 보편적 입장에서 '만남'과 공적 공간의 유의성만을 강조하게 된다. 이러한 정책에서 도시의 사회경제적 불평등과 이와 연계된 문화적 차이는 간과되게 되고, 이로 인해 도시 주민들 간 차이와 거리가 감소하기보다 증가할 수 있다. 또한 문화적 다양성이 사회경제적 불평등과 어떻게 관련되는가를 이해하지 못하거나 무관한 것으로 이해하게 된다. 다양성을 위한 상호문화 정책과 도시프로그램들은 국지적 특성을 반영하기 위한 계획을 포함시키고자 하지만, 이는 항상 창조적 및 경쟁적 도시를 만들기 위한 지구적(보편적) 모형을 만드는데 기여하고 이를 우선하는 방식으로 전개되는 경향이 있다.

셋째, 상호문화주의와 이에 기반을 둔 상호문화도시 정책은 다문화주의 및 이에 근거한 다문화정책과 마찬가지로 현실의 경제·정치적 메커니즘의 작동 문제를 은폐하기 위한 이데올로기로 비판될 수 있다. 상호문화주의도시는 '다양성 이점'의 중요성을 강조하며, 성공적 도시 발전은 도시 공간에서 '문화적 차이'의 유지와 상호작용을 고취시키는 정책에 달려있다고 주장한다. 이러한 점에서 '다양성 이점'은 도시의 미래를 만들어나가는 창조성에 관한 가장 실천적 지식을 함께 묶어주는 것이라고 서술된다. 상호문화도시 프로젝트는 명시적으로 다양한 공동체의 출현을 자극하며, 이러한 자극은 도시 내 다양한 집단들 간 상호행동을 장려하여 결국 도시의 발전을 촉진하는데 기여하고자 한다. 이러한 점에서 상호문화도시 프로젝트는 '다양성의 이점'을 현대 도시발전의 성공요인으로 간주한다.

그러나 상호문화주의에서 이러한 다양성에 대한 강조는 그 자체가 목적이라기보다 도시 발전을 목적으로 한 신자유주의적 또는 기업주의적 전략이라고 비판될 수 있다. 사실 이러한 상호문화주의 및 이와 관련된 정책들은 플로리다의 창조도시론과 밀접한 관련성을 가진다. 즉 상호문화도시들은 "유동적인 부의 창조자들을 유치하고 유지할 수 있다"는 플로리다(Florida, 20005)의 주장을 특히 중요한 준거로 인용한다(Wood and Landry, 2008, 12). 상호문화주의자들은 이러한 주장을 확장시켜, 혁신의 관건은 상호문화적 교류에 놓여 있으며, 상호문화적 도시들은 "유동적 부의 창조자들을 유치하고 유지할 뿐만 아니라", 사실 개방적이고 관용적이며 상호행동적인 환경을 통해 이들을 창조한다고 주장한다. 그러나 이러한 주장은 플로리다의 창조도시론과 관련된 창의성과 다양성에 초점을 두는 신자유주의적 또는 기업주의적 전략과 연계된 사고이다"라고 비판되기도 한다(Collins and Friesen, 2011, 3068).

사실 "상호문화도시 프로젝트는 문화적 및 경제적 발전을 둘러싼 오늘날 정책 담론에서 도시에 목표를 맞춘 도시 기업주의의 한 사례로 간주될 수 있다"(Collins and Friesen, 2011, 3074). 상호문화도시 프로젝트는 사회경제적 불평등의 치유에는 관심을 가지지 않으며, 유의미한 상호문화적 접촉이 이루어질 수 있는 공간의 구축을 강조한다. 사회문화적 불평등에 초점을 두는 대신, 이 프로젝트는 다양성의 이점, 즉 차이가 점차 지구화되는 세계에서 도시 발전을 위한 중요한 역할을 한다는 점을 강조한다. 지구적 경제에서 경쟁성에 대한 강조는 다양성의 정치가 국가차원에서 도시차원으로 전환하도록 한다. 이러한 점에서 이 프로젝트는 다양성의 관리를 재규모화(rescaling)하고자 한다. 이는 지구화 과정에서 도시의 역할에 관한 일단의 주장을 담고 있다. 특히 상호문화주의는 '다양성'이 이러한 도시의 경제적 성공을 위한 핵심이라는 점을 주장하기 위하여 경쟁적 창조적 도시에 관한 주장들에 의존하고 있다.

5. 결론

최근 서유럽에서 외국인 이주자를 위한 담론으로서 상호문화주의와 이를 실현하기 위한 상호문화정책이 등장한 것은 그동안 시행되어 오던 다문화정책을 대체할 수 있는 대안을 필요로 했기 때문이라고 할 수 있다. 상호문화주의 주창자들은 다문화주의가 상이한 문화들에 대한 수동적 인정에 한정되며 이로 인해 기존의 문화적 병존을 방치함으로써 인종적, 문화적 갈등을 초래한 원인이라고 비판한다. 그러나 상호문화주의는 다문화주의 대안으로 제시된 것이라고 할지라도, 연계성을 가지며 상당 부분은 공통점을 가진다. 이들은 기본적으로 자민족중심의 동화주의나 차별적 배타주의에서 강조되는 단일 정체성에 대한 비판과 이를 극복하기 위한 다양성의 유의성을 인정하고 함양할 것을 전제로 한다. 실제 상호문화주의가 사용하는 용어들은 다문화주의와 별로 다르지 않으며, 각 담론을 실현하기 위한 정책에서도 상당 정도 유사성을 가진다.

물론 다문화주의는 문화가 단순한 병존이 아니라 문화와 문화 간의 접촉을 위한 상호행동과 이를 통한 공감대 형성의 중요성을 간과하고 있다는 점에서 비판될 수 있다. 달리 말해 다문화주의는 문화적 차이에 대한 불간섭주의로 인해 기존의 문화적 질서를 용인하고 소수집단의 문화를 하위문화로 지배문화에 흡수되거나 또는 소수문화를 소외시키는 경향을 보였다. 이러한 문제점을 해소하기 위하여, 상호문화주의는 문화적 접촉을 통해 서로를 이해하고, 나아가 새로운 사회공간적 통합을 추구한다. 특히 다문화주의가 추상적 수준에서 윤리적 규범으로서 상호 인정을 강조하는 것과는 달리, 상호문화주의는 구체적으로 서로 다른 문화를 가진 개인들의 만남과 이를 통한 의사소통 그리고 이를 위한 공적 공간의 활성화를 강조한다는 점에서 의의를 가진다. 즉 다문화주의는 여전히 국가 공간에서 다문화정책의 하향식 시행과정을 전제로 한다면, 상호문화주의는 도시나 지역 단위에서 구체적인 만남의 장소를 만들고 이를 통해 상이한 인종들 간 접촉과 문화적 교류를 촉진하고자 한다. 이러한 점에서, 다문화정책은 외국인 이주자들의 사회공간적 격리 특히 주거지 분화를 방치했다면, 상호문화정책은 이를 해결하기 위한 방안의 모색에 초점을 둔다.

이러한 상호문화(도시)정책은 유럽평의회에서 시행하는 상호문화도시 프로그램을 통해 유럽 전역으로 확산되고 있다. 이 프로그램에 선정된 도시들은 도시별로 다양한 방식들을 강구하여 외국인 이주자들과의 상호행동과 교류를 촉진하고자 한다. 이 도시들은 교육, 공적 공간, 사회서비스, 사업과 경제, 청소년, 중재와 갈등 해결, 대중매체와 의사소통, 국제 정책, 거버넌스·리더십·시민권 등 다양한 분야에서 이러한 프로그램을 수행하고 그 결과를 평가하고 있다. 유럽평의회는 이러한 프로그램의 시행을 평가하기 위하여, 상호문화도시

지표를 설정하고 공신력 있는 기준으로 활용하면서 상호문화주의와 이를 위한 상호문화도시 정책에 대한 관심을 확대시키고 있다.

요컨대 상호문화주의와 이를 위한 상호문화(도시)정책은 다문화주의나 다문화정책이 간과한 부분들을 지적하고 이를 보완하고자 한다는 점에서 의의를 가진다. 그러나 상호문화주의와 상호문화정책이 다문화주의와 다문화정책의 한계를 실질적으로 극복할 수 있는 새로운 방안이라고 보기는 어렵다. 사실 상호문화주의와 다문화주의는 실제 큰 차이가 없으며, 기존의 다문화정책의 문제점을 개선하는 정도인 것처럼 보인다. 따라서 상호문화주의나 상호문화정책이 비유럽 국가들에서 최근 부상하고 있는 다문화주의 담론과 이에 바탕을 둔 다문화정책이 제대로 논의되고 시행되기도 전에 이를 대체하고자 하는 것은 오히려 혼란을 초래할 수도 있을 것이다. 뿐만 아니라 상호문화주의는 다문화주의와 마찬가지로 문화적 다양성에 초점을 둠으로써 실제 사회에서 발생하고 있는 불평등에 대해서는 관심을 돌리는 경향이 있다. 또한 상호문화주의는 국가 공간에서 전개되던 다문화정책을 개별 도시나 개인의 차원(상호행동과 만남)으로 환원시킴으로써 국가 역할의 중요성을 은폐할 수도 있다. 무엇보다도 상호문화주의는 다문화주의와 마찬가지로, 다양성을 수단으로 창조성과 도시 발전을 강조하는 신자유주의적 도시 발전을 추구하는 이론(이른바 '창조도시'론과 유사한) 또는 이데올로기로 전락할 수도 있을 것이다.

김경학, 2010, "퀘벡 '상호문화주의'의 문화적 다양성 관리의 한계: 시크 '키르판' 착용 논쟁을 중심으로," 『민주주의와 인권』, 10(3), pp.473~504.

김영필, 2012, "상호주관적 자아 탐구: 에드문드 후설의 현상학적 자기성찰 모형," 『철학논총』, 67, pp.75~99.

김영필, 2013, "하버마스 의사소통행위이론의 상호문화주의적 함의," 『철학논총』, 71, pp.3~27.

김정현, 2017, "다문화주의와 상호문화주의의 차이에 대한 해석–찰스 테일러의 견해를 중심으로," 『코기토』, 82, pp.70~99.

김태원, 2012, "다문화사회의 통합을 위한 패러다임으로서의 유럽 상호문화주의에 대한 이론적 탐색," 『유럽사회문화』, 9, pp.179~213.

김태원, 2017, "게오르그 짐멜의 이방인 이론과 상호문화," 『인문사회 21』, 8(2), pp.69~88.

김형민 · 이재호, 2017, "유럽의 상호문화주의," 『시민인문학』, 32, pp.9~39.

메리필드, 앤디(김변화 옮김), 2015, 『마주침의 정치』, 이후(Merrifield, A., 2013, *The Politics of Encounter: Urban Theory and Protest under Planetary Urbanization*, Univ. of Georgia Press, Georgia).

박인철, 2010, "상호문화성과 윤리–후설 현상학을 중심으로," 『철학』, 103, pp.129~157.

박인철, 2017," 상호문화성과 동질성," 『코기토』, 82, pp.34~69.

오정은, 2011, "네덜란드의 외국계 주민통합정책 연구: 틸부르크(Tilburg)시의 상호문화 사업을 중심으로," 『유럽연구』, 29(3), pp.189~215.

오정은, 2012, "유럽의 상호문화정책 연구: 상호문화도시 프로그램을 중심으로," 『다문화와 평화』, 6(1), pp.38~62.

육주원 · 신지원, 2012, "다문화주의에 대한 반격과 영국 다문화주의 정책 담론의 변화," 『EU연구』, 31, pp.111~139.

최병두, 2014, "창조도시와 창조계급: 개념적 논제와 비판," 『한국지역지리학회지』, 20(1), pp.49~69.

최병두 · 임석회 · 안영진 · 박배균, 2011, 『지구 · 지방화와 다문화 공간』, 푸른길.

최재식, 2006, "상호문화성의 현상학–문화중심주의를 넘어 상호문화성으로," 『철학과 현상학 연구』, 30, pp.10~30.

최진우, 2012, "유럽 다문화사회의 위기와 유럽 통합," 『아시아리뷰』, 2(1), pp.31~62.

최현덕, 2009, "경계와 상호문화성: 상호문화 철학의 기본과제," 『코기토』, 67, pp.301~329.

황기식 · 석인선, 2016, "EU의 이민자 사회통합 위기아 통합정책적 시사점," 『국제지역연구』,

19(4), pp.135~167.

Collins, F. L. and Friesen, W., 2011, "Making the most of diversity? the intercultural city project and a rescaled version of diversity in Auckland, New Zealand," *Urban Studies*, 48(14), 3067~3085.

Alesina A., and Zhuravskaya, E., 2011, "Segregation and the quality of government in a cross section of countries," *American Economic Review*, 101(5), pp.1872~1911.

Amin, A., 2002, "Ethnicity and the multicultural city: living with diversity," *Environment and Planning A.*, 34, pp.959~980.

Banerjee T., 2001, "The future of public space. Beyond invented streets and reinvented places," *Journal of the American Planning Association*, 67, pp.9~24.

Cantle, T., 2012, *Interculturalism: The New Era of Cohesion and Diversity*, Palarare Macmillan.

Cantle, T., 2015, Interculturalism: 'learning to live in diversity', Ethnicities, DOI: 10.1177/1468796815604558.

Council of Europe and the European Commission, 2013, Intercultural Cities, http://www.coe.int/t/dg4/cultureheritage/culture/Cities/Default_en.asp.

Florida, R., 2005, *Cities and the Creative Class*, Routledge, London(이원호·이종호·서민철 역, 2008, 『도시와 창조계급』, 푸른길).

Goonewardena, K. and Kipfer, S., 2005, "Spaces of difference: reflections from Toronto on multiculturalism, bourgeois urbanism and the possibility of radical urban politics," *International Journal of Urban and Regional Research*, 29, pp.670~678.

James, M., 2008, *Interculturalism: Theory and Practice*, London: Baring Foundation.

Janssens M., and Zanoni, P., 2009, "Facilitating intercultural encounters within a global context: towards processual conditions," in M. Janssens, D. Pinelli, D.C. Reymen, S. Wallman (eds), *Sustainable Cities. Diversity, Economic growth, Social cohesion*, Edward Elgar, Cheltenham, UK, pp.26~44.

Khovanova-Rubicondo, K. and Pinelli, D., 2012, Evidence of the economic and social advantages of intercultural cities approach, paper in Council of Europe & European Commission, http://www.coe.int/t/dg4/cultureheritage/culture/Cities/Default_en.asp.

Landry, C., 2000, *The Creative City: A Toolkit for Urban Innovators*, Comedia, London(임상오 역, 2005, 『창조도시』, 해남).

Macey, M., 2012, "So what's wrong with multiculturalism?" *Debating Multiculturalism 1*, Workshop Proceedings, Dialogue Society, London, 39~58.

Mitchell, K., 2004, "Multiculturalism or the united colors of capitalism," *Antipode*, 25(4), pp.263~294.

Modood, T., 2005, What is multiculturalism and what can it learn from interculturalism? Ethnicities, DOI: 10.1177/1468796815604558.

Putnam, R. D., 2007, "Diversity and community in the Twenty-first century," *The 2006 Johan Skytte Prize Lecture, Scandinavian Political Studies*, 30, pp.137~174.

Uslaner, E.M., 2011, "Trust, diversity and segregation in the United States and the United Kingdom," *Comparative Sociology*, 10, pp.221~247.

Valentine, G., 2008, "Living with difference: reflections on geographies of encounter," *Progress in Human Geography*, 32, pp.323~337.

Wood, P. (ed), 2009, *Intercultural Cities: Towards a Model for Intercultural Integration*, Council of Europe Publishing, Strasbourg Cedex.

Wood, P., Landry, C. and Bloomfield, J., 2006, *The Intercultural City: Making the Most of Diversity*, Comedia.

Wood, P. and Landry, C., 2008, *The Intercultural City: Planning for Diversity Advantage*, Earthscan, London.

제9장

다문화사회의 윤리적 개념과 공간

1. 다문화사회의 다양한 윤리적 개념들

우리 사회는 지난 20여 년간 초국적 이주자들의 대규모 유입으로 인해 다문화사회로 급속하게 전환하고 있다. 이에 따라 다문화사회로의 원만한 전환을 위해 필요한 정책뿐만 아니라 다문화사회에서 요구되는 규범과 윤리를 위한 새로운 개념들이 모색되고 있다. 이러한 점에서 '다문화주의'(multiculturalism) 개념이 다문화사회를 위한 이론적 규범 및 정책적 모형으로 원용되고 있지만, 이 개념이 정확히 무엇을 의미하는가에 대한 합의가 없을 뿐 아니라 다문화주의를 표방한 정책들이 실제 기존 권력에 의한 지배관계를 실현하기 위해 이주자들을 사회공간적으로 주변화시키고 있다는 점이 지적되기도 한다. 사실 다문화주의는 여러 이론적 전통이나 배경 속에서 다양하게 정의되고 있으며, 때로는 대립적인 입장 속(자유주의와 공동체주의 등)에서 논쟁을 유발하기도 했다. 또한 서구 사회에서 그동안 시행되었던 다문화주의 정책이 실패했다는 점이 부각되면서, 그 원인과 새로운 정책(상호문화주의 등)에 대한 활발한 논의들도 전개되고 있다.

이와 같이 다문화주의는 동화주의나 차별적 배제주의를 반대하며 인종이나 문화의 차이로 차별화된 소수집단들의 정체성이나 권리를 강조한다는 점에서 유의성을 가짐에도 불구하고, 이론적, 정책적 한계에 봉착함에 따라, 다문화사회의 윤리를 위한 다양한 대안적 개념들을 논의하게 된 것이다. 즉 관용, 인정, 환대, 시민성의 개념들이 기존의 다문화주의와 일정한 관계를 가지면서도 그 한계를 넘어서거나 또는 완화시킬 수 있는 대안으로 제시되고 있다. 관용(tolerance)의 개념은 자유주의적 다문화주의에서 차이에 대한 대응 방식으로 새롭게 재론되고 있으며, 인정(recognition)의 개념은 공동체주의적 다문화주의의 연장선상에서 대안적 개념으로 이해되기도 한다. 인정의 개념에 관한 논의도 여러 철학적 배경을 가지지만, 공통적으로 다문화사회의 윤리는 타자에 대한 무시와 억압을 비판적으로 성찰하고, 나아가 집단들 간 다양성과 차이에 대한 상호인정을 전제로 '인정의 정의'를 추구하며 이를 실현하기 위한 '인정의 정치'를 실천하고자 한다.

그러나 인정의 개념에 바탕을 둔 다문화주의는 문화적 측면에서 소수집단의 정체성과 가치관, 생활양식 등을 강조하지만, 물질적 차이(사회경제적 차별)를 해소하기 위한 재분배의 문제를 간과하고 있다는 점이 지적된다. 뿐만 아니라 인정의 개념에 근거한 다문화주의는 초국적 이주의 문제가 지구화 과정에서 새롭게 제기되는 보편적 권리와 국가 주권 간에 발생하는 긴장과 갈등에 기인한다는 점을 제대로 파악하질 못한다. 이러한 점에서 세계시민주의에 바탕을 둔 환대(hospitality)의 개념이 관심을 끌 수 있다. 특히 칸트에 의하면 이주자가 가지는 환대의 권리는 인간의 보편적 권리와 특정 정치 공동체로서 국가 주권 사이의 경계공간에서 발생하는 것으로 이해된다. 환대의 개념과 이 개념이 근거하는 세계시민주의(cosmopolitanism) 역시 논쟁적으로 논의되고 있다. 특히 공동체에 피해를 주지 않는 범위 내에서 이방인을 환대해야 한다는 칸트의 조건부 환대 개념과 타자의 자격을 따지지 않고 무조건 환대해야 한다는 데리다의 절대적 환대의 개념이 그러하다(제10장 참조).

이와 같이 기존의 다문화주의에 대한 대안적 개념들 역시 논쟁적이며, 또한 일정한 한계를 내포하고 있다는 점에서, 또 다른 대안적 개념이나 이론이 요청되거나 또는 이에 관한 기존 논의들에서 간과된 측면들, 즉 공간적 측면에서 이들을 재검토할 필요가 제기된다. 이 장은 후자의 입장에서 다문화사회 윤리와 관련된 다양한 개념의 유의성을 고찰하는 한편, 기존 논의에서 간과되고 있는 지리적 또는 공간적 측면을 부각시키고자 한다. 다문화사회로의 전환을 유발하는 초국적 이주와 체류는 기본적으로 국경을 가로지르는 지리적 이동과 다른 지역사회에서의 재정착, 그리고 국지적 일상생활과 더불어 초국적 네트워크의 다규모적 구축 등 여러 공간적 요소들을 내포하고 있다. 따라서 다문화사회의 윤리적 개념들도 분명히 공간적 함의를 가지고 있음에도 불구하고 이에 관한 명시적 논의가 미흡했다는 점이 지적될 수 있다.

이러한 점에서 이 장은 다문화사회의 원활한 전환을 위한 윤리적 개념으로 다문화주의 및 세계시민주의에서 논의된 관용, 인정, 환대 등의 개념을 공간적 또는 지리학적 측면에서 재고찰하고자 한다. 특히 이러한 개념이 가지는 철학적, 이론적 함의가 매우 포괄적이기 때문에, 이를 어느 정도 한정하기 위하여 '시민성'[1]의 관점에서 이들이 가지는 유의성과 논쟁점들을 살펴보고자 한다. 외국인 이주자의 출입국 관리와 지역사회 정착 과정에서의 의무와 권리 등을 조건 짓는 시민성의 개념은 그 자체로 하나의 윤리적 요소가 될 수 있지만, 국가시민성을 넘어서는 새로운 이주자 시민성의 개념을 정당화하기 위하여 기존의 다문화주의와 세계시민주의에서 제시된 윤리적 개념들과 관련시켜 논의될 수 있다. 특히 이주자 시민성에 관한 새로운 개념은 공간적 측면을 좀 더 명시적

1. 'citizenship'은 흔히 '시민권'으로 번역되지만(킴리카, 2010 참조), 단지 법적, 정치적 권리문제뿐만 아니라 정체성 등 사회문화적 측면을 포괄한다는 점에서 '시민성'으로 번역되기도 한다. 여기서는 권리와 관련될 경우에는 시민권으로, 사회문화적 측면에서는 시민성으로 혼용하고자 한다.

으로 드러낸다는 점에서 다문화사회의 윤리를 구축하기 위한 담론화에 유의한 기여를 할 것이라고 주장된다.

2. 다문화사회에서 관용과 인정

1) 다문화사회의 윤리로서 다문화주의

인종적·문화적으로 상이한 외국인 이주자들의 급속한 유입과 이들의 사회(공간)적 혼합으로 촉진되는 다문화사회로의 전환은 기존의 가치체계나 사회질서에 근거한 규범이나 윤리에 혼란을 초래하고 있다. 즉 다문화사회로의 전환은 상이한 정체성이나 생활양식을 가진 이주민과 기존 주민들 간 마찰과 소요 사태를 일으키면서, 그대로 방치할 경우 심각한 사회공간적 문제들을 유발할 가능성을 내재한다. 이러한 점에서 외국인 이주자들이 유입된 국가는 이들의 정체성이나 문화를 가능한 한 통제하여 기존 사회에 포섭되거나 주변화시키고자 한다. 하지만 외국인 이주자의 입장에서 보면, 이들은 인종적·문화적 차별과 더불어 저임금과 불법체류 등으로 인해 인권과 복지의 사각지대에 놓이게 되고 또한 모호한 소속감(또는 성원성)과 소외의식으로 인해 정신적 긴장과 갈등에 쉽게 노출된다. 이 때문에 최근 서구에서 발생하고 있는 것처럼, 외형적으로 외국인 이주자들을 위한 다문화주의 정책이 시행될지라도 결국 외국인 이주자들은 이를 자신을 통제하거나 방치하는 정책으로 간주하고, 이로 인한 불만과 위험한 소요사태는 이 정책이 실패한 것으로 평가되도록 한다. 이러한 점에서 외국인 이주자들의 유입과 혼합에 따른 심각한 문제들을 해소하고 다문화사회로 원활하게 진입할 수 있도록 새로운 사회(공간)적 윤리의 재정립이 요청되고 있다.

윤리란 사회생활을 유지하기 위하여 지켜야 할 규범이나 도덕의 본질을 의미하며, 일상생활에서 개인이 어떤 의사결정이나 행동을 수행하고자 할 때 판단 근거가 되거나, 또는 타인의 행동을 판단하고 평가하기 위해 원용되는 가치체계를 의미한다. 고대 그리스-로마시대부터 철학의 한 분야로 발달한 윤리학은 흔히 시공간을 초월한 보편적 가치체계의 추구와 관련된 것처럼 보이며, 오늘날에도 데리다(Derrida)가 주장하는 무조건 환대의 개념처럼 현실세계에서 실현될 수 있는 가능성의 조건으로서 절대적 윤리가 제안될 수 있다. 하지만 현실 세계에서 보편적 가치나 절대적 윤리의 완전한 실현은 불가능할 뿐 아니라, 철학적 전통 속에서도 하이데거(Heidegger)나 레비나스(Levinas)가 주장한 바와 같이 타자와의 윤리적 관계는 인간 삶의 시간성과 공간성에 근거를 두고 성립하는 것으로 이해된다(문성원, 2011). 즉 윤리란 시공간적으로 구성되는 경험적 현상과는 다르지만, 인간 삶의 시공간적 조건 속에서 논의될 때 그 의미를 가지게 된다. 특히 초국적 이주는 상이한 윤리체계를 가진 국가나 지역의 경계를 가로지르는 지리적 이동과 이에 따른 삶의 배경의 사회적 및 시공간적 변화를 전제로 하며, 이에 따른 이주자의 삶과 다문화사회는 혼종성과 탈/재영토화의 관점에서 기존의 경계를 뛰어넘는 새로운 사회공간적 윤리를 요청한다고 하겠다.[2]

이와 같은 다문화사회의 윤리적 문제에 관심을 가진 많은 연구자들은 다양한 개념들을 제안하거나 새로운 개념들을 모색하고 있다. '다문화주의'는 다문화사회의 윤리적 문제뿐만 아니라 다문화사회로의 전환 과정에서 전개되는 외국인 이주 정책의 규범적 성향(또는 모델)을 논의하기 위하여 제시된 대표적 개념 또는 이론이다. 이에 관한 논의는 물론 다양한 철학적 전통 속에서 이루어져

2. 따라서 지리학 외부에서도 '탈영토화된 공간'의 관점에서 다문화주의를 재검토하고자 한다. 최종렬(2009, 54)에 의하면, "오늘날 지역은 자기완결적인 폐쇄적 공간이 아니라 지구적인 것과 연계되어 있어 지역적인 것과 지구적인 것을 더 이상 구분하는 것이 어려워지게 된 구방화된(glocalized) 네트워크"라는 점이 강조되며, 이러한 지구지방화된 세계 속에서 초국적 이주자들의 탈영토화와 재영토화의 관점에서 다문화주의를 새롭게 이해해야 한다고 주장한다. 그의 연구는 공간의 다규모성을 간과하지만 공간적 관점에서 다문화주의를 이해하고자 한다는 점에서 유의하다고 하겠다.

왔으며, 이로 인해 다문화주의는 매우 다양하게 개념화 또는 해석되고 있다. 뿐만 아니라 다문화주의 이론이 가지는 유의성과 한계를 논의하는 과정에서 이와 관련된 여러 윤리적 개념, 즉 관용, 인정, 환대 등의 개념이 관심을 끌고 있다. 다문화주의 및 이와 관련된 여러 개념들은 이론적으로 복잡하게 얽혀 있으며 다양한 철학적 전통 속에서 논쟁적으로 논의되고 있기 때문에, 제한된 지면에서 이들을 모두 깊이 있게 살펴보기는 어렵다. 이러한 문제점을 어느 정도 완화하기 위하여, 이들을 '시민성'과 직·간접적으로 관련시켜 논의하는 한편 지리학적 관점에서 그 함의를 고찰하고자 한다.

시민성이란 좁은 의미의 시민권, 즉 특정 공동체의 구성원을 규정하는 일단의 권리와 의무(책임)와 관련되지만, 최근에는 이를 단순히 정치적 측면에서 나아가 사회문화적이고 실천적으로 규정하고자 한다(조철기, 2015). 전통적 의미에서 시민성은 국가 시민성, 즉 모든 국민들이 공통적으로 가지는 권리 및 의무와 관련된다. 통일된 정치 공동체로서 근대 국민국가는 주권, 즉 일정한 영토 내에 거주하는 구성원으로서 국민들의 시민성을 관리·통제하는 권한을 가지며, 국민들은 자신의 정치적 소속과 자격으로서 국적과 이에 따른 권리 및 의무를 가지게 된다. 그러나 시민성이란 단순히 '시민의 의무와 권리'라는 좁은 의미가 아니라 좀 더 넓게 시민적 정체성이나 시민다운 덕성 등을 포괄하는 개념으로 이해될 수 있다. 특히 오늘날 지구화과정에서 국민국가의 주권과 영토성이 완화되고, 인종적·문화적으로 상이한 외국인 이주자들의 유입이 증대함에 따라, 시민성은 국가적 차원에서의 정치적 문제를 넘어서 좀 더 포괄적이고 복잡한 문제를 내포하는 개념이 되고 있다. 다문화주의를 둘러싼 논의는 이러한 시민성의 개념 규정을 위한 주요한 이론적 배경이 되며, 또한 킴리카(2005, 307)가 주장하는 것처럼 시민성은 여러 갈래의 다문화주의에 관한 논의들을 비교·통합시키는 요소가 될 수 있다.

다문화주의는 기본적으로 한 사회에 존재하는 상이한 소수집단들의 다양성과 차이를 규범적으로 인식하고 대응함으로써 사회적 통합을 이루고자 하는 이념이나 정책의 바탕이 되고 있다. 다문화주의는 1960년대 말 서구 사회에서 시민권 운동이 전개되는 과정에서 다인종적 사회구성을 둘러싸고 소수인종의 정체성과 권리를 어떻게 설정할 것인가를 둘러싸고 논의되기 시작했다. 그 이후 다문화주의는 서구 사회에서 인종이나 민족뿐만 아니라 계층, 젠더, 성 등과 같은 사회적 범주화에 따른 소수집단들의 사회공간적 문제가 표면화되면서 좀 더 활발하게 논의하게 되었다(킴리카, 2010). 다문화주의는 흔히 다양한 문화적 주체들 또는 소수자들이 자신의 고유한 생활양식과 정체성을 가지고 삶을 영위할 수 있는 자유와 권리를 보장해야 한다는 점에서 강조되어 왔다. 우리나라에서도 이 개념은 1990년대 이후 외국인 이주자가 증가하고 이들이 미치는 사회공간적 영향이 확대됨에 따라 이에 대처하기 위한 정책적, 학술적 용어로 도입되었다(오경석, 2007). 이러한 다문화주의는 이전의 단일문화 단일민족을 추구하는 동화주의나 차별적 배제의 관점에 대한 대안으로, 소수집단(특히 외국인 이주자)의 권리와 정체성을 인정하기 위한 학문적 논의뿐 아니라 이들과 관련된 정책을 수립하기 위한 기본적 성향이나 지침의 한 유형으로 자리를 잡게 되었다.

그러나 다문화주의에 관한 논의들은 연구자들에 따라 그 철학적 배경이나 개념 정의 및 정치적 지향이 상당히 다르며, 때로는 같은 용어로 반대되는 의미를 드러내기도 한다. 이러한 점에서 "다문화주의는 근대 국가 체제 '이후'의 탈전통적인 사회 공동체의 구성을 전망하는 철학, 이론, 사회운동론을 아우르는 키워드"라고 할 수 있지만, 지극히 논쟁적인 개념으로 이해되고 있다(오경석, 2007, 25). 특히 학술적 측면에서 다문화주의의 개념이 이를 논의하는 철학적 및 사회이론적 배경에 따라 매우 다양한 의미를 가지게 됨에 따라, 여러 학자들은 그 의미들을 구분하기 위해 다문화주의의 유형화를 시도하기도 했다.[3] 이와

3. 구견서(2003)는 다문화주의를 자유주의적 다원주의, 조합주의적 다원주의, 급진적 다원주의, 연방제 다원주의, 분리 독립 다원주의 등으로 구분할 수 있다고 주장한다. 강휘원(2006)은 관련 정책 유형에 따라 자유주의적 다문화주의, 조합적 다문화주의, 급진적 다문화주의 등으로 나눈다. 또한

〈표 9-1〉 다문화주의의 정치철학적 유형 구분

	주요 특성	차이 대응	주요 학자
자유주의적 다문화주의	자유, 평등의 보편적 가치와 권리 존중(공동체와 분리된 개인의 특성 불인정), 모든 소수자들은 보편적 인권과 가치를 향유, 집단적으로 차등화된 시민권 인정	차등원칙, 관용	롤스(J. Rawls), 킴리카(W. Kymlicka)
공동체주의적 다문화주의	소수집단의 권리 인정 및 보호(개인이 아니라 집단이 고유의 정체성 가짐), 소수집단의 문화와 정체성 존중, 문화적 공동체의 자립성과 다문화적 시민성 강조	상호인정, 인정투쟁	테일러(C. Taylor), 호네트(A. Honneth)

같이 다양하게 유형화될 수 있음을 전제로, 이 장에서는 다문화주의를 정치철학적 전통에 근거하여 자유주의적 다문화주의와 공동체주의적 다문화주의로 대별하여 그 특성과 함의를 살펴보고자 한다(김남준, 2008; 손철성, 2008 등 참조)(〈표 9-1〉 참조).

물론 이러한 구분에서 각 유형의 다문화주의 개념은 다시 세분화될 수 있으며, 또한 각 유형에 속하는 이론가들이라고 할지라도 각각 나름대로 그 특성을 가진다. 뿐만 아니라 기존의 정치철학적 틀에 근거한 이러한 이분법적 구분에서 벗어나기 위하여, 전형권(2014, 252)은 "기존의 정치사상적 프레임보다는 인정, 정의, 소통과 같은 새로운 다문화적 쟁점을 준거"로 재유형화할 필요가 있음을 강조하기도 한다. 또한 자유주의적 다문화주의의 대표적 이론가라고 할 수 있는 킴리카의 주장에 관한 집중적 검토(설한, 2010; 최종렬, 2014 등) 또는 공동체주의의 입장에서 관용에 관한 이해(이용재, 2010; 김선규, 2015 등), 공동체주의적 다문화주의의 연장선상에서 호네스의 인정투쟁 개념에 관한 고찰과 같이

정책 모형으로서 다문화주의를 동화주의와 차별적 배제 모형과 구분한 마르티엘로(2002)에 의하면, 다문화주의는 온건한 다문화주의, 정치적 다문화주의, 강경한 다문화주의로 구분된다. 이와 유사한 맥락에서 조철기(2016)는 시민성의 유형을 자유주의, 공화주의, 탈세계시민주의 등으로 구분한다.

특정 다문화주의적 이론의 의의와 한계가 연구되기도 했다(문성훈, 2011). 나아가 기존의 다문화주의 개념에서 벗어나, 세계시민주의와 데리다(Derrida)의 환대 개념을 다문화사회의 새로운 윤리 개념이 논의되기도 한다(최병두, 2012, 본서 제10장; 김종훈, 2016 등). 이러한 점에서 일단 기존의 정치철학적 전통에 바탕을 둔 자유주의적 다문화주의와 공동체주의적 다문화주의를 간략히 살펴보고, 나아가 관용, 인정, 환대의 개념 등이 다문화사회의 윤리로서 시민성의 설정에 어떻게 기여하고 또한 한계를 가지는가를 논의하고자 한다.

2) 자유주의적 다문화주의와 관용

우선 자유주의적 다문화주의에 의하면, 모든 개인은 동등한 권리와 자유를 가진다. 따라서 인종과 문화가 다른 외국인 이주자라고 할지라도 보편적 권리와 자유가 보장되어야 한다고 본다. 자유주의적 다문화주의는 계몽주의적 입장에서 근대성이 성취한 두 원리, 즉 자유와 평등의 원리를 국민국가에 의해 배제되어 왔던 소수집단들에게 확대하고자 한다. 여기서 이러한 자유와 평등 원칙의 적용은 보편적이기 때문에, 개인이 지닌 고유한 가치가 무엇이든 사람들은 이러한 보편적, 규범적 원칙을 따라야 한다고 주장된다. 이러한 주장은 공동체로부터 해방된 원자적 개인을 가정하며, 출신 성분과 무관하게 모든 개인은 권리를 보장받아야 함을 의미한다. 이와 같이 개인의 권리를 보장하는 것은 타자의 입장에서 보면, 관용으로 간주된다. 여기서 관용은 강자의 윤리 또는 통치권자의 시혜라기보다는 자신의 신념을 포기하지 않으면서 타자의 차이와 다양성을 수용하는 자세를 의미한다. 이러한 자유주의적 다문화주의의 개념화에 영향을 미쳤거나 직접 주창한 대표적인 학자는 롤스, 킴리카 등이 있다.

롤스(2003)의 자유주의적 정의론은 복잡한 논리구조를 가지고 있지만, 기본적으로 '원초적 입장'에 있는 계약당사자들이 사회적 기본가치로서 정의의 원칙을 합의할 때 '평등한 자유'의 원칙(제1의 원칙)과 '차등의 원칙'(제2의 원칙)을 선택하게 된다는 주장에서 출발한다. 원초적 입장에서 사회 구성원들은 자신의 재능, 지위, 정체성을 알지 못하는 '무지의 베일' 이면에 있으며, 이들은 자신의 이익을 극대화하고 타인의 이해관계에 대해서는 상호무관심한 합리적 존재로 설정된다. 이러한 원초적 입장에서 각 개인은 평등한 기본적 자유와 권리를 가지지만(제1원칙), 최소수혜자에게 최대의 이익이 될 경우 불평등이 허용된다는 점(제2원칙)에 합의하게 된다. 이러한 롤스의 정의론을 다문화주의의 개념화에 원용하면, 인종, 젠더, 성 등에 의한 사회적 소수자들(개인 또는 집단)에 대한 자의적인 차별이나 불이익은 불공정하며, 따라서 보상을 받거나 제거되어야 한다. 달리 말해, 외국인 이주자들도 평등한 기본적 자유와 권리를 가지며, 또한 이들과 원주민들 간에 차등을 두는 것은 이들의 이익을 최대화함으로써 사회 전체의 발전과 정의의 실현에 기여할 수 있다는 점에서 정당화된다.

킴리카(2010)에 의하면, 다문화주의는 "자유민주주의에 대한 광범위한 합의와 지지가 선결된 조건에서 다양한 문화적 주체들의 특수한 삶의 권리에 대한 제도적 보장"으로 정의된다. 전통적으로 자유주의는 정치철학의 관점에서 논의되지만, 킴리카는 문화적 관점에서 문화적 다원성이 보장되는 상황에서 개인의 자율성 보장을 전제로 권리와 책임에 따른 삶을 제도적으로 보장하는 사회를 정당화할 수 있는 자유주의적 논리를 구축하고자 한다. 특히 그는 개인주의적 권리와 자격이라는 자유주의적 이념에 바탕을 두고 시민권을 개념화하면서, 소수자 집단에게 보편적 시민권을 넘어서는 차별화된 권리를 부여할 수 있다고 주장한다(킴리카, 2005, 471~475). 즉 사람들이 각자 자신의 방식으로 문화적 정체성을 유지하는 것은 매우 중요한 일이며, 이를 위해 소수자 집단에게 특별한 권리를 부여하는 것은 자유주의 원칙에 어긋나지 않는다고 말한다(손철성, 2008, 16). 이러한 점에서 킴리카는 시민권을 보편성에 기초한 개념, 즉 '공통적 시민권'(common rights of citizenship)이 아니라 본질적으로 '집단-차별적 시민권'(group-differentiated citizenship)으로 이해한다. 킴리카는 이러한 집단 차별적인 시민권의 개념과 관련하여 롤스의 '차등의 원칙'을 거론하기보다

영(Young)이 명명한 '차등적 시민권'과 같은 어떤 형식이 요구된다고 주장한다. 그러나 "차등적 시민권을 통해서 이러한 [사회적 소수] 집단의 사람들을 공통의 국민문화로 수용하는 것이 최선의 방법"(킴리카, 2005, 458)이라는 주장은 롤스의 '차등의 원칙'과 유사한 맥락에서 이해될 수 있다.

롤스의 정의론이나 킴리카의 다문화주의는 자유주의적 전통의 연장선상에 있지만, 순수한 의미의 자유주의에서 상당히 '완화된' 이론이라고 할 수 있다. 전통적 의미에서 자유주의는 자유와 평등이라는 보편적 권리를 강조하며, 따라서 외국인 이주자들이 보편적 인권을 누려야 한다는 점을 정당화해 줄 수 있지만, 이들이 왜 집단적으로 차등적인 특별대우를 받아야 하는가를 설명할 수 없다. 그러나 롤스나 킴리카에 의하면, 외국인 이주자를 포함하여 사회적 소수자들은 보편적인 자유와 권리를 가질 뿐 아니라, 이들이 사회적 차별을 받는 것은 불공정하며, 따라서 이들에게 차별적 권리를 부여하는 것은 부정의한 것이 아니라 자유주의의 원칙과 부합한다. 즉 다문화주의와 관련된 이들의 주장은 다문화주의에서 전제되는 개인이나 집단들 간의 차이에 대응하기 위하여 자유주의적 전통에서 강조되는 보편적 자유와 권리를 어떻게 재개념화할 것인가에 관한 의문을 논의한 것이라고 할 수 있다. 그러나 이들의 주장이 소수집단의 구성원들이 전체 공동체의 다수 구성원들과는 달리 하위 집단적으로 특수한 형태의 지위와 정체성을 가지며, 따라서 이들을 차별적으로 대우하고 차등화된 시민권을 부여해야 한다는 점을 정당화하는 데 아무런 문제점이나 한계가 없는 것은 아니다.

롤스나 킴리카의 이론은 많은 연구자들에 의해 검토되고 그 문제점이나 한계들이 지적되었지만, 공간적(또는 지리학적) 관점에서 이들의 이론을 재검토해 볼 수 있다. 롤스의 자유주의적 정의론에 대한 비판으로 자유주의-공동체주의 논쟁을 불러일으켰던 샌델(Sandel, 1992)에 의하면, 롤스적 자아는 어떤 의도나 목적에 선행하여 독립적으로 존재하는 '무연고적 자아'(unencumbered self)라는 점이 지적된다. 즉 무지의 베일 뒤에 있는 자아의 정체성은 아무런 의도나 목적을 가지지 않으며, 따라서 내가 누구인가 또는 내가 무엇에 가치를 두는가 등에 대해 아무런 의식을 가지지 않는 존재로 간주된다. 그러나 샌델이 주장하는 바와 같이, 현실적으로 인간은 태어나면서부터 사회(또는 어떤 정치공동체)의 한 구성원이며, 이로 인해 '무연고적 자아'가 아니라 한 사회 내에 시공간적으로 처해진 '상황적 자아'(situated self)의 특성을 갖고 있다. 만약 롤스의 입장을 따른다면, 국가와 같은 어떤 공동체는 상호무관심한 개인들이 자신의 이익을 위해 상호 협동사업을 벌이는 '우연적 공간'에 불과하게 된다(김남준, 2008, 157). 이러한 우연적 공간에서 무연고적 자아가 자신과 무관한 다른 사람들에게 어떤 종류의 의무를 갖거나 또는 그들과 이익을 재분배하려고 하지 않을 것이다. 이러한 점에서 롤스의 정의론에서 제2원칙, 즉 차등의 원칙은 사실 인간은 무연고적 자아 이상의 존재로서 자신의 이익뿐 아니라 사회 전체의 이익에 관심을 가지고 다른 구성원들의 이익과 운명에 개입하고자 한다는 점을 함의한다.

다른 한편, 킴리카는 기존의 자유주의 이론들과는 달리, 문화가 개인에게 의미 있는 선택지를 제공할 뿐만 아니라 자아 정체성을 형성하는데도 핵심적 역할을 한다는 점을 인정한다. 그러나 그의 다문화주의는 기본적으로 개인의 보편적 자유와 평등에 대한 광범위한 합의와 지지가 선결된 조건을 전제로 '주체들의 특수한 삶의 권리' 보장을 추구한다는 점에서 여전히 자유주의적 다문화주의를 추구하며, 이러한 점에서 공동체주의적 다문화주의와는 구분된다. 그렇지만 킴리카의 다문화주의적 시민권 개념은 이주민의 시민권을 효과적으로 다루지 못하고 있다는 점이 지적된다. 왜냐하면, 우선 그는 오늘날 초국적 이주가 국제적 자원 배분이 개선되면 점차 사라지게 될 것이라는 입장을 가지고 있기 때문이다.[4] 또한 그에 의하면, 이주자 시민권은 기본적으로 국민국가라는 정

---

4. 즉 킴리카(2010, 203)에 의하면, "나는 만약 국제적 자원분배가 정의롭다면, 이민자들은 새로운 나라에서 그들의 사회고유문화를 재창조하기 위한 요구를 할 타당한 정당성을 가질 수 없을 것이라고 생각한다. 그러나 국제적 자원 분배가 정의롭지 못하다면, 이러한 부정의가 바로잡힐 때까지는 아마도 빈국에서 온 이민자들은 더 강력한 요구를 할 수 있을 것이다. 반면에, 유일한 장기적 해결책은 정의롭지 못한 국제적 자원 분배를 개선하는 것뿐이다."

치적 공동체를 전제로 하며, 오늘날 발생하는 초국적 이주 문제는 기존의 영토적 경계와 국민국가라는 정치적 틀 내에서 관리될 문제로 간주된다. 즉 킴리카의 입장은 초국적 이주의 탈국가적 맥락을 간과하고, "민족[국민]국가라는 정치적 단위가 여전히 최종적인 문제 해결의 장소이고, 자유와 정의와 같은 자유주의적 가치의 담지체"라고 생각한다(김병곤 · 김민수, 2015, 308).

킴리카에 의하면, 집단-차별적 권리를 뒷받침하는 개념은 관용이다. 관용이란 넓은 의미로 타자에 대한 배려를 의미하며, 자신의 가치관이나 정체성과 다르더라도 타자의 권리를 용인하거나 존중하는 태도로 표현된다(김남준, 2008). 이러한 관용은 약자에 대한 관대함에 그치는 것이 아니라 자기중심주의를 포기하고 싫어하거나 미워하는 타자의 자연적 권리를 인정하는 것이다(이용재, 2010). 킴리카는 집단의 특수한 권리의 목적이 '내부적 제재'인지 아니면 '외부적 보호'인지를 구분하고, 후자의 관점에서 자유주의적 다문화주의를 정당화하면서 이를 관용의 개념과 관련시킨다(킴리카, 2010, 제8장). 여기서 '내부적 제재'란 구성원 개인의 기본적인 시민적, 정치적 권리를 제한하려는 소수집단 문화의 요구를 의미하며, '외부적 보호'란 전체 사회의 결정에 대한 소수집단의 취약성을 축소시킬 목적으로 시행된다(위의 책, 313). 킴리카에 의하면, 인종차별정책과 같이 한 집단이 다른 집단을 억압 · 착취하는 권리를 수용할 수 없지만, 특정 집단 구성원들의 불이익이나 취약성을 완화시키고 집단들 간 평등을 향상시킬 목적의 외부적 보호는 정당성을 가진다(김선규, 2015). 달리 말해, 비자유주의적 방식으로 사회고유문화를 유지하려는 내부적 제재는 자유주의의 원리와 부합할 수 없으며, 외부적 보호를 위한 관용은 자유주의적 가치들과 모순되지 않는다고 주장된다.

이러한 킴리카의 주장에 따르면, 관용은 문화적 정체성 유지와 연관된 모든 요구에 적용되지 않는다는 점, 즉 내부적 제재에는 적용될 수 없으며 단지 외부적 보호에만 한정되며, 이를 평가하기 위하여 관용을 위한 보편적 기준이 필요하다는 점이 강조된다. 이러한 제한적 관용의 개념은 자유주의적인 보편적 가치를 중시하면서도 집단의 특수한 권리를 보장해 주는 것으로 간주된다. 그러나 이러한 제한된 관용의 원리는 자유주의가 추구하는 보편주의 또는 가치중립성의 원칙과는 대립된다는 주장은 제외하고라도, 여전히 자아 정체성의 문제와 문화적 상대주의에 빠질 수 있다(김남준, 2008). 자신이 옳다고 확신하는 가치관이나 신념에서 볼 때 도덕적으로 옳지 않다고 생각되는 것도 허용하는 것이 관용이라면, 이는 관용이라기보다 타자의 가치관이나 신념에 무관심하거나 또는 자신의 정체성을 약화시키는 것이며, 결국 자신의 도덕적 평가나 판단을 무의미하게 만드는 상대주의에 빠질 수 있다. 이러한 점에서 킴리카는 관용의 한계를 설정하면서, 자발적 선택권(즉 자율성)과 같은 보편적 권리를 중시하지만, 자신이 인정하는 것처럼 관용과 자율성 중 어느 쪽이 더 근본적인 가치인지를 명확하게 규정하지 않는다.

킴리카가 자유주의적 다문화주의를 뒷받침하기 위해 제시한 관용의 개념에서 또 다른 문제는 '내부적 제재'와 '외부적 보호'를 구분하는 문제, 즉 집단의 내부와 외부를 규정하는 안과 밖의 구분 문제이다. 어떤 (소수)집단(인디언 부족집단 또는 이슬람 종교집단)이 내적으로 여성의 교육이나 투표권을 제한할 경우, 외부의 다른 집단이 이 소수집단의 내적 제재를 부정의한 것으로 판단하고 이에 개입하는 것이 정당한가의 문제가 발생할 수 있다. 이러한 사례는 킴리카(2000, 313)의 주장, 즉 소수집단 내의 자유와 (소수와 다수) 집단들 간 평등의 원칙이 적용되기 어려운 딜레마가 초래될 수 있음을 보여준다. 이러한 딜레마는 킴리카의 관용 개념이 집단들이 사회공간적으로 다규모적으로 구성된다는 사실을 간과하기 때문에 초래된 것이라 할 수 있다. 다수집단이 소수집단의 내부에서 이루어지는 어떤 행위에 대해 부정의하다고 평가할 수는 있겠지만, 이에 대한 개입은 이 집단들이 평등한 관계에서 이러한 행위가 부정의하다는 합의를 전제로 한다. 그러나 소수집단이 내적으로 이러한 행위를 지속하고자 하는 한, 이러한 행위가 부정의하다고 합의하는 것은 불가능하거나 모순적이다.

이러한 문제와 관련하여, 공동체주의적 관점에서 관용을 논의한 왈쩌(Walzer)는 문화적 상대주의의 딜레마를 피하기 위하여 '시민적 최소주의'로서 모든 공동체가 준수해야 할 대략적인 보편적 원칙이 필요하다고 주장한다(손철성, 2008). 왈쩌에 의하면 이주자 자녀의 계승어 교육과 같이 하위 공동체(이주자 집단)의 문화 재생산 교육과 사회 전체적 통합을 추구하는 국가와 같은 상위공동체의 문화적 재생산 교육 간에 대립과 갈등을 낳을 수 있기 때문에, 문화적 권리를 어디까지 수용할 것인가라는 관용의 문제가 발생한다. 이러한 문제를 해결하기 위하여, 그는 집단의 다원주의적 분화가 필요하다고 주장한다. 왜냐하면 집단의 다원주의는 관용의 정신을 강화하는데 도움을 줄 뿐 아니라 하위 공동체(이주자 집단)에 대한 적극적인 참여와 관심 증가는 상위 공동체(국가)에 대한 참여와 관심 증가로 이어질 수 있기 때문이다(왈쩌, 2004, 171).

왈쩌가 제시한 집단의 다원주의화는 현대 사회에서 정치, 경제, 사회, 문화 영역의 확장과 이에 따른 각 영역에서의 새로운 가치관의 형성과 관련된다. 이용재(2010, 23)의 해석에 의하면, "영역의 확장은 가치관의 확대를 가져오며, 가치관의 확대는 새롭게 자유로운 공간을 지속적으로 생성함으로써 전반적 사회 진보의 속도를 촉진할 수 있다. 오늘날 관용은 이러한 영역의 생성 및 확장과 밀접한 관계를 가진다. 즉 영역이 확장된다고 할지라도 영역들 간에는 경계가 존재하지만, 이 경계들은 다중적 교차로 인해 점차 흐려지며, 이로 인해 안과 밖, 자아와 타자, 포섭할 자와 포섭당해야 하는 자가 불분명해 진다. 이러한 경계의 이완 또는 다중적 교차는 오늘날 관용이 작동할 수 있는 가능성을 확대시켜 준다." 이와 같이 왈쩌의 관용 개념은 "개인주의가 확산되고 공동체가 해체되고, 사회가 급변하는 시대상황에서 … 정치적 실천을 이끌어내고 함께 공존할 수 있는 새로운 공간을 형성할 수 있는 유력한 대안"으로 강조될 수 있다. 그러나 이러한 왈쩌의 주장도 영역의 확장과 다원화로 인해 안과 밖의 경계가 불분명해졌다고 할지라도, 영역들 간의 관계가 어떻게 설정되어야 할 것인가(나아가 어떻게 중층적으로 구성되어 있는가)에 대한 설명을 남겨두고 있다.

관용은 기본적으로 개인의 자유와 평등에서 출발한다는 점에서 자유주의적 개념이다. 자유주의는 개인의 자율성과 국가의 중립성을 전제로 다양한 가치의 공존을 수용하기 위하여 '관용의 정치'를 지향한다(김남준, 2008, 15). 이용재(2010)가 주장하는 바와 같이 오늘날 관용의 개념은 개인들 간 힘의 불균형, 소극적 불간섭, 시혜적 성격 등에 따라 다양성을 단일성으로 포섭하거나 타협하고자 하는 강자의 사회적 구성 형식(소극적, 구성적 관용 개념)에서 나아가, 평등한 관계, 적극적 간섭, 호혜적 성격 등에 따라 다양성이 공존하면서 사회 동력이 지속적으로 생성되는 사회적 통합 형식(적극적, 통합적 관용 개념)으로 이해될 수 있다. 그러나 이러한 관용의 재인식이 정치적 실천을 이끌어내고, 공존할 수 있는 자유로운 공간을 생성할 수 있는 한 방안이 될 수는 있겠지만, 유력한 대안이라고 주장하기에는 한계를 가진다. 이러한 다문화사회의 윤리에 관한 많은 연구자들은 자유주의적 관용의 개념에서 공동체주의적 다문화주의에서 강조하는 인정의 개념으로 전환하거나 다문화주의를 넘어서는 세계시민주의의 환대(특히 데리다의 무조건적 환대)의 개념으로 나아갈 것을 요청하고 있다.

3) 공동체주의적 다문화주의와 인정

공동체주의는 계몽주의 이후 오랜 정치철학적 전통 속에서 형성된 자유주의에 대한 비판과 대립적 관점에서 흔히 이해된다(킴리카, 2005 등 참조). 자유주의가 자율적이고 독립적인 개인을 전제로 이들의 기본적 권리와 책임을 중시한다. 즉 개인의 정체성이나 자아의 형성은 개인의 자율적인 선택에 의해 결정되어야 하며, 개인의 삶의 방향 설정이나 개인적 가치나 덕목의 선택에 국가가 개입해서는 안 된다는 점을 강조한다. 그러나 이러한 개인의 자율성과 국가의 불간섭 원칙은 사회통합의 문제와 더불어 소수집단의 권리 보장 문제를 제대로 대처할 수 없다는 점이 지적된다. 이러한 점에서 공동체주의는 개인의 자율성 원칙에 의문을 제기하며, 인간을 사회적 역할과 관계성에 연계된 존재로 이해한다. 이에 따라 공동체주의는 국가나 집단과 같은 공동체의 적극적인 역할과 연대감을 중시한다. 공동체주의는 자유주의에서 전제되는 개인의 자율성을 '원자론적' 또는 '무연고적' 자아관이라고 비판하고, 진정한 자아는 공동체의 전통이나 가치, 덕목, 역사, 사회적 책무 등을 적극적으로 고려하는 가운데 형성되어야 한다고 주장한다. 이러한 공동체주의의 관점에서 다문화주의를 이해하는 대표적인 학자는 테일러(Taylor)와 호네트(Honneth) 등이다.

자유주의와 공동체주의에 대한 이러한 비교로 보면, 다문화주의는 소수자 집단이 자신들의 정체성과 문화를 보호 받을 권리가 있음을 강조하면서 차별화된 집단적 권리와 문화 공동체를 중시한다는 점에서 자유주의보다 공동체주의에 더 친화적일 것처럼 보인다. 그러나 앞서 논의한 바와 같이 자유주의적 입장의 킴리카 등은 자유주의가 다문화주의를 더 잘 포용할 수 있다고 주장한다. 물론 킴리카의 자유주의적 다문화주의는 순수한(또는 좀 더 엄격한) 자유주의보다는 많이 '완화된 자유주의'라고 할 수 있다(손철성, 2008). 그러나 다문화주의에 관한 논의들은 강조하고자 하는 논점들을 둘러싼 논쟁이 유발되기도 했다.[5] 테일러와 같은 공동체주의자들은 원자론적 개인의 관념과 계약주의적 사회 구성 등 이른바 '자유주의적 기획'을 거부하고 개인의 자유와 평등의 보호, 민주적 연대성 등을 위한 공동체 문화의 중요성을 강조한다. 반면 킴리카와 같은 자유주의자들은 문화의 핵심적 역할은 개인의 자율적 삶을 구성할 수 있는 자원을 제공해 주는 것이라고 역설한다.

이와 같이 자유주의와 공동체주의로 대별되는 다문화주의 논쟁은 다양한 쟁점들에 따라 논의될 수 있겠지만, 여기서는 특히 개인의 정체성과 자유, 권리 등에 관한 보편성과 (집단-차별적) 특수성에 각각 근거하여 관용과 인정 간의 개념적 구분과 연계성에 주목하고자 한다. 공동체주의자인 테일러(Taylor, 1997)는 보편적 이성이나 가치에 호소하기보다, 문화적으로 특정한 공동체의

---

5. 다른 한편, 여러 논평가들은 이러한 다문화주의 자체에 대해 또 다른 관점들, 즉 배리(Barry)의 자유주의적 평등주의(설한, 2014)에서부터 지젝(Zizek)의 마르크스주의(최병두, 2009)에 이르기까지 다양한 관점으로 비판을 제기하기도 했다.

가치가 더 실질적이라고 주장한다. 즉 자유주의적 다문화주의가 내세우는 관용 담론은 개인의 보편적 정체성에 근거하기 때문에 사회 구성원들 간 상호 관심과 이에 바탕을 둔 집단적 정체성이나 사회 통합에 관한 논의에 부적절하다고 비판된다. 이러한 문제를 해소하기 위해 테일러는 개인이나 집단의 정체성의 확립에 전제가 되는 인정의 개념을 중시한다. 즉 한 개인의 정체성은 타자로부터 동등하고 가치 있는 존재로 인정받는 과정을 통해 획득되며, 이러한 점에서 주체와 객체 간에 진행되는 상호 인정 과정으로서 '인정의 정치'가 강조된다. 인정의 정치란 개인이나 집단의 정체성이나 문화에 어떤 차이가 있든지 간에 그 차이를 인정하면서 자신의 정체성을 계발할 수 있는 기회의 균등성을 요구하는 것이다. 다문화주의의 쟁점에 관해, 테일러(Taylor, 1994, 38)는 인간의 동등한 존엄성을 지향하는 정치는 보편적 가치, 즉 자유, 권리 등을 보장하는 데 기여하고, 문화적 차이를 강조하는 정치는 역사·문화적 공동체에서 고유한 자아정체성(또는 우리-정체성)을 형성하는 데 기여한다고 요약한다.

이러한 테일러의 다문화주의는 다문화 사회의 구성원들이 공존의 방법을 모색하기 위해 "우리는 어떻게 다문화사회에서 개인의 자유와 권리, 그리고 인간 존엄성의 존중이라는 보편성과 자아정체성의 근거가 되는 문화적 특수성(차이성)을 관계 지을 것이며, 더 나아가 차이와 자아정체성은 어떤 관계에 있는가?"라는 물음을 주제화시킨 것이라고 할 수 있다(김남준, 2008, 160). 테일러의 관점에서, 다문화주의를 위해 필요한 것은 자유주의로 대변되는 문화의 보편화와 차이에 대한 무관심 또는 관용이 아니라, 타자의 정체성과 타문화와의 차이에 대한 가치평가를 통한 인정이다. 그러나 김남준(2008, 161n)이 지적한 바와 같이, 여러 연구자들은 이와 같은 테일러의 다문주의 관점이 자유주의에 대한 반대라고 보기 어렵다고 주장한다. 정미라(2005)는 다문화주의가 "보편성에 근거하고 있는 자유주의가 간과하고 있는 특수성의 권리에 대한 인정을 요구함으로써 오히려 자유주의가 지향하는 이념에 구체적 현실성을 부과"하는 것으로 이해한다. 사실 테일러 자신도 이러한 이해를 가능하게 하는 주장을 한 것처럼 보인다. 즉 그에 의하면, 인간은 당연히 받아야 할 인정의 욕구를 지닌 존재이며, 문화의 동등한 가치에 대한 인정은 곧 인간의 평등함에 대한 인정이다(Taylor, 1997, 253; 전형권, 2014, 257). 그러나 이러한 주장에서 테일러가 강조하고자 하는 점은 인간은 당연히 서로 평등한 존재이지만, 이러한 평등성은 보편적으로 주어지는 것이 아니라 인정의 정치를 통해 실천적으로 획득되는 것이라는 점이라고 하겠다. 즉 인간 사회의 보편적 이상은 합리적 이성이나 선험적 자아로 주어지는 것이 아니라 차별성(특수성)의 인정을 통해 보편성을 지향하는 정치적 실천을 통해 실현되는 것으로 이해되어야 할 것이다.

이러한 보편성과 특수성을 둘러싼 논쟁은 다문화주의에 관한 논쟁뿐만 아니라 서구 철학 및 사회이론 전반에 걸쳐 오래된 것이다. 자유주의자들은 전체 사회를 하나의 통합된 체계와 가치를 부여하는 보편성에 기초한 반면, 공동체주의자들은 개인의 자유와 평등은 보편적으로 주어지는 것이 아니라 개인들이 속해 있는 특정 공동체의 구성원들 간 합의에 의해 부여되는 것으로 이해한다. 특히 다문화주의와 관련된 이 논쟁은 근대 이후 형성된 국민국가의 기능이 최근 지구화과정에서 점차 변화하면서 부각된 문제, 즉 정치적 공동체의 구성 범위와 중층화(다규모화), 그리고 이에 따른 시민성과 권리의 문제와도 관련된다. 자유주의적 다문화주의는 보편성을 강조함으로써 이주민과 원주민 간의 차이뿐만 아니라 지역적, (국민)국가적 조건의 상이성을 간과하게 된다. 이러한 점에서 공동체주의적 다문화주의는 특정한 지역사회나 국가에서 구성되는 공동체를 전제함으로써 이주자(개인 및 집단)의 권리를 인정하고 공동체의 사회공간적 통합을 정당화할 수 있다고 주장한다. 그러나 공동체주의적 다문화주의는 흔히 기존의 정치공동체를 대표하는 국민국가 단위를 전제로 함으로써 오늘날 초국적 이주가 이루어지는 탈경계화 또는 탈영토화된 공간을 제대로 이해하지 못하는 한계를 가진다(최종렬, 2009). 따라서 초국적 이주자들이 처해 있는 특수성과 보편성 간의 관계에 관한 논의는 세계시민주의적 관점에서 제기된 환대의 개념화로 이어진다.

다른 한편, 호네스(Honneth)의 인정 개념은 테일러의 다문화주의나 영(Young, 1990)이 제시한 포스트모던 정의론[6]에서 나아가 마르크스와 헤겔까지 소급된다. 헤겔에 의하면, 인간의 역사는 '자아 정체성을 상호인정하기 위한 주체들 간 투쟁의 역사'로 간파된다. 여기서 '인정'이란 타자와의 대상적 관계 속에서 자신의 정체성을 획득하는 상호보완적 과정이며, '자아의식'은 타자와의 상호 보완적 행동의 구조 속에서 '인정을 위한 투쟁'의 결과로 이해된다. 만약 이러한 투쟁에서 상호 인정이 아니라 타자의 삶을 억누르고 거부하게 되면, 자아는 자기 삶의 불충분성, 즉 자신으로부터의 소외를 경험하게 된다. 즉 타자로부터 자신의 주체가 상호 인정되는 것은 단지 호의를 주고받는 것이 아니라 왜곡되지 않은 자아와 주체성을 확보하기 위한 필수적 조건이며 존재를 위한 절대적 요구로 이해된다. 이러한 사고는 마르크스의 노동 개념에 암묵적으로 이어진다. 즉 노동은 노동의 대상인 자연뿐만 아니라 노동에 참여하는 사람들 간의 상호행위를 전제로 한 공동주체들 간의 관계로 이해된다(Honneth, 1995, 147). 그러나 오늘날 자본의 지배하에서 소외된 노동은 이러한 상호인정을 상실했으며, 따라서 자본의 지배로부터 벗어나기 위해 자연과의 관계에서뿐만 아니라 타자들과의 관계에서 상호 인정의 회복이 필요하다는 점이 강조되고 있다.

이러한 점에서 다문화주의에 함의된 인정의 개념과 인정의 정치는 단순히 인종적·문화적 차이의 승인에서 나아가 이러한 차이를 사회구조적으로 억압하는 기제에 대한 거부도 포함한다. 이러한 인정 투쟁이 전개되고 이를 통해 형성된 공간은 '인정의 공간'으로 지칭될 수 있을 것이다. 이러한 인정의 공간은 서구 자본주의 발달과 근대성의 전개과정에서 중요한 역할을 담당한 것으로

---

6. 테일러의 인정의 정치 개념은 인정의 개념에 근거한 영(Young, 1990)의 포스트모던 정의론과 유사하다. 영은 가부장적 억압과 같은 사회적, 문화적 억압을 극복하기 위하여 차이에 대한 인정과 이를 위한 정치가 중요하다고 주장한다. 그녀의 주장에 의하면, 사회는 다양한 정체성을 가지는 이질적인 사람들로 구성되며, 이러한 '이질적 공중'이 자율성을 가지고 공적 영역에 참여할 수 있어야 하며, 이를 위해 차이의 정치 또는 인정의 정치가 중요하다고 강조된다.

하버마스(Habermas)가 개념화한 '공적 영역'(public sphere)과 관련된다. 이러한 점에서 상호 인정을 전제로 형성된 공간은 물신화된 자본주의 경제메커니즘과 근대 국민국가의 지배 권력의 억압으로부터 벗어나기 위한 인정의 정치가 전개되는 장으로 이해될 수 있다. 최병두(2009)에 의하면, 이러한 인정의 공간 개념은 인정의 정치를 위한 공간적 특성을 규명할 수 있도록 한다. "첫째, 인정의 정치는 공적 및 사적 영역들 간의 역(閾)공간(liminal space)[또는 사이공간(in-between space)]에서 등장하는 것으로 이해된다. 부분적으로 이는 인정을 위한 많은 투쟁들이 이 두 가지 영역들 사이의 경계에 초점을 두고 있기 때문이다. 둘째, 인정의 정치 운동은 국가와 제도 권력의 중심에서 떨어진 주변적 공간들에서 등장한다. 이 공간들은 국가와 자본주의적 힘이 느슨하게 조직된 곳으로, 빈민 지역이나 인종적 공동체에서 흔히 제기된다. 셋째, 인정의 정치는 지구화된 세계에서 인종, 계급, 성의 차이에 기초한 사회적 배제를 해소하고 사회적 평등과 정의를 실현할 수 있는 윤리를 제공한다."

이와 같이 인정의 개념과 인정의 정치에 기반을 둔 다문화사회의 윤리는 공간적 측면에 대한 관심을 통해 좀 더 구체화된다. 물론 다문화사회의 윤리를 반영한 인정공간은 단순히 다문화적 이주자들이나 행위 주체들이 혼재되어 있다고 구축되는 것은 아니다. 인정공간은 공적 공간에 주체적으로 참여하여 문화적 차이에 따른 사회적 차별의 철폐를 주장하고, 나아가 상호주관적 관계를 통한 개인적 및 집단적 정체성의 상호인정을 요구하는 실천을 통해서만 형성되고, 유지될 수 있다. 이러한 점에서 김영옥(2010)은 언어소통의 문제만이 아니라 가부장적 전통문화와 신자유주의적 자본주의 체제하에서 결혼이주여성들은 자신의 정체성을 억압당하고 지속적인 고립과 사회적 불안을 겪을 확률이 높음을 지적하고, 상이한 국가 출신의 이주 여성들과의 만남을 통해 '우리 이주여성'이라는 집단적 정체성을 구성해 나가는 한편 지역사회 활동가와 시민사회 의제를 논의하고 신념을 공유함으로써 자아의식을 일깨우는 공간, 즉 '인정의 공간' 구축이 중요함을 강조한다. 즉

> "[이러한 인정의 공간]은 '이주여성'이나 '다문화 가정'이라는 기호의 해석을 독점하는 주류사회에 대항해 상징적·문화정치학적 투쟁이 벌어지는 공간이며, 구체적이고 물질적인 만남과 행위가 실천되는, 다시 말해 다문화적 태도가 학습되고 체화되는 장소이다. 모든 이주여성공동체가 이런 공간/장소가 될 수 있는 것은 아니다. 그러나 의식의 지향성과 심리적 애착이 동시에 뿌리내릴 수 있는 이런 공간/장소로 기능하는 이주여성 공동체는 결혼이주여성을 비롯해 이주민의 인정 투쟁이 벌어지고 역량강화가 이루어지는 적합한 문화적·정치적 장이 될 수 있다"(김영옥, 2010, 31).

자유주의의 관점에서 볼 때 다문화공간이 아무리 보편적인 규범성을 함의하고 있다고 할지라도, 그리고 공동체주의의 관점에서 이러한 다문화공간이 근대 이후 국민국가의 개념으로 제도화되었다고 할지라도, 그 규범적 가치는 보편적으로 또는 국가에 의해 주어지는 것이 아니라 끊임없는 실천적 투쟁을 통해 생성되고 유지되어야 한다. 그렇지 않을 경우, 다문화공간과 이에 함의된 다문화주의는 초국적 자본과 제국적 권력 또는 자본주의 국가의 지배 권력이 자신들의 이해관계를 실현시키기 위한 공간과 그 수사(rhetoric)로 전락하게 된다.[7] 이와 같은 인정공간의 개념은 기존의 공동체주의적 다문화주의가 가지는 한계, 즉 어떤 정치적 공동체가 주어진 것이라는 전제의 한계를 벗어나도록 한다. 자아 정체성뿐 아니라 공동체 역시 선험적으로 주어지는 것이 아니라 처해진 상황에서 인정의 정치를 통해 형성되는 공간, 즉 인정 투쟁의 공간으로 이해되어야 할 것이다. 달리 말해 인정의 정치는 어떤 주어진 공동체 내에 한정되는 것이 아니라, 인정의 공간으로서 공동체를 스스로 형성하는 것을 의미한다.[8]

---

7. 이광석·이정주(2017)는 이러한 입장에서 한국의 지역사회에서 보이는 다문화 현상을 인정과 인정 투쟁의 개념에 바탕을 두고 이해하고자 한다. 그러나 이들의 연구는 인정투쟁의 과정에서 사회적 연대성을 발휘해 온 전통을 엉뚱하게 '새마을운동'과 연계시키고 있다.
8. 또한 인정의 개념과 이를 원용한 인정공간의 개념은 문화적, 인종적 차이와 다양성에 대한 인정을 요구할 뿐 아니라 물질적 재분배에 대한 요구도 고려해야 한다는 점이 지적된다(최병두, 2009).

뿐만 아니라 인정공간의 개념은 인정의 정치가 전개되는 지역사회의 국지적 또는 미시적 공간의 수준을 벗어날 필요가 있다. 기존의 다문화주의 논쟁(자유주의이든 공동체주의이든지 간에)에서 공동체의 정치적 단위는 흔히 국민국가와 그 영역으로 설정되지만, 이는 현실적으로뿐만 아니라 이론적으로도 한계를 가진다. 자유주의가 기반을 두는 보편성은 계층적, 민족적 조건이나 지역적, 국가적 조건이 상이한 현실을 무시한다(손경원, 2013). 공동체주의 역시 일차원적 공동체 개념으로 인해 '자기 모순적이고 자기 파괴적인' 결과를 초래할 수 있다. 왜냐하면 "특정 공동체가 다문화주의 관점을 수용하여 그 내부에 이질적인 하위 공동체를 허용한다면 이것은 특정 공동체의 연대성과 통합성을 약화시키는 결과를 낳을 수 있"기 때문이다(손철성, 2008, 12).

한 개인이 구성원으로서 속하는 공동체의 사회공간적 규모의 문제는 자유주의와 공동체주의 양자 모두의 한계이지만, 초국적 이주와 다문화 사회의 윤리에 관한 논의에서 불가피하게 발생하는 것이다. 오늘날 지구지방화 과정 속에서 증가하는 초국적 이주는 국민국가의 경계가 사라진 것이 아니라고 할지라도 이미 상당히 완화되었음을 보여준다. 이러한 상황에서 초국적 이주 문제는 이주자들의 지역사회 생활에서 인정 투쟁을 통한 인정공간의 구축과 관련될 뿐만 아니라 지구적 차원에서 보편적 권리로서 공간적 이동과 국가의 영토주권 간 경계 영역에서 발생하는 것으로 이해될 수 있다. 이러한 문제는 보편적 가치나 권리 또는 상호 인정이나 이를 원용한 인정공간의 개념을 능가하는 어떤 논의, 예로 세계시민주의와 환대의 개념에 관한 논의를 요구한다.

프레이즈(N. Fraser)에 의하면, 지구화 또는 초국적 이주의 시대에 정의의 문제는 세 가지 차원에서 재구성되어야 한다고 주장한다. 여기서 세 가지 차원이란 사회정치적 활동이 국민국가를 넘어서 전지구화되는 상황에서 사람들의 정치적 성원권을 재구성하는 '시민권의 정치', 동등한 사회정치적 참여를 가로 막는 자원의 불균등 분배와 관련된 '재분배의 정치', 그리고 사회정치적 의식을 차별화하는 문화적 정체성의 불인정을 해고하기 위한 '인정의 정치' 등이다(Fraser and Honneth, 2003; 전형권, 2014).

3. 세계시민주의와 환대

다문화주의는 그동안 여러 연구자들이 참여하는 논쟁을 통해 기존의 논리적 한계들을 해소하기 위하여 전통적 이론의 엄격한 틀을 벗어나 '완화된' 입장으로 전환하게 되었다. 하지만 여전히 안고 있는 여러 문제점을 해결하기 위한 추가적 논의, 특히 공간적 측면에서의 논의가 필요한 것처럼 보인다. 뿐만 아니라 한국보다 앞서 다문화사회로의 전환을 경험한 서구사회에서 새로운 인종적·문화적 갈등이 야기되고, 이로 인해 이주자 집단들 자체나 이들에 대한 원주민들의 불만이 심화되고 소요사태가 빈번하게 발생하고 있을 뿐 아니라 심지어 사회 전체가 다른 인종·문화(종교)집단에 의해 심각한 테러의 위험에 노출되게 되었다. 이에 따라 지난 20여 년간 다문화주의 정책이 실패한 것이 아닌가를 의문시하게 되고, 이를 둘러싼 문제의 원인과 정책 대안(예로 상호문화주의 정책)이 모색되고 있다(제8장 참조). 이론적 측면에서도 실패의 원인을 여러 관점에서 논의해 볼 수 있겠지만, 기본적으로 자유주의적 및 공동체주의적 다문화주의의 한계를 드러낸 것으로 이해할 수 있다.

서구 사회의 다문화주의 정책의 실패와 관련하여, 김병곤·김민수(2015, 296)는 자유주의적 "다문화주의 시민권이 사회통합과 이주민들의 권리 보장에서 모두 문제를 보이고 있는 것은 분명"하다고 주장한다. 유사한 맥락에서 김선규(2015, 247)는 "최근 서구에서 다문화주의의 실패를 선포하고 사회통합을 주장하는 것은 그들의 관용이 소극적 방식으로 치우친 결과"이며 "이런 방식의 관용은 진정한 공존을 위한 다양성의 인정이 아니라, 부정적 차이로 이끄는 정체성만을 강화시킨다"고 주장한다. 하지만 이에 대한 반론적 견해로, 이용재(2010)는 "다문화주의 정책하에서 관용보다는 인정과 정체성의 정치가 주목을 받았"지만 "오늘날 다문화주의가 위기를 맞이하면서 인정과 정체성의 정치가 가지는 현실적 효용성에 대해 일부에서 의문을 제기하고 있다"고 지적하고, 관용 개념의 재이해를 통해 "현실의 위기를 실천적으로 대응할 수 있는 실천적,

도덕적 방안이 모색되어야 한다"고 주장한다. 킴리카와 그 외 자유주의적 다문화주의자들은 다문화주의 정책의 실패에 관한 담론이 과장된 것이며, 실제로는 다문화주의 시민권 정책이 많은 효과를 보여주었다고 반박한다(Kymlicka, 2014).[9]

이와 같이 다문화주의를 둘러싼 이론적 논쟁뿐만 아니라 이를 반영한 정책의 실패 여부와 그 배경에 대한 논의에서도 자유주의와 공동체주의는 서로 충돌하는 것처럼 보인다. 그러나 중요한 점은 기존의 전제가정이나 이론적 틀에 바탕을 두고 자유주의냐, 공동체주의냐를 논의하기보다는 다문화사회의 윤리적 개념들을 어떻게 설정하고 재구성할 것인가의 문제라고 할 수 있다. 자유주의적 다문화주의자들뿐 아니라 일부 공동체주의적 다문화주의자들도 제시하는 관용의 개념은 개인이나 집단들 간 불균등하고 시혜적인 관계에서 상호 대등하고 호혜적인 관계로 관심을 옮겨가게 되었으며, 이러한 관계에 바탕을 둔 사회적 통합과 내적으로 '자유로운 공간'의 구성을 가능하게 한다고 할지라도, 여전히 집단(공동체)들 간 평등한 관계는 어떻게 이해될 수 있는가의 문제를 남겨두고 있다. 공동체주의적 다문화주의의 입장에서 인정의 개념은 한 개인이나 집단의 정체성 또는 자유와 권리가 타자나 다른 집단과의 차이를 상호 인정함으로써 형성된다는 점을 강조한다. 특히 기존의 공동체주의에서 주어진 것으로 간주되었던 공동체는 인정의 정치를 통해 구축되어야 할 '인정의 공간'으로 이해될 수 있음을 보여준다. 그러나 관용과 인용의 개념 양자 모두는 초국적 이주에 함의된 공간적 다규모성과 이에 따른 윤리의 문제를 제대로 이해할 수 없다는 한계를 드러낸다. 세계시민주의에 바탕을 둔 환대의 개념은 이러한 문제를 해결하는데 상당한 시사점을 제공하는 것처럼 보인다.

---

9. 그리고 실제 서구에서 다문화주의 정책의 실패와 이에 대한 대안으로 제시된 '상호문화주의'에 관한 논의에서, 상호문화주의가 다문화주의를 대체한 것이 아니라 그 한계를 보완한 것이며, 서구 사회의 한 예로 "네덜란드 사회가 가진 수용성, 즉 뿌리 깊은 관용의 정신이 흔들림 없이 여전히 작동하고 있다"는 점이 강조되기도 한다(김문정, 2016, 33).

세계시민주의는 흔히 한 지방이나 국가에 대한 한정적 소속감이나 인종적 편견을 초월하여 모든 인류를 하나의 시민으로 포괄하는 세계적 공동체를 추구하는 이념으로 인식된다. 즉 세계시민주의는 어떤 개인이 여러 공동체 가운데 한 공동체에 속해야 한다는 전통적인 관점을 거부하고, 우리 모두가 세계적 시민성을 가져야한다고 생각한다. 이러한 세계시민주의는 고대 스토아철학에까지 소급된다. 고대 그리스인들은 인간을 그리스인과 야만인으로 구분하고 자신들을 세계시민이라고 칭하면서 그들의 폴리스가 세계 전체인 것처럼 인식하는 경향이 있었다. 그러나 스토아 철학자들은 이러한 인식에 반대하고, 인간은 원래 모두 한 형제이며 따라서 인간으로서 권리와 보편적 가치를 가진다고 주장했다.

칸트의 세계시민주의나 오늘날 여러 학자들에 의해 재론되고 있는 세계시민주의는 이러한 스토아학파의 순수한 윤리적 세계시민주의와는 다소 다르다. 에피아(2008, 22)에 의하면, 세계시민주의 개념에는 두 가지 요소가 서로 얽혀 있다. 하나는 우리에게 타자에 대한 포괄적 의무, 즉 개인적인 혈연적 유대나 형식적인 시민적 유대를 넘어서 더욱 확장된 의무가 있다는 점이며, 다른 하나는 보편적인 인간의 삶뿐 아니라 특수한 삶의 가치까지 진지하게 고려해야 한다는 점이다. 벡(Beck, 2006)은 이러한 세계시민성(또는 세계시민주의화)은 "보편적인 것과 특수한 것, 유사한 것과 상이한 것, 지구적인 것과 지방적인 것이 문화적 극단들로 간주되는 것이 아니라 서로 연계되고 상호 침투하는 원칙으로 간주되는 비선형적 변증법적 과정"으로 이해되어야 한다는 점을 강조한다.

오늘날 세계시민주의는 다양한 관점에 따라 재구성되고 있지만, 기본적으로 논의 배경은 경쟁을 통해 보편성보다는 차별화를 심화시키는 자유주의 시장원리 그리고 명시적 또는 암묵적으로 배타적인 국민주의와 계급권력에 기반을 둔 국민국가의 정치에 대한 도전으로 등장한 것이라고 할 수 있다. 이러한 점에서 누스바움(Nussbaum, 2006)은 지구적 민주주의와 거버넌스를 위한 통합적 전망으로 세계시민주의에 대한 관심을 촉구하고, 세계인들의 새로운 존재 방식으로서 세계시민적 도덕성으로의 복귀를 주창한다.

그러나 뉴욕이나 싱가포르와 같은 도시가 '세계시민적 도시'로 개념화되는 사례에서 볼 수 있는 것처럼, 세계시민주의는 흔히 초국적으로 빈번하게 이동하는 전문직이나 임원계급의 글로벌리즘과 같은 것으로 인식되거나, 심지어 "보편적 선에 관한 이론과 결부된 것처럼 보이도록 겉으로 꾸민 채, 그 바탕에는 편견에 따라 배제하는 수많은 특권을 허용하고 심지어 정당화"하기 위한 담론으로 비판될 수도 있다(Harvey, 2009, ch.1 참조). 이처럼 세계시민주의 담론이 다문화주의 담론이나 윤리적 개념들처럼 사회적 지배 이데올로기로 동원될 수 있다고 할지라도, 이론적 논의는 다문화사회의 윤리를 마련하는 데 많은 유의성을 가진다. 이러한 점에서 우리는 최근 새롭게 관심을 끌고 있는 칸트의 세계시민주의와 환대의 개념 및 그 비판적 연장선상에서 제시된 데리다의 무조건 환대의 개념을 논의해 볼 수 있다(좀 더 자세한 논의는 제10장 참조).

칸트는 서구열강의 식민지쟁탈전이 치열하게 전개되고 있던 18세기 말 출간된 『영구평화론』에서 세계시민주의에 근거한 세계연방제를 제시하면서, 세계가 어떻게 영구평화를 이룰 수 있는가라는 의문에 답하고자 했다. 여기서 칸트는 공동체(국가)의 경계를 넘나드는 개인들에 적용되는 도덕적, 법적 관계에 주목하면서 세계시민적 권리에 관하여 논의하였다(Benhabib, 2004; Harvey, 2007; 김애경, 2008; 최병두, 2012 등 참조). 칸트의 세계시민권은 모든 사람들이 타자의 영토를 방문했을 때 그들로부터 적으로 간주되지 않고 환대 받을 수 있는 권리이며, 그런 한에서 어떤 한 문화나 종교 그리고 인종적 장벽이라는 제약을 넘어 여행하고 임시로 체류할 수 있는 자유와 권리를 포함한다. 이방인이 이러한 환대의 권리를 가지는 것은 모든 인간에게 보장된 '친교의 권리'를 가지기 때문이며, 또한 지표면이 절대적으로 한정되어 있기 때문이다. 즉 "사람들은 지표면 위에 무한정하게 산재해 있을 수 없으며 따라서 결국 다른 사람의 출현을 받아들이지 않을 수 없기 때문에, 모든 사람들은 지표면의 공동 점유의 덕분으로 이러한 환대의 권리를 가진다"(Benhabib, 2004, 27).[10]

벤하비브가 지적한 바와 같이, 칸트가 제시한 이러한 '환대의 권리'는 다소 특이한 개념이다. 왜냐하면 권리란 한 국가가 가지는 권리(주권) 또는 한 국가 내 국민들이 가지는 권리(즉 국가적 시민권)를 의미하지만, '환대의 권리'는 국가의 주권 개념과는 대립될 뿐 아니라 특정 정치공동체의 구성원들의 권리를 규정하는 것도 아니기 때문이다. 다른 한편으로 환대는 어떤 공동체에 속하든지 간에 모든 인간은 자신의 땅이 아닌 다른 곳에 평화적 목적으로 방문하여 자신의 이해관계를 증진시키기 위해 체류할 수 있는 보편적 권리로 이해될 수 있지만(김병곤·김민수, 2015, 312),[11] 칸트의 입장에서 환대의 권리란 모든 인간들에게 주어지는 보편적 권리 자체는 아니다. 환대의 권리란 오히려 각기 다른 정치적 공동체에 속하면서 경계 지워진 공동체의 변경에서 마주치는 개인과 공동체 간의 관계를 규정하는 것이다. 즉 벤하비브(Benhabib, 2004, 27)에 의하면, "환대의 권리는 인간 권리와 시민 권리 사이, 인격에 기초한 인간의 권리와 우리가 특정한 공화국의 구성원이라는 점에서 가지는 권리 사이에 있는 공간에서 제기된다." 달리 말해 환대의 권리는 완전한 한 인격체로서 인간의 보편적 권리와 한 공동체의 성원으로서 시민의 특정한 권리 사이에서 제기되는 권리라고 할 수 있다.

데리다(2004)는 이러한 칸트의 환대 개념을 비판적으로 재구성하여 '무조건적 환대'의 개념을 제시한다. 그의 주장에 따르면, 칸트가 제시한 환대의 권리는 일정한 조건 내의 이방인, 즉 자신의 정체성과 소속을 밝힐 수 있는 이방인

---

10. 칸트가 이러한 환대의 불가피성을 주장하는 배경으로 지표면의 절대적 한정보다는 친교의 권리가 더 중요하다는 점이 주장되기도 한다. 이 벤하비브의 문단을 김병곤·김민수(2015, 311~312)는 다음과 같이 해석한다. 즉 "벤하비브에 따르면, 칸트에게 있어서 환대의 권리는 지구라는 구체성(sphericality) 때문에 발생하는 소극적 의미의 권리가 아니라, 자유를 확대하고자 하는 개인들에게 필요한 적극적 권리이며, 언젠가는 국경을 가로질러 동료 인간을 만나는 상황에서 세계시민들의 상호 교류를 평화롭게 보장하는 도덕적 의무로 작용하게 된다."

11. 이러한 해석상의 오류는 서구의 저명 연구자들의 주장에도 나타난다. 샌델에 의하면, 세계시민주의는 더 포괄적인 공동체가 더 지역적인 공동체에 항상 우선해야 하며, 보편적 정체성은 특수한 정체성보다 항상 우선해야 한다고 주장하기 때문에 문제가 있다고 비판한다(손철성, 2008, 5에서 인용).

에게만 한정된다. 이러한 조건적 환대는 "타자가 우리의 규칙을, 삶에 대한 규범을 나아가 우리 언어, 우리 문화, 우리 정치체계 등등을 준수한다는 조건을 내걸고 환대를 제의"하는 것이다(보라도리, 2004, 234). 이러한 조건부 환대는 내 영토에서의 순응을 조건으로 이방인을 나의 공간으로 '초대'하는 것이다. 데리다는 이러한 조건적 환대 또는 초대의 환대 대신 무조건적 환대 또는 방문의 환대를 제시한다. 조건부 환대가 이방인의 언어, 전통, 기억이나 그가 속한 영토의 법률과 규범들에 순응하는 것을 전제로 한다면, 무조건적 환대는 소속이나 신분을 전혀 알 수 없는 절대적으로 낯선 방문자에게 아무 조건 없이 나의 공간을 개방하는 것을 의미한다.[12]

세계시민주의에 대한 논의에서 칸트는 인간의 보편적 권리와 공동체 구성원으로서 가지는 권리를 구분하고, 이방인의 환대를 이들 사이에 위치지우고자 했다. 하지만 데리다는 이러한 칸트의 권리 개념이 조건적 권리라고 주장하고, 인간이 가지는 보편적 권리를 무한히 확장한 무조적적 환대의 개념을 제시한다. 그러나 데리다의 이러한 무조건적 환대 개념은 현실 세계에서 실현될 수 있는가, 또는 법제화될 수 있는가의 의문을 유발한다. 이러한 의문에 대해 데리다는 자신이 제시한 절대적 환대 개념은 실제 조건적 환대의 제도화나 관용의 의무와 권리를 부정하는 것이 아니라, 이러한 제도화를 '가능하게 하는 조건'이 된다고 주장한다(김진, 2011). 국내 연구자들은 이러한 환대의 개념을 강조하면서, 다양한 분야에 이를 원용하고자 한다. 특히 다문화사회의 윤리로서 환대에 대한 관심은 칸트보다 데리다에게 더 많이 주어진다.[13]

칸트와 데리다의 견해 차이와 이에 내포된 함의는 여러 관점에서 해석될 수

12. 데리다는 이러한 무조건적 환대에 기초한 새로운 세계시민주의적 공동체의 이념을 9.11테러와 같이 자가-면역 증상인 지구적 테러리즘의 완전한 해체를 위하여 절대적으로 필요한 가능성의 조건으로 제시한다(보라도리, 2004, 47 및 234).

13. 예를 들어 김종훈(2016)은 데리다의 환대 철학은 제한적이고 조건적인 관용을 넘어 무조건적이고 절대적인 환대를 실천하기 위해 끊임없는 시도가 필요하다는 점에서 다문화사회에서의 평등과 사회적 정의 실현과 관련하여 한국 사회에 중요한 시사점을 준다고 주장한다.

있지만(김애령, 2008; 구자광, 2008; 최병두, 2012 참조), 기본적으로 환대 권리의 상대성과 절대성, 또는 특수성과 보편성 간의 차이로 이해할 수도 있을 것이다. 즉 칸트의 조건부 환대 개념은 이방인으로서 초국적 이주자의 권리를 제도화하기 위한 현실적 관점이라면, 데리다의 무조건 환대 개념은 이러한 환대 권리의 제도화를 위한 절대적 조건으로 이해될 수 있다. 또한 칸트의 환대 개념은 기본적으로 이방인과 비이방인(원주민) 간 구분을 전제로 하지만, 데리다의 환대 개념은 "이방인/비이방인에 대한 관념과 양자 간의 경계를 해체함으로써 기존의 환대에 내재된 한계를 극복"한 것으로 이해될 수 있다(김종훈, 2016, 119). 칸트의 환대 개념은 고정된 (국가)경계를 두고 이방인/비이방인, 안/밖의 구분을 전제로 한다는 점에서 분명 한계를 가진다. 그러나 데리다의 무조건 환대는 칸트가 환대의 권리를 개념화하면서 확인한 어떤 딜레마, 즉 공간적 상위성으로 인해 발생하는 권리의 문제를 무시했다는 점에서 또 다른 한계를 가진다.

벤하비브가 지적한 바와 같이, 칸트의 환대 개념은 분리된 어떤 한 차원(또는 공간적 규모)에서 발생하는 절대성과 보편성 간의 문제라기보다 공간적 차원들 간의 상위적 관계에서 발생하는 딜레마를 내재한다. 즉 칸트가 주장하는 환대의 권리는 모든 인간에게 주어지는 보편적 권리도 아니지만, 또한 어떤 정치적 공동체에 속함으로써 얻게 되는 성원적 권리도 아니며, 이들 간의 경계에서 발생하는 것이다. 데리다의 무조건적 환대 개념과는 달리, 칸트의 조건적 환대 개념에서 주요 과제는 외국인 이주자가 하나의 인격체로서 가지는 보편적 권리와 함께 지역 또는 국가 차원의 정치공동체의 한 구성원으로 가지는 특정한 권리를 어떻게 결합시킬 것인가라는 의문에 답하는 것이다. 이에 답하기 위해, 세계시민적 권리는 아래에서 논의할 바와 같이 절대적 공간에서 구분되는 안/밖의 경계를 무시 또는 초월하는 것이 아니라, 관계적 공간에서 중층적 권리들의 다규모적 결합, 즉 지구지방적 시민성으로 이해될 필요가 있다.

4. 지구지방적 시민성과 스케일의 정치

킴리카(2005, 397)에 따르면, 보편적 자유와 평등에 기반을 둔 개인주의적 권리를 주장하는 자유주의와 특정 정치공동체에의 성원성(membership)을 강조하는 공동체주의 간 논쟁이 심화됨에 따라, "이러한 대립을 초월해서 자유주의적 정의와 공동체적 멤버십의 요구들을 통합하려는 시도로 나아가는 것을 피할 수 없게" 되었고, "이러한 작업을 수행할 하나의 확실한 후보가 바로 시민권 개념"이라고 할 수 있다. 왜냐하면 "시민권은 한편으로는 개인주의적 권리와 자격(entitlements)이라는 자유주의적 개념과 친밀하게 연결되어 있고, 다른 한편으로는 특정한 공동체의 멤버십과 복속이라는 공동체주의적 개념들과도 연결되어" 있기 때문이다. 이러한 점에서 시민권에 대해 관심이 새롭게 제기되고 있다.[14] 물론 시민권에 관한 논의는 오랜 전통을 가지지만, 20세기 중반 이후 일련의 권리와 의무로 규정되는 단순한 법적, 정치적 지위에서 나아가 교육, 보건의료 등과 정체성에 대한 사회·문화적 권리를 포함하게 되었다. 이와 같이 시민권 영역의 확장에도 불구하고, 최근까지도 시민권에 관한 논의는 시민들 간 일종의 공통적 정체성 또는 시민의식을 전제로 하고 있었다.

그러나 이러한 '공동의 권리'로서 시민권의 개념은 초국적 이주자들을 포함하여 다양한 소수집단들(여성, 장애인이나 인종적, 종교적, 성적 소수자 등)의 권리 문제를 다루기 부적합하다는 점이 지적된다. 이들은 공동의 시민적 권리를 가지고 있음에도 불구하고 여전히 사회문화적 차이로 인해 억압과 소외감을 느낀다. 이러한 점에서 영이나 킴리카 등은 '차등적 시민권'을 제시하게 된 것이다. 그러나 앞서 논의한 바와 같이 킴리카가 제시한 집단-차별적인 다문화주

14. 킴리카에 의하면, 이러한 시민권 이론이 정의론을 대체하기보다는 필연적 보완물로 간주된다. 즉 "시민권에 대한 '새로운' 논의들은 흔히 정의에 대한 '오래된' 논의들이 새로운 옷을 입은 것에 불과하다"(킴리카, 2005, 400). 이러한 점에서, 시민권 관련 논의는 앞서 논의했던 자유주의적 및 공동체주의적 다문화주의의 핵심을 이루는 관용이나 인정의 개념 또는 세계시민주의에 바탕을 둔 환대의 개념을 대체하기보다는 이들에 관한 보완적 설명이라고 할 수 있다.

의적 시민권의 개념은 여전히 자유주의의 연장선상에 있다. 뿐만 아니라 다문화사회에 관한 그의 문제의식은 국가의 역할을 전제로 한다. 즉 다문화사회로의 전환에서 국가가 어떻게 과거 단일문화의 전통 속에서 형성된 동질성의 신화에서 벗어나 다양한 정체성을 가진 소수집단들의 인종적, 문화적 다원성을 인정하면서 이들이 처한 문제를 관리할 것인가? 즉 변화하는 현실에도 불구하고 킴리카는 기존의 국민국가를 여전히 최종적인 문제 해결의 장소이고, 자유와 정의와 같은 자유주의적 가치의 담지체로 이해한다(김병곤·김민수, 2015).

반면 벤하비브는 초국적 이주와 같은 탈영토화된 문제의 등장으로 국민국가 중심의 해결책이 더 이상 근본적 해법이 되질 못하게 되었음을 인식하고, 국민국가 체계에 바탕을 둔 근대 민주주의의 한계 또는 이에 내포된 모순들을 성찰하고, 국민국가를 넘어서는 권리의 문제, 즉 지구적 차원에서 작동하는 보편적 권리와 정치공동체로서 여전히 지배적인 국민국가의 주권 간에 나타나는 세계시민적 시민권의 특성을 논의하고자 한다. 이 논의에서 핵심적 준거는 칸트의 환대 개념과 아렌트(Arendt)의 '권리를 가질 권리(the right to have rights)' 개념이다. 앞서 논의한 바와 같이, 칸트가 제기한 환대의 권리는 완전한 인격체로서 인간의 보편적 권리와 한 공동체의 성원으로서 시민의 특정 권리 간에서 제기되는 권리이다. 그러나 벤하비브 자신은 세계시민적 권리의 보편성을 강조하기보다는 국민국가에 기반을 두는 민주적 과정과 제도들이 세계시민적 권리와 맺고 있는 역설적 관계에 초점을 두고 있다는 점에서 기존의 세계시민주의 이론과는 다르다고 주장한다(Benhabib, 2006 참조).[15] 즉 그는 정치적 성원권에 초점을 두고 정치적 공동체의 경계공간에서 발생하는 문제를 고찰하고자 한다.

벤하비브가 이와 같이 국민국가를 능가하지만 또한 국민국가의 성원성에 여

15. 서윤호(2014)의 연구는 "국가의 영토 주권과 보편적 인권 원칙 사이에 존재하는 구성적 딜레마"를 벤하비브를 중심으로 자유주의, 공동체주의 그리고 세계시민주의 관련 연구자들과 비교 논의한다는 점에서 의의를 가진다. 그러나 그는 벤하비브가 "인권과 주권이라는 두 항에서 보편 인권을 중심으로 구체적인 현실성을 확보하고자 하는 전략을 취하고 있다"고 이해하고, 공동체주의적 관점에서 대안을 모색하는 것처럼 보인다(서윤호, 2014, 215).

전히 기반을 두는 이유는 한편으로 국민국가의 '영토성의 위기(Benbabib, 2004, 4~6)에 관한 현실 인식, 즉 "기존의 [국가]시민권 제도가 해체되고 있지만 또한 국가 주권도 점점 더 강조되고 있으며, 국가 하위단위에서뿐만 아니라 국가 상위단위에서 민주적 연대와 민주적 기구의 활동 여지가 넓어지고" 있기 때문이다. 다른 한편 벤하비브에게 보편적 인권의 한계와 국민국가의 민주적 역할의 필요성을 주목하도록 한 것은 아렌트가 제시한 '권리를 가질 권리' 개념이다. 아렌트는 전체주의에 관한 연구에서 전체주의의 희생자들, 즉 국적을 박탈당하고 추방된 대규모 무국적 난민들의 비참한 상황을 설명하면서, 이들의 인권을 보호해 줄 어떤 정치 공동체에 속할 권리, 즉 권리를 가질 권리가 필요하다고 주장한다(Benhabib, 2004, ch.2). '권리를 가질 권리' 개념은 한편으로 인간의 근본적 권리이지만, 이 권리는 어떤 정치공동체에 속하지 않고서는 보호되질 못하는 권리이다. 이 개념은 "보편적 권리의 정당한 제한을 넘어서서 보편적 권리의 보장이 개별 공동체의 주권에 의존한다"는 점을 보여준다(김병곤·김민수, 2015, 312).

벤하비브가 칸트의 '환대' 개념과 아렌트의 '권리를 가질 권리' 개념을 통해 지적하고자 하는 것은 공동체를 떠나 다른 공동체에 속할 수 있는 권리, 즉 이주의 권리가 인간으로서의 존엄성과 자유를 보장받기 위한 보편적 권리이면서도, 동시에 개별 정치공동체와 그 성원들이 가지는 주권에 의해 제한되거나 또는 심지어 보호되어야 한다는 근대 자유 민주주의의 딜레마라고 할 수 있다. 하비(Harvey, 2009)는 이와 같은 보편적 권리와 국가-특정적 권리 사이에 발생하는 긴장관계 또는 내적 모순에 관심을 집중한 벤하비브의 연구를 긍정적으로 평가하면서, 그녀의 문장을 인용한다. 우리의 운명은 "보편적인 것에 대한 전망"과 "특수한 문화적, 국가적 정체성"에 대한 애착 사이에 벌어지는 "끝없는 다툼에 사로잡혀 살아가는 것"이라고 서술한다(Benhabib, 2004, 16; Harvey, 2009, 10). 특히 하비에 의하면, 칸트뿐 아니라 오늘날 세계시민주의 이론가들도 대부분 절대적 공간관에 근거하여 국가(그리고 주권)를 이해하지만, 벤하비브는 이러한 관점을 어느 정도 벗어나 있다는 점을 부각시킨다. 즉 하비(Harvey, 2009, 270)에 의하면, "벤하비브가 지적한 바와 같이 주권은 관계적 개념이지만, 절대적 공간과 시간에서의 독특한 실체로서 국민국가라는 역기능적인 사고 속에 점점 더 사로잡혀 그 특정한 의미의 대부분을 갖게 되었다."

하비가 지적한 바와 같이, 칸트의 세계시민주의와 환대의 개념은 절대적 공간(즉 고정되고 불변하고 분명한 경계가 있는 공간)에 근거한다. 아렌트의 '권리를 가질 권리'의 개념도 이러한 권리를 보장해 줄 근대 국민국가의 영토성을 절대적 공간관에 입각하여 제시된 것처럼 보인다.[16] 그러나 벤하비브는 관계적 공간 개념을 직접 거론하지는 않았지만, "사람들은 공통의 공감에 의해 구분되며 명확히 확인 가능한 도덕적 특성에 따라 경계를 둔 공동체에서 살아가는 것은 아니"라고 서술한다(Benhabib, 2004, 77). 또한 하비(Harvey, 2009, 88)가 그 함의를 논의한 것처럼, 벤하비브는 국민국가 외부(예를 들면, 유럽연합이라는 구조 내부)에 등장한 시민권의 층화된 구조를 지적한다. 즉 세계에는 "상호의존적 네트워크와 결사, 다양한 층위의 조직들"이 존재하며, "다층화된 거버넌스"는 "지구적 포부와 국지적 자기결정 사이에 경직된 대립을 완화시킬" 수 있다고 말한다(Benhabib, 2004, 112). 그러나 벤하비브는 "세계시민적 권리의 보편성을 강조하기보다 국민국가에 바탕을 둔 민주적 과정과 제도들이 세계시민적 권리와 맺고 있는 역설적 관계"에 더 많은 관심을 가진다고 주장한다. 하지만 이러한 주장에도 불구하고, 실제 세계시민적 시민성에 관한 그의 논의는 주로 보편적 권리가 국가-특정적 권리에 의해 어떻게 수용되어야 할 것인가에 관심을 둔다. 그러나 보편적인 윤리 원칙들이 어떻게 국가적 또는 국지적으로 해석되고 반영되어야 하며, 또한 국가적 및 국지적 실천을 통해 재구성되어야 하는가에 대해서는 그렇게 명확한 설명을 제시하지는 않았다.

16. 하비는 그의 저서(Harvey, 2009)에서 여러 번 아렌트를 언급하지만 '권리를 가질 권리'에 관해서는 논의하지 않았다. 한편, 아렌트는 『인간의 조건』에서 '사이 공간'(in-between space)의 개념을 제시했다는 점에서 관계적 공간 개념을 잘 알고 있었던 것으로 추정된다.

이러한 벤하비브의 한계는 그녀가 확인한 어떤 역설(패러독스), 즉 '배제된 자가 배제와 포함의 규칙을 정하는데 참여할 수 없다'는 역설에 대응하기 위한 전략에서도 나타난다. 그녀는 이 역설을 완전히 벗어날 수는 없지만, 지속적이고 다중적인 '민주적 반추'(democratic iteration) 과정을 통해 유연하고 협상 가능한 것으로 만들 수 있다고 본다(Benhabib, 2004, 제5장). '반추'란 데리다에서 유래한 개념으로, 보편적 규범이나 가치와 같이 권위 있게 말해진 원본의 의미를 새로운 다른 맥락에 위치지우기를 의미한다. 벤하비브는 이러한 '민주적 반추' 개념을 이방인에 대한 칸트의 세계시민적 권리와 아렌트가 난민에게 부여해야 할 '권리를 가질 권리'에 적용될 수 있다고 생각한다. 지구화로 인해 [국가]시민권은 분해되고 대신 맥락 초월적인 보편적 인권이 민족, 문화, 영토와 같은 맥락적 배경에서 시민권의 규범적 요소가 된다는 점에서, 칸트와 아렌트의 보편인권과 시민권에 대한 사고는 재의미화된다는 것이다(하용삼, 2010, 385~386).

그러나 이러한 민주적 반추의 개념은 '누가 민주적 반추의 주체인가'라는 점에서 다른 보편성과 특수성의 긴장을 유발한다. 즉 벤하비브는 민주적 반추의 과정을 통해 민주적 국민들은 자신이 법의 주체임을 확인하고 보편적 내용을 담는 입헌 활동과 민주적 제한이라는 역설 사이의 차이를 돌파해야 한다고 주장한다. 그러나 이러한 내부 구성원들의 민주적 반추로 정치공동체에서 배제된 타자들을 포용할 수 있는가에 대한 패러독스가 완전히 해소되는 것처럼 보이지 않는다. 벤하비브의 주장에 내재된 이러한 한계는 그녀가 국가 시민성뿐만 아니라 그 하위 및 상위의 관계나 조직들에 의해 시민성의 중층적, 다규모적 구성을 이해했음에도 불구하고, 암묵적으로 안과 밖을 구분하는 '절대적 공간' 개념의 한계를 벗어나지 못했기 때문이라고 할 수 있다.

최근 지리학에서는 이러한 절대적 공간 개념에서 벗어나 관계적 공간관에 바탕을 두고 시민권의 개념을 재구성하려는 노력이 제시되고 있다. 조철기(2015, 618)에 의하면, "시민성은 국가의 경계에 의해 규정되기보다는 다른 사람 및 장소와의 연결 또는 네트워크에 의해 구성되는 것으로, 그리고 공간은 분절적 공간이 아니라 관계적 공간으로 인식된다. 따라서 시민성은 다차원적이고, 유동적이고, 초국적이며, 협상적인 경향을 띠면서, 다중스케일에 기반을 둔 다중시민성으로 재개념화되고 있다." 물론 오늘날 지구화과정 속에서도 국가가 부여되는 법적·정치적 시민성도 중요하지만, 시민으로서의 정체성은 점차 그 상·하위 규모(스케일)인 지구적 차원과 국지적 차원에서 획득되는 것으로 인식된다.

뿐만 아니라 시민으로서 개인은 다양한 스케일에서 정치적 공동체의 구성원인 동시 이를 가로지르는 네트워크를 통해 형성되는 비영역적 사회집단의 구성원으로서 성원성(또는 정체성)을 가지게 된다. 지리학에서 시민성을 공간적 관점, 특히 '시민성의 공간'을 다중스케일과 네트워크의 관점에서 규명하려는 시도는 스미스(Smith, 1990), 필로와 페인트(Philo, 1993; Painter and Philo, 1995) 등에서 시작되었지만, 최근 많은 지리학자들의 관심을 끌면서 확장되고 있다(Ehrkamp and Leitner, 2006; 조철기, 2015, 2016). 이들의 연구에서 기본적인 사고는 시민성이 국민국가의 영토성에 고정된 불변적 개념이 아니라 시공간적으로 변화하며, 최근 지구화의 진전으로 국가적 규모보다 상위 또는 하위 규모에서 시민성이 구성되고 있다는 점이다. 특히 이러한 사고는 기존의 국가 제도에 의해 부여되는 법적 정치적 시민성보다 시민의 국지적 정체성이나 일상생활에 근거한 사회·문화적 시민성의 등장을 강조한다.

이러한 점에서 우선 시민성의 기초가 되는 성원성을 절대적 공간이 아니라 관계적 공간에서 이해할 필요가 있다. 시민성은 흔히 사회정치적 권리와 책임의 문제로 이해되지만, 기본적으로 그 사람이 살고 있는 공동체의 소속(성원성)을 전제로 한다(Ehrkamp and Leitner, 2006). 오늘날 사람들은 지구화의 진전과 이동성의 증대로 인해 기존의 국가 공동체에 속할 뿐만 아니라 국가 상위 규모의 초국가적 공동체 및 하위 규모의 지방적 공동체에 위치한다. 여기서 국가 공동체를 규정하는 영토나 지구적·지방적 공동체의 공간은 절대적으로 주어진 위치나 경계에 의해 결정되는 것이 아니라 관련된 사람 및 사물들과의 관계 속에서 규정된다. 즉 공간은 절대적 기준(절대 좌표)에 의해 규정되기보다는 사람들 간 또는 사람과 사물들 간의 상호관계 속에서 형성되고 해체된다.

오늘날 시민성은 국경을 가로지르는 이주와 이동성의 증대로 확장되는 많은 상이한 위치들 간 관계에 따라 생산되며, 이에 따라 상이한 이동적 주체들이 한 공동체의 시민이 되기 위해 투쟁하는 방법과 관련된다(Cresswell, 2013; Spinney et al., 2015). 따라서 시민성은 우리가 경계를 가로질러 이동하는 능력과 수단을 통해서뿐만 아니라 특정한 입지 내에서 경계를 만드는 관계적 과정을 통해서 구성된다. 즉 시민성 획득을 둘러싼 투쟁은 공간적 관계 속에서 지리적으로 구성되고 차별화된다. 특히 오늘날 외국인 이주자들은 국경을 가로질러 이주할 뿐 아니라 한 지역에 정착해 살아가지만 초국가적 네트워크를 형성한다. 이들의 시민권을 규정하는 공동체의 성원성은 이들의 활동이 다른 어떤 사람이나 사물들과의 관계에서 만들어내는 공간적 뻗침에 따라 지방적, 국가적, 지구적일 수 있다. 따라서 초국적 이주자의 시민성은 국가적 차원에서 벗어나 지구적 또는 지방적 공간에서 이루어지는 활동과 이에 따른 소속감이나 정체성과 관련된다. 이러한 점에서 이주자의 시민권은 사회·경제·문화적으로 중층화된 관계적 공간에서 다규모적으로 규정되고, 긴장과 갈등을 유발하게 된다(Painter, 2002; 박규택, 2016).

이러한 관계적 공간 개념에 바탕을 두고, 다문화 사회에서 외국인 이주자가 가지는 시민성(나아가 모든 사람들이 가지는 시민성)을 다규모적으로 재구성해 볼 수 있다(최병두, 2011).. 즉 외국인 이주자들은 한 인간으로서 자신의 삶과 정체성의 유지를 위한 보편적 권리를 가진다. 이러한 보편적 권리는 개별 국가나 지역을 초월하여 부여된다는 점에서 '탈영토적 시민성' 또는 '지구적 시민성'이라고 할 수 있다. 그러나 실제 대부분의 국가들은 원칙적으로 국가적 정체성과 문화를 우선하면서 가능한 외국인 이주자들의 정체성과 시민권을 통제하고자 한다. 이에 따라 외국인 이주자들을 수용하는 국가들은 이들에게 국적의 부여와 이에 따른 정치적 사회적 권리와 의무, 즉 국가적 시민권의 부여를 철저히 조건지우고자 한다. 그렇지만 이러한 중앙정부의 역할이나 정책과는 달리, 외국인 이주자들이 정착생활을 영위하게 된 지역사회와 그 주민들은 일상적으로 이들과 상호행동하면서 이들을 지역사회의 한 구성원으로 받아들이고 인간다운 삶과 권리를 지원하기 위해 '국지적 시민성'을 인정하는 경향을 보이고 있다. 국지적 시민성은 외국인 이주자들을 공동체의 한 성원으로 인정하고 이들이 지역사회에서 살아가기 위해 필요한 제반 서비스의 제공과 권리의 보장을 전제로 한다는 점에서 매우 중요한 의미를 가진다. 이와 같이 다문화사회에서 새롭게 구축되어야 할 시민성은 다규모적으로 설정되며, '지구지방적'(glocal) 시민성이라고 지칭될 수 있을 것이다. 즉

> "지방적 시민성은 [일상적] 장소경험적 가치를 반영하며 국가에 의한 실질적 보장과 제도화 요구를 통해 국가적 시민성과 관련되며, 지구적 시민성에 의해 규범적으로 정당화되면서 이를 다시 실천적으로 정당화시키게 된다. 보편적, 세계시민적 가치를 함의하는 지구적 시민성은 국가적 시민성을 통해 실현되며 이에 의해 (재)유의화되며, 또한 지방적 시민성에 내재된 장소-특정성이 보편적 가치와 결합되도록 하면서 … 이러한 지방적 시민성의 실천을 통해 (재)정당화되는 것으로 이해된다"(최병두, 2011, 201).

요컨대 지구지방적 시민성은 세계시민주의에 내포된 지구적 시민성의 보편적 가치나 윤리를 반영하는 한편, 장소 특정적이고 생활공간에 실질적으로 근거를 둔 국지적 시민성 간의 변증법을 전제로 한다. 그러나 시민성의 다규모적 구성에서 형식적, 영토적 가치(또는 이데올로기)에 기반을 둔 국가적 시민성의 중요성이 간과되어서는 안 된다. 왜냐하면, 오늘날 지구지방화 과정 속에서도 국민국가와 그 영역성은 여전히 중요한 기능을 담당하고 있을 뿐만 아니라 국가적 시민성이 외국인 이주자들에 대한 통제와 억압의 기제로 작동할지라도 여전히 지방적 시민성을 지원하고 지구적 시민성을 구현하기 위한 제도적 행위체이기 때문이다.

이와 같이, 어떤 공간적 규모를 가지는 공동체의 성원성에 바탕을 두고 시민권을 다규모적 또는 지구지방적으로 규정하는 데 중요한 점은 시민권이란 수동적으로 주어지는 것이 아니라 일상적 실천을 통해 능동적으로 형성된다는 점이다. 즉 시민권이란 자유주의에서 강조되는 것처럼 한 인격체에게 보편적으로 주어지는 것이 아니며, 또한 공동체주의에서 전제되는 것처럼 어떤 소속에 의해 주어지는 것도 아니라, 상호 관계적 실천에 의해 쟁취되어야 한다는 점이다. 이러한 점에서 최근 시민권에 관한 논의는 국가적, 정치적, 수동적 시민성에서 일상적, 사회문화적, 능동적 시민성의 개념으로 전환하고 있으며, 특히 시민권의 실천적 형성과 향유를 위하여 '시민성의 정치'가 강조되고 있다. 있다. 달리 말해, 한 개인이 가지는 권리(그리고 책임)는 지방적, 국가적, 지구적 시민성을 모두를 함의하는 중층성을 가지며, 이들 간의 관계의 원활한 상호작용에 바탕을 둔 다규모적 시민성을 위한 '스케일의 정치'가 요구된다.

스케일의 정치는 벤하비브가 확인한 바와 같이 오늘날 이주자 시민성이 보편적 권리와 국가의 특정한 주권이 충돌하는 경계지대에서 문제를 유발하거나, 또는 지역사회 생활(공간)에서 보편적 권리가 제대로 인정되지 않거나 지역사회의 성원성이 국가적으로 제도화되지 않을 때 발생한다. 그러나 벤하비브가 이러한 경계지대에 발생하는 시민성의 문제를 고정된 또는 절대적 공간의 안/밖, 포섭/배제의 문제로 인식하고 보편성을 통한 특수성의 완화를 추구하는 '민주적 반추'의 개념을 제시한 것과는 달리, 스케일의 정치는 한 이주자의 성원성이나 시민성이 어떤 특정 스케일의 공동체에 고정되어 있는 것이 아니라 다규모적으로 유동적으로 규정되어야 하며, 따라서 지방적, 국가적, 지구적 시민성을 동시에 가진다는 사실을 강조한다. 이러한 점에서 최근 지리학에서는 시민성의 상이한 스케일 간에 발생하는 긴장과 갈등의 문제를 해소하기 위하여 시민성이 고정된 권리가 아니라 개인이나 집단들의 정체성 차이에 관한 관계적 타협으로 획득되며, 이를 위해 다규모적 공간 내에서 그리고 공간적 스케일 간에서 이루어지는 '마주침의 정치'가 강조된다(Spinney et al., 2015, 326).

5. 결론: 다문화사회의 윤리에 관한 공간적 성찰

초국적 이주자들의 증가와 이에 따른 다문화사회로의 전환은 기존의 단일민족·단일문화를 배경으로 사회적 주류집단이 구축했던 사회공간적 통합과 이를 정당화시키는 윤리를 점차 해체시키는 한편, 인종적·문화적 소수집단들의 자유와 권리를 보장하면서 사회공간적 포용을 추진하는 새로운 윤리적 개념(또는 담론)을 요구한다. 이러한 점에서 다문화주의 및 이와 관련된 관용과 인정, 그리고 세계시민주의에 기반을 둔 환대의 개념 등이 제시·논의되고 있다. 이러한 윤리적 개념들은 그 동안 주로 철학적, 사회이론적 기반에서 논의되어 왔지만, 지리학적, 공간적 측면에서도 논의될 필요가 있다. 왜냐하면 기존의 사회(공간)적 윤리가 국민국가와 그 영토성만을 전제로 일차원적으로 설정되었다면, 다문화사회는 이러한 국가적 범위(스케일)에서 작동하는 윤리를 넘어서 초국가적 및 지방적 윤리들이 서로 역동적으로 (또는 변증법적으로) 반영·결합된 새로운 다차원적·다규모적 윤리를 요청하기 때문이다.

경험적으로 보더라도 오늘날 다문화사회의 전환은 지구지방화 또는 탈/재영토화와 같은 사회공간적 과정을 배경으로 진행되고 있으며, 또한 교통통신기술의 발달에 따른 초공간적 이동성으로 사람들의 정체성(시민성)은 기존의 폐쇄된 장소에의 성원성에서 벗어나 점차 탈경계화된 네트워크 연계성에 기반을 두게 되었다는 점에서, 다문화사회의 윤리는 (시)공간적 측면에서 재구성되어야 할 것이다. 물론 오늘날 다문화사회의 윤리가 작동하는 공동체의 공간은 고정불변의 경계나 위치를 가진 절대적 공간이 아니라 사람들(그리고 사물들) 간 관계에서 다규모적으로 (재)형성되는 관계적 공간으로 이해되어야 한다. 이러한 점에서 다문화사회의 윤리로 거론되고 있는 주요 개념들을 공간적 관점에서 재검토해 보면서, 다문화공간의 윤리가 어떻게 이론적으로 그리고 실천적으로 (재)생산될 수 있는가를 성찰해 볼 필요가 있다.

다문화사회의 윤리적 개념(그리고 정책의 기본지침)을 대표하는 다문화주의는 다양한 정치철학적 전통에 따라 논의되고 유형화될 수 있지만, 특히 개인의 보편적 자유와 권리를 강조하는 자유주의적 관점과 공동체의 성원으로서 소수집단의 문화와 정체성을 강조하는 공동체주의적 관점으로 구분된다. 이 양 관점은 다문화주의의 이론화를 둘러싸고 대립적 논쟁을 일으키기도 했지만, 또한 상호보완적 관계에서 전통적 틀의 엄격성을 완화시키고 있다. 즉 자유주의적 다문화주의는 다문화사회에서 소수자들(개인이나 집단)이 보편적 인권과 가치를 향유할 수 있도록 차별화된 시민권을 승인하고 대등한 관계 속에서 차이를 수용하는 관용의 개념을 제시한다. 공동체주의적 다문화주의는 한 사회 내 소수집단들의 문화적 정체성과 자립성이 특정 공동체에 의해 부여되는 것이 아니라 상호인정을 위한 투쟁을 통해 형성된다는 점을 강조한다.

그러나 공간적 관점에서 보면, 이들이 안고 있는 문제나 한계가 두드러질 수 있다. 롤즈의 정의론에서처럼 자유주의는 개인의 자아정체성을 시공간을 초월한 '무연고적' 배경(즉 '무지의 베일') 속에서 설정함으로써 시공간적으로 처해진 상황성을 무시한다. 또한 국가와 같은 어떤 정치공동체는 자신의 이익만을 추구하는 상호무관심한 개인들이 만들어낸 '우연적 공간'으로 간주된다. 킴리카의 다문화주의는 자유주의적 관점을 강조함에도 불구하고, 국민국가가 자유와 정의와 같은 자유주의적 가치를 담지하고, 초국적 이주의 문제를 최종적으로 해결해야 할 정치단위 또는 장소로 간주한다. 뿐만 아니라 '내부적 제재'와 '외부적 보호'를 구분하는 그의 관용 개념은 집단들이 사회공간적으로 다규모적으로 구성된다는 사실을 간과하고 있다.

공동체주의적 다문화주의는 공동체에 우선 관심을 가짐으로써 집단 내 구성원들의 정체성 차이와 더불어 집단들 간의 문화적 차이에 대한 상호인정에 좀 더 민감하다. 이에 따라 상호인정과 이를 위한 인정의 정치 개염은 별 어려움 없이 바로 '인정공간'의 개념화와 이러한 공간의 생산에 원용될 수 있다. 그러나 공동체주의적 다문화주의는 흔히 기존의 국민국가가 정치공동체를 대표하는 것으로 인식함으로써 초국적 이주가 이루어지는 탈경계화(탈영토화)된 다규모적 공간을 제대로 이해하지 못한다. 이로 인해 자유주의와 마찬가지로 공동체들 간의 중층적 관계를 간과하고 있으며, 또한 지구적 및 국가적 차원에서 인정 투쟁을 통한 다문화공간의 구축이 어떻게 이루어질 수 있는가에 대해 제대로 답할 수 없다.

세계시민주의는 이 지구상에 다양한 인종적·문화적 집단들이 어떻게 교류하면서 상호 공존할 수 있는가에 관심을 가진다. 특히 벤하비브가 강조한 바와 같이 칸트의 환대 개념은 정치공동체의 경계를 가로지르는 이방인이 한 인격체로서 가지는 보편적 권리와 어떤 공동체의 성원으로 가지는 특정한 권리 사이에 놓여 있는 권리를 포착한다. 데리다는 이러한 칸트의 조건부 환대 개념의 한계를 지적하면서 무조건 환대 개념을 제시하지만, 칸트의 환대 개념이 포착하고자 한 권리의 보편성과 특수성 간 공간-상위적, 다규모적 관계를 무시한다. 칸트의 환대개념은 권리들 간 다규모적 관계를 밝히고 있다고 할지라도, 아렌트의 '권리를 가질 권리'의 개념과 더불어 국가 공동체의 주권과 영토성을 절대적 공간의 관점에서 제시되었다는 점에서 한계를 가진다.

이러한 한계에서 벗어나기 위하여, 관계적 공간의 관점에서 초국적 이주자가 가지는 시민성의 개념을 재구성해 볼 수 있다. 즉 시민성은 절대적 경계나 위치에 따라 특정 공동체(국가)가 부여하는 것이 아니라 사람들(그리고 사물들) 간의 관계 속에서 이루어지는 실천을 통해 다규모적으로 생성되는 것으로 이해되어야 한다. 이러한 점에서 초국적 이주자가 가지는 시민성은 보편적 인권에 따른 지구적 시민성, 일상생활의 경험적 가치를 반영한 지방적 시민성, 그리고 이들을 제도화한 국가적 시민성 등이 (변증법적으로) 결합된 다규모적, 지구지방적 시민성으로 설정될 수 있다. 물론 이러한 지구지방적 시민성은 초공동체적으로 주어지거나 특정 공동체에 의해 부여되는 것이 아니라, 이러한 다규모적 시민성을 쟁취하고자 하는 스케일의 정치에 의해 결정된다.

강휘원, 2006, "한국 다문화사회의 형성요인과 통합정책," 『국가정책연구』, 20(2).
구견서, 2003, "다문화주의의 이론적 체계," 『현상과 인식』, 30.
김남준, 2008, "다문화시대의 도덕 원리 논쟁: 관용과 인정," 『철학논총』, 54, pp.147~166.
김문정, 2016, "다문화사회와 관용, 그리고 '비지배자유'," 『철학논총』, 83, pp.33~52.
김병곤 · 김민수, 2015, "이주민 시민권으로서의 다문화주의 시민권의 한계와 대안," 『평화연구』, 23(1), pp.295~328.
김선규, 2015, "자유주의적 다문화주의에서 문화와 관용의 문제," 『다문화콘텐츠연구』, 18, pp.225~254.
김애령, 2008, "이방인과 환대의 윤리," 『철학과 현상학 연구』, 39, pp.175~205.
김영옥, 2010, "인정투쟁 공간/장소로서의 결혼이주여성 다문화공동체: '아이다'마을을 중심으로," 『한국여성철학』, 14, pp.31~64.
김종훈, 2016, "관용을 넘어 정의로," 『다문화교육연구』, 9(4), pp.119~137.
김　진, 2011, "데리다의 환대의 철학과 정치신학," 『철학연구』, pp.59~93.
데리다, 자크(남수인 역), 2004, 『환대에 관하여』, 동문선(Derridia, J., 1997, *De l'hospitalité*, Clamann-Lévy).
롤스, 존(황경식 역), 2003, 『정의론』, 이학사(Rawls, J., 1971, *A Theory of Justice*, Harvard Univ. Press).
마르티엘로, 마르코(윤진 역), 2002, 『현대사회와 다문화주의, 다르게, 평등하게 살기』, 한울(Martiniello, M., 1997, *Sortir des ghettos culturels*, Paris: Presses de Sciences Po.).
문성원, 2011, "안과 밖, 그리고 시간성-현상에서 윤리로," 『시대와 철학』, 22(2), pp.75~101.
문성훈, 2011, "타자에 대한 책임, 관용, 환대 그리고 인정 — 레비나스, 왈쩌, 데리다, 호네트를 중심으로," 『사회와 철학』, 21, pp.391~418.
박규택, 2016, "중층적 관계공간에 위치한 이주자와 수행적 시민권," 『한국도시지리학회지』, 19(1), pp.43~55.
보라도리, 지오반나(손철성 외 역), 2004, 『테러시대의 철학: 하버마스, 데리다와의 대화』, 문학과 지성사(Borradori, G., 2004, *Philosophy in A Time of Terror: Dialogues with Jürgen Habermas and Jacques Derrida*, Chicago: University of Chicago Press).
서윤호, 2014, "이주사회에서의 정치적 성원권-벤하비브의 논의를 중심으로," 『통일인문학』, 58, pp.195~223.
설　한, 2014, "배리(B. Barry)의 다문화주의 비판과 평등주의적 자유주의," 『OUGHTOPIA』,

29(2), pp.33~64.

손철성, 2008, “다문화주의와 관련된 몇 가지 쟁점들,” 『철학연구』, 107, pp.1~26.

에피아, 콰메 앤티니(실천철학연구회 역), 2008, 『세계시민주의: 이방인들의 세계를 위한 윤리학』, 바이북스(Appiah, K.A., 2006, *Cosmopolitanism: Ethics in a World of Strangers*, Allen Lane).

오경석, 2007, “어떤 다문화주의인가? 다문화사회 논의에 관한 비판적 조망,” 오경석(편), 『한국에서의 다문화주의』, 한울.

왈쩌, 마이클(송재우 역), 2004, 『관용에 대하여』, 서울: 미토(Walzer, 1997, *On Toleration*, New Have: Yale Univ. Press).

이광석 · 이정주, 2017, “지역사회에서 다문화이주민의 인정투쟁에 관한 연구,” 『지방행정연구』, 31(2), pp.117~144.

이용재, 2010, “관용에 대한 두 가지 해석: 구성적 관용과 통합적 관용 개념을 중심으로,” 『대한정치학회보』, 18(2), pp.1~26.

전형권, 2014, “다문화주의의 정치사상적 쟁점: ‘정의’와 ‘인정’ 그리고 ‘소통’으로서의 담론화정책,” 『21세기 정치학회보』, 24(1), pp.245~268.

정미라, 2005, “문화다원주의와 인정 윤리학,” 『범한철학』, 36, pp.211−233.

조철기, 2015, “글로컬 시대의 시민성과 지리교육의 방향,” 『한국지역지리학회지』, 21(3), pp.618~630.

조철기, 2016, “새로운 시민성의 공간 등장−국가 시민성에서 문화적 시민성으로,” 『한국지역지리학회지』, 22(3), pp.714~729.

최병두, 2009, “다문화공간과 지구지방적 윤리,” 『한국지역지리학회지』, 15(5), pp.635~654.

최병두, 2011, “다문화사회와 지구지방적 시민성: 일본의 다문화공생 개념과 관련하여,” 『한국지역지리학회지』, 17(2), pp.181~203.

최병두, 2012, “이방인의 권리와 환대의 윤리: 칸트와 데리다 사상의 지리학적 함의,” 『문화역사지리』, 24(3), pp.16~36.

최종렬, 2009, “탈영토화된 공간에서의 다문화주의: 문제적 상황과 의미화 실천,” 『사회이론』, 봄/여름, pp.47~78.

최종렬, 2014, “정의와 다문화주의−킴리카의 자유주의적 다문화주의의 사용,” 『사회와 이론』, 25, pp.245~295.

킴리카(장동진 · 장휘 · 우정열 · 백성욱 역), 2005, 『현대 정치철학의 이해』, 동명사(Kymlicka, W., 2002(2nd edn.), *Contemporary Political Philosophy*, Oxford: OUP).

킴리카(장동진 · 황민혁 · 송경호 역), 2010, 『다문화주의 시민권』, 동명사(Kymlicka, W., 1995, *Multicultural Citizenship: A Liberal Theory of Minority Rights*, Oxford: Clarendon Press).

하용삼, 2010, “타자의 권리에 대한 민주적 반추(서평),” 『로컬리티 인문학』, 4, pp.381~391.

Beck, U., 2006, *Cosmopolitan Vision*, Camblridge: Polity Press.

Benhabib, S., 2004, *The Rights of Others: Aliens, Residents, and Citizens*, Cambridge U.P (이상훈 역, 2008, 『타자의 권리: 외국인, 거류민 그리고 시민』, 철학과 현실사).

Benhabib, S., 2006, "Another cosmopolitanism," in Benhabib, S., Waldron, J., Honig, B., & Kymlicka, W. R. Post (eds), 2006, *Another Cosmopolitanism*, Oxford: OUP.

Cresswell, T., 2013. "Citizenship in worlds of mobility," in Soderstrom,O., Randeria,S., D'Amato, G., & Panese, F.(eds.), *Critical Mobilities*, Lausanne: EPFL Press, pp.81~100.

Ehrkamp, P. and Leitner, H., 2006, "Rethinking immigration and citizenship: new spaces of migrant transnationalism and belonging," *Environment and Planning A*, 38(9), pp.1591~1597.

Fraser, N. and Honneth, A., 2003, *Redistribution or Recognition*, London: Verso.

Harvey, D., 2009, *Cosmopolitanism and Geographies of Freedom*, Columbia Univ. Press (최병두 역, 근간, 『세계시민주의와 자유의 지리학』, 삼천리).

Honneth, A., 1995, *The Struggle for Recognition: The Moral Grammar of Social Conflicts*, Cambridge, Mass: The MIT press.

Kymlicka, W., 2014, *The essentialist critique of multiculturalism: theories, policies, Ethos* (May 2014)(Robert Schuman Centre for Advanced Studies Research Paper, No. RSCAS 59).

Nussbaum, M., 2006, *Frontiers of Justice*, Cambridge, Mass: Belknap Press.

Painter, J. and Philo, C., 1995, "Spaces of citizenship: an introduction," *Political Geography*, 14(2), pp.107~120.

Painter, J., 2002, "Multi-level citizenship, identity and regions in contemporary Europe," in Anderson, J. (ed.), *Transnational Democracy: Political Spaces and Border Crossings*, London: Routledge, pp.93~110.

Philo, c., 1993, "Spaces of citizenship," *Area*, 25(2), pp.194~196.

Sandel, M., 1992, "The procedural republic and the unencumbered Self," in Avineri, S. & de-Shalit, A.(eds.), *Communitarianism and Individualism*, Oxford: OUP.

Smith, S., 1990, "Society, space and citizenship: a human geography for new times," *Transactions of the Institute of British Geographers*, 14(2), pp.144~156.

Spinney, J., Aldred, R., Brown, K., 2015, "Geographies of citizenship and everyday (im)mobility," *Geogorum*, 64, pp.325~332.

Taylor, C., 1994, *Multiculturalism*, Princeton Univ. Press.

Taylor, C., 1997, *Cross-purposses: the liberal communitarian debate, Philosophical Arguments*, Cambridge: Harvard University Press.

Young, I. M., 1990, *Justice and the Politics of Difference*, New Jersey: Princeton Univ. Press.

제10장

이방인의 권리와 환대의 지리학: 칸트와 데리다를 중심으로

1. 이방인을 어떻게 환대할 것인가?

최근 우리 사회에서 급증하고 있는 초국적 이주자들에 대한 사회적, 정책적 관심이 증대하고 있다. 초국적 이주자들에 대한 관심은 궁극적으로 이들을 우리의 사회공간에 어떻게 받아들일 것인가의 문제, 즉 '환대'의 문제와 직결된다. 그러나 그동안 초국적 이주 및 다문화사회(공간)에 관한 많은 연구들이 있었음에도 불구하고, 이들을 어떻게 환대할 것인가, 또는 이들은 왜 환대를 받아야 하는가(즉, 환대를 받을 권리를 가지는가)에 대한 논의는 미흡했고, 특히 그 윤리적 준거를 제시하거나 정책적 함의를 고찰하는 데는 관심이 없었다.

환대(hospitality)란 '나의 거주지(생활공간)에 찾아 온 타자(이방인)를 어떻게 받아들일 것인가'의 문제와 관련된다. 즉 환대는 "타인의 호소에 응답하여 자신의 [생활공간의] 문을 열고 타인을 나의 손님으로 대접하고 선행을 베푸는 것"을 의미한다(문성훈, 2011). 근대 계약론적 윤리에 의하면, 이방인의 환대는 상호성에 근거하여 원주민의 공동체를 위협하지 않는 범위 내에서 허용되는 권리와 관련된다. 하지만 데리다(2004)에 의하면, 환대란 나를 찾아온 타자의 자격을 따지지 않고 무조건 받아들이고 호의를 베푸는 의식과 행동을 말한다. 이러한 무조건적 환대의 윤리는 타자를 '그 자체로서 충만한 완전한 인격체'로 받아들이는 타자-지향적 윤리이다.

이방인에 대한 환대가 어떤 조건을 전제로 하든 또는 무조건적이든 간에, "환대는 필수적으로 공간적 실천"이라는 점이 강조될 수 있다(Bulley, 2015, 2). 왜냐하면 환대는 경계와 문지방 가로지르기를 포함하기 때문이다. 즉 환대는 구조적으로 내부와 외부의 구분을 전제로 하며, 이에 따라 다소간 분명하게 규정되는 경계(집의 벽과 문의 형태이든, 지역사회나 도시를 분리시키는 경계이든, 또는 국가나 지역 간 경계이든지 간에)이 넘어서야만 한다는 점을 전제로 한다(Derrida and Dufourmantelle, 2000, 47~49). 환대는 외부에 속하는 것을 내부로 들어오도록 환영하거나, 허용하거나, 또는 초청하는 행위이다. 환대의 행위는 이와 같이 외부가 들어오도록 함으로써 내부를 유지하면서 또한 동시에 와해시키는 것으로 이해될 수 있다.

이러한 환대의 개념은 고대 그리스시대 스토아학파에까지 소급되지만(Nussbaum, 1997; 서동욱, 2013), 근대에 들어와서 환대의 개념을 처음 재론한 인물은 철학자이며 인류학자, 지리학자였던 칸트이다. 칸트는 18세기 말 제국주의 침탈 전쟁의 소용돌이 속에서 세계시민주의에 근거한 '영구평화론'을 제시하면서, 타국을 방문한 이방인이 가지는 환대의 권리에 관해 논의하였다. 칸트의 '환대의 권리' 개념은 이미 오래 전에 국가 주권과 보편적 인권 사이에 현실적으로뿐만 아니라 도덕적으로 의미 있는 권리의 개념을 만들어냄으로써, 오늘날 초국적 이주가 만연한 상황에서야 비로소 주목하게 된 어떤 영역을 만들어 두었다(벤하비브, 2008). 뿐만 아니라 이러한 점은 칸트가 왜 철학과 더불어 인류학과 지리학을 가르치고자 했는가를 이해할 수 있도록 한다(칸트가 실제 지리학 분야에서 매우 한정된 지식을 가졌음에도 불구하고)(Harvey, 2009).

최근 자본주의 경제의 지구지방화 과정 속에서 사람과 문화의 교류가 급증하고 있으며, 이로 인해 우리 생활 주변에서 낯선 이방인들을 흔히 마주치게 된다. 상이한 인종과 상이한 문화와의 접촉은 한편으로 혼종성을 전제로 한 상호 배려나 인정, 호혜성을 가져다주는 것처럼 이해되며, 이를 흔히 다문화주의 등으로 개념화하기도 한다. 그러나 다른 한편, 이러한 이질적 인종과 문화의 만남은 두려움과 상호 갈등, 나아가 심각한 충돌을 만들어낸다. 특히 신자유주의적 지구화 과정과 더불어 전개된 미국 중심의 신제국주의적 팽창 전략은 결국 9.11사태와 같은 전대미문의 끔직한 사건을 만들어내었고, 이에 이어 이른바 '테러와의 전쟁' 과정에서 악의 축으로 불리는 아프가니스탄, 이라크에 대한 무력 침공이 자행되었다. 이러한 지구적 문화 충돌에 대한 대책으로 데리다는 '무조건적 환대'를 제시한 것이다.

이 장은 이러한 시대적 상황을 배경으로 제시된 칸트의 세계시민주의와 이방인의 권리, 그리고 데리다의 '무조건적 환대의 윤리'에 대해 지리학적 관점에서 논의하고자 한다. 제2절에서는 칸트가 제시한 세계시민주의와 이방인의 권리 문제를 다루면서, 이에 내재된 최소한 세 가지 측면의 공간적 또는 지리적 논제들, 즉 지표공간의 절대적 한정과 영토성, 보편적 인권과 (공간적으로 한정된 공동체의) 성원적 권리, 그리고 공화국의 민주적 주권과 세계연방제를 논의하고자 한다. 제3절에서는 데리다의 무조건적 환대의 개념을 다루면서, 이에 내재된 공간적 또는 지리적 논제들, 즉 무조건적 환대의 근거로서 자기-집의 구축/해체, 무조건적 환대와 조건적 환대 간 긴장, 무조건적 환대를 지향하는 새로운 유럽에 대한 데리다의 묘사 등을 다루고자 한다.[1] 이 글은 이러한 논의를 통해 현대 사회가 처해 있는 인류적, 지리적 문제로서 초국적 이주와 지역사회의 문화적 혼종화에 대해 어떻게 대처해야 할 것인가에 대한 정치적 및 윤리적 대안의 모색에 이바지하기를 기대한다.

---

1. 이 글은 벤하비브(2008), 하비(Harvey, 2009), 데리다(2004), 김애령(2008), 김진(2011) 등에 크게 의존하고 있다.

2. 칸트의 세계시민적 환대의 권리

1) 칸트의 세계시민주의와 환대의 권리

칸트는 1795년 혁명의 소용돌이 속에 있던 프랑스와 프러시아 사이에서 바젤조약(Treaty of Basel)이 체결되는 것을 보면서 '영구평화론'을 저술했다. 이 저술에서 그는 세계시민주의에 근거한 세계연방제를 제시함으로써 세계가 어떻게 영구 평화를 이룰 수 있는가를 보여주고자 했다.[2] 특히 칸트는 여기서 공동체의 경계를 넘나드는 개인들에 적용되는 도덕적, 법적 관계에 주목하면서 세계시민적 권리에 관하여 논의하였다. 칸트의 세계시민권은 모든 사람들이 자유의지를 가진 인격체이며 또한 동시에 한정된 지표면을 공유하는 공통적 인류임을 전제로 한 국가의 구성원이 어떤 문화나 종교 그리고 인종의 장벽이나 제약을 넘어 자유롭게 여행하고, 다른 국가의 영토를 방문하여 환대를 받으면서 임시로 체류할 수 있는 권리를 의미한다.

칸트가 세계시민권에 관한 그의 성찰을 저술했던 시기, 즉 18세기 말은 유럽 열강의 제국주의적 영토 팽창이 치열하게 전개되었던 시기이다. 이미 16~17세기부터 네덜란드와 포르투갈, 스페인, 그리고 영국의 제국 함대들은 인도양과 동남아시아 지역에 진출하여 영토의 쟁탈과 지배를 둘러싸고 각축을 벌여왔고, 아메리카와 아프리카 대륙을 분할하여 식민지 통치를 추구하는 경쟁이 불꽃을 튀기고 있었던 때였다. 이러한 시기에 칸트는 서구 열강의 제국주의적 팽창 야욕에 반대하여 세계시민적 환대의 권리를 주장하고 '영구평화'를 위한 세계연방의 사고를 제시하였다(오영달, 2003). 세계시민권에 관한 칸트의 논의

---

2. 세계시민주의 전통은 고대 그리스의 스토아학파에까지 소급된다. 이 학파는 모든 인간을 순수하게 세계의 시민으로 고려했지만, 칸트는 이를 수정하여 국가들 간 체계의 연방적 구조를 가지는 '세계연방'을 제시하면서, 국민, 국가, 주권, 시민권 등과 관련시켜 논의하고자 했다(Nussbaum, 1997).

는 비록 결함이 없는 것은 아니지만, 환대의 윤리에 관한 새로운 영역을 개척한 통찰력은 탁월한 것으로 인정되고 있다. 뿐만 아니라 칸트가 살았던 시기처럼, 오늘날 제국 열강들은 신제국주의적 정치경제적 전략으로 자본주의의 세계화를 추동하고 있는 상황에서, 칸트의 세계시민주의는 새로운 지구지방적 윤리를 찾고자 하는 많은 학자들의 주목을 받고 있다.

칸트는 국가들 간 영구평화에 관한 명문 조항 세 가지를 제안했다. 첫째, 모든 국가의 시민 헌법은 공화주의적이어야 한다. 둘째, 국민국가의 법은 자유국가들의 연방 위에 기초해야 한다. 셋째, 세계시민권의 법은 보편적 환대의 조건에 한정되어야 한다. 특히 칸트는 『영구평화론』 3장에서 세계시민적 권리를 명시적으로 다루면서, 이러한 권리가 환대의 조건에 한정된다고 주장한다. 이러한 점에서 칸트는 '환대'란 "인류애(philanthropy)의 문제가 아니라 권리의 문제"라고 부연 설명하였다(Kant, 1923, 443; 벤하비브, 2004, 51에서 재인용). 달리 말해, 환대란 [단순히] 내국인이 그 나라를 찾아온 이방인이나, 자연적, 역사적 상황으로 말미암아 내국인의 행동에 의지하게 된 사람들에게 표할 수 있는 친절과 자비(generosity)와 같은 사교적 덕목으로 이해되어서는 안 된다는 것이다. 세계 공화국의 잠재적 참여자라는 관점에서, 환대는 모든 인류가 가져야 할 권리라고 강조된다.

칸트에 의하면, 환대는 다른 나라의 땅에 도착한 이방인이 적으로 간주되지 않을 권리를 뜻한다. 이방인이 방문하고자 하는 국가는 해당 이방인이 몰락에 빠지지 않는 한 그를 받아들이지 않을 수도 있다. 그러나 이 이방인이 평화적으로 장소에 머물러 있는 한, 굳이 그를 적대적으로 대하지 않을 것이다. 칸트는 이러한 환대의 권리를 임시 체류자에게 한정한다. 즉 환대의 권리는 모든 사람들이 가져야 하는 임시체류의 권리 또는 친교의 권리라고 할 수 있다. 만약 이방인이 영구적 방문자가 되고자 한다면, 그리고 이에 상응하는 어떤 권리를 가지고자 한다면, 새로운 계약이 필요한 것으로 간주된다. 즉 본국인들과 동일한 권리를 일정 기간 동안 또는 영구히 어떤 이방인에게도 부여하기 위해서는 선의에 기초한 특별한 계약이 필요하다는 것이다. 칸트에 의하면, 이방인이 이러한 환대의 권리를 가지는 것은 모든 인간에게 보장된 '친교의 권리'를 가지기 때문이며, 또한 이 지구의 표면이 절대적으로 한정되어 있기 때문이다. 즉 "사람들은 지표면 위에 무한정하게 산재해 있을 수 없으며 따라서 결국 다른 사람의 출현을 받아들이지 않을 수 없기 때문에, 모든 사람들은 지표면의 공동 점유의 덕분으로 이러한 환대의 권리를 가진다"(Kant, 1923; 벤하비브, 2008, 52 번역 수정 재인용).

벤하비브(Benhabib)의 해석에 의하면, 세계시민적 권리에 관한 칸트의 주장에서 두 가지 핵심적 주제는 보편적 인권과 성원적 권리 간의 문제 그리고 지표 공간의 절대적 한정과 영토성의 문제이다(벤하비브, 2008, 제1장). 첫째 주제와 관련하여, 칸트는 세계시민적 권리로서 임시 체류권에 관심을 가졌지만, 영주권에 대해서는 공화국의 주권(즉 성원권)과 관련되는 것으로 이해했다. 즉 세계시민적 권리는 이방인이 가지는 권리이며 따라서 이들에게 임시 체류권을 인정하는 것은 공화국의 주권에 내재된 의무로 간주된다. 반면 영주권은 성원권에 기초한 특권으로, 이의 허용 여부는 '선의에 기초한 계약'에 의존한다는 점이다. 그러나 문제는 칸트가 세계시민적 권리를 완전히 보편적 인권으로 이해하지 않았다는 점이며, 이 점을 어떻게 해석할 것인가가 핵심적 과제라고 할 수 있다.[3]

두 번째 주제는 하비(Harvey)가 벤하비브의 저서를 인용하면서 주장한 바와 같이 세계시민적 권리에 관한 칸트의 개념화가 특정한 지리적 개념 구조를 배경으로 이루어져 있다는 점이다. 즉 칸트에 의하면, 환대의 권리는 "모든 인간이 가지는 일시적 체류의 권리이며 친교를 위한 권리이다. 인간은 지구의 표

3. 벤하비브(2008, 53)는 칸트의 주장에서 불확실한 부분들이 있다고 지적한다. 즉 "사람들과 국민들 사이에 발생하는 이러한 관계들이 도덕적 의무의 요청을 넘어서는 적선 행위까지를 포함하는 것인가, 또는 이들 관계들이 '타자의 인격에 기초한 인간의 권리'에 대한 인정이라는 특정한 종류의 도덕적 요청을 수반하는 것인지 등이 불명확하다."

면을 공유하는 덕택으로 이러한 권리를 가지며, 하나의 구체로서 지표면에서 인간은 무한대로 분산할 수 없고, 따라서 결국 서로의 압박을 참아야만 한다" (Benhabib, 2004, 27; Harvey, 2009, 18). 달리 말해 환대의 권리는 두 가지 사항, 즉 모든 인간이 보편적으로 가지는 친교의 권리로서 정당성을 가질 뿐 아니라, 또한 동시에 지표면의 제한적 특성에 의해 정당화된다. 즉 "지구의 제한적 특성은 인간이 지구표면을 공동 소유한다는 점에서 서로 적응하도록 (때로 폭력적으로) 강제하는 한계를 규정한다. 인간은 스스로 원한다면 지구 표면을 가로질러 이동하고, 서로 (무역과 거래를 통하여) 교류할 수 있는 천부적 권리를 가진다" (Harvey, 2009, 17). 환대의 권리를 정당화하기 위해 칸트가 제안한 두 가지 사항 모두 상당히 명시적으로 지리적 맥락을 전제로 하고 있다.

칸트의 세계시민권 논의에서 확인되는 이러한 두 가지 핵심적 주제에 추가하여, 세계연방제에 관한 칸트의 논의도 지리적 내용을 함의하고 있다는 점을 지적할 수 있다. 세계시민적 윤리는 단순히 개인들이 정해진 공화국의 국경을 넘을 때 (특히 무역을 목적으로) 환대 받을 권리를 가진다는 점을 강조하기 위한 것만이 아니다. 즉 칸트는 이러한 세계적 윤리에 근거하여 공화국들 간의 관계를 설정하고 나아가 세계의 영구평화론을 주창하기 위하여 공화국들이 하나로 통일된 세계정부가 아니라 개별 공화국들의 주권과 영토성을 인정하면서도 서로 통합적 관계를 가지는 세계연방제를 주장하였다. 이에 내재된 (정치)지리적 함의는 개별 국가의 영토성은 절대적 경계에 근거한다고 할지라도 개방적이고 상호 관련적인 공간으로 이해되어야 한다는 점이다. 다음의 논의에서 우선 칸트의 세계시민주의와 환대의 윤리에서 확인될 수 있는 이러한 세 가지 주제들을 좀 더 자세하게 살펴보고자 한다.

2) 환대의 권리의 지리적 속성과 칸트의 지리학

칸트가 제시한 세계시민권으로서 '환대의 권리'는 몇 가지 중요한 의문을 자아낸다. 첫째 의문은 환대의 권리를 정당화시키는 준거, 특히 지표면의 한정과 공동소유 문제와 관련된 것이다. 앞서 언급한 바와 같이 환대의 윤리에 관한 칸트의 정당화는 첫째 모든 인류가 가지는 친교 능력에 기초하며, 둘째 '지구 표면에 대한 공동 소유'에 준거한다. 특히 두 번째 준거에서, 칸트는 "외국인이나 이방인이 [방문하고자 하는 국가] 국민의 생명과 복지를 해치지 않는 가운데 평화롭게 땅과 그 자원을 향유할 수 있는 권리를 부정하는 것은 정당하지 못하다"고 말한다(Kant, 1923, 443; 벤하비브, 2008, 54). 오늘날 지구적 차원에서 자원 및 환경문제가 심화되면서, 이에 대응하기 위한 담론으로 '지구공유지'의 개념이 부각되고 있지만, 이러한 지구에 대한 공동소유(또는 엄밀히 말해, 공동사용)권의 개념은 세계시민주의에 관한 칸트의 주장에서 본격적으로 제기되었다고 할 수 있다(구자광, 2011).

벤하비브에 의하면, 지구 표면의 공동 소유의 법적 근거는 양날의 칼로 활용된다. 즉 칸트는 한편으로 이것이 서구 식민주의적 팽창을 정당화시키는데 이용되지 않도록 하며, 다른 한편으로 칸트는 우리가 지표면이 한정되어 있기 때문에 다른 사람들과 자원을 공동으로 향유해야 함을 배워야 한다는 주장에 바탕을 두고 사회적 친교를 맺기 원하는 인간의 권리를 정당화하고자 했다. 그러나 벤하비브는 이러한 '지구에 대한 공동 소유' 주장이 실망스럽게도 세계시민적 권리의 기반을 밝히는데 별로 도움이 되질 못한다고 주장한다(벤하비브, 2008, 31). 그녀에 의하면, 지구표면의 한정과 공동 소유는 환대의 윤리를 직접적으로 정당화하는 한 준거라기보다는 이를 통해 사회적 친교를 맺을 수밖에 없기 때문에 환대의 윤리가 정당화될 수 있다는 입장을 제시한다.

이러한 자신의 주장을 뒷받침하기 위하여 벤하비브는 플릭슈(Flikschuh, 2000)의 해석에 대해 비판적으로 검토한다. 『칸트와 근대 정치철학』에서 플릭슈는 벤하비브의 주장과는 달리 세계시민권에 대한 칸트의 정당화에서 지구에 대한 원초적 공동 소유와 특히 지구의 유한한 구면적 특성이 매우 중요한 역할을 한다고 주장한다. 플릭슈는 칸트의 『영구평화론』이 아니라 『도덕 형이상학』의 전반부를 차지하는 법 이론에 근거를 두고 이러한 주장을 했다. 특히 플릭슈가 칸트의 『도덕 형이상학』에서 주목한 문단은 첫째 "지구의 구면적 표면은 그 표면 위의 모든 장소들을 통합시킨다. 만약 그 표면이 무한한 평면이라면, 사람들은 지표상에 흩어져 살 수 있기 때문에, 서로가 합쳐 공동체를 이룰 필요가 없을 것이며, 따라서 공동체가 지구상에 존립하기 위한 필연적 결과가 아니었을 것이다"(Flikschuh, 2000, 133; 벤하비브, 2008, 57에서 재인용, 번역 수정). 둘째, "지구의 표면이 무한한 것이 아니라 닫혀 있기 때문에, 국가의 권리와 국민의 권리라는 개념들은 필연적으로 모든 국민들의 권리 또는 세계시민적 권리라는 사고에 이르게 된다"(Flikschuh, 2000, 179; 벤하비브, 2008, 57).

이러한 플릭슈의 주장에 대해 벤하비브는 다시 의문을 제기한다. 『영구평화론』과 『도덕 형이상학 기초』에서 칸트는 과연 지구 표면의 구면성이라는 사실로부터 세계시민권을 도출하거나 또는 연역하고자 했던가? 이 질문에 답하면서, 그녀는 만약 참으로 칸트가 지구의 구면성을 정당화의 전제로 삼았다면, 칸트는 자연주의적 오류를 범했다고 주장한다. 즉 "내가 언제 어디서라도 누군가와 접할 수밖에 없기 때문에 그들을 영원히 피할 수는 없다는 사실이 그와 같은 접촉에서 내가 항상 그들을 모든 인류를 대하듯 존경과 존엄성을 가지고 대해야 함을 뜻하지는 않는다"(벤하비브, 2008, 58).[4] 벤하비브는 칸트가 이러한 자연주의적 오류를 범하지 않았을 것이기 때문에, 플릭슈가 지표면의 구면성이 환대의 권리에 대한 정당화를 위한 전제라고 간주하지 않은 것으로 해석한다. 즉 지구의 구면적 표면은 정의의 조건(circumstance of justice)이라고 할 수 있지만, 세계시민권을 위한 도덕적 정당화의 전제로 기능하지는 않는다는 것이다.

이러한 해석과 관련하여 벤하비브가 플릭슈로부터 인용한 문장은 다음과 같다. "지구 표면은 모든 가능한 행위에 대해 주어져 있는 경험적 공간이며, 그 속에서만 인류는 선택과 행위의 자유에 관한 자신들의 권리 주장을 담을 수 있다.

4. 레비나스의 현상학적 '마주침'에 관한 논의를 원용하면, 칸트가 참으로 그렇게 했다고 해서 그것이 '자연주의적 오류'를 범했다고 할 수 없다.

— 반대로 구면적인 경계는 경험적 실재라고 하는 객관적으로 주어진 불가피한 조건을 이루며, 그 한계 내에서 인간 행위자는 가능한 권리 관계를 구성할 수 있다"(Flikschuh, 2000, 133; 벤하비브, 2008, 58). 이 문장에서 우리는 두 가지 사항을 지적할 수 있다. 첫째, "지구 표면은 모든 가능한 행위에 대해 주어져 있는 경험적 공간이며 따라서 가능한 권리 주장을 담을 수 있다"는 점이며, 여기서 지표면은 조건이라기보다 권리 주장의 가능한 장소라는 점이 부각될 수 있다. 다른 한편 위의 인용문에서 '반대로' 다음의 문장은 지구의 구면적 표면이 인간이 가능한 권리 관계를 구성할 수 있는 불가피한 조건이라는 점을 강조하고 있다. 벤하비브는 여기서 단지 두 번째 사항에 초점을 두고, '정의의 조건'은 플릭슈의 주장대로 사실 '우리의 가능 행위 조건'을 규정한다고 인정하고 다음과 같이 주장한다. "우리 모두가 죽음을 향한 존재이며, 외형적으로 볼 때 같은 종의 구성원이고, 생존을 위해 비슷한 기본적 욕구를 가지고 있다는 것이 정의에 관한 추론의 제약 조건을 이룬다는 것이 사실이듯이, 지구 표면의 구면성은 칸트에게서 '외적 자유'의 제약 조건을 이룬다"(벤하비브, 2008, 58).[5]

하비(Harvey, 2009)는 바로 이러한 '가능성의 조건'으로서 지표면의 절대적 한정 또는 구면적 특성에 관심을 가지고, "내가 찾아 볼 수 있는 유일한 실질적인 논의는 세계시민적 권리에 대한 칸트의 정당화를 위하여 한정된 지구의 공동소유가 담당하는 역할에 관한 것뿐"이라고 서술한다. 그리고 벤하비브의 논의를 지적하면서 "지구의 둥근 표면은 정의(正義)를 위한 상황을 구성하지만, 세계시민적 권리를 근거지울 도덕적 정당화의 전제로서는 기능하지는 못 한다"

5. 그러나 아렌트(Arendt)의 『인간의 조건』은 두 번째 사항을 우선적으로 고려하면서 첫 번째 사항에 대해 명시적으로 논의하고 있는 것으로 해석된다. 즉 아렌트는 『인간의 조건』에서 "이 분석의 목적은 근대의 세계소외, 즉 지구로부터 우주에로의 탈출과 세계로부터 자아 속으로의 도피라는 이중적 의미의 세계소외를 추적"(아렌트, 1996, 54)하고자 한다. 여기서 "지구는 가장 핵심적인 인간조건"으로, "우주에서 유일한 인간의 거주지"(같은 책, 50)를 의미한다. '세계'라는 용어로 아렌트가 정확히 무엇을 의미하려고 했는지는 불명확하지만, 상호행동의 세계(또는 공간)를 지칭하는 것처럼 보인다.

는 벤하비브의 주장에 대체로 합의가 된 것처럼 보이며, 하비 자신도 이러한 결론을 한편으로 수긍할만하다고 지적한다. 왜냐하면 "달리 결론지우는 것은 자연주의적 오류를 범하거나 또는 더욱 나쁘게 조야한 환경결정론(지구의 구형이라는 공간적 구조가 직접적인 인과력이라는 사고)에 빠질 수도 있을 것"이기 때문이다(Harvey, 2009, 18~19).

그러나 하비의 입장에 의하면, "지리적 상황을 단지 '정의의 상황'의 지위로 격하시키는 것은 논제의 결말이 아니다. 이는 지리적 공간의 본질이 그것에 적용되는 원칙들과 아무런 관련이 없다고 하는 것과 같다. 비록 물질적이며 역사적·지리적인 상황들이 개연적이라고 할지라도, 이는 인류학 및 지리학 지식에서 이러한 상황들에 관한 특성화가 세계시민적 윤리의 정식화와 무관하다는 것을 의미하지는 않는다"고 주장한다(Harvey, 2009, 19). 즉 세계시민적 윤리에 대한 칸트의 주장은 이러한 윤리가 자연(즉 지리적 한정)과 인간 본성에서 도출될 수 있다는 견해를 가지고 있으며, 비록 칸트는 이 둘을 종종 중첩시키고자 했을지라도 세계시민적 윤리는 순수한 추론적 결론이나 관념주의(또는 도덕적 보편주의)가 아닌 어떤 다른 것에 기초한다는 입장을 가졌던 것으로 이해된다.

하비에 의하면, 칸트는 세계시민적 윤리 또는 환대의 윤리가 기초할 수 있는 다른 근거를 그의 『인류학』과 『지리학』에서 찾고자 했을 것이다. 사실 하비가 인용한 바와 같이, 칸트는 그의 『인류학』 마지막 지면에서, 다음과 같이 서술하였다.

> [인간은] 평화로운 공존 없이는 존재할 수 없고, 그럼에도 그들은 다른 이들과의 계속적인 불화를 피할 수가 없다. 결론적으로, 인간은 상호 강제와 그들에 의해 제정된 법률을 통해 세계시민적 사회, 즉 끊임없이 불화의 위협을 받지만 일반적으로 연방체로 나아가는 사회로 발전하도록 운명지어진 것처럼 느끼게 된다. … 우리는 인류 종이 사악한 존재가 아닌 이성적 존재의 종으로서 끊임없이 악에서 선으로 발전하기 위해 장애물들과 싸우는 존재라고 말하곤 한

다. 이러한 점에서 일반적으로 우리의 의도는 선하지만 목적을 달성하는 것은 어렵다. 왜냐하면, 우리는 개개인의 자유로운 승낙에 의해서는 [이러한 목적이] 달성될 것이라고 기대할 수는 없고, 세계시민적 유대에 의해 연합된 체계로서의 종 내에서 그리고 이러한 종을 향한 지구 시민들의 진보적 조직을 통해서만 달성할 수 있기 때문이다(Kant, 1974, 249~251; Harvey, 2009, 23 재인용).

여기서 칸트는 결국 인류 종이 설령 이성적 존재로 선하다고 할지라도, 그 자체로서 목적을 달성하기는 어렵고 세계시민적 유대에 의한 세계연방을 통해서만 달성할 수 있을 것이라고 생각했다. 그러나 칸트의 『인류학』에서 찾아볼 수 있는 이러한 세계시민주의와 세계연방제에 관한 함의는 그의 『지리학』에서는 나타나지 않는다. 반면, 칸트는 『지리학』에서 인류 종이 모두 이성적으로 선한 존재라고 보지 않는 것처럼 서술하고 있다.

더운 나라들에서 사람들은 모든 방면에서 더 빨리 성숙하지만, 이들은 온대지역[인종]의 완전성을 얻지 못한다. 인간성의 가장 위대한 완전성은 백인종에서 달성될 수 있다. 황색의 인디언들은 어느 정도 능력을 덜 가지고 있다. 흑인들은 훨씬 더 열등하며, 아메리카의 일부 사람들은 이들보다도 더 아래에 있다. 더운 지방의 모든 주민들은 대단히 게으르며, 이들은 또한 소심하다. 북쪽의 끝에 살고 있는 민족들 역시 이 같은 두 가지 특성을 가지고 있다. 소심함은 미신을 불러일으키며 왕들에 의해 지배되는 지방들에는 노예제가 나타난다. 오스티야크족, 사모예드족, 랩족, 그린란드인 등은 더운 나라 사람들의 소심함, 게으름, 미신적 관습, 그리고 강한 술에 대한 욕망에 있어서 닮았지만, 그들의 기후는 그들의 정열을 강하게 자극하지는 않기 때문에 더운 나라 사람들을 특징지우는 질투는 없다(Kant, 1999, 223; May, 1970, 66; Harvey 2009, 26~27에서 재인용).

칸트의 『인류학』에서 『자연지리학』으로 눈길을 돌려보면,[6] 그는 사실 벤하비브나 하비가 주장한 바와 같이 자연주의적 오류 또는 환경결정론적 사고에 빠져있었던 것처럼 보인다. 사실 칸트의 『지리학』은 세계 각 지역들에서 볼 수 있는 유별난 사실들을 나열하고 있으며, 그러한 자연지리 속에서 '인간'에 대한 설명은 매우 편향적으로 이루어져 있다. 하비가 지적한 바와 같이, 칸트는 그가 수집한 지리적 정보들에 대한 비판적 검토 없이 다른 국민들의 관습이나 습성들에 대한 편견적 설명을 되풀이하고 있다. 이러한 점에서 칸트의 환대의 권리를 정당화시킬 수 있는 준거가 심각한 혼란에 빠지게 된다. 이와 관련하여 하비(Harvey, 2009, 35)는 다음과 같은 의문을 제기한다. "칸트의 세계시민주의와 그의 윤리학의 보편성, 그리고 그의 인류학과 지리학의 서툴고 거북한 특수성들 간의 이러한 대조는 결정적인 중요성을 가진다. 만약 후자에 대한 지식이 (칸트 스스로 주장하듯이) 세계에 관한 실천적 지식의 모든 다른 형태들의 '가능성의 조건들'을 규정한다면, 그의 인류학적 및 지리학적 근거들이 그렇게도 의심스러움에도 대체 무슨 근거로 우리는 칸트의 세계시민주의를 믿을 수 있겠는가?" 『세계시민주의와 자유의 지리학』에서 이러한 의문을 풀기 위한 하비의 노력에 대한 검토는 일단 제쳐 놓고, 환대의 윤리적 보편성에 관한 논의를 확장하기 위하여 가능성의 조건'으로서 지표면에 대한 의식에서 개별 영토로의 분할을 전제로 하는 공동체에 대한 논의로 관심을 옮겨볼 수 있다.

---

6. 칸트는 1756년부터 지리학을 가르치기 시작했으며, 인류학을 강의하기 시작한 것은 1772년이다. 그렇지만 칸트는 인류학에 대해 사실 더 많은 관심을 가지고 출판 준비를 했다. 하비에 의하면 이는 인류학이 그가 궁극적으로 나아가고자 했던 그의 철학적 프로젝트와 더 많이 관련을 가진다는 점을 깨달았기 때문인 것으로 설명된다. 이 점은 또한 칸트의 『인류학』을 프랑스어로 번역한 푸코에 의해서도 (그러나 다소 다른 의미에서) 지적되고 있다. "그 결과 미리 그리고 정당하게 지리학과 인류학을 조직하고 자연에 대한 지식과 인간에 대한 지식 양자 모두의 유일한 준거로 이바지하는 우주론적 관점에 관한 사고는, 세계란 미리 주어진 우주라기보다는 앞으로 건설될 공화국으로 더 잘 이해된다는 프로그램적 가치를 가진 세계시민적 관점을 위해 자리를 비켜주어야 할 것이다"라고 푸코(Foucault, 2008, 33; Harvey, 2009, 21에서 인용)는 열정적으로 주장한다.

3) 환대의 보편적 윤리와 공동체의 특정 권리

벤하비브가 지적한 바와 같이 '환대의 권리'란 다소 이상한 개념이다. 왜냐하면 권리란 한 국가가 가지는 권리 또는 한 국가 내 국민들이 가지는 권리(즉 국가적 시민권)를 의미하는 것으로 이해되지만, '환대의 권리'는 특정한 정치 공동체의 구성원들 간 관계를 규정하는 것이 아니기 때문이다. 사실 칸트는 서로 관련되어 있으면서도 동시에 구분될 수 있는 권리 관계의 세 가지 차원에 주목한 것으로 이해된다(Flikschuh, 2000, 184; 벤하비브, 2008, 49). 세 가지 차원의 권리란 첫째 국가 내의 사람들 간 권리 관계를 구체화한 국가의 권리(right of a state), 둘째 국민들 간의 권리 관계를 규정하는 국민들의 권리(right of nations), 셋째 사람들과 외국 국가들 간의 권리 관계를 지칭하는 세계시민적 권리 또는 모든 국민들의 권리(right for all nations)이다. 그러나 세 번째 영역인 세계시민적 권리는 보편적 윤리와 정치적 성원권 사이의 규범적 딜레마를 내제한다. 즉 환대의 권리란 오히려 각각 다른 정체(polity)에 속하면서 경계 지워진 공동체의 변경에서 마주치는 개인들 간의 상호작용을 규정하는 권리로 간주된다. 즉 "환대의 권리는 정치체제의 경계에서 나타난다. 이는 구성원과 이방인 사이 관계를 규정함으로써 시민적 공간을 한정한다. 그러므로 환대의 권리는 인간 권리와 시민 권리 사이, 인격에 기초한 인간의 권리와 우리가 특정한 공화국의 구성원이라는 점에서 가지는 권리 사이에 있는 공간에서 제기된다"고 벤하비브는 서술한다(벤하비브, 2008, 51; 번역 수정).

환대의 권리가 '정치체제의 경계'에서 나타난다는 벤하비브의 주장을 좀 더 세밀하게 살펴보기 전에, 환대가 보편적 윤리가 아니며 또한 공동체의 특정 권리도 아니라는 점에 관한 다차원적 또는 다규모적 이해의 가능성을 살펴볼 수 있다. 정호원(2017, 5)은 칸트의 관점에서 정치의 과제이자 목표는 3차원에서 수립된다고 주장한다. 즉 "첫째, 국내적으로는 공동체 구성원들의 자유와 평등, 법의 지배, 권력분립과 대의제 등을 특징으로 하는 공화국을 수립하고, 둘째, 국제적으로는 구성국의 자율성을 최대한 존중하는 느슨한 형태의 국제연맹을 수립하며, 셋째, 세계적 차원에서는 인간의 보편적 권리로서의 환대에 기반을 두는 세계시민사회를 수립한다"는 것이다. 오영달(2003)도 이와 유사하게 다차원적 관점에서 칸트의 영구평화론을 해석하면서 세 가지 수준에서 접근했다고 주장한다. 즉 "먼저 개인 수준에서 자유롭고 평등한 개인들 간의 정의로운 관계, 국가 수준에서는 이러한 개인들로 형성된 정치체제로서 공화제, 그리고 이러한 자유주의적 공화국들의 연합체 또는 연맹체로서 국제사회가 형성될 때 … 항구평화를 이룰 수 있을 것"이며 "이에 더하여 국제사회수준에서 모든 개인들이 다른 지역에 자유롭게 갈 수 있도록 하는 환대권을 논의하였다"는 것이다. 환대의 권리나 영구평화에 관한 칸트의 이론 또는 주장은 그 자신이 제시한 3차원의 권리 개념에 준하여 이와 같이 차원이나 수준을 분리시켜 이해하는 것은 그 나름대로 의미가 있겠지만, 환대의 윤리 또는 권리를 둘러싸고 발생하는 규범적 딜레마에 접근하지는 못한다.

벤하비브에 따르면, 환대의 권리를 둘러싼 딜렘마는 분리된 어떤 한 차원(또는 공간적으로 어떤 규모)에서 발생하는 것이 아니라 차원들 간의 상위적 관계에서 발생한 것으로 이해된다. 즉 환대의 권리는 완전한 한 인격체로서 인간의 보편적 권리와 한 공동체의 성원으로서 시민의 특정한 권리 사이에서 제기되는 권리라고 할 수 있다. 하비는 일단 이러한 벤하비브의 서술을 긍정적으로 이해한다. 그러나 하비는 벤하비브가 이러한 환대의 윤리적 보편성과 특정 공동체의 성원성 간의 긴장 관계를 부각시키기 위하여, 칸트가 범했던 오류 또는 칸트가 가지고 있었던 인류-지리적 편견을 무시했다고 주장한다. 즉 "칸트의 세계시민적 법의 제약이 결과적으로 이주의 자유와 관련됨에 따라 이러한 제약을 완화하기 위해 힘겹게 싸우는 벤하비브와 같은 학자들은 세계시민적 법에 대한 칸트의 정식화에 부여된 이러한 지리학적 선입관들의 숨겨진 흔적을 없애 버려야만 했다"고 하비는 주장한다(Harvey, 2009, 27). 그러나 사실 칸트가 가지고 있었던 이러한 편견은 현실 세계에서 오늘날 오히려 더 확대되고 있다. 즉 서구 선진국들을 포함하여 세계의 거의 모든 국가들에서, 타자나 이방인에 대한 편견과 고정관념은 여전히 존재하며, 이들이 미성숙하고 우리와 다르기 때문에 이들에게 입국을 거부하거나 시민성의 권리를 제공할 것을 거절하는 것은 아주 익숙한 관행이 되고 있다. 이러한 인종적, 문화적 편견을 어떻게 해소할 것인가의 문제는 초국적 이주자들의 환대의 윤리를 개념화함에 있어 매우 중요한 과제라고 할 수 있다.

다시 벤하비브로 돌아와서, 보편적 윤리로서 환대의 권리를 가지는 이방인(초국적 이주자)들을 개별 정치적 공동체의 주권으로 이를 거부하거나 제한할 수 있는가의 문제에 주목해 볼 필요가 있다. 왜냐하면 이방인들에 대한 인종적, 문화적 편견이 없다고 할지라도 이들은 일정한 정치적 공동체의 구성원이 아니라는 사실에서 구성원이 누릴 수 있는 권리를 가질 수 없다고 볼 수 있기 때문이다.[7] 또한 바로 이러한 점에서, 해당 공동체는 그 이방인의 입국이나 체류를 거부할 수 있을 것이다. 사실 칸트가 환대의 권리를 제시하면서, 상호관련된 두 가지 유보적 조건들을 부가한 것은 단순히 이방인이 미성숙했기 때문(만)이 아니라 정치적 공동체의 주권을 인정했기 때문이라고 할 수 있다. 환대의 권리를 인정하기 위한 조건으로 칸트는 영구적 거주가 아니라 임시적 체류의 경우 그리고 환대의 권리가 부여되지 않음으로 인해 이방인이 몰락할 경우에 한정된다.

이러한 두 가지 조건은 서로 관련되어 있지만, 일단 첫 번째 사항부터 먼저

7. 그러나 하비는 계속해서 칸트가 이러한 유보 조항을 부여한 점들이 이방인의 미성숙에 기인하며, 따라서 이방인이 성숙함을 보여주면 영구적으로 머물 수 있는 권리를 가질 것으로 이해하고 있다. 즉 "정확히 이러한 지리학적 '상황들' 속에서야 우리는 칸트가 왜 그의 세계시민적 윤리와 정의에 관한 그의 개념에 입국을 거부할 권리(이것이 다른 나라의 파멸을 초래하지 않는다면), 환대 받을 권리의 일시적 특성(입국한 사람이 아무런 문제를 일으키지 않는다면), 그리고 영구 거주가 문제를 일으킬 사람들에 대해 시민권을 거부할 권리를 어떠한 경우라도 항상 가지는 주권 국가의 입장에서 전적으로 수혜로운 행동에 의존한다는 조건 등을 포함시켰는가를 더 잘 이해할 수 있다. 추측하건대, 성숙함을 보여주는 자들만이 영구적으로 머물 수 있는 권리가 부여될 것이다"(Harvey, 2009, 27).

검토해 볼 수 있다. 칸트는 이방인이 영구적 방문자가 되고자 하는 권리(Gastrecht)와 임시적 체류(또는 거주)를 위해 가지고자 하는 권리(Besuchsrecht)를 구분한다. 영구적 방문자가 되고자 하는 권리, 즉 영주권은 도덕적으로나 법적으로 타자에게 마땅히 부여되어야 할 것을 넘어서는 자유롭게 선택된 특별한 동의에 의해 주어진다. 칸트가 '선의에 기초한 계약'이라고 부르는 이러한 특권은 일정한 공동체의 성원성을 전제로 한다. 물론 칸트는 이러한 공동체의 특성으로 구성원들의 민주적 입법권이 보장되는 공화국을 전제로 하며, 이에 바탕을 둔 공화국의 주권은 특정한 외국인들, 즉 공화국의 영토에 거주하면서 일정한 역할과 기능을 수행할 수 있는 외국인들에게는 특전으로서 영주권을 부여할 수 있다고 생각한다. 그러나 여기서 문제가 되는 것은 임시체류자가 가지는 환대의 권리는 내국인이 누릴 수 있는 권리와는 구분되어야 하는가라는 점이다. 달리 의문을 제기하면, 임시체류자는 어떤 정치 공동체의 성원으로서 성원권을 가질 수 없는가?

칸트가 환대의 권리에 부여한 두 번째 조건은 이러한 권리가 거부된다면 이방인의 몰락이 초래될 경우에만 거부당하지 않을 임시 체류권을 가진다는 점이다. 즉 세계시민적 환대의 권리는 평화적인 입국과 체류를 전제로 임시 체류권을 부여하지만, 이는 어디까지나 그렇지 않을 경우 몰락할 위기에 처한 이방인에게 한정되며, 이런 임시 체류권을 구하는 자 가운데 해당 국가에 해를 끼칠 사람까지 포함하지는 않는다. 여기서 일단 문제는 이방인의 몰락을 어떤 수준에서 판단해야 하는가라는 점이다. '타자의 몰락'의 범주에는 타자가 설정하는 생활수준이나 경제적 복지까지 포함할 수 있겠지만, 이에 대한 판단의 주체는 이방인 자신이 아니라 방문하고자 하는 국가가 될 수 있을 것이다. 이 문제와 관련하여, 오늘날 자신의 삶의 질을 높이기 위해 상대적으로 저개발된 국가에서 선진국으로 이주하고자 하는 초국적 이주자들에 대해서도 임시체류권을 보장할 수 있도록 임시 입국의 허용 범위를 넓혀야 한다는 주장도 제기될 수 있을 것이다(Kleingeld, 1998, 79~85).[8]

칸트가 이러한 두 가지 조건을 부여한 것은 환대의 권리에 내재된 어떤 긴장이나 모순을 감지했기 때문이라고 할 수 있다. 즉 환대의 권리는 한편으로 모든 이방인들이 최소한 임시적으로 다른 공동체의 땅에 입국하여 평화롭게 거주할 수 있는 권리를 가진다는 보편적 윤리라고 할 수 있다. 그러나 다른 한편 칸트가 제시한 환대의 권리는 절대적 권리라기보다 특정 정치적 공동체의 주권에 의해 제한될 수 있는 권리이기도 하다. 칸트는 이러한 두가지 권리, 즉 보편적 윤리로서 환대의 권리와 특정 공동체의 주권에 의해 제한될 수 있는 권리 간의 긴장을 알고 있었지만, 이들이 어떻게 해서든 타협되어 조화를 이룰 수 있는 것으로 이해했다. 그러나 우리는 어떻게 이론적으로 그리고 실천적으로 이러한 보편적 윤리와 특정적 권리가 서로 타협하여 조화를 이룰 수 있도록 할 것인가? 많은 학자들은 이들 간 타협과 조화가 불가능하다고 인식하고, 보편적 윤리를 지나치게 강조하거나 또는 특정 공동체의 시민권을 우선적으로 강조하기도 한다.[9]

벤하비브는 이러한 보편적 윤리와 특정 공동체의 시민권 간 긴장이 환대의 윤리에 관한 칸트의 개념화에 내재되어 있음을 지적하고, 이의 해결 방안으로 "임시 거류민이 구성원이 될 수 있는 권리를 보편적 도덕 원리에 따라 정당화될 수 있는 인권으로서 간주할 수 있음을 주장"한다. 물론 "장기적인 성원이 될 수 있는 기간과 조건은 공화적 주권의 권한에 속한다. 그러나 여기서도 또한 인권, 곧 차별 금지나 정당한 절차를 밟을 수 있는 이민자의 권리 등은 존중되어야 한다"는 점이 강조될 수 있다(벤하비브, 2008, 67~68). 나아가 벤하비브는 특정한 정체(정치적 공동체)에의 가입 조건에 대해서도 물을 수 있어야 한다고 주장한다. 그녀는 가입 조건을 정함에 있어 국가의 권한을 부정할 수는 없지만,

---

8. 그러나 실질적이고 좀 더 세부적으로 살펴보면, '타자의 몰락'이란 삶의 질 향상과 같은 욕구(흔히 초국적 이주자들이 제기하는 문제)의 문제라기보다 생명이나 생존을 위한 기본적 필요의 충족이나 보장(난민, 망명자 등에 요구하는 문제 등)의 문제라고 할 수 있다.
9. 데리다는 전자의 입장에 있으며, 왈쩌(2004)는 후자의 입장에 있다고 하겠다.

"이런 가입 조건의 관행들 가운데 어떤 것은 도덕적 관점에서 볼 때 허용할 수 없는 것이며, 또한 어떤 관행은 도덕적으로 무차별적, 즉 도덕적인 관점에서 중립적인가를 물어야" 한다고 주장한다(벤하비브, 2008, 68).

그러나 벤하비브의 이러한 주장에도 불구하고, 특정 정치적 공동체의 구성원이 될 수 있는 권리가 보편적 도덕 원리에 따라 정당화될 수 있는 인권인가, 그렇지 않으면 특정 공동체의 주권에 의해 통제될 수 있는 권리인가의 여부에 대한 의문은 여전히 남는다.[10] 왜냐하면, 정치적 공동체는 자연적으로 주어지는 것이 아니라 사회적으로 구성되기 때문이며, 이에 따라 성원권의 문제는 보편주의적 도덕 명령에 의해 결정되는 것이 아니라 사회적 구성원들 간 합의를 우선적으로 전제하기 때문이다. 달리 말해, 특정 정치적 공동체의 구성원이 되기 위해서는 결국 다음과 같은 의문이 해소되어야 할 것이다. 즉 방문·체류하고자 하는 공동체의 구성원이 되기 위한 조건은 무엇인가(미성숙 이방인은 제외되는가)? 누가 성원권을 인정할 것인가(이방인 스스로, 원주민들 개인이나 집단에 의해, 공동체의 주권을 행사하는 권위체가, 그렇지 않을 경우 또 다른 제3자가 인정할 것인가)? 성원권을 어느 정도 인정할 것인가(이방인이 몰락하지 않을 정도로? 타자의 몰락이란 어느 정도인가, 생명과 생존을 위한 기본 필요의 충족, 또는 삶의 질의 향상이 이루어지지 않을 경우인가)? 그리고 어느 정도의 기간 동안 인정할 것인가(임시적으로, 또는 영구적으로)?

4) 공화국의 민주적 주권과 세계연방제

환대의 권리가 성원권으로 이해된다고 하더라도, 이러한 성원권의 인정은 전반적으로 일정한 경계를 가지는 공동체의 주권에 따를 것인가 또는 인간의

10. 일정한 공동체의 성원권을 가지지 못하는 집단에는 공동체 외부에서 유입되는 이주자 집단뿐만 아니라 공동체의 구성원이지만 구성원의 지위를 완전히 가지지 못한 집단들(여성, 흑인 등)이 존재할 수 있다.

보편적 인격성에 근거할 것인가의 문제는 여전히 남게 된다. 칸트는 이 문제를 해결하기 위하여 한편으로 근대 국민국가의 주권을 인정하면서도 이들 간의 연합으로 이루어진 세계연방을 제안한다. 이러한 제안은 사실 칸트가 환대의 권리를 정당화시키기 위해 제시했던 전제, 즉 '지구에 대한 공동 소유'라는 전제와 관련된다. 칸트는 공동 소유의 지구 표면이 개별 공화국들의 영토로 분할된다는 점을 분명 인식하고 있었다. 위에서 언급한 바와 같이 칸트는 특정한 정치적 공동체가 이방인들이 몰락에 처하지 않는 한 이들의 입국을 거부할 수 있으며, 또한 칸트는 임시 체류권과 영구 주거권을 구분하여, 한 공동체에 영주할 수 있는 권리는 특정 공화국의 특권임을 인정한다. 따라서 칸트에게 있어 경계 지워진 영토는 권리의 인정에서 주요한 전제조건이 된다.

그러나 칸트는 지표면이 특정한 주권을 가진 개별 정치 공동체의 영토로 분할·점유(또는 소유)되는 것을 어떻게 정당화할 것인가에 대한 의문을 해결해야 한다. 이를 위해 칸트는 로크 등의 자유주의자들이 제시하는 '시원적 점유 행위'(originary acts of occupation)의 정당성에 기초하기보다는 루소 등의 사회계약론자들이 제시한 공동체의 민주적 구성 원칙을 받아들인다. 로크에 의하면, 지구는 모든 인류에게 '공통적으로' 주어졌기 때문에 기존의 원주민을 해치지 않는다면 근면과 절약을 통해 정당하게 전유할 수 있으며 사실 이것이 모두에게 덕이 될 수 있다고 주장된다(로크, 1996). 이러한 주장을 통해 로크는 지구를 원초적 자연으로 간주하고 노동을 통해 획득된 것에 대하여 사적 소유권을 정당화하고자 한다. 즉 "자연이 놓아두었던 공동의 상태에서 벗어나서 노동에 의해 무엇인가가 덧붙혀지면, 다른 사람의 공동의 권리는 배제된다"(로크, 1996, §26).[11] 이러한 로크의 주장에 따르면, 지표면의 일부분이 어떤 개인이나 집단(공동체)에 의해 한 번 전유되고 나면 타인은 더 이상 그에 대한 소유를 주장할

11. 이러한 로크의 자연관 및 노동관은 노동을 인간과 자연 상태의 관계를 매개하는 것으로 강조했다는 점에서는 의의를 가지지만, 이러한 입장은 노동 그 자체로서의 의미가 아니라 소유의 수단으로서 노동을 이해했다는 점에서 문제를 가진다(최병두, 2010, 74).

수 없다. 즉 공동의 권리는 배제된다. 왜냐하면 기존의 소유관계는 존중되어야 하기 때문이다. 이 경우 모든 공동체는 자신의 영토에 접근하고자 하는 타자에 대해 자신을 방어할 수 있는 권리를 가진다. 환대를 구하는 사람들을 되돌려 보내는 것이 '그들의 몰락'을 초래하지 않는다면, 타자의 환대권이 해당 공동체의 주권을 능가할 충분한 이유가 될 수 없다는 것이다.

칸트는 이러한 주장에 호소하지 않으면서, 지표면이 개별적으로 분할되는 것을 정당화시킬 수 있는 방법을 모색하고자 했다.[12] 그는 루소가 제기했던 원초적 계약론을 받아들여서, 인간의 보편적 권리에 바탕을 두고 시민의 권리를 인정하는 공화주의론을 제시하였다. 즉 칸트는 『영구평화론』 제3장에서 세계시민권에 관한 주장을 전개하기 전에 제1장에서 '모든 국가의 시민 헌법은 공화주의적이어야 한다'는 점을 천명한다. 즉 모든 국가의 구성원들은 민주적으로 법률을 정하고 이에 따라 자율적으로 통치할 수 있는 권리를 가진다. 어떤 정치적 또는 주권적 공동체에 속하는 모든 구성원들은 인권의 담지자로서 상호 인정하며 존중하고, 따라서 구성원들은 서로 자유롭게 모여서 합의를 통해 공동체의 구성과 운영에 관한 규칙을 정하고 이를 통해 공동체를 관리·운영하는 민주적 자기 지배체제를 수립한다. 이러한 공동체 구성과 운영의 민주적 원리는, "시민의 권리는 '인간의 권리'에 기초"하며 따라서 "인간이자 시민으로서의 권리라는 말은 서로 모순적이지 않으며, 오히려 상호 함축적"임을 함의한다(벤하비브, 2008, 68~69).

---

12. 이와 관련하여, 지구공유권에 관한 칸트의 관점이 때로 로크의 입장과 유사한 것으로 해석되기도 한다. 구자광(2011)은 칸트가 이러한 '지구공유권'의 적용을 인간의 행위로 건축된 것들을 제외한 '지구 표면'에 한정된 것으로 이해한다. 이러한 이해는 데리다의 해석에 준거한 것으로, 그에 의하면, 칸트는 "지구 표면 위에 설립되거나 건축된 것, 또는 땅위에 스스로 세운 것, 즉 거주지, 문화, 기구, 국가를 지구표면으로부터 제외"한다(Derrida, 2002, 20~21; 구자광, 2011, 10에서 재인용). 즉 지구표면에 대해서는 어느 누구도 다른 사람들의 접근을 막을 수 없지만, 지구표면 위에 설립된 것은 모두에게 무조건 접근을 허용하지 않아도 된다는 것이다. 그러나 이러한 해석은 철학적 의미에서 환대의 개념과 조응하기 어렵다. 왜냐하면 철학적 의미에서 환대의 개념은 뒤에서 논의할 것처럼 '나의 공간'을 이방인에게 내주는 것이기 때문이다.

그러나 역사적으로 보면, 인간의 보편적 권리와 시민의 특정 공동체적 권리는 어떤 긴장 관계를 가지며, 이러한 긴장은 이론적 주장들 간 대립으로 반영되어 왔다. 예로 근대 국민국가의 주권과 영토성을 틀지웠던 베스트팔렌 조약에 의하면, 개별 국가는 하나의 주권체로서 자유롭고 평등한 정치 공동체로 인정된다. 즉 국가들은 일정한 영토 내 모든 국민들과 사물·사건들에 대해 절대적인 권위를 행사할 수 있다. 반면, 국가들 간 관계는 자발적이고 우연적이며, 따라서 국경을 넘는 절차는 바로 그 직접 당사자에 관한 '개별적 사안'으로 간주된다(벤하비브, 2008, 64). 다른 한편, 'UN 국제인권선언' 등에 반영된 자유주의적 국제주권 사상은 국가의 형식적인 평등성이 점차 공통의 가치와 원칙에 대한 준수, 즉 인권 보호나 법에 의한 통치, 그리고 민주적 자기 결정에 대한 존중 등과 같은 원칙의 준수에 의존한다고 생각한다. 따라서 한 국가가 가지는 주권은 더 이상 절대적이고 자의적인 권위로 인정될 수 없게 된다.[13] 칸트의 공화주의론은 이러한 베스트팔렌 주권 모델과 자유주의적 국제주권 모델 사이의 중간, 또는 이들을 절충한 것으로 해석된다.

사실 근대 국민국가의 성원권을 가지는 주체로서 민족은 일정한 시·공간 속에 한정된 특정한 문화와 역사, 그리고 유산을 공유하는 특정한 공동체의 구성원을 의미한다. 그러나 근대 역사에서 이러한 민족은 국가 주권의 보편적 주체로 이해되고 있다. 즉 민족의 자율성 또는 자율적 통치의 이념은 단지 해당 정치 공동체에만 한정되는 것이 아니라 모든 국가들에 의해 합의된 보편적 이념으로 작동함으로써, 근대 국가의 민주주의를 확립하는데 기여하게 되었다. 이러한 점에서 특정한 역사적, 사회공동체적 맥락에서 형성된 문화적 정체성으로서 민족과 보편적 인권의 주체로서 민족의 개념 간에 내재한 긴장은 근대 민

13. 만약 어떤 국가가 그 시민을 대상으로 권위를 행사하는 과정에서 일정한 규범을 어길 경우, 즉 국경을 막거나 자유시장을 금하거나, 언론과 결사의 자유를 제한하는 경우 일정한 국제사회나 동맹에 속하지 않는 것으로 간주한다. 달리 말해 국내 제도 원칙을 정할 때에도 다른 국제 성원들과 중요한 기본 가치를 공유해야 할 것이다.

주주의의 정당성을 지지하는 요소가 되었다고 할 수 있다. 즉 근대 민주주의는 보편적 원리로 이해되고 있지만, 이 보편적 원리는 사실 특정한 시민 공동체의 민주적 구성과 운영을 전제로 하고 있다. 하버마스는 이를 근대적 국민국가가 갖는 '야누스적 얼굴'이라고 표현한다(Habermas, 1998, 115; 벤하비브, 2008, 69).

뿐만 아니라 스스로 공동체의 구성과 운영의 규칙을 정하는 민주적 입법 활동은 공동체의 자립적 통제를 위하여 자신을 규정하는 구성원과 영토성의 범위를 한정지우는 경계 설정도 포함한다. 민주적 주권의 의지는 그의 사법권이 미치는 영토를 한정지운다. 즉 벤하비브(2008, 71)가 주장한 바와 같이,

> "민주적 주권의 의지는 그의 사법권 아래 있는 영토 내에서만 미치며, 따라서 민주주의가 경계를 요청하는 것이다. 제국은 전선(frontiers)을 갖지만, 민주주의는 경계를 가진다. 제국주의적 영토와는 달리 민주적 지배는 특정한 유권자들의 이름으로 행사되고 또한 그 유권자들만을 구속한다. 그러므로 주권이 그 자신을 영토적으로 규정하는 바로 그 순간 또한 그 자신을 시민적 용어로 규정한다"(벤하비브, 2008, 71).

이와 같이, 공동체의 자립적·민주적 통제는 이를 규정하는 구성원과 이것이 적용되는 일정한 범위 또는 영역, 즉 경계를 전제로 한다.

칸트는 이러한 공화국 주권의 민주적 구성과 운영 원칙이 세계적으로 확장되기를 원했던 것처럼 보인다. 즉 인간의 활동이 일정한 경계를 가지는 특정 공화국에서 벗어나서 다른 나라의 영토들로 확장됨에 따라, 다른 공동체들에 속하는 사람들이 서로 합법적으로 공존할 수 있는 방안이 필요하게 되었다. 이에 따라, 칸트는 "인류의 모든 구성원들이 [한 공동체의] 시민적 질서에 참여자가 되면서 또한 [동시에] 서로 합법적인 친교를 맺을 수 있는 세계적 조건을 기획하고자 했다"고 할 수 있다(벤하비브, 2008, 63~64). 이에 따라 칸트가 제시된 것이 '세계연방'(world federation)이다. 칸트의 세계연방 개념은 '세계정부'(world government)와는 구분된다. 지표면 전체를 통일한 하나의 정치적 공동체로서 구축되는 세계정부는 보편적 절대 왕국으로 귀결되어 무자비한 독재로 전락할 우려가 있는 반면, 연방적 통합은 제한된 공동체들 내에서 여전히 시민권의 행사를 허용할 것을 전제로 한다. 즉 칸트가 주장한 세계시민적 시민은 시민이 되기 위해 여전히 그들의 개별적 공화국을 필요로 한다.

그러나 세계적 차원에서 합법적 공존을 위한 시민적 조건이 바로 공화적 정체의 구성원의 자격과 일치하는 것은 아니다. 칸트가 지구상의 모든 공동체들을 하나로 통일한 세계정부가 아니라 개별적으로 주권을 가진 공화국들이 서로 연합한 세계연방을 제안했다는 점은 일부 학자들로 하여금 국민국가가 국경을 통제할 권리를 가짐을 정당화하도록 한다(벤하비브, 2008, 65). 즉 이들은 칸트가 세계정부를 부정하고 국가 주권이 성원권을 허용할 특권을 가진다고 주장한 점을 강조한다. 그러나 이러한 강조는 기본적으로 국민국가의 영토성이 국경으로 둘러싸인 물리적 공간(또는 절대적 공간)에 바탕을 두고 있으며, 이러한 물리적으로 닫힌 공간에의 출입과 거주는 그 국가의 주권에 속하는 것으로 이해하기 때문이라고 할 수 있다. 사실 칸트도 국가의 영토성을 절대적 공간관에 근거하여 이해했다고 할 수 있다.

그러나 여기서 우리는 다시 벤하비브의 주장, 즉 "환대의 권리는 인간의 권리와 시민의 권리 사이, 우리 개인에 내재된 인간성의 권리와 특정 국가의 구성원이라는 점에서 우리에게 부여된 권리 사이의 공간에 존재한다"는 주장을 강조할 필요가 있다. 즉 벤하비브에 의하면, 환대의 권리는 지구적 또는 보편적 것과 국가적 또는 성원적 것을 매개하는 사이-공간 또는 관련적 공간에 존재한다고 할 수 있다. 하비(Harvey, 2009, 18)는 이러한 주장에 공감하면서, 특정한 정치 공동체로서 한 국가의 "시민권을 위하여, 국가의 영토성은 절대적 공간(즉 고정되고 불변이며, 분명한 경계를 가지는)으로 간주된다. 그러나 환대에 대한 보편적 (또는 탈착근된deracinated) 권리는 매우 특이한 조건하에서 다른 사람들에게 모든 국가들의 절대적 공간을 개방하도록 한다"고 주장한다. 요컨대 국가의 영토성을 절대적 공간으로 인식하고 상호 배타적인 것으로 간주할 경우, 이방인이 가지는 환대의 권리에 관한 주장은 정당화되기 어렵다. 따라서 하비가 주장하는 바와 같이, 국가 영토의 상호 배타성으로 인해 초래되는 긴장을 해소하기 위하여, 우리는 환대의 권리에 내재된 공간 개념을 개방적이며 관련적인 것으로 재구성할 필요가 있다.[14]

3. 데리다의 정치신학적 환대의 윤리

1) 데리다의 무조건적 환대 개념

포스트모던 철학자로 잘 알려진 데리다(Derrida)는 2001년 미국의 뉴욕과 와싱턴에서 동시에 발생했던 9.11테러 사건에 관한 논의의 장에 하버마스와 함께 초대되었다. 데리다는 9.11테러를 하나의 사건인 동시에 오늘날 지구화 과정을 촉진시키고 있는 세계의 '자가 면역' 증상으로 간주한다.[15] 즉 데리다에 의하면, 9.11테러는 그 자체로 '고유하면서도 탈고유한' 하나의 사건이며, 과거 모순의 총체적 발로이고, 미래에 더 큰 불행을 초래할 수 있는 단초로 이해된다.

---

14. 칸트의 세계시민주의를 재해석한 누스바움(Nussbaum, 1996, 11~12)은 다음과 같이 주장한다. 즉 "우리나라는 세계의 다른 나라들 대부분에 대해 형편없이 무시하고 있다"고 불만을 토로한다. 이러한 무시는 왜 "미국이 타자의 렌즈를 통해 그 자신을 볼 수 없으며, 그 결과 그 자신을 마찬가지로 무시하게 되는가"를 이해하는데 근본적 요인이다. 특히 누스바움은 계속해서 "이런 유의 지구적 대화를 수행하기 위하여, 우리는 다른 나라들의 지리학과 생태학 — 이미 우리의 교과과정에서 많은 개정을 필요로 하는 과목들 — 뿐만 아니라 그 나라 사람들에 관해 많은 지식을 필요로 하며, 그렇게 함으로써 우리는 그들과의 대화를 통해 그들의 전통과 실행을 존중할 수 있게 될 것이다. 세계시민적 교육은 이러한 유의 심의를 위해 필요한 기반을 제공할 것이다." 그러나 하비의 주장에 의하면, 누스바움 역시 절대적 공간관을 벗어나지 못하고, 세계시민적 교육을 위해 필요한 관련적 공간관을 제대로 이해하지 못했다고 주장한다.

15. 자가 면역이란 자신과 자신의 영토(지기-집)를 보호하고자 하는 욕망을 의미한다. 데리다에 의하면, "나를 타자로부터 보호해주는 면역을 제거할 경우, 이는 죽음을 무릅쓰는 위협이 될 수 있"는 것이라고 할 수 있다(보라도리, 2004, 234).

데리다는 9.11테러와 같은 지구적 테러리즘을 완전히 해체할 수 있는 '가능성의 조건'으로 무조건적 환대의 윤리에 근거한 '정치신학적' 구상을 제시한다(김진, 2011). 데리다는 세계적으로 가공할 테러리즘의 위험으로부터 벗어나기 위해서는 기대되지도 초대되지도 않은 모든 자, 즉 절대적으로 낯선 이방인에게 자기 자신을 개방하는 순수하고 '무조건적 환대'의 개념이 필요하다고 주장한다. 데리다는 용서할 수 없는 것을 용서할 수 있고, 낯선 이방인을 무조건적으로 환대할 수 있는 열린 종교를 설파하고 있다.

데리다는 자신의 무조건적 환대 개념이 칸트의 세계시민주의에서 시작되었지만, 이를 완전히 벗어나고자 한다고 주장한다. 즉 데리다의 철학은 칸트에 의해 제기되었던 계몽주의의 유산의 산물이지만 또한 동시에 그 자체를 해체하고자 한다. 그의 주장에 따르면, 계몽주의 이성이 지향하는 자유와 정의는 실제 타자성과 차이에 대한 강제와 폭력을 동반한다. 따라서 이를 극복하기 위한 방안으로 칸트가 제시한 환대의 개념이 해결책으로 제시된다. 그러나 칸트가 세계시민적 전통에서 제시한 환댕의 권리는 자신의 신분과 이름을 밝힐 수 있는 이방인에게만 한정된다. 이러한 조건적 환대는 "타자가 우리의 규칙을, 삶에 대한 규범을 나아가 우리 언어, 우리 문화, 우리 정치체계 등등을 준수한다는 조건을 내걸고 환대를 제의"하는 것이다(보라도리, 2004, 234). 이러한 조건부 환대는 내 영토에서의 순응을 조건으로 이방인을 나의 공간으로 '초대'하는 것으로 해석된다.

데리다는 이러한 조건적 환대 또는 초대의 환대 대신 무조건적 환대 또는 방문의 환대를 제시한다. 무조건적 환대는 이방인의 언어, 전통, 기억이나 그가 속한 영토의 법률과 규범들에 순응하는 조건에서 이루어지는 것이 아니고, "기대되지도 초대되지도 않은 모든 자에게, 절대적으로 낯선 방문자로서 도착한 모든 자[일어난 모든 것]에게, 신원을 확인할 수 없고 예견할 수 없는 새로운 도착자에게" 아무 조건 없이 개방적으로 이루어지는 것으로 이해된다(보라도리, 2004, 47; 234). 데리다는 이러한 무조건적 환대에 기초한 새로운 세계시민적 공동체의 이념을 지구화의 자가-면역 증상인 지구적 테러리즘의 완전한 해체를 위하여 필연적으로 요구되는 가능성의 조건으로 제시한다.

9.11테러에서 시작된 지구적 테러리즘에 대한 데리다의 이러한 진단과 처방은 하버마스의 입장과는 비교된다. 하버마스 역시 데리다와 마찬가지로 9.11 테러 등 오늘날 세계를 뒤흔드는 테러리즘이 20세기 식민주의, 전체주의, 집단학살의 결과에서 비롯된 현상이라고 규정하고, 이를 극복하기 위하여 국민국가를 전제로 하는 고전적 국제법으로부터 새로운 세계시민주의적 질서로 나아가야 한다고 역설하였다. 하버마스는 좀 더 긍정적으로 칸트의 계몽주의의 연장선상에서 자신의 주장을 전개했다. 칸트에 의하면 계몽은 인간 자신이 초래한 미성숙으로부터 벗어나는 것이다. 계몽주의 이상은 인간이 가지는 이성의 보편적 지위에 바탕을 두고 이러한 미성숙의 상태로부터 벗어나 개인의 자립성과 사회의 발전을 추구하는 것이다. 그러나 이는 성취된 목표가 아니고, 인간의 무한한 노력을 통해 성취되어야 할 이상이다. 현 상태에서 인간의 이성은 항상 미성숙하고 따라서 그 한계를 노정시킨다. 테러리즘은 이러한 한계의 극단적인 표현이다. 따라서 계몽주의는 '미완의 근대성 기획'으로 불린다(보라도리, 2004, 45).

칸트와 하버마스에서 강조되는 이러한 기획은 보편타당한 원리들에 대한 믿음을 요구하지만, 이러한 보편타당한 원리는 항상 역사적, 문화적 특수성과 긴장 관계에 놓여 있다. 그리고 하버마스는 보편적 원리와 문화적 특수성 간 긴장을 해소하기 위하여 의사소통적 민주화를 강조한다. 즉 하버마스는 테러리즘이 계몽주의적 근대화의 외적 위기가 병적으로 드러난 것이지만, 의사소통적 이성을 통해 치유될 수 있다고 낙관한다(보라도리, 2004 및 김진, 2011 참조). 이러한 낙관론을 뒷받침하는 주요한 개념들은 의사소통과 관용이다. 하버마스에 의하면, 인간은 타인들과의 의사소통적 관계를 통해 자율적이고 해방적인 존재가 된다. 여기서 의사소통행위의 본질은 참여자들 간의 상호이해로, 이를 위한 전제조건이 관용이다(김광기, 2012). 하버마스는 관용의 개념이 종교적 기원에서 출발하여 세속적 정치에 전유되었으며, 특히 "본질적으로 일방적" 관계를 내재한다는 점을 알면서도,[16] 이러한 관용을 전제로 한 입헌민주주의, 즉 "강제가 없는 자유로운 의사소통과 합리적 합의의 형성을 수용할 수 있는 유일한 정치적 상황"을 대안으로 제시한다(보라도리, 2004, 49).

데리다와 하버마스를 9.11테러를 상징되는 '테러 시대'의 원인과 문제 해결을 위한 논의의 장에 초대했던 보라도리가 말한 바와 같이, 데리다의 무조건적 환대의 개념은 한편으로 칸트의 '환대' 개념을 '정교하게 재가공한 것'이라고 할 수 있지만, 다른 한편으로 데리다는 칸트의 조건적 환대 개념과 이에 함의된 계몽주의의 전통을 해체하고 '종교'의 차원으로까지 승화될 수 있는 순수한 무조건적 환대의 개념과 이에 기초한 새로운 세계시민주의를 주창하고자 한다(김진, 2011). 그러나 이러한 데리다의 무조건적 환대의 개념이 오늘날 세계가 직면한 지구적 테러리즘을 해결하기 위한 타당한 해결책이 될 수 있는가에 대한 의문과 더불어 데리다의 환대의 철학이 칸트의 세계시민주의와 대조하여 어떤 의미와 한계를 가지는가를 살펴볼 필요가 있다.

2) 데리다의 '자기-집'에 관한 (탈)현상학적 지리학

첫 번째 문제는 데리다의 무조건적 환대 개념이 어디에 뿌리를 두고 있는가

16. 이러한 점에서 "관용은 가부장적인 용어인데, 이것을 '환대'나 '우애'와 같은 다른 개념으로 대체하는 것이 더 낫지 않겠"는가라는 보라도리의 질문에 대해, 하버마스는 관용에 내재하는 불평등한 권력관계를 '가부장적인 것'이라고 인정한다(보라도리, 2004, 86). 하버마스는 관용이 지난 수세기 동안 가부장적 정신 속에서 실행되어 왔으며, 관용의 행위는 자비나 은혜 베풀기와 같은 요소를 지니고 있다고 지적한다. 이러한 사실은 관용이 지배자 또는 다수자의 권위주의적 허용의 한계 내에 존재하는 것임을 드러낸다. 그러나 이러한 비판에도 불구하고, 하버마스는 관용 개념이 해체되는 것은 위험하다고 주장한다. 하버마스는 민주적인 공동체의 맥락에서 관용이 여전히 옹호될 수 있다고 보는데, 그것은 그 안에서 '관용의 한계선'이 다수자의 권위에 의해 일방적으로 결정되지 못하도록 견제하는 것이 가능하다고 보기 때문이다(위의 책, 87). 민주적 공동체 내에서의 평등한 권리와 상호존중의 토대가 지지될 때, 관용에 내재된 권력의 불평등을 비판적으로 극복할 수 있다고 보는 것이다.

라는 점이다.[17] 데리다는 『환대에 관하여』에 대해 논의하면서 우선 소포클레스의 『클로노스의 오이디푸스』에 나오는 어떤 장면, 즉 눈먼 방랑자 오이디푸스와 그를 이끌고 방금 클로노스 숲에 당도한 그의 딸 안티고네 사이의 대화를 인용한다. 그들은 자신들이 도착한 곳이 어디인지, 환대를 기대할 수 있는 곳인지를 확인하기 위하여 그들에게 다가오는 클로노스인을 '이방인이여!'라고 불러 세운다. 이렇게 해서 서로에게 이방인으로 마주한 양측은 대화를 시작한다. 이들 간 대화에서 오이디푸스는 우선 그 고장 사람들의 '당신은 누구인가? 당신은 누구의 아들인가?'라는 물음에 답할 수 있어야만 한다. "사람들은 익명의 도래자에게, 또는 이름도, 성도, 가족도, 사회적 위상도 없어서 이방인(외국인)으로 취급되지 못하고 야만적 타자로 취급되어 버리는 사람에게는 환대는 베풀 수 없기 때문이다"(데리다, 2004, 70).

여기서 우선 주목할 점은 오이디푸스가 그 지역 주민을 '이방인'이라고 칭한 점이다. 이는 이방인이란 어떤 존재 규정이 아니라 사회공간적 위치에 따라 상대적으로 주어지는 호칭임을 알 수 있도록 한다. 즉 오이디푸스는 클로노스 땅에 이제 막 도착한 낯선 방랑자요, 이방인이지만, 오이디푸스의 입장에서 보면 그 고장 사람이 오히려 낯선 이방인인 것이다. 달리 말해 누가 주체의 위치를 점유하는가에 따라, '누가 이방인인가'가 정해진다. 즉 이방인의 지위는 상대적으로 주어진다. 그러나 어떠한 주체도 자신이 주체임을 포기하고 이방인의 위치에 있기를 원하지 않을 것이기 때문에, 서로에게 낯선 두 이방인의 만남은 곧 두 주체들 간의 만남이기도 하다. 이방인과 마주하는 주체는 주체로서 자신의 지위와 위치를 주장하기 위해 거점을 필요로 한다. 그 거점이 주체의 입장을 보장해주기 때문에, 주체는 그 위에서 타자를 이방인으로 맞이할 수 있다(김애령,

17. 어떤 의미에서 이런 의문은 데리다의 해체주의가 가지는 함의를 벗어난 것이라고 할 수 있다. 왜냐하면 해체주의적 시도는 기존의 거대 서사들(모든 거대한 개념이나 이론들)이 가지는 근거(즉 뿌리)를 부정하기 위한 것이며, 따라서 이러한 시도는 스스로 어떤 뿌리를 가지는 것을 거부하기 때문이다.

2008, 178).

데리다가 과연 이러한 설명, 즉 서로 마주하는 두 사람을 모두 주체라고 설정했는가, 그리고 그렇게 설정하기 위하여 자신의 거점을 가지고 있어야 한다고 생각했는가의 여부는 불확실하다. 그러나 데리다의 『환대에 관하여』 서문을 서술한 안 뒤푸르망텔(2004, 17~19)에 의하면,[18] 데리다의 무조건적 환대의 개념은 어떤 장소적 거점을 가지고 있는 것처럼 보인다. 그러나 이 '장소적 거점'은 우리가 흔히 의식적으로 의미를 부여하는 장소가 아니라 '낯선 장소' 또는 레비나스(2001, 138; Levinas, 1969)가 제시한 '요소적' 환경, 또는 '밤의 공간'이다. 낯선 장소는 우리가 처음 들어갈 때 거의 언제나 형언하기 어려운 불안감을 느끼도록 한다. 그러다가 서서히 미지를 길들이는 작업이 시작되면, 이러한 불안감은 점차 엷어진다. 여기가 '어디인가'라는 물음은 이러한 낯선 장소를 좀 더 친숙한 장소로 바꾸어 나가는 중요한 계기가 된다. 즉 '어디?'라는 물음은 "장소에 대한, 거처에 대한, 무-장소에 대한 관계를 본질적인 것으로 제기"하는 것이다(뒤푸르망텔, 2004, 26). 이렇게 해서 길들여진 공간, 친숙한 공간은 거처 또는 '자기-집'이라고 지칭된다. 이러한 이러한 거주공간 또는 자기-집은 단순히 주체의 공간이 아니라 타자(이방인)를 맞아들일 수 있는 환대의 공간이 되며, 나아가 타자와의 관계 속에서 모든 인식과 활동이 이루어지는 장이 된다.[19]

---

18. 뒤푸르망텔은 데리다의 철학, 특히 환경의 윤리에서 "장소의 문제가 우리 문화의 역사에 내재한 근본적인 문제, 기초적이고, 사유된 적이 없는 문제"로 제기되는 것으로 이해한다. "데리다가 묘소, 이름, 기억, 언어에 주재하는 광기, 망명, 문지방(閾)에 대해 하는 성찰은 장소에 대한 이 문제에 보낸 손짓이다"(뒤푸르망텔, 2004, 14).

19. 환대의 개념에 내재된 이러한 불안감의 해소와 친숙한 공간으로의 전환은 상호주관성이나 리쾨르의 환대 개념을 통해 달리 해석될 수도 있다. 특히 리쾨르(P. Ricoeur)의 환대 개념에 따르면, 기존 공동체의 구성원들은 자신들이 지닌 귀속의 안전감이 동요되는 것을 원치 않기 때문에, 환대에 이르기 위해서는 반드시 탈안정화 단계를 거쳐야 한다. 이방인(또는 외국인)에 의해 초래된 탈안정화 속에서, 우리도 이전에는 외국인이었다는 '상징적 기억'을 통해 우리 자신의 외국인됨을 인식함으로써 우리는 외국인을 우리 자신처럼 대우하는 환대에 도달한다. 이와 같이 "귀속의 안정성의 위협을 겪으면서 실천한 환대는 우리에게 삶은, 국민으로 사는 삶, 국가 안에 있는 삶보다 더 큰 것

이러한 레비나스의 현상학적 존재론은 하이데거의 후기 사상이 지리학이나 공간(장소)연구에 미친 것보다도 더 심원한 통찰력과 영향력을 가지고 있는 것으로 추정된다. 그러나 환대의 윤리와 관련하여 다시 어떤 의문을 제기할 수 있다. 즉 환대를 베풀기 위해서 우리는 거처의 확고한 존재에서 출발해야 하는가, 또는 진정한 환대는 자기-집 부재의 해체로부터 시작해야 하는가?(뒤푸르망텔, 2004, 27). 이방인에게 자기-집을 개방하는 것, 또는 자기-집을 거점으로 환대의 활동을 하는 것은 사실 '자아와 타자', 또는 '주체와 객체' 같은 이원론의 함정에 다시 빠지는 것은 아닌가? 데리다는 레비나스에 따라 절대적 환대가 주체가 아닌 타자로부터 출발하는 것이지만, 환대가 가능하기 위해서는 주체의 확고함 역시 포기될 수 없는 매우 중요한 것으로 생각하는 것처럼 보인다. 즉 환대는 근원적으로 주인(접대자)에게도 손님(내방인)에게도 속하지 않는 장소에서 이루어지지만, 환대는 '자기-집'이 있을 경우에만, "단지 여기서 지금, 어디선가에서만 제공될 수 있다"(데리다, 2004, 28). 달리 말해 데리다의 환대의 개념에는 "무조건적이고 절대적인 환대를 제공하기 위해서 주인은 자신의 공간과 주체적 의지를 포기해야 하지만, 주체의 의지와 공간이 없이는 환대를 제공할 수 있는 주인도 없다"는 점이 전제되어 있다고 하겠다(김애경, 2008, 193).

이러한 점에서 환대의 개념은 두 가지 측면에서 공간적 실천으로 이해된다(Bulley, 2005; 또한 Bulley, 2006 참조). 우선 환대의 개념은 경계와 문지방 넘어가기를 포함한다. 따라서 환대는 구조적으로 내부와 외부의 구분 그리고 이를 규정하는 경계를 전제로 한다(Still, 2010). 이방인은 내부와 외부를 갈라놓는 동시에 내부와 외부의 경계를 무너뜨린다(서용순, 2009). 환대는 외부에 속하는 것이 경계를 가로질러 내부로 들어오도록 환영하거나 허용하거나 초청하는 것이다.

"환대는 공간적 경계를 요청하지만 또한 동시에 이를 투과함으로써 해체시

임을 깨닫게 한다"(김정현, 2015, 316).

켜고자 한다. … 환대는 어떤 [주어진] 공간에서 이루어지는 것이 아니며, 또한 무의미한 경계의 침범을 요구하는 것도 아니다. 공간과 경계에 의미를 부여하는 것은 이들이 내재한 정서적, 관계적 구조이다. 이는 소속과 비소속, 안정과 불안, 안전과 불안전, 편안함과 두려움의 감정 간 경계선을 구성한다. 환대의 공간은 집(home)이며, 자아와 함께 집에 있음(being-at-home-with-oneself)으로 인해 생기는 편안함과 안전함의 감정을 가져다 준다"(Bulley, 2005, 6~7).

나아가 환대의 개념은 공간을 만들거나 생산하는 실천을 함의한다. 환대의 공간은 어떤 경계로 구획된 내부의 공간 또는 외부의 공간이 아니며, 또한 어떤 종류의 관계나 접촉을 위해 기존에 만들어진 어떤 만남의 장소와 같은 것도 아니다. 환대의 실천은 확고부동한 요새로서 어떤 폐쇄된 장소를 만드는 것이 아니라 누구에게나 언제든지 경계를 가로질러 넘나들 수 있도록 허용하는 투과적인 열린 공간을 만드는 것이다. 환대란 외부의 이방인이 들어올 수 있도록 나의 내부 공간을 끊임없이 만들어서 그를 받아들이는 행위이지만, 또한 동시에 이 공간은 이방인의 도래로 끊임없이 와해되게 된다.

이와 같이 데리다의 무조건적 환대는 '자기-집'에 관한 어떤 (탈)현상학적 지리학, 한편으로 주체의 거주공간, 즉 '자기-집'의 끊임없는 구축을, 그러나 다른 한편으로 '자기-집'의 끊임없는 해체를 요구하는 것으로 해석된다. 바로 이러한 점에서, 데리다의 환대 개념은 개인들의 상호 권리를 전제로 한 칸트의 환대 개념과는 달리, 타자에 대한 아무런 물음 없이 순수하게 맞아들임과 동시에 자신의 주체의 장소, '자기-집'의 경계를 허물고 열어놓음을 요구한다. 이러한 무조건적 환대는 자신의 자리를 끊임없이 넘어서는 무한한 열림으로서의 유토피아, 즉 '자리없음'(u-topos)을 뜻한다.

"기다림의 지평 없이 기다리는 것, 사람들이 아직 기다리지 않거나 더 이상 기다리지 않는 것을 기다리는 것, 유보 없이 환대하는 것, 도착한 이(l'arrivant)

가 깜짝 놀라게끔 앞서서 환영 인사를 하는 것, 그러면서도 어떤 대가를 요구하거나 맞아들이는 쪽의 어떤 권세(가족, 국가, 민족, 영토, 지연이나 혈연, 언어, 일반적 문화, 인간성 자체에 따라 그 내부의 계약에 참여하도록 요구하지 않는 것, 모든 소유권과 권리 일반을 포기하는 정의로운 열림, 도래하는 것에 대한 메시아적 열림, 즉 어떤 것으로서 기다릴 수 없고 그래서 미리 알 수도 없는 사건에 대한, 낯선 것 자체로서의 사건에 대한 메시아적 열림, 언제나 희망의 기억으로 빈 자리를 남겨두어야 하는 그 누구에 대한 메시아적 열림 … (데리다, 1996, 120; 문성원, 1999에서 재인용).

데리다의 (탈)현상학적 지리학에 의하면, 무조건적 환대란 '절대적 도래자'를 위한 기다림이며, 그를 맞이하기 위한 정의로운 열림이다. 열림이란 자기 거주지나 영토, 즉 자기-집의 경계를 해체하는 것이다. 달리 말해, 환대란 어떤 공동체적 권리나 의무를 전제한 것이 아니라 아무런 조건 없이 공동체의 경계를 풀어 놓는 것이며, 나와 동일한 권리를 가지는 어떤 이방인 즉 소속과 신분을 알 수 있는 사람들에 대해서뿐만 아니라 내가 전혀 모르는 '완전한 타자'에게도 열려 있는 환대이다. 이러한 무조건적 환대는 일정한 장소, 즉 '자기-집'에 준거를 두지만, 그 준거를 끊임없이 포기하도록 요구하는 준거이다. 즉 데리다의 환대 개념은 환대를 위한 장소를 전제로 하지만, 무장소를 지향한다.

3) 무조건적 환대와 조건적 환대 간 긴장

두 번째 문제는 데리다가 칸트의 세계시민주의에서 함의된 환대의 보편적 윤리와 공동체의 특정 권리 간 긴장을 어떻게 설명하고자 하는가이다. 위에서 논의한 바와 같이, 데리다의 절대적 환대 개념은 자기-집을 개방하고, 소속과 신분을 가진 이방인뿐만 아니라 이름도 신분도 모르는 절대적 타자에게도 장소를 내어주고 그 가운데 일부를 가질 수 있도록 하며, 그러면서도 아무런 물음도, 아무런 계약맺기(상호성)도 요구하지 말 것을 전제로 한다(데리다, 2004, 71).

즉 절대적 환대의 법은 어떤 의미에서 보편적 윤리라는 점에서, 특정 공동체의 권리에 바탕을 둔 조건적 환대의 법(즉 권리로서의 환대, 권리로서의 법 또는 정의)과 구분된다.[20] 조건적 환대 또는 데리다가 '초대(invitation)의 환대'라고 칭한 것은 "타자가 우리의 규칙을, 삶에 대한 규범을 나아가 우리 언어, 우리 문화, 우리 정치체계 등등을 준수한다는 조건을 내걸고 환대를 제의"하는 것이다. 데리다에 의하면, 이러한 환대는 "민족적, 국제적, 나아가—칸트가 어느 유명한 글에서 말한 것처럼—'세계시민적' 성격을 갖는 관습, 법률, 규약을 발생시키는 것도 바로 이런 환대"이다(보라도리, 2004, 234). 이러한 조건부 환대는 내 영토에서의 순응을 조건으로 이방인을 나의 공간으로 '초대'하는 것이다.

데리다에 따르면, 이러한 조건적 환대는 결국 스스로를 배반하게 되는 환대이다. 왜냐하면, 첫째 조건적 환대의 경우 환대의 주인은 '나의 영역'에 대한 강한 집착을 버리지 못하기 때문에, 자기-집을 보호하기 위해 명시적 또는 잠재적으로 이방인을 거부하거나 심지어 이방인 혐오자가 될 수 있다.[21] 둘째, 조건적 환대는 내가 누구라고 말할 수 없는, 즉 상대방의 물음에 답할 언어나 표현 방식을 알지 못하는 이방인이나 보이지 않는 타자, 즉 공동체를 위한 계약적 권리의 주체가 될 수 없는 타자를 배제할 것을 전제로 하고 있다. 셋째, 조건부 환대는 공동체 내에 들어온 이방인에게 결국 주인의 관습과 법률과 규약을 강요하면서, 자신의 문화와 정체성과 언어를 포기하도록 요구하게 된다(김애경, 2008, 188). 이러한 조건적 환대는 공동체 내 또는 공동체 간 권력의 불평등을 전제로 한 '관용'에 불과하다. 데리다에 의하며, 관용은 권력자의 양보와 자비, 은혜 베풀기에 기댈 수밖에 없으며, 이러한 관용은 이방인의 권리를 마련해 줄

---

20. 이러한 점에서 데리다는 권리상의 관계인 환대의 법칙들은 'les lois'라고 소문자로 표시하는 반면, 무조건적인 환대의 법칙은 'La Loi'라고 대문자로 표시한다.

21. 즉 "나는 나의 집에서 주인이고 싶고, 나의 집에 내가 원하는 사람을 맞이할 수 있기를 원한다. 나는 나의 '내-집'을, 나의 자기성을, 나의 환대 권한을, 주인이라는 나의 지상권을 침해하는 이는 누구나 달갑지 않은 이방인으로, 그리고 잠재적으로 원수처럼 간주하는 것으로 시작한다. 이 타자는 적의에 찬 주체가 되고 나는 그의 인질이 될 염려가 있는 탓이다"(데리다, 2004, 89).

수는 있지만, 그 자체가 이방인과의 평화로운 공존의 원리가 될 수는 없다(보라도리, 2004, 232). 왜냐하면, 관용의 정도, 즉 '관용의 한계선' 설정이 권력을 가진 자의 '자의성'에 의존할 수밖에 없고, 관용에 기대는 소수자 또는 이방인 집단은 불평등한 수혜적 관계를 감수해야 하기 때문이다.

이러한 점에서 데리다는 무조건적 환대, 즉 '방문(visitation)의 환대'를 주장한 것이다. 데리다에 의하면, 이방인에 대한 진정한 환대를 위해서는 관용만으로는 불충분하고, 이를 뒷받침해 줄 더 근본적인 윤리적 이념이 필요하다. 이러한 보다 근본적인 윤리적 이념이 바로 무조건적 환대로 설정된다. 그러나 이러한 무조건적 환대가 논리적으로 실천적으로 실현가능한가에 대해서는 많은 의문이 제기될 수 있다. 보편적 윤리로서 무조건적 환대가 특정 공동체의 법으로 제도화 또는 법제화될 수 없다면 아무런 실효성이 없지 않은가? 무조건적 환대를 통해 나의 공동체 공간으로 들어온 이방인이 나를 위협하거나 나에게 피해를 입힌다면 이를 어떻게 통제할 수 있는가?

데리다 자신도 이러한 문제점을 인식하고 있다. 이러한 문제의 사례로 데리다는 오늘날 보편화된 인터넷의 사용이나 심지어 전화도청의 문제를 예시한다. 그에 의하면, 전화, 팩스, 이메일은 물론이고 인터넷에서 검열은 불법이다. 그러나 국가는 영토와 주권과 안전 및 국방을 이유로 이러한 행위를 정당화하고자 한다. "국가가 이러한 개입을 정당화하기 위해 내세우는 논거란 다음과 같다. 즉 인터넷의 공간은 정확히 사적인 것이 아니라 공적인 것"이라는 점이다(데리다, 2004, 86). 그러나 이러한 공권력의 개입이 정당화되면, 이에 대한 반응으로 사유화 경향이 나타나게 된다. 데리다에 의하면, 이러한 반응을 조금 더 확대하면, 이는 "민족중심적이고 국가주의적인 것이 되며, 결국 잠재적으로 외국인 혐오증이 될 수 있다"(같은책, 88). 이러한 점에서 법에 의해 정당화되는 권리는 어떠한 유형이든 공적 권리나 국가의 권리를 매개로 해서만 행사될 수 있고 보증되기 때문에, 한편으로 권력의 폭력 또는 법의 힘과 다른 한편으로 환대 사이에 충돌이 발생한다.

데리다에 의하면, 보편적 윤리로서 무조건적 환대는 법제화될 수 없다. 즉 어떤 이방인이 방문할 것인지, 무엇이 다가오는지를 예견할 수 없기 때문에 항상 일정하게 적용될 수 있는 제도적 규칙을 미리 마련할 수 없다. 뿐만 아니라 어떤 형태로든 공동체 내에 환대를 법제화하게 되면, 이러한 환대의 법은 결국 이에 해당되지 않는 사람들을 배제하거나 억압하기 위해 사용될 것이기 때문이다. 또한 무조건적 환대는 이러한 위험을 감수해야 한다. "나를 타자로부터 보호해주는 면역을 제거할 경우, 이는 죽음을 무릅쓰는 위협이 될 수 있다"(보라도리, 2004, 234). 그러나 그렇다고 해서 환대를 법제화하는 것은 일정한 주체 보호의 조건을 확보한 조건부 환대인 관용에 불과하다. 즉 데리다에 의하면, 무조건의 환대가 죽음의 위협을 감수해야 할 만큼 극단적인 것이라고 할지라도, 이 이념은 보존되어야 한다는 것이다.

데리다는 따라서 이러한 무조건적 환대가 제도화될 수 없는 것, 또는 경험될 수 없는 것, 즉 '불가능성의 경험', '경험할 수 없는 것의 경험'으로 유지되는 것으로 이해한다. 이러한 점은 '법'과 '정의'의 관계와 같은 것으로 이해된다. 즉 데리다에 의하면, 법과 달리 정의는 보편적 윤리에 속하지만, 매 순간 다르게, 매 순간 특수성에 의거하여 개별적인 타자들의 상황에 따라 정당하게 변화하고 변형되어야 한다. 절대적 환대 역시 정의와 마찬가지로 그것이 경험 불가능하다고 할지라도 현실의 경험을 성찰하는 준거로 유지되어야 한다는 것이다. 이러한 점에서 무조건적 환대는 '정의의 환대'라고도 불린다. "이방인은 타자가 아니다. … 이방인과의 관계는 권리에 의해, 정의의 권리의 생성에 의해 규제된다"(데리다, 2004, 100). 정의의 환대는 권리의 환대와는 불가분의 관계에 있지만, 완전히 이질적인 것으로 간주된다.

물론, 데리다에 의하면, 이러한 절대적 환대에의 윤리적 요청은 실제 조건적 환대의 제도화나 관용의 의무와 권리를 부정하는 것이 아니라, 이러한 제도화를 '가능하게 하는 조건'이 된다. 즉 데리다는 어떤 국가도 이와 같은 무조건적 환대를 법률로 반영할 수는 없겠지만, "순수하고 무조건적인 환대를, 환대 그 자체를, 최소한 사유해보지 않는다면, 우리는 환대 일반의 개념을 갖지 못할 것이며 (자신의 의례와 법규, 규범, 국내적 관계나 국제적 관례로 이루어지는) 조건부 환대의 규준조차 정할 수 없을 것"이라고 말한다. 따라서 "무조건적인 환대는 법적이지도 정치적이지도 않지만, 그럼에도 불구하고 정치적인 것과 법적인 것의 조건"이 되어야 한다(보라도리, 2004, 235).

4) 무조건적 환대를 지향하는 새로운 유럽

세 번째 문제는 이러한 데리다의 무조건적 환대가 현실에서 어떻게 실행될 수 있는가라는 의문과 관련된다. 칸트의 고전적 세계시민주의는 주권을 가진 공화국들로 구성된 세계연방제를 제시하지만, 이는 조건적 환대 또는 환대의 권리를 법제화한 개별 공화국을 전제로 한다는 점에서 한계를 가진다. 그렇다면, 데리다는 이러한 칸트의 구상을 넘어설 수 있는 어떤 현실적 대안을 가지고 있는가? 국가(특히 민주적 시민권이 보장된 국가)는 지구적 테러리스트의 폭력과 무장 확산, 시장 및 자본의 세계적 뻗침을 포함하는 '특정한 종류의 국제적 폭력'에 대항하여 보편적 인권을 지키기 위하여 어떤 적극적인 역할을 할 수 있지만, 다른 한편, 국가는 국경을 통제하고 폭력을 독점하여 부정적 결과를 초래하는 역할을 하기도 한다. 즉 국가는 결국 '자기-보호적인 동시에 자기-파괴적'인 자가-면역의 논리에 빠져 있다.

이러한 오늘날의 국가(특히 민족국가)의 문제를 해결하기 위하여, 데리다는 민주주의의 이상을 세계시민주의와 세계시민권의 너머, 즉 경제, 정치, 사법적 주권의 경계 너머에 위치지우고자 한다. 이를 위해 데리다는 우선 환대를 위한 무조건적 개방과 더불어 무조건적 '용서'를 제시한다. 데리다가 제시한 무조건적 용서는 그리스도교에서 흔히 제시하는 죄진 자에 대한 용서와는 구분된다. 데리다는 그리스도교의 용서란 힘 있는 자에 의한 자비 또는 관용에 불과하며, 이러한 관용의 종교적 덕목은 기독교를 넘어서 유대교, 이슬람교까지 가르쳐 왔다고 주장한다. 그는 이러한 그리스도교적 덕목을 [국민국가의] '주권의 대리 보충적 흔적'이자 '최강자의 이성'에 해당하는 관용으로 이해한다(김진, 2011). 즉 그리스도교와 관용의 개념은 국민국가에서 '주권의 선한 얼굴'로 그 모습을 드러낸 것으로 간주된다.

반면 데리다의 새로운 세계시민주의에서 '용서'는 "용서할 수 없는 것을 용서하는 불가능한 임무"로 규정된다(보라도리, 2004, 253). 데리다에 의하면, 이러한 용서는 무조건적 환대를 가능하게 하며, 또한 현재 세계가 당면한 전쟁 범죄, 대학살, 테러리즘을 해소할 수 있는 방안이 된다. 무조건적 환대는 우리를 위협하고 피해를 입힐 것이라고 간주되는 이방인의 악에 대한 우리의 태도, 즉 용서와 관련된다. 악에 대응한 용서의 개념은 환대의 개념처럼 '조건부 용서'와 '무조건적 용서'로 구분될 수 있다. 조건적 용서는 악의 개선이나 완화, 참회나 반성을 전제로 한 용서이다. 그러나 무조건적 용서는 아무런 조건 없이 악을 용서하는 것, 즉 용서할 수 없는 것을 용서하는 것이다. 이러한 용서는 계산할 수 없고 측정할 수 없으며, 불가능한 것의 영역에 속하므로, 원칙적으로 불가능하다. 그러나 데리다는 이러한 무조건적 용서가 가능해야 하며 또한 앞으로 도래할 것임을 주장한다. "예기치 않던 무언가가 '일상적인 역사의 흐름, 정치, 법'을 뒤엎으면서 기습과 놀라움으로서 도래한다는 의미에서 무조건적 용서의 경험이 없다면 용서는 결코 존재하지 않을 것이다"(보라도리, 2004, 260; 김진, 2011, 81).

데리다는 이와 같은 새로운 세계시민주의, 즉 용서할 수 없는 것을 용서하고 낯선 이방인을 무조건적으로 환대할 수 있는 새로운 세계로 '도래할 민주정'(democracy-to-come)을 제안한다. '도래할 민주정'이란 독특한 생명체들이 더불어 살아 갈 수 있는 가능성의 조건에 대한 답으로 이해된다. 즉 이는 해방의 이상과 자유, 정의 등을 토대로 한 순수한 주체의 자율과 무조건적 환대, 무조건적 용서에서 요구되는 '타율'을 조화시켜 나가는 과정으로 이해된다(보라도리, 2004, 239). 지젝은 이러한 데리다의 '도래할 민주주의'는 메시아라는 타자의 도래를 예상하는 유대교적 전통에 충실하다고 비판한다. 그러나 구자광(2008)의 주장에 의하면, "데리다가 '메시아적인 것'을 통하여 강조하는 것은 메시아라는 내용이 아니라 메시아가 도입하는 '단절'이라는 형식적 측면"으로 해석되며, 그러므로 "데리다의 '도래할 민주주의'는 '단절'을 도입하는 것들에 의해서 형성되는 민주주의"라고 주장된다.

> 어떠한 것이 도래할 지는 미리 알 수가 없다. '도래할 것'들은 완전히 새로운 장소인 '코라'를 열어젖힌다. 존재-신학적 전통으로부터도 벗어난 이 장소 아닌 장소인 '코라'는 모든 것을 새롭게 시작할 수 있는 장소를 제공한다. '코라'가 발생하는 순간 기존의 틀은 무너진다. … 그러므로 데리다의 '코라'는 기존의 틀을 유지하고 개선하려는 욕망의 구조를 따르는 것이 아니라 항상 새롭게 틀을 구축해야 하는 충동의 양식에 충실함을 볼 수 있다. 데리다의 '도래할 민주주의'는 항상 반복되는 민주주의의 끊임없는 철저한 자기반성이다(구자광, 2008, 8).

즉 데리다의 '도래할 민주주의'는 예측불가능하지만 항상 '도래할' 것을 약속하는 약속 아닌 약속, 즉 '도래할'이 요구하는 새로운 다른 가능성의 실현으로 해석된다.[22]

이러한 '도래할 민주정'은 국민국가의 주권너머로, 시민권 너머로 향해가는 보편적 전망이지만, 보라도리의 해석에 의하면, 이는 '새로운 유럽'과 '다른 곳'의 개념으로 변형되어 현실화될 수 있는 것으로 이해된다. 9.11테러는 기독교 정신에 입각해 정치적 담론을 구사하는 미국과 스스로의 정체성을 이슬람으

22. 김성호(2011)의 연구에 의하면, 이러한 '도래할 민주정'은 미리 규정되지 않은 미래의 가능성으로 해석되지만, 또한 그 가능성을 보장한 현재의 '구조', 즉 일정한 '규정' 또는 '약속'을 요청한다. 이러한 의미에서 '도래할 민주정'의 불가능성은 가능성들의 역사적 매개에 관한 통찰을 통해서 인식되며, 이런 맥락에서 데리다의 환대 개념은 마르크스주의와 대화를 계속해가야 한다고 주장된다.

로 규정하는 세력 간 갈등으로 드러난 것으로 간주되지만, 데리다는 이 두 정치 신학의 전선은 동양 대 서양이 아니고 미국과 유럽 사이에 있다고 보았다(보라도리, 2004, 303). 그는 유럽(여기서 유럽이란 유럽공동체라기보다는 '새로운 형태의 유럽' 또는 '도래할 유럽'을 의미한다)을 "세계무대에서 유일하게 비종교적인 연기자"로 간주한다. 그리고 '도래할 유럽'은 우리 스스로가 지켜야 할 약속의 땅이라고 주장한다. "우리 스스로가 유럽의 이념, 유럽의 차이를 지켜내는 수호자가 되어야 한다. 그러나 이때의 유럽이란 자신의 정체성 혹은 자기 동일성 안으로 스스로를 폐쇄하지 않는 유럽 또한 자신이 아닌 바를 향해 다른 곶/방향 혹은 타자의 곶/방향을 향해 나아가는데 본보기가 되는 유럽이어야 한다"(데리다, 1997, 28~29; 보라도리, 2004, 305).

그러나 여기서 데리다의 유럽에 대한 지리적 유비는 특이하다. 전통적으로, 유럽은 지리적으로 융기(Vorreiter), 곶(Kap), 갑(Vorhut)으로 인식되어 왔다(보라도리, 2004, 305). 그리고 유럽은 유라시아 대륙의 신체적인 한 부속체인 동시에 지리상의 발견과 식민지 개척의 출발점이다. 데리다는 이러한 지리적 유비를 위하여 후설의 '유럽의 정신적 지리학'(geographie spirituelle)에 관해서도 언급하면서, "유럽은 늘상 자기 자신을 하나의 곶으로서 인식해 왔다. 탐험과 발명과 식민지 건설의 출발점을 이루는 서쪽과 남쪽으로 돌출된 한 대륙의 극단…으로서이든, 곶 모양을 지닌 이 반도의 중심 그 자체, 즉 곶의 중심 한가운데에서 그리스-게르만 축을 따라 좁아지고, 압축되어 있는 중앙의 유럽으로서이든, 어쨌든 하나의 곶으로 인식되어 왔다"고 서술하고 있다(데리다, 1997, 21).

데리다는 이러한 후설의 '유럽의 정신적 지리학' 외에도 발레리(Valery)의 지리적 사고도 원용하고 있다. 일찍이 발레리는 유럽이 "아시아 대륙의 작은 곶"으로 남을 것인가 아니면 "지구의 보배, 한 거대한 육체의 수뇌"가 될 것인가를 물었다고 한다. 이의 연장선상에서 제시된 데리다의 '새로운 유럽'은 유럽의 과거 책임을 감당할 수 있을 뿐만 아니라 통일된 유럽에 대한 정치적 약속에 대한 기대감의 표현으로써 '다른 곶'으로서의 개념으로 이해된다(데리다, 1997, 21).

요컨대 데리다는 도래할 새로운 유럽이 '다른 곶'으로서의 역할, 즉 이방인들이 환대의 권리를 향유할 수 있는 메시아주의 없는 메시아적인 것의 실현 요청을 진지하게 실현해 나갈 것을 갈망한다. 그러나 이러한 갈망에서 데리다는 역사 지리적 특성을 드러내는 '곶'으로서 유럽의 역할을 부각시키고자 하지만, 데리다는 다른 대륙과의 관계 속에서 새로운 유럽이 구체적으로 어떠한 역할을 할 것인가에 대한 설명을 하지 않고 있다.

데리다의 이러한 지리적 유비는 어떤 의미에서 매우 중요한 함의를 가지는 것처럼 보인다. 즉 유라시아 대륙의 끝이며 새로운 시작의 장소로서 '곶'의 개념은 유럽이 나아가야 할 바를 유비적으로 암시한다고 할 수 있다. 그러나 데리다가 왜 이러한 형태론적 유비를 통해 새로운 유럽을 전망했는가에 대해서는 궁금한 점이 없지 않다. 특히 그가 주장하는 무조건적 용서 또는 환대가 이러한 지리적 유비를 통해 어떻게 의미지어질 수 있는가에 대해서는 이해하기 매우 어렵다. 특히 데리다의 새로운 유럽은 '유럽중심주의의 자기 비판적, 반성적 극복'을 위한 것인가에 대한 의문은 여전히 남아 있는 것처럼 보인다(홍윤기, 2003).[23] 이러한 점에서, 칸트의 공간 개념이 가지는 한계와 마찬가지로, 데리다의 지리적 유비 또는 공간적 개념화는 절대적 공간 개념이나 단순한 상대적 공간 개념이 아니라 관련적 개념으로 재구성되어야 할 것이다. 즉 새로운 유럽은 다른 대륙과의 관계 속에서만, 데리다 자신이 주장한 바와 같은 '스스로 폐쇄되지 않은' 관련적 관계 속에서만 도래할 것이라는 점을 보여주어야 할 것이다.

---

23. 즉 홍윤기(2003, 442)의 주장에 의하면, "하버마스와 데리다는 각론에서 각기 시각을 달리한 데서 나오는 약간의 첨예한 이견에도 불구하고 자기들의 삶을 '서구' 그 자체를 벗어나 곳에서 구상하는 위험을 무릅쓰지 않음으로써 결국 무엇을 서구적인 것으로 지켜내야 하는지를 놓고 '입지점 측면에서 근접'할 수밖에 없으며, 그런 서구적인 것을 여전히 바람직한 것으로 부각시켜야 하는 강박관념을 떨치지 못한 결과 '공통의 가치론적 결론을 이미 공유'할 수밖에 없다." 양자가 '공통의 가치론적 결론을 공유'했는지의 여부는 해석을 달리할 수 있지만, 이들이 '입지점 측면'에서 '유럽중심주의의 자기 비판적, 반성적 극복'을 하지 못했음은 분명하다고 하겠다.

4. 맺음말

최근 자본주의 지구지방화 과정과 교통·통신기술의 발달 그리고 이에 따른 상품, 자본, 기술뿐만 아니라 노동력의 초공간적 이동, 그리고 이에 동반된 국민국가의 시민성에 대한 문제는 칸트의 세계시민주의에 대한 새로운 관심을 자아내고 있다. 특히 칸트의 세계시민주의에서 핵심을 이루는 조건부 환대와 세계연방의 개념은 당시 식민지 쟁탈전에서 드러난 인간의 보편적 권리와 공동체의 성원으로서 가지는 권리 간 딜렘마를 어떻게 해결하고 영구평화를 실현할 수 있는가에 대한 그의 고뇌를 반영하고 있다. 오늘날 지구화를 배경으로 전개되는 지구적 차원의 문화적 충돌에 대한 대안의 모색에서 데리다는 칸트의 입장을 극복하기 위하여 레비나스 철학의 연장선상에서 '무조건적 환대의 윤리'를 주장하고 있다. 이 글에서는 위대한 두 사상가들의 철학적 주장들을 어떠한 근거에서든 평가하기 위한 것이 아니라, 이들의 주장 속에 함의된 지리적 함의들을 드러내기 위한 것이다.

물론 이러한 논의를 하는 과정에서, 우리는 칸트나 데리다의 주장을 통해 이방인이 어떠한 권리를 가질 수 있으며, 또한 우리는 이방인을 어떻게 환대해야 할 것인가에 대한 의문에 대한 해결 방안을 학문적, 실천적으로 모색하게 된다. 학문적 측면에서 우리는 환대의 윤리를 정립하기 위해 관련된 개념들을 둘러싼 다양한 논의들을 살펴볼 수 있다. 즉 환대는 고통 받는 타자에 대한 관용, 공존을 모색하는 타자에 대한 책임, 공동체적 성원으로서 타자에게 보장되는 권리, 간주관성에 근거한 상호 인정, 그리고 타자에 대한 무조건적 환대로의 보편적 정의의 개념을 포괄하는 것으로 이해될 수 있다. 물론 환대와 관련된 이러한 개념들은 이들을 주장 또는 제시한 여러 사회이론가나 철학자의 논의를 배경으로 하고 있다(문성훈, 2011).

일상적 실천의 측면에서, 환대의 개념은 나의 생활공간에 찾아 온 타자에 대해 상호 호혜적 또는 긍정적 태도 및 행동과 관련된다. 이러한 환대의 개념은 오늘날 타자 일반을 대하는 상호행동뿐만 아니라 특히 소수자 또는 이방인으로 지칭될 수 있는 초국적 이주자와의 상호관계에도 적용될 수 있다. 사실 초국적 이주자들을 어떻게 받아 들여야 할 것인가에 관한 윤리적 준거의 설정과 더불어 이들이 실제 어떻게 환대 받고 있는가에 대한 실천적 의문은 다문화사회(공간)으로의 전환에서 매우 중요한 과제라고 할 수 있다. 물론 초국적 이주자들을 '무조건' 환대할 것인가, 또는 '조건부' 환대를 할 것인가에 대한 의문은 여전히 남지만, 데리다의 무조건적 환대가 아니라고 할지라도 칸트의 '조건부' 환대는 초국적 이주자들을 받아들이는 국가나 국민들이 가져야 할 최소한의 태도라고 할 수 있을 것이다.

이러한 학문적, 실천적 관점에서, 칸트와 데리다가 제시한 환대의 권리 또는 환대의 윤리는 지리학적 측면에서 특히 많은 시사점을 내포하고 있다. 칸트는 이미 200여 년 전에 현대 사회에서 전개되는 지구지방화 과정의 새로운 윤리로서 세계시민권을 논의하면서, "이방인이 방문국 국민의 생명과 복지를 해치지 않는 가운데 평화롭게 땅과 그 자원을 향유할 수 있는 권리"를 부정해서는 안 된다는 점을 정당화시키고자 했다. 나아가 데리다는 오늘날 신제국주의적 열강들 사이에서 발생하는 정치경제적, 사회문화적 충돌을 해소하기 위하여 '무조건적 환대'를 제시하면서, "순수한 환대는 우리가 수행해야 할 모든 투쟁의 공간에서 불가능한 것을 가능하게 하는 '가능성의 조건'"이라고 주장했다. 이러한 점들을 되새겨보면서, 칸트와 데리다의 사상이 지리학적 학문 발전과 사회공간적 실천에 어떤 함의를 가지는가는 지구지방화 시대의 지리학자들에게 주어진 주요한 연구 과제라고 할 수 있다.

구자광, 2008, "도래할 민주주의: 지젝 vs 데리다," 『라깡과 현대정신분석』, 10(2), pp.7~26.

구자광, 2011, "칸트의 '경제적인' 코즈모폴리터니즘과 데리다의 '비경제적인' 코즈모폴리터니즘 '너머'의 비교 연구," 『비평과 이론』, 16(2), pp.5~29.

김광기, 2012, "관용과 환대, 그리고 이방인: 하버마스와 데리다를 중심으로," 『현상과 인식』, 36(4), pp.141~170.

김성호, 2011, "경계 없는 주체 — 데리다와 아포리아적 주체성," 『인문논총』, 23, pp.71~91.

김애령, 2008, "이방인과 환대의 윤리," 『철학과 현상학 연구』, 39, pp.175~205.

김정현, 2015, "외국인이라는 문제, 그리고 환대: 폴 리쾨르의 견해를 중심으로," 『코기토』, 78, pp.316~348.

김 진, 2011, "데리다의 환대의 철학과 정치신학," 『철학연구』, pp.59~93.

데리다, 자크(진태원 역), 2004, 『법의 힘』, 문학과 지성사(Derrida, J., 1994, *Force de loi*, Galilée).

데리다, 자크(김다은·이혜지 역), 1997, 『다른 곶』, 동문선(Derrida, 1991, *The Other Heading: Reflections on Today's Europe*, Indiana Univ. Press).

데리다, 자크(남수인 역), 2004, 『환대에 관하여』, 동문선(Derridia, J., 1997, *De l'hospitalité*, Clamann-Lévy).

데리다, 자크(양운덕 역), 1996, 『마르크스의 유령들』(Derrida, J., 1993, *Spectres de Marx*, Gallilee).

뒤푸르망텔, 안(Dufourmantelle, A.)(남수인 역), 2004, 『서론: 초대』, 남수인 역, 2004, 『환대에 관하여』, 동문선, pp.7~54.

레비나스, 에마뉘엘(서동욱 역), 2001, 『존재에서 존재자로』, 민음사(Levinas, E., 1963, *De l'existence á l'existant*, Librairie Philosophique J. VRIN).

로크, 존(강정인·문지영 역), 1996, 『통치론: 시민정부의 참된 기원, 범위, 그 목적에 관한 시론』, 까치(Locke, J, 1690, *Two Treatises of Government: The Second Treatise of Government-An Essay Concerning the True Original, Extent and End of Civil-Government*).

문성원, 1999, "닫힌 유토피아, 열린 유토피아-자유주의의 유토피아를 넘어서," 『철학연구』, 47, pp.323~340.

문성훈, 2011, "타자에 대한 책임, 관용, 환대 그리고 인정-레비나스, 왈쩌, 데리다, 호네트를 중심으로," 『사회와 철학』, 21, pp.391~418.

벤하비브, 세일라(이상훈 역), 2008, 『타자의 권리: 외국인, 거류민 그리고 시민』, 철학과 현실사

(Benhabib, S., 2004, *The Rights of Others: Aliens, Residents, and Citizens*, Cambridge U.P.).

보라도리, 지오반나(손철성 외 역), 2004, 『테러시대의 철학: 하버마스, 데리다와의 대화』, 문학과 지성사(Borradori, G., 2004, *Philosophy in A Time of Terror: Dialogues with Jürgen Habermas and Jacques Derrida*, University of Chicago Press, Chicago).

서동욱, 2013, "그리스인의 환대: 손님으로서 오뒷세우스," 『철학논집』, 32, pp.39~70.

서용순, 2009, "탈경계의 주체성과 이방인의 문제-레비나스, 데리다, 바디우를 중심으로," 영남대학교 인문과학연구소, 『인문연구』, 57, pp.97~126.

아렌트, 한나(이진우·태정호 역), 1996, 『인간의 조건』, 한길사(Arendt, H., 1958, *The Human Condition*, Univ. of Chicago).

오영달, 2003, "칸트의 연구평화론: 개인, 국가, 그리고 국제적 분석 수준," 『평화연구』, 11(4), pp.45~80.

왈쯔, 마이클(송재우 역), 2004, 『관용에 대하여』, 미토(Walzer, M., 1997, *On Toleration*, Yale Univ.).

이은정, 2009, "데리다의 시적 환대- 환대의 생성적 아포리아," 『인문과학』, 44, pp.91~121.

정호원, 2017, "칸트에게 있어서의 도덕과 정치에 관한 연구," 『문화와 정치』, 4(1), pp.5~29.

최병두, 2010, 『비판적 생태학과 환경정의』, 한울.

홍윤기, 2003, "테러시대에 철학하기," 『시민과 세계』, 4, pp.436~446.

Bulley, D., 2015, "Ethics, power and space, international hospitality beyond Derrida," *Hospitality and Society*, 5(2~3), 185~201.

Bulley, D., 2016, *Migration, Ethics and Power: Spaces of Hospitality in International Politics*, Sage, Los Angeles, London.

Derrida, J. and A. Dufourmantelle, 2000, *Of Hospitality* (trans. R. Bowlby), Stanford: Stanford University Press.

Derrida, J, 2002[1997], *On Cosmopolitanism and Forgiveness*, Routledge, London and New York.

Flikschuh, K., 2000, *Kant and Modern Political Philosophy*, Cmabridge U.P.

Foucault, M., 2008, *Introduction to Kant`s Anthropology* (ed. R. Nigro), Semiotext(e), Los Angeles.

Habermas, J., 1998, "The European nation-state: on the past and future of soveignty and citizenship," in C. Cronin and P. De Greiff (eds), *The Inclusion of the Other: Studies in Political Theory*, MIT Press.

Harvey, D., 2009, *Cosmopolitanism and Geographies of Freedom*, Columbia U.P (최병두 역, 근간, 『세계시민주의와 자유의 지리학』, 삼천리).

Kant, I. 1999, *Geographie* (Physische Geographie). Bibliothèque Philosophique, Paris.

Kant, I., 1923[1795], "Zum Ewigen Frieden: Ein philosophischer Entwurf," in Buchenau, A., Cassirer, E., and Kellermann, B., *Immanuel Kants Werke*, Verlag Bruno Cassirer, Berlin, pp.425~474.

Kant, I., 1974, "An Answer to the question: 'What is Enlightenment'," in Kant, *Political Writings; Kant, Anthropology from a Pragmatic Point of View*, The Hague: Martinus Nijhoff, pp.249~251.

Kleingeld, P., 1998, "Kant's cosmopolitan law: world citizenship for a global legal order," *Kantian Review*, 2, pp.72~90.

Levinas, E., 1969, *Totality and Infinity*, Euquesne Univ. Press, Pittsburgh.

May, J., 1970, *Kant's Concept of Geography and Its Relation to Recent Geographical Thought*, University of Toronto Press, Toronto.

Nussbaum, M., 1997, "Kant and cosmopolitanism," in Bohman and Lutz-Bachmann (eds), *Perpetual Peace: Essays on Kant's Cosmpolitan Ideal*, MIT Press.

Nussbaum, M., et al. 1996, *For Love of Country: Debating the Limits of Patriotism*, Boston: Beacon Press.

Still, J., 2011, *Derrida and Hospitality: Theory and Practice*, Edinburgh U.P.

■ 출처 ■

이 책에 수록된 각 장은 다음과 같은 논문으로 발표된 글을 부분적으로 수정·보완한 것이다.

제1장 초국적 이주와 다문화사회 연구: 학제적·통합적 접근
2011.06. "초국적 이주와 다문화사회에 관한 학제적·통합적 연구를 위하여," 『현대사회와 다문화』, 창간호, pp.1~33.

제2장 초국적 이주와 다문화사회의 지리학: 연구 동향가 주요 주제
2011.06. "초국적 이주와 다문화사회의 지리학: 연구 동향과 주요 주제들," 『현대사회와 다문화』, 창간호, pp.63~97(신혜란 공동).

제3장 아시아에서 초국적 이주의 전개과정과 특성
2012.12. "동아시아의 국제 노동이주: 전개과정과 일반적 특성," 『현대사회와 다문화』, 2(2), pp.362~395.

제4장 한국의 다문화사회로의 전환과 사회공간적 변화
2012.02. "초국적 이주와 한국의 사회공간적 변화," 『대한지리학회지』, 47(1), pp.13~36.

제5장 초국적 이주자의 이주 배경과 의사결정과정
2010.03. "외국인 이주자의 거시적 이주 배경에 관한 인지," 『한국경제지리학회지』, 13(1), pp.64~88 (이경자 공동).
2009.12. "초국적 이주의 미시적 배경과 의사결정과정," 『한국경제지리학회

지』, 12(4), pp.295~318 (송주연 공동).

제6장 초국적 이주자의 지역사회 정착과 사회공간 활동

2012.06. "외국인 이주자의 기본활동 공간에서의 일상생활과 사회적 관계,"『현대사회와 다문화』, 2(1), pp.84~132(박은경 공동).

2010.03. "외국인 이주자의 지역사회 적응과 지리적 지식,"『한국경제지리학회지』, 13(1), pp.39~63.

제7장 결혼이주자의 사회네트워크의 특성과 변화

2015.06. "결혼이주자의 이주 및 정착과정에서 나타나는 사회적 네트워크 변화에 관한 연구,"『현대사회와 다문화』, 5(1), pp.20~57(정유리 공동)

제8장 상호문화주의로의 전환과 상호문화도시정책

2014.06. "상호문화주의로의 전환과 상호문화도시 정책,"『현대사회와 다문화』, 4(1), pp.83~118.

제9장 다문화사회의 윤리적 개념과 공간

2017.12. "다문화사회의 윤리적 개념과 공간,"『한국지역지리학회지』, 23(4), pp.694~715.

제10장 이방인의 권리와 환대의 윤리: 칸트와 데리다를 중심으로

2012.12. "이방인의 권리와 환대의 윤리: 칸트와 데리다,"『문화역사지리, 24(3), pp.16~36.